Robert J. Goldston
Paul H. Rutherford

Plasmaphysik

Robert J. Goldston
Paul H. Rutherford

Plasmaphysik

Eine Einführung

Aus dem Englischen übersetzt
von Timothy Striker

vieweg

Die Deutsche Bibliothek – CIP-Einheitsaufnahme

Softcover reprint of the hardcover 1st edition 1998

Der Verlag Vieweg ist ein Unternehmen der Bertelsmann Fachinformation GmbH.

http://www.vieweg.de

Umschlaggestaltung: Klaus Birk, Wiesbaden

Gedruckt auf säurefreiem Papier

ISBN-13: 978-3-322-87256-2 e-ISBN-13: 978-3-322-87255-5
DOI: 10.1007/978-3-322-87255-5

Vorwort

Plasmen kommen beinahe überall vor: Ein Großteil der bekannten Materie des Universums ist ionisiert und in vielen in der Natur vorkommenden Plasmen, wie etwa in der äußeren Schicht der Sonne, im interstellaren Gas oder in der Magnetosphäre der Erde spielen plasma-dynamische Vorgänge, die durch elektromagnetische Kräfte hervorgerufen werden eine wichtige Rolle. Die Plasmaphysik entstand, um diese in der Natur vorkommenden Plasmen zu verstehen und um dem Traum einer kontrollierten Kernfusion näher zu kommen. Mittlerweile haben sich auch eine Reihe weiterer Anwendungen der Plasmaphysik gefunden. Beispielsweise beim Ätzen von Halbleiterchips und bei der Entwicklung kleiner Röntgenlaser. Viele Methoden, die entwickelt wurden, um Plasmen zu beschreiben wie etwa die Theorie des Hamiltonschen Chaos, werden heutzutage auch außerhalb der Plasmaphysik eingesetzt.

Die Forschung auf dem Gebiet der kontrollierten Kernfusion ist seit langem Thema intensiver, weltweiter Zusammenarbeit. Die großen Laboratorien in Europa, Japan und den Vereinigten Staaten und einige kleinere Labore in anderen Staaten wie Rußland kommen auf dem Weg zu einer kontrollierten Kernfusion in einem eingeschlossenen Plasma bemerkenswert gut voran. Durch den erstmaligen Einsatz eines Deuterium-Tritium-Plasmas in einem Tokamak-Experiment beim Princeton Plasma Physics Laboratory konnte, wenn auch für weniger als eine Sekunde, ein Leistungsüberschuß von 10 Megawatt erzeugt werden. Die Europäische Union, Japan, Rußland und die Vereinigten Staaten haben 1992 vereinbart, gemeinsam einen experimentellen Reaktor zu entwickeln, mit dem die Nutzung der Fusionsenergie demonstriert werden kann.

Dieses Buch entstand aus einer einsemestrigen Vorlesung für mittlere Semester in Physik, Astrophysik oder Technischer Physik an der Universität Princeton. Wenn der durch einen Stern an der Kapitel- oder Abschnittsüberschrift gekennzeichnete schwierigere Stoff behandelt wird, ist dieses Buch auch für eine Einführung in die Plasmaphysik für höhere Semester geeignet.

Wir haben versucht, alle grundlegenden Methoden der Plasmaphysik in einer vernünftigen Tiefe, aber nicht in der größtmöglichen Allgemeinheit – insbesondere wenn dazu sehr komplizierte Rechnungen nötig wären – darzustellen. Obwohl wir die Einteilchen-, die Flüssigkeits- und die kinetische Theorie unabhängig voneinander einführen, betonen wir doch die Verbindungen zwischen diesen unterschiedlichen Ansätzen zur Beschreibung eines Plasmas. Insbesondere konzentrieren wir uns auf Effekte, bei denen diese Verbindungen klar zutage treten. Der Versuch, die zugrundeliegende Physik durch die Betrachtung aus unterschiedlichen Blickwinkeln besser zu verstehen, ist der rote Faden dieses Buches. Obwohl wir an einigen Stellen auf schwach ionisierte Gase wie sie beispielsweise beim Plasma-Ätzen angewandt werden oder in der Ionosphäre der Erde vorkommen eingehen, liegt der Schwerpunkt bei vollständig ionisierten Plasmen, die in der Astrophysik oder in der Fusionsforschung – in der wir beide tätig sind – vorkommen. Die physikalischen Fragestellungen, die wir behandeln sind aber nicht nur in diesem Zusammenhang von Interesse. Die Aufgaben, die wir in das Buch aufgenommen haben, sind zum Teil sehr einfach, teilweise aber auch deutlich schwieriger; die meisten dieser Aufgaben haben wir als Übungsaufgaben zu unserer Vorlesung benutzt.

Bis auf die Temperaturen, die in Einheiten der Energie (d.h. in Joule) angegeben sind, um nicht immer wieder die Boltzmann-Konstante in unsere Formel aufnehmen zu müssen, benutzen wir internationale (SI) Einheiten. Bei unseren Anwendungen geben wir die Temperaturen meist in Elektron-Volt (eV) an. Die Umrechnungsfaktoren zwischen den SI-Einheiten und allen anderen gebräuchlichen Einheiten finden sich in den Anhängen A und C.

Wir setzen voraus, daß der Leser über ein solides Wissen in der Elektrodynamik, inklusive der Maxwell-Gleichungen verfügt. Diese Gleichungen haben wir in Anhang B in SI-Einheiten angegeben. Ferner sollte der Leser ein Grundwissen auf den Gebieten der Thermodynamik und der statistischen Mechanik inklusive der Maxwell-Boltzmann-Verteilung haben. An mathematischen Grundlagen setzen wir ein Grundwissen in linearer Algebra, Vektoranalysis inklusive der Sätze von Gauß und Stokes und der Funktionentheorie bis hin zum Residuensatz vorraus. Die Formeln der Vektoranalysis sind in den Anhängen D und E zusammengestellt, insbesondere finden sich in Anhang E Formeln für Differentialoperatoren in krummlinigen Koordinatensystemen. Wir vermeiden die Benutzung höherer transzendentaler Funktionen wie der Bessel-Funktionen. In Anhang F finden sich weitergehende Literaturvorschläge.

Zusätzlich zu den Aufgaben, die wir in allen Kapiteln stellen, gibt es zwei Graphik-Programme, mit deren Hilfe der Leser mit mathematischen Modellen für recht komplexe Plasma-Phänomene experimentieren kann. Sie sind die Grundlage einiger Aufgaben und möglicherweise auch für größere Studienarbeiten. Diese Programme gibt es im IBM-PC- und Apple-Format. Im ersten dieser beiden Programme wird der Leser in das fortgeschrittene Gebiet der flächenerhaltenden Abbildungen und des Hamiltonschen Chaos eingeführt. Diese Gebiete, die wir in diesem Buch besonders betonen, tauchen später im Zusammenhang mit den magnetischen Inseln der „tearing“-Moden und der nichtlinearen Phase der Elektronenwellen wieder auf. [1]

Unsere Forschung auf dem Gebiet der Plasmaphysik und der kontrollierten Kernfusion wurde vom United States Departement of Energy im Rahmen des Vertrages DE-AC02-76-CHO-3073 gefördert.

Robert J. Goldston
Paul H. Rutherford
Princeton, 1995

[1] Anm. d. Übers.: Die Programme können kostenlos vom Vieweg-Server heruntergeladen werden (http://www.vieweg.de/welcome/downloads/supplements.htm).

Inhaltsverzeichnis

Einleitung

Nach einem einleitenden Kapitel, das uns in die Welt der Plasmen sowohl im Labor als auch in der Natur einführt und die charakteristischen Eigenschaften eines Plasmas darlegt, ist dieses Buch in sechs Teile gegliedert. Im ersten Teil wird das Plasma als Ansammlung geladener Teilchen aufgefaßt, die sich unabhängig voneinander in vorgegebenen elektromagnetischen Feldern bewegen. Nachdem wir die wesentlichen Eigenschaften der Teilchenbahnen hergeleitet haben, betrachten wir „adiabatische" Invarianten und die Bedingungen für nichtadiabatisches Verhalten. Diese Bedingungen werden mit Hilfe der modernen dynamischen Methoden der Abbildungen und des Übergangs ins Chaos untersucht. Im zweiten Teil stellen wir das Flüssigkeitsmodell eines Plasmas, in dem die elektromagnetischen Felder selbstkonsistent durch die Ströme und Ladungen des Plasmas bestimmt werden, vor. Wir verwenden besondere Aufmerksamkeit darauf, die Äquivalenz des Teilchen- und des Flüssigkeitsbildes zu demonstrieren. Teil 3 behandelt nach einem einführenden Kapitel, in dem die wichtigsten atomphysikalischen Vorgänge, die in einem Plasma vorkommen, dargestellt werden, die Auswirkungen von Coulomb-Stößen. Wellen mit kleiner Amplitude werden im vierten Teil in den Näherungen eines „kalten" und eines „warmen" Plasmas behandelt. In Teil 5 führt uns die Untersuchung von niederfrequenten Wellen zu einer Betrachtung der drei wichtigsten Instabilitäten in räumlich inhomogenen Plasmen: der Rayleigh-Taylor-, der „Tearing"- und der Driftwellen-Instabilität. Der sechste Teil dieses Buches befaßt sich mit Vorgängen in „heißen" Plasmen, die im Rahmen der kinetischen Theorie beschrieben werden. Wir stellen die Landau-Theorie der Welle-Teilchen-Wechselwirkungen und die damit verbundenen Instabilitäten dar. Diese Betrachtung wird abschließend in driftkinetischer Näherung auf inhomogene Plasmen übertragen.

1 Einführung in die Welt der Plasmen

1.1 Was ist ein Plasma?

Ein Plasma ist zunächst einmal ein ionisiertes Gas. Wenn ein Feststoff so weit erhitzt wird, daß die thermische Bewegung der Atome das Kristallgitter sprengt, bildet sich normalerweise eine Flüssigkeit. Wenn eine Flüssigkeit so weit erhitzt wird, daß an ihrer Oberfläche mehr Atome verdampfen als kondensieren, bildet sich ein Gas. Wenn ein Gas so weit erhitzt wird, daß bei den Stößen der Atome untereinander Elektronen herausgerissen werden, bildet sich ein Plasma: der sogenannte „vierte Aggregatzustand". Wann genau der Übergang zwischen einem „schwach ionisierten Gas" und einem Plasma stattfindet, ist Ansichtssache. Entscheidend ist, daß ein ionisiertes Gas charakteristische Eigenschaften hat. In den meisten Stoffen wird die Dynamik durch Kräfte zwischen eng benachbarten Teilchen bestimmt. In einem Plasma erzeugt die Ladungstrennung zwischen Ionen und Elektronen elektrische Felder, und der Fluß geladener Teilchen führt zu elektrischen Strömen und damit zu Magnetfeldern. Diese Felder führen zu einer Art „Fernwirkung" und zu einer Anzahl komplizierter Effekte, die von großer praktischer Bedeutung und manchmal auch sehr schön sind.

Der Nobelpreisträger Irving Langmuir, der als erster ionisierte Gase untersucht hat, gab diesem neuen Aggregatzustand den Namen „Plasma". Auf griechisch bedeutet $\pi\lambda\alpha\sigma\mu\alpha$ „formbarer Stoff" oder „Gelee". Tatsächlich haben Quecksilber-Bogen-Plasmen, wie die, mit denen Langmuir arbeitete, die Eigenschaft, ihre gläsernen Vakuumkammern so auszufüllen, wie Gelee ein Glas.[1]

1.2 Wie werden Plasmen hergestellt?

Ein Plasma wird normalerweise nicht dadurch hergestellt, daß man einen mit Gas gefüllten Behälter erhitzt. Das geht schon deshalb nicht so einfach, weil der Behälter selbst nicht so heiß werden darf, wie das Plasma sein muß, damit es ionisiert ist. Ansonsten würde der Behälter verdampfen und selbst zu einem Plasma werden.

Im Labor wird meist eine kleine Menge Gas erhitzt und dadurch ionisiert, daß man einen elektrischen Strom durch das Gas leitet oder es mit Radiowellen bestrahlt. Man verläßt sich entweder darauf, daß die Wärmekapazität des Behälters verhindert, daß dieser während einer kurzen Heizphase schmilzt – oder noch schlimmer: ionisiert wird – oder der Behälter wird während einer längeren Heizphase von außen aktiv gekühlt (z.B. durch Wasser). Im allgemeinen wird bei diesen Methoden zur Plasmaerzeugung zuerst Energie auf freie Elektronen in einem Gas übertragen, und diese freien Elektronen erzeugen dann durch Elektron-Atom-Stöße weitere freie Elektronen. Dieser Prozeß dauert an, bis der erwünschte Ionisationsgrad erreicht ist. Dabei können die Elektronen ohne weiteres eine deutlich höhere Temperatur haben als die Ionen, da es die Elektronen sind, die den elektrischen Strom leiten oder die Radiowellen absorbieren.

---

[1] Eine andere schöne Vorstellung ist, daß Langmuir Blues gemocht hat. Vielleicht hat er an den Song „Must be Jelly 'cause Jam don't Shake Like That" von J. Chalmers MacGregor und Sonny Skylar gedacht, der in den späten Zwanzigern, als Langmuir, Tonks und Mott-Smith Schwingungen in Plasmen untersuchten, sehr populär war.

1.3 Wozu sind Plasmen gut?

Es gibt viele Anwendungen für Plasmen. Wenn wir beispielsweise einen Laser mit kurzer Wellenlänge bauen wollen, müssen wir eine Inversion der Besetzungszahlen in hoch angeregten Atomzuständen herbeiführen. Im allgemeinen werden Gaslaser durch einen elektrischen Strom, der von außen durch ein Gas geleitet wird, in den lasenden Zustand „gepumpt". Dabei werden die Gasatome durch Elektron-Atom-Stöße angeregt. Röntgenlaser beruhen auf der Anregung noch energiereicherer Zustände der teilionisierten Atome eines Plasmas durch Stöße. Manchmal wird ein Magnetfeld benutzt, um das Plasma so lange zusammenzuhalten, daß diese hoch ionisierten Zustände angeregt werden können.

In der „Plasmachemie" werden chemische Reaktionen untersucht, die nur durch hochangeregte Atome möglich sind. In der Halbleitertechnik spielen Plasmaätzen und Ionenimplantierung durch Plasmastrahlen eine wichtige Rolle. Die Plasmen, die für solche Zwecke benutzt werden, werden auch als „Prozeßplasmen" bezeichnet.

Die wohl spannendste Anwendung der von uns betrachteten Plasmen ist die Energieerzeugung durch thermonukleare Fusion. Wenn ein Deuterium-Ion und ein Tritium-Ion mit Energien im zweistelligen keV-Bereich zusammenstoßen, besteht eine gute Wahrscheinlichkeit, daß sie verschmelzen und dabei ein α-Teilchen (Heliumkern) und ein Neutron mit zusammen 17,6 MeV Überschußenergie ($\sim$ 3,5 MeV im Alphateilchen und $\sim$ 14,1 MeV im Neutron) entstehen. Eine vielversprechende Methode, diese Energie freizusetzen, besteht darin, ein Plasma mit einer Teilchendichte im Bereich von 10^{20} m^{-3} und mittleren Teilchenenergien im Bereich von einigen 10 keV zu erzeugen. Die charakteristische Zeit, mit der die thermische Energie eines solchen Plasmas durch die Wände des Behälters verlorengeht, muß oberhalb von 5 Sekunden liegen, damit die mit dem Alphateilchen erzeugte Energie die Temperatur des Plasmas aufrechterhalten kann. Diese Bedingung ist nicht leicht zu erfüllen, denn die Elektronen in einem Fusionsplasma haben Geschwindigkeiten von $\sim 10^8$ ms^{-1}, während der Fusionsreaktor eine charakteristische Größe von $\sim$ 2 m haben muß, um eine wirtschaftliche Energiequelle zu sein. Wir werden später sehen, wie man Magnetfelder benutzt, um heiße Plasmen einzuschließen.

Vom Ziel einer reichhaltigen und umweltverträglichen Energiequelle sind wir noch mehrere Jahrzehnte entfernt, aber schon heute ist Fusionsenergie in der Größenordnung von 2–10 MW in Deuterium-Tritium-Plasmen mit Temperaturen[2] von 20–40 keV und Einschlußzeiten von 0,25–1 s erzeugt worden. Zum Vergleich: in den frühen siebziger Jahren wurden Energien von 10 mW in Deuterium-Plasmen mit Temperaturen von $\sim$ 1 keV und Einschlußzeiten von $\sim$ 5 ms erreicht. Das Ziel, durch kontrollierte thermonukleare Fusion eine unbegrenzte Energiequelle zu erschließen, ist das stärkste Motiv die Entwicklung der Physik heißer Plasmen voranzutreiben.

1.4 Elektronen in einer Vakuumröhre

Wir untersuchen nun, wie man ein Plasma mit Hilfe von Gleichstrom herstellen kann. Dazu betrachten wir eine Vakuumröhre (also eine Röhre, die nicht mit Gas gefüllt ist) mit ebenen Elektroden, wie in Bild 1.1. Wir stellen uns vor, daß die Kathode so stark aufgeheizt wird, daß viele Elektronen aus ihrer Oberfläche austreten und (wenn kein elektrisches Feld angelegt wird) wieder zurückkehren. Jetzt legen wir ein elektrisches Feld an, um einige der Elektronen zur Anode herüberzuziehen. Die Bewegungsgleichung für die Elektronen lautet

[2] Anm. d. Übers.: Die Angabe von Temperaturen in eV wird weiter unten erläutert.

$$m_e \frac{\mathrm{d}\boldsymbol{v}_e}{\mathrm{d}t} = -e\boldsymbol{E} = e\nabla\phi\,. \tag{1.1}$$

Dabei ist m_e die Elektronenmasse ($9,1 \cdot 10^{-31}$ kg), $\boldsymbol{v}_e$ der Geschwindigkeitsvektor der Elektronen ($\mathrm{m\,s^{-1}}$), $\boldsymbol{E}$ das elektrische Feld ($\mathrm{Vm^{-1}}$) und ϕ das elektrische Potential (V). Um die Gleichung der Energieerhaltung herzuleiten, multiplizieren wir beide Seiten mit $\boldsymbol{v}_e$:

$$m_e \boldsymbol{v}_e \cdot \frac{\mathrm{d}\boldsymbol{v}_e}{\mathrm{d}t} = \frac{m_e}{2}\frac{\mathrm{d}v_e^2}{\mathrm{d}t} = e\boldsymbol{v}_e\nabla\phi\,. \tag{1.2}$$

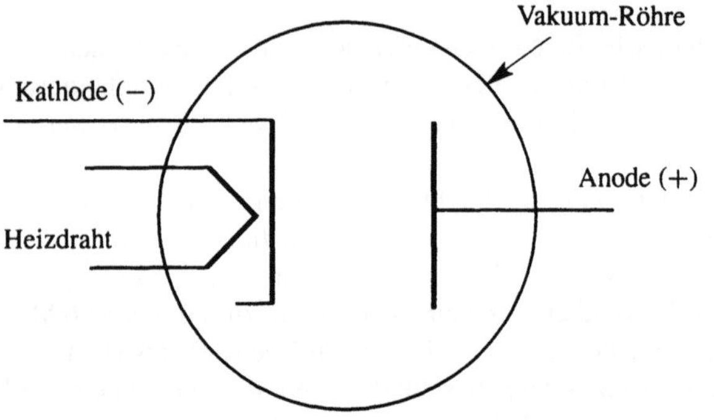

Bild 1.1
Die Vakuumröhre zum Child-Langmuir-Problem

Die totale (oder konvektive) Ableitung längs der Bahn eines Teilchens wird durch

$$\frac{\mathrm{d}}{\mathrm{d}t} := \frac{\partial}{\partial t} + \boldsymbol{v}_e \cdot \nabla \tag{1.3}$$

definiert. Also kann die totale (konvektive) Ableitung des Potentials ϕ längs der Bahn eines Elektrons als Summe eines Terms, der die zeitliche Änderung des Potentials an einem festen Ort beschreibt (die partielle Ableitung $\partial/\partial t$), und eines Terms, der mit den unterschiedlichen Werten von ϕ längs der Bahn zusammenhängt, aufgefaßt werden. Da wir ein konstantes elektrisches Feld betrachten wollen, verschwindet die partielle (nichtkonvektive) Ableitung nach der Zeit. Daraus folgt

$$\frac{\mathrm{d}}{\mathrm{d}t}\left(\frac{m_e v_e^2}{2}\right) = \frac{\mathrm{d}}{\mathrm{d}t}(e\phi) \tag{1.4}$$

oder längs der Bahn eines Elektrons

$$\left(\frac{m_e v_e^2}{2}\right) - e\phi = const. \tag{1.5}$$

Mit Hilfe von (1.5) können wir die Geschwindigkeit der Elektronen zwischen den Elektroden unserer Vakuumröhre berechnen. Wenn wir der Einfachheit halber annehmen, daß an der Kathode $\phi = 0$ gilt (der Nullpunkt von ϕ kann beliebig gewählt werden) und daß die thermische Energie der Elektronen, die aus der Kathode austreten, vernachlässigt werden kann, können wir die Konstante auf der rechten Seite von (1.5) gleich null setzen. Es gilt

$$v_e \approx \sqrt{\frac{2e\phi}{m_e}}\,. \tag{1.6}$$

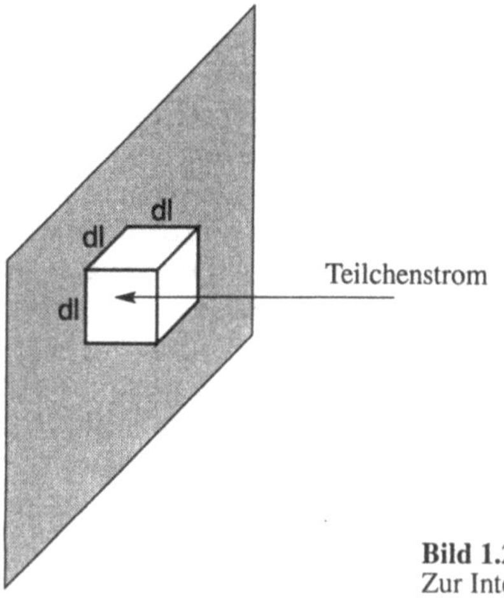

Bild 1.2
Zur Interpretation von $j = -n_e e v_e$

Die Geschwindigkeit v_e ist dabei nicht die Geschwindigkeit einer zufälligen thermischen Bewegung, sondern die Geschwindigkeit eines gerichteten Stroms von Elektronen. Die Geschwindigkeit der einzelnen Elektronen ist gleich der Durchschnittsgeschwindigkeit der „Elektronenflüssigkeit". Dieser Strom von Elektronen, der zwischen den beiden Elektroden der Röhre fließt, hat die Stromdichte $\boldsymbol{j} = -n_e e \boldsymbol{v}_e$ (in A m^{-2}). Hier bezeichnet n_e die Elektronendichte in Anzahl pro m^3. Um diesen Strom besser zu verstehen, ist es hilfreich, sich einen sehr kleinen Würfel mit Kantenlänge dl und Volumen $(dl)^3$ (Bild 1.2) vorzustellen. In diesem Würfel befinden sich $n_e(dl)^3$ Elektronen. Wir stellen uns nun vor, daß der Strom der Elektronen aus einer der Flächen des Würfels heraustritt. Wenn die Elektronen mit der Geschwindigkeit v_e (m s^{-1}) strömen, befinden sich nach dl/v_e Sekunden keine Elektronen mehr in unserem Würfel. Also ist die Ladung en_e $(dl)^3$ in dl/v_e Sekunden durch die Fläche $(dl)^2$ geflossen, d.h. die Stromdichte beträgt en_e $(dl)^3/[(dl/v_e(dl)^2)] = n_e e v_e$ (C $s^{-1}m^{-2}$ = A m^{-2}). Das ist genau unsere Stromdichte von oben.

Wenn wir nun diesen Teilchenstrom über die Oberfläche eines Volumens integrieren, erhalten wir die Anzahl der Teilchen, die dieses Volumen in einer Sekunde verlassen. Also gilt für die zeitliche Änderung der Anzahl von Elektronen in einem Teilvolumen unserer Vakuumröhre

$$\frac{\partial N_e}{\partial t} = -\int_S n_e \boldsymbol{v}_e \cdot d\boldsymbol{S} = 0\,. \tag{1.7}$$

Hier istN_e die Anzahl der Elektronen in dem betrachteten Volumen, und $d\boldsymbol{S}$ ist ein Oberflächenelement des Volumens. Wenn wir diese Gleichung benutzen, nehmen wir an, daß es innerhalb der Röhre keine Quellen und Senken von Elektronen gibt und daß wir einen stationären Zustand erreicht haben. Nach dem Gaußschen Satz kann man diese Beziehung auch schreiben als

$$\frac{\partial n_e}{\partial t} = -\nabla \cdot (n_e \boldsymbol{v}_e) = 0\,. \tag{1.8}$$

Die Poisson-Gleichung lautet

$$\nabla \cdot (\epsilon_0 \nabla \phi) = e n_e\,. \tag{1.9}$$

ϵ_0 ist die Dielektrizitätskonstante des Vakuums und hat den Wert $8{,}85 \cdot 10^{-12}$ $CV^{-1}m^{-1}$.

Um den Strom von Elektronen in unserer Vakuumröhre zu berechnen, müssen wir das Gleichungssystem der Gleichungen (1.6), (1.8) und (1.9) lösen. Bevor wir damit anfangen, wollen wir aber noch eine nützliche Skalenrelation herleiten. Wenn wir eine Lösung des Gleichungssystems haben und ϕ überall mit dem Faktor α multiplizieren, folgt aus Gleichung (1.9), daß auch n_e mit α skaliert werden muß. Aus Gleichung (1.6) folgt, daß $\boldsymbol{v}_e$ mit $\alpha^{1/2}$ skaliert werden muß. Mit Gleichung (1.8) haben wir kein Problem. Wenn in einer Vakuumröhre ausreichend Elektronen zur Verfügung stehen (d.h. der Strom von Elektronen wird nicht durch die Anzahl der aus der Kathode austretenden Elektronen begrenzt), skaliert der Strom in der Röhre mit $\phi^{3/2}$. Diese Tatsache wird als Child-Langmuir-Gesetz bezeichnet.

Was wir hier betrachten, wird auch als „raumladungsbegrenzter" Strom bezeichnet. Falls nicht genügend Elektronen an der Kathode zur Verfügung stehen, ist der Strom niedriger als nach dem Child-Langmuir-Gesetz zu erwarten wäre. Er wird dann als „emissionsbegrenzter" Strom bezeichnet. Für den Spezialfall ebener Elektroden, deren Abstand kleiner ist als ihre Ausdehnung, können wir diese Situation näherungsweise durch eindimensionale Versionen der Gleichungen (1.8)

$$-n_e e v_e = j = const. \tag{1.10}$$

und (1.9)

$$\frac{\mathrm{d}}{\mathrm{d}x}\left(\epsilon_0 \frac{\mathrm{d}\phi}{\mathrm{d}x}\right) = e n_e \tag{1.11}$$

beschreiben. Mit Hilfe von (1.6) folgt nun

$$\epsilon_0 \frac{\mathrm{d}^2\phi}{\mathrm{d}x^2} = e n_e = -\frac{j}{v_e} = -j\sqrt{\frac{m_e}{2e\phi}}\,. \tag{1.12}$$

Diese nichtlineare Gleichung können wir durch den Ansatz $\phi \propto x^\beta$ mit einer Konstanten β lösen. Wenn wir die Potenzen von x auf beiden Seiten der Gleichung betrachten, sehen wir, daß die Gleichung für

$$\beta - 2 = -\frac{\beta}{2} \qquad \text{bzw.} \qquad \beta = \frac{4}{3} \tag{1.13}$$

gelöst wird. Wenn wir nun $\phi = Ax^{4/3}$ in (1.12) einsetzen, erhalten wir

$$\epsilon_0 A^{\frac{1}{3}\cdot\frac{4}{3}} = -j\sqrt{\frac{m_e}{2e\phi}} \tag{1.14}$$

bzw.

$$\phi(x) = \left(\frac{-9j}{4\epsilon_0}\right)^{2/3} \left(\frac{m_e}{2e}\right)^{1/3} x^{4/3}\,. \tag{1.15}$$

Diese Lösung ist für unsere Situation geeignet, in der das Potential an der Kathode null gesetzt ist und so viele Elektronen in der Nähe der Kathode vorhanden sind, daß nur eine sehr geringe Feldstärke benötigt wird, um sie zu beschleunigen. Wir haben die Lösung mit $\mathrm{d}\phi/\mathrm{d}x = 0$ für $\phi = 0$, also bei $x = 0$ gewählt. Um den Zusammenhang von Strom und Spannung in der Vakuumröhre herzuleiten, müssen wir jetzt nur noch einen Schritt machen. Bei $x = L$ (L sei der Abstand der Elektroden) sei das Potential V Volt. Damit können wir (1.15) nach der Stromdichte auflösen:

$$j = \frac{4\epsilon_0}{9L^2}\sqrt{\frac{2e}{m_e}}\,V^{3/2}\,. \tag{1.16}$$

Zum Schluß wollen wir noch die Leistung einer bestimmten Röhre berechnen. Der Abstand der Elektroden sei 0,01 m, ihre Fläche 0,05 m $\times$ 0,2 m = 0,01 m^2. Für einen Spannungsabfall von 50 V erhalten wir einen Strom von nur 8,3 A m^{-2} oder 83 mA. Um in einer Vakuumröhre einen nennenswerten Strom hervorzurufen, wird eine sehr viel höhere Spannung benötigt. Die Elektronenwolke mit einer Dichte von etwa $2 \cdot 10^{13}$ m^{-3} verhindert einen größeren Strom recht wirkungsvoll. Eine Wolframkathode dieser Größe kann übrigens einen Strom in der Größenordnung von Hunderten von Ampere bereitstellen.

1.5 Die Bogenentladung

In unserer Vakuumröhre befindet sich nun eine Elektronenwolke mit Energien bis zu 50 eV. Wir stellen uns jetzt vor, daß wir ein Gas mit $\approx$ 1 Pa in die Röhre einleiten (das ist das 10^{-5}-fache des Atmosphärendrucks). Die von der Kathode kommenden Elektronen stoßen mit den Gasmolekülen zusammen und übertragen so sehr wirkungsvoll Impuls und Energie auf die gebundenen Elektronen der Gasmoleküle. Die typischen Bindungsenergien von Elektronen in den äußeren Schalen eines Atoms liegen bei wenigen eV. Die Elektronen sind also in der Lage, das Gas zu ionisieren. Dadurch enstehen weitere freie Elektronen. Diese „sekundären" Elektronen werden dann durch Stöße mit den von der Kathode kommenden Elektronen aufgeheizt und können ihrerseits wieder freie Elektronen erzeugen. Mit der Zeit stellt sich in dem so erzeugten Bogenentladungsplasma ein thermisches Gleichgewicht zwischen den freien Elektronen und den Ionen ein. Die Gleichgewichtstemperatur entspricht Teilchenenergien von etwa 2 eV. Da die meisten Elektronen – im Gegensatz zum Child-Langmuir-Problem – thermisch sind, haben wir es hier mit einer Geschwindigkeitsverteilung zu tun. Die Energie eines Teils der sekundären Elektronen und die der primären Elektronen ist hoch genug, um weitere Gasmoleküle zu ionisieren. Diese weiter stattfindende Ionisierung gleicht den Verlust von Ionen, die aus dem Plasma herausdriften oder an der Kathode bzw. an den Wänden der Röhre mit Elektronen rekombinieren, aus. Das System befindet sich in einem stationären Zustand. In so einem System können leicht Ionen- und Elektronendichten von 10^{18} m^{-3} erreicht werden.

Wir haben nun eine ganz andere Situation als beim Child-Langmuir-Problem. Die Elektronendichte liegt um fünf Größenordnungen höher, aber der Raumladungseffekt, der den Fluß der Elektronen behindert, ist trotzdem wesentlich geringer. Durch das Plasma – einen guten Leiter – wird der Potentialgradient fast überall zwischen den Platten deutlich vermindert. Nur in der Nähe der Kathode befinden sich keine neutralisierenden Ionen, denn sie werden vom negativen Potential schnell auf die Kathode gezogen. Fast der ganze Potentialabfall geschieht in dieser dünnen Grenzschicht unmittelbar vor der Kathode. Wenn wir uns nun an Gleichung (1.16) erinnern, sehen wir, daß der von der Kathode ausgehende Strom um den Faktor $(L/\lambda_S)^2$ (λ_S ist die Dicke der Grenzschicht) gestiegen sein muß.

Die Strom-Spannungs-Charakteristik eines Plasmas unterscheidet sich deutlich von der Child-Langmuir-Relation. Man kann hier sogar von einem negativen Widerstand sprechen. Der externe Stromkreis, der die Bogenentladung speist, muß einen Widerstand und eine Spannungsquelle enthalten. Wenn man diesen Widerstand verkleinert und dadurch einen größeren Strom durch das Plasma fließen läßt, erhöht sich die Dichte des Plasmas durch die größere Leistung. Das führt nun wiederum dazu, daß die Grenzschicht dünner wird und der Spannungsabfall über

Tabelle 1.1 Typische Parameter von Plasmen im Labor und in der Natur

	Größen-ordnung (m)	Teilchen-dichte (m^{-3})	Elektronen-Temperatur (eV)	Magnet-feld (T)
interstellares Gas	10^{16}	10^{6}	1	10^{-10}
Sonnenwind	10^{10}	10^{7}	10	10^{-8}
Van-Allen-Gürtel	10^{6}	10^{9}	10^{2}	10^{-6}
Ionosphäre	10^{5}	10^{11}	10^{-1}	$3 \cdot 10^{-5}$
solare Corona	10^{8}	10^{13}	10^{2}	10^{-9}
Gasentladung	10^{-2}	10^{18}	2	–
Prozeßplasmen	10^{-1}	10^{18}	10^{2}	10^{-1}
Fusionsexperimente	1	$10^{19} - 10^{20}$	$10^{3} - 10^{4}$	5
Fusionsreaktor	2	10^{20}	10^{4}	5

den Bogen *abnimmt*! Natürlich steigt mit wachsendem Strom die Leistung IV, obwohl die Spannung abnimmt. Diese erstaunliche Situation bleibt bestehen, bis alle Elektronen, die die Kathode verlassen in den Bogen gezogen werden. Der Spannungsabfall kann dabei 10–20 V betragen, der Strom Hunderte von Ampere und die Leistung Tausende von Watt. Wenn man den Strom noch weiter erhöht, ist der Bogen nicht mehr raumladungs-, sondern emissionsbegrenzt. Die Spannung über den Bogen nimmt jetzt mit steigendem Strom zu, weil eine höhere Spannung nötig ist, um mehr Elektronen aus der Kathode zu ziehen.

Wir haben also dadurch, daß wir ein Gas und, als Folge davon, ein Plasma in die Röhre gebracht haben, eine völlig andere physikalische Situation erhalten. Technisch gesehen haben wir nun das Problem, einige Kilowatt an thermischer Leistung, die auf sehr kleinem Raum erzeugt werden, verkraften zu müssen. Vom Standpunkt der Physik aus wollen wir versuchen, den neuen Zustand der Materie, den wir in unserer Röhre erzeugt haben, zu verstehen.

Natürlich müssen wir das Plasma, das wir untersuchen wollen nicht immer selber erzeugen. Die Sonne ist Plasma, ebenso wie die Van-Allen-Gürtel, die die Erde umgeben. Der Sonnenwind ist ein Plasma, das das Sonnensystem durchströmt. Bezüglich dieser Plasmen in unserem Sonnensystem gibt es noch viele offene Fragen. Wodurch wird das Magnetfeld der Sonne erzeugt und warum wechselt es alle 11 Jahre die Orientierung? Wodurch wird die solare Corona auf höhere Temperaturen als die der Sonnenoberfläche aufgeheizt? Wodurch entstehen die magnetischen Stürme mit ihren Schauern von energiereichen Teilchen, die in die Erdatmosphäre eindringen und das Magnetfeld der Erde stören? Auch außerhalb des Sonnensystems spielen Plasmen eine wichtige Rolle. Welche Rolle spielen Magnetfelder in der Dynamik von Galaxien? Man nimmt an, daß die Strahlung von Pulsaren Synchrotronstrahlung ist, die in hoch magnetisierten, rotierenden Neutronensternen entsteht. Welche Folgerungen über die Atmosphäre von Neutronensternen und das interstellare Gas können wir aus diesen Signalen ziehen? Diese Fragen stammen aus zur Zeit sehr aktiven Forschungsgebieten.

In Tabelle 1.1 sind die wichtigsten Parameter einiger in der Natur oder im Labor vorkommender Plasmen gesammelt. Die Bereiche ihrer Temperatur- und Dichteparameter sind in Bild 1.3 dargestellt. Wie wir sehen, gibt es Plasmen von sehr unterschiedlichen Größenordnungen, Teilchendichten und Temperaturen.

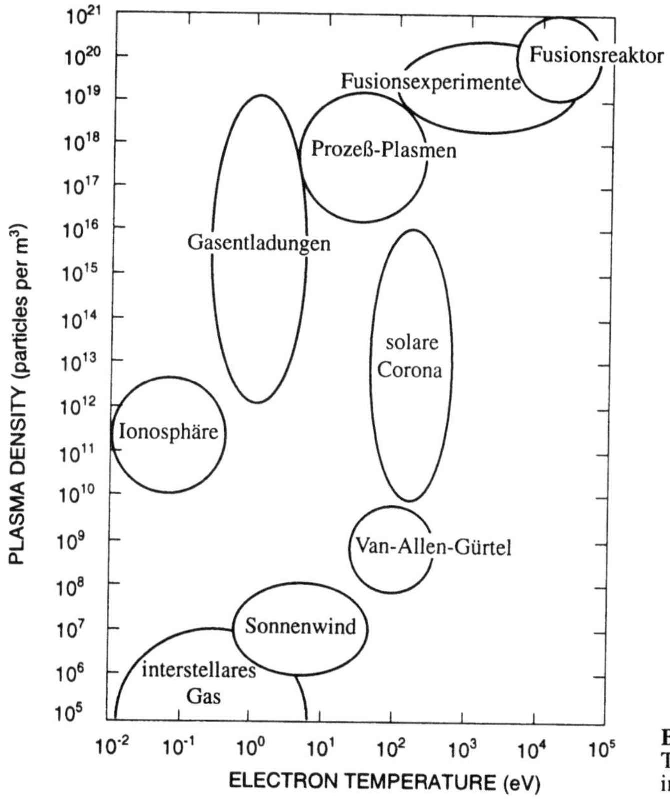

Bild 1.3
Typische Parameter von Plasmen im Labor und in der Natur

1.6 Die thermische Geschwindigkeitsverteilung in einem Plasma

Für die Teilchen eines Plasmas, das sich in der Nähe des Gleichgewichts befindet, d.h. eines Plasmas, in dem die Rate der Teilchenstöße wesentlich höher ist als die Rate, mit der Energie und Teilchen ausgetauscht werden, sollte die Gleichgewichtsthermodynamik die richtige Geschwindigkeitsverteilung liefern. Wir werden hier zunächst annehmen, daß die Geschwindigkeitsverteilung räumlich homogen ist.

Wir wollen nun ein bestimmtes Teilchen ‚r' des Plasmas als von den anderen Teilchen unterscheidbares Teilsystem betrachten. Die quantenmechanischen Effekte, die dazu führen, daß Teilchen nicht unterscheidbar sind, vernachlässigen wir zunächst. Wir betrachten nur klassische Teilchen.

Aufgabe 1.1 Bei welchen Plasmaparametern (Temperaturen und Dichten) sollten quantenmechanische Effekte wichtig werden?

Wir fragen nun, mit welcher Wahrscheinlichkeit P_r sich unser Teilchen in einem bestimmten Zustand der Energie W_r befindet. Das Teilchen kann seine Energie nur durch Wechselwirkung mit anderen Teilchen gewinnen. Wenn W_{tot} die gesamte im Plasma enthaltene Energie ist, muß das verbleibende Teilchenbad also die Energie $W_{tot} - W_r$ haben. Wenn sich bereits eine große

Anzahl von Teilchenstößen ereignet hat, können wir annehmen, daß die Ergodenhypothese der statistischen Mechnik erfüllt ist. Diese Hypothese besagt, daß wir so wenig wie irgend möglich über ein System im Gleichgewicht wissen: das Gesamtsystem befindet sich mit gleicher Wahrscheinlichkeit in allen erreichbaren Mikrozuständen. Um die Wahrscheinlichkeit P_r für unser Teilchen zu bestimmen, müssen wir also die Anzahl von Mikrozuständen berechnen, die das Bad mit der Energie $W_{\text{tot}} - W_r$ einnehmen kann. Sei Ω die Anzahl der Zustände des Gesamtsystems mit der Energie W. Die Temperatur eines Systems wird in der statistischen Mechanik durch die Beziehung

$$\frac{1}{T} := \frac{k\,\mathrm{d}\ln\Omega}{\mathrm{d}W} := \frac{\mathrm{d}S}{\mathrm{d}W} \tag{1.17}$$

definiert. Dabei ist k die Boltzmann-Zahl und die Entropie des Systems ist durch $S = k\ln\Omega$ definiert. Da die Energie eines Teilchens klein ist im Vergleich zur Energie des Bades, können wir folgende Näherung machen:

$$\ln\Omega|_{W_{\text{tot}}-W_r} \approx \ln\Omega|_{W_{\text{tot}}} - \frac{W_r}{kT} \tag{1.18}$$

Wenn wir beide Seiten exponentieren, erhalten wir

$$\Omega|_{W_{\text{tot}}-W_r} \approx \Omega|_{W_{\text{tot}}}\,\mathrm{e}^{-W_r/kT} \tag{1.19}$$

Das ist genau das Ergebnis, das wir haben wollten. Die relative Wahrscheinlichkeit P_r, daß das Teilchen die Energie W_r hat, wird durch den Boltzmann-Faktor $\exp(-W_r/kT)$ angegeben, denn $\Omega|_{W_{\text{tot}}}$ hängt nicht von W_r ab.

Wenn wir zunächst vernachlässigen, daß die Energie des Teilchens auch von seinem Aufenthaltsort abhängen könnte, bedeutet das, daß die relative Wahrscheinlichkeit unseres Teilchens mit der Masse m eine Geschwindigkeit im Bereich $\mathrm{d}v_x\mathrm{d}v_y\mathrm{d}v_z$ um (v_x, v_y, v_z) zu haben, durch

$$\mathrm{e}^{\frac{-m(v_x^2+v_y^2+v_z^2)}{2kT}}\mathrm{d}v_x\mathrm{d}v_y\mathrm{d}v_z \tag{1.20}$$

gegeben ist. Da wir ein beliebiges Teilchen aus dem Bad ausgewählt haben, gilt diese Wahrscheinlichkeitsverteilung auch für alle anderen Teilchen aus dem Bad. Es ist praktisch, eine Phasenraum-Teilchendichte $f(\boldsymbol{x}, \boldsymbol{v})$ zu benutzen, die angibt wieviele Teilchen sich in einem Volumenelement $\mathrm{d}x\mathrm{d}y\mathrm{d}z\mathrm{d}v_x\mathrm{d}v_y\mathrm{d}v_z$ des 6-dimensionalen Phasenraums befinden. Wenn wir f über die drei Geschwindigkeiten $\boldsymbol{v}$ integrieren, erhalten wir die Teilenchdichte n im „physikalischen Raum". Die Einheit von f ist

$$[f] = \mathrm{m}^{-3}(\mathrm{m\,s}^{-1})^{-3} = \mathrm{s}^3\mathrm{m}^{-6}\,. \tag{1.21}$$

Für eine Maxwell-Boltzmann-Verteilung ist f einfach der normierte Boltzmann-Faktor. Wenn wir über $\boldsymbol{v}$ integrieren und

$$\int f\mathrm{d}v_x\mathrm{d}v_y\mathrm{d}v_z = n \tag{1.22}$$

fordern, erhalten wir den Normierungsfaktor. Als normierte Maxwell-Boltzmann- (oder Maxwell-) Verteilung erhalten wir

$$f_M = \frac{n}{(\sqrt{2\pi}\,v_t)^3}\,\mathrm{e}^{-v^2/2v_t^2} \tag{1.23}$$

mit der thermischen Geschwindigkeit

$$v_t := \sqrt{\frac{kT}{m}} . \tag{1.24}$$

In Gleichung (1.24) schreiben wir zum letzten Mal die Boltzmann-Konstante k. Im folgenden werden wir die Boltzmann-Konstante weglassen und z.B. einfach $v_t = (T/m)^{1/2}$ schreiben. Die Boltzmann-Konstante dient dazu, eine Temperatur statt in Grad Kelvin in Einheiten der Energie angeben zu können (Vgl. (1.17)). Für die Plasmaphysik ist es im allgemeinen praktischer, Temperaturen gleich in Einheiten der Energie anzugeben. Bei der Diskussion von Anwendungen wird die Temperatur üblicherweise in der Einheit Elektronen-Volt (eV) angegeben. (Ein eV ist die Energie, die ein Elektron gewinnt, wenn es die Potentialdifferenz von einem Volt durchläuft.) In den Gleichungen, die wir benutzen, z.B. $v_t = (T/m)^{1/2}$, stehen die SI-Einheiten für Geschwindigkeit und Masse. T wird also in J angegeben. Da eine Ladung von einem Coulomb beim Durchlaufen einer Potentialdifferenz von einem Volt *per definitionem* die kinetische Energie von einem Joule gewinnt, ist der Wert eines eV in Joule gleich dem Wert der Ladung eines Elektrons in Coulomb. Anstatt die Temperatur eines Plasmas mit 11600 K anzugeben, sagen wir, daß es die Temperatur 1 eV hat und geben T in SI-Einheiten als $1{,}6 \cdot 10^{-19}$ J an (s. auch Anhang C). In den Gleichungen der Plasmaphysik tauchen häufig Ausdrücke wie T/e oder W/e auf. Wenn wir solche Ausdrücke auswerten, ist es vorteilhaft, die Temperatur oder die Teilchenenergie in der Enheit eV einzusetzen. Ein eV geteilt duch e gibt ein V – wir erhalten das Ergebnis in einer SI-Einheit. Mit anderen Worten: für ein 10 keV Teilchen hat W/e den Wert 10^4 V.

Die durchschnittliche kinetische Energie eines Teilchens einer Maxwell-Verteilung beträgt $\langle W \rangle = (3/2)kT$ – oder in unserer Nomenklatur $\langle W \rangle = (3/2)T$. Das liegt daran, daß die Teilchen in unserer Verteilung drei Freiheitsgrade entsprechend den drei Geschwindigkeitskomponenten (v_x, v_y, v_z) haben. Aus der statistischen Mechanik wissen wir, daß mit jedem Freiheitsgrad die Energie $T/2$ verbunden ist.

Eine wichtige Anwendung der Verteilungsfunktion f ist die Berechnung des Mittelwerts einer Größe X über die Verteilung. Für eine beliebige Größe X ist das Geschwindigkeitsraummittel

$$\langle X \rangle_v = \frac{\int f X \mathrm{d}^3 v}{\int f \mathrm{d}^3 v} = \frac{\int f X \mathrm{d}^3 v}{n} . \tag{1.25}$$

Mit $X = W = mv^2/2$ erhalten wir für die Maxwell-Verteilung $\langle W \rangle_v = (3/2)T$. Wenn wir die mittlere Bewegungsenergie eines Teilchens in einer bestimmten Richtung, z.B. in z-Richtung $W_z = mv_z^2/2$ bestimmen, erhalten wir für die Maxwell-Verteilung $\langle W_z \rangle_v = T/2$. Das Mittel von v_z^2 beträgt T/m bzw. v_t^2 (s. (1.24)). Die Größe v_t, die wir oben definiert haben, ist also gerade der mittlere Betrag der Geschwindigkeit in eine beliebige Richtung. (Vorsicht: In der Literatur taucht auch die alternative Definition $v_t := (2T/m)^{1/2}$ auf.)

Manche Plasmen haben anisotrope Verteilungen, die als „Bi-Maxwellsche“ Verteilungen mit unterschiedlichen Temperaturen in der Richtung des Magnetfelds und senkrecht dazu beschrieben werden können. Das tritt sowohl in der Natur als auch im Labor auf, wenn durch die Art der Plasmaheizung vorzugsweise Energie in einer bestimmten Richtung zugeführt wird oder wenn dem Plasma Energie in einer bestimmten Richtung entzogen wird. Wenn wir in so einem Fall die z-Achse in die Richtung des Magnetfeldes legen, erhalten wir

$$f = \frac{n}{(\sqrt{2\pi}\, v_{t\parallel})(\sqrt{2\pi}\, v_{t\perp})^2}\, \mathrm{e}^{\left(-\frac{v_z^2}{2v_{t\parallel}^2} - \frac{v_x^2+v_y^2}{2v_{t\perp}^2}\right)} \tag{1.26}$$

mit

$$v_{t\parallel} := \sqrt{\frac{T_\parallel}{m}} \qquad v_{t\perp} := \sqrt{\frac{T_\perp}{m}} \tag{1.27}$$

und $\langle W_z \rangle_v = \langle W_\parallel \rangle_v = m\langle v_\parallel^2 \rangle_v/2 = T_\parallel^2/2$, weil die Richtung parallel zum Magnetfeld einem Freiheitsgrad entspricht. Entsprechend definieren wir $v_\perp^2 = v_x^2 + v_y^2$, $\langle W_x \rangle_v = \langle W_y \rangle_v = m\langle v_\perp^2 \rangle_v/4 = T_\perp/2$, weil die Richtung senkrecht zum Magnetfeld zwei Freiheitsgraden entspricht. In einem isotropen Plasma mit $T_\parallel = T_\perp$ gilt $\langle W_\parallel \rangle_v = 2\langle W_\perp \rangle_v$.

Aufgabe 1.2 Zeichnen Sie eine dreidimensionale Auftragung einer Verteilungsfunktion mit $T_\parallel = 2T_\perp$. Zeigen Sie, daß für f aus (1.26) $\int f \mathrm{d}^3 v = n$ gilt.

1.7 Debye-Abschirmung

Um die Maxwell-Boltzmann-Verteilung eines Plasmas besser zu verstehen, haben wir etwas elementare statistische Mechanik herangezogen. Die Maxwell-Boltzmann-Statistik spielt bei vielen Fragestellungen aus der Plasmaphysik eine wichtige Rolle. Das folgende Beispiel ist sogar für die Definition eines Plasmas von entscheidender Bedeutung. Wir betrachten ein Plasma im thermodynamischen Gleichgewicht. In dieses Plasma wird von außen eine Ladung eingebracht. Da sich das Plasma im Gleichgewicht befindet, kann es sich im Vergleich zur Zeit zwischen zwei Stößen eines Teilchens nur sehr langsam verändern. Auf Strecken von der Größenordnung der freien Weglänge kann es keine wesentlichen Temperaturunterschiede geben. Wir nehmen hier an, daß das Plasma bei einer konstanten Temperatur „isothermisch" ist. Wie oben fassen wir die Verteilungsfunktion der Teilchen als ein Wärmebad mit fester Temperatur auf und betrachten ein bestimmtes Teilchen. Im Gegensatz zu oben, kann unser Teilchen jetzt aber sowohl kinetische als auch potentielle Energie haben.

$$W_r = \frac{1}{2} m v^2 + q\phi \tag{1.28}$$

q ist die Ladung des Teilchens ($-e$ für ein Elektron, + Ze für ein Z-fach ionisiertes Atom). Als Boltzmann-Faktor erhalten wir nun

$$\mathrm{e}^{-(mv^2/2+q\phi)/T}\,. \tag{1.29}$$

Die relative Wahrscheinlichkeit, daß das Teilchen eine bestimmte Energie hat, hängt nun über ϕ implizit von seinem Ort ab. Entscheidend ist, daß es im thermischen Gleichgewicht der gleiche Boltzmann-Faktor (mit einer Normierungskonstanten, die nicht vom Ort abängt) ist, der die relativen Wahrscheinlichkeiten und damit auch die relativen Teilchendichten im ganzen Volumen angibt. Wenn wir den Ausdruck über den Geschwindigkeitsraum integrieren, erhalten wir eine räumliche Teilchendichte, die nur vom Boltzmann-Faktor

$$n \sim e^{-q\phi/T} \tag{1.30}$$

abhängt. Physikalisch bedeutet das, daß sich die Elektronen in der Nähe einer positiven Ladung im Plasma sammeln und dadurch das elektrische Feld der Ladung soweit abschirmen, daß es sich nicht über das ganze Plasma ausdehnen kann. Aus dem gleichen Grund werden Ionen von einer positiven Ladung im Plasma „vertrieben" und sammeln sich in der Nähe negativer Ladungen.

Die Entfernung, in der ein elektrisches Feld vollständig abgeschirmt wird, gehört zu den wesentlichen Eigenschaften eines Plasmas. Da diese Reichweite kleiner als die Ausdehnung eines Plasmas ist, ist sie sogar eine der Eigenschaften, die ein Plasma definieren. Diese Reichweite wird auch als Debye-Länge λ_D bezeichnet (Reichweiten wurden zuerst in einer Arbeit von Debye und Hückel für Elektrolyte berechnet). Die zweite definierende Eigenschaft eines Plasmas besteht darin, daß sich in einer Debye-Kugel mit dem Volumen $(4/3)\pi\lambda_D^3$ eine große Anzahl Teilchen befindet. Aus dieser Bedingung folgt, daß die statistische Beschreibung der Debye-Abschirmung gültig ist.

Für ein idealisiertes System kann man die Debye-Länge relativ leicht berechnen. Nehmen wir an, daß wir eine ebene Ladung in ein Plasma einbringen. Die Ionen im Plasma haben die Ladung Ze. Weit entfernt von der Elektrode sind die Dichten von Elektronen und Ionen $n_e = Zn_i := n_\infty$. Diese Randbedingung im Unendlichen stellt sicher, daß das Plasma als Ganzes elektrisch neutral ist und das elektrische Feld endlich bleibt. Der Einfachheit halber setzen wir im Unendlichen $\phi = 0$. Mit den Randbedingungen folgt für den Boltzmann-Faktor

$$n_e(x) = n_{e\infty}\, e^{e\phi/T_e} \qquad Zn_i(x) = n_{e\infty}\, e^{-eZ_i\phi/T_i}\,. \tag{1.31}$$

Um unsere Argumentation allgemein zu halten, lassen wir den Fall $T_e \neq T_i$ zu, aber wir verlangen, daß sowohl T_e als auch T_i räumlich homogen sind. Das bedeutet, daß wir voraussetzen, daß sich die Elektronen und die Ionen untereinander jeweils im thermischen Gleichgewicht befinden, aber nicht notwendigerweise ein Gleichgewicht zwischen den Elektronen und den Ionen besteht. Das mag zwar zunächst unphysikalisch erscheinen, kommt aber in realen Plasmen häufig vor, da wegen der großen Massenunterschiede die Energieübertragung durch Stöße zwischen den Elektronen und den Ionen deutlich langsamer ist als die Energieübertragung unter den Elektronen bzw. Ionen. Mit dieser Frage werden wir uns im dritten Teil des Buches beschäftigen. In der Zwischenzeit ist es vielleicht hilfreich, sich ein durch Stöße hergestelltes Gleichgewicht in einem System aus Tischtennisbällen und Autoscootern vorzustellen. Die Tischtennisbälle und die Autoscooter werden zunächst jeweils untereinander in ein Gleichgewicht kommen, weil in ihren Stößen untereinander sehr wirksam Energie und Impuls ausgetauscht werden. Bis die Bälle und die Scooter miteinander im Gleichgewicht stehen, wird deutlich mehr Zeit vergehen, weil mit jedem Stoß nur eine kleine Menge Energie übertragen werden kann.

Die Poisson-Gleichung für eine eindimensionale ebene Geometrie lautet

$$\epsilon_0 \frac{d^2\phi}{dx^2} = e(n_e - Zn_i) = en_{e\infty}[\, e^{e\phi/T_e} - e^{-eZ\phi/T_i}]\,, \tag{1.32}$$

dabei ist ϵ_0 (wie oben) die Dielektrizitätskonstante des Vakuums. In der Nähe der Elektrode, wo $e\phi/T$ groß sein kann, ist diese Gleichung schwer zu lösen. Aber wir können uns eine qualitative Vorstellung von der Lösung verschaffen, indem wir annehmen, daß $e\phi/T$ klein ist und die Exponentialfunktion nach $e\phi/T$ entwickeln. Aus Gleichung (1.32) wird dann

$$\epsilon_0 \frac{d^2\phi}{dx^2} \approx en_{e\infty}\left(\frac{e\phi}{T_e} + \frac{eZ\phi}{T_i}\right) \tag{1.33}$$

bzw.

$$\epsilon_0 \frac{d^2\phi}{dx^2} \approx \frac{e^2 n_{e\infty}(1 + ZT_e/T_i)}{\epsilon_0 T_e}\phi\,. \tag{1.34}$$

Diese Gleichung können wir lösen und erhalten so die charakteristische Reichweite, die wir suchen,

$$\phi \approx e^{-x/\lambda_D} \tag{1.35}$$

mit

$$\lambda_D := \sqrt{\frac{\epsilon_0 T_e}{e^2 n_{e\infty}(1 + ZT_e/T_i)}}\,. \tag{1.36}$$

In der Definition der Debye-Länge wird der Term, der von der Ionen stammt, häufig weggelassen. Man erhält dann $\lambda_D = \left(\epsilon_0 T_e/e^2 n_{e\infty}\right)^{1/2}$. Für typische Laborplasmen ist die Debye-Länge recht klein. Für eine Bogenentladung über 3 eV mit einer Dichte von 10^{19} m^{-3} ist $\lambda_D \approx 3 \cdot 10^{-6}$ m. Die Anzahl der Teilchen in der Debye-Kugel beträgt etwa 1000. Unsere statistische Betrachtung ist also gerechtfertigt.

Aufgabe 1.3 Leiten Sie Gleichung (1.34) für eine kugelförmige Ladung in einem Plasma in Kugelkoordinaten her. Zeigen Sie, daß diese Gleichung durch $\phi \propto \exp(-r/\lambda_D)/r$ gelöst wird.

Aufgabe 1.4 Der typische Abstand zweier Elektronen in einem Plasma ist von der Größenordnung $n_e^{-1/3}$. Zeigen Sie, daß (falls $n_e\lambda_D^3 \gg 1$ ist) viel weniger Energie gebraucht wird, um zwei Elektronen so nahe zusammenzubringen als die typische kinetische Energie der Elektronen in einem Plasma.

1.8 Materialproben in einem Plasma

Bei unserer Diskussion der Debye-Abschirmung haben wir die Wirkung einer lokalisierten Ladung auf ein Plasma im Gleichgewicht betrachtet. Wir haben dabei aber keine Rücksicht auf die Stöße des Plasmas mit dem Ladungsträger genommen. Wenn man eine echte Materialprobe in ein Plasma bringt, ergibt sich eine völlig andere Situation. Eine echte Probe unterbricht die Teilchenbahnen und bringt daher das Plasma in ihrer Nähe aus dem Gleichgewicht. Wenn die Probe im Vergleich zum Plasma mit einem Potential $\phi \ll -T_e/e$ negativ geladen ist, wird es nur wenige Stöße mit Elektronen geben, weil die meisten Elektronen die Probe nicht erreichen können. Die Elektronen werden also in der Nähe des Gleichgewichts sein und es wird weiterhin $n_e \approx n_{e\infty}\exp(e\phi/T)$ gelten. Um die Probe herum wird sich eine Grenzschicht ausbilden, deren Dicke von der Debye-Länge abhängt und in der es eine exponentiell zur Probe hin abnehmende Elektronendichte gibt. Die Ionen werden durch diese Schicht hindurch beschleunigt und treffen auf die Probe. Für den Fall kalter Ionen $T_i \ll T_e$ kann man die Ionendichte wie beim Child-Langmuir-Problem am Anfang dieses Kapitels berechnen. Im Gegensatz zur Elektronendichte, die in der Nähe einer negativ geladenen Probe exponentiell abfällt, nimmt die Ionendichte mit $\phi^{-1/2}$ (vgl. (1.12)) deutlich langsamer ab. Die Ionendichte wird trotz der negativen

Ladung der Probe *nicht* erhöht, weil die Anzahl der Ionen durch Stöße mit der Probe verringert wird. Die Stromdichte der Ionen in Richtung auf eine negativ geladene Probe beträgt in einem Plasma mit $Z = 1$ etwa $j_i \approx n_{i\infty} e C_s$. C_s ist die sogenannte „Ionenschallgeschwindigkeit" $C_s := [(T_e + T_i)/m_i]^{1/2}$. Sie spielt eine Rolle, wenn sowohl die Ionentemperatur als auch Elektronentemperatur die Bewegung der Ionen beeinflußen. (Im 4. Teil des Buches wird uns C_s im Zusammenhang mit Schallwellen wieder begegnen.) Dieser Strom heißt Ionensättigungsstrom $j_{\text{sat},i}$, weil der Strom gegen einen Sättigungswert strebt, wenn man die negative Ladung der Probe erhöht. Die Dicke der Grenzschicht erhöht sich, wenn das Potential der Probe negativer wird um genau so viel, daß der Child-Langmuir-Strom den konstanten Wert $j_{\text{sat},i}$ erreicht.

Aufgabe 1.5 Führen Sie eine Child-Langmuir-Berechnung für die Grenzschicht an einer Probe durch. Benutzen Sie einen Elektron-Elektron-Abstand von $\lambda_D = \left(\epsilon_0 T_e / e^2 n_{e\infty}\right)^{1/2}$ und einen Potentialabfall von $e\phi = -T_e$, um die Dicke der Grenzschicht zu bestimmen. Setzen Sie $T_i = 0$. Sie können annehmen, daß die Elektronendichte in der Grenzschicht vernachlässigbar ist und daß Sie die Child-Langmuir-Berechnung auch auf die Ionen anwenden können. Bestimmen Sie die Stromdichte j_i durch diese idealisierte Grenzschicht.

Der Strom von Elektronen auf eine Probe hängt exponentiell vom Potential der Probe ab, da die Elektronendichte an der Oberfläche der Probe exponentiell von $e\phi/T$ abhängig ist und der Teilchenstrom einer Maxwell-Boltzmann-Verteilung gegen eine Begrenzung durch $\Gamma[\text{Teilchen s}^{-1}\text{m}^{-2}] = n_e(8T_e/\pi m_e)^{1/2} \propto n_e v_{t,e}$ gegeben ist. In einem Wasserstoffplasma ist ein Potential von $e\phi \sim 3{,}3\, T_e$ nötig, um den Elektronenstrom zur Probe auf das Niveau des Ionenstroms zu reduzieren. Dieses Potential wird als „End-Potential" bezeichnet weil das Potential einer Probe, die keinen Nettostrom erhält, sich auf diesen Wert einstellt. Ein so hohes Potential wird natürlich nur benötigt, weil $v_{t,e} \sim C_s(m_i/m_e)^{1/2}$, d.h. wenn die Probe nicht negativ geladen ist, ist der Betrag des Elektronenstroms weit größer als $j_{\text{sat},i}$.

Ein-Teilchen-Bewegung

In diesem Teil des Buches werden wir die Bewegung von geladenen Teilchen in Magnetfeldern, in elektrischen Feldern und im Gravitationsfeld betrachten. Sowohl natürliche als auch im Labor erzeugte Plasmen befinden sich häufig in starken äußeren Magnetfeldern. Das liegt daran, daß diese Felder die Bewegung geladener Teilchen (und auch von Plasmen) zumindest in der Richtung senkrecht zum Magnetfeld begrenzen. Magnetfelder und elektrische Felder werden auch durch Ströme und Ladungshäufungen innerhalb von Plasmen erzeugt. Also muß man die Dynamik der Bewegung geladener Teilchen in solchen Feldern verstehen, um die Dynamik von Plasmen zu begreifen.

Wir beginnen in Kapitel 2 damit, indem wir die Bewegung von Teilchen in homogenen, statischen Feldern untersuchen. In Kapitel 3 führen wir räumliche Gradienten ein. Zeitabhängige Felder und Erhaltungsgrößen der Teilchenbewegung werden im vierten Kapitel diskutiert. Im fünften Kapitel behandeln wir die nicht lineare Theorie chaotischer Teilchenbewegungen mit Hilfe von Hamiltonschen Abbildungen.

2 Die Bewegung von Teilchen in homogenen Feldern

Viele Plasmen befinden sich in äußeren Magnet- und/oder elektrischen Feldern. Außerdem können Plasmen eigene Magnetfelder erzeugen. Daher betrachten wir in diesem Kapitel, als ersten Schritt zum Verständnis der Plasmadynamik, geladene Plasmen in einem homogenen Feld. Wir werden dabei die elementarsten Eigenschaften eines magnetisierten Plasmas kennenlernen. Zusätzlich führen wir einige der mathematischen Methoden ein, die wir in diesem Buch benötigen.

2.1 Die Gyrationsbewegung

Die Bewegungsgleichung für ein geladenes Teilchen in einem Magnetfeld lautet

$$m\dot{\boldsymbol{v}} = q\boldsymbol{v} \times \boldsymbol{B} \tag{2.1}$$

dabei ist q die Ladung des Teilchens (mit Vorzeichen). Wenn $\hat{z}$ in Richtung des Magnetfeldes zeigt (d.h. $\boldsymbol{B} = B\hat{z}$ oder auch $\hat{z} = \hat{\boldsymbol{b}} = \boldsymbol{B}/B$) gilt

$$\dot{v}_x = q v_y B/m \tag{2.2}$$

$$\dot{v}_y = -q v_x B/m \tag{2.3}$$

$$\dot{v}_z = 0\,. \tag{2.4}$$

Um die Bahn eines bestimmten Teilchens zu berechnen, müssen wir Anfangsbedingungen bei $t = 0$ vorgeben. Wir wählen $x = x_i$, $y = y_i$, $z = z_i$, $v_x = v_{xi}$, $v_y = v_{yi}$, $v_z = v_{zi}$. Wenn wir beide Seiten von (2.2) nach der Zeit ableiten, können wir $\dot{v}_y$ aus (2.3) einsetzen und erhalten

$$\frac{\mathrm{d}^2 v_x}{\mathrm{d}t^2} = -\left(\frac{qB}{m}\right)^2 v_x\,. \tag{2.5}$$

Mit $\omega_c := |q|B/m$ können wir die Lösungen dieser Gleichung als

$$v_x = A\cos(\omega_c t) + B\sin(\omega_c t) \tag{2.6}$$

schreiben. A und B sind Integrationskonstanten. ω_c wird als „Zyklotronfrequenz" (oder auch „Larmor-Frequenz" oder „Gyrationsfrequenz") bezeichnet und ist eine der wichtigsten Größen in einem magnetisierten Plasma. An dieser Stelle ist es praktisch, eine komplexe Notation einzuführen und Gleichung (2.6) als

$$v_x = \mathrm{Re}[A\,\mathrm{e}^{\mathrm{i}\omega_c t}] - \mathrm{Re}[B\mathrm{i}\,\mathrm{e}^{\mathrm{i}\omega_c t}] = \mathrm{Re}[(A - \mathrm{i}B)\,\mathrm{e}^{\mathrm{i}\omega_c t}] = \mathrm{Re}\big([v_\perp\,\mathrm{e}^{\mathrm{i}\delta}]\,\mathrm{e}^{\mathrm{i}\omega_c t}\big) = \mathrm{Re}[v_\perp]\,\mathrm{e}^{\mathrm{i}\omega_c t + \mathrm{i}\delta} \tag{2.7}$$

zu schreiben, wobei Re für den Realteil des darauffolgenden Ausdrucks steht, $v_\perp$ der Betrag der Geschwindigkeit senkrecht zum Magnetfeld und δ ein Phasenwinkel ist. Die Größen $v_\perp$ und δ sind jetzt unsere Integrationskonstanten. (Wir lassen ab jetzt das Re weg, weil ohnehin klar ist, daß wir reelle Größen betrachten.) In dieser Schreibweise sind $v_\perp$ und δ so gewählt, daß die Anfangsbedingungen für die Geschwindigkeit erfüllt werden. Aus Gleichung (2.2) wird

$$v_y = \mathrm{i}\frac{|q|}{q} v_\perp \, \mathrm{e}^{\mathrm{i}\omega_\mathrm{c} t + \mathrm{i}\delta} = \pm \mathrm{i} v_\perp \, \mathrm{e}^{\mathrm{i}\omega_\mathrm{c} t + \mathrm{i}\delta} \tag{2.8}$$

dabei wird durch $\pm$ das Vorzeichen von q berücksichtigt. Aus den Anfangsbedingungen folgt nun $v_\perp = (v_{xi}^2 + v_{yi}^2)^{1/2}$ und $\delta = \mp \arctan(v_{yi}/v_{xi})$ (das obere Vorzeichen gilt für positive q). Der Phasenwinkel zwischen v_x und v_y beträgt 90°, wir haben also eine Kreisbewegung in der $x-y$-Ebene. Aus (2.4) folgt, daß v_z konstant ist. Das Teilchen vollführt also eine Spiralbewegung in Richtung von $\boldsymbol{B}$. Wenn wir (2.4), (2.7) und (2.8) nach der Zeit integrieren erhalten wir

$$\begin{aligned} x &= x_i - \mathrm{i}\frac{v_\perp}{\omega_\mathrm{c}}(\mathrm{e}^{\mathrm{i}\omega_\mathrm{c} t + \mathrm{i}\delta} - \mathrm{e}^{\mathrm{i}\delta}) \\ y &= y_i \pm \frac{v_\perp}{\omega_\mathrm{c}}(\mathrm{e}^{\mathrm{i}\omega_\mathrm{c} t + \mathrm{i}\delta} - \mathrm{e}^{\mathrm{i}\delta}) \\ z &= z_i + v_{zi} t \, , \end{aligned} \tag{2.9}$$

dabei sind die Integrationskonstanten so gewählt, daß die Anfangsbedingungen für die Orte erfüllt sind.

Offensichtlich ist $r_\mathrm{L} := v_\perp/\omega_\mathrm{c}$, der Larmor-Radius oder auch Gyrationsradius, eine weitere bestimmende Größe für ein magnetisiertes Plasma. Er ist der Radius der Spirale, auf der das Teilchen in Richtung des Magnetfeldes fliegt. Bild 2.1 zeigt annähernd maßstabsgetreu die Radien der Bahnen eines Elektrons und eines Protons bei gleicher Teilchenenergie $W = mv_\perp^2/2$. Das Verhältnis der Radien ist die Wurzel aus dem Verhältnis von Protonenmasse und Elektronenmasse $\sqrt{1837} \approx 43$. $v_\perp$ ist proportional zu $(W/m)^{1/2}$ und ω_c ist proportional zu $1/m$. Daraus folgt, daß r_L proportional zu $(mW)^{1/2}$ ist.

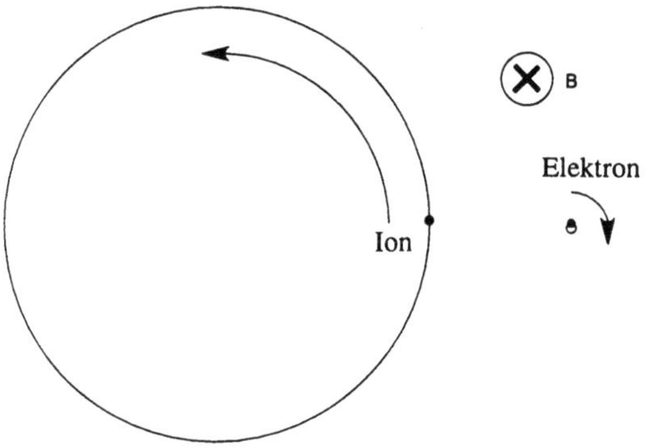

Bild 2.1
Gyrationsbewegung eines Elektrons und eines Ions im Magnetfeld. Bei gleicher Energie ist der Radius der Bewegung des Ions viel größer als der der Bewegung des Elektrons. X soll andeuten, daß das Magnetfeld in die Papierebene zeigt.

Die Achsen der Spiralbahnen werden als „Führungszentren" oder auch als „Gyrationsachsen" bezeichnet. Der mittlere Aufenthaltsort eines Teilchens liegt im Führungszentrum. Wenn wir (2.9) über eine Gyrationsperiode mitteln, erhalten wir mit den Anfangsbedingungen von oben als Gleichungen für das Führungszentrum

$$x_\mathrm{Fz} = x_i + \mathrm{i}\frac{v_\perp}{\omega_\mathrm{c}} \mathrm{e}^{\mathrm{i}\delta} \qquad y_\mathrm{Fz} = y_i \mp \frac{v_\perp}{\omega_\mathrm{c}} \mathrm{e}^{\mathrm{i}\delta} \, . \tag{2.10}$$

Für den Ort des Teilchens gilt damit

$$
\begin{aligned}
x &= x_{\mathrm{Fz}} - \mathrm{i}\frac{v_\perp}{\omega_\mathrm{c}}\,\mathrm{e}^{\mathrm{i}\omega_\mathrm{c}t+\mathrm{i}\delta} \\
y &= y_{\mathrm{Fz}} - \pm\frac{v_\perp}{\omega_\mathrm{c}}\,\mathrm{e}^{\mathrm{i}\omega_\mathrm{c}t+\mathrm{i}\delta} \\
z &= z_{\mathrm{Fz}} = z_i + v_{zi}t\,.
\end{aligned}
\tag{2.11}
$$

Wir können uns also vorstellen, daß die Führungszentren der Teilchen auf den magnetischen Feldlinien entlang gleiten wie Perlen auf einem Draht. Die Ionen und Elektronen umkreisen die Feldlinien in entgegengesetzten Richtungen. Das obere Vorzeichen gilt dabei für positiv geladene Teilchen. Wenn man mit beiden Daumen in Richtung der magnetischen Feldlinien zeigt, zeigen die gekrümmten Finger der linken Hand in Richtung der Rotation positiver Teilchen und die der rechten Hand in Richtung der Rotation der Elektronen. Für beide gilt, daß die kleine Störung des Magnetfeldes, die das Teilchen durch seinen Strom verursacht, das umgebende Magnetfeld abschwächt. In Hochdruckplasmen wird ein äußeres Magnetfeld durch die Überlagerung dieser „diamagnetischen" Effekte einer großen Anzahl von Teilchen deutlich abgeschwächt.

Die Larmor-Radien und Gyrationsfrequenzen der Ionen und Elektronen liefern wichtige zeitliche und räumliche Längenskalen für ein magnetisiertes Plasma. Effekte, deren Zeit- bzw. Längenskalen wesentlich kleiner als der Larmor-Radius bzw. die Gyrationsfrequenz sind, sind häufig unempfindlich gegenüber dem äußeren Magnetfeld. Solche Effekte können durch die Gleichungen für ein unmagnetisiertes Plasma beschrieben werden. Im entgegengesetzten Fall großer Zeit- und Längenskalen ist die Gyrationsbewegung wesentlich für das Verhalten eines Plasmas und führt zu einigen überraschenden Effekten, vergleichbar mit dem Verhalten eines Kreisels, der auf den Versuch die Orientierung seiner Achse durch ein Drehmoment zu ändern dadurch reagiert, daß seine Achse sich in der Richtung senkrecht zum Drehmoment bewegt. Einige Plasmaeffekte, insbesondere solche in der Magnetosphäre der Erde, spielen sich auf mittleren Längenskalen ab. Hier kann man die Elektronen als magnetisiert behandeln, während die Ionen im wesentlichen unmagnetisiert sind. Wenn wir Teilchenbewegungen diskutieren, werden wir im allgemeinen Längenskalen, die viel größer als die Larmor-Radien und Zeitskalen, die viel größer als die Gyrationsperioden sind betrachten. Wenn nicht, werden wir ausdrücklich darauf hinweisen.

Aufgabe 2.1 Schauen Sie sich Artikel in Physical Review Letters, Plasma Physics oder Physics of Fluids B (inzwischen Physics of Plasmas) oder anderen Zeitschriften an und finden Sie jeweils mindestens einen Artikel über Laborplasmen, solare Plasmen, terrestrische Plasmen und astrophysikalische Plasmen in einem äußeren Magnetfeld. Notieren Sie die Literaturstelle und eine kurze Beschreibung des Artikels. Falls Sie die dazu nötigen Informationen finden, berechnen Sie für diese Plasmen den Larmor-Radius und den Debye-Radius (ohne Ionenabschirmung). Vergleichen Sie diese mit der Größe des Gesamtsystems. Berechen Sie jeweils, wieviele Teilchen sich in einer Debye-Kugel befinden. Berechnen Sie die Larmor-Frequenzen für Ionen und Elektronen und vergleichen Sie diese mit der Zeitskala der Entwicklung des gesamten Plasmas. Bei welchen dieser Systeme handelt es sich wirklich um Plasmen? Welche Plasmen kann man zu Recht als magnetisierte Plasmen bezeichnen?

2.2 Homogenes B- und E-Feld: E×B-Drift

Zusätzlich zu dem oben betrachteten Feld $\boldsymbol{B} = B\hat{z}$ betrachten wir nun ein homogenes elektrisches Feld $\boldsymbol{E}$. Wir nehmen dabei an, daß sowohl das elektrische als auch das Magnetfeld zeitlich konstant sind. Die nichtrelativistische Bewegungsgleichung lautet nun

$$m\dot{\boldsymbol{v}} = q(\boldsymbol{E} + \boldsymbol{v} \times \boldsymbol{B}) . \tag{2.12}$$

Um diese Gleichung schnell zu lösen, werden wir eine mathematische Transformation benutzen, deren tieferer Sinn sich erst später zeigen wird. Wir definieren eine neue Geschwindigkeit $\boldsymbol{u}$ durch

$$\boldsymbol{u} = \boldsymbol{v} - \frac{\boldsymbol{E} \times \boldsymbol{B}}{B^2} . \tag{2.13}$$

$\boldsymbol{u}$ ist also die Teilchengeschwindigkeit, die wir in einem Koordinatensystem, das sich mit der Geschwindigkeit $(E \times \boldsymbol{B})/B^2$ bewegt, messen würden. Da sowohl $\boldsymbol{E}$ als auch $\boldsymbol{B}$ zeitunabhängig sind, gilt $\dot{\boldsymbol{u}} = \dot{\boldsymbol{v}}$. Wenn wir in (2.12) $\boldsymbol{v}$ durch $\boldsymbol{u}$ ersetzen, erhalten wir als Gleichung für $\boldsymbol{u}$

$$m\dot{\boldsymbol{u}} = q[\boldsymbol{E} + \boldsymbol{u} \times B + \frac{\boldsymbol{E} \times \boldsymbol{B} \times \boldsymbol{B}}{B^2}] . \tag{2.14}$$

Mit Hilfe der Vektoridentität

$$(\boldsymbol{A} \times \boldsymbol{B}) \times \boldsymbol{C} = \boldsymbol{B}(\boldsymbol{A} \cdot \boldsymbol{C}) - \boldsymbol{A}(\boldsymbol{B} \cdot \boldsymbol{C}) \tag{2.15}$$

(s. Anhang D) erhalten wir

$$m\dot{\boldsymbol{u}} = q[\boldsymbol{E} + \boldsymbol{u} \times \boldsymbol{B} + \frac{\boldsymbol{E} \times \boldsymbol{B} \times \boldsymbol{B}}{B^2}] = q[\hat{\boldsymbol{b}}(\boldsymbol{E} \cdot \hat{\boldsymbol{b}}) + \boldsymbol{u} \times \boldsymbol{B}] . \tag{2.16}$$

Um eine Gleichung für die Geschwindigkeitskomponente in Richtung von $\boldsymbol{B}$ zu erhalten, bilden wir das Skalarprodukt von (2.16) mit $\hat{\boldsymbol{b}}$. Wir erhalten

$$m\dot{u}_{\|} = qE_{\|} \tag{2.17}$$

mit den Definitionen

$$u_{\|} = \boldsymbol{u} \cdot \hat{\boldsymbol{b}} \qquad E_{\|} = \boldsymbol{E} \cdot \hat{\boldsymbol{b}} \qquad v_{\|} = \boldsymbol{v} \cdot \hat{\boldsymbol{b}} . \tag{2.18}$$

Aus (2.13) folgt ferner $v_{\|} = u_{\|}$. Daher ist die Lösung der Gleichung für $v_{\|}$ die freie Bewegung in einem elektrischen Feld

$$v_{\|} = \frac{qE_{\|}}{m}t + v_{\|i} . \tag{2.19}$$

Um eine Gleichung für die Geschwindigkeitskomponenten senkrecht zu $\boldsymbol{B}$ zu erhalten, multiplizieren wir beide Seiten von (2.17) mit $\hat{\boldsymbol{b}}$ und ziehen das Ergebnis von (2.16) ab. Dies führt zu

$$m\dot{\boldsymbol{u}}_{\perp} = q\boldsymbol{u}_{\perp} \times \boldsymbol{B} , \tag{2.20}$$

mit den Bezeichnungen $\boldsymbol{u}_{\perp} := u - u_{\|}\hat{\boldsymbol{b}}$, $\boldsymbol{E}_{\perp} := E - E_{\|}\hat{\boldsymbol{b}}$ und $\boldsymbol{v}_{\perp} := u - v_{\|}\hat{\boldsymbol{b}}$.

Wir erhalten also in der Richtung senkrecht zu $\hat{\boldsymbol{b}}$ für $\boldsymbol{u}$ genau die gleiche Gleichung wie für $\boldsymbol{v}$ ohne ein elektrisches Feld, d.h. Gleichung (2.11). Wie wir gesehen haben, folgt aus der Lösung dieser Gleichung, daß das Führungszentrum sich in der Ebene senkrecht zu $\boldsymbol{B}$ nicht bewegt. Ferner wissen wir, daß das Führungszentrum mit der Geschwindigkeit $v_\parallel = u_\parallel$ längs der Feldlinien von $\boldsymbol{B}$ gleitet (Gl. (2.19)). Also sehen wir in dem Koordinatensystem, das sich mit der Geschwindigkeit $(E \times \boldsymbol{B})/B^2$ bewegt, nur eine Bewegung des Führungszentrums parallel zu $\boldsymbol{B}$. Im Laborsystem erhalten wir

$$\boldsymbol{v}_{\mathrm{Fz}} = v_\parallel \hat{\boldsymbol{b}} + \frac{\boldsymbol{E} \times \boldsymbol{B}}{B^2} = v_\parallel \hat{\boldsymbol{b}} + \boldsymbol{v}_E \,. \tag{2.21}$$

Die Geschwindigkeit $\boldsymbol{v}_E := (\boldsymbol{E} \times \boldsymbol{B})/B^2$ wird als **E** × **B**-Drift bezeichnet. In SI-Einheiten kann man diese Drift sehr bequem berechnen: $\boldsymbol{E}$ hat die Einheit Volt/Meter, $\boldsymbol{B}$ die Einheit Tesla, folglich wird $\boldsymbol{v}_E$ in Meter/Sekunde angegeben. Beachten Sie, daß $\boldsymbol{v}_E$ von $q, m, v_\parallel$ und $v_\perp$ unabhängig ist. Das bedeutet, daß das gesamte Plasma mit der gleichen Geschwindigkeit durch die äußeren elektrischen und magnetischen Felder driftet.

Die Transformation, die wir benutzt haben, um die Bewegungsgleichungen zu vereinfachen, ist eine vereinfachte Version einer Lorentz-Transformation, nämlich die sogenannte Galilei-Transformation. Wir haben mit Hilfe des $\boldsymbol{B}$-Feldes das $\boldsymbol{E}$-Feld in einem bewegten Bezugssystem eliminiert. Diese Lorentz-Transformation ist natürlich für alle Teilchen die gleiche, also driftet das gesamte Plasma mit $\boldsymbol{v}_E$ gegenüber einem Plasma ohne $\boldsymbol{E}$-Feld. Da wir hier die nicht relativistische Bewegungsgleichung benutzen, ist die Lorentz-Transformation besonders einfach. Die Näherung, die wir hier verwenden, ist äquivalent zu $\gamma = [1 - (v/c)^2]^{-1/2} \approx 1$ bzw. $(v/c)^2 \ll 1$.

Um sich ohne Benutzung der Lorentz-Transformation ein physikalisches Bild der $\boldsymbol{E} \times \boldsymbol{B}$-Drift zu machen, überlegt man sich, daß die Teilchen auf einem Teil der Spiralbahn vom elektrischen Feld beschleunigt und auf dem anderen Teil gebremst werden. Wegen dieser Beschleunigungen und Abbremsungen ist der Krümmungsradius der Spiralbahn auf der Seite, auf der die Teilchen eine höhere kinetische Energie haben, etwas größer als auf der anderen Seite, denn dort haben die Teilchen eine etwas kleinere kinetische Energie, weil sie gegen das Potential anlaufen müssen. Daraus folgt eine Drift senkrecht zu $\boldsymbol{E}$. Dieser Zusammenhang wird in Bild 2.2 dargestellt.

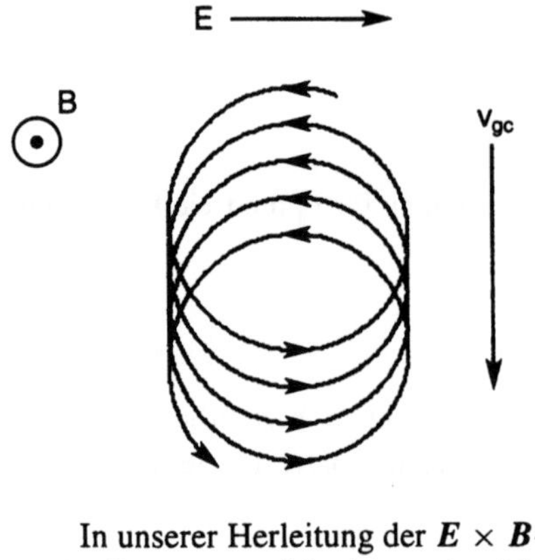

Bild 2.2
Die $\boldsymbol{E} \times \boldsymbol{B}$-Drift von Elektronen. Die linken Hälften der Bahnen sind weniger gekrümmt als die rechten, weil das Teilchen durch das elektrische Feld beschleunigt wird. Der Punkt deutet an, daß das Magnetfeld aus der Papierebene herauszeigt.

In unserer Herleitung der $\boldsymbol{E} \times \boldsymbol{B}$-Drift haben wir übrigens keine Annahme über die relative Größe von v und $|\boldsymbol{v}_E|$ benötigt. Man kann den Führungszentrumsformalismus auch für den Fall, daß $|\boldsymbol{v}_E|$ von der gleichen Größenordnung wie v ist, entwickeln (die Terme werden dann allerdings etwas komplizierter). Im folgenden werden wir stets $|\boldsymbol{v}_E| \ll v$ annehmen.

2.3 Die Gravitationsdrift

Wir können die Ergebnisse, die wir für die Coulomb-Kraft hergeleitet haben, auf jede andere einfache Kraft übertragen, die auf die geladenen Teilchen in einem Plasma wirkt. Wenn wir insbesondere an ein Plasma im Magnetfeld der Erde denken, stellt sich die Frage, welchen Einfluß die Schwerkraft der Erde ausübt. Um das herauszufinden, können wir einfach in der Bewegungsgleichung und in ihrer Lösung (d. h. in der Definition von $\boldsymbol{u}$) die durch das elektrische Feld ausgeübte Kraft $q\boldsymbol{E}$ durch eine allgemeinere Kraft $\boldsymbol{F}$ ersetzen. Für die Drift des Führungszentrums erhalten wir dadurch

$$\boldsymbol{v}_F = \frac{\boldsymbol{F} \times \boldsymbol{B}}{qB^2} \tag{2.22}$$

und für den Fall der Gravitation mit $\boldsymbol{F} = m\boldsymbol{g}$

$$\boldsymbol{v}_g = m\frac{\boldsymbol{g} \times \boldsymbol{B}}{qB^2} \,. \tag{2.23}$$

Diese Drift wird üblicherweise als Gravitationsdrift bezeichnet.

Im Gegensatz zu $\boldsymbol{v}_E$ hängt $\boldsymbol{v}_g$ von m und q ab. Ein Gravitationsfeld induziert also einen Strom in einem Plasma. Die Ionen driften in die eine Richtung, die Elektronen in die andere. Da aber die Ionen viel schwerer sind, driften sie viel schneller. In einem endlichen Plasma führt dieser Strom zu einer Ladungstrennung. Im allgemeinen ist die Gravitationsdrift $\boldsymbol{v}_g$ sehr klein. Wir haben sie hier hauptsächlich eingeführt, um die Idee einer allgemeineren Kraft für die spätere Behandlung der Drift durch Zentrifugalkräfte einzuführen.

Es stellt sich nun die Frage, warum die „Plasmawolke" über der Erde nicht herunterstürzt. Die Gravitationsdrift ist nicht wie man es zunächst erwarten sollte nach unten gerichtet, sondern horizontal (Galilei wäre wohl irritiert gewesen). Um das qualitativ zu verstehen, überlegen wir uns, daß die Ionen und die Elektronen in entgegengesetzte Richtungen driften. Wenn das Plasma in der Richtung senkrecht zu $\boldsymbol{g}$ und $\boldsymbol{B}$ eine endliche horizontale Ausdehnung hat, bildet sich ein elektrisches Feld (horizontal und senkrecht auf $\boldsymbol{B}$) und das Plasma driftet wegen der $\boldsymbol{v}_E$-Drift doch nach unten. Um diese Situation quantitativ zu analysieren und um herauszufinden, ob das Plasma mit der Beschleunigung g fällt, müssen wir wissen, wie ein Plasma auf ein zeitlich veränderliches elektrisches Feld reagiert. Wir werden darauf im vierten Kapitel zurückkommen.

Aufgabe 2.2 Die Ionosphäre besteht zum größten Teil aus einem Proton-Elektron-Plasma im Magnetfeld der Erde (3×10^{-5}T). Wie schnell ist die Gravitationsdrift für beide Teilchenarten?

---

3 Die Drift in inhomogenen Magnetfeldern

Im vorangegangenen Kapitel haben wir die Drift in homogenen Feldern untersucht und die grundlegenden Begriffe Larmor-Radius, Gyrationsfrequenz und Bewegung des Führungszentrums eingeführt. Jetzt lassen wir auch Gradienten des Magnetfeldes sowohl senkrecht als auch parallel zu $\boldsymbol{B}$ sowie gekrümmte Magnetfelder zu. Wir werden sehen, daß das Führungszentrum durch das Magnetfeld driftet und beschleunigt (oder gebremst) wird. Wir werden eine Methode entwickeln, diese Driften nach dem Verhältnis des Larmor-Radius zum Betrag des Gradienten zu klassifizieren. In der nullten Ordnung gleiten die Teilchen wie vorher längs $\boldsymbol{B}$ (aber $v_\parallel$ kann sich nun ändern), in der ersten Ordnung driften sie quer zu $\boldsymbol{B}$. Die Summe aus potentieller und kinetischer Energie bleibt in jeder Ordnung erhalten.

3.1 Die ∇B-Drift

Wir wollen jetzt die Drift des Führungszentrums in einem inhomogenen Magnetfeld betrachten. Wir werden annehmen, daß sich das Magnetfeld über die Länge r_L eines Larmor-Radius kaum ändert. Also gilt

$$\frac{r_\mathrm{L}}{B}\,|\nabla \boldsymbol{B}| \ll 1\,. \tag{3.1}$$

Wenn B beispielsweise die Form eines Sinus $B \propto \exp(ikx)$, oder einer Exponentialfunktion $B \propto \exp(kx)$ hat, bedeutet das, daß $kr_\mathrm{L} \ll 1$ gelten muß. $1/k$ ist hier eine charakteristische Längenskala für die Variation des $\boldsymbol{B}$-Feldes. In diesem Fall kann man kr_L als Parameter für eine asymptotische Entwicklung der Bewegungsgleichungen benutzen.

Für unsere asymptotische Entwicklung nehmen wir an, daß wir die Geschwindigkeiten der Teilchen als eine Summe der Form

$$\boldsymbol{v} = \boldsymbol{v}_0 + \boldsymbol{v}_1 + \boldsymbol{v}_2 + \cdots \tag{3.2}$$

schreiben können. Der führende Term soll dabei die Summe aus der Geschwindigkeit des Teilchens $v_\parallel \hat{\boldsymbol{b}}$ und seiner Gyrationsbewegung senkrecht zu $\boldsymbol{B}$ sein. Jeder weitere Term soll um kr_L kleiner sein als sein Vorgänger. Um die zeitliche Entwicklung von $\boldsymbol{v}_0$ und $\boldsymbol{v}_1$ bis zur ersten Ordnung zu berechnen, müssen wir lediglich die über viele Gyrationsperioden gemittelte Bewegung des Führungszentrums kennen. Wenn wir unseren Ausdruck für $\boldsymbol{v}$ in die Bewegungsgleichungen einsetzen, erhalten wir Terme jeder Ordnung: $(kr_\mathrm{L})^0$, $(kr_\mathrm{L})^1$, $(kr_\mathrm{L})^2$ usw. Wenn wir nun nach $\boldsymbol{v}_0$, $\boldsymbol{v}_1$, $\boldsymbol{v}_2$ etc. auflösen und einen Koeffizientenvergleich durchführen, ergibt sich eine asymptotische Reihe für $\boldsymbol{v}$. Diese Methode ist gerechtfertigt, weil im Limes $kr_\mathrm{L} \to 0$ Terme höherer Ordnung viel kleiner werden als Terme niedrigerer Ordnung und diese daher nicht wegheben können.

Wir betrachten zunächst den Fall eines senkrechte Gradienten (d.h. senkrecht zu $\boldsymbol{B}$) der Feldstärke B. Der Einfachheit halber nehmen wir an, daß $\boldsymbol{B}$ in z-Richtung zeigt und nur von y abhängt (Um ein solches Feld zu erzeugen braucht man im Raum verteilte Ströme, denn $\nabla \times \boldsymbol{B} \neq 0$. Solche Ströme sind in Plasmen durchaus üblich, für unsere Betrachtung der Teilchendrift spielt das aber keine Rolle. Natürlich erfüllt unser Feld die Gleichung $\nabla \cdot \boldsymbol{B} = 0$). Wir schreiben das Magnetfeld als

$$\boldsymbol{B} = B_{\mathrm{Fz},i}\hat{z} + (y - y_{\mathrm{Fz},i})\frac{\mathrm{d}B}{\mathrm{d}y}\hat{z}, \tag{3.3}$$

dabei ist $y_{\mathrm{Fz},i}$ die y-Koordinate der Anfangsposition des Führungszentrums und $B_{\mathrm{Fz},i}$ der Wert von B an der Stelle $y_{\mathrm{Fz},i}$. Damit die asymptotische Entwicklung sinnvoll ist, nehmen wir an, daß $r_{\mathrm{L}}(\mathrm{d}B/\mathrm{d}y) \ll B$. Die Bewegungsgleichungen in den senkrechten Richtungen (x und y) lauten

$$\begin{aligned} m\dot{v}_x &= q v_y[B_{\mathrm{Fz},i} + (y - y_{\mathrm{Fz},i})\frac{\mathrm{d}B}{\mathrm{d}y}] \\ m\dot{v}_y &= -q v_x[B_{\mathrm{Fz},i} + (y - y_{\mathrm{Fz},i})\frac{\mathrm{d}B}{\mathrm{d}y}]\,. \end{aligned} \tag{3.4}$$

Wenn wir die Reihenentwicklung für $\boldsymbol{v}$ einsetzen, erhalten wir

$$\begin{aligned} m\dot{v}_{x0} + m\dot{v}_{x1} &= q(v_{y0} + v_{y1})[B_{\mathrm{Fz},i} + (y - y_{\mathrm{Fz},i})\frac{\mathrm{d}B}{\mathrm{d}y}] \\ m\dot{v}_{y0} + m\dot{v}_{y1} &= -q(v_{x0} + v_{x1})[B_{\mathrm{Fz},i} + (y - y_{\mathrm{Fz},i})\frac{\mathrm{d}B}{\mathrm{d}y}]\,. \end{aligned} \tag{3.5}$$

Dabei haben wir einige Terme zweiter Ordnung in kr_{L} weggelassen, alle Terme, die von niedrigerer Ordnung sein könnten, jedoch beibehalten.

An dieser Stelle muß man bei einer asymptotischen Entwicklung sehr vorsichtig vorgehen. Wir nehmen an, daß $(y - y_{\mathrm{Fz},i})(\mathrm{d}B/\mathrm{d}y)$ um eine Ordnung von kr_{L} kleiner ist als $B_{\mathrm{Fz},i}$. Das setzt voraus, daß $y - y_{\mathrm{Fz},i}$ von der gleichen Größenordnung ist wie r_{L}. Wenn das nicht der Fall ist, ist unsere Reihenentwicklung nicht zulässig. Das bedeutet aber, daß die Funktion $y(t)$, die wir noch nicht kennen, beschränkt sein muß, denn sonst würde $y - y_{\mathrm{Fz},i}$ nicht von der Größenordnung r_{L} bleiben. Insbesondere darf $y_1(t)$ nicht unbeschränkt wachsen. Wir müssen also auf „säkuläre Terme" achten. In unserem Fall wird sich das als unproblematisch erweisen. Bei unserer Lösung bleibt $y - y_{\mathrm{Fz},i}$ für alle Zeiten von der gleichen Größenordnung wie r_{L}. Unser Vorgehen hat sich damit im nachhinein als korrekt herausgestellt. In schwierigeren Fällen muß man spezielle Methoden benutzen, um säkulare Terme zu vermeiden. Auch in solchen Fällen kann man mit dieser asymptotischen Entwicklung häufig eine Lösung erhalten.

Wir wollen Gleichung (3.5) jetzt Ordnung für Ordnung lösen. Die Terme nullter Ordnung in (3.5) führen zu den Gleichungen (2.2) und (2.3), die wir schon für ein homogenes Magnetfeld erhalten haben und deren Lösungen in den Gleichungen (2.7), (2.8) und (2.11) angegeben wurden. Da die Gleichungen nullter Ordnung unabhängig von allen höheren Ordnungen erfüllt sein müssen, sind diese Lösungen unsere Geschwindigkeiten nullter Ordnung. Als nächstes fassen wir alle Terme erster Ordnung (Terme der Ordnung kr_{L}) zusammen und erhalten so Gleichungen erster Ordnung

$$\begin{aligned} m\dot{v}_{x1} &= q v_{y1} B_{\mathrm{Fz},i} + q v_{y0}(y - y_{\mathrm{Fz},i})\frac{\mathrm{d}B}{\mathrm{d}y} \\ m\dot{v}_{y1} &= -q v_{x1} B_{\mathrm{Fz},i} - q v_{x0}(y - y_{\mathrm{Fz},i})\frac{\mathrm{d}B}{\mathrm{d}y}\,. \end{aligned} \tag{3.6}$$

Da wir nur an der Drift der Spiralbewegung der Teilchen, der sogenannten Drift des Führungszentrums, interessiert sind, mitteln wir diese Gleichungen über eine große Anzahl von Gyrationsperioden. Wir deuten die Mittelung durch die Notation $\langle\ \rangle$ an. Die linke Seite beider Gleichungen verschwindet, weil nach der Mittelung nur noch Ableitungen von $m\langle v_{x1}\rangle$ und $m\langle v_{y1}\rangle$ übrigbleiben, *die eine gegenüber der Gyrationsperiode langsame Veränderung beschreiben*. Im Vergleich zu den ersten Termen auf der rechten Seite kann man die Terme auf der linken Seite also vernachlässigen. Die Terme der linken Seite werden durch die Mittelung „vernichtet". Genauer gesagt, wird ihre Ordnung um eins erhöht. Nur Zeitableitungen, die im Vergleich zu einer Gyrationsperiode langsam sind, „überleben" die Mittelung. Für unsere Zwecke können die so entstehenden Zeitableitungen zweiter Ordnung vernachlässigt werden. Nun überlegen wir uns, daß $\langle v_{y0}(y_0 - y_{\mathrm{Fz},i})\rangle = 0$, denn v_{y0} und $y_0 - y_{\mathrm{Fz},i}$ sind nach (2.8) und (2.11) um 90° phasenversetzt. Ebenso gilt natürlich $\langle v_{y0} y_{\mathrm{Fz},i}\rangle = 0$.

Aufgabe 3.1 Zeigen Sie, daß $\langle v_{y0}(y_0 - y_{\mathrm{Fz},i})\rangle = 0$ für alle Phasenwinkel δ gilt.

Also gilt $\langle v_{y1}\rangle = 0$ und wir haben gezeigt, daß die Teilchen nicht in y-Richtung abdriften. Damit haben wir auch nachträglich unsere Entwicklung gerechtfertigt (wir mußten ja sicherstellen, daß $y - y_{\mathrm{Fz},i}$ beschränkt ist). In x-Richtung driften die Teilchen jedoch, da

$$\langle v_{x1}\rangle = -\frac{\langle v_{x0}(y_0 - y_{\mathrm{Fz},i})\rangle}{B_{\mathrm{Fz},i}} \frac{\mathrm{d}B}{\mathrm{d}y}\,. \tag{3.7}$$

Wenn wir (2.11) benutzen und $\delta = 0$ setzen, erhalten wir

$$\langle v_{x0}(y_0 - y_{\mathrm{Fz},i})\rangle = \pm\langle \mathrm{Re}[v_\perp\, \mathrm{e}^{\mathrm{i}\omega_\mathrm{c}t}]\mathrm{Re}[\frac{v_\perp}{\omega_\mathrm{c}}\, \mathrm{e}^{\mathrm{i}\omega_\mathrm{c}t}]\rangle = \pm\frac{v_\perp^2}{2\omega_\mathrm{c}}\,. \tag{3.8}$$

Das Vorzeichen $\pm$ richtet sich nach der Ladung des Teilchens. $\langle v_{x1}\rangle$ hat also noch nicht einmal eine langsame Zeitableitung. Unsere Annahme, daß $\langle m\dot{v}_{x1}\rangle$ vernachlässigt werden kann, ist also mit der Lösung konsistent. Ferner gilt $B_{\mathrm{Fz}} = B_{\mathrm{Fz},i}$, da das Teilchen in eine Richtung driftet, in der $\boldsymbol{B}$ konstant ist.

Aufgabe 3.2 Berechnen Sie $\langle v_{x0}(y_0 - y_{\mathrm{Fz},i})\rangle = 0$ für beliebiges δ.

Da die Wahl von $\boldsymbol{B}$ in z-Richtung und von $\nabla \boldsymbol{B}$ in y-Richtung beliebig war, erhalten wir allgemein für senkrechte Gradienten von $\boldsymbol{B}$

$$\boldsymbol{v}_{\mathrm{grad}} = \pm\frac{v_\perp^2}{2\omega_\mathrm{c}} \frac{\boldsymbol{B}\times\nabla B}{B^2} = \frac{W_\perp}{q}\frac{\boldsymbol{B}\times\nabla B}{B^3}\,. \tag{3.9}$$

$\boldsymbol{v}_{\mathrm{grad}}$ ist die über die Spiralbewegung gemittelte Drift des Führungszentrums, die von einem senkrechten Gradienten in B hervorgerufen wird. Wir nennen sie „∇B-Drift". Wenn man SI-Einheiten benutzt und die Energie in eV angibt, kann man (3.9) sehr einfach auswerten: für ein Teilchen mit einer Energie von 1000 eV (die ganze Energie soll in $W_\perp$ stecken), das sich in einem Magnetfeld der Stärke 1 T mit einem Gradienten der Längenskala 1m befindet, ergibt sich eine ∇B-Drift von 10^3 Meter/Sekunde.

Die ∇B-Drift hängt wie die Gravitationsdrift vom Vorzeichen der Ladung des Teilchens ab. Sie erzeugt also einen Strom, der zu zu einer Ladungstrennung führt, die wiederum in einem endlichen Plasma eine Volumenladung zur Folge hat. Interessanterweise ist die ∇B-Drift bei gleicher Energie der Teilchen unabhängig von ihrer Masse. Wenn $v_\perp$ von der gleichen Größenordnung ist wie $v_\parallel$, ist diese über die Spiralbewegung gemittelte Drift erster Ordnung um den Faktor kr_L kleiner als die Parallelgeschwindigkeit $v_\parallel\hat{\boldsymbol{b}}$ des Teilchens längs der Feldlinien. Da diese Bewegung die einzige Bewegung nullter Ordnung ist, die nach der Mittelung übrigbleibt, ist das konsistent mit unserer Ordnung der Terme nach Potenzen von kr_L.

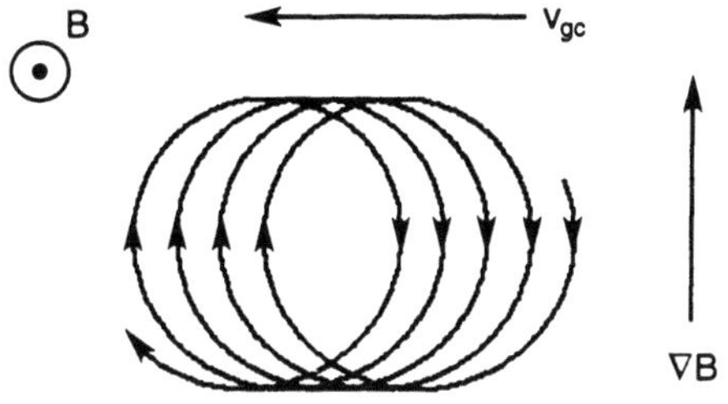

Bild 3.1
∇B-Drift eines Ions. Die kleineren Teilbahnen auf der Seite des größeren Feldes und die größeren Teilbahnen auf der Seite des kleineren Feldes führen zu einer Drift des Führungszentrums nach links. Der Punkt deutet an, daß das Magnetfeld aus der Papierebene herauszeigt.

Aufgabe 3.3 Nehmen Sie an, daß $e\phi$ von der gleichen Größenordnung ist wie die Energie W eines Teilchens und daß der Gradient des elektrischen Potentials mit $1/k$ etwa den gleichen Betrag hat wie der Gradient von B. Zeigen Sie, daß dann $\boldsymbol{v}_E$ und $\boldsymbol{v}_{\text{grad}}$ von der gleichen Ordnung in kr_{L} sind.

Es gibt ein einfaches physikalisches Bild der ∇B-Drift: Der lokale Krümmungsradius der Spiralbahn ist auf der Seite mit dem stärkeren Magnetfeld kleiner als auf der Seite mit dem schwächeren Magnetfeld. Wenn wir eine zusammenhängende Bahn aus kleineren Teilstücken auf der einen und größeren Teilstücken auf der anderen Seite zusammensetzen, ergibt sich eine Drift senkrecht zu $\boldsymbol{B}$ und ∇B, wie sie in Bild 3.1 dargestellt ist.

3.2 Die Krümmungsdrift

Im letzten Abschnitt haben wir ein Magnetfeld betrachtet, das einen Gradienten der Feldstärke B hatte. Der Vektor $\boldsymbol{B}$ besaß aber nur eine z-Komponente, d.h. die magnetischen Feldlinien waren gerade. Wir haben bemerkt, daß dies die Existenz von Volumenströmen voraussetzt, die aber für unsere Betrachtung nicht von Belang waren. Jetzt werden wir eine weitere hilfreiche Annahme machen: Alle Feldlinien haben den lokalen Krümmungsradius R_{c}, die Feldstärke B sei aber lokal konstant. Ein Magnetfeld mit diesen Eigenschaften kann man mit Hilfe von Volumenströmen herstellen. Stellen Sie sich einen stromführenden Zylinder vor, für dessen Stromdichte in z-Richtung $j_z \propto r^{-1}$ gilt. Der Strom I in z-Richtung innerhalb eines Radius r wächst dann linear mit r. Es gilt also $I \propto r$. Aus der wohlbekannten Formel $B \propto I/r$ folgt dann, daß das Magnetfeld in θ-Richtung unabhängig von r ist. Wie oben sind die Volumenströme nur ein Hilfsmittel, um ein bestimmtes Magnetfeld zu erzeugen. In die Betrachtung der Teilchendrift gehen sie nicht ein.

Wir werden nun die Drift des Führungszentrums in einem lokalen Koordinatensystem (r,θ,z) berechnen, das der Krümmung der magnetischen Feldlinien so angepaßt ist, daß $\hat{\boldsymbol{\theta}} = \hat{\boldsymbol{b}}$ gilt. In nullter Ordnung von kr_{L} bewegen sich die Teilchen mit einer Parallelgeschwindigkeit $v_{\|}\hat{\boldsymbol{b}}$ längs der in θ-Richtung verlaufenden Feldlinien und kreisen dabei mit der Geschwindigkeit $v_{\perp}$ um diese. Um die Bewegungsgleichungen erster Ordnung zu lösen, begeben wir uns in das Bezugssystem, das sich mit der Bewegung nullter Ordnung in θ-Richtung mitbewegt. In diesem Bezugssystem kommt zu den normalen Bewegungsgleichungen noch die zentrifugale „Pseudokraft"

$$\boldsymbol{F}_{\text{z}} = \frac{mv_{\|}^2}{R_{\text{c}}}\hat{\boldsymbol{r}} = mv_{\|}^2 \frac{\boldsymbol{R}_{\text{c}}}{R_{\text{c}}^2} \tag{3.10}$$

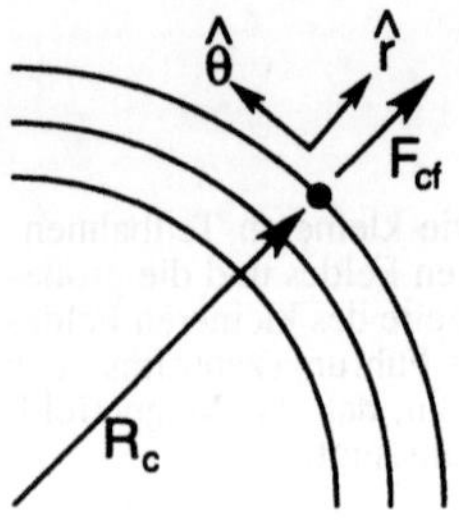

Bild 3.2
Zur Berechnung der Krümmungsdrift. Der Vektor des Krümmungsradius vom Krümmungsmittelpunkt zur Feldlinie ist eingezeichnet.

hinzu. Wir haben hier den Vektor $\boldsymbol{R}_c$ des Krümmungsradius eingeführt, der wie in Bild (3.2) gezeigt, vom Krümmungsmittelpunkt zur Feldlinie zeigt. (Wegen der Driftbewegung in diesem Bezugssystem könnte auch eine Coriolis-Kraft auftreten. Es wird sich aber später zeigen, daß die Driftbewegung parallel zur Drehachse verläuft und die Corioliskraft deshalb verschwindet.)

Mit Hilfe von Gleichung (2.22) können wir dann sofort folgern[1], daß

$$\boldsymbol{v}_{kr} = \frac{m v_\parallel^2}{q B^2} \frac{\boldsymbol{R}_c \times \boldsymbol{B}}{R_c^2} = \frac{2 W_\parallel}{q B^2} \frac{\boldsymbol{R}_c \times \boldsymbol{B}}{R_c^2} \tag{3.11}$$

gilt, wobei $W_\parallel$ die parallele Energie des Teilchens ist. Normalerweise beschreibt man ein Magnetfeld nicht durch den Krümmungsvektor $\boldsymbol{R}_c$, man kann aber jedes gekrümmte Magnetfeld lokal durch die Angabe von $\boldsymbol{R}_c$ beschreiben. Wenn s ein Parameter für die Feldlinie ist, gilt $\mathrm{d}\hat{\boldsymbol{b}}/\mathrm{d}s = -\boldsymbol{R}_c/R_c^2$. Für die lokal zylindrische Geometrie die wir hier betrachten, kann man sich davon leicht überzeugen. Die Gleichung ist in diesem Fall äquivalent zu $(1/r)\mathrm{d}\hat{\boldsymbol{\theta}}/\mathrm{d}\theta = -\hat{\boldsymbol{r}}/r$. Da der Operator $\mathrm{d}/\mathrm{d}s$ die Ableitung in Richtung von $\hat{\boldsymbol{b}}$ ist, kann man den Krümmungsradius auch als

$$\frac{\boldsymbol{R}_c}{R_c^2} = -(\hat{\boldsymbol{b}} \cdot \nabla)\hat{\boldsymbol{b}} \tag{3.12}$$

schreiben und erhält damit einen bekannteren Ausdruck für die „Krümmungsdrift“

$$\boldsymbol{v}_{kr} = \left(\frac{2 W_\parallel}{q B^2}\right) \boldsymbol{B} \times [(\hat{\boldsymbol{b}} \cdot \nabla)\hat{\boldsymbol{b}}]\,. \tag{3.13}$$

Wenn der Plasmadruck und die Volumenströme in einem Plasma gering sind, ist das Magnetfeld häufig fast rotationsfrei. In solchen Fällen muß das Magnetfeld sowohl einen Gradienten haben als auch gekrümmt sein. In diesen sogenannten „Vakuumfeldern“ (ohne Volumenströme) kann man die Krümmungsdrift in einer besonders einfachen Form schreiben, die der ∇B-Drift sehr ähnelt. Aus Bild (3.2) können wir ablesen, daß in einem Vakuumfeld, das lokal von seiner Geometrie bestimmt wird die magnetische Feldstärke in senkrechter Richtung wie

$$(\nabla B)_\perp = -B\frac{\boldsymbol{R}_c}{R_c^2} = (\boldsymbol{B} \times \nabla)\hat{\boldsymbol{b}} \tag{3.14}$$

abfallen muß, damit die Rotation in allen zu $\boldsymbol{B}$ senkrechten Richtungen verschwindet (diese Tatsache wird in Aufgabe 3.9 etwas strenger hergeleitet). Also können wir die Krümmungsdrift für Vakuumfelder als

[1] Anm. des Übersetzers: In unserem mitbewegten Bezugssystem ist $\boldsymbol{B}$ konstant

$$\boldsymbol{v}_{\mathrm{kr}} = \pm \frac{v_\parallel^2}{\omega_c} \frac{\boldsymbol{B} \times \nabla B}{B^2} = \pm \frac{2W_\parallel}{q} \frac{\boldsymbol{B} \times \nabla B}{B^3} \tag{3.15}$$

schreiben. Bis auf die Tatsache, daß $W_\perp$ durch $2W_\parallel$ ersetzt wurde, ist dies die gleiche Formel wie (3.9) für die ∇B-Drift. Wie dort richtet sich auch hier das Vorzeichen $\pm$ nach dem Vorzeichen der Ladung. In einem anisotropen Maxwellschen Plasma gilt $\langle W_\parallel \rangle = T_\parallel/2$ und $\langle W_\perp \rangle = T_\perp/2$ (die Mittelung bezieht sich hier auf die Geschwindigkeitsverteilung). Also gilt für die mittlere kombinierte ∇B- und Krümmungsdrift der Führungszentren der Teilchen eines solchen Plasmas in einem Vakuumfeld

$$\langle \boldsymbol{v}_{\mathrm{kr}} + \boldsymbol{v}_{\mathrm{grad}} \rangle = \frac{T_\parallel + T_\perp}{q} \frac{\boldsymbol{B} \times \nabla B}{B^3} . \tag{3.16}$$

Für ein isotropes Plasma gilt $T_\parallel + T_\perp = 2T$.

Wir haben die $\boldsymbol{E} \times \boldsymbol{B}$-Drift, die ∇B-Drift und die Krümmungsdrift jeweils für recht spezielle Geometrien hergeleitet. Diese Driften beeinflußen sich jedoch gegenseitig nicht. Stellen wir uns vor, daß ein Feldgradient senkrecht zu $\boldsymbol{B}$ oder ein elektrisches Feld senkrecht zu $\boldsymbol{B}$ in obige Rechnung eingeführt werden. Sie würden zu der gleichen Drift quer zum Feld führen, die wir auch dort berechnet haben: es würden sich kleinere und größere Seiten der Spiralbahn bilden und daraus würde wie oben eine Drift resultieren. Die zu $\hat{\boldsymbol{b}}$ parallelen Gradienten (mit Betrag $\gg r_L$), die die Krümmungsdrift hervorrufen, beeinträchtigen die anderen Drift-Formen nicht, da die parallele Bewegung in deren Herleitungen keine Rolle gespielt hat. Die Anwesenheit der anderen Driften in der aktuellen Herleitung würde jedoch zu einem Coriolis-Term führen – wenn auch nur in der Richtung parallel zu $\boldsymbol{B}$. Wir werden auf dieses Problem zurückkommen, wenn wir die Energieerhaltung und die Erhaltung des magnetischen Moments in erster Ordung in kr_L betrachten.

Aufgabe 3.4 Ein anisotropes Proton-Elektron-Plasma liegt im Feld eines unendlich langen Drahtes, durch den der Strom $I_z = 10^6$ A fließt. Das Plasma hat überall die Dichte $n = 10^{19}\mathrm{m}^{-3}$, $T_{\perp e} = T_{\perp i} = 2$ keV und $T_{\parallel e} = T_{\parallel i} = 5$ keV. Wie groß sind die mittleren ∇B-Driftgeschwindigkeiten der Elektronen und Ionen in einem Abstand R vom Draht? Wie groß ist die gesamte (Elektronen- und Ionen-)Führungszentrums-Stromdichte $\boldsymbol{j} = \sum n q \boldsymbol{v}$ (die Summation erstreckt sich über die Teilchensorten) in diesem Plasma? In welche Richtung fließt der Strom? (Das durch den Strom im Plasma erzeugte Magnetfeld soll vernachlässigt werden.)

3.3 Statisches B-Feld; Erhaltung des magnetischen Moments in nullter Ordnung

Bis jetzt haben wir Gradienten von B betrachtet, die senkrecht auf $\boldsymbol{B}$ standen. Die durch sie erzeugten Driftbewegungen waren ebenfalls senkrecht zu $\boldsymbol{B}$. Die Bewegungsgleichung parallel zu $\boldsymbol{B}$ haben wir nur betrachtet, um festzustellen, daß das Führungszentrum in dieser Richtung durch ein paralleles elektrisches Feld frei beschleunigt oder gebremst werden kann. Jetzt werden wir den Fall eines Gradienten von B betrachten, der in Richtung von $\boldsymbol{B}$ zeigt. Das führt zu wesentlichen Änderungen in der Gleichung für die parallele Geschwindigkeit.

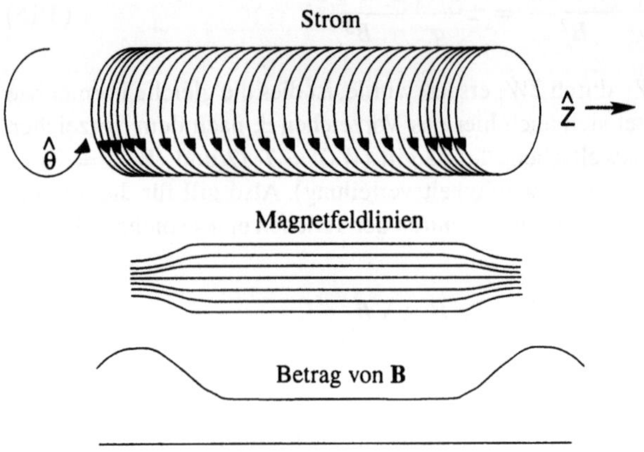

Bild 3.3
Schematische Darstellung der Ströme in einer Spule und des erzeugten „Spiegelfelds" in der Spule

Wir betrachten ein statisches Magnetfeld, das vorwiegend in die z-Richtung zeigt und dessen Stärke wie $|z|$ steigt. Um $\nabla \cdot \boldsymbol{B} = 0$ zu erfüllen, müssen die Feldlinien außerhalb von $z = 0$ konvergieren. Das könnte man z.B. durch eine Spule, wie die in Bild 3.3 abgebildete erreichen, die zum Ende hin enger gewickelt ist.

Wie wir bereits gesehen haben, driftet ein Teilchen, das um eine Feldlinie dieses Systems kreist, im inhomogenen Magnetfeld wegen der ∇B- und der Krümmungsdrift hauptsächlich in θ-Richtung. Wir wollen uns hier jedoch mit der Teilchenbewegung längs des Magnetfeldes beschäftigen. Wie sich herausstellen wird, ergeben sich Änderungen im Verhältnis von Längs- und Querbewegung. Im Gegensatz zur ∇B- und Krümmungsdrift sind die hier betrachteten Geschwindigkeitsänderungen im Vergleich zu v_0 nicht von erster Ordnung in kr_L, sondern vielmehr von nullter Ordnung. Der in Bild 3.3 dargestellte Fall ist axialsymmetrisch um die z-Achse. Also ist $\partial/\partial\theta = 0$ und B_θ verschwindet. Neben B_z hat $\boldsymbol{B}$ nur eine B_r-Komponente. Diese Symmetrie ist für unsere Argumentation nicht wichtig. Die einzige geometrische Eigenschaft des Feldes, die wir ausnutzen werden ist, daß sich $\boldsymbol{B}$ über die Länge eines Gyrationsradius nur wenig ändert (unsere altbekannte Bedingung).

Wir betrachten nun einen differentiellen Zylinder, in dessen Achse eine Feldlinie liegt, in einem Bereich, in dem die Feldlinien konvergieren (z.B. aber nicht notwendigerweise wie längs der z-Achse in Bild 3.3). Ausgehend von dem Zylinder wählen wir ein zylindrisches Koordinatensystem (r,θ,z), mit $\hat{z} = \hat{b}$, wie es in Bild 3.4 gezeigt ist.

Im gesamten Zylinder gilt $\nabla \cdot \boldsymbol{B} = 0$, also folgt aus dem Gaußschen Satz, daß die Summe

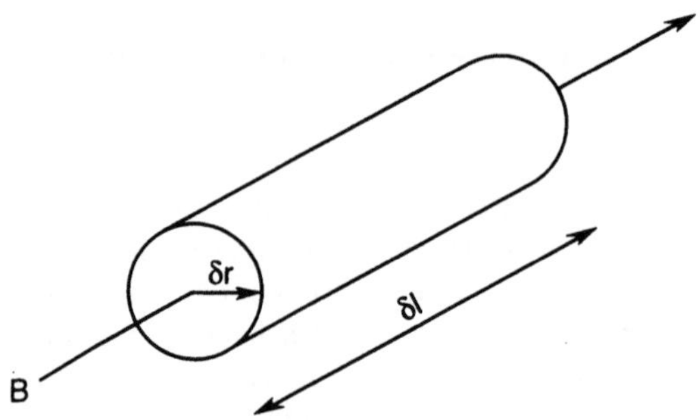

Bild 3.4
Zur Berechnung der Paralellbeschleunigung

der magnetischen Flüsse durch die Wände des Zylinders verschwindet. Die Summe der Flüsse durch die beiden Deckel des Zylinders ist $\pi(\delta r)^2\delta\ell(\mathrm{d}B/\mathrm{d}z)$. Also können wir das mittlere radiale Magnetfeld $\boldsymbol{B}$ (in unserem Koordinatensystem $\langle B_r\rangle \equiv \langle \boldsymbol{B}\cdot\hat{\boldsymbol{r}}\rangle$) aus der Gleichung

$$\pi(\delta r)^2\delta\ell\frac{\mathrm{d}B}{\mathrm{d}z} + 2\pi\delta r\delta\ell\langle B_r\rangle = 0 \tag{3.17}$$

bestimmen. Wir erhalten

$$\langle B_r\rangle = -\frac{\delta r}{2}\frac{\mathrm{d}B}{\mathrm{d}z}\,. \tag{3.18}$$

Wir wollen nun annehmen, daß der Radius δr der Gyrationsradius eines Teilchens ist, dessen Führungszentrum auf der Zylinderachse liegt. In diesem Fall müssen wir das Kreuzprodukt von $\langle B_r\rangle\hat{\boldsymbol{r}}$ mit der Azimutalgeschwindigkeit $\boldsymbol{v}_\perp$ bilden, um die mittlere, der Feldlinie entgegengestzte Lorentz-Kraft zu bestimmen. Wenn wir über einen Umlauf mitteln und annehmen, daß r_L klein ist erhalten wir

$$\langle F_\parallel\rangle = -\frac{|q|v_\perp^2}{2\omega_\mathrm{c}}\frac{\mathrm{d}B}{\mathrm{d}z} = -\frac{W_\perp}{B}\frac{\mathrm{d}B}{\mathrm{d}z}\,. \tag{3.19}$$

Die der Richtung des Feldgradienten entgegengesetzte Kraft aus Gleichung (3.19) wirkt sowohl auf die Ionen als auch auf die Elektronen.

An dieser Stelle ist es hilfreich anzumerken, daß die Größe $mv_\perp^2/2B = W_\perp/B$ das magnetische Moment μ des spiralisierenden Teilchens ist, da sie gleich dem Produkt aus dem Strom, den das Teilchen darstellt und der Fläche, die es umkreist ist. Der Strom ist $I = |q|\omega_\mathrm{c}/2\pi$ (Ampere = Coulomb pro Sekunde) und die Fläche ist $A = \pi r_\mathrm{L}^2 = \pi v_\perp^2/\omega_\mathrm{c}^2$. Also ist $\mu = |q|v_\perp^2/2\omega_\mathrm{c}^2 = mv_\perp^2/2B = W_\perp/B$.

Wenn wir in ein beliebiges Koordinatensystem zurücktransformieren und die Feldlinie mit s parametrisieren, erhalten wir

$$m_\parallel\frac{\mathrm{d}v_\parallel}{\mathrm{d}t} = -\mu\frac{\mathrm{d}B}{\mathrm{d}s}\,. \tag{3.20}$$

Als nächstes wollen wir (3.20) benutzen, um herauszufinden, ob μ in nullter Ordnung in kr_L von der Zeit abhängt. Wir multiplizieren beide Seiten der Gleichung mit $v_\parallel(=\mathrm{d}s/\mathrm{d}t)$, um eine Gleichung zu erhalten, die wie eine Energieerhaltungsgleichung aussieht:

$$\frac{\mathrm{d}}{\mathrm{d}t}\left(\frac{mv_\parallel^2}{2}\right) = -\mu\frac{\mathrm{d}B}{\mathrm{d}s}\frac{\mathrm{d}s}{\mathrm{d}t} = -\mu\frac{\mathrm{d}B}{\mathrm{d}t} \tag{3.21}$$

$\mathrm{d}B/\mathrm{d}t$ ist eine totale zeitliche Ableitung, d.h. $\mathrm{d}B/\mathrm{d}t$ ist die Ableitung, die das Teilchen wegen seiner Bewegung im statischen Magnetfeld spürt. Wenn wir die Bewegung des Führungszentrums nur bis zur nullten Ordnung berücksichtigen, gilt $\mathrm{d}B/\mathrm{d}t = \partial B/\partial t + v_\parallel\nabla_\parallel B$ (Die partielle Ableitung $\partial B/\partial t$ verschwindet, weil wir ja ein statisches Magnetfeld betrachten). Wir wissen jedoch, daß in einem statischen Magnetfeld die Erhaltung der gesamten kinetischen Energie in jeder Ordnung von kr_L separat erfüllt ist, weil Terme höherer Ordnung eine Energiedifferenz in einer niedrigeren Ordnung nicht ausgleichen können. Also müssen wir die Energie aus der ∇B- und aus der Krümmungsdrift hier nicht berücksichtigen, da sie von zweiter Ordnung (v_Fz^2) ist. Jede Änderung $\mathrm{d}B/\mathrm{d}t$, die sie hervorruft, ist von erster Ordnung ($\boldsymbol{v}_\mathrm{Fz}\cdot\nabla$). In nullter Ordnung erhalten wir

$$\frac{\mathrm{d}}{\mathrm{d}t}\left(\frac{mv_{\parallel}^2}{2}+\frac{mv_{\perp}^2}{2}\right)=\frac{\mathrm{d}}{\mathrm{d}t}\left(\frac{mv_{\parallel}^2}{2}+\mu B\right)=0\,. \tag{3.22}$$

Wenn wir Gleichung (3.21) einsetzen, ergibt sich

$$-\mu\frac{\mathrm{d}B}{\mathrm{d}t}+\frac{\mathrm{d}}{\mathrm{d}t}(\mu B)=0\,. \tag{3.23}$$

Daraus folgt

$$\frac{\mathrm{d}\mu}{\mathrm{d}t}=0\,. \tag{3.24}$$

Weil μ erhalten ist, muß die Geschwindigkeitskomponente $v_\perp$ um gerade soviel zunehmen, daß $W_\perp/B$ konstant bleibt, während die Teilchen längs des Magnetfeldes in Bereiche mit höherem Magnetfeld fliegen. Da die Energie der Teilchen ebenfalls konstant ist, muß die Parallelkomponente $v_\parallel$ im gleichen Maße abnehmen wie $v_\perp$ zunimmt. Wenn ein Teilchen in Bereiche mit höherer Feldstärke wie z.B. an den Enden der Spule aus Bild 3.3 kommt, nimmt seine Geschwindigkeit längs des Feldes also ab.

3.4 Der Spiegeleffekt

Mit dem Wissen, das wir in den vorangehenden Abschnitten erworben haben, können wir nun die Wirkungsweise einer der wichtigsten „magnetischen Fallen" verstehen, mit deren Hilfe es möglich ist, Plasmen in einem begrenzten Raum einzuschließen. Dieser sogenannte „magnetische Spiegel" („magnetische Flasche") kommt sowohl im Labor als auch in der Natur zum Einsatz. Die kinetische Energie und das magnetische Moment eines Teilchens sind (wenn keine $\boldsymbol{E}$-Felder vorhanden sind) Erhaltungsgrößen. Folglich muß sich die parallele Geschwindigkeit des Teilchens ändern, wenn es Regionen mit unterschiedlicher Feldstärke durchläuft. Es gilt

$$\frac{mv_{\parallel}^2}{2}=W-\mu B\,. \tag{3.25}$$

Wenn sich das Teilchen entlang einer Feldlinie von einem Bereich mit schwachem Feld in einen Bereich mit starkem Feld bewegt, spürt es ein zunehmendes Feld B und seine Parallelgeschwindigkeit $v_\parallel$ nimmt ab. Wenn B im „Flaschenhals" des Spiegels (s. Bild 3.3) groß genug ist, wird zuerst $v_\parallel$ Null und dann wird das Teilchen in den Bereich mit schwächerem Feld „reflektiert". Auf diese Weise kann man sowohl Elektronen als auch Ionen im Magnetfeld einer Spule einschließen. Diese Form einer Falle kann man jedoch nicht für alle Werte von $v_\parallel/v$ benutzen. So hat beispielsweise ein Teilchen mit $v_\parallel = v$ und $v_\perp = 0$ ein verschwindendes magnetisches Moment μ und wird daher auch nicht gebremst, wenn es in den Bereich mit starkem Feld kommt.

Wenn wir den geringsten Wert des Feldes in der Mittelebene der Spule mit B_{min} bezeichnen und den höchsten Wert im Flaschenhals mit B_{max}, folgt aus der Erhaltung der Energie der Teilchen, daß alle Teilchen mit $\mu > W/B_{\text{max}}$ eingefangen werden. Denn bei konstantem μ wäre für diese Teilchen im Flaschenhals $\mu B_{\text{max}} = W_\perp > W$. Für die Teilchen, die gerade noch eingefangen werden, gilt in der Mittelebene

$$\begin{aligned} W_\perp(\text{Mittelebene}) &= \mu B_{\text{min}} = W\frac{B_{\text{min}}}{B_{\text{max}}} \\ \frac{W_\parallel(\text{Mittelebene})}{W} &= 1-\frac{B_{\text{min}}}{B_{\text{max}}}\,. \end{aligned}$$

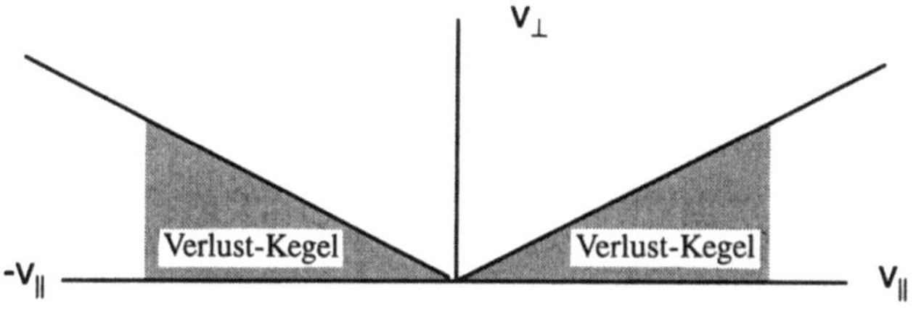

Bild 3.5 Der Verlustkegel im Geschwindigkeitsraum. Der Öffnungswinkel wird durch (3.26) bestimmt.

Wenn man diese Relation durch $v_{\|}/v$ ausdrückt, erhält man

$$\frac{v_{\perp}(\text{Mittelebene})}{v} = \sqrt{\frac{B_{\min}}{B_{\max}}} \qquad \frac{v_{\|}(\text{Mittelebene})}{v} = \sqrt{1 - \frac{B_{\min}}{B_{\max}}}. \tag{3.26}$$

Teilchen mit einem geringeren Verhältnis $v_{\|}/v$ werden eingefangen. Teilchen mit einem größeren Verhältnis $v_{\|}/v$ befinden sich in einem „Verlustkegel" im Geschwindigkeitsraum, der durch

$$\frac{v_{\|}}{v} > \sqrt{1 - \frac{B_{\min}}{B_{\max}}} \tag{3.27}$$

bzw.

$$\frac{v_{\|}}{v_{\perp}} > \sqrt{\frac{B_{\max}}{B_{\min}} - 1} \tag{3.28}$$

definiert wird (s. Bild 3.5).

Hier handelt es sich um einen Verlust-*Kegel*, weil $v_{\perp}$ in Bild 3.5 für zwei Raumdimensionen steht. Wenn man die Abbildung um die $v_{\|}$ Achse rotieren läßt, erhält man das volle dreidimensionale Bild. Da alle Teilchen unterhalb der Diagonalen sehr schnell aus dem System verschwinden, kann ein durch den Spiegeleffekt eingeschlossenes Plasma im Geschwindigkeitsraum nicht isotrop sein. Der Verlustkegel hängt nicht von der Ladung oder der Masse der Teilchen ab. Einige Teilchen ändern durch Stöße die Richtung ihrer Geschwindigkeitsvektoren. Sie können so in die Verlustzone gestreut werden. Daher nimmt die Dichte der Teilchenart, die mehr Stöße erleidet (wie wir in Kapitel 11 sehen werden, sind das die Elektronen), schneller ab. Das führt zu einer positiven Ladung im Inneren den Einschlußbereiches und dadurch zu einem elektrischen Feld. Durch dieses Feld werden die Elektronen bei ihrem Flug längs der magnetischen Feldlinien zurückgehalten und der Verlustkegel wird kleiner. Die Ladung erhöht sich so lange, bis gleich viele Elektronen und Ionen aus der Falle verloren gehen. Ingesamt gehen die meisten Elektronen aufgrund hoher Geschwindigkeit und die meisten Ionen durch Streuung verloren.

Aufgabe 3.5 Betrachten Sie das Feld $\boldsymbol{B} = \hat{z}B_0(1+\gamma z^2)$ und berechnen Sie in niedrigster Ordnung in kr_{L} (es wird also nur die $v_{\|}\hat{\boldsymbol{b}}$-Bewegung betrachtet) die Periode, mit der ein Teilchen in dieser magnetischen Falle oszilliert. Benutzen Sie $\mathrm{d}s = v_{\|}\mathrm{d}t$.

Aufgabe 3.6 Ein Ion mit der Energie 10 keV befindet sich im Van-Allen-Gürtel $\approx 10^6$ m über der Erde; das Magnetfeld beträgt $\approx 10^6$ T. Berechnen Sie die Geschwindigkeiten der Krümmungs- und der ∇B-Drift dieses Teilchens. Vergleichen Sie diese mit der Geschwindigkeit der Gravitationsdrift.

3.5 Erhaltung der Energie und des magnetischen Moments bis zur ersten Ordnung für statische Felder*

Wir haben in unserem Beweis der Erhaltung von μ die Erhaltung der kinetischen Energie eines Teilchens vorausgesetzt. Das magnetische Moment μ ist aber auch unter viel allgemeineren Bedingungen und in höherer Ordnung eine Erhaltungsgröße. Es kann sogar vorkommen, daß die kinetische Energie sich ändert, während μ konstant ist (was wir im vierten Kapitel im Zusammenhang mit zeitabhängigen Feldern betrachten werden). Daher ist es wichtig, die Erhaltung der Gesamtenergie (kinetische und potentielle) in erster Ordnung in kr_{L} zu verstehen. Wir betrachten dazu ein statisches elektrisches Feld und ein statisches Magnetfeld mit beliebigen Gradienten. Wie immer nehmen wir an, daß kr_{L} klein ist.

Zunächst kommen wir noch einmal auf die Energieerhaltung in nullter Ordnung für den Fall $\boldsymbol{E} \neq 0$ zurück. Die Bewegungsgleichung in feldparalleler Richtung lautet

$$m\frac{\mathrm{d}v_\parallel}{\mathrm{d}t} = qE_\parallel - \mu\frac{\mathrm{d}B}{\mathrm{d}s} = -q\frac{\mathrm{d}\phi}{\mathrm{d}s} - \mu\frac{\mathrm{d}B}{\mathrm{d}s}\,. \tag{3.29}$$

Diese Gleichung erhält man, indem man zu (3.20) einen Anteil für das parallele elektrische Feld addiert und ausnutzt, daß wegen $\mathrm{d}\boldsymbol{B}/\mathrm{d}t = 0 \quad E_\parallel = \mathrm{d}\phi/\mathrm{d}s$ gilt. Wie oben multiplizieren wir mit $v_\parallel = \mathrm{d}s/\mathrm{d}t$, um die Gleichung der „kinematischen“ (längs der Bahnen) Energieerhaltung in nullter Ordnung in kr_{L} zu bekommen.

$$\frac{\mathrm{d}}{\mathrm{d}t}\left(\frac{mv_\parallel^2}{2}\right) = -q\frac{\mathrm{d}\phi}{\mathrm{d}t} - \mu\frac{\mathrm{d}B}{\mathrm{d}t}\,. \tag{3.30}$$

Die Beiträge der ∇B- und der Krümmungsdrift zu $\mathrm{d}B/\mathrm{d}t$ und $\mathrm{d}\phi/\mathrm{d}t$ sind von höherer Ordnung und können deshalb hier vernachlässigt werden. Die Summe aus der kinetischen und der potientiellen Energie des Teilchens muß in jeder (also insbesondere auch in nullter) Ordnung von kr_{L} erhalten sein. Daher wissen wir, daß unabhängig von der obigen Überlegung die Energieerhaltungsgleichung in der Form

$$\frac{\mathrm{d}}{\mathrm{d}t}\left(\frac{mv_\parallel^2}{2} + q\phi + \mu B\right) = 0 \tag{3.31}$$

gelten muß. Wenn wir nun mit Hilfe von (3.30) den ersten Term in (3.31) ersetzen, erhalten wir wieder die Gleichungen (3.23) und (3.24). Also ist μ, auch wenn es ein statisches elektrisches Feld gibt, in nullter Ordnung erhalten.

Als nächstes wollen wir die erste Ordnung betrachten. In erster Ordnung ergibt sich eine Vielzahl weiterer Terme, die zu interessanten Übertragungen von Energie zwischen potentieller und kinetischer Energie in paralleler und senkrechter Richtung führen. In unserem Beweis der Erhaltung von μ heben sich diese Terme alle gegenseitig weg.

Wir fangen damit an, in der Gleichung (3.29) für die parallele Beschleunigung einen fehlenden Term erster Ordnung nachzutragen. Dieser Term berücksichtigt (für $\boldsymbol{\omega} \times v_{\mathrm{Fz}} \neq 0$) die Coriolis-Kraft. (Wir haben hier den Vektor $\boldsymbol{\omega} := -v_{\|}\hat{\boldsymbol{b}} \times \boldsymbol{R}_{\mathrm{c}}/R_{\mathrm{c}}^2$ eingeführt. Sein Betrag ist $v_{\|}/R_{\mathrm{c}}$. Er zeigt entlang der z-Achse des lokalen Koordinatensystems, das wir bei der Diskussion der Krümmungsdrift eingeführt haben.) Wie wir schon gesehen haben, gilt für die Krümmungsdrift $v_{\mathrm{kr}}\ \boldsymbol{\omega} \times \boldsymbol{v}_{\mathrm{Fz}} = 0$, aber für die $\boldsymbol{E} \times \boldsymbol{B}$-Drift $\boldsymbol{v}_E$ ist das nicht immer der Fall. Dies führt zu einer parallelen Beschleunigung (der Fall $\boldsymbol{\omega} \times \boldsymbol{v}_{\mathrm{grad}} \neq 0$ wird in Aufgabe 3.7 betrachtet). Um die Krümmungsdrift zu berechnen, haben wir $\boldsymbol{B}$ lokal durch ein Magnetfeld, das längs eines Kreises mit Radius $\boldsymbol{R}_{\mathrm{c}}$ zeigt, angenähert und in dem rotierenden Bezugssystem mit $v_{\|} = 0$ gearbeitet. In diesem System spürt man das gleiche $\boldsymbol{E}$-Feld wie im ortsfesten System, da die Bewegung parallel zum Magnetfeld verläuft. Wegen der $\boldsymbol{v}_E$-Drift gibt es aber auch in diesem Bezugssystem eine Coriolis-Kraft $\boldsymbol{F}_c = -2m(\boldsymbol{\omega} \times \boldsymbol{v}_E)$. Diese Kraft geht als Term erster Ordnung in die Gleichung für $m(\mathrm{d}v_{\|}/\mathrm{d}t)$ im rotierenden Bezugssystem ein.

$$m\frac{\mathrm{d}v_{\|}}{\mathrm{d}t}\bigg|_{\boldsymbol{\omega}\times\boldsymbol{v}_E} = -2m(\boldsymbol{\omega} \times \boldsymbol{v}_E)\cdot\hat{\boldsymbol{b}} = -\frac{2mv_{\|}}{R_{\mathrm{c}}^2}\,\boldsymbol{v}_E\cdot\boldsymbol{R}_{\mathrm{c}} \tag{3.32}$$

Der Index $\boldsymbol{\omega} \times \boldsymbol{v}_E$ deutet an, daß wir uns auf diejenigen Komponenten der totalen Ableitung beschränken wollen, die auf die Coriolis-Kraft, die aus der $\boldsymbol{E} \times \boldsymbol{B}$-Drift resultiert, zurückgehen. Das zweite Gleichheitszeichen gilt, da $\boldsymbol{\omega} \times \boldsymbol{v}_E = (\hat{\boldsymbol{b}} \times \boldsymbol{\omega}) \cdot \boldsymbol{v}_E$ und $\hat{\boldsymbol{b}} \times \omega = v_{\|}\boldsymbol{R}_{\mathrm{c}}/R_{\mathrm{c}}^2$. Um dieses Ergebnis in das Laborsystem zu übertragen, benutzen wir $v_{\|}$(Labor)$=$ $v_{\|}$(rotierend)$+\omega R_{\mathrm{c}}$. Damit folgt

$$\frac{\mathrm{d}v_{\|}}{\mathrm{d}t}\bigg|_{\mathrm{Labor}} = \frac{\mathrm{d}v_{\|}}{\mathrm{d}t}\bigg|_{\mathrm{rotierend}} + \omega\frac{\mathrm{d}\boldsymbol{R}_{\mathrm{c}}}{\mathrm{d}t} = \frac{\mathrm{d}v_{\|}}{\mathrm{d}t}\bigg|_{\mathrm{rotierend}} + \omega\frac{\boldsymbol{v}_E\cdot\boldsymbol{R}_{\mathrm{c}}}{R_{\mathrm{c}}} = \frac{\mathrm{d}v_{\|}}{\mathrm{d}t}\bigg|_{\mathrm{Labor}} + \frac{v_{\|}}{R_{\mathrm{c}}^2}\,\boldsymbol{v}_E\cdot\boldsymbol{R}_{\mathrm{c}} \tag{3.33}$$

Also gilt im Laborsystem

$$m\frac{\mathrm{d}v_{\|}}{\mathrm{d}t}\bigg|_{\boldsymbol{\omega}\times\boldsymbol{v}_E} = -\frac{mv_{\|}}{R_{\mathrm{c}}^2}\boldsymbol{v}_E\cdot\boldsymbol{R}_{\mathrm{c}}\,. \tag{3.34}$$

Diesen neuen Term erster Ordnung müssen wir auf der rechten Seite von (3.29) hinzufügen.

Wegen der Erhaltung des Drehimpulses muß $mv_{\|}R$ konstant sein, falls $\boldsymbol{E}$ lokal senkrecht auf $\boldsymbol{B}$ steht und $\mathrm{d}B/\mathrm{d}s = 0$ gilt. An (3.34) kann man leicht ablesen, das der Drehimpuls in der Tat erhalten ist, wenn wir die parallele Coriolis-Kraft berücksichtigen. Wenn wir wie oben mit $v_{\|}$ multiplizieren und den Ausdruck für $\boldsymbol{v}_E$ einsetzen, erhalten wir

$$\frac{\mathrm{d}W_{\|}}{\mathrm{d}t}\bigg|_{\boldsymbol{\omega}\times\boldsymbol{v}_E} = mv_{\|}\frac{\mathrm{d}v_{\|}}{\mathrm{d}t} = \frac{(\nabla\phi\times\boldsymbol{B})\cdot\boldsymbol{R}_{\mathrm{c}}}{B^2R_{\mathrm{c}}}\,\frac{mv_{\|}^2}{R_{\mathrm{c}}}\,. \tag{3.35}$$

(Auch hier bedeutet der untere Index $\boldsymbol{\omega} \times \boldsymbol{v}_E$, daß wir nur den Anteil betrachten, der wegen der Coriolis-Kraft auftritt – bloß dieses Mal im Laborsystem.) Dieser neue Term muß auf der rechten Seite von (3.30) hinzugefügt werden. Mit ihm gilt die kinematische Energieerhaltungsgleichung nullter Ordnung auch für $\boldsymbol{\omega}\times\boldsymbol{v}_E \neq 0$ in erster Ordnung. Die totalen Ableitungen dieser Gleichung wurden aber nur unter expliziter Berücksichtigung der Bewegung nullter Ordnung in Richtung von $\hat{\boldsymbol{b}}$ berechnet.

Wir wollen jetzt zeigen, daß die Interpretation der Ableitungen auf der rechten Seite von (3.30) als Größen erster Ordnung genau diesen Term erzeugt. Als wir (3.29) (Parallelbeschleunigung) und (3.30) (kinematische Energiebilanz) in niedrigster Ordnung hergeleitet haben, haben wir angenommen, daß $\mathrm{d}/\mathrm{d}t = v_\parallel \mathrm{d}/\mathrm{d}s$ und $\partial/\partial t = 0$ (statische Felder) gilt. Wenn wir nun auch Terme erster Ordnung in kr_L und (3.30) als eine Gleichung betrachten, die sowohl Terme nullter Ordnung als auch Terme erster Ordnung enthält, müssen wir die totale Ableitung $\mathrm{d}/\mathrm{d}t$ als

$$\frac{\mathrm{d}}{\mathrm{d}t} = \frac{\partial}{\partial t} + \boldsymbol{v}_\mathrm{Fz} \cdot \nabla \tag{3.36}$$

berechnen. In diesem Ausdruck sind die Terme erster Ordnung aus $\boldsymbol{v}_\mathrm{Fz}$ berücksichtigt (die ∇B-Drift, die v_E-Drift und die Krümmungsdrift sind in der Gleichung enthalten). Daher haben die Terme $q\mathrm{d}\phi/\mathrm{d}t$ und $\mu \mathrm{d}B/\mathrm{d}t$ jetzt Anteile erster Ordnung, die bei der Bestimmung aller Terme erster Ordnung auf der rechten Seite von (3.30) berücksichtigt werden müssen. Überraschenderweise liefert die Interpretation von (3.30) als Gleichung erster Ordnung gerade den Term, den wir brauchen, um die Coriolis-Kraft zu berücksichtigen.

Das Skalarprodukt des zusätzlichen Terms erster Ordnung auf der rechten Seite von (3.30) mit $\nabla\phi$ ist

$$-q\,\boldsymbol{v}_\mathrm{kr} \cdot \nabla\phi = \frac{-mv_\parallel(\boldsymbol{R}_\mathrm{c} \times \boldsymbol{B})}{B^2 R_\mathrm{c}^2} \cdot \nabla\phi\,. \tag{3.37}$$

Dieser Term hat auf die Bilanz der kinematischen Energie genau den gleichen Effekt wie die Coriolis-Kraft aus (3.35). Also erhält man aus Gleichung (3.30), wenn man bei der Berechnung der totalen Ableitung $\boldsymbol{v}_\mathrm{kr}$ zugrundelegt, das richtige Ergebnis für $\mathrm{d}W_\parallel/\mathrm{d}t$, einschließlich des Effekts erster Ordnung, den wir mit Hilfe der Coriolis-Kraft berechnet haben.

Wenn kinetische Energie und potentielle Energie eines Teilchens wegen der Krümmungsdrift in Richtung von $\nabla\phi$ ineinander umgewandelt werden, ändert sich $W_\parallel$ während μ und $W_\perp$ konstant bleiben.

Aufgabe 3.7 Berechnen Sie das Analogon von (3.35) für die von der ∇B-Drift hervorgerufenen Coriolis-Kraft (dabei gilt $\boldsymbol{\omega} \times \boldsymbol{v}_\mathrm{grad} \neq 0$). In diesem Fall gilt auch $\boldsymbol{v}_\mathrm{kr} \cdot \nabla \boldsymbol{B} \neq 0$. Bestimmen Sie deshalb auch den Effekt der Krümmungsdrift auf $\mu \mathrm{d}B/\mathrm{d}t$. Zeigen Sie dann, daß die Interpretation von $\mathrm{d}/\mathrm{d}t$ als Größe erster Ordnung unter Berücksichtigung von $\mu \boldsymbol{v}_\mathrm{grad} \cdot \boldsymbol{B}$ den Einfluß der Coriolis-Kraft auf $W_\parallel$ richtig wiedergibt. In diesem Fall gibt es einen Energieaustausch zwischen $W_\parallel$ und $W_\perp$, aber μ bleibt erhalten (dazu kann es nur kommen, falls $\nabla \times \boldsymbol{B} \neq 0$, d.h. wenn es Volumenströme gibt).

Die ∇B-Drift ruft auch einen Term erster Ordnung in $q\mathrm{d}\phi/\mathrm{d}t$ hervor

$$-q\,\boldsymbol{v}_\mathrm{grad} \cdot \nabla\phi = \frac{-W_\perp(\boldsymbol{B} \times \nabla B)}{B^3} \cdot \nabla\phi = \frac{-\mu(\boldsymbol{B} \times \nabla B)}{B^2} \cdot \nabla\phi\,. \tag{3.38}$$

Es ensteht aber kein zusätzlicher $\mu \mathrm{d}B/\mathrm{d}t$-Term, da $\boldsymbol{v}_\mathrm{grad} \cdot \nabla B = 0$. Die $\boldsymbol{v}_E$-Drift verursacht einen zusätzlichen $\mu \mathrm{d}B/\mathrm{d}t$-Term, aber keinen $q\mathrm{d}\phi/\mathrm{d}t$-Term weil $\boldsymbol{v}_E \cdot \nabla\phi = 0$. Es gilt

$$-\mu \boldsymbol{v}_E \cdot \nabla B = \mu \frac{\nabla\phi \times \boldsymbol{B}}{B^2} \cdot \nabla \boldsymbol{B}\,. \tag{3.39}$$

Anhand der Gleichungen (3.38) und (3.39) sehen wir, daß sich die Beiträge erster Ordnung von $\boldsymbol{v}_{\text{grad}}$ zu $q\mathrm{d}\phi/\mathrm{d}t$ und von $\boldsymbol{v}_E$ zu $\mu \mathrm{d}B/\mathrm{d}t$ und dadurch zu (3.30) gegenseitig wegheben. Es ergibt sich also keine Veränderung in (3.30), wenn wir die Änderung der totalen Ableitung, die sich aus der Summe der ∇B- und der $\boldsymbol{v}_E$-Drift ergibt, bis zur ersten Ordnung berücksichtigen. Obwohl sich wegen der ∇B-Drift längs $\nabla\phi$ die kinetische Engergie W des Teilchens ändert, bleiben μ und $W_\parallel$ konstant, denn die Änderung wird in eine Änderung des Produkts μB und damit in eine Änderung von $W_\perp$ umgesetzt. Das heißt, wenn man bei der Berechnung von $\mathrm{d}/\mathrm{d}t$ auch die Terme erster Ordunung in der Drift des Führungszentrums berücksichtigt, ist (3.30) auch in erster Ordnung gültig (inklusive Coriolis-Kraft). Auch die Energieerhaltungsgleichung (3.31) ist in erster Ordnung richtig, weil die Terme erster Ordnung in der Drift des Führungszentrums hier nur zu Termen zweiter Ordnung führen. Der Beweis der μ-Erhaltung folgt aus diesen beiden Gleichungen mit der gleichen Argumentation wie wir sie in nullter Ordnung benutzt haben.

Zusammenfassend kann man feststellen, daß wenn ein Teilchen durch die Krümmungsdrift durch ein elektrisches Feld getragen wird, die $\boldsymbol{v}_E$-Drift zu einer Bewegung in Richtung des lokalen Krümmungsradius führt. Das Teilchen gleicht die Änderung der potentiellen Energie durch eine Änderung von $W_\parallel$ aus. Der Drehimpuls bleibt erhalten. Wenn ein Teilchen durch seine ∇B-Drift durch ein elektrisches Feld getragen wird, wird die Änderung der potentiellen Energie durch eine Änderung von $W_\perp$ ausgeglichen, weil das Teilchen gleichzeitig durch die $\boldsymbol{v}_E$-Drift in ein Gebiet mit einem anderen Magnetfeld B getragen wird. μ bleibt dabei erhalten. Falls $\nabla \times \boldsymbol{B} \neq 0$ kann das Teilchen auch durch die Krümmungsdrift in Gebiete mit anderem B getragen werden. In diesem Fall findet ein Austausch von $W_\perp$ und $W_\parallel$ statt; die Gesamtenergie, der Drehimpuls und das magnetische Moment μ sind erhalten.

Wir haben gezeigt, daß die kinematische Energiegleichung nullter Ordnung (3.30) formal auch in erster Ordnung richtig ist, wenn die konvektive Ableitung in erster Ordnung interpretiert wird. Wir haben auch gezeigt, daß die zusätzlichen Terme, die durch die Interpretation von $\mathrm{d}/\mathrm{d}t$ als Größe erster Ordnung (also durch Berücksichtigung von $\boldsymbol{v}_{\mathrm{F}z} \cdot \nabla$ in $\mathrm{d}/\mathrm{d}t$) hervorgerufen werden, mit dem physikalischen Effekt der Coriolis-Kraft auf $W_\parallel$ gleichbedeutend sind. Gleichung (3.30) ist also ein verläßlicher Ausgangspunkt für die Berechnung der Teilchendrift in zeitunabhängigen Feldern. Im Gegensatz dazu ist Gleichung (3.29), die die Parallelbeschleunigung beschreibt in erster Ordnung nicht richtig. Die richtige Gleichung erhält man aus der kinematischen Energiegleichung (3.30). Sie lautet

$$m\frac{\mathrm{d}v_\parallel}{\mathrm{d}t} = -\frac{q}{v_\parallel}\frac{\mathrm{d}\phi}{\mathrm{d}t} - \frac{\mu}{v_\parallel}\frac{\mathrm{d}B}{\mathrm{d}t}, \tag{3.40}$$

dabei enthalten die konvektiven Ableitungen Beiträge aller Driften erster Ordnung. Wie wir bereits festgestellt haben, heben sich sich die Auswirkungen der ∇B-Drift und der $\boldsymbol{v}_E$-Drift auf der rechten Seite dieser Gleichung gegenseitig weg. Die Krümmungsdrift kann jedoch zu einer Veränderung des Terms $-q\mathrm{d}\phi/\mathrm{d}t - \mu\mathrm{d}B/\mathrm{d}t$ führen. Da es manchmal sehr schwierig ist, Gleichung (3.40) auszuwerten, ist es für zeitabhängige Felder meist günstiger $v_\parallel$ aus der Energieerhaltungsgleichung $mv_\parallel/2 + \mu B + e\phi = const.$ zu bestimmen. $W_\perp$ berechnet man dann am einfachsten mit Hilfe der μ-Erhaltung.

Aufgabe 3.8 Betrachten Sie ein Teilchen, das mit dem Abstand r durch das Magnetfeld eines unendlichen langen Drahtes in z-Richtung, in dem der Strom I fließt fliegt. Ebenfalls in z-Richtung zeigt ein konstantes elektrisches Feld mit Betrag E. Drücken Sie zum Zeitpunkt $t = 0$ die Größen $\mathrm{d}r/\mathrm{d}t$, $\mathrm{d}z/\mathrm{d}t$, $\mathrm{d}W_\perp/\mathrm{d}t$ und $\mathrm{d}W_\parallel/\mathrm{d}t$ für das Führungszentrum des Teilchens durch E, I, r, die Masse des Teilchens m, seine Ladung q und durch seine parallele und senkrechte Geschwindigkeit $v_{\parallel 0}$ und $v_{\perp 0}$ aus.

3.6 Herleitung der Drift für den allgemeinen Fall*

Um möglichst einfache Ableitungen der ∇B-Drift und der Krümmungsdrift zu erhalten, sind wir in diesem Kapitel bisher von speziellen Geometrien ausgegangen. Das Magnetfeld hatte entweder einen Gradienten, aber keine Krümmung oder eine Krümmung, aber keinen Gradienten. Diese beiden Arten der Drift reichen vollständig zur Beschreibung der niedrigsten Ordnung der Bewegung des Führungszentrums in einem beliebigen statischen Magnetfeld. Die Einführung eines senkrechten elektrischen Feldes (senkrecht zum Magnetfeld) führt, falls das elektrische Feld so klein ist, daß $\boldsymbol{v}_E$ eine Größe erster Ordnung ist, zu einer zusätzlichen $\boldsymbol{v}_E$-Drift. Diese Ergebnisse kann man herleiten, indem man die Methoden, die wir schon benutzt haben, auf allgemeinere Felder überträgt. Die Vektoranalysis, die man dazu benötigt, ist allerdings deutlich komplizierter.

Wir gehen von der Bewegungsgleichung des Teilchens aus. Sie lautet in nullter Ordnung

$$m\frac{\mathrm{d}\boldsymbol{v}_0}{\mathrm{d}t} = q\boldsymbol{v}_0 \times \boldsymbol{B}_{\mathrm{Fz}}\,. \tag{3.41}$$

Diese Gleichung beschreibt die Gyration eines Teilchens um ein festes Führungszentrum und seine Parallelbewegung. In (3.41) geht der Wert des Magnetfeldes am mittleren Aufenthaltsort des Teilchens, d.h. in seinem Führungszentrum ein. Für ein positiv geladenes Teilchen lautet die Vektorgleichung zwischen dem Ort des Teilchens und seinem Führungszentrum

$$\boldsymbol{x}_0 = \boldsymbol{x}_{\mathrm{Fz},0} - \frac{\boldsymbol{v}_0 \times \hat{\boldsymbol{b}}}{\omega_\mathrm{c}}\,. \tag{3.42}$$

Wenn wir nun in unserer Entwicklung nach Potenzen von kr_L auch Terme erster Ordnung berücksichtigen wollen, müssen wir die Differenz zwischen dem Wert von $\boldsymbol{B}$ am Ort des Teilchens und $\boldsymbol{B}_{\mathrm{Fz}}$ betrachten.

$$\boldsymbol{B} = \boldsymbol{B}_{\mathrm{Fz}} = -\frac{1}{\omega_\mathrm{c}}[(\boldsymbol{v}_0 \times \hat{\boldsymbol{b}}) \cdot \nabla]\boldsymbol{B}_{\mathrm{Fz}} \tag{3.43}$$

Dabei müssen wir auch die Zeitabhängigkeit erster Ordnung der Bewegung des Führungszentrums in nullter Ordnung berücksichtigen (also Zeitabhängigkeiten, die viel langsamer sind, als die Gyrationsbewegung, die wir mit $(\mathrm{d}/\mathrm{d}t)_1$ bezeichnen). Bei Beachtung dieser Terme, des $\boldsymbol{E}$-Feldes und nach zeitlicher Mittelung über viele Gyrationsperioden erhält man als Bewegungsgleichung erster Ordnung

$$m\left(\frac{\mathrm{d}}{\mathrm{d}t}\right)_1 (v_\parallel \hat{\boldsymbol{b}}) = q(\boldsymbol{E} + \langle \boldsymbol{v}_1 \rangle \times \boldsymbol{B}) - \frac{m}{B}\langle \boldsymbol{v}_0 \times [(\boldsymbol{v}_0 \times \hat{\boldsymbol{b}}) \cdot \nabla]\boldsymbol{B} \rangle\,. \tag{3.44}$$

Hier steht $\langle\,\rangle$ für die zeitliche Mittelung. Die zeitlich gemittelte Geschwindigkeit $\langle \boldsymbol{v}_1 \rangle$ des Führungszentrums ist die Drift im Magnetfeld. Wir bezeichnen sie mit $\boldsymbol{v}_\mathrm{d}$. Da wir hier nur zeitunabhängige Felder betrachten, stehen auf der linken Seite von (3.44) nur Terme, die durch die räumliche Ableitung längs der Bahn des Führungszentrums entstehen. Es gilt also

$$\left(\frac{\mathrm{d}}{\mathrm{d}t}\right)_1 (v_\parallel \hat{\boldsymbol{b}}) = v_\parallel \hat{\boldsymbol{b}} \cdot \nabla (v_\parallel \hat{\boldsymbol{b}}) \tag{3.45}$$

(eine mögliche zeitliche Änderung von $v_\parallel$ ist hier implizit enthalten). Wenn wir das Kreuzprodukt von (3.44) und $\boldsymbol{B}$ bilden, erhalten wir

$$\boldsymbol{v}_{\mathrm{d}} = \langle \boldsymbol{v}_{1\perp} \rangle = \boldsymbol{v}_E \pm \frac{1}{\omega_{\mathrm{c}} B^2} \boldsymbol{B} \times \langle \boldsymbol{v}_0 \times [(\boldsymbol{v}_0 \times \hat{\boldsymbol{b}}) \cdot \nabla] \boldsymbol{B} \rangle \pm \frac{1}{\omega_{\mathrm{c}} B} \boldsymbol{B} \times [v_\parallel \hat{\boldsymbol{b}} \cdot \nabla (v_\parallel \hat{\boldsymbol{b}})] \tag{3.46}$$

mit $\boldsymbol{v}_E = \boldsymbol{E} \times \boldsymbol{B}/B^2$. Das Vorzeichen $\pm$ richtet sich nach der Ladung des Teilchens. Der zweite Term auf der rechten Seite führt zur ∇B-Drift. Der letzte Term, der wegen einer langsamen Änderung in $m\boldsymbol{v}_0$ (diese Änderung ist äquivalent zur Zentrifugalkraft im rotierenden Bezugssystem, siehe 3.2) eingeführt werden mußte, beschreibt die Krümmungsdrift.

Wir betrachten zunächst den zweiten Term auf der rechten Seite von (3.46). $\boldsymbol{v}_0$ beschreibt die Gyrationsbewegung des Teilchens. Also erhält man in Indexnotation (s. Anhang D) für das zeitliche Mittel einer Komponente des Tensors, den man als Produkt von $\boldsymbol{v}_0$ mit sich selbst erhält,

$$\langle v_{0i} v_{0j} \rangle = \frac{v_\perp^2}{2} \delta_{ij} + \left(v_\parallel^2 - \frac{v_\perp^2}{2} \right) \hat{b}_i \hat{b}_j \,. \tag{3.47}$$

Diese Gleichung leitet man am besten in dem lokalen Koordinatensysytem $\hat{\boldsymbol{b}}$, $\hat{\boldsymbol{e}}_\perp$, $\hat{\boldsymbol{b}} \times \hat{\boldsymbol{e}}_\perp$ her. $\hat{\boldsymbol{e}}_\perp$ ist hier ein beliebiger Einheitsvektor, der senkrecht auf $\hat{\boldsymbol{b}}$ steht. Es gilt

$$\boldsymbol{v} = v_\parallel \hat{\boldsymbol{b}} + v_\perp^2 \cos \omega t \, \hat{\boldsymbol{e}}_\perp + v_\perp^2 \sin \omega t \, \hat{\boldsymbol{b}} \times \hat{\boldsymbol{e}}_\perp \,.$$

Daraus folgt

$$\begin{aligned} \langle \boldsymbol{v}\boldsymbol{v} \rangle &= v_\parallel^2 \hat{\boldsymbol{b}}\hat{\boldsymbol{b}} + \frac{v_\perp^2}{2} \hat{\boldsymbol{e}}_\perp \hat{\boldsymbol{e}}_\perp + \frac{v_\perp^2}{2} (\hat{\boldsymbol{b}} \times \hat{\boldsymbol{e}}_\perp)(\hat{\boldsymbol{b}} \times \hat{\boldsymbol{e}}_\perp) \\ &= (v_\parallel^2 - \frac{v_\perp^2}{2}) \hat{\boldsymbol{b}}\hat{\boldsymbol{b}} + \frac{v_\perp^2}{2} [\hat{\boldsymbol{b}}\hat{\boldsymbol{b}} + \hat{\boldsymbol{e}}_\perp \hat{\boldsymbol{e}}_\perp + (\hat{\boldsymbol{b}} \times \hat{\boldsymbol{e}}_\perp)(\hat{\boldsymbol{b}} \times \hat{\boldsymbol{e}}_\perp)] \,. \end{aligned}$$

Um den zweiten Term auf der rechten Seite von (3.46) zu vereinfachen, benutzen wir die Indexnotation

$$\begin{aligned} \langle \boldsymbol{v}_0 \times [(\boldsymbol{v}_0 \times \hat{\boldsymbol{b}}) \cdot \nabla] \boldsymbol{B} \rangle_i &= \langle \epsilon_{ijk} v_{0j} \epsilon_{lmn} v_{0m} \hat{b}_n \frac{\partial B_k}{\partial x_l} \rangle = \frac{v_\perp^2}{2} \epsilon_{ijk} \epsilon_{ljn} \hat{b}_n \frac{\partial B_k}{\partial x_l} \\ &= \frac{v_\perp^2}{2} (\delta_{il}\delta_{kn} - \delta_{in}\delta_{kl}) \hat{b}_n \frac{\partial B_k}{\partial x_l} = \frac{v_\perp^2}{2} \left(\hat{b}_k \frac{\partial B_k}{\partial x_i} - \hat{b}_i \frac{\partial B_k}{\partial x_k} \right) \\ &= \frac{v_\perp^2}{2} \left(\frac{\partial B}{\partial x_i} - \hat{b}_i (\nabla \cdot \boldsymbol{B} \right) = \frac{v_\perp^2}{2} (\nabla B)_i \,. \end{aligned} \tag{3.48}$$

Hier haben wir eine Formel aus Anhang D benutzt, mit deren Hilfe man das Produkt zweier Levi-Civita-Symbole (ϵ_{ijk}) durch Kronecker-Delta-Symbole (δ_{ij}) ausdrücken kann. Ferner haben wir $\partial B_k / \partial x_k = \nabla \cdot \boldsymbol{B} = 0$ benutzt. Offensichtlich beschreibt dieser Term die ∇B-Drift.

Vom dritten Term auf der rechten Seite von (3.46) erhalten wir nur einen Beitrag, bei dem der Gradient von $\hat{\boldsymbol{b}}$ eingeht, weil der andere Term $\hat{\boldsymbol{b}} \times \hat{\boldsymbol{b}} = 0$ enthält.

$$\boldsymbol{B} \times \left[v_\parallel \hat{\boldsymbol{b}} \cdot \nabla (v_\parallel \hat{\boldsymbol{b}}) \right] = v_\parallel^2 \boldsymbol{B} \times (\hat{\boldsymbol{b}} \cdot \nabla) \hat{\boldsymbol{b}} \tag{3.49}$$

Dieser Term beschreibt die Krümmungsdrift.

Wenn wir (3.38) und (3.49) in (3.46) einsetzen, erhalten wir den endgültigen Ausdruck für die Drift des Führungszentrums

$$\boldsymbol{v}_d = \boldsymbol{v}_E + \frac{W_\perp}{q} \frac{\boldsymbol{B} \times \nabla B}{B^3} + \frac{2W_\parallel}{q} \frac{\boldsymbol{B} \times (\hat{\boldsymbol{b}} \cdot \nabla) \hat{\boldsymbol{b}}}{B^2} \,. \tag{3.50}$$

Die Drift setzt sich zusammen aus der $\boldsymbol{v}_E$-Drift, der ∇B-Drift aus (3.9) und der Krümmungsdrift aus (3.13). Damit haben wir bewiesen, daß die oben hergeleiteten Formen der Drift zur Beschreibung der Drift in inhomogenen Feldern (die sich im Vergleich zu r_L nur wenig ändern) ausreichend sind.

Aufgabe 3.9 Zeigen Sie, daß (3.15) der richtige Ausdruck für die Krümmungsdrift in Vakuumfeldern ist, indem Sie mit Hilfe von $\nabla \times \boldsymbol{B} = 0$ zeigen, daß

$$\boldsymbol{B} \times (\hat{\boldsymbol{b}} \cdot \nabla)\hat{\boldsymbol{b}} = \hat{\boldsymbol{b}} \times \nabla B$$

gilt. (Hinweis: Gehen Sie von $0 = \hat{\boldsymbol{b}} \times (\nabla \times \boldsymbol{B})$ aus. Schreiben Sie diese Gleichung mit Hilfe des Levi-Civita-Symbols und vereinfachen Sie sie. Betrachten Sie dann das Kreuzprodukt mit $\hat{\boldsymbol{b}}$.)

---

4 Die Teilchendrift in zeitabhängigen Feldern

Bisher haben wir die, von senkrechten elektrischen Feldern und von verschiedenen inhomogenen Magnetfeldern hervorgerufene, Drift des Führungszentrums untersucht. Wir haben dabei jeweils vorausgesetzt, daß sich die Felder über die Länge eines Gyrationsradius nur wenig ändern. Die elektrischen und magnetischen Felder waren zeitlich konstant. Jetzt wollen wir unsere Betrachtungen vervollständigen, indem wir die Auswirkungen zeitabhängiger Felder untersuchen. Wir werden nur Felder betrachten, die sich während einer Gyrationsperiode wenig ändern.

4.1 Zeitabhängiges $\boldsymbol{B}$-Feld

Wir wollen zunächst ein $\boldsymbol{B}$-Feld betrachten, für dessen Zeitabhängigkeit $\partial/\partial t \approx \omega \ll \omega_c$ gilt. Für ein Teilchen, das sich durch das Feld bewegt, ist das vergleichbar mit der Bedingung $\partial/\partial x \approx k \ll 1/r_L$ an die räumliche Variation des Feldes. Da die Ableitung d/dt längs der Bahn des Teilchens ausgewertet wird, folgt aus $k \ll 1/r_L$, daß der konvektive Anteil von d/dt wegen $v \cdot (\partial/\partial x) \ll v/r_L \approx \omega_c$ die zeitliche Bedingung erfüllt. Die Bedingung bedeutet also, daß sich das Magnetfeld weder durch seine eigene Zeitabhängigkeit noch durch die Bewegung des Teilchens während einer Gyrationsperiode wesentlich ändern darf.

Der Einfachheit halber betrachten wir den Fall eines räumlich homogenen, zeitabhängigen Magnetfeldes. Die Gleichung für die Parallelgeschwindigkeit $v_{\|}\hat{\boldsymbol{b}}$ des Teilchens ist die gleiche wie vorher. Für die senkrechte Geschwindigkeitskomponente ergibt sich aber eine interessante Konsequenz. Aus den Maxwell-Gleichungen folgt, daß jedes zeitlich veränderliche Magnetfeld eine Rotation im $\boldsymbol{E}$-Feld erzeugt. Die Gleichung

$$\nabla \times \boldsymbol{E} = -\frac{\partial \boldsymbol{B}}{\partial t} \tag{4.1}$$

ist nach dem Stokesschen Satz äquivalent zu

$$\oint_{\partial S} \boldsymbol{E} \cdot d\boldsymbol{l} = \int_S \nabla \times \boldsymbol{E}\, d\boldsymbol{S} = -\frac{\partial}{\partial t}\left(\int_S \boldsymbol{B} \cdot d\boldsymbol{S}\right). \tag{4.2}$$

$d\boldsymbol{l}$ ist ein Bogenelement längs des Randes einer Fläche, $d\boldsymbol{S}$ ein Flächenelement dieser Fläche. Die Orientierungen von $d\boldsymbol{l}$ und $d\boldsymbol{S}$ richten sich nach der „Rechte-Hand-Regel" (Zeigefinger in Richtung von $d\boldsymbol{l}$, Daumen in Richtung von $d\boldsymbol{S}$). Wenn wir einem negativ geladenem Teilchen ($q < 0$, Gyrationsbwegung im Uhrzeigersinn) auf seiner Spiralbahn folgen und $\partial B/\partial t > 0$ ist, spüren wir eine gleichmäßige Beschleunigung in Richtung $v_\perp$, da $q\boldsymbol{v} \cdot \boldsymbol{E}$ immer positiv ist. Wenn wir einem positiv geladenen Teilchen folgen (gegen den Uhrzeigersinn), haben sowohl q als auch $\boldsymbol{v}$ das entgegengesetzte Vorzeichen, und auch dieses Teilchen wird in Richtung von $v_\perp$ beschleunigt. Wir wollen nun die dadurch verursachte Zunahme der senkrechten Komponente der kinetischen Energie, gemittelt über viele Gyrationsperioden, betrachten. Nach (4.2) gilt

$$\frac{d}{dt}\langle W_\perp \rangle = q\langle \boldsymbol{v} \cdot \boldsymbol{E} \rangle = |q| v_\perp \frac{\pi r_L^2}{2\pi r_L}\frac{\partial B}{\partial t} = \frac{|q| v_\perp^2}{2\omega_c}\frac{\partial B}{\partial t} = \frac{W_\perp}{B}\frac{\partial B}{\partial t} = \mu\frac{\partial B}{\partial t}. \tag{4.3}$$

Wie wir bereits gesehen haben, wächst $W_\perp$ mit zunehmendem B. Diese Zunahme spielt sich interessanterweise so ab, daß $\mu(\equiv W_\perp/B)$ konstant bleibt (unter der Voraussetzung, daß sich B im Vergleich zur Gyrationsbewegung nur sehr langsam verändert).

$$\frac{\mathrm{d}\mu}{\mathrm{d}t} = \frac{1}{B}\frac{\mathrm{d}W_\perp}{\mathrm{d}t} - \frac{W_\perp}{B^2}\frac{\partial B}{\partial t} = 0 \tag{4.4}$$

Also ist das magnetische Moment in schwach veränderlichen Magnetfeldern erhalten. Zusammen mit den Ergebnissen aus dem dritten Kapitel haben wir also gezeigt, daß (solange $\omega \ll \omega_\mathrm{c}$ und $k \ll 1/r_\mathrm{L}$ gilt) das magnetische Moment μ eine Erhaltungsgröße ist. Es wird sich herausstellen, daß deshalb auch der magnetische Fluß $\pi r_\mathrm{L}^2 B$ durch die Gyrationsbahn erhalten sein muß, denn es gilt

$$\pi r_\mathrm{L}^2 B = \frac{\pi v_\perp^2 B}{\omega_\mathrm{c}^2} = \frac{\pi m^2 v_\perp^2}{q^2 B} = \frac{2\pi m}{q^2}\mu\,. \tag{4.5}$$

Wenn wir auch die durch $\partial B/\partial t$ hervorgerufene Veränderung der Teilchenenergie in (3.30) berücksichtigen, können wir jetzt die vollständige Energieerhaltungsgleichung in erster Ordnung in kr_L angeben. Dabei nehmen wir erneut an, daß alle Driften (auch $\boldsymbol{v}_E$) im Vergleich zu der Teilchengeschwindigkeit von der Ordnung kr_L sind.

$$\frac{\mathrm{d}}{\mathrm{d}t}\left(\frac{1}{2}mv_\parallel^2 + \mu B\right) = q\boldsymbol{v}_\mathrm{Fz}\cdot\boldsymbol{E} + \mu\frac{\partial B}{\partial t} \tag{4.6}$$

$\boldsymbol{v}_\mathrm{Fz}$ ist die Summe aus ∇B-Drift, $\boldsymbol{v}_E$-Drift, Krümmungsdrift und $v_\parallel\hat{\boldsymbol{b}}$ -Bewegung des Führungszentrums. Die $\boldsymbol{v}_E$-Drift trägt natürlich nicht zu $\boldsymbol{v}_\mathrm{Fz}\cdot\boldsymbol{E}$ bei. (Wir vernachlässigen hier die Gravitationsdrift und die potentielle Energie des Gravitationsfeldes.) Wenn wir (4.6) als Gleichung für $v_\parallel$ auffassen, erhalten wir

$$mv_\parallel\frac{\mathrm{d}v_\parallel}{\mathrm{d}t} = \boldsymbol{v}_\mathrm{Fz}\cdot(q\boldsymbol{E} - \mu\nabla B)\,. \tag{4.7}$$

Auch für $\partial\boldsymbol{B}/\partial t \neq 0$ ist das $\boldsymbol{B}$-Feld also ein Potential der Parallelenergie. Um (4.7) besser anwenden zu können, wollen wir die Gleichung etwas vereinfachen. Aus unseren Überlegungen aus dem vorhergehenden Kapitel (Gl. (3.38) und (3.39)) wissen wir noch, daß die Beiträge der $\boldsymbol{v}_E$-Drift und der ∇B-Drift zu (4.7) sich gegenseitig wegheben. Wir müssen in (4.7) also nur die Parallelbewegung nullter Ordnung ($\sim v_\parallel$) und die Krümmungsdrift erster Ordnung ($\sim v_\parallel^2$) in $\boldsymbol{v}_\mathrm{Fz}$ berücksichtigen. Der relevante Anteil von $\boldsymbol{v}_\mathrm{Fz}$ ist also mindestens von erster Ordnung in $v_\parallel$. Damit $\mathrm{d}v_\parallel/\mathrm{d}t$ für $v_\parallel \to 0$ an den Umkehrpunkten des Spiegeleffekts für beliebige Gradienten nicht divergiert, muß dem auch so sein. Wenn man Zahlen in (4.7) einsetzen will, ist es üblich, zuerst beide Seiten durch $v_\parallel$ zu teilen. Anstatt $\boldsymbol{v}_\mathrm{Fz}\cdot(q\boldsymbol{E} - \mu\nabla B)$ zu berechnen und dann durch $v_\parallel$ zu teilen (an den Umkehrpunkten hätte man 0/0) berechnet man also $(\boldsymbol{v}_\mathrm{Fz}/v_\parallel)\cdot(q\boldsymbol{E} - \mu\nabla B)$, um $m\mathrm{d}v_\parallel/\mathrm{d}t$ zu erhalten. $\boldsymbol{v}_\mathrm{Fz}/v_\parallel$ ist gerade $\hat{\boldsymbol{b}} + mv_\parallel\boldsymbol{B}\times(\hat{\boldsymbol{b}}\cdot\nabla)\hat{\boldsymbol{b}}/(qB^2)$.

Aufgabe 4.1 Zeigen Sie explizit, daß sich in (4.7) die Beiträge der $\boldsymbol{v}_E$-Drift und der ∇B-Drift gegenseitig wegheben.

Das Gleichungssystem zur Berechnung der Drift des Führungszentrums in räumlich und zeitlich wenig veränderlichen magnetischen und elektrischen Feldern besteht also bis zur ersten Ordnung in kr_L und ω/ω_c aus der Gleichung

$$\boldsymbol{v}_{\mathrm{Fz}} = v_{\|}\hat{\boldsymbol{b}} + \frac{\boldsymbol{E}\times\boldsymbol{B}}{B^2} + \frac{W_\perp \boldsymbol{B}\times\nabla B}{qB^3} + \frac{2W_\| \boldsymbol{B}\times(\hat{\boldsymbol{b}}\cdot\nabla)\hat{\boldsymbol{b}}}{qB^2}\,, \tag{4.8}$$

der Gleichung $W_\perp = \mu B$ (μ ist konstant) und der Zeitentwicklungsgleichung (4.7) für $v_\|$.

4.2 Adiabatische Kompression

Als Folge der Erhaltung des magnetischen Moments μ wird ein Plasma durch die Änderung des äußeren Magnetfelds aufgeheizt (oder abgekühlt). Wir betrachten ein zylindrisches Plasma im Feld einer Spule. Wenn die Feldstärke mit der Zeit zunimmt, wird die senkrechte Energie $W_\perp$ aller Teilchen erhöht. Dabei wird das Plasma in die Mitte der Spule gedrängt. Aus Gleichung (4.2) folgt

$$2\pi r E_\theta = -\pi r^2 \frac{\partial B_z}{\partial t}\,. \tag{4.9}$$

Für die radiale Driftgeschwindigkeit gilt

$$\frac{\mathrm{d}r}{\mathrm{d}t} = \boldsymbol{v}_E \cdot \hat{\boldsymbol{r}} = \frac{E_\theta}{B_z} = -\frac{r}{2B_z}\frac{\partial B_z}{\partial t}\,. \tag{4.10}$$

Wenn wir einen Plasmaring betrachten, der sich im Laufe der Zeit zusammenzieht, können wir die Ableitung des magnetischen Flusses durch den Ring berechnen.

$$\frac{\mathrm{d}}{\mathrm{d}t}(\pi r^2 B_z) = 2\pi r B_z \frac{\mathrm{d}r}{\mathrm{d}t} + \pi r^2 \frac{\partial B_z}{\partial t} = 0 \tag{4.11}$$

Im letzten Schritt haben wir dabei $\mathrm{d}r/\mathrm{d}t$ aus (4.10) eingesetzt. Der magnetische Fluß durch das gesamte Plasma bleibt bei dieser Kontraktion also ebenso erhalten wie der magnetische Fluß durch eine Gyrationsbahn. Diese Eigenschaft eines Plasmas, das mit $\boldsymbol{v}_E$ driftet wird auch als „Einfrieren“ des magnetischen Flusses bezeichnet. Wir werden in Kapitel 8 darauf zurückkommem. (Ein Plasma muß schon sehr heiß sein, damit seine Stoßrate so gering ist, daß der magnetische Fluß eingefroren wird.) Wie wir später sehen werden, können Plasmen durch Coulomb-Stöße „aufgetaut“ werden und dann langsam durch die magnetischen Feldlinien diffundieren. Die Anzahl solcher Stöße nimmt mit steigender Temperatur stark ab.

Aufgabe 4.2 Wir betrachten ein isotropes magnetisiertes Plasma mit $T_{\|0} = T_{\perp 0} = T_0$. Jetzt wird das Magnetfeld mit einer Geschwindigkeit, die langsam im Vergleich zu einer Gyrationsperiode, aber schnell im Vergleich zur Zeit, mit der Energie zwischen $T_\|$ und $T_\perp$ ausgetauscht werden kann ist, verdoppelt. Welche Werte ergeben sich nun für $T_\|$ und $T_\perp$? (Wir bezeichnen sie mit $T_{\|1}$ und $T_{\perp 1}$.) Jetzt warten wir so lange, bis das Plasma durch Stöße auf eine isotrope Temperatur T_1 gekommen ist. Während dieser Zeit kann das Plasma keine Energie mit der Außenwelt austauschen. Wie groß ist T_1? Danach wird das Magnetfeld mit der gleichen Geschwindigkeit wie oben wieder auf seinen Ausgangswert gebracht. Wie groß sind $T_{\|2}$ und $T_{\perp 2}$? Welche Temperatur T_2 herrscht, nachdem das Plasma wieder isotrop geworden ist? Dieser Prozeß wird als „magnetisches Pumpen“ bezeichnet.

4.3 Zeitabhängiges $\boldsymbol{E}$-Feld

Um die Plasmadynamik vom Standpunkt der Teilchendrift zu verstehen, muß man sich mit einer weiteren Form der Drift beschäftigen: der Polarisationsdrift. Diese Drift ist von zweiter Ordnung in ω/ω_c. Wir betrachten ein homogenes $\boldsymbol{B}$-Feld in z-Richtung und ein zeitabhängiges, homogenes $\boldsymbol{E}$-Feld in x-Richtung. Die Gleichung für die Lorentz-Kraft lautet

$$\begin{aligned}\dot{v}_x &= \frac{qB}{m}v_y + \frac{q}{m}E_x(t) = \pm\omega_c v_y \pm \frac{\omega_c}{B}E_x(t)\\ \dot{v}_y &= -\frac{qB}{m}v_x = \pm\omega_c v_x\,.\end{aligned}$$

Das Vorzeichen $\pm$ ist abhängig von der Ladung des Teilchens. Wenn wir diese Gleichung einmal nach der Zeit ableiten, erhalten wir:

$$\frac{\mathrm{d}^2 v_x}{\mathrm{d}t^2} = -\omega_c^2 v_x \pm \frac{\omega_c}{B}\frac{\partial E_x(t)}{\partial t} \tag{4.12}$$

$$\frac{\mathrm{d}^2 v_y}{\mathrm{d}t^2} = -\omega_c^2 v_y - \omega_c^2\frac{E_x(t)}{B} \tag{4.13}$$

Wir nehmen an, daß die charakteristische Dauer der Änderung des elektrischen Feldes im Vergleich zu einer Gyrationsperiode lang ist und daß $\boldsymbol{v}_E$ verglichen mit $\boldsymbol{v}$ von der Ordnung kr_L ist, deshalb sind die Terme auf der rechten Seite von (4.12) von nullter bzw. zweiter Ordnung ($\partial/\partial t$ ist von höherer Ordnung als ω_c und E/B ist von höherer Ordnung als v). Die Terme auf der rechten Seite von (4.13) sind von nullter bzw. erster Ordnung. Bis auf den Term zweiter Ordnung sind diese Gleichungen identisch mit denen, die wir bei der Betrachtung der $\boldsymbol{v}_E$-Drift mit Hilfe einer Lorentz-Transformation gelöst haben. Für $\boldsymbol{v}_0$ erhalten wir also die normale Gyrations- und Parallelbewegung und für $\boldsymbol{v}_1$ die $\boldsymbol{v}_E$-Drift (in diesem Fall in y-Richtung). Wenn wir unsere Entwicklung von $\boldsymbol{v}$ nach Potenzen von kr_L einsetzen, erhalten wir aus (4.12) als Gleichung zweiter Ordnung

$$\frac{\mathrm{d}^2 v_{x2}}{\mathrm{d}t^2} = -\omega_c^2 v_{x2} \pm \frac{\omega_c}{B}\frac{\partial E_x}{\partial t}\,. \tag{4.14}$$

Da wir nur an über viele Gyrationsperioden gemittelten Größen interessiert sind, können wir den ersten Term durch Mittelung vernichten. Denn wenn wir die Mittlung durchführen, wird $\mathrm{d}^2\langle v_{x2}\rangle/\mathrm{d}t^2$ viel kleiner als $\omega_c^2 v_{x2}$, weil jede schnellere Veränderung bei der Mittelung herausfällt. Der Term auf der linken Seite ist folglich nach der Mittelung von höherer Ordnung als die anderen Terme. Es gilt also $v_{x2} = \pm(\omega_c B)^{-1}\partial E_x/\partial t$. Aus der Gleichung zweiter Ordnung, die man aus (4.13) erhält, folgt nach Mittelung über viele Gyrationsperioden, mit der gleichen Argumentation wie oben, $v_{y2} = 0$. Da wir die x-Richtung bis auf die Tatsache, daß sie senkrecht auf $\boldsymbol{B}$ steht willkürlich ausgewählt haben, können wir unser Ergebnis verallgemeinern. Es gilt

$$\boldsymbol{v}_{\perp 2} = \pm\frac{1}{\omega_c B}\frac{\mathrm{d}\boldsymbol{E}_\perp}{\mathrm{d}t} = \frac{m}{qB^2}\frac{\mathrm{d}\boldsymbol{E}_\perp}{\mathrm{d}t}\,. \tag{4.15}$$

Die Orientierung von $\boldsymbol{v}_{\perp 2}$ hängt vom Vorzeichen der Ladung q ab und sein Betrag hängt von der Masse m des Teilchens ab. Ionen und Elektronen haben also nicht die gleiche Geschwindigkeit; in dem Plasma fließt ein Strom. Dieser Strom ist vergleichbar mit dem Polarisationsstrom in einem Dielektrikum (auch der Polarisationsstrom ist proportional zu $\mathrm{d}\boldsymbol{E}/\mathrm{d}t$), deshalb wird diese Form der Drift als „Polarisationsdrift" $\boldsymbol{v}_{\text{pol}}$ bezeichnet. Die Polarisationsdrift der Ionen ist weit größer als die der Elektronen.

Aufgabe 4.3 Die Energiegleichung (4.6) ist bis zur ersten Ordnung in kr_L konsistent. In höheren Ordnungen ist sie nicht konsistent, weil beispielsweise die Energie der Driftbewegung (z.B. $m(v_{\text{grad}})^2/2$) nicht berücksichtigt wird. Wie wir schon erwähnt haben, ist es auch für den Fall, daß $\boldsymbol{v}_E$ im Vergleich zu $\boldsymbol{v}_0$ nicht klein ist, möglich, die Gleichungen für die Drift des Führungszentrums herzuleiten. Dazu muß man sowohl $mv_E^2/2$ als auch die Polarisationsdrift erster Ordnung $\boldsymbol{v}_{\text{Fz}} \cdot \boldsymbol{E}$ in der Energiegleichung berücksichtigen. Zeigen Sie für den einfachsten Fall eines homogenen, zeitunabhängigen $\boldsymbol{B}$-Feldes in z-Richtung und eines homogenen, zeitabhängigen $\boldsymbol{E}$-Feldes in x-Richtung, daß $(\mathrm{d}/\mathrm{d}t)mv_E^2/2 = q\boldsymbol{v}_{\text{pol}} \cdot \boldsymbol{E}$. Skizzieren Sie die Driftbahnen für positives, konstantes $\dot{E}_x$ und $E_x > 0$. Diese Aufgabe ist nur eine Übung, da wir die anderen Formen der Drift für den Fall, daß v_E von der gleichen Größenordnung wie v ist, noch nicht berechnet haben. In eine vollständige Berechnung würden noch weitere Terme eingehen. Für unsere Zwecke ist (4.6) eine konsistente Energiegleichung.

Gleichung (4.15) kann man auch benutzen, um die senkrechte Dielektrizitätskonstante ϵ_0 eines Plasmas für niedrige Frequenzen zu berechnen. Der Polarisationsstrom wird dabei im Gegensatz zur externen Stromdichte $\boldsymbol{j}_{\text{ext}}$ als ein interner Strom betrachtet. Wir haben also

$$\nabla \times \boldsymbol{B} = \mu_0(\boldsymbol{j}_{\text{ext}} + \boldsymbol{j}_{\text{pol}} + \epsilon_0 \dot{\boldsymbol{E}}) = \mu_0(\boldsymbol{j}_{\text{ext}} + \epsilon \dot{\boldsymbol{E}}) \tag{4.16}$$

bzw.

$$\epsilon \dot{\boldsymbol{E}} = (\boldsymbol{j}_{\text{pol}} + \epsilon_0 \dot{\boldsymbol{E}})\,. \tag{4.17}$$

Jede Teilchensorte (Ionen oder Elektronen) trägt gerade

$$\boldsymbol{j}_{\text{pol}} = nq\boldsymbol{v}_{\text{pol}} = \frac{nm\dot{\boldsymbol{E}}}{B^2} \tag{4.18}$$

zur Polarisationsstromdichte bei. n bezeichnet die Dichte der jeweiligen Teilchensorte. Wir erhalten also

$$\epsilon_\perp = \epsilon_0 + \frac{\rho}{B^2}\,, \tag{4.19}$$

dabei ist $\rho = n_i m_i + n_e m_e$ die Massendichte des Plasmas. Für ein typisches Plasma ist $\epsilon_\perp$ um etwa einen Faktor 10^3 größer als ϵ_0. Ein Plasma ist jedoch sehr anisotrop, und diese Konstante beschreibt nur die Eigenschaften in Richtung senkrecht zum Magnetfeld. $\epsilon_\perp$ wird uns wieder begegnen, wenn wir die Ausbreitung niederfrequenter Wellen in Plasmen untersuchen.

Man kann unser Ergebnis für $\epsilon_\perp$ auch benutzen, um das Verhalten eines Plasmas im Gravitationsfeld zu beschreiben. Wir werden dadurch besser verstehen, wie die senkrechte Dielektrizität die Bewegung des Plasmas beeinflußt. Wir betrachten eine Scheibe aus magnetisiertem Proton-Elektron Plasma – wie in Bild 4.1 – mit der Dichte $n_e = n_i = n$ in einem Gravitationsfeld. Wir betrachten hier ein scheibenförmiges Plasma, um die Berechnung des elektrischen Feldes, das durch die Ladungstennung entsteht, zu vereinfachen. Die Gravitationsdrift erzeugt einen Strom der senkrecht auf $\boldsymbol{B}$ und der Schwerkraft $m\boldsymbol{g}$ steht. Die Geschwindigkeit der Gravitationsdrift ist nach (2.23)

$$\boldsymbol{v}_g = m\frac{\boldsymbol{g} \times \boldsymbol{B}}{qB^2}\,. \tag{4.20}$$

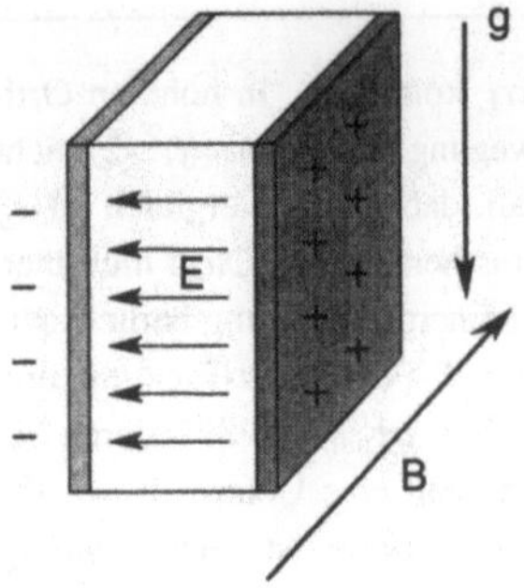

Bild 4.1
Zur Berechnung der Bewegung eines Plasmas in senkrechten Magnet- und Gravitationsfeldern

Die Stromdichte $\boldsymbol{j} = \sum nq\boldsymbol{v}$ (die Summe läuft über die Teilchensorten), die durch die Schwerkraft erzeugt wird, ist $j_{\text{ext}} = \rho g/B$. In Bild 4.1 zeigt sie nach rechts. ρ ist die Massendichte des Plasmas. Wir betrachten den durch die Gravitationsdrift hervorgerufenen Strom als einen externen Strom, d.h. nicht als Anteil des Polarisationsstromes im Medium. Da dieser Stom nicht über die Grenzen des Plasmas hinaus reichen kann, entsteht dort mit der Zeit als Folge des externen Stromes eine „freie" Ladungsdichte. Wenn wir die freie Oberflächenladungsdichte mit σ_s bezeichnen (Einheit: C/m^2), gilt $\mathrm{d}\sigma_s/\mathrm{d}t = j$. Um das zu verstehen, überlegen wir uns, daß j in Coulomb pro Quadratmeter pro Sekunde angegeben wird. j ist die Anzahl der Coulomb, die pro Sekunde durch eine Fläche von einem Quadratmeter senkrecht zu $\boldsymbol{j}$ fließen. Die Gleichung $\mathrm{d}\sigma_s/\mathrm{d}t = j$ bedeutet, daß die Ladung erhalten bleibt und nicht durch die Oberfläche des Plasmas fließen kann, sondern sich dort ansammelt. Wenn wir $\mathrm{d}\sigma_s/\mathrm{d}t$ kennen, können wir auch $\mathrm{d}E_\perp/\mathrm{d}t$ an den Oberflächen berechnen. Wir nehmen dazu an, daß $E_\perp$ wie bei einem Plattenkondensator außerhalb des Plasmas vernachlässigbar ist. Wenn wir die Poisson-Gleichung über die Oberfläche des Plasmas aufintegrieren, erhalten wir

$$\epsilon_\perp E_\perp = \sigma_s \,.$$

Daraus folgt

$$\frac{\mathrm{d}E_\perp}{\mathrm{d}t} = \frac{1}{\epsilon_\perp}\frac{\mathrm{d}\sigma_s}{\mathrm{d}t} = \frac{j_{\text{ext}}}{\epsilon_\perp} = \frac{\rho g}{\epsilon_\perp B} \,. \tag{4.21}$$

Es ergibt sich eine nach unten gerichtete Beschleunigung der $\boldsymbol{v}_E$-Drift

$$\frac{\mathrm{d}v_E}{\mathrm{d}t} = \frac{\rho g}{\epsilon_\perp B^2} = \frac{g\rho}{B^2}\frac{1}{\epsilon_0 + \frac{\rho}{B^2}} = \frac{g}{1 + \epsilon_0 \frac{B^2}{\rho}} \,. \tag{4.22}$$

Bis auf den kleinen Term im Nenner, der die Beschleunigung nach unten etwas vermindert, hätte Galilei an diesem Ergebnis seine Freude gehabt. (Er beobachtete in Pisa, daß alle Körper mit der gleichen Beschleunigung fallen.) Die potentielle (Lage-) Energie des Plasmas wird wie üblich in kinetische Energie umgewandelt, während das Plasma bis auf einen geringen Anteil nach unten fällt. Wenn wir beide Seiten mit $(1 + \epsilon_0 B^2/\rho)\rho v_E$ multiplizieren, erhalten wir

$$\left(1 + \frac{\epsilon_0 B^2}{\rho}\right)\frac{\mathrm{d}}{\mathrm{d}t}\left(\frac{\rho v_E^2}{2}\right) = r\rho v_E \,. \tag{4.23}$$

Auf den ersten Blick scheint es, als wäre die Energieerhaltung verletzt. Um das zu überprüfen, berechnen wir das Verhältnis der Energiedichte des elektrischen Feldes $\epsilon_0 E^2/2$ zu der Dichte der kinetischen Energie der Driftbewegung des Plasmas.

$$\frac{\epsilon_0 E^2}{2}\left(\frac{\rho E^2}{2B^2}\right)^{-1} = \frac{\epsilon_0 B^2}{\rho} \tag{4.24}$$

Dies ist genau der scheinbare „Fehler" in der Energiebilanz. Wir haben Galilei „betrogen", indem wir einen kleinen Teil der Lageenergie des Plasmas an sein internes elektrisches Feld übertragen haben. Dabei wurde der Plasmakondensator aufgeladen. In den meisten Plasmen, die im Labor oder in der Geophysik eine Rolle spielen, geschieht dies nur mit einem sehr geringem Anteil der Energie (d.h. $\epsilon_\perp \gg \epsilon_0$). Bei vielen Berechnungen in der Plasmaphysik kann man den Beitrag von ϵ_0 vernachlässigen.

Wir haben hier ein schönes Beispiel für die Bedeutung der senkrechten Dielektrizitätskonstante eines Plasmas. Diese Energieumwandlung ist auch die Grundlage eines „Plasmakondensators". Wenn in einem Laborexperiment eine Oberflächenladungsdichte aufgebaut wird, die im Vakuum zu einer Energiespeicherung in der senkrechten Komponente des elektrischen Feldes führen würde, wird dieses Feld duch den Polarisationsstrom im Plasma abgeschirmt. Dadurch wird wesentlich weniger Energie im elektrischen Feld gespeichert. Statt dessen fließt die meiste Energie in die kinetische Energie der $\boldsymbol{v}_E$-Drift. Wie auch bei jedem anderen Kondensator, ermöglicht eine höhere Dielektrizitätskonstante eine größere freie Ladungsdichte und damit, bei einer vorgegebenen elektrischen Feldstärke, die Speicherung einer größeren Menge von Energie im elektrischen Feld.

Aufgabe 4.4 Wir haben hier $\epsilon_\perp$ als Materialkonstante des Plasmas aufgefaßt und die Polarisationsdrift nur implizit über $\epsilon_\perp$ berücksichtigt (j_{ext} wurde von v_g hervorgerufen). Statt dessen hätten wir auch den Beitrag der Polarisationsdrift zu j als einen Teil von j_{ext} betrachten können. Dann hätten wir auch den Beitrag zu $\mathrm{d}\sigma_s/\mathrm{d}t$ bestimmen müssen (σ_s ist hier die gesamte Oberflächenladungsdichte). Das verbleibende Vakuum hat natürlich die Dielektrizitätskonstante ϵ_0. Zeigen Sie, daß beide Ansätze dasselbe $\mathrm{d}E_\perp/\mathrm{d}t$ liefern.

4.4 Adiabatische Invarianten

An dieser Stelle lohnt es sich, unsere Driftgleichungen im allgemeineren Rahmen der klassischen Hamiltonschen Mechanik zu betrachten. Systeme, deren Bewegungsgleichungen man in der Form

$$\dot{q}_i = \frac{\partial H}{\partial p_i}, \qquad \dot{p}_i = -\frac{\partial H}{\partial q_i} \tag{4.25}$$

schreiben kann, werden als Hamiltonsche Systeme bezeichnet. $H(q_1,\ldots,q_n,p_1,\ldots,p_n)$ ist die Hamiltonfunktion des Systems. Die p_i sind verallgemeinerte Impulse, die q_i verallgemeinerte Koordinaten. Gemeinsam werden sie als die „kanonischen" Variablen bezeichnet. Die klassischen Bewegungsgleichungen eines geladenen Teilchens in $\boldsymbol{E}$- und $\boldsymbol{B}$-Feldern sind ein Hamiltonsches System. Die Gleichungen für die Drift des Führungszentrums, die wir hergeleitet haben kann man, obwohl sie nur bis zur ersten Ordnung in kr_{L} richtig sind, auch in Form eines Hamiltonschen Systems mit der Hamiltonfunktion $H = mv_\parallel^2/2 + \mu B + q\phi$ schreiben. Diese Hamiltonfunktion ist sehr einfach. Um sie benutzen zu können, müssen wir aber noch die kanonischen Variablen bestimmen. Genau genommen liefert diese Hamiltonfunktion nicht die

„richtigen" Gleichungen für die Drift des Führungszentrums in jeder Ordnung von kr_L. Sie liefert noch nicht einmal exakt die Gleichungen, die wir hergeleitet haben, aber man hat bis zu jeder Ordnung ein Hamiltonsches System, und bis zur Ordnung kr_L erhält man dieselben Gleichungen wie wir. Darüber hinaus sind unsere Gleichungen ohnehin nicht gültig. Die Tatsache, daß wir die Driftgleichungen als Hamiltonsches System schreiben können, rechtfertigt es, Ergebnisse der klassischen Mechanik (und auch der Quantenmechanik!) auf die Drift des Führungszentrums zu übertragen.

Eines der wichtigen Ergebnisse der hamiltonschen Mechanik ist, daß die Wirkung $\int p\,dq$ längs einer Umlaufbahn einer fast periodischen Bewegung adiabatisch invariant ist. Das magnetische Moment μ ist eine adiabatische Invariante der Lorentz-Gleichung. Die zugehörige, fast periodische Bewegung ist die Gyration mit der Frequenz ω_c. Der zugehörige Impuls p ist in diesem Fall das Drehmoment $mr_L v_\perp$, q ist der Winkel θ. Mit adiabatischer Invarianz meint man, daß eine Größe sich nur sehr wenig ändert, wenn die Bahn, über die integriert wird, sich ändert, weil sie in einen Bereich mit einer anderen Feldstärke gerät oder weil die Felder sich ändern. „Sehr wenig" bedeutet, daß sich die Größe im Vergleich zu der Frequenz der fast periodischen Bewegung nur sehr langsam ändert und daß die räumliche Änderung klein ist, im Vergleich zu der Entfernung, um die sich die Bahn bei einem Umlauf verschiebt. Für den Fall der Erhaltung von μ ist beispielsweise die Änderung der adiabatischen Invarianten aufgrund einer Störung mit der Frequenz ω gerade $\exp(-\omega_c/\omega)$. Wenn ω_c/ω von erster Ordnung ist, ist also auch die Änderung von μ von erster Ordnung. Wenn jedoch ω_c/ω größer wird, wird die Änderung von μ exponentiell kleiner. Da man $\exp(-\omega_c/\omega)$ nicht in eine Taylorreihe entwickeln kann, sagen wir, daß die adiabatische Invariante „in jeder Ordnung" erhalten ist. (Genau genommen ist die adiabatische Invariante nicht μ, sondern es gibt Korrekturterme. Diese Terme sind allerdings von höherer Ordnung im Verhältnis des Larmor-Radius zur Längenskala der Veränderung des Feldes.)

Wenn wir fordern, daß die Längenskala oder die Zeit, mit der Veränderungen eintreten, groß sein muß, meinen wir nicht nur, daß für eine beliebige Feldgröße X gilt

$$\frac{1}{X}\frac{dX}{dt} \ll \frac{1}{\tau}, \tag{4.26}$$

wobei τ die Umlaufzeit ist. Denn wenn $\boldsymbol{E}$ oder $\boldsymbol{B}$ mit kleiner Amplitude, aber einer Frequenz von mehr als $1/\tau$ schwingt, ist zwar (4.26) erfüllt, aber die zugehörige adiabatische Invariante ist möglicherweise im Vergleich zur Amplitude der Schwingung keine gute Erhaltungsgröße. Wenn wir also beispielsweise fordern, daß μ mit einem exponentiell kleinen Fehler erhalten ist, müssen die Hochfrequenzstörungen im Bereich $\omega \approx \omega_c$ oder darüber exponentiell klein sein.

4.5 Eine zweite adiabatische Invariante: J-Erhaltung

Wir wollen nun nicht mehr eine adiabatische Invariante der Teilchenbewegung, sondern eine adiabatische Invariante der Bewegung des Führungszentrums betrachten. Diese adiabatische Invariante existiert, wenn die Parallelbewegung des Führungszentrums periodisch ist, zum Beispiel bei einem Teilchen, das in einer magnetischen Falle gefangen ist und hin und her oszilliert. Sie wird normalerweise als „zweite adiabatische Invariante" bezeichnet. Man erhält sie als

$$J := \int_a^b v_\parallel \cdot ds, \tag{4.27}$$

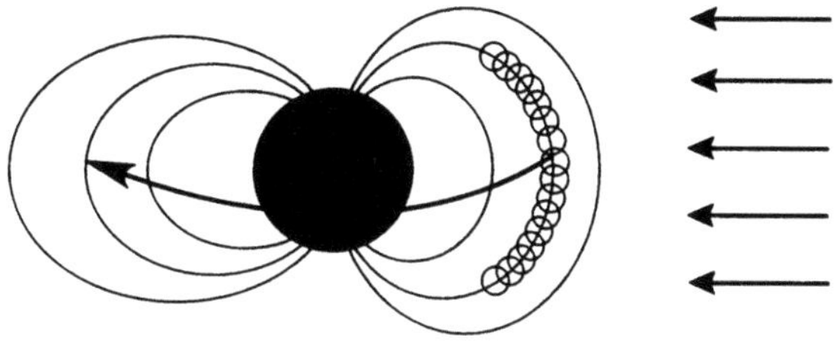

Bild 4.2 Teilchen, die im magnetischen Dipolfeld der Erde eingefangen sind und um diese präzedieren. Das schematisch eingezeichnete Erdmagnetfeld wird vom Sonnenwind verzerrt.

d.h. als das Linenintegral der Parallelgeschwindigkeit längs der Teilchenbahn. Die Integrationsgrenzen sind die beiden Umkehrpunkte, an denen $v_\parallel$ verschwindet. J wird aber häufig als das Integral von a nach b und wieder zurück nach a definiert. Einen einfachen Beweis der Invarianz von J kann man führen, indem man sich auf das Korrespondenzprinzip, die Tatsache, daß die Driftgleichungen ein Hamiltonsches System sind, und etwas elementare Quantenmechanik verläßt.[1] In der Wirkung (4.27) *korrespondiert* p zu k, der quantenmechanischen Wellenzahl. Also ist J proportional zum Phasenintegral $\int k \, dl$ längs der Bahn. Für eine quantisierte Bahn müßte man verlangen, daß das Phasenintegral eine ganze Zahl n ist. (Für ein makroskopisches System wäre n sehr groß.) Die Erhaltung von J *korrespondiert* dann zu der Tatsache, daß eine Störung mit der Oszillationsfrequenz des Teilchens in der Falle benötigt wird, um einen Übergang zu einem anderen Quantenzustand n zu induzieren. (Das liegt daran, daß die Schwebungsfrequenz zwischen dem $n$ten und dem $n-1$ten Zustand gerade die Oszillationsfrequenz ist.) Also *korrespondiert* die Erhaltung von J dazu, daß die Quantenzahl eines in einem Potential eingeschlossenen Teilchens sich bei langsamer Veränderung des Potentials nicht ändert.

Als Beispiel für die Erhaltung von J betrachten wir ein energiereiches Teilchen, das im Magnetfeld der Erde gefangen ist. Das Magnetfeld der Erde ist im wesentlichen ein Dipolfeld, das durch den Sonnenwind verzerrt wird, siehe Bild 4.2. Protonen mit Energien im MeV-Bereich entstehen beispielsweise durch den Zerfall von Neutronen, die durch Stöße mit der kosmischen Strahlung gebildet wurden. Wenn wir das Magnetfeld der Erde als statisch und das elektrische Feld als gering betrachten, können wir

$$v_\parallel = \sqrt{\frac{2(W - \mu B)}{m}} \tag{4.28}$$

in (4.27) einsetzen.

Energiereiche Teilchen „pendeln" zwischen den Bereichen mit großer Feldstärke an Nord- und Südpol hin und her. Aufgrund der ∇B- und der Krümmungsdrift präzedieren sie dabei langsam um die Erde. Die Pendelbewegung von Nord nach Süd und wieder zurück liefert die Bahn, auf der wir die Invariante J bestimmen. Das Magnetfeld der Erde wird durch den Sonnenwind verzerrt und ist deshalb nicht axialsymmetrisch. Wegen dieser Asymmetrie gibt es von vornherein keinen Grund, anzunehmen, daß ein Teilchen nach einer Umrundung der Erde auf seine ursprüngliche Bahn zurückkommt. Es könnte sich beispielsweise, wenn es zu seiner ursprünglichen geographischen Länge (Ost-West) zurückkommt, in einer anderen Höhe befinden. Bei vorgegebener geographischer Länge ist für ein Teilchen mit fester Energie W und festem magnetischem Moment μ die effektive Länge der Flugbahn ($\int ds$) zwischen den Umkehrpunkten eine Funktion der Höhe über dem Äquator. Jede Feldlinie entspricht daher einem anderem Wert von J und ein

[1] Anm. d. Übers.: Die Autoren denken hier an die „alte" Quantentheorie von Bohr und Sommerfeld

Teilchen muß, wenn J und μ erhalten sind, nachdem es einmal um die Erde präzediert ist, auf der gleichen Höhe zurückkehren. Ohne die Hilfe beispielweise einer Störung mit geringer räumlicher oder zeitlicher Ausdehnung kann das Teilchen den Van-Allen-Gürtel nicht verlassen. Das erklärt die Stabilität dieser Strahlungsgürtel.

Der elementare Beweis der Erhaltung von J, ohne Berufung auf Ergebnisse der klassischen Mechanik (oder der Quantenmechanik) ist sehr lang. Er wurde zuerst von T.G. Northrop und E. Teller veröffentlicht (*Phys. Rev.* **117** (1960) 215). In vielen Lehrbüchern findet man leider schlechte (aber schnelle) Pseudobeweise. Der Beweis, daß J immer erhalten ist, liegt außerhalb dessen, was in diesem Buch möglich ist. Wir werden aber den Beweis für den Fall nicht zeitabhängiger Felder skizzieren.

Northrop und Teller beginnen ihren Beweis mit der Bemerkung, daß J nur von der Feldlinie abhängt (siehe oben) und deshalb eine Funktion von nur zwei räumlichen Koordinaten ist. Sie führen Koordinaten α und β ein, die längs der Feldlinen konstant sind. Mit Hilfe dieser Koordinaten kann man die einzelnen Feldlinien unterscheiden. Sie zeigen, daß es möglich ist, α und β so zu wählen, daß die Gleichung

$$\boldsymbol{B} = \nabla\alpha \times \nabla\beta \tag{4.29}$$

erfüllt ist. Es gilt dann automatisch $\nabla \cdot \boldsymbol{B} = \nabla\beta \cdot (\nabla \times \nabla\alpha) - \nabla\alpha \cdot (\nabla \times \nabla\beta) = 0$. Wegen $\boldsymbol{B} \cdot \nabla\alpha = \boldsymbol{B} \cdot \nabla\beta = 0$ sind α und β längs der Feldlinien tatsächlich konstant. Wir können J also als $J(\alpha,\beta)$ schreiben, denn für festes μ und W hängt J nur von der Feldlinie ab (für zeitabhängige Felder könnte $J(\alpha,\beta)$ auch noch explizit von der Zeit abhängen; wir wollen hier aber nur nicht zeitabhängige Felder betrachten).

Wenn wir J als Funktion von α und β betrachten, wissen wir, wie wir die Ableitung $\mathrm{d}/\mathrm{d}t$ von J längs einer Bahn nullter Ordnung (d.h. $v_\parallel$ beschreibt die Bewegung vollständig) berechnen können. Um den Anteil erster Ordnung der Änderung von J zu erhalten, mitteln wir die Drift erster Ordnung des Führungszentrums um eine Bahn nullter Ordnung.

$$\langle\frac{\mathrm{d}J}{\mathrm{d}t}\rangle = \langle\frac{\mathrm{d}\alpha}{\mathrm{d}t}\rangle(\frac{\partial J}{\partial\alpha}) + \langle\frac{\mathrm{d}\beta}{\mathrm{d}t}\rangle(\frac{\partial J}{\partial\beta}) \tag{4.30}$$

Als nächstes berechnen wir

$$\left\langle\frac{\mathrm{d}\alpha}{\mathrm{d}t}\right\rangle = \frac{\int \boldsymbol{v}_{\mathrm{Fz}} \cdot \nabla\alpha \mathrm{d}t}{\int \mathrm{d}t} = \frac{\int[(\boldsymbol{v}_{\mathrm{Fz}} \cdot \nabla\alpha)/v_\parallel]\mathrm{d}s}{\int 1/v_\parallel \mathrm{d}s} \tag{4.31}$$

und den analogen Ausduck für $\langle\mathrm{d}\beta/\mathrm{d}t\rangle$. Ferner gilt

$$\frac{\partial J}{\partial\alpha} = \frac{\partial\int v_\parallel \mathrm{d}s}{\partial\alpha} = \int \frac{\partial v_\parallel}{\partial\alpha}\mathrm{d}s = -\int \frac{\mu}{m}\frac{\partial B}{\partial\alpha}\frac{\mathrm{d}s}{v_\parallel} \tag{4.32}$$

sowie eine analoge Gleichung für $\partial J/\partial\beta$. Das zweite Gleichheitszeichen in (4.32) gilt, da an den Endpunkten $v_\parallel = 0$ ist und es deshalb dort keinen Beitrag von $\partial/\partial\alpha$ gibt. Das dritte Gleichheitszeichen gilt wegen

$$\frac{\partial v_\parallel}{\partial\alpha} = \frac{\partial}{\partial\alpha}\sqrt{\frac{2(W-\mu B)}{m}} = -\frac{\mu}{m v_\parallel}\frac{\partial B}{\partial\alpha}\,. \tag{4.33}$$

Wir sehen also, daß $\partial J/\partial\alpha$ von dem Kurvenintegral über $(1/v_\parallel)\partial B/\partial\alpha$ abhängt. Nach (4.31) hängt $\langle\partial\alpha/\partial t\rangle$ von einem ähnlichen Integral über $\boldsymbol{v}_{\mathrm{Fz}} \cdot \nabla\alpha$ ab. Die Drift des Führungszentrums in $\nabla\alpha$-Richtung ist jedoch auch von $\partial B/\partial\beta$ abhängig. Northrop und Teller haben gezeigt, daß das Mittel von $\boldsymbol{v}_{\mathrm{Fz}} \cdot \nabla\alpha$ über die Pendelbewegung als Kurvenintegral über $\partial B/\partial\beta$ geschrieben werden kann. Als Folge davon ist der erste Term auf der rechten Seite von (4.30) ein Produkt identischer Kurvenintegrale über $\partial B/\partial\alpha$ und $\partial B/\partial\beta$. Der zweite Term hat natürlich die gleiche Struktur, aber das entgegengesetzte Vorzeichen. Er hebt also den ersten Term weg. Damit haben wir die Erhaltung von J bis zur ersten Ordnung bewiesen.

Aufgabe 4.5 Wir betrachten nun den Fall zeitabhängiger $\boldsymbol{B}$-Felder. Die räumliche Drift werden wir vernachlässigen. Es sei $\boldsymbol{B} = \hat{z}B_0(1 + \gamma z^2)$ mit $\gamma = \gamma(t)$. Zeigen Sie, daß die zweite adiabatische Invariante J eines Teilchens, das in diesem Feld (s. Aufgabe 3.5) hin und her fliegt, erhalten ist, wenn γ sich während einer Periode nur wenig ändert. Berechnen Sie dazu zuerst J als Funktion von γ, W und μ. Bestimmen Sie dann $\langle \dot{W} \rangle$ als Funktion von γ, $\dot{\gamma}$, W und μ. $\langle\,\rangle$ steht hier für die Mittelung über eine Bahn nullter Ordnung, d.h. über eine Bahn, für die γ konstant ist. Für die Berechnung von $\dot{W} = \mu\partial B/\partial t$ müssen Sie aber von einem endlichen $\dot{\gamma}$ ausgehen. Für jedes x gilt $\langle x\rangle \equiv \int x\mathrm{d}t/\int \mathrm{d}t = \int(x/v_\parallel)\mathrm{d}s/\int(1/v_\parallel)\mathrm{d}s$. Zeigen Sie, daß $\dot{J} = (\partial J/\partial\gamma)\dot{\gamma} + (\partial J/\partial W)\dot{W} = 0$.

Die Erhaltung von J ist bei der Berechnung von Teilchenbahnen in komplizierten Geometrien sehr nützlich. Bei der numerischen Bestimmung der Eigenschaften unterschiedlicher Feldkonfigurationen ist es oft leichter, von der J-Erhaltung auszugehen, als die Bewegungsgleichungen zu lösen. Um sich eine Vorstellung vom Verlauf der Teilchenbahnen in nicht allzu komplizierten Geometrien zu verschaffen, ist diese Methode unübertroffen. Man muß jedoch vorsichtig sein, weil sie nicht immer angewandt werden kann. So kann beispielsweise ein Teilchen seinen Einschluß überwinden, wenn $\boldsymbol{B}$ nur ein lokales Maximum hat, das in der Richtung, in die die Pendelbahn driftet, abnimmt. Es ergibt sich dann ein Sprung in J. Sowohl vor als auch nach dem Strom ist J erhalten. Diese Sprünge können für den Teilchentransport bestimmend sein. Die wichtigste Bedingung dafür, daß J erhalten ist, ist, daß die Änderung in $\boldsymbol{B}$ (d.h. ∇B, $(\hat{\boldsymbol{b}} \cdot \nabla)\hat{\boldsymbol{b}}$) auf einer Pendelbahn eine Vorhersage des Feldes auf der nächsten Bahn ermöglicht.

4.6 Beweis der Erhaltung von J für statische Felder*

Im letzten Abschnitt haben wir den Beweis der Erhaltung von J für statische Felder von Northrop und Teller *skizziert*. In diesem Abschnitt werden wir den vollständigen Beweis führen.

Zuerst müssen wir zeigen, daß man jedes $\boldsymbol{B}$-Feld als $\boldsymbol{B} = \nabla\alpha \times \nabla\beta$ schreiben kann. Wir müssen dies nur in der Nähe der Feldlinie, längs der wir später integrieren wollen, erreichen. Wir haben bereits gezeigt, daß für $\boldsymbol{B} = \nabla\alpha \times \nabla\beta$ die Werte von α und β längs der Feldlinien konstant sind. Deshalb liegt es nahe, ein Koordinatensystem in der Umgebung einer bestimmten Feldlinie zu konstruieren. Auf dieser Feldlinie soll $\alpha = \beta = 0$ gelten. Wir wählen nun eine beliebige Ebene senkrecht zu dieser Feldlinie und setzen dort $s = 0$. Wir haben damit einen Ursprung $\alpha = \beta = s = 0$ für unser Koordinatensystem bestimmt (s. Bild 4.3). Als nächstes wählen wir eine eng benachbarte Feldlinie aus und weisen ihr die Werte ($\alpha = \delta\alpha, \beta = 0$) zu. Dadurch haben wir die Richtung der α-Achse in der $s = 0$-Ebene bestimmt. Danach wählen wir eine dritte Feldline aus und weisen ihr die Werte ($\alpha = 0, \beta = \delta\beta$) zu, um die Richtung der β-Achse festzulegen. Der Einfachheit halber wählen wir diese dritte Feldlinie so aus, daß die α- und die β-Achse in der $s = 0$-Ebene senkrecht aufeinander stehen. Wenn wir ferner die Feldlinie (genauer ihre Entfernung vom Ursprung in der $s = 0$-Ebene) so aussuchen, daß im Ursprung $|\nabla\beta| = B/|\nabla\alpha|$ gilt, haben wir erreicht, daß im Ursprung auch $\boldsymbol{B} = \nabla\alpha \times \nabla\beta$ gilt. Es mag zwar

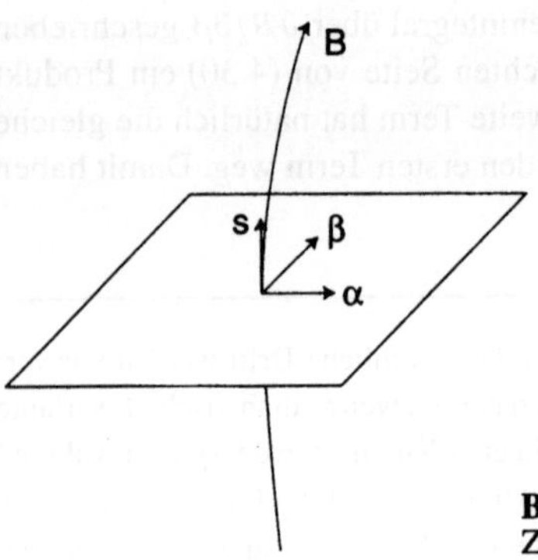

Bild 4.3
Zur Definition eines α, β, s Koordinatensystems.

so aussehen, als hätten wir nicht viel erreicht, da $\boldsymbol{B} = \nabla\alpha \times \nabla\beta$ nur an einem Punkt gilt, es wird sich jedoch zeigen, daß dies der Grundstein für unser Koordinatensystem ist.

Wir vervollständigen unser Koordinatensystem, indem wir die Entfernung von der $s = 0$-Ebene längs einer Feldlinie mit s bezeichnen. Wir haben jetzt ein vollständiges, dreidimensionales Koordinatensystem (α,β,s) in der Umgebung unserer Feldlinie $(\alpha = 0,\beta = 0)$ konstruiert. Bis auf den Ursprung, wo es durch seine Konstruktion rechtwinklig ist, ist unser Koordinatensystem krummlinig und schiefwinklig. Um $\boldsymbol{B} = \nabla\alpha \times \nabla\beta$ zu beweisen, müssen wir uns zunächst etwas mit solchen Koordinatensystemen beschäftigen.

Der Vektor $\partial\boldsymbol{x}/\partial\alpha$ beschreibt die Abhängigkeit des kartesischen Ortsvektors $\boldsymbol{x}$ von α bei festem β und s. $\partial\boldsymbol{x}/\partial\alpha$ ist der differentielle Vektor, der bei festem s die Feldlinie $(\alpha = 0,\beta = 0)$ mit der Feldlinie $(\alpha = \delta\alpha,\beta = 0)$ verbindet. Der Vektor $\partial\boldsymbol{x}/\partial\beta$ ist analog definiert. Der Vektor $\partial\boldsymbol{x}/\partial s$ gibt die Abhängigkeit von $\boldsymbol{x}$ von s bei festem α und β, d.h. längs einer Feldlinie an. $\partial\boldsymbol{x}/\partial s$ ist also $\hat{\boldsymbol{b}}$, der Einheitsvektor in Richtung von $\boldsymbol{B}$. Analog dazu definieren wir $\hat{\boldsymbol{\alpha}} := (\partial\boldsymbol{x}/\partial\alpha)/|(\partial\boldsymbol{x}/\partial\alpha)|$ und $\hat{\boldsymbol{\beta}} := (\partial\boldsymbol{x}/\partial\beta)/|(\partial\boldsymbol{x}/\partial\beta)|$ und der Vollständigkeit halber auch $\hat{\boldsymbol{s}} := (\partial\boldsymbol{x}/\partial s)/|(\partial\boldsymbol{x}/\partial s)| = (\partial\boldsymbol{x}/\partial s) = \hat{\boldsymbol{b}}$. Im Gegensatz zu einem rechtwinkligen Koordinatensystem müssen die Skalarprodukte der Koordinateneinheitsvektoren (wie beispielsweise $\hat{\boldsymbol{\alpha}} \cdot \hat{\boldsymbol{beta}}$) in einem schiefwinkligen Koordinatensystem nicht verschwinden. Im folgenden werden auch die Vektoren $\nabla\alpha$, $\nabla\beta$ und ∇s, die durch

$$\begin{aligned}
\nabla\alpha &= \hat{\boldsymbol{x}}\frac{\partial\alpha}{\partial x} + \hat{\boldsymbol{y}}\frac{\partial\alpha}{\partial y} + \hat{\boldsymbol{z}}\frac{\partial\alpha}{\partial z} \\
\nabla\beta &= \hat{\boldsymbol{x}}\frac{\partial\beta}{\partial x} + \hat{\boldsymbol{y}}\frac{\partial\beta}{\partial y} + \hat{\boldsymbol{z}}\frac{\partial\beta}{\partial z} \\
\nabla s &= \hat{\boldsymbol{x}}\frac{\partial s}{\partial x} + \hat{\boldsymbol{y}}\frac{\partial s}{\partial y} + \hat{\boldsymbol{z}}\frac{\partial s}{\partial z}
\end{aligned} \tag{4.34}$$

definiert werden, eine wichtige Rolle spielen. $\partial/\partial x$ steht hier für die Ableitung nach x bei festem y und z. Obwohl $\nabla\alpha$, $\nabla\beta$ und ∇s nicht orthogonal sind, gilt

$$\begin{aligned}
\frac{\partial\boldsymbol{x}}{\partial\alpha}\cdot\nabla\beta &= 0 & \frac{\partial\boldsymbol{x}}{\partial\alpha}\cdot\nabla s &= 0 \\
\frac{\partial\boldsymbol{x}}{\partial\beta}\cdot\nabla\alpha &= 0 & \frac{\partial\boldsymbol{x}}{\partial\beta}\cdot\nabla s &= 0 \\
\frac{\partial\boldsymbol{x}}{\partial s}\cdot\nabla\alpha &= 0 & \frac{\partial\boldsymbol{x}}{\partial s}\cdot\nabla\beta &= 0,
\end{aligned} \tag{4.35}$$

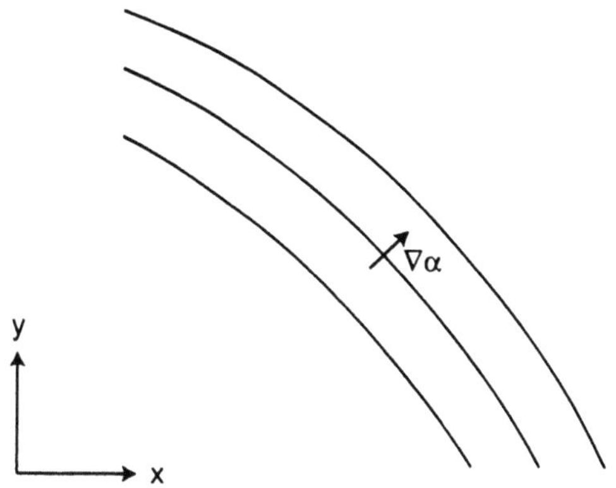

Bild 4.4
Zum Beweis von $\nabla\alpha \cdot (\partial \boldsymbol{x}/\partial\alpha) = 1$

weil die partielle Ableitung jeweils in eine Richtung zeigt, in der die andere Koordinate konstant ist. Eine weitere nützliche Beziehung lautet

$$\nabla\alpha \cdot \left(\frac{\partial \boldsymbol{x}}{\partial\alpha}\right) = \nabla\beta \cdot \left(\frac{\partial \boldsymbol{x}}{\partial\beta}\right) = \nabla s \cdot \left(\frac{\partial \boldsymbol{x}}{\partial s}\right) = \nabla s \cdot \hat{\boldsymbol{b}} = 1\,. \tag{4.36}$$

Zum Beweis überlegen wir uns, daß $\nabla\alpha$ senkrecht auf den Fächen $\alpha = const.$ steht und daß sein Betrag $\partial\alpha/\partial l$ ist. ∂l ist dabei das Bogenelement senkrecht zur Fläche. Die Komponente von $\partial \boldsymbol{x}/\partial\alpha$ in dieser Richtung ist gerade der Kehrwert $(\partial\alpha/\partial l)^{-1}$ (s. Bild 4.4).

Ein letzter Satz nützlicher Gleichungen lautet

$$\nabla\alpha = \left(\frac{\partial \boldsymbol{x}}{\partial\beta}\right) \times (\nabla\alpha \times \nabla\beta) \qquad \nabla\beta = -\left(\frac{\partial \boldsymbol{x}}{\partial\alpha}\right) \times (\nabla\alpha \times \nabla\beta)\,. \tag{4.37}$$

Wenn wir das doppelte Kreuzprodukt in der Gleichung für $\nabla\alpha$ entwickeln, erhalten wir

$$\frac{\partial \boldsymbol{x}}{\partial\beta} \times (\nabla\alpha \times \nabla\beta) = -\left(\nabla\alpha \cdot \frac{\partial \boldsymbol{x}}{\partial\beta}\right)\nabla\beta + \left(\nabla\beta \cdot \frac{\partial \boldsymbol{x}}{\partial\beta}\right)\nabla\alpha\,. \tag{4.38}$$

Mit Hilfe von (4.35) und (4.26) sehen wir, daß sich dieser Ausdruck zu $\nabla\alpha$ vereinfachen läßt. Die Gleichung für $\nabla\beta$ beweist man analog.

Wir haben damit einige der wichtigsten Eigenschaften eines krummlinigen Koordinatensystems, wie es im folgenden benutzt werden wird, zusammengetragen. (Wegen der großen Bedeutung von $\hat{\boldsymbol{b}}$ ist es in der Plasmaphysik häufig geschickt, mit krummlinigen Koordinaten zu arbeiten.) Wir können uns nun dem Beweis von $\boldsymbol{B} = \nabla\alpha \times \nabla\beta$ in einer Umgebung von $\alpha = \beta = 0$ für unsere Funktionen von oben zuwenden. Zuerst wollen wir zeigen, daß $\nabla\alpha \times \nabla\beta$ und $\boldsymbol{B}$ *kollinear* sind. Wir haben unser Koordinatensystem so konstruiert, daß $\hat{s}\nabla\alpha = \hat{s}\nabla\beta = 0$ (s. Gleichung (4.35)) und das $\hat{s} = \hat{\boldsymbol{b}}$. $\hat{\boldsymbol{b}}$ ist dadurch eindeutig charakterisiert, daß es sowohl auf $\nabla\alpha$ als auch auf $\nabla\beta$ senkrecht steht. Also sind, zumindest in einer Umgebung von $\alpha = \beta = 0$, $\nabla\alpha \times \nabla\beta$ und $\hat{\boldsymbol{b}}$ kollinear. Jetzt müssen wir nur noch den Betrag von $\nabla\alpha \times \nabla\beta$ betrachten. Wegen $\nabla \cdot \boldsymbol{B} = 0$ gilt

$$B(\nabla \cdot \hat{\boldsymbol{b}}) + (\hat{\boldsymbol{b}} \cdot \nabla)B = 0 \qquad (\hat{\boldsymbol{b}} \cdot \nabla) \ln B = -(\nabla \cdot \hat{\boldsymbol{b}}) . \tag{4.39}$$

Wir haben bereits kurz nach Gleichung (4.29) gezeigt, daß $\nabla(\nabla\alpha \times \nabla\beta) = 0$. Deshalb gilt für den Betrag von $\nabla\alpha \times \nabla\beta$ und den Einheitsvektor in Richtung von $\nabla\alpha \times \nabla\beta$ der gleiche Zusammenhang, den wir in (4.39) für B und $\hat{\boldsymbol{b}}$ formuliert haben. Ferner wissen wir, daß der Einheitsvektor in Richtung von $\nabla\alpha \times \nabla\beta$ gerade $\hat{\boldsymbol{b}}$ ist. Es gilt also

$$(\hat{\boldsymbol{b}} \cdot \nabla) \ln |\nabla\alpha \times \nabla\beta|) = (\hat{\boldsymbol{b}} \cdot \nabla) \ln B . \tag{4.40}$$

In der Umgebung des Ursprungs gilt nach Konstruktion $|\nabla\alpha \times \nabla\beta| = \boldsymbol{B}$, also wissen wir nun, daß auf der gesamten s-Achse B und $|\nabla\alpha \times \nabla\beta|$ denselben Betrag haben. Damit haben wir gezeigt, daß in einer Umgebung der Feldlinine $\alpha = \beta = 0$ das Magnetfeld als $\boldsymbol{B} = \nabla\alpha \times \nabla\beta$ geschrieben werden kann. Schon aus ihrer Konstruktion ist ersichtlich, daß die Funkionen α und β nicht die einzigen sind, die diese Bedingung erfüllen.

Wir geben jetzt den wesentlichen Schritt des Beweises von Northrop und Teller für den Fall eines statischen $\boldsymbol{B}$-Feldes und eines verschwindenden $\boldsymbol{E}$-Feldes an. Wir beginnen, indem wir $\boldsymbol{v}_{\mathrm{Fz}} \cdot \nabla\alpha$, die wichtigste Größe aus (4.31) noch einmal betrachten.

$$\boldsymbol{v}_{\mathrm{Fz}} \cdot \nabla\alpha = \left(\frac{W_\perp}{q} \frac{\boldsymbol{B} \times \nabla B}{B^3} + \frac{2W_\parallel}{q} \frac{\boldsymbol{B} \times (\hat{\boldsymbol{b}} \cdot \nabla)\hat{\boldsymbol{b}}}{B^2} \right) \cdot \nabla\alpha \tag{4.41}$$

In unserem Koordinatensystem können wir den Vektor ∇B auch als

$$\nabla B = \left(\frac{\partial B}{\partial \alpha}\right) \nabla\alpha + \left(\frac{\partial B}{\partial \beta}\right) \nabla\beta + \left(\frac{\partial B}{\partial s}\right) \nabla s \tag{4.42}$$

schreiben. Das diese Gleichung gültig ist, obwohl $\nabla\alpha$, $\nabla\beta$ und ∇s nicht orthogonal sind, kann man zeigen, indem man die Skalarprodukte dieser Gleichung mit $\hat{\boldsymbol{x}}$, $\hat{\boldsymbol{y}}$ und $\hat{\boldsymbol{z}}$ betrachtet. Die $\hat{\boldsymbol{x}}$-Komponente von ∇B ist beispielsweise durch $\partial B/\partial x = (\partial B/\partial\alpha)(\partial\alpha/\partial x) + (\partial B/\partial\beta)(\partial\beta/\partial x) + (\partial B/\partial s)(\partial s/\partial x)$ gegeben. Der erste Term in (4.42) trägt nicht zu $(\boldsymbol{B} \times \nabla \boldsymbol{B}) \cdot \nabla\alpha$ in (4.41) bei. Den zweiten Term kann man mit Hilfe von

$$(\boldsymbol{B} \times \nabla\beta) \cdot \nabla\alpha = \boldsymbol{B} \cdot (\nabla\beta \times \nabla\alpha) = -B^2 \tag{4.43}$$

vereinfachen. Schließlich wollen wir auch ausnutzen, daß $\hat{\boldsymbol{b}}\nabla$ und $\partial/\partial s$ identisch sind. Damit wird aus (4.41)

$$\boldsymbol{v}_{\mathrm{Fz}} \cdot \nabla\alpha = -\frac{W_\perp}{qB} \frac{\partial B}{\partial \beta} + \frac{W_\perp}{q} \frac{(\boldsymbol{B} \times \nabla s) \cdot \nabla\alpha}{B^3} \frac{\partial B}{\partial s} + \frac{2W_\parallel}{qB^2} \left(\boldsymbol{B} \times \frac{\partial \hat{\boldsymbol{b}}}{\partial s} \right) \cdot \nabla\alpha . \tag{4.44}$$

Wir werden uns jetzt auf den zweiten und dritten Term auf der rechten Seite konzentrieren und zeigen, daß sie sich gegenseitig wegheben, wenn man sie über eine Pendelbahn integriert. Denn in (4.31) brauchen wir für die Berechnung von $\langle \mathrm{d}\alpha/\mathrm{d}t \rangle$ die integrierte Form.

Mit Hilfe des Ausdrucks aus (4.37) für $\nabla\alpha$ können wir den zweiten Term vereinfachen.

$$\begin{aligned} (\boldsymbol{B} \times \nabla s) \cdot \nabla\alpha &= (\nabla\alpha \times \boldsymbol{B}) \cdot \nabla s \\ &= \left[\left(\frac{\partial \boldsymbol{x}}{\partial \beta} \times \boldsymbol{B} \right) \times \boldsymbol{B} \right] \cdot \nabla s \\ &= \left(\boldsymbol{B} \cdot \frac{\partial \boldsymbol{x}}{\partial \beta} \right) (\boldsymbol{B} \cdot \nabla s) - B^2 \nabla s \cdot \frac{\partial \boldsymbol{x}}{\partial \beta} = \boldsymbol{B}^2 \hat{\boldsymbol{b}} \frac{\partial \boldsymbol{x}}{\partial \beta} \end{aligned} \tag{4.45}$$

Dabei haben wir im letzten Schritt $\hat{\boldsymbol{b}} \cdot \nabla s = 1$ (aus (4.36)) und $\nabla s \cdot (\partial x/\partial \beta) = 0$ (aus (4.35)) benutzt.

Jetzt wenden wir uns dem dritten Term auf der rechten Seite von (4.44) zu. Diesen Term wollen wir mit Hilfe von

$$\begin{aligned}
\left(\boldsymbol{B} \times \frac{\partial \hat{\boldsymbol{b}}}{\partial s}\right) \nabla\alpha &= (\nabla\alpha \times \boldsymbol{B}) \cdot \frac{\partial \hat{\boldsymbol{b}}}{\partial s} \\
&= \left[\left(\frac{\partial \boldsymbol{x}}{\partial \beta} \times \boldsymbol{B}\right) \times \boldsymbol{B}\right] \cdot \frac{\partial \hat{\boldsymbol{b}}}{\partial s} \\
&= \left(\boldsymbol{B} \cdot \frac{\partial \boldsymbol{x}}{\partial \beta}\right)\left(B\hat{\boldsymbol{b}} \cdot \frac{\partial \hat{\boldsymbol{b}}}{\partial s}\right) - B^2 \frac{\partial \boldsymbol{x}}{\partial \beta} \cdot \frac{\partial \hat{\boldsymbol{b}}}{\partial s} = -B^2 \frac{\partial \boldsymbol{x}}{\partial \beta} \cdot \frac{\partial \hat{\boldsymbol{b}}}{\partial s}
\end{aligned} \tag{4.46}$$

vereinfachen. Dabei haben wir im letzten Schritt $\hat{\boldsymbol{b}} \cdot \partial \hat{\boldsymbol{b}}/\partial s = (1/2)(\partial |\hat{\boldsymbol{b}}^2|/\partial s) = 0$ benutzt. Diesen Ausdruck können wir mit Hilfe von

$$\frac{\partial \boldsymbol{x}}{\partial \beta} \cdot \frac{\partial \hat{\boldsymbol{b}}}{\partial s} = \frac{\partial}{\partial s}\left(\hat{\boldsymbol{b}} \cdot \frac{\partial \boldsymbol{x}}{\partial \beta}\right) - \left(\hat{\boldsymbol{b}} \cdot \frac{\partial^2 \boldsymbol{x}}{\partial \beta \partial s}\right) = \frac{\partial}{\partial s}\left(\hat{\boldsymbol{b}} \cdot \frac{\partial \boldsymbol{x}}{\partial \beta}\right) - \hat{\boldsymbol{b}} \cdot \frac{\partial \hat{\boldsymbol{b}}}{\partial \beta} = \frac{\partial}{\partial s}\left(\hat{\boldsymbol{b}} \cdot \frac{\partial \boldsymbol{x}}{\partial \beta}\right) \tag{4.47}$$

weiter vereinfachen. Hier haben wir im zweiten Schritt auf $\hat{\boldsymbol{b}} = \partial \boldsymbol{x}/\partial s$ und im dritten Schritt die Tatsache, daß $|\hat{\boldsymbol{b}}^2|$ überall konstant ist, zurückgegriffen.

Mit Hilfe der Gleichungen (4.45), (4.46) und (4.45) können wir (4.44) nun als

$$\boldsymbol{v}_{\mathrm{Fz}} \cdot \nabla\alpha = -\frac{\mu}{q}\frac{\partial B}{\partial \beta} + \frac{\mu}{q}\left(\hat{\boldsymbol{b}} \cdot \frac{\partial \boldsymbol{x}}{\partial \beta}\right)\frac{\partial B}{\partial s} - \frac{2W_\parallel}{q}\frac{\partial}{\partial s}\left(\hat{\boldsymbol{b}} \cdot \frac{\partial \boldsymbol{x}}{\partial \beta}\right) \tag{4.48}$$

schreiben. Der wesentliche Schritt ist es jetzt, die beiden letzten Terme zu einem Term zusammenzufassen, der bei der Mittelung von (4.48) über eine Pendelbahn wegfällt. Dazu bemerken wir, daß $W_\parallel = W - \mu B$ mit konstantem W und μ und daß

$$\frac{\sqrt{\partial W_\parallel}}{\partial s} = -\frac{\mu}{2\sqrt{W_\parallel}}\frac{\partial B}{\partial s} \tag{4.49}$$

gilt. Damit können wir (4.48) als

$$\boldsymbol{v}_{\mathrm{Fz}} \cdot \nabla\alpha = -\frac{\mu}{q}\frac{\partial B}{\partial \beta} - \frac{2\sqrt{W_\parallel}}{q}\frac{\partial}{\partial s}\left(\sqrt{W_\parallel}\hat{\boldsymbol{b}} \cdot \frac{\partial \boldsymbol{x}}{\partial \beta}\right) \tag{4.50}$$

schreiben. Um über eine Pendelbahn zu mitteln, müssen wir durch $v_\parallel$ ($\sim W_\parallel^{1/2}$) teilen und längs einer geschlossenen Pendelbahn über s integrieren. Dabei fällt der zweite Term in (4.40) weg und wir erhalten

$$\int (\boldsymbol{v}_{\mathrm{Fz}} \cdot \nabla\alpha)\frac{\mathrm{d}s}{v_\parallel} = -\frac{\mu}{q}\int \frac{\partial B}{\partial \beta}\frac{\mathrm{d}s}{v_\parallel} = \frac{m}{q}\frac{\partial J}{\partial \beta}\,. \tag{4.51}$$

Dabei haben wir im letzten Schritt Gebrauch von (4.32) gemacht. Eine ähnliche Gleichung mit umgekehrtem Vorzeichen erhalten wir für die andere Komponente von $\boldsymbol{v}_{\mathrm{Fz}}$ quer zum Feld

$$\int (\boldsymbol{v}_{\mathrm{Fz}} \cdot \nabla\beta)\frac{\mathrm{d}s}{v_\parallel} = -\frac{m}{q}\frac{\partial J}{\partial \alpha}\,. \tag{4.52}$$

Wenn wir (4.51) in (4.31) (und (4.52) in die entsprechende Gleichung für $\langle d\beta/dt\rangle$) und diese dann in (4.30) einsetzen, erhalten wir als Endergebnis

$$\left\langle\frac{\mathrm{d}J}{\mathrm{d}t}\right\rangle = \frac{m}{q}\frac{1}{\int \frac{1}{v_\parallel}\mathrm{d}s}\left(\frac{\partial J}{\partial \alpha}\frac{\partial J}{\partial \beta} - \frac{\partial J}{\partial \beta}\frac{\partial J}{\partial \alpha}\right) = 0\,. \tag{4.53}$$

Wir haben damit gezeigt, daß J eine Invariante der Drift eines Teilchens in einem statischen Magnetfeld ist (bei Betrachtung der Drift des Führungszentrums bis zur ersten Ordnung). Es ist wohl nicht besonders überraschend, daß die Größen α und β, die hier eine wichtige Rolle spielen, mit den kanonischen Variablen, die man bei der Hamiltonschen Behandlung der Driftgleichungen benutzt, eng verwandt sind.

Die Verallgemeinerung auf den Fall, daß es auch ein statisches $\boldsymbol{E}$-Feld gibt, bringt keine neuen Probleme. In diesem Fall ist nicht mehr die kinetische Energie des Teilchens, sondern die Summe aus der kinetischen und der potentiellen Energie $W = mv^2/2 + q\phi$ erhalten. Im Integral taucht deshalb hier

$$v_\parallel = \sqrt{\frac{2(W - \mu B - q\phi)}{m}} \tag{4.54}$$

auf. Northrop und Teller haben in einem allgemeineren Beweis gezeigt, daß J auch in Anwesenheit sich langsam verändernder Felder adiabatisch invariant ist. Allerdings ist dann das elektrische Feld nicht mehr der Gradient eines skalaren Potentials und es gibt deshalb auch keine einfache Größe W, die die Energie des Teilchens angibt und während der Pendelbewegung des Teilchens konstant ist.

Diejenigen, die sich gründlicher mit der Bewegung eines Teilchens in sich langsam ändernden elektrischen und magnetischen Feldern beschäftigen wollen, seien auf das Buch von T.G. Northop verwiesen (*The Adiabtic Motion of Charged Particles*, New York, Interscience 1963).

5 Abbildungen

In diesem Kapitel wollen wir Teilchenbahnen betrachten, die die J-Erhaltung verletzen, um an ihrem Beispiel die Theorie Hamiltonscher Abbildungen und chaotischer dynamischer Systeme einzuführen. Diese eleganten und weitreichenden Methoden sind sehr wichtig für die aktuelle Plasmaphysik und werden auch in ganz anderen Gebieten, wie beispielsweise der nichtlinearen Mechanik und der Bevölkerungsdynamik eingesetzt. Dieses Kapitel enthält einige Aufgaben und zwei Computerübungen mit dem Programm ERGO, das sich jeder vom Vieweg-Server[1] kostenlos herunterladen kann.

5.1 Verletzung der J-Erhaltung: Eine einfache Abbildung

Wir wollen jetzt Situationen betrachten, in denen J nicht erhalten ist. Dazu stellen wir uns vor, daß das Dipolfeld der Erde (oder ein anderes Feld) durch ein elektrisches oder magnetisches Feld mit $\cos(n\theta)$ gestört wird, beispielsweise durch fiese Außerirdische, die am Van-Allan-Gürtel herumspielen. Wenn diese Störung eine Komponente hat, für die $2\pi/n$ etwa so groß oder kleiner als die Präzessionsbewegung schneller Teilchen bei einer Pendelbewegung ist, erwarten wir größere Störungen der Teilchenbahnen. J ist dabei nicht erhalten.

Eine weitreichende, moderne Methode zur Untersuchung solcher Phänomene besteht darin, die Teilchenbahnen als „Abbildungen" aufzufassen. Jede denkbare Teilchenbahn (Äquator → nördliche Halbkugel → Äquator→ südliche Halbkugel → Äquator) wird als Abbildung aufgefaßt, die das Teilchen in θ-Richtung oder auch nach oben oder unten in r-Richtung aber bei einer festen Breite, – dem Äquator – von einer Position auf eine andere abbildet. Durch Iteration dieser Abbildung erhält man ein „Punktbild" (Poincaré-Schnitt) in der (r,θ)-Ebene. Jedes Mal, wenn das Teilchen z. B. von Süden nach Norden den Äquator kreuzt, zeichnen wir einen Punkt an dieser Stelle. In einem reinem Dipolfeld, ohne Störungen durch Außerirdische (oder natürliche Störungen) erhalten wir die relativ einfache Abbildung

$$\begin{aligned} \theta_{j+1} &= \theta_j + \theta_p|_{r_0} + \theta'_p(r_j - r_0) \\ r_{j+1} &= r_j \,. \end{aligned} \tag{5.1}$$

$\theta_p|_{r_0}$ ist die Präzession pro Pendelbewegung beim Anfangsradius r_0, jedes j steht für eine komplette Pendelbewegung des Teilchens. Da die Geschwindigkeiten der Gradienten- und Krümmungsdrift von der Höhe abhängen, hängt, bei festem W und μ im allgemeinen auch θ_p von der Höhe ab. θ'_p steht für $d\theta_p/dr$. Wir benutzen also eine lineare Näherung, um die Abhängigkeit der Präzessionsgeschwindigkeit von der Höhe zu beschreiben. Diese Abbildung ist eher langweilig. Die Teilchen präzedieren mit höhenabhängiger Geschwindigkeit in θ-Richtung und es gibt keine Bewegung in r-Richtung (die Verzerrung von $\boldsymbol{B}$ durch den Sonnenwind wird vernachlässigt).

[1] http://www.vieweg.de/welcome/downloads/supplements.htm

Wenn wir aber annehmen, daß die Außerirdischen das Feld so stören, daß das Teilchen einen von $\cos(n\theta)$ abhängigen Stoß erhält, der die J-Erhaltung verletzt, hat das Teilchen, wenn es wieder die geographische Breite θ_0 erreicht, nicht unbedingt die Höhe r_0. Das ist beispielsweise für $n\theta_p|_{r_0} \approx 1$ der Fall. Wir erhalten dann

$$\begin{aligned} \theta_{j+1} &= \theta_j + \theta_p|_{r_0} + \theta'_p(r_j - r_0) \\ r_{j+1} &= r_j + \epsilon \cos(n\theta_{j+1}) . \end{aligned} \tag{5.2}$$

ϵ gibt die Stärke der Störung an. Um uns eine Vorstellung von der nichtlinearen Dynamik dieses Systems und von den Auswirkungen der Störung zu verschaffen, betrachten wir Teilchen mit unterschiedlichen Anfangspositionen (r_0,θ_0) und verfolgen sie über viele Iterationsschritte. Diese Abbildung ist sehr viel komplexer als die für $\epsilon = 0$.

5.2 Experimente mit Abbildungen

Damit Sie ein Gefühl für die Eigenschaften solcher Abbildungen entwickeln können, gehört zu diesem Buch das Graphikprogramm ERGO, mit dem Sie mit Abbildungen experimentieren können. Es gibt eine Version für Apple- und eine Version für IBM-kompatible Computer. Die Anleitungen für die Installation der Programme finden Sie in den Dateien README-ERGO (Apple) bzw. ERGO.WRI (IBM-kompatibel). Der Quellcode der Programme ist ebenfalls vorhanden. In diesen Programmen können Sie die Präzession pro Pendelbewegung bei $r = 0$, die radiale Abhängigkeit der Präzession, die Amplitude der Störung und ihre Mode n wählen. (Für alle Werte von n wird eine Verletzung der J-Erhaltung angenommen.) Die Graphikausgabe auf dem Bildschirm kann durch Angabe der minimalen und maximalen Radien, die dargestellt werden, gesteuert werden. Wenn das Teilchen den gewählten Bereich verläßt, warnt der Computer durch einen Piepton. Um einen besseren Eindruck vom zeitlichen Verlauf der Bewegung zu erhalten, ist es auch möglich, die Geschwindigkeit, mit der der Computer die Punkte einträgt, zu vermindern. Ferner können Sie zwischen der Abbildung, die wir hier diskutiert haben, der Chirikov-Taylor-Abbildung und der komplizierteren Zwei-Schritt Abbildung aus den Aufgaben 5.2 und 5.4 wählen. Die Chirikov-Taylor-Abbildung wurde nach ihren Entdeckern B.V. Chirikov (*Research Concerning the Theory of Nonlinear Resonances and Stochasticity*, übersetzt von A.T. Sanders, CERN Translation 71-40, Genf; USSR Academy of Sciences Report 267, Novosibirsk (1969)) und J.B. Taylor (*Investigation of Charged Particle Invariants*, in UKAEA Culham Laboratory Progress Report CLM-PR 12 (1969)) benannt. In der Welt der nichtlinearen Mechanik wird sie auch als „Standard-Abbildung“ bezeichnet.

Bild 5.1 ist ein Beispiel für eine ERGO-Graphik. Um 5.1 zu erzeugen, wurden 25 Abbildungen (jeweils mit vielen Iterationen) benötigt.

Aufgabe 5.1 Experimentieren Sie mit ERGO und versuchen Sie, ein möglichst gutes qualitatives Verständnis der Abbildungen zu gewinnen. Bestimmen Sie den Einfluß jedes Parameters auf die Abbildungen. Betrachten Sie beispielsweise den Einfluß von ϵ auf die Breite der Inseln für $n = \theta'_p = 1$ (Wenn Sie das Bild anschauen ahnen Sie schon, daß die „Inseln“ die elliptischen Bereiche mit relativ regelmäßigen Bahnen sind). Welchen Einfluß hat ein wachsendes ϵ auf die Topologie? Untersuchen Sie die Abhängigkeit der Breite der Inseln und ihrer Topologie von n und θ'_p. Können Sie die Parameter so verändern, daß die Graphik sich als Ganzes ausdehnt oder zusammenzieht, ohne die Topologie zu verändern? (Diese Aufgabe sollten Sie bearbeiten, bevor Sie den nächsten Abschnitt lesen.)

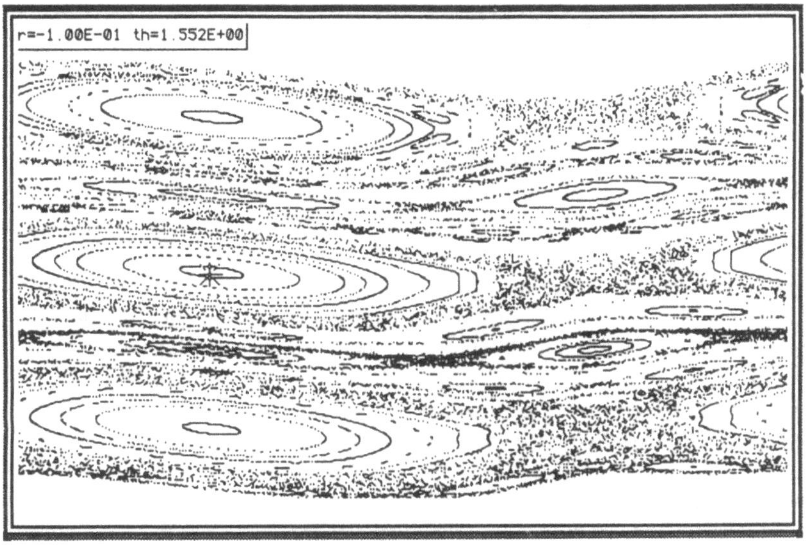

Bild 5.1 Beispiel einer ERGO-Graphik. r und th geben die Position des Mauszeigers an: $r = -0{,}100$, $th = 1{,}552$.

5.3 Das Skalieren von Abbildungen

Im letzten Abschnitt haben wir eine iterative Abbildung der Form

$$\begin{aligned} \theta_{j+1} &= \theta_j + \theta_p|_{r_0} + \theta_p'(r_j - r_0) \\ r_{j+1} &= r_j + \epsilon\cos(n\theta_{j+1}) \end{aligned} \tag{5.3}$$

betrachtet. In Aufgabe 5.1 sollten Sie unter anderem eine Kombination von Parameterwerten finden, die die Graphik skaliert, ohne die Topologie zu ändern. Diese Methode, ein physikalisches Gleichungssystem auf seine Grundzüge zu reduzieren, wird auch als „Skalenanalyse" bezeichnet. Auch wenn wir die vollständige Lösung der Gleichungen nicht kennen, können wir durch eine erfolgreiche Skalenanalyse die entscheidenden Parameterkombinationen bestimmen und dadurch die Dimensionalität des Problems effektiv reduzieren. Unser Problem sieht auf den ersten Blick so aus, als ob wir eine Abbildung untersuchen müßten, die durch fünf Kontrollparameter ($\theta_p|_{r_0}$, θ_p', r_0, ϵ und n) bestimmt wird. Wenn wir dieses Problem auf ein Problem mit einer kleineren Anzahl von Kontrollparametern zurückführen können, können wir eine Lösung des neuen Systems in eine Lösung für beliebige Werte von $\theta_p|_{r_0}$, θ_p', r_0, ϵ und n transformieren.

Im allgemeinen beginnt man dabei damit, die Gleichungen in den dimensionslosen Variablen zu schreiben, in denen sie die einfachste Form annehmen. Die Koordinate θ ist von vornherein dimensionslos, wir vermuten aber, daß es eine $2\pi/n$-Periodizität in θ gibt. Deshalb wollen wir versuchen, die Gleichungen zu vereinfachen, indem wir eine neue Winkelkoordinate ϕ mit $\phi := n\theta$ einführen. Wenn wir recht haben, hat diese Koordinate unabhängig von n die Periode 2π. Danach sehen wir uns die erste Gleichung in (5.3) an und stellen fest, daß wir sie durch eine lineare Transformation von r_j auf die neue dimensionslose Variable x_j vereinfachen können.

$$x_j := n\theta_p|_{r_0} + n\theta_p'(r_j - r_0) \tag{5.4}$$

Jetzt haben wir das deutlich einfachere Gleichungssystem

$$\begin{aligned} \phi_{j+1} &= \phi_j + x_j \\ x_{j+1} &= x_j + \Delta \cos(\phi_{j+1}) \end{aligned} \tag{5.5}$$

mit $\Delta = \epsilon n \theta'_p$. Indem wir dimensionslose Variable eingeführt haben, die die Gleichungen so weit wie möglich vereinfachen, haben wir es geschafft, alle Kontrollparameter zu einem einzigen (Δ) zusammenzufassen. Jede Lösung in den Variablen x und ϕ kann algebraisch zu einer Lösung aus der Familie von Lösungen, für die das Produkt $\epsilon n \theta'_p$ den gleichen Wert hat, transformiert werden. Anders ausgedrückt: Für jeden Satz von Werten $\theta_p|_{r_0}$, θ'_p, r_0, ϵ und n bestimmen wir Δ, finden dann eine Lösung von (5.5) für diesen Wert von Δ und skalieren die Koordinaten wieder zu unserem Anfangsproblem zurück. Die Größe Δ bestimmt also die vollständige Topologie der Abbildung – beispielsweise wieviel Raum die Inseln einnehmen oder wie chaotisch die Abbildung aussieht. Wenn wir x um 2π erhöhen und die Abbildung dann iterieren, führt das bloß zu einer einmaligen Erhöhung von x und wiederholt in ϕ, aber es hat keine Auswirkung auf die Abbildung, da ϕ ja 2π-periodisch ist. Das bedeutet, daß sich die Abbildung sich in ϕ-Richtung mit der Periode 2π wiederholt (daraus folgt, daß sie sich in der θ-Koordinate mit Periode $2\pi/n$ wiederholt). Aber die Abbildung wiederholt sich auch in x-Richtung mit der Periode 2π! Deshalb muß sie sich in r-Richtung mit der Periode $2\pi/n\theta'_p$ wiederholen.

5.4 Flächenerhaltung bei Hamiltonschen Abbildungen

Der Tatsache, daß im cos-Term von (5.5) ϕ_{j+1} und nicht ϕ_j auftritt, liegt eine interessante Ursache zugrunde. Es liegt daran, daß die Abbildung so konstruiert ist, daß sie eine der wesentlichen Eigenschaften eines Hamiltonschen Systems hat. Sie erfüllt den Satz von Liouville. Dieser besagt, daß für ein Hamiltonsches System (das ist im wesentlichen ein System ohne Energiezufuhr und Dissipation) die Phasenraumdichte erhalten ist. Wenn wir die Trajektorien einer Gruppe von Teilchen im Phasenraum, dem Raum ihrer Orte und Impulse verfolgen, sehen wir, daß die Teilchen, immer dann wenn sie im Ortsraum nahe beieinander sind, im Impulsraum weit voneinander entfernt sind und umgekehrt. Das bewirkt, daß die gesamte Phasenraumdichte erhalten bleibt. Dieses Ergebnis der klassischen Mechanik werden wir im Zusammenhang mit der Vlasov-Gleichung in Kapitel 22 ausführlich herleiten. Die äquivalente Aussage für eine Ortsabbildung ist, daß sie flächentreu ist (in diesem Fall gibt es ja keine Impulse). Wir betrachten nun das differentielle Quadrat, das von (x_j,ϕ_j), $(x_j + \delta x,\phi_j)$, $(x_j,\phi_j + \delta\phi)$ und $(x_j + \delta x,\phi_j + \delta\phi)$ in Bild 5.2 aufgespannt wird. Unsere Abbildung soll nun dieses Quadrat auf ein neues Viereck der gleichen Fläche abbilden, damit unsere Teilchen nicht „zusammenklumpen". Die Fläche des ersten Quadrats ist $\delta\phi\delta x$ (in geeigneten Einheiten). Die ersten drei Ecken des neuen Rechtecks sind

$$\begin{aligned} &[x_{j+1},\phi_{j+1}] \\ &[x_{j+1} + \frac{\partial x_{j+1}}{\partial x_j}\delta x,\phi_{j+1} + \frac{\partial \phi_{j+1}}{\partial x_i}\delta x] \\ &[x_{j+1} + \frac{\partial x_{j+1}}{\partial \phi_j}\delta\phi,\phi_{j+1}\frac{\partial \phi_{j+1}}{\partial \phi_j}\delta\phi] \,. \end{aligned}$$

Diese drei Ecken definieren zwei Vektoren, deren Kreuzprodukt die Fläche des Rechtecks angibt.

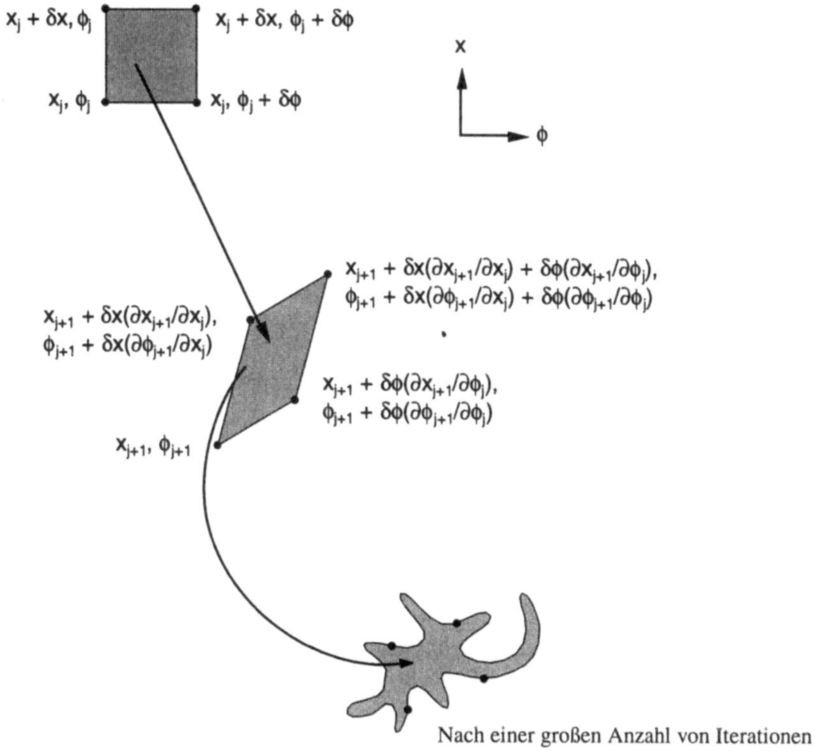

Bild 5.2 Flächenerhaltung bei Hamiltonschen Abbildungen

$$
\begin{aligned}
&\left|[\frac{\partial x_{j+1}}{\partial x_j}\delta x\hat{\mathbf{x}} + \frac{\partial \phi_{j+1}}{\partial x_j}\delta x\hat{\boldsymbol{\phi}}] \times [\frac{\partial x_{j+1}}{\partial \phi_j}\delta\phi\hat{\mathbf{x}} + \frac{\partial \phi_{j+1}}{\partial \phi_j}\delta\phi\hat{\boldsymbol{\phi}}]\right| \\
&\qquad = \left|[\frac{\partial x_{j+1}}{\partial x_j}\frac{\partial \phi_{j+1}}{\partial \phi_j} - \frac{\partial \phi_{j+1}}{\partial x_j}\frac{\partial x_{j+1}}{\partial \phi_j}]\delta\phi\delta x\right|
\end{aligned}
\tag{5.6}
$$

Diejenigen von Ihnen, die sich schon einmal mit Koordinatentransformationen beschäftigt haben wissen, daß der Term in eckigen Klammern die Jacobi-Determinate der Transformation ist. Allgemein gilt, daß die Jacobi-Determinate den Wert 1 haben muß, damit eine Transformation flächentreu ist. Es ist nicht auf den ersten Blick ersichtlich, wie man die partiellen Ableitungen über einen Schritt der Abbildung hinweg berechnen soll. Aus (5.5) folgt, daß

$$
\frac{\partial \phi_{j+1}}{\partial \phi_j} = 1 \qquad\qquad \frac{\partial \phi_{j+1}}{\partial x_j} = 1\,. \tag{5.7}
$$

Um die partiellen Ableitungen von x_{j+1} nach x_j und ϕ_j (bei festem ϕ_j bzw. x_j) zu berechnen, müssen wir ϕ_{j+1} durch ϕ_j und x_j ausdrücken (gerade weil wir ϕ_{j+1} benutzt haben, s. oben). Dadurch erhalten wir

$$
x_{j+1} = x_j + \Delta\cos(\phi_j + x_j)\,. \tag{5.8}
$$

Also gilt

$$\frac{\partial x_{j+1}}{\partial x_j} = 1 - \Delta \sin \phi_{j+1} \,. \tag{5.9}$$

Wenn wir im zweiten Schritt der Abbildung ϕ_j anstelle von ϕ_{j+1} benutzt hätten, wäre der zweite Term hier nicht vorhanden. Ferner berechnen wir

$$\frac{\partial x_{j+1}}{\partial \phi_j} = -\Delta \sin \phi_{j+1} \,. \tag{5.10}$$

Wenn wir in der Abbildung ϕ_j benutzt hätten, wäre das Argument des Sinus ϕ_j, der Sinus würde aber nicht wegfallen. Für die Jacobi-Determinate gilt nun

$$1 - \Delta \sin \phi_{j+1} + \Delta \sin \phi_{j+1} = 1 \,. \tag{5.11}$$

Das ist das erwünschte Ergebnis. Die Wahl von ϕ_{j+1} im zweiten Term hat dabei eine entscheidende Rolle gespielt. Ohne diese Wahl wäre der Betrag der Determinante nicht 1 und die Abbildung deshalb nicht flächentreu gewesen. Ohne diesen Term würden beispielsweise die Bahnen der Chirikov-Taylor-Abbildung schnell die Inselstrukturen verlassen und sich in den Zwischenräumen der Inseln sammeln. Dieses Verhalten steht nicht mit dem bekannten Verhalten der Driftbahnen im Einklang. Eine flächentreue Abbildung zu finden, ist manchmal die wesentliche Herausforderung bei der Suche nach einer Abbildung, die ein Hamiltonsches System darstellt.

Bei unseren Experimenten mit ERGO haben wir gesehen, daß diese deterministische Abbildung für große Werte von $\Delta = \epsilon n \theta'_p$, stochastisch bzw. chaotisch zu sein scheint. Wie kann bei einer solchen Abbildung die Fläche erhalten sein? Bei solchen Abbildungen breitet sich eine anfangs kompakte Fläche im Phasenraum immer weiter aus und zieht Fäden wie ein Tropfen Tinte in einem Wasserglas. Die ursprüngliche Fläche bleibt dabei aber unverändert.

Es gibt aber auch Abbildungen, die nicht flächentreu sind. Solche Abbildungen benötigt man beispielweise um nichthamiltonsche Systeme darzustellen. Bei „dissipativen Abbildungen", die Systeme mit Energiezufuhr und Dissipation darstellen, laufen die Teilchenbahnen häufig in sogenannten Attraktoren zusammen, das sind Gebilde im Phasenraum, die Trajektorien aus einem „Einzugsbereich" von Anfangswerten anziehen. Man kann sagen, daß diese Abbildungen Ordnung in das Chaos bringen. Dazu ist ein Fluß von Energie durch das System, das sie darstellen, nötig. Dissipative Abbildungen sind nützliche Hilfsmittel bei der Beschreibung von Turbulenz in Flüssigkeiten und anderen turbulenten nichtlinearen Systemen, genau wie Hamiltonsche Abbildungen nützliche Hilfsmittel bei der Beschreibung nichtlinearer, energieerhaltender Systeme sind.

Aufgabe 5.2 Stellen Sie sich vor, daß ein fadenförmiger Strom durch den Erdmittelpunkt fließt. Wegen des Magnetfeldes in θ-Richtung haben die Pendelbahnen der Teilchen dann keine konstante geographische Länge mehr, sondern sie schneiden die Längenkreise mit einem höhenabhängigen Winkel. Außerdem wollen wir annehmen, daß die Außerirdischen weiterhin das Magnetfeld mit der Periode n stören. Jetzt könnte es aber vorkommen, daß der Winkel unter dem die Teilchen pendeln dazu führt, daß sich die Stöße, die die Teilchen an jedem Umkehrpunkt erhalten, gegenseitig zumindest teilweise aufheben oder verstärken. Die Abbildung lautet nun

$$\begin{aligned}
\theta_{j+1} &= \theta_j + \theta_p|_{r_0} + \theta'_p r_j + \theta_b|_{r_0} + \theta'_b r_j \\
r_{j+1} &= r_j + \epsilon \cos(n\theta_{j+1}) \\
\theta_{j+2} &= \theta_{j+1} + \theta_p|_{r_0} + \theta'_p r_{j+1} - \theta_b|_{r_0} - \theta'_b r_{j+1} \\
r_{j+2} &= r_{j+1} + \epsilon \cos(n\theta_{j+2}) \,.
\end{aligned}$$

Wir haben hier eine Zwei-Schritt-Abbildung, weil wir die Stöße am unteren und oberen Umkehrpunkt getrennt berücksichtigen müssen. Die θ_b Terme stellen die zusätzliche Bewegung des Teilchens dar. Auf der einen Seite wird es nach vorne (+), auf der anderen nach hinten (−) bewegt. Zeigen Sie, daß diese Abbildung flächentreu ist.

5.5 Teilchenbahnen

Als nächstes wollen wir untersuchen, wie weit die Teilchen von ihren ungestörten Bahnen abweichen. (Wir hatten dieses Kapitel damit begonnen, uns zu sorgen, daß Außerirdische uns durch eine Störung des Van-Allen-Gürtels bombardieren könnten. Wir könnten aber auch an die Störung der Bahnen der Teilchen denken, die wir in einem Fusionsplasma einschließen wollen.) Als erste Näherung wollen wir annehmen, daß sich die Teilchen nur soweit in x-Richtung bewegen, daß ihre Präzessionsgeschwindigkeit sich nicht wesentlich ändert.

$$\phi_j \approx \phi_0 + j x_0 \qquad\qquad x_{j+1} \approx x_j + \Delta \cos\phi_{j+1} \tag{5.12}$$

x_0 ist der Anfangswert der x-Koordinate. In der transformierten Gleichung (5.5) steht es auch für den Anfangswert der Präzessionsgeschwindigkeit. Da wir uns ohnehin nur für den Realteil von x interessieren, können wir auch

$$x_{j+1} \approx x_j + \Delta\, \mathrm{e}^{\mathrm{i}\phi_{j+1}} \tag{5.13}$$

schreiben. Wenn wir den Ausdruck für ϕ_{j+1} einsetzen, erhalten wir

$$x_{j+1} \approx x_j + \Delta\, \mathrm{e}^{\mathrm{i}\phi_0}\, \mathrm{e}^{\mathrm{i}(j+1)x_0}$$

bzw.

$$x_j \approx x_{j-1} + \Delta\, \mathrm{e}^{\mathrm{i}\phi_0}\, \mathrm{e}^{\mathrm{i}jx_0}\,. \tag{5.14}$$

Diese Lösung dieser Rekursion ist leicht zu finden. Sie lautet

$$x_m \approx x_0 + \Delta\, \mathrm{e}^{\mathrm{i}\phi_0} \sum_{j=1}^{m} \mathrm{e}^{\mathrm{i}jx_0}\,. \tag{5.15}$$

Für die Summe gilt

$$\sum_{j=1}^{m} \mathrm{e}^{\mathrm{i}jx_0} = \Big(\mathrm{e}^{\mathrm{i}x_0} \sum_{j=1}^{m} \mathrm{e}^{\mathrm{i}jx_0}\Big) + \mathrm{e}^{\mathrm{i}x_0} - \mathrm{e}^{\mathrm{i}(m+1)x_0}\,,$$

daraus folgt

$$\sum_{j=1}^{m} \mathrm{e}^{\mathrm{i}jx_0} = \frac{\mathrm{e}^{\mathrm{i}x_0} - \mathrm{e}^{\mathrm{i}(m+1)x_0}}{1 - \mathrm{e}^{\mathrm{i}x_0}} \tag{5.16}$$

und deshalb gilt

$$x_m - x_0 \approx \Delta\, \mathrm{e}^{\mathrm{i}\phi_0} \frac{\mathrm{e}^{\mathrm{i}x_0} - \mathrm{e}^{\mathrm{i}(m+1)x_0}}{1 - \mathrm{e}^{\mathrm{i}x_0}} . \tag{5.17}$$

Es sieht so aus, als hätten wir eine allgemeine Antwort gefunden. Die rechte Seite von (5.17) ist von der Ordnung von Δ mal einer Reihe von Termen nullter Ordnung. Wenn Δ nur klein genug ist, sollte auch $x_m - x_0$ klein sein. Die Terme, mit denen Δ multipliziert wird, zeigen, daß die Stöße sich eher gegenseitig aufheben als verstärken. Da jedoch der Nenner sehr klein werden kann, sollten wir unsere Annahme, daß die Teilchen sich unabhängig von den Anfangsbedingungen nicht sehr weit in x-Richtung von der Anfangsposition entfernen noch einmal überdenken. Eine kurze Überprüfung zeigt, daß es Bereiche gibt, in denen die Präzession mit der Störung resoniert, d.h. in denen x_0 fast $2\pi k$ mit einer ganzen Zahl k ist. In diesen Bereichen müssen wir mit Problemen rechnen, denn bei jeder Pendelbewegung erhält das Teilchen denselben Stoß wie beim letzten Mal. Es gibt keine gegenseitige Aufhebung. Für $x_0 = 2\pi k + \delta$ mit einem δ, das so klein ist, daß $m\delta \ll 1$, wird (5.17) näherungsweise zu

$$x_m - x_0 \approx \Delta\, \mathrm{e}^{\mathrm{i}\phi_0} \frac{\mathrm{i}\delta - \mathrm{i}(m+1)\delta}{-\mathrm{i}\delta} = \Delta m\, \mathrm{e}^{\mathrm{i}\phi_0} . \tag{5.18}$$

Wenn wir in einem Resonanzbereich beginnen, verschwindet das Teilchen also für $m \to \infty$ im Unendlichen. Das widerspricht jedoch der Annahme, daß die Präzessionsgeschwindigkeit immer etwa x_0 beträgt, die wir brauchten, um (5.17) herzuleiten. (5.17) ist also in einem schmalen Bereich $\pm\delta$ ($< 1/m$ für große m) unzuverlässig. Das gilt natürlich auch für große Δ.

5.6 Resonanz und Inseln

Da (5.17) dort nicht angewandt werden kann, müssen wir für die Bereiche in der Nähe einer Resonanz nach einer anderen Näherung suchen. Wir wollen annehmen, daß wir uns so nahe an einer Resonanz befinden, daß sich ϕ (modulo 2π) bei jeder Pendelbewegung nur wenig ändert. Wir betrachten die Präzessionsgeschwindigkeit als Funktion von x. x ändert sich durch die radialen Stöße. Der physikalische Effekt, den wir finden werden, ist, daß das Teilchen durch die Störung in radialer Richtung vom Resonanzbereich weggestoßen wird. Danach verstärken sich die aufeinanderfolgenden Stöße nicht mehr und deshalb verschwindet das Teilchen nicht im Unendlichen. Es bewegt sich sogar in ϕ-Richtung in einen Bereich, in dem die Stöße das entgegengesetzte Vorzeichen haben und wird dann wieder in die Nähe der Resonanz getrieben und alles fängt von vorne an.

Wenn die Änderung $\delta\phi$ (modulo 2π) pro Iterationsschritt sehr klein, ist können wir unsere Abbildung als Differentialgleichung „reformulieren". Die Zeiteinheit ist dabei ein Iterationsschritt.

$$\frac{\mathrm{d}\phi}{\mathrm{d}t} = x - x_s \qquad \frac{\mathrm{d}x}{\mathrm{d}t} = \Delta \cos\phi . \tag{5.19}$$

x_s beschreibt die Resonanzfläche, d.h. die Fläche auf der der Präzessionswinkel pro Bahn ein Vielfaches von 2π ist. Wenn wir die erste Gleichung nach der „Zeit" ableiten, erhalten wir mit

$$\frac{\mathrm{d}^2\phi}{\mathrm{d}t^2} = \Delta \cos\phi \tag{5.20}$$

die Gleichung für einen Ball, der in einer sinusförmigen Potentialmulde rollt. Einige wichtige Eigenschaften folgen aus den Erhaltungsgleichungen

$$\frac{\mathrm{d}\phi}{\mathrm{d}t}\frac{\mathrm{d}^2\phi}{\mathrm{d}t^2} = \frac{\mathrm{d}\phi}{\mathrm{d}t}\Delta\cos\phi \qquad \frac{\mathrm{d}}{\mathrm{d}t}\left[\frac{1}{2}\left(\frac{\mathrm{d}\phi}{\mathrm{d}t}\right)^2\right] = \frac{\mathrm{d}}{\mathrm{d}t}(\Delta\sin\phi) \tag{5.21}$$

bzw.

$$\frac{1}{2}\left(\frac{\mathrm{d}\phi}{\mathrm{d}t}\right)^2 - (\Delta\sin\phi) = const. \tag{5.22}$$

Wie immer ist $\mathrm{d}/\mathrm{d}t$ die totale Ableitung längs der Bahn des Teilchens.

Wenn die Konstante in (5.22) größer als Δ ist, ist $(\mathrm{d}\phi/\mathrm{d}t)^2$ für jedes ϕ positiv und nimmt beliebig weit zu oder ab. Wenn $(\mathrm{d}\phi/\mathrm{d}t)^2$ am Anfang positiv ist, ist es immer positiv, weil es nirgendwo verschwinden kann. Aus dem gleichen Grund bleibt es immer negativ, wenn es einmal negativ ist. Falls die Konstante kleiner ist als Δ, kann ϕ das Intervall zwischen den Nullstellen von $(\mathrm{d}\phi/\mathrm{d}t)^2$ nicht verlassen und oszilliert dort. Die Oszillation in ϕ führt auch zu einer Oszillation in x. Man erhält so eine geschlossene Bahn, die wir als „Insel" bezeichnen – diese Inseln kennen wir von ERGO. Wir wollen nun die Breite einer solchen Insel berechnen. An (5.19) können wir ablesen, daß das Maximum von $x - x_s$ genau dann erreicht wird, wenn auch $\mathrm{d}\phi/\mathrm{d}t$ maximal ist. Wenn die Konstante in (5.22) den gleichen Wert hat wie Δ (der Grenzfall, er entspricht der „Seperatrix" zwischen geschlossenen und offenen Bahnen in den ERGO-Graphiken) ist der maximale Wert von $\mathrm{d}\phi/\mathrm{d}t$

$$\left(\frac{\mathrm{d}\phi}{\mathrm{d}t}\right)_{\max} = (x - x_s)_{\max} = 2\sqrt{\Delta}\,. \tag{5.23}$$

Aus den Definitionen $\Delta := \epsilon n\theta_p'$ und $x_j := n\theta_p|_{r_0} + n(r_j - r_0)\theta_p'$ folgt

$$(r - r_s)_{\max} = 2\sqrt{\frac{\epsilon}{n\theta_p'}}\,. \tag{5.24}$$

Die Breite der Insel ist also proportional zur Wurzel der Stärke der Störung und entgegengesetzt proportional zur Wurzel der Veränderung der Präzessionsgeschwindigkeit als Funktion der Höhe (diese Größe wird auch als die Scherung der Präzession bezeichnet).

5.7 Der Übergang ins Chaotische

Bis jetzt haben wir immer so getan, als wären alle Bahnen beschränkt. Beim experimentieren mit ERGO haben wir aber gesehen, daß wir bei großen Werten von Δ auch Bahnen erhalten, die stochastisch zu sein scheinen. Trajektorien, die in zufälliger Bewegung einen Teil des Raumes ausfüllen werden auch als „ergodisch" bezeichnet – daher rührt auch der Name ERGO. Der Übergang zu diesem chaotischen Verhalten wird uns im folgenden beschäftigen. Die Seperatrix-Bahnen werden lange vor den Bahnen in den Inseln chaotisch. Die Willkürlichkeit der Bahnen wird manchmal darauf zurückgeführt, daß die Inseln sich dadurch, das es Radien mit mehreren Resonanzen gibt, gegenseitig überlappen. Wenn Δ wächst, können sich die Bahnen dann nicht entscheiden, zu welcher Insel sie gehören.

Aber was ist eigentlich mit der Herleitung von oben falsch, die zu einer einfachen, nicht chaotischen Inselstruktur führte? Das Hauptproblem ist, daß die Insel, die wir berechnet haben sich in Gebiete erstreckt, die so weit von der Resonanzfläche entfernt sind, daß die Präzession wesentlich von 2π abweicht. Die Sprünge $\delta\phi$ in ϕ-Richtung (modulo 2π) sind dann nicht mehr klein und wir können die Abbildung nicht mehr durch eine Differentialgleichung beschreiben. Genau wie Gleichung (5.17) ist unsere Lösung in der Nähe der Resonanzen für große Δ ungültig. Eine einfache Abschätzung für den Punkt, an dem die Bahnen chaotisch werden erhalten wir, wenn wir uns überlegen, daß wenn $\delta\phi$ gegen eins geht, die Schritte im Vergleich zur charakteristischen Länge der Variation der Potentialmulde aus (5.22) nicht mehr klein sind. Unser Differentialgleichungsmodell wird also nicht mehr in der Lage sein, die Situation in der Nähe der Seperatrix zu beschreiben, wenn die Breite der Inseln gegen eins geht. Mit Hilfe von (5.25) können wir diese Bedingung als

$$2\sqrt{\Delta} \approx 1$$

bzw.

$$\Delta \approx \frac{1}{4} \tag{5.25}$$

schreiben. Es gibt noch weitere nichtlineare Effekte, die für $\Delta \approx 1$ eine Rolle spielen. Auch diese Effekte werden von unserer Differentialgleichung nicht wiedergegeben, weil der Sprung in x (und auch in ϕ) nicht mehr klein ist. Wenn x um eins springt, springt auch die Präzessionsgeschwindigkeit um eins. Für diesen Fall ist das Differentialgleichungsmodell völlig ungeeignet. Wenn Δ wächst, enstehen sekundäre Inseln mit der Periodizität p bei $x = 2\pi k + 2\pi n/p$, da diese Trajektorien sich nach p Schritten wiederholen, anstatt sich gleichmäßig über ϕ zu verteilen. Dadurch können sich endliche „Stöße“ , die durch die Nichtlinearität der Abbildung entstehen gegenseitig verstärken. Die so entstehenden Inseln tragen zu Überlappung der Inseln bei (s. Aufgabe 5.5). Ferner haben die Trajektorien, die sich innerhalb der Inseln bewegen eine Scherung – die Periodendauer in einer sinusförmigen Potentialmulde hängt davon ab, wie tief man sich in der Mulde befindet. Es gibt also auch innerhalb der primären Inseln resonante Bahnen (zum Beispiel braucht man sechs oder sieben Schritte um eine Insel in einiger Entfernung von ihrem Mittelpunkt zu umrunden). Auch hier wiederholen sich die Bahnen und die Stöße können sich verstärken.

In den primären Inseln gibt es also Ketten weiterer Inseln. Wenn Sie in ERGO einen sehr großen Maßstab wählen, können Sie diese Ketten sehen. In diesen Inseln gibt es wieder Inselketten, und so weiter, und so weiter, *ad infinitum*. Wenn außerdem mehr als eine äußere Störung vorhanden ist (d. h. es gibt mehrere Störungen mit unterschiedlichen Werten von n) überlappen sich die Inseln, die durch die unterschiedlichen Störungen entstehen. In der ungestörten Chirikov-Taylor-Abbildung können die Bahnen für $\Delta = \epsilon n \theta'_p = 0{,}989\ldots$ um 2π in x-Richtung springen (der Zahlenwert stammt aus aus Chirikovs klassischer Monographie *Phys. Rep.* **52** (1979) 265). In dieser kritischen Umgebung braucht man jedoch etwa 10^7 Iterationsschritte, um einen Sprung zu sehen. Wenn Sie nicht so viel Geduld haben (oder Ihr Rechner nicht so schnell ist), sollten Sie sich den Bereich um 1,05 ansehen. Für $\Delta \gg 1$ sehen wir dort Sprünge im Radius ohne Korrelation zwischen einem Sprung und dem nächsten. Mit dem „random walk“-Modus können wir den radialen Diffusionskoeffizienten für diese Situation auf $\approx \Delta^2/4$ schätzen.

Aufgabe 5.3 Berechnen Sie den radialen Diffusionskoeffizienten für die Standardabbildung im Limes großer Δ aus seiner Definition $D = \langle \Delta x^2 \rangle / 2\tau$.

Aufgabe 5.4 Betrachten Sie die Zweischritt-Abbildung aus Aufgabe 5.2 mit ERGO und untersuchen Sie den Übergang ins Stochastische. Finden Sie heraus, ob das Kriterium

$$\epsilon > \frac{1}{|n\theta_b'|} + \frac{1}{|n\theta_p'|} \tag{5.26}$$

anwendbar ist. Dieses Kriterium wurde zuerst von R. J. Goldston, R. B. White und A. H. Boozer (*Phys. Rev. Lett.* **47** (1981) 647) für $\theta_b' > \theta_p'$ und $\theta_b' < \theta_p'$ angegeben. Erklären Sie, worauf dieses Kriterium beruht. Hinweis: Es handelt sich nicht genau um die Überlagerung von Inseln. (Zur Lösung dieser Aufgabe ist sehr viel eigenständige Arbeit notwendig.)

Aufgabe 5.5 Wenn Sie die Parameter der Chirikov-Taylor-Abbildung bei den vorgebenen Werten belassen, gibt es eine Inselkette, die bei $r = \pi$ wächst. In Bild 5.1 taucht sie als eine Kette von zwei Inseln vertikal etwa in der Mitte zwischen den größten Inseln auf. Bestimmen Sie experimentell die Abhängigkeit ihrer Breite von ϵ bei festem θ. Erklären Sie die beobachtete Abhängigkeit. Hinweis: Benutzen Sie die Differentialgleichungsmethode dieses Kapitels, aber betrachten Sie zwei Iterationen der Abbildung als eine Zeiteinheit. Δ und $x - x_s$ sind kleine Größen; Terme der Ordnung $\Delta(x - x_s)$ und $(x - x_s)^2$ können gegenüber Termen der Ordnung Δ und $x - x_s$ vernachlässigt werden. Bedenken Sie, daß Sie die ganze Breite der Insel bei festem θ und nicht ihre Ausdehnung in x-Richtung bestimmen wollen. Es gibt hier einen Unterschied weil die Kurve, auf der die Insel liegt in x-Richtung oszilliert. (Wie schon Aufgabe 5.4 ist diese Aufgabe sehr aufwendig. Sie kann auch als Alternative zu 5.4 betrachtet werden.)

Plasmen als Flüssigkeiten

Eine andere Möglichkeit zur Beschreibung der Bewegung geladener Teilchen in elektrischen und magnetischen Feldern bietet das Modell der „leitfähigen Flüssigkeit". Bereits mit Anfängerkenntnissen der Hydrodynamik können wir die Kontinuitätsgleichung und die Impulsbilanzgleichung aufstellen. Um sie auf ein Plasma zu übertragen, müssen wir sie an eine elektrisch geladene und stromführende Flüssigkeit anpassen. Wir müssen dabei elektrische und magnetische Kräfte berücksichtigen. Das führt uns zu den Gleichungen der Magnetohydrodynamik.

Wir werden diese Gleichungen ausgehend von den Erhaltungssätzen, wie z.B. der Erhaltung der Teilchenzahl und des Gesamtimpulses für ein Plasma mit zwei Teilchenarten (Elektronen und Ionen) herleiten. In der Impulsbilanzgleichung tritt eine Kraft auf, die durch den Gradienten des Plasmadrucks erzeugt wird. Wir werden sehen, daß in einem Plasma der Druck nicht isotrop (gleicher Druck in alle drei Richtungen) sein muß, wie es sonst in der Hydrodynamik der Fall ist. Da es auf den ersten Blick so aussieht, als seien das Teilchen- (Führungszentrums-) und das Flüssigkeitsmodell von einander unabhängig, werden wir die Beziehung dieser Modelle zueinander gründlich behandeln und zeigen, daß sie die gleichen Resultate liefern.

Der Grenzfall eines Plasmas mit verschwindendem Ohmschen Widerstand ist von großer Bedeutung für die Plasmaphysik. Insbesondere im Zusammenhang mit in das Plasma „eingefrorenen" Feldlinien. Wir werden zeigen, daß die „idealen" magnetohydrodynamischen Gleichungen, die wir in diesem Grenzfall erhalten geeignet sind, um eine Reihe unterschiedlicher Plasmagleichgewichte zu beschreiben.

6 Die Strömungsgleichungen eines Plasmas

Bis jetzt haben wir ein Plasma als eine Ansammlung einzelner geladener Teilchen betrachtet. Wir wollen nun das Verhalten eines Ensembles geladener Teilchen betrachten und werden dabei feststellen, daß es sich um eine besondere Art von Flüssigkeit handelt. In diesem Kapitel werden wir zunächst die Strömungsgleichungen für jede Teilchensorte (d.h. für Elektronen und Ionen) getrennt herleiten. Später werden wir dann sehen, wie man das gesamte Plasma als eine Flüssigkeit beschreiben kann.

6.1 Die Kontinuitätsgleichung

Wir betrachten ein differentielles Volumenelement von der Form eines Würfels mit achsenparallelen Seiten wie in Bild 6.1. Um herauszustellen, daß alle Koordinaten gleichberechtigt sind und auch, weil wir später häufiger über alle drei Koordinaten summieren wollen, bezeichnen wir die Koordinaten jetzt mit x_1, x_2 und x_3 anstelle von x, y und z.

In einer Sekunde verlassen $n\langle v_1\rangle \mathrm{d}x_2\mathrm{d}_3$ Teilchen das Volumen durch die im Bild eingezeichnete Fläche – der Ausdruck muß dabei an der Stelle $x_1 + \mathrm{d}x_1$ ausgewertet werden. $\langle v_1\rangle$ ist die durchschnittliche Geschwindigkeit unserer Teilchensorte in x_1-Richtung (in der üblichen Notation würde man v_x anstelle von v_1 und v_y bzw. v_z anstelle von v_2 bzw. v_3 schreiben). Die Anzahl der Teilchen, die in das Volumen hineinfließen, wird durch den gleichen Ausdruck – an der Stelle x_1 ausgewertet – angegeben. Wenn wir davon ausgehen, daß in unserem Volumen keine Teilchen verschwinden oder entstehen, können wir die Änderung der Anzahl der Teilchen in dem in Bild 6.1 dargestellten Volumen durch den Fluß von Teilchen durch die sechs Seiten des Würfels ausdrücken.

$$\frac{\partial n}{\partial t}\,\mathrm{d}^3x = -[n\langle v_1\rangle \mathrm{d}x_2\mathrm{d}x_3]_{x_1+\mathrm{d}x_1} + [n\langle v_1\rangle \mathrm{d}x_2\mathrm{d}x_3]_{x_1} \ldots \tag{6.1}$$

d^3x steht für $\mathrm{d}x_1\mathrm{d}x_2\mathrm{d}x_3$. Wenn wir die Kantenlänge des Würfels gegen Null gehen lassen, erhalten wir die Kontinuitätsgleichung

$$\frac{\partial n}{\partial t} = -\sum_i \frac{\partial}{\partial x_i}(n\langle v_i\rangle)\,. \tag{6.2}$$

Der Deutlichkeit halber schreiben wir das Summenzeichen in dieser Gleichung sowie in weiteren Gleichungen dieses Kapitels aus. Aber ohne das Summenzeichen würde nach der Einstein-Konvention in dieser Gleichung über den zweimal auftretenden Index i summiert. Wenn wir die Vektornotation benutzen und die mittlere Geschwindigkeit $\langle \boldsymbol{v}\rangle$ mit $\boldsymbol{u}$ bezeichnen, können wir diese Gleichung auch als

$$\frac{\partial n}{\partial t} + \nabla(n\boldsymbol{u}) = S \tag{6.3}$$

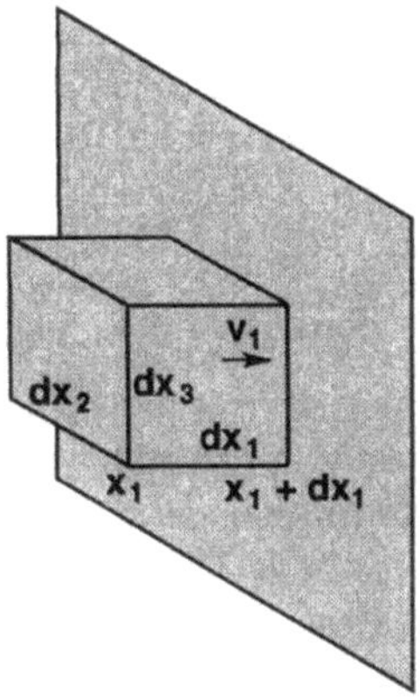

Bild 6.1
Ein differentielles Volumenelement mit achsenparallelen Seiten.

schreiben. Wir haben außerdem die Teilchenquellstärke pro Volumen S eingeführt. Eine nicht verschwindende Quellstärke der geladenen Teilchen eines Plasmas könnte z.B. durch die Ionisation neutraler Atome entstehen. Die Rekombination von Teilchen würde dann zu einem entsprechenden Teilchensenken-Term führen. Wir werden zunächst Ionisation und Rekombination vernachlässigen. Wir sollten uns aber darüber im klaren sein, daß es in Plasmen solche Quellen und Senken gibt und daß dies zu zusätzlichen Termen in allen Strömungsgleichungen führt.

6.2 Die Impulsbilanz

Wir betrachten nun die Änderung der Impulsdichte in einem differentiellen Volumenelement. Zunächst wollen wir die Teilchen, die in das Volumen einströmen oder es verlassen vernachlässigen und die makroskopischen Kräfte betrachten, die von außen auf das Volumen einwirken. Die Lorentz-Kraft auf alle Teilchen einer Sorte in einem Einheitsvolumen ist

$$\boldsymbol{F} = nq(\boldsymbol{E} + \boldsymbol{u} \times \boldsymbol{B}) \tag{6.4}$$

Wie oben ist $\boldsymbol{u}$ die mittlere Geschwindigkeit $\langle \boldsymbol{v} \rangle$ der Teilchensorte (z.B. der Elektronen) und q die Ladung eines Teilchens. Die Kraftdichte $\boldsymbol{F}$ ist ein Quellterm der Impulsdichte. Die Änderung der Impulsdichte, die auf sie zurückgeht ist

$$\frac{\partial(nm\boldsymbol{u})}{\partial t} = \boldsymbol{F} = nq(\boldsymbol{E} + \boldsymbol{u} \times \boldsymbol{B})\,. \tag{6.5}$$

Als nächstes wollen wir die Änderung der Impulsdichte durch den von den bewegten Teilchen mitgeführten Impuls betrachten. Wir haben bisher nur die Impulsänderung durch außere Kräfte auf die Teilchen im Volumenelement, betrachtet. Wenn Teilchen sich in das Volumen herein oder aus ihm heraus bewegen und dabei Impuls mitführen, entsteht ein weiterer Beitrag zur Zeitableitung des Impulses in unserem Volumen. Wir beginnen damit, den Fluß von Impuls in x_2-Richtung in Richtung von x_1 zu betrachten. Der Fluß ergibt sich aus der Anzahl der Teilchen, die pro Sekunde eine Einheitsfläche mit konstantem x_1 durchströmen multipliziert mit dem x_2-Impuls mv_2 der einzelnen Teilchen.

Im ersten Kapitel haben wir die Verteilungsfunktion $f(\boldsymbol{x},\boldsymbol{v})$ eingeführt. $f(\boldsymbol{x},\boldsymbol{v})$ ist die relative Wahrscheinlichkeit, daß ein Teilchen am Ort $\boldsymbol{x}$ den Geschwindigkeitsvektor $\boldsymbol{v}$ hat. Die Normierung ist so gewählt, daß das Integral von $f(\boldsymbol{x},\boldsymbol{v})$ über den gesamten $\boldsymbol{v}$-Raum die Dichte $n(\boldsymbol{x})$ ergibt. Die differentielle Anzahl von Teilchen im Phaseraum-Volumenelement $\mathrm{d}^3v\mathrm{d}^3x$ am Ort $(\boldsymbol{x},\boldsymbol{v})$ ist also $f(\boldsymbol{x},\boldsymbol{v})\,\mathrm{d}^3x\mathrm{d}^3v$. Dieses Volumenelement im Phasenraum wird in x_1-Richtung in der Zeit $\mathrm{d}t = \mathrm{d}x_1/v_1$ „geleert". Die differentielle Anzahl von Teilchen, die pro Sekunde von diesem Element des Phasenraums durch eine Fläche mit konstantem x_1 getragen wird, ist $f\,\mathrm{d}^3v\,\mathrm{d}^3x/\mathrm{d}t = v_1 f\,\mathrm{d}^3v\,\mathrm{d}x_2\,\mathrm{d}x_3$. Diese Teilchen haben jeweils den x_2-Impuls mv_2, der differentielle x_2-Impuls, der dadurch pro Sekunde durch eine Fläche mit konstantem x_1 getragen wird ist $mv_2v_1 f\,\mathrm{d}^3v\,\mathrm{d}x_2\,\mathrm{d}x_3$. Um den gesamten x_2-Impulsfluß, d.h. den gesamten x_2-Impuls, der pro Sekunde durch eine Fläche mit konstantem x_1 fließt zu bestimmen, teilen wir durch die differentielle Fläche $\mathrm{d}x_3\,\mathrm{d}x_3$ und integrieren über den gesamten Geschwindigkeitsraum. Der gesamte Fluß von x_2-Impuls in Richtung von x_1 ist also $\int mv_2v_1 f\,\mathrm{d}^3v$. Wegen der Definition von f können wir das auch als $mn\langle v_2v_1\rangle$ schreiben. Die Änderung des Impulses in x_2-Richtung, gemittelt über alle Teilchen, kann nun durch die Divergenz des Impulsflusses durch die jeweiligen Seiten des Volumens ausgedrückt werden.

$$\frac{\partial(nmu_2)}{\partial t} = -\frac{\partial}{\partial x_1}(mn\langle v_2v_1\rangle) - \frac{\partial}{\partial x_2}(mn\langle v_2v_2\rangle) - \frac{\partial}{\partial x_3}(mn\langle v_2v_3\rangle) \tag{6.6}$$

Da in diese Herleitung keine speziellen Eigenschaften von x_2 eingegangen sind, können wir das Ergebnis auf einen beliebigen unteren Index übertragen. Ferner stellen wir fest, daß der Impulsfluß eng mit der Definition des verallgemeinerten Drucks als tensorielle Größe – dem Drucktensor – zusammenhängt. Dieser Drucktensor P (für Tensoren benutzten wir serifenlose, fette Buchstaben) wird in Indexnotation durch

$$P_{ij} = mn\langle(v_i-u_i)(v_j-u_j)\rangle = mn(\langle v_iv_j\rangle - u_iu_j) \tag{6.7}$$

definiert. Wir haben hier auf die Definition der mittleren Geschwindigkeit $\boldsymbol{u}$ durch $u_i = \langle v_i\rangle$ zurückgegriffen. Also ist der Fluß von j-Impuls in i-Richtung gerade $P_{ij} + mnu_iu_j$. Aus dieser Herleitung geht auch hervor, daß der Druck genaugenommen einen Impulsfluß beschreibt. Es ist die *Divergenz* dieses Flusses, die Beschleunigungen hervorruft.

Für den Spezialfall eines Maxwell-verteilten Ensembles, das mit der Geschwindigkeit $\boldsymbol{u}$ driftet (d.h. $f(\boldsymbol{v}-\boldsymbol{u})$ ist eine Maxwellverteilung) gilt $P_{ij} = 0$ für $i \neq j$ und $P_{ij} = nT$ für $i = j$. Dabei ist T die Temperatur (in Einheiten der Energie, d.h. in Joule, damit wir die Boltzmann-Konstante weglassen können). Wenn das Plasma unterschiedliche Temperaturen parallel und senkrecht zum lokalen Magnetfeld hat, gilt weiterhin $P_{ij} = 0$ für $i \neq j$, aber für $i = j$ senkrecht zu $\boldsymbol{B}$ gilt nun $P_{ij} = nT_\perp$ und für $i = j$ parallel zu $\boldsymbol{B}$ gilt $P_{ij} = nT_\parallel$. Wenn wir die x_3-Achse in Richtung von $\boldsymbol{B}$ wählen, erhalten wir

$$P_{ij} = \begin{pmatrix} nT_\perp & 0 & 0 \\ 0 & nT_\perp & 0 \\ 0 & 0 & T_\parallel \end{pmatrix}. \tag{6.8}$$

Es gilt immer $P_{ij} = P_{ji}$. Die Elemente P_{ij} außerhalb der Diagonalen ($i \neq j$) beschreiben den Fluß von j-Impuls in Richtung von i. Dadurch entsteht die Viskosität: Wenn eine Flüssigkeit beispielsweise in x_1-Richtung strömt und die Strömung einen Gradienten in x_2-Richtung hat, wird x_1-Impuls in x_2-Richtung auf die sich langsamer bewegende Flüssigkeit übertragen und diese dadurch beschleunigt. In einem Plasma, dessen Geschwindigkeitsverteilung sich mit einer charakteristischen Länge L ändert, die viel größer als der Larmor-Radius r_L ist, sind die nichtdiagonalen Elemente des Drucktensors stets kleiner als die Diagonalelemente, weil sie um mindestens eine Ordnung höher in r_L/L sind.

Aufgabe 6.1 Zeigen Sie, daß man Gleichung (6.8) auch als

$$P = nT_{\perp} I + (nT_{\parallel} - nT_{\perp})\hat{b}\hat{b}$$

schreiben kann. Berechnen Sie alle neun Komponenten P_{ij} für ein Magnetfeld, das in der (x_1, x_2)-Ebene einen Winkel von 45° zu x_1 hat.

Mit dem Wissen, daß der Fluß von x_2-Impuls in x_1-Richtung $P_{12}+mnu_1u_2$ ist, kommen wir jetzt auf unsere Herleitung der Impulsbilanzgleichung zurück. Wenn wir herausfinden wollen, wie sich die x_2-Impulsdichte durch diesen Fluß ändert, müssen wir Gleichung (6.6) anwenden, die von der Divergenz dieses Impulsstroms ausgeht. Der Beitrag der Bewegung der Teilchen zur Änderung der x_2-Impulsdichte ist demnach

$$\frac{\partial(mnu_2)}{\partial t} = -\frac{P_{12}}{\partial x_1} - \frac{P_{22}}{\partial x_2} - \frac{P_{32}}{\partial x_3} - m\left(\frac{\partial(nu_1u_2)}{\partial x_1} + \frac{\partial(nu_2u_2)}{\partial x_2} + \frac{\partial(nu_3u_2)}{\partial x_3}\right). \tag{6.9}$$

Ähnliche Gleichungen gelten für die Änderung des Impulses in x_2- und x_3-Richtung. In Indexnotation lautet die Gleichung

$$\frac{\partial(mnu_j)}{\partial t} = -\sum_i \frac{P_{ij}}{\partial x_i} - m\sum_i \frac{\partial}{\partial x_i}(nu_iu_j). \tag{6.10}$$

In der Vektornotation (in der wir kein Koordinatensystem benutzen müssen) können wir die beiden Beiträge zur Änderung der Impulsdichte zusammenfassen und erhalten die „Impulsbilanzgleichung“

$$\frac{\partial(mn\boldsymbol{u})}{\partial t} = nq(\boldsymbol{E} + \boldsymbol{u} \times \boldsymbol{B}) - \nabla \cdot P - \nabla \cdot (mn\boldsymbol{u}\boldsymbol{u}). \tag{6.11}$$

Es gibt mehrere alternative Formen, in denen wir die Impulsbilanzgleichung schreiben können. Wir können beispielsweise $\partial n/\partial t$ aus der Kontinuitätsgleichung einsetzen oder den letzten Term auf der rechten Seite von (6.11) mit Hilfe von

$$m\nabla \cdot (n\boldsymbol{u}\boldsymbol{u}) = m\boldsymbol{u}(\nabla \cdot n\boldsymbol{u}) + mn(\boldsymbol{u} \cdot \nabla)\boldsymbol{u} \tag{6.12}$$

entwickeln. In Indexnotation bezüglich kartesischer Koordinaten lautet (6.12)

$$m\sum_i \frac{\partial}{\partial x_i}(nu_iu_j) = mu_j\sum_i \frac{\partial}{\partial x_i}(nu_i) + mn\sum_i u_i\frac{\partial u_j}{\partial x_i}. \tag{6.13}$$

Mit Hilfe dieser Beziehungen können wir die Impulsbilanzgleichung in ihre am häufigsten benutzte Form bringen.

$$mn\left(\frac{\partial \boldsymbol{u}}{\partial t} + (\boldsymbol{u} \cdot \nabla)\boldsymbol{u}\right) = nq(\boldsymbol{E} + \boldsymbol{u} \times \boldsymbol{B}) - \nabla \cdot P - \nabla mS\boldsymbol{u} \tag{6.14}$$

(Der S-Term, der die Teilchenquellen und -senken beschreibt, wird oft weggelassen. Wenn durch die Ionisation oder die Rekombination von Teilchen Impuls gewonnen oder verloren wird, muß man einen weiteren Term hinzufügen.)

Aufgabe 6.2 Finden Sie ein einfaches physikalisches Beispiel für den letzten Term auf der rechten Seite von (6.14). Denken sie zum Beispiel an einen Jungen, der auf einer Brücke steht und Ziegelsteine auf die unter ihm fahrenden LKW wirft. Wie ändert sich die Geschwindigkeit der Ziegelsteine und wie der LKW?

Gleichung (6.14) ist die Impulsbilanzgleichung, sie wird aber auch manchmal als die Bewegungsgleichung der Flüssigkeit bezeichnet, da sie die Beschleunigung als Funktion einer Reihe von Kräften angibt. Wir schreiben diese Gleichung häufig mit einer totalen Ableitung, die die Zeitabhängigkeit eines mit der Strömung mitbewegten Flüssigkeitselementes darstellt.

$$\frac{\mathrm{d}}{\mathrm{d}t} = \frac{\partial}{\partial t} + \boldsymbol{u} \cdot \nabla \tag{6.15}$$

Wenn wir den Quellterm S weglassen, können wir (6.14) in der übersichtlichen Form

$$mn\frac{\mathrm{d}\boldsymbol{u}}{\mathrm{d}t} = nq(\boldsymbol{E} + \boldsymbol{u} \times \boldsymbol{B}) - \nabla \cdot P \tag{6.16}$$

schreiben. Falls das Plasma näherungsweise Maxwellsch (oder zumindest näherungsweise isotrop) ist, können wir $\nabla \cdot P$ durch den Gradienten des skalaren Drucks ∇p ersetzen. Wenn das nicht der Fall ist, müssen wir die allgemeine Form des Drucktensors beibehalten. Mit den als Strömungsgleichungen formulierten Bewegungsgleichungen eines Plasmas kann man auch recht komplizierte Situationen beschreiben. Die Erwartung, daß eine einfache, geschlossene Form des Drucktensors alle Eigenschaften der Verteilungsfunktion der Teilchen wiedergibt, ist aber übertrieben. Wir könnten jetzt fortfahren und einen Tensor höheren Ranges (den Wärmeflußtensor) betrachten, der die Divergenzen der Mittelwerte von Größen wie z.B. $v_i v_j v_k$ enthält und eine Art von Strömungsgleichung für die Zeitentwicklung des Drucktensors in Abhängigkeit vom Wärmeflußtensor aufstellen. Es kommt häufiger vor, daß Physiker tapfer genug sind, die nichtdiagonalen Elemente des Drucktensors und sogar einige Elemente des Wärmeflußtensors in ihren Berechnungen zu berücksichtigen, aber der größte Teil des Wärmeflußtensors bleibt meistens auf der Strecke. Das bedeutet, daß man annimmt, daß der Drucktensor und die Geschwindigkeitsabhängigkeit der zugrundeliegenden Verteilungsfunktion $f(\boldsymbol{x},\boldsymbol{v})$ weitgehend symmetrisch und relativ einfach sind. Die Strömungsgleichungen sind jedoch nicht zur Beschreibung sehr komplexer Eigenschaften von $f(\boldsymbol{x},\boldsymbol{v})$ wie z.B. Teilmengen heißerer Teilchen oder komplexer Anisotropien geeignet. In solch einem Fall muß man auf die allgemeinere kinetische Theorie, die wir in Kapitel 22 einführen werden, zurückgreifen.

Erstaunlicherweise kann sogar die Verteilungsfunktion eines fast stoßfreien Plasmas der Maxwellschen sehr ähnlich sein, d.h. man kann in diesem Fall die Strömungsgleichungen heranziehen. Das liegt daran, daß das Magnetfeld die Teilchen daran hindert, sich frei zu bewegen und sich quer zu $\boldsymbol{B}$ zu beschleunigen. Die Teilchen sind daher gezwungen, in der Nähe ihrer ursprünglichen Nachbarn im gleichen Flüssigkeitselement zu bleiben. Längs $\boldsymbol{B}$ können sich die Teilchen freier bewegen und vermischen (und dabei leicht aus den Flüssigkeitselementen ein- und austreten). Das ist auch der Grund dafür, daß die Gradienten längs $\boldsymbol{B}$ in der Regel nur sehr klein sind und es (bis auf Übergangszustände) nicht vorkommt, daß ein sehr heißer Bereich Teilchen längs einer Feldlinie an einen kalten Bereich verliert und so einen anisotropen heißen Ausläufer der Verteilungsfunktion erzeugt. In seltenen Fällen kann dies jedoch geschehen, dann braucht man bereits zur Berechnung einfacher Dinge wie der Impulsbilanz die kinetische Theorie. Besonders häufig tritt so etwas im Zusammenhang mit Wellen, die eine endliche Wellenlänge in Richtung von $\boldsymbol{B}$ haben auf. Wir werden später die Landau-Dämpfung kennenlernen. Sie beruht im wesentlichen auf der Energie- und Impulsübertragung zwischen Teilchen und Wellen aufgrund kinetischer Effekte.

6.3 Zustandsgleichungen

Sobald der Drucktensor anisotrop wird, braucht man eine weitere Gleichung, um die Zeitabhängigkeit des skalaren Drucks p zu beschreiben. Damit wir den Wärmeflußtensor nicht explizit angeben müssen, werden wir den Wärmefluß durch eine thermodynamische Zustandsgleichung für das Plasma näherungsweise beschreiben. Dabei handelt es sich um eine Gleichung der Form $p = Cn^{\gamma}$, die den skalaren Druck p auf die Dichte n zurückführt. Die Größe γ gibt an, wie stark die Temperatur des Plasmas steigt, wenn es komprimiert wird, denn es gilt $pV^{\gamma} = const.$ (V ist das Volumen des Plasmas). Mit der Zustandsgleichung machen wir also eine einfache (und daher nur näherungsweise gültige) Aussage über den Wärmefluß.

Für eine Kompression, die im Vergleich zur Wärmeleitung langsam stattfindet, gilt $\gamma = 1$, d.h. es handelte sich um eine isotherme Kompression. Der Druck erhöht sich nur, weil sich die Dichte erhöht. Häufig führt die Tatsache, daß die Teilchen sich längs eines Magnetfeldes $\boldsymbol{B}$ frei bewegen können, zu einem Strom längs $\boldsymbol{B}$ und ermöglicht dadurch, z.B. für periodische oder in Richtung von $\boldsymbol{B}$ wellenförmige Kompressionen, daß das Plasma isotherm bleibt.

Wenn die Kompression jedoch schnell genug, daß wir sie als adiabatisch betrachten können (d.h. schneller als die Wärmeleitung) aber langsam genug, daß Energie zwischen den drei Freiheitsgraden durch Stöße ausgetauscht werden kann ist, gilt $\gamma = 5/3$ wie bei einem dreidimensionalen idealen Gas. Es handelt sich um einen Spezialfall der allgemeineren Beziehung $\gamma = (2+N)/N$ für ein ideales Gas, bei der N die Anzahl der Freiheitsgrade angibt. Wir werden später sehen, daß es in einem Plasma mehrere unterschiedliche Sorten von Wellen geben kann. Einige führen zu einer adiabatischen Kompression und andere zu einer isothermen Kompression. Das ist von großer Bedeutung für die Dynamik der Wellen.

Eine wichtige dritte Möglichkeit ist eine adiabatische Kompression, die schnell im Vergleich zur Stoßrate und anisotrop ist. In diesem Fall sind die parallelen und senkrechten Freiheitsgrade entkoppelt. Mit dieser Methode kann man $T_{\|}$ sehr effektiv heizen ($N = 1, \gamma = 3$), bei $T_{\perp}$ ($N = 2, \gamma = 2$) funktioniert das etwas weniger gut.

Man kann die adiabatischen Invarianten der Teilchenbewegung in einem starken Magnetfeld dazu benutzen, Verallgemeinerungen dieser Beziehungen für gleichzeitige Kompressionen in Richtung quer und parallel zum Magnetfeld herzuleiten.

Mit Hilfe der Beziehung

$$p_{\perp} = mn \left\langle \frac{v_{\perp}^2}{2} \right\rangle = n \langle \mu \rangle B \tag{6.17}$$

kann man den senkrechten Druck durch den Mittelwert der invarianten magnetischen Momente der Teilchen ausdrücken. Wenn die Kompression im Vergleich zu den Teilchenstößen schnell, aber im Vergleich zur Gyration langsam ist, bleibt der Wert von μ für jedes Teilchen erhalten und es gilt

$$\frac{\mathrm{d}}{\mathrm{d}t} \left(\frac{p_{\perp}}{nB} \right) = 0\,. \tag{6.18}$$

Für eine rein senkrechte Kompression, die man normalerweise durch eine Erhöhung der magnetischen Feldstärke herbeiführen würde, folgt aus der Erhaltung der Teilchenzahl und des magnetischen Flusses durch die Querschnittsfläche A des Plasmas, daß $nA = const.$ und $BA = const.$ ist. n ist also proportional zu B. Für diesen Fall wird aus (6.18) die einfachste mögliche Adiabatengleichung $p/n^\gamma = const.$ mit $\gamma = 2$, die auch eine adiabatische Kompression in zwei Dimensionen beschreibt. (Die Erhaltung des magnetischen Flusses BA hatten wir in Kapitel 4 für den einfachen Fall eines geraden Zylinders gyrierender Teilchen behandelt. Eine Zunahme von B führte zu einer Abnahme der Fläche A der Gyrationsbahnen. Dabei galt $BA = const.$ Ein allgemeinerer Fall wird in Kapitel 8 behandelt.)

Es gibt eine ähnliche Beziehung zwischen der J-Invarianz der Teilchen und dem parallelen Druck

$$p_\parallel = mn\langle v_\parallel^2 \rangle \qquad J \approx v_\parallel L\,. \tag{6.19}$$

Hier ist L ein Maß für die Ausdehnung des Plasmas in Richtung der Feldlinien. Wenn die Kompression langsam im Vergleich zur Auf- und Abbewegung der Teilchen längs der Feldlinien ist, bleibt der Wert von J für jedes Teilchen erhalten. Wenn wir die Erhaltung von Teilchenzahl und magnetischem Moment für eine Situation betrachten, in der die Länge L, die Querschnittsfläche A und das Volumen V geändert werden, erhalten wir $V = AL$, $nV = const.$ und $BA = const.$ Mit Hilfe dieser Gleichungen können wir L durch n und B ausdrücken und erhalten die Beziehung $L = V/A \sim B/n$. Wenn wir diese Beziehung nun in (6.19) einsetzen, erhalten wir die Adiabatengleichung

$$\frac{\mathrm{d}}{\mathrm{d}t}\left(\frac{p_\parallel B^2}{n^3}\right) = 0\,. \tag{6.20}$$

Für eine rein parallele Kompression bei konstantem B wird daraus die einfachere Adiabatengleichung $p/n^\gamma = const.$ mit $\gamma = 3$, die man für eine eindimensionale Kompression erwartet.

Die beiden Adiabatengleichungen, die wir hier hergeleitet haben, werden auch als „doppelt adiabatische" Zustandgleichungen bezeichnet.

6.4 Zweiflüssigkeitstheorie

Bei den Strömungsgleichungen, die wir bisher hergeleitet haben, haben wir nur eine Teilchensorte auf einmal betrachtet. In einem Plasma kann es gleichzeitig viele Teilchensorten geben. In jedem neutralen Plasma sind immer mindestens zwei Teilchensorten (Ionen und Elektronen) vorhanden. Die Kontinuitätsgleichung (6.3) gilt natürlich für jede Teilchensorte getrennt. Wenn man jedoch die Impulsbilanz (6.14) für eine Teilchensorte aufstellt, muß man berücksichtigen, daß die Teilchen auch mit den Teilchen der anderen Sorten zusammenstoßen und daß dadurch Impuls zwischen den unterschiedlichen Teilchensorten ausgetauscht wird.

Bei der Beschreibung eines Plasmas als Flüssigkeit werden die Stöße zwischen den Teilchen unterschiedlicher Sorten häufig durch „Stoßfrequenzen" $\nu_{\alpha\beta}$ dargestellt. Diese Frequenz beschreibt die Rate, mit der Impuls von der Teilchensorte α durch Stöße auf die Teilchensorte β übertragen wird. Es ist vernünftig anzunehmen, daß die Übertragung von Impuls zu dem Unterschied in der mittleren Teilchengeschwindigkeit der beiden Sorten proportional ist. Damit ergibt sich für die Rate pro Volumen, mit der Impuls von der Teilchensorte β auf die Teilchensorte α übertragen wird

$$R_{\alpha\beta} = -m_\alpha n_\alpha \nu_{\alpha\beta}(u_\alpha - u_\beta). \tag{6.21}$$

Dieser Zugewinn (oder Verlust) von Impuls muß in der Impulsbilanzgleichung der Teilchensorte α berücksichtigt werden. Es gilt

$$m_\alpha n_\alpha \left(\frac{\partial u_\alpha}{\partial t} + (u_\alpha \cdot \nabla) u_\alpha\right) = n_\alpha q_\alpha (E + u_\alpha \times B) - \nabla \cdot P_\alpha + \sum_\beta R_{\alpha\beta}\,. \tag{6.22}$$

Die Summe läuft über alle Teilchensorten β (bis auf α), mit denen die Teilchen der Sorte α kollidieren. $\nu_{\alpha\beta}$ wird als Stoßfrequenz von α auf β bezeichnet. Für $u_\beta = 0$ ist $\nu_{\alpha\beta}$ die Geschwindigkeit, mit der die Teilchensorte α ihren Impuls an die ruhenden Teilchen der Sorte β verliert.

Da für die Impulsdichte, die von der Sorte α auf die Sorte β und die Impulsdichte, die von der Sorte β auf die Sorte α übertragen wird Impulserhaltung gilt, folgt

$$R_{\beta\alpha} = -R_{\alpha\beta}\,. \tag{6.23}$$

Daher müssen auch $\nu_{\alpha\beta}$ und $\nu_{\beta\alpha}$ eine Symmetrierelation erfüllen.

$$m_\alpha n_\alpha \nu_{\alpha\beta} = m_\beta n_\beta \nu_{\beta\alpha}$$

6.5 Die Leitfähigkeit eines Plasmas

Die Stöße zwischen den Elektronen und Ionen in einem Plasma behindern die Beschleunigung der Elektronen durch ein elektrisches Feld in Richtung eines Magnetfeldes (oder ohne ein Magnetfeld). Ohne diese Stöße würden die Elektronen durch ein äußeres elektrisches Feld unbeschränkt beschleunigt. Schon eine infinitesimale Spannung würde also ausreichen, um einen sehr großen Strom durch das Plasma fließen zu lassen (zumindest in der Richtung des B-Feldes). In der Realität wird die Beschleunigung der Elektronen durch Stöße mit nicht beschleunigten Teilchen gehemmt, insbesondere mit Ionen, die wegen ihrer größeren Masse deutlich weniger stark auf äußere elektrische Felder reagieren. Die Begrenzung des Stroms durch Stöße zwischen Ionen und Elektronen führt zu einer wichtigen Eigenschaft eines Plasmas, seinem elektrischen Widerstand η.

Wir beschließen dieses Kapitel mit der Herleitung eines einfachen Ausdrucks für diesen Widerstand, für den Fall eines Wasserstoffplasmas, in dem die Elektronen die Ladung $-e$ haben und die Ionen Protonen der Ladung e sind. Wenn wir die Gleichungen (6.21) und (6.22) für den Fall, daß die Elektronen in der Anwesenheit eines elektrischen Feldes $E_\parallel$ parallel zum B-Feld (oder ohne B-Feld) ins Gleichgewicht gekommen sind anwenden, können wir die Leitfähigkeit durch die Stoßfrequenz ν_{ei} der Elektronen und Ionen ausdrücken. Da die Elektronen eine sehr geringe Masse und deshalb auch nur sehr wenig Trägheit besitzen, stellt sich dieses Gleichgewicht relativ schnell ein. Wenn wir ferner annehmen, daß die Elektronen homogen sind und deshalb in Gleichung (6.22) den Elektronendruck- und Geschwindigkeitsgradienten längs B weglassen, erhalten wir

$$R_{ei} = -m_e n_e \nu_{ei}(u_e - u_i) \qquad 0 = -n_e e E_\parallel + R_{ei\parallel}\,. \tag{6.24}$$

Mit der Stromdichte

$$j_\parallel = -n_e e (u_{e\parallel} - u_{i\parallel}) \tag{6.25}$$

gilt

$$E_{\|} = -\frac{m_e \nu_{ei}}{e}(u_{e\|} - u_{i\|}) = \frac{m_e \nu_{ei}}{n_e e^2} j_{\|} \,. \tag{6.26}$$

In Analogie zu den Eigenschaften normaler Materie bezeichnen wir die Proportionalitätskonstante zwischen dem elektrischen Feld und der Stromdichte $\boldsymbol{j}$ als Widerstand $\eta = m_e \nu_{ei}/n_e e^2$. Die tatsächliche Frequenz, mit der es zu Stößen von Elektronen und Ionen kommt, hängt wesentlich von der Geschwindigkeit der Elektronen ab. Deshalb muß man die Stoßfrequenz ν_{ei} als Mittel über ein geeignetes Geschwindigkeitsintervall für die Elektronen bestimmen. Genau genommen sollte man deshalb auch $\langle \nu_{ei} \rangle$ schreiben. Dementsprechend erhalten wir für den Widerstand η

$$\eta = \frac{m_e \langle \nu_{ei} \rangle}{n_e e^2} \,. \tag{6.27}$$

Wir können den Impuls, den die Elektronen durch Stöße mit den Ionen gewinnen jetzt durch den Widerstand η und die Stromdichte $\boldsymbol{j}$ ausdrücken.

$$\boldsymbol{R}_{ei} = -m_e n_e \langle \nu_{ei} \rangle (\boldsymbol{u}_e - \boldsymbol{u}_i) = -\eta n_e^2 e^2 (\boldsymbol{u}_e - \boldsymbol{u}_i) = \eta n_e e \boldsymbol{j} \tag{6.28}$$

Für den Fall eines Elektron-Proton-Plasmas können wir (6.28) in (6.22) einsetzen und dadurch zwei Impulsbilanzgleichungen für die mittlere Geschwindigkeit $\boldsymbol{u}_e$ der Elektronen und die der Protonen $\boldsymbol{u}_i$ erhalten. Wenn wir diese beiden Gleichungen addieren, heben sich wegen $\boldsymbol{R}_{ei} + \boldsymbol{R}_{ie} = 0$ die Stoßterme weg, und wir erhalten eine Impulsbilanzgleichung für das gesamte Plasma. Da wir jedoch meistens zwischen den mittleren Geschwindigkeiten $\boldsymbol{u}_e$ und $\boldsymbol{u}_i$ unterscheiden müssen, um die Stromdichte im Plasma zu bestimmen, brauchen wir beide Impulsbilanzgleichungen. (6.26) ist ein Beispiel dafür, daß eine Impulsbilanzgleichung in der Form eines Ohmschen Gesetzes für die Richtung parallel zum Magnetfeld geschrieben werden kann, indem sich die Stromdichte aus der Differenz zweier mittlerer Geschwindigkeiten ergibt. Wir werden uns damit im achten Kapitel noch einmal gründlicher beschäftigen.

Wir haben den Widerstand für den Fall hergeleitet, daß das elektrische Feld parallel zum Magnetfeld lag oder daß es kein Magnetfeld gab. Der durch ein elektrisches Feld hervorgerufene Impulsübertrag durch Stöße zwischen den Elektronen und Ionen hängt aber nur relativ schwach von der Richtung des Stromes ab. Gleichung (6.27) zeigt, daß der Widerstand proportional zur mittleren Stoßfrequenz $\langle \nu_{ei} \rangle$ der Elektronen ist. Der Ausdruck für $\boldsymbol{R}_{ei}$, den wir in (6.28) angegeben haben, kann in einer Impulsbilanzgleichung wie (6.22) nicht nur für den Fall, daß $\boldsymbol{E}$ und $\boldsymbol{j}$ parallel zu $\boldsymbol{B}$ sind, sondern auch für beliebige Orientierungen von $\boldsymbol{E}$, $\boldsymbol{j}$ und $\boldsymbol{B}$ benutzt werden. Dazu muß man allerdings den Widerstand als eine tensorielle Größe in Diagonalgestalt mit Diagonalelementen $(\eta_\perp, \eta_\perp, \eta_\|)$ betrachten (für ein $\boldsymbol{B}$-Feld, das in z-Richtung zeigt). Wie wir in den Kapiteln 10 und 11 lernen werden, liegt das daran, daß der Widerstand parallel und senkrecht zum Magnetfeld unterschiedlich groß ist. Der Unterschied dieser beiden Größen macht etwa einen Faktor 2 aus. Der Grund dafür ist, daß ein zum Magnetfeld paralleles $\boldsymbol{E}$-Feld die Elektronen relativ ungehindert beschleunigen kann und daß dadurch die Maxwellsche Geschwindigkeitsverteilung verzerrt und der Widerstand erniedrigt wird. Obwohl es beispielsweise für die Überprüfung der Konsistenz von Messungen der Spannung und des Stromes an experimentellen Plasmen häufig wichtig ist, den Widerstand genau zu kennen, gibt es Effekte, z.B. großskalige Instabilitäten, bei denen ein Faktor zwei unwesentlich ist. In solchen Fällen reicht es aus, den Widerstand des Plasmas wie in (6.28) als Skalar zu behandeln.

Um den Betrag des Widerstandes eines Plasmas zu berechnen, muß man die Elektron-Ion-Stoßfrequenz und die Geschwindigkeitsverteilung, über die die Stoßfrequenz gemittelt wird kennen. Damit werden wir uns in den Kapiteln 10 und 11 beschäftigen. Zunächst reicht es aus zu wissen, daß der Widerstand eines Plasmas sehr gering sein kann. Der Widerstand von Plasmen in Fusionsexperimenten ist z.B. geringer als der von reinem Kupfer. Schon bei sehr geringen Potentialdifferenzen fließen also große Ströme. Die Widerstände in der Natur vorkommender Plasmen sind in der Regel etwas höher, da diese Plasmen aber meist Regel viel größere Ausdehnungen haben, können auch hier schwache elektrische Felder zu großen Strömen führen.

Aufgabe 6.3 Die Leistung eines elektrischen Feldes an den Ionen und Elektronen eines Plasmas beträgt $nq\boldsymbol{u} \cdot \boldsymbol{E}$ pro Volumeneinheit. Betrachten Sie beide Teilchensorten und zeigen Sie, daß ein elektrisches Feld $E_{\|}$ (parallel zu $\boldsymbol{B}$), das einen Strom $j_{\|}$ im Plasma hervorruft das Plasma aufheizt. Werden dabei hauptsächlich die Elektronen oder die Ionen geheizt?

---

7 Strömungsgleichungen vs. Führungszentrum

Um die Beziehung zwischen der Drift des Führungszentrums wie wir sie in den Kapiteln 2–4 behandelt haben und den Strömungsgleichungen aus Kapitel 6 deutlich zu machen, genügt es, sich auf eine Teilchensorte zu beschränken und sowohl die Stöße der Teilchen als auch die Teilchenquellen und -Senken zu vernachlässigen. Wir können also von der gewöhnlichen Form

$$mn\left(\frac{\partial \boldsymbol{u}}{\partial t} + (\boldsymbol{u}\cdot\nabla)\boldsymbol{u}\right) = nq(\boldsymbol{E} + \boldsymbol{u}\times\boldsymbol{B}) - \nabla\cdot P \tag{7.1}$$

der Impulsbilanzgleichung ausgehen.

7.1 Die diamagnetische Drift

Wenn wir davon ausgehen, daß die Strömungsgeschwindigkeiten, die sich aus der Lösung von (7.1) ergeben, von der gleichen Größenordnung sind wie die Geschwindigkeiten der Drift des Führungszentrums, die wir in den Kapiteln 2–4 berechnet haben (das bedeutet unter anderem, daß sie weit unterhalb der Schallgeschwindigkeit liegen), können wir annehmen, daß der Betrag von u von der Größenordnung von $v_t k r_{\mathrm{L}}$ ist. Dabei ist v_t eine thermische Geschwindigkeit, r_{L} der Larmor-Radius und k eine Wellenzahl, die die typische Länge der Inhomogenität des Plasmas angibt. Die Zeitableitungen aller Größen sind von der Größenordnung $\partial/\partial t \approx ku \approx v_t k^2 r_{\mathrm{L}}$. Die beiden Terme auf der linken Seite von (7.1) sind also von der Ordnung $mnv_t^2 k^3 r_{\mathrm{L}}^2$. Wenn wir weiter annehmen, daß E von der Ordnung uB ist sind die ersten beiden Terme auf der rechten Seite von (7.1) von der Ordnung $mn\omega_c v_t k r_{\mathrm{L}} = mnkv_t^2$. Von dieser Größenordnung ist auch der letzte Term auf der rechten Seite. Diese Terme sind damit um den Faktor $(kr_{\mathrm{L}})^{-2}$ größer als die Terme auf der linken Seite. Wenn wir auch hier wieder eine Entwicklung nach kr_{L} betrachten, können wir die Gleichung weiter vereinfachen. Wir erhalten

$$nq(\boldsymbol{E} + \boldsymbol{u}\times\boldsymbol{B}) \approx \nabla\cdot P\,. \tag{7.2}$$

Diese genäherte Gleichung ist nur gültig, wenn u von der Ordnung $v_t k r_{\mathrm{L}}$ ist und $kr_{\mathrm{L}} \ll 1$. Man kann sie also *nicht* für Strömungen anwenden, deren Geschwindigkeit der Schallgeschwindigkeit nahe kommt. Solche Geschwindigkeiten kommen bei Strömungen, die durch Instabilitäten im Plasma ausgelöst werden durchaus vor. Außerdem gibt es sowohl bei einigen Laborplasmen als auch bei natürlichen Plasmen auch Gleichgewichtsströmungen mit Geschwindigkeiten in der Nähe der Schallgeschwindigkeit.

In normalen Situationen sind unsere Näherungen (die äquivalent zu den Näherungen sind, die wir bei der Behandlung der Teilchenbewegung in den Kapiteln 2–4 gemacht haben) jedoch gültig. Wir können die senkrechte Strömungsgeschwindigkeit in niedrigster Ordnung bestimmen, indem wir das Kreuzprodukt der Gleichung mit $\boldsymbol{B}$ bilden.

$$nq(\boldsymbol{E}\times\boldsymbol{B} + (\boldsymbol{u}\times\boldsymbol{B})\times\boldsymbol{B}) = (\nabla\cdot P)\times\boldsymbol{B} \tag{7.3}$$

Wenn wir das dreifache Kreuzprodukt entwickeln (s. Anhang D) erhalten wir

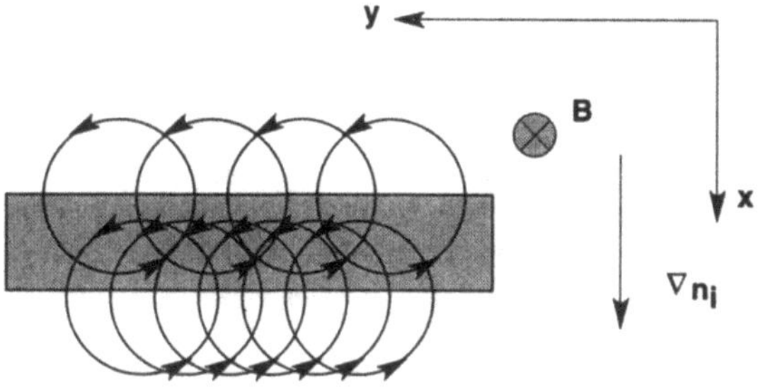

Bild 7.1
Gyrationsbahnen von Ionen in einem Bereich mit Dichtegradient. Im grau unterlegten Bereich gibt es einen Strom nach links, obwohl sich die Führungszentren nicht bewegen.

$$nq[\boldsymbol{E} \times \boldsymbol{B} - \boldsymbol{u}B^2 + \boldsymbol{B}(\boldsymbol{u} \cdot \boldsymbol{B})] = (\nabla \cdot P) \times \boldsymbol{B} . \tag{7.4}$$

Die zu $\boldsymbol{B}$ senkrechte Komponente von (7.4) ist

$$\boldsymbol{u}_\perp = \frac{\boldsymbol{E} \times \boldsymbol{B}}{B^2} + \frac{\boldsymbol{B} \times (\nabla \cdot P)}{nqB^2} . \tag{7.5}$$

Der erste Term auf der rechten Seite dieser Gleichung ist die altbekannte $\boldsymbol{E} \times \boldsymbol{B}$-Drift. Den zweiten Term kennen wir noch nicht. Er wird meist als „diamagnetische" Drift bezeichnet. Wenn wir an ein zylindrisches Plasma in einem weitgehend homogenen Magnetfeld denken, in dessen Mitte ein hoher Druck herrscht, wird offensichtlich, daß die diamagnetische Drift sowohl der Elektronen ($q = -e$) als auch der Ionen ($q = e$) Ströme im Plasma erzeugen, die das Magnetfeld abschwächen. Daher kommt auch der Name diamagnetische Drift. (Bei einem inhomogenen Magnetfeld enthält die diamagnetische Drift auch einen Teil der Bewegung des Führungszentrums. Wir werden darauf später in diesem Kapitel zurückkommen.)

Erstaunlicherweise haben wir den Kapiteln 2–4 keine diamagnetische Drift der Führungszentren gefunden. Wir haben jedoch festgestellt, daß die Gyrationsbahnen der Elektronen und Ionen intrinsisch diamagnetisch sind. Die diamagnetische Drift in einem homogenen Magnetfeld ergibt sich aus der Überlagerung dieser Gyrationsbahnen in einer Region, in der es einen Dichte- oder Temperaturgradienten gibt. Die Auswirkungen eines Dichtegradienten kann man anhand der in Bild 7.1 eingezeichneten Gyrationsbahnen positiv geladener Teilchen um ein Magnetfeld, das in die Papierebene hinein zeigt, leicht verstehen.

Obwohl sich die Führungszentren nicht bewegen, fließt im grau unterlegten Bereich in Bild 7.1 ein größerer Strom nach links als nach rechts. Quantitativ kann man diese Situation beschreiben, in dem man vom Teilchenbild ausgeht und eine Verteilungsfunktion für die Führungszentren zusätzlich zu der für die Teilchen einführt.

Wir wählen dazu ein beliebiges kleines Linienelement $\mathrm{d}x$ aus dem grau unterlegten Bereich in Bild 7.1 und überlegen uns, welche Beiträge zur mittleren Drift in y-Richtung es für die Teilchen in $\mathrm{d}x$ gibt. $f(x,\boldsymbol{v})$ ist die Verteilungsfunktion der Teilchen mit Geschwindigkeitsvektor $\boldsymbol{v}$, die sich in x befinden. Die mittlere Drift u_y in y-Richtung von Teilchen in $\mathrm{d}x$ am Ort x ist

$$nu_y\mathrm{d}x = \left(\int v_y f(x,\boldsymbol{v}) d^3v\right) dx . \tag{7.6}$$

In dieser Gleichung wird nur über die Geschwindigkeiten integriert. Für die Führungszentren der Teilchen mit Geschwindigkeit v_y am Ort x gilt

$$x = x_{\mathrm{Fz}} - \frac{v_y}{\omega_\mathrm{c}} . \tag{7.7}$$

Wie schon früher ist ω_c die Larmorfrequenz der Teilchen. Die Größe v_y/ω_c ist dem Larmor-Radius sehr ähnlich (s. (2.9)), hängt aber auch vom Phasenwinkel der Gyration des Teilchens ab. Anhand von Bild 7.1 kann man die Vorzeichen in (7.7) leicht überprüfen (dabei sollte man aber die Orientierung der Koordinatenachsen berücksichtigen). Wenn ein positiv geladenes Teilchen (wie die in Bild 7.1) eine positive Geschwindigkeit v_y hat, wird es im Vergleich zu seinem Führungszentrum in die negative x-Richtung (in Bild 7.1 also nach oben) bewegt. Die Larmor-Frequenz ω_c wird eigentlich im Führungszentrum gemessen. Wir wollen hier aber zunächst annehmen, daß das Magnetfeld homogen ist und daß es deshalb nicht darauf ankommt, an welchem Ort die Larmor-Frequenz gemessen wird (inhomogene Magnetfelder werden weiter unten in diesem Kapitel behandelt).

Wir können auch eine Verteilungsfunktion $f_{\mathrm{Fz}}(\boldsymbol{x}_{\mathrm{Fz}},\boldsymbol{v})$ einführen, bei der die Geschwindigkeit $\boldsymbol{v}$ die Geschwindigkeit der Teilchen und nicht die des Führungszentrums ist. Die Verteilungsfunktion der Teilchen in dem Linienelement dx um den Ort x kann durch die Verteilungsfunktion der Führungszentren im Linienelement $\mathrm{d}x_{\mathrm{Fz}}$ um den Ort x_{Fz} ausgedrückt werden.

$$f(x,\boldsymbol{v})\mathrm{d}x = f_{\mathrm{Fz}}(x_{\mathrm{Fz}},\boldsymbol{v})\mathrm{d}x_{\mathrm{Fz}} = f_{\mathrm{Fz}}\left(x + \frac{v_y}{\omega_c},\boldsymbol{v}\right)\frac{\mathrm{d}x_{\mathrm{Fz}}}{\mathrm{d}x}\mathrm{d}x \tag{7.8}$$

In einem homogenen Magnetfeld sind die Teilchen in x-Richtung genauso verteilt wie ihre Führungszentren. Wenn wir (7.7) formal nach x_{Fz} ableiten und dabei ω_c als konstant betrachten, erhalten wir

$$\mathrm{d}x = \mathrm{d}x_{\mathrm{Fz}}\,. \tag{7.9}$$

(Wie wir später sehen werden, gilt das nicht in einem inhomogenen Magnetfeld)

Um die mittlere Drift u_y zu berechnen, setzen wir (7.8) und (7.9) in (7.6) ein und erhalten

$$u_y = \frac{1}{n}\int v_y f_{\mathrm{Fz}}\left(x + \frac{v_y}{\omega_c},\boldsymbol{v}\right)\mathrm{d}^3v \approx \frac{1}{n}\int v_y\left(f_{\mathrm{Fz}}(x,\boldsymbol{v}) + \frac{v_y}{\omega_c}\frac{\partial f_{\mathrm{Fz}}(x,\boldsymbol{v})}{\partial x}\right)\mathrm{d}^3v\,. \tag{7.10}$$

Da wir von Maxwell-verteilten Geschwindigkeiten ausgehen, verschwindet der erste Term unter dem Integral, weil sich die Beiträge für positives und negatives v_y gegenseitig wegheben. Der zweite Term unter dem Integral verschwindet aber nicht. Wenn wir sowohl Dichte- als auch Temperaturgradienten berücksichtigen, können wir das Integral leicht auswerten und erhalten

$$u_y = \frac{1}{nqB}\frac{\mathrm{d}p}{\mathrm{d}x}\,. \tag{7.11}$$

Für isotrope Druckverhältnisse stimmt das für den in Bild 7.1 gezeigten Fall mit (7.5) überein. Wenn der Druck anisotrop wäre, würde in (7.11) $p_\perp$ anstelle von p eingehen.

Die diamagnetischen Driften der Elektronen und Ionen nach (7.5) erzeugen gemeinsam einen diamagnetischen Strom

$$j_d = \sum nq\boldsymbol{u}_\perp = \frac{\boldsymbol{B}\times\nabla\cdot(\boldsymbol{P}_i + \boldsymbol{P}_e)}{B^2}\,. \tag{7.12}$$

In Bild 7.1 fließt der diamagnetische Strom nach links und schwächt das Magnetfeld im Bereich größerer Plasmadichte ab (d.h unterhalb des grau unterlegten Bereichs). Daß es in einem Plasma auch ohne eine Bewegung der Führungszentren einen diamagnetischen Strom gibt, sollte nicht überraschen. Die Atome in einem Stück Eisen sind kleine Paramagneten (im Gegensatz zu den Gyrationsbahnen in einem Plasma, die Diamagneten sind). Wenn sie durch ein äußeres Feld ausgerichtet werden, rufen sie einen Magnetisierungsstrom hervor. Dieser Strom fließt, obwohl sich die Eisenatome nicht bewegen. (Der diamagnetische Strom (7.12) stimmt aber nur für ein homogenes Magnetfeld mit dem Strom, den man aus dem Modell ortsfester Diamagneten erhält, überein. Wir werden später feststellen, daß in einem Magnetfeld, dessen Betrag variiert und das Krümmung besitzt noch weitere Beiträge zum diamagnetischen Strom auftauchen. Der Strom ist dann auch nicht unbedingt divergenzfrei.)

7.2 Drift der Flüssigkeit vs. Drift des Führungszentrums

Wir haben bisher im Flüssigkeitsbild weder eine Krümmungs- noch eine ∇B-Drift erhalten. Auf den ersten Blick sieht es also so aus, als würde das Flüssigkeitsbild wichtige physikalische Effekte nicht wiedergeben. Das ist aber nicht der Fall. Man kann sich ein Plasma als eine Ansammlung von Teilchen vorstellen, die sich entsprechend der Geschwindigkeiten ihrer Führungszentren bewegen. Man kann es sich aber auch, wie wir es in diesem Kapitel tun, als Flüssigkeit vorstellen. Entscheidend ist, daß die beiden Zugänge, obwohl sie sehr unterschiedlich sind, wenn man sie bis zur selben Ordnung konsequent durchführt, für jede dem Experiment zugängliche Größe bis zu dieser Ordnung das gleiche Resultat liefern. Wenn man insbesondere eine Größe aus dem Flüssigkeitsbild wie die lokale Stromdichte im Teilchenbild berechnen will, reicht es nicht aus, nur die räumliche Verteilung der Führungszentren zu betrachten. Man muß darüber hinaus über die Beiträge derjenigen Teilchen mitteln, deren Führungszentren nur durch eine Entfernung von der Größenordnung eines Larmor-Radius von einander getrennt sind. Genau das haben wir im vorhergehenden Abschnitt getan. Es ist sehr wichtig, daß man die beiden Zugänge – das Teilchenbild und das Strömungsbild – nicht in einer Rechnung vermischt. Wenn man z.B. die ∇B-Drift des Teilchenbildes zu der diamagnetischen Drift des Strömungsbildes addiert, erhält man ein unphysikalisches Ergebnis.

Um die Koexistenz zweier voneinander unabhängiger Methoden zur Beschreibung eines Plasmas weiter zu verdeutlichen (und auch, um das Äquivalent der ∇B- und der Krümmungsdrift im Strömungsbild zu bestimmen), betrachten wir eine konkrete Situation, die mit beiden Methoden vollständig beschrieben werden kann. Es handelt sich dabei um ein Plasma, das durch ein Magnetfeld, das nur eine θ-Komponente hat, eingeschlossen wird und dessen r- und z-Ausdehnungen endlich sind (siehe Bild 7.2). Das Feld B_θ wird durch einen Strom in einem außerhalb des Plasmas gelegenen Leiter erzeugt. Seine Feldstärke fällt wie r^{-1} ab. Der Einfachheit halber nehmen wir an, daß die Plasmadichte und der Druck in dem torusförmigen (reifenförmigen) Plasma homogen sind. Sie fallen nur in einer dünnen Grenzschicht am Rande des Plasmas auf Null ab.

In dieser Situation gibt es sowohl eine ∇B- als auch eine Krümmungsdrift. Da beide Driftformen zu einer Bewegung in z-Richtung führen, bildet sich eine Ladungsdichte an der oberen und unteren Grenzfläche des Plasmas. Dadurch entsteht ein zeitabhängiges $\boldsymbol{E}$-Feld in z-Richtung (in Bild 7.2 zeigt es nach unten). Dieses $\boldsymbol{E}$-Feld wird zum größten Teil, aber nicht vollständig, wegen der Dielektrizität bzw. der Polarisationsdrift des Plasmas abgeschirmt. Das verbleibende vertikale elektrische Feld führt zu einer radial nach außen gerichteten $\boldsymbol{E} \times \boldsymbol{B}$-Drift.

Wir fangen mit dem Teilchenbild an und betrachten der Einfachheit halber den Fall, daß $p_\perp = p_\parallel = p$. In diesem Fall kann man beide Formen der Drift addieren. Nach der Mittelung über eine Maxwellsche Geschwindigkeitsverteilung erhält man für diese Summe

$$v_{\mathrm{Fz}} = \frac{m\langle v_\parallel^2 + v_\perp^2/2\rangle}{qB}\frac{\boldsymbol{B}\times\nabla B}{B^2} = \frac{T_\parallel + T_\perp}{q}\frac{\boldsymbol{B}\times\nabla B}{B^3} = \frac{2T}{qBr}\hat{\boldsymbol{z}}\,. \tag{7.13}$$

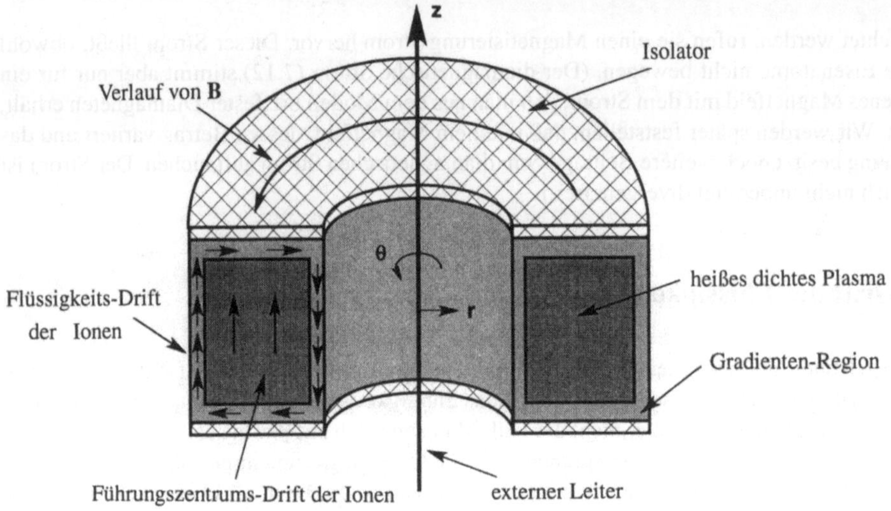

Bild 7.2 Die Führungszentrums- und Flüssigkeitsdrift in einem torusförmigen Plasma. Das B-Feld zeigt in θ-Richtung. Wir gehen davon aus, daß der Plasmadruck im Inneren konstant ist und in der Grenzschicht auf Null abfällt.

Wir üblich ist $\hat{z}$ der Einheitsvektor in z-Richtung. Die Geschwindigkeit, mit der sich die Oberflächenladung σ_s (d.h. die Ladung pro Fläche) an den Grenzflächen des Plasmas aufbaut ist identisch mit der vertikalen Stromdichte. Wenn wir annehmen, daß $n_e \approx n_i \approx n$ gilt, folgt

$$\frac{\mathrm{d}\sigma_s}{\mathrm{d}t} = \pm\frac{2n(T_e + T_i)}{rB} = \pm\frac{2p}{r_0 B_0}. \tag{7.14}$$

Die Vorzeichen $\pm$ gelten für die Ober- bzw. Unterseite des Plasmas aus Bild 7.2. Das Produkt rB ist hier eine Konstante ($= r_0 B_0$), da das Magnetfeld wie $1/r$ abfällt. Der Aufbau von Oberflächenladungsdichte durch die Drift der Führungszentren läßt sich also ohne weiteres berechnen.

Nun stellt sich die Frage, wodurch diese Oberflächenladungsdichte im Strömungsbild hervorgerufen wird. Die in 7.2 eingezeichnete Strömung der Ionen (und in Analogie dazu auch die der Elektronen) findet in den Grenzschichten statt, in denen die Dichten der Ionen und Elektronen auf Null abfallen und führt im Kreis um das Plasma herum. Im Strömungsbild kommt es zum Aufbau von Ladungsdichten, wenn der diamagnetische Strom nicht divergenzfrei ist. Der Einfachheit halber nehmen wir an, daß der Plasmadruck in der Grenzschicht des Plasmas linear mit $|\nabla p|$ abfällt und daß diese Grenzschicht überall die gleiche Stärke hat. (Wegen $T_\parallel = T_\perp$ betrachten wir hier einen skalaren Druck und müssen nicht mit dem Drucktensor arbeiten.) Der diamagnetische Strom längs der vertikalen Seite des Plasmas ist konstant und deshalb divergenzfrei. Da jedoch in der Grenzschicht an der Ober- und Unterseite des Plasmas $|\nabla p|$ konstant ist und B wie $1/r$ abfällt, verschwindet in diesen Bereichen die Divergenz des diamagnetischen Stromes $j_r = \pm|\nabla p|/B = \pm r|\nabla p|/r_0 B_0$ nicht. Um die Geschwindigkeit, mit der sich eine (Volumen-) Ladungsdichte aufbaut zu bestimmen, müssen wir den Gradienten dieses Stromes berechnen.

$$\frac{\mathrm{d}\sigma}{\mathrm{d}t} = -\nabla j = \frac{1}{r}\frac{\mathrm{d}}{\mathrm{d}r}\left(r^2\frac{\pm|\nabla p|}{r_0 B_0}\right) = \frac{\pm 2|\nabla p|}{r_0 B_0} \tag{7.15}$$

Das Vorzeichen $\pm$ steht wieder für die Ober- bzw. Unterseite des Plasmas. Um für den Grenzfall einer sehr dünnen Grenzschicht eine Oberflächenladungsdichte zu berechnen, integrieren wir die Ladungsdichte in vertikaler Richtung über die Stärke der Grenzschicht. Wir erhalten

$$\frac{\mathrm{d}\sigma_s}{\mathrm{d}t} = \pm\frac{2p}{r_0 B_0}\,. \tag{7.16}$$

Das ist identisch mit dem Ergebnis (7.14), das wir mit Hilfe der Führungszentren berechnet hatten. Das Teilchen- und das Strömungsbild führen also bei der Berechnung einer meßbaren Größe wie der Oberflächenladungsdichte zu übereinstimmenden Resultaten.

7.3 Anisotroper Druck

Wir wollen nun überprüfen, ob die Übereinstimmung der Führungszentrums- und der Strömungsmethode auch für $T_\parallel \neq T_\perp$ gegeben ist. Im Teilchenbild erhalten wir für den Aufbau der Oberflächenladungsdichte

$$\frac{\mathrm{d}\sigma_s}{\mathrm{d}t} = \pm\frac{n(T_{e\parallel}+T_{i\parallel}+T_{e\perp}+T_{i\perp})}{rB} = \pm\frac{p_\parallel + p_\perp}{r_0 B_0}\,. \tag{7.17}$$

Die Vorzeichen $\pm$ bezeichnen wieder die Ober- und Unterseite des Plasmas.

Im Strömungsbild müssen wir, falls $p_\parallel \neq p_\perp$, den Druck als einen Tensor behandeln. In der führenden Ordnung ist dieser Tensor diagonal (Terme außerhalb der Diagonalen, wie z.B. die Viskosität treten erst in höherer Ordnung von kr_L auf). Für unsere Anordnung gilt (in Tensornotation) $P = p_\perp\hat{\boldsymbol{r}}\hat{\boldsymbol{r}} + p_\parallel\hat{\boldsymbol{\theta}}\hat{\boldsymbol{\theta}} + p_\perp\hat{\boldsymbol{z}}\hat{\boldsymbol{z}}$ mit den Einheitsvektoren $\hat{\boldsymbol{r}}$, $\hat{\boldsymbol{\theta}}$ und $\hat{\boldsymbol{z}}$ in Koordinatenrichtung. Der Divergenzoperator in Zylinderkoordinaten ist in Anhang E angegeben. Die natürliche Verallgemeinerung auf $\nabla\cdot P$ ist

$$\begin{aligned}\nabla\cdot P &= \left(\frac{1}{r}\frac{\partial}{\partial r}r\hat{\boldsymbol{r}} + \frac{1}{r}\frac{\partial}{\partial\theta}\hat{\boldsymbol{\theta}} + \frac{\partial}{\partial z}\hat{\boldsymbol{z}}\right)\cdot(p_\perp\hat{\boldsymbol{r}}\hat{\boldsymbol{r}} + p_\parallel\hat{\boldsymbol{\theta}}\hat{\boldsymbol{\theta}} + p_\perp\hat{\boldsymbol{z}}\hat{\boldsymbol{z}})\\ &= \frac{1}{r}\frac{\partial}{\partial r}(rp_\perp\hat{\boldsymbol{r}}) + \frac{1}{r}\frac{\partial}{\partial\theta}(p_\parallel\hat{\boldsymbol{\theta}}) + \frac{\partial}{\partial z}(p_\perp\hat{\boldsymbol{z}})\,.\end{aligned} \tag{7.18}$$

Dabei wird explizit berücksichtigt, das $\hat{\boldsymbol{\theta}}$ eine Funktion von θ ist. Mit

$$\hat{\boldsymbol{r}} = \hat{\boldsymbol{x}}\cos\theta + \hat{\boldsymbol{y}}\sin\theta \qquad \hat{\boldsymbol{\theta}} = \hat{\boldsymbol{y}}\cos\theta - \hat{\boldsymbol{x}}\sin\theta \tag{7.19}$$

folgt $\partial\hat{\boldsymbol{\theta}}/\partial\theta = -r$ und damit

$$\nabla\cdot P = \frac{\partial p_\perp}{\partial r}\hat{\boldsymbol{r}} + \frac{1}{r}\frac{\partial p_\parallel}{\partial\theta}\hat{\boldsymbol{\theta}} + \frac{\partial p_\perp}{\partial z}\hat{\boldsymbol{z}} + \frac{p_\perp - p_\parallel}{r}\hat{\boldsymbol{r}}\,. \tag{7.20}$$

(Der vollständige Ausdruck für die Divergenz eines Tensors, einschließlich der nichtdiagonalen Elemente, in Zylinderkoordinaten findet sich in Anhang E)

Die ersten drei Terme auf der rechten Seite hatten wir erwartet. Der vierte Term ist entstanden, weil wir die Geometrie richtig auf die Prinzipien des Impulsflusses, die unserer Herleitung des Drucktensors zugrunde lagen, angewandt haben. In unserem Plasma verschwindet $\partial p_\parallel/\partial\theta$, das bedeutet, daß die Teilchen jedes Volumenelement mit demselben Parallelimpuls verlassen, mit dem sie hineingeströmt sind. Da aber $\partial\hat{\boldsymbol{\theta}}/\partial\theta$ nicht verschwindet, bedeutet das, daß die Teilchen in dem Volumen ihre Richtung ändern und deshalb radialen Impuls „hinterlassen". Offensichtlich stammt der $p_\parallel$-Beitrag zum letzten Term in (7.20) daher. Der $p_\perp$-Beitrag zu diesem

Term ist noch elementarer. Wenn wir nur den senkrechten Beitrag zum Impulsfluß durch ein Volumen betrachten, müssen wir berücksichtigen, daß das Volumen bei kleinerem r eine kleinere Oberfläche hat als bei größerem r. Es fließt also selbst bei konstantem $p_\perp$ mehr Impuls durch die äußere Seite des Volumens. Für $p_\parallel = p_\perp$, müssen sich diese beiden Effekte gegenseitig ausgleichen, denn wenn das nicht der Fall wäre, würde in einem Plasma mit Maxwellscher Geschwindigkeitsverteilung und konstantem Druck eine Divergenz des Impulsflusses auftreten.

Wir haben unser Ziel immer noch nicht erreicht. In unserer alten Rechnung war die Divergenz des diamagnetischen Stromes eine Funktion der z-Komponente von ∇p und p ein Skalar. An (7.20) können wir sehen, daß dieser Teil der Herleitung gültig bleibt, wenn wir ∇p durch $\nabla \cdot \mathsf{P}$ ersetzen. Dadurch ergibt sich eine Oberflächenladungsdichte wie in (7.16), mit dem Unterschied, daß p durch $p_\perp$ ersetzt wird. Wir haben jetzt aber eine zusätzliche Kraftdichte (die Divergenz eines Impulsflusses), $(p_\parallel - p_\perp)/r$ in r-Richtung, die wir berücksichtigen müssen. Wenn wir den entsprechenden Anteil von (7.20) in (7.5) einsetzen, ergibt sich ein neuer Beitrag zur senkrechten Drift der Flüssigkeit

$$\boldsymbol{u}_\perp = \frac{p_\parallel - p_\perp}{nqrB^2}\,\hat{\boldsymbol{r}} \times \boldsymbol{B}\,. \tag{7.21}$$

Dieser neue Beitrag führt zu einem vertikalen Strom und dadurch zum Aufbau einer Flächenladung

$$\frac{\mathrm{d}\sigma_s}{\mathrm{d}t} = \pm\frac{p_\parallel - p_\perp}{r_0 B_0}\,. \tag{7.22}$$

Die Vorzeichen $\pm$ gelten wieder für die Ober- bzw. Unterseite des Plasmas. Wie wir bereits erwähnt haben, müssen wir in unserer Herleitung der Divergenz des diamagnetischen Stromes, die uns zu (7.16) führte, wenn wir einen Drucktensor zulassen wollen lediglich p durch $p_\perp$ ersetzen. Wenn wir diesen Beitrag zu (7.22) addieren, erhalten wir

$$\frac{\mathrm{d}\sigma_s}{\mathrm{d}t} = \pm\frac{2p_\perp}{r_0 B_0} \pm \frac{p_\parallel - p_\perp}{r_0 B_0} = \pm\frac{p_\parallel + p_\perp}{r_0 B_0}\,. \tag{7.23}$$

Dieses Ergebnis stimmt mit (7.17) überein und ist ein weiteres Beispiel für die Äquivalenz des Teilchen- und des Strömungsbildes.

Aufgabe 7.1 Wenn wir unsere Ergebnisse auf den isotropen und unter gleichmäßigem Druck stehenden Kern des Plasmas aus Bild 7.2 anwenden, folgt, daß es trotz der ∇B- und der Krümmungsdrift in diesem Bereich keine Strömung gibt. Was passiert in einem Plasma mit anisotropem Druck, in dem $p_\parallel$ und $p_\perp$ konstant aber verschieden sind? Entsteht eine Strömung? Berechnen Sie mit Hilfe des Strömungsbildes die Geschwindigkeit.

7.4 Die diamagnetische Drift im inhomogenen B-Feld

Bei unserer Behandlung dieser Anordnung im Rahmen des Teilchen- und Strömungsbildes haben wir noch nicht zufriedenstellend erklärt, weshalb die ∇B- und die Krümmungsdrift keine Strömungen im isotropen und unter gleichmäßigem Druck stehenden Kern des Plasmas auslösen.

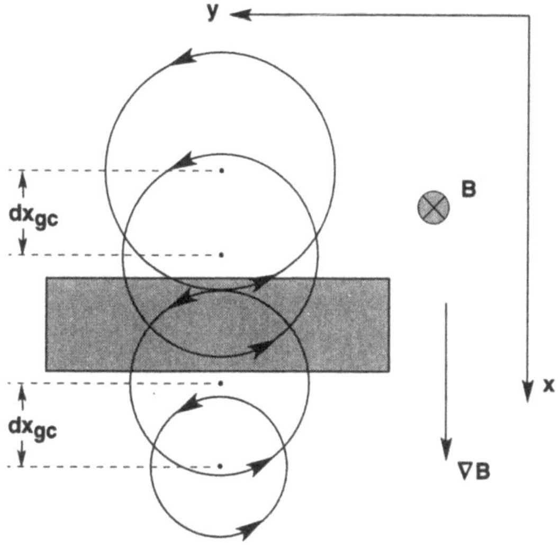

Bild 7.3
Die Gyrationsbahnen der Ionen in einem inhomogenen B-Feld. Wenn die Führungszentren gleiche Abstände haben, befinden sich mehr Teilchen mit $v_y < 0$ als mit $v_y > 0$ im grau unterlegten Bereich. Es fließt ein Strom nach rechts.

Im Strömungsbild sehen wir, daß es in diesem Bereich keine Bewegung gibt, da die diamagnetische Drift aus (7.5) in einem homogenen Plasma mit gleichmäßigem Druck verschwindet. Andererseits gibt es im Teilchenbild Beiträge der ∇B- und der Krümmungsdrift. Wir werden sehen, daß die Drift, die wir für eine isotrope Druckverteilung mit Hilfe des Teilchenbildes ausrechnen verschwindet, da die Beiträge der ∇B- und der Krümmungsdrift durch einen zusätzlichen Term von der Ordnung kr_{L} ausgeglichen werden. Dieser zusätzliche Term entsteht, wenn wir in der Mittelung anstelle der Dichte der Führungszentren, wie in Bild 7.3 dargestellt, die Dichte der Teilchen betrachten. Das Endergebnis für die Strömung des Plasmas ist eine meßbare Größe und muß daher in allen Modellen übereinstimmen.

Um uns davon zu überzeugen, lassen wir zusätzlich zu der Situation aus Bild 7.1 einen Gradienten in x-Richtung zu. (Zunächst nehmen wir an, daß das Feld keine Krümmung hat.) Diese Anordnung ist in Bild 7.3 dargestellt. Man sieht, daß die Teilchen oberhalb der grau unterlegten Fläche größere Gyrationsradien haben als die unterhalb. Für den Ort eines Teilchens gilt auch hier (7.7), es ist aber nun wesentlich, daß ω_{c} am mittleren Aufenthaltsort des Teilchens, d.h. in seinem Führungszentrum berechnet wird. Die Ableitung von (7.7) ist

$$\mathrm{d}x = \mathrm{d}x_{\mathrm{Fz}} \left(1 + \frac{v_y}{\omega_{\mathrm{c}}} \frac{1}{B} \frac{\mathrm{d}B}{\mathrm{d}x} \right) . \tag{7.24}$$

Wenn B wie in Bild 7.3 zunimmt, haben die Teilchen mit $v_y > 0$ im grau unterlegten Bereich (also die Teilchen, deren Führungszentren unterhalb des grau unterlegten Bereichs liegen) eine geringere Dichte als die Führungszentren, d.h. $\mathrm{d}x > \mathrm{d}x_{\mathrm{Fz}}$. Dementsprechend haben die Teilchen mit $v_y < 0$ eine größere Dichte als die Führungszentren. Das führt dazu, daß die Teilchen mit $v_y < 0$ überwiegen und selbst in einem homogenen Plasma mit gleichmäßig verteilten Führungszentren eine Drift in die negative y-Richtung entsteht. In Bild 7.3 haben die Führungszentren gleiche Abstände in x-Richtung, aber es befinden sich zwei Teilchen mit $v_y < 0$ (Führungszentrum oberhalb des unterlegten Bereichs) und nur ein Teilchen mit $v_y > 0$ (Führungszentrum unterhalb des unterlegten Bereichs) im grau unterlegten Bereich. Diese gemittelte Drift muß zusätzlich zu der Drift der Führungszentren berücksichtigt werden.

Anstelle von (7.9) müssen wir deshalb (7.24) in (7.8) einsetzen und erhalten

$$
\begin{aligned}
f(x,\boldsymbol{v}) &= f_{\mathrm{Fz}}\left(x+\frac{v_y}{\omega_c},\boldsymbol{v}\right)\left(1+\frac{v_y}{\omega_c}\frac{1}{B}\frac{\mathrm{d}B}{\mathrm{d}x}\right)^{-1} \\
&\approx \left(f_{\mathrm{Fz}}+\frac{v_y}{\omega_c}\frac{\mathrm{d}f_{\mathrm{Fz}}}{\mathrm{d}x}\right)\left(1-\frac{v_y}{\omega_c}\frac{1}{B}\frac{\mathrm{d}B}{\mathrm{d}x}\right) \\
&\approx f_{\mathrm{Fz}}+\frac{v_y}{\omega_c}\frac{\mathrm{d}f_{\mathrm{Fz}}}{\mathrm{d}x}-f_{\mathrm{Fz}}\frac{v_y}{\omega_c}\frac{1}{B}\frac{\mathrm{d}B}{\mathrm{d}x}\,.
\end{aligned}
\tag{7.25}
$$

Die mittlere Geschwindigkeit u_y ist

$$
u_y = \frac{1}{n}\int v_y f(\boldsymbol{x},\boldsymbol{v})\mathrm{d}^3v\,. \tag{7.26}
$$

Wenn wir unseren Ausdruck für $f(x,\boldsymbol{v})$ einsetzen und beachten, daß nur die in kr_{L} quadratischen Terme zum Integral beitragen, erhalten wir

$$
u_y = \frac{1}{nqB}\frac{\mathrm{d}p}{\mathrm{d}x} - \frac{T}{qB^2}\frac{\mathrm{d}B}{\mathrm{d}x}\,. \tag{7.27}
$$

Hier sind wir von einer Maxwellschen Geschwindigkeitsverteilung ausgegangen und haben $\langle v_y^2\rangle = T/m$ gesetzt. Die in (7.27) berechnete Geschwindigkeit ist die Geschwindigkeit ohne Bewegung des Führungszentrums, d.h. es ist die Geschwindigkeit in einem Koordinatensystem, in dem die Führungszentren ortsfest sind.

In unserer Anordnung ist die ∇B-Drift in y-Richtung gerichtet und ihr Betrag durch

$$
v_{Dy} = \frac{1}{2}\frac{\langle v_\perp^2\rangle}{\omega_c B}\frac{\mathrm{d}p}{\mathrm{d}x} = \frac{T}{qB^2}\frac{\mathrm{d}B}{\mathrm{d}x} \tag{7.28}
$$

gegeben. Auch hier haben wir über Maxwell-verteilte Teilchen gemittelt und daher $\langle v_\perp^2\rangle/2 = T/m$ gesetzt.

Wenn wir zu der mittleren Geschwindigkeit der Führungszentren aus (7.28) die mittlere Geschwindigkeit (7.27) der Teilchen in dem System, in dem die Führungszentren ortsfest sind addieren, erhalten wir für die Bewegung der Teilchen die diamagnetische Drift. Für die von uns betrachtete Situation ist das

$$
u_y = \frac{1}{nqB}\frac{\mathrm{d}p}{\mathrm{d}x}\,. \tag{7.29}
$$

Diese Gleichung ist sowohl für Ionen als auch für Elektronen gültig. Der Strom senkrecht zum Magnetfeld in einem Plasma kann also vollständig durch die diamagnetische Drift erklärt werden; ohne einen Druckgradienten verschwindet er. Trotz der ∇B-Drift, die Ionen nach oben und Elektronen nach unten transportiert, gibt es im Inneren des Plasmas aus Bild 7.2 keine Ströme, da dort der Druck konstant ist. Diese ∇B-Drift wird durch zusätzliche Terme, die wegen des Feldgradienten bei der Mittelung zur Bestimmung der Strömungsgeschwindigkeit entstehen ausgeglichen.

Wir haben bisher nur einen Feldgradienten und keine Feldkrümmung betrachtet. Die Bilder 7.1 und 7.3 helfen hier nicht weiter, da man in ihnen nicht erkennen kann, daß in einem gekrümmten Feld eine gleichmäßige Verteilung der Führungszentren zu einer ungleichmäßigen Verteilung der Teilchen führt. Bild 7.4 ist eine Seitenansicht von Bild 7.1 für ein nach unten konkav gekrümmtes Feld. Wir sehen, daß die Teilchen mit $v_y < 0$ im grau unterlegten Bereich eine größere Dichte haben als die Teilchen mit $v_y > 0$. Die mittlere Drift zeigt also in die Papierebene hinein.

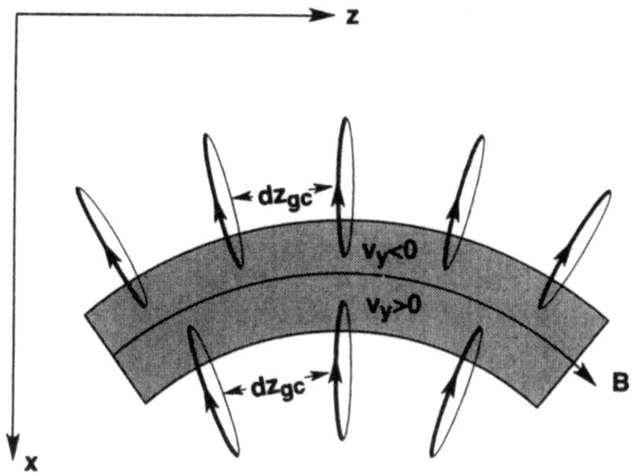

Bild 7.4
Gyrationsbahnen von Ionen in einem gekrümmten Feld. Obwohl die Abstände der Führungszentren dz_{Fz} gleich sind, haben die Teilchen mit $v_y < 0$ geringere Abstände als die mit $v_y > 0$. Dadurch ensteht ein Strom, der in die Papierebene hinein gerichtet ist.

Um diese Situation quantitativ zu beschreiben, überlegen wir uns zunächst, daß die Abstände der Teilchen im grauen Bereich als Funktion der Abstände der Führungszentren durch

$$\mathrm{d}z = \frac{R_\mathrm{c}}{R_\mathrm{c} - \frac{v_y}{\omega_\mathrm{c}}} \mathrm{d}z_{\mathrm{Fz}} \tag{7.30}$$

gegeben sind. R_c ist der Krümmungsradius des Feldes. Die Verteilungsfunktion der Teilchen in Abhängigkeit von der Verteilungsfunktion der Führungszentren ist eine Verallgemeinerung von (7.8)

$$f(x,\boldsymbol{v}) = f_{\mathrm{Fz}}(x_{\mathrm{Fz}},\boldsymbol{v})\mathrm{d}x_{\mathrm{Fz}}\mathrm{d}z_{\mathrm{Fz}} = f_{\mathrm{Fz}}\left(x + \frac{v_y}{\omega_\mathrm{c}},\boldsymbol{v}\right) \frac{\mathrm{d}x_{\mathrm{Fz}}}{\mathrm{d}x}\frac{\mathrm{d}z_{\mathrm{Fz}}}{\mathrm{d}z}\,\mathrm{d}x\,\mathrm{d}z\,. \tag{7.31}$$

Der neue Effekt kommt wegen

$$\frac{\mathrm{d}z_{\mathrm{Fz}}}{\mathrm{d}z} \approx 1 - \frac{v_y}{R_\mathrm{c}\omega_\mathrm{c}} \tag{7.32}$$

zustande. Die weitere Rechnung verläuft wie oben. Die mittlere Geschwindigkeit im Ruhesystem der Führungszentren erhält man, indem man (7.31) in (7.26) einsetzt. Der zusätzliche Term in der Strömungsgeschwindigkeit, den man erhält hebt die mittlere Krümmungsdrift

$$v_{Dy} = \frac{\langle v_\parallel^2\rangle}{\omega_\mathrm{c} R_\mathrm{c}} \tag{7.33}$$

in einem isotropen Plasma weg. Die explizite Rechnung wird in Aufgabe 7.2 durchgeführt. In einem anisotropen Plasma ($p_\perp \neq p_\parallel$) heben sich die Terme nicht gegenseitig weg, aber die Drift, die man im Teilchenbild berechnet stimmt genau mit der Drift, die man im anisotropen Fall im Strömungsbild erhält (also mit (7.21)) überein (s. Aufgabe 7.2).

Die hier berechneten Ströme für endliche Gyrationsradien und und stationäre Führungszentren sind divergenzfrei. Sie beeinflussen also unsere Berechnungen zum Aufbau von Ladungen im Teilchenbild nicht. Für das Plasma aus Bild 7.2 sind diese Ströme im Inneren des Plasmas homogen und vertikal gerichtet.

Aufgabe 7.2 Führen Sie die Berechnung der diamagnetischen Drift in einem isotropen Plasma explizit durch. Zeigen Sie, daß die mittlere Geschwindigkeit im Ruhesystem der Führungszentren, die wir in (7.26), (7.31) und (7.32) berechnet haben einen zusätzlichen Term enthält, der durch die Feldkrümmung hervorgerufen wird und die mittlere Drift der Führungszentren weghebt. Zeigen Sie im Teilchenbild, daß in einem anisotropen Plasma mit konstanten $p_\perp$ und $p_\|$ eine Drift ähnlich wie in (7.21) auftritt.

7.5 Der Polarisationsstrom im Strömungsmodell

Als nächstes wollen wir untersuchen, wie die dielektrischen Eigenschaften des Plasmas im Strömungsmodell beschrieben werden. Wir hatten diese Eigenschaften im Teilchenbild bereits hergeleitet. Um das elektrische Feld zu bestimmen, das durch die Oberflächenladungen an der Ober- und Unterseite des Torus aus Bild 7.2, den wir in den vorhergehenden Abschnitten betrachtet haben hervorgerufen wird, muß man die Dielektrizitätskonstante des Plasmas kennen. Es stellt sich also die Frage, wie man diese Konstante und, äquivalent dazu, die Polarisationsdrift im Strömungsbild berechnet.

Hier müssen wir wieder Terme nach ihrer Größenordnung sortieren. In Anwesenheit eines elektrischen Feldes erhalten wir als Term niedrigster Ordnung aus einem Koeffizientenvergleich in (7.1) die $\boldsymbol{E} \times \boldsymbol{B}$-Drift

$$\boldsymbol{u}_E = \frac{\boldsymbol{E} \times \boldsymbol{B}}{B^2} . \tag{7.34}$$

(Der Einfachheit halber lassen wir in dieser Herleitung der Polarisationsdrift $\nabla \cdot P$ und alle anderen Inhomogenitäten weg.) Diese Driftgeschwindigkeit erster Ordnung in kr_L setzen wir nun in den kleinen Term auf der rechten Seite von (7.1) ein, um die nächste Ordnung unserer Näherung zu berechnen. Wir erhalten dadurch eine Gleichung für die Geschwindigkeitskorrekturen zweiter Ordnung, die wir hier mit $\boldsymbol{u}_\mathrm{p}$ bezeichnen

$$mn\dot{\boldsymbol{u}}_E = nq\boldsymbol{u}_\mathrm{p} \times \boldsymbol{B} \tag{7.35}$$

bzw.

$$\frac{mn\dot{\boldsymbol{E}} \times \boldsymbol{B}}{B^2} = nq\boldsymbol{u}_\mathrm{p} \times \boldsymbol{B} . \tag{7.36}$$

Aus dieser Gleichung erhalten wir keine Information über die feldparallele Komponente von $\boldsymbol{u}_P$. Die Komponente senkrecht zum Feld können wir jedoch eindeutig bestimmen.

$$\boldsymbol{u}_p = \frac{m\dot{\boldsymbol{E}}_\perp}{qB^2} = \pm\frac{\dot{\boldsymbol{E}}_\perp}{\omega_\mathrm{c} B} , \tag{7.37}$$

$\pm$ ist hier das Vorzeichen von q. $\boldsymbol{u}_\mathrm{p}$ ist die Polarisationsdrift für niedrige Frequenzen, die wir auch im zweiten Kapitel berechnet haben. Wir können also die weitere Herleitung der dielektrischen Eigenschaften eines Plasmas von dort übernehmen. Auch hier führt die Berechnung einer meßbaren Größe bis zur gleichen Ordnung von kr_L in Strömungsbild und Teilchenbild zum gleichen Ergebnis.

Aufgabe 7.3 Berechnen Sie im Teilchenbild die Beschleunigung des Plasmas aus Bild 7.2 durch die $\boldsymbol{E} \times \boldsymbol{B}$-Drift nach außen, die durch die Kombination der ∇B-, der Krümmungs- und der Polarisationsdrift hervorgerufen wird. Betrachten Sie sowohl isotrope als auch anisotrope Druckverhältnisse. Wissen Sie weshalb bei anisotropen Druckverhältnissen die parallele Energiedichte zu doppelt soviel radialer Beschleunigung führt wie die senkrechte Energiedichte? (Hinweis: Betrachten Sie die Erhaltung des Drehimpulses und des magnetische Moments μ als Zwangsbedingungen, die festlegen, wieviel Energie dem System bei seiner radialen Bewegung zur Verfügung steht.)

7.6 Der feldparallele Druck

Wir haben jetzt gezeigt, daß jeder der Terme der senkrechten Komponente von (7.1) einer oder mehreren der Driften aus dem Teilchenbild entspricht. Bevor wir die Behandlung der Strömungsgleichung für eine einzelne Teilchensorte beenden, wollen wir nun noch einen Blick auf die zum $\boldsymbol{B}$-Feld parallele Komponente von (7.1) werfen.

Wenn wir von einem skalaren Druck, einer verschwindenden Strömungsgeschwindigkeit und langsamer zeitlicher Veränderung ausgehen, gilt in führender Ordnung

$$nqE_{\parallel} = \nabla_{\parallel} p \tag{7.38}$$

bzw.

$$nq\nabla_{\parallel}\phi + \nabla_{\parallel} p = 0\,, \tag{7.39}$$

mit dem elektrostatischen Potential ϕ. Wir nehmen ferner an, daß die feldparallele Wärmeleitung sehr schnell stattfindet und daß deshalb T längs der Feldlinien konstant ist. Das führt zu

$$nq\nabla_{\parallel}\phi + T\nabla_{\parallel} n = 0 \tag{7.40}$$

bzw.

$$\ln n + \frac{q\phi}{T} = const. \tag{7.41}$$

Um die Gleichung für die Änderung der Dichte längs einer Feldlinie im Gleichgewicht zu erhalten, exponentiieren wir beide Seiten von (7.41).

$$n \sim \mathrm{e}^{-q\phi/T} \tag{7.42}$$

Dieses Ergebnis ist der Boltzmann-Faktor für ein System im Kontakt mit einem Wärmebad, den wir im ersten Kapitel im Rahmen der statistischen Mechanik hergeleitet hatten. Wir haben also herausgefunden, wie man dieses Ergebnis aus den Strömungsgleichungen herleitet.

In einem längs der Feldlinien nicht konstanten elektrischen Feld können die Ionen und die Elektronen nicht gleichzeitig Boltzmann verteilt sein, ohne daß weitere äußere Ladungen vorhanden sind, weil sonst das Plasma nicht mehr neutral wäre. Es gibt normalerweise nur einen elektrisch neutralen Gleichgewichtszustand. In diesem sind sowohl die Dichten von Elektronen und Ionen als auch das elektrische Potential längs der Feldlinien konstant. Wenn in einem elektrisch neutralen Plasma durch eine Störung eine Dichteschwankung, etwa in Form eines Buckels entsteht, löst das einen Fluß der Elektronen und Ionen parallel zum Feld auf der betroffenen Feldlinie aus. Die größere Masse der Ionen führt dazu, daß diese nur relativ langsam auf den Buckel in n (und auf den nicht verschwindenden Gradienten $\nabla_\parallel p_i$) auf ihrer Feldlinie reagieren. Die charakteristische Zeit beträgt etwa $\tau \approx L/(T/m_i)^{1/2}$. Die leichteren Elektronen reagieren mit $\tau \approx L/(T/m_e)^{1/2}$ deutlich schneller und sind dann auch in Anwesenheit des Buckels Boltzmann verteilt. Da die Elektronen viel schneller in einen Gleichgewichtszustand kommen als die Ionen, muß ein Kräftegleichgewicht der Form

$$\nabla_\parallel p_e = en_e \nabla_\parallel \phi \tag{7.43}$$

bestehen. In einem Plasma mit einer hohen Wärmeleitfähigkeit (und deshalb konstantem T_e) folgt ferner

$$n_e \sim \mathrm{e}^{e\phi/T_e}\,. \tag{7.44}$$

Aus dieser Gleichung kann man die durch den Buckel hervorgerufene Änderung von ϕ berechnen.

$$\phi \sim \frac{T_e}{e} \ln n_e \tag{7.45}$$

Wenn dieses elektrische Feld aufgebaut ist, sind die Kräfte, die auf die Elektronen wirken im Gleichgewicht. Solange die Ausdehnung des Buckels deutlich größer ist als die Debye-Länge, bleibt das Plasma elektrisch neutral, weil n_e nur unwesentlich von n_i abweicht.

Aufgabe 7.4 In einem elektrisch neutralen, homogenen Plasma wird das elektrische Potential $\phi(x) = \phi_1 \sin kx$ mit $e\phi_1 \ll T_e$ erzeugt. Zeigen Sie, daß die Elektronen in ein Gleichgewicht mit $n_e(x) = n_0 + n_{e1} \sin kx$ $(n_{e1}/n_0 = e\phi_1/T_e)$ streben. Zeigen Sie ferner mit Hilfe der Poisson-Gleichung, daß die Dichte der Ionen $n_i(x) = n_0 + n_{i1} \sin kx$ mit $(n_{i1} - n_{e1})n_{e1} = k^2\lambda_\mathrm{D}^2$ist.

Aus der Gleichung für die Bewegung der Ionen parallel zum Feld können wir ablesen, daß das elektrische Feld die Ionen in die gleiche Richtung beschleunigt wie ihr eigener Dichtegradient und so dazu beiträgt, daß der Buckel schneller ausgeglichen wird. Der Druckgradient der Elektronen trägt also über das elektrische Feld zur Beschleunigung der Ionen bei. Das Kräftegleichgewicht für die Ionen (auf der Zeitskala, die die Ionen zur Reaktion benötigen) lautet

$$m_i n_i \dot{u}_{i\parallel} = -\nabla_\parallel p_i - en_i \nabla_\parallel \phi = -\nabla_\parallel p_i - T_e \nabla_\parallel n_e \approx -(T_e + T_i)\nabla_\parallel n\,. \tag{7.46}$$

Dabei ist der letzte Schritt nur möglich, wenn sich auch die Ionentemperatur längs des Feldes ausgeglichen hat.

Das interessante an dieser Herleitung ist, daß wir das elektrische Feld aus einer Boltzmann-Verteilung in Anwesenheit der Störung berechnet haben. Wir haben angenommen, daß sich, wenn die Elektronen genug Zeit haben um ins Gleichgewicht zu kommen, ein Kräftegleichgewicht längs der Feldlinie und damit eine Boltzmann-Verteilung einstellt. Man hätte das Feld $E_\parallel$ auch berechnen können, indem man die Bewegungsgleichungen für Elektronen und Ionen löst und dann das Feld mit Hilfe der Poisson-Gleichung aus der kleinen Ladung $e(n_i - n_e)$ berechnet. Das wäre sehr mühselig und wenn wir uns nur für Zeiten, in denen der Buckel durch die Bewegung der Ionen ausgeglichen werden kann und Längen die wesentlich größer als die Debye-Längen sind interessieren, auch nur unwesentlich genauer. In solchen Situationen kann man davon ausgehen, daß die Trägheit der Elektronen vernachlässigbar ist. Wir werden sehen, daß dieser Trick, mit dem man sich das Lösen der Poisson-Gleichung mit Hilfe der Boltzmann-Verteilung der Elektronen erspart, bei vielen Problemen der niederfrequenten Plasmadynamik nützlich ist.

8 Magnetohydrodynamik

Wir können nun ein „Eine-Flüssigkeit"-Modell eines vollständig ionisierten Plasmas formulieren. In diesem Modell wird das Plasma als eine hydrodynamische Flüssigkeit betrachtet, auf die äußere elektromagnetischen Kräfte einwirken. Man bezeichnet das als das „magnetohydrodynamische Modell". Der Vorteil dieses Modells gegenüber den komplexeren Zwei-Flüssigkeiten-Modellen liegt darin, daß man leichter handhabbare Gleichungen erhält, ohne dabei auf allzuviel physikalische Genauigkeit zu verzichten. Die Magnetohydrodynamik ist eines der Plasmamodelle, die am frühesten entwickelt wurden, weil man viele Methoden der Hydrodynamik auf die Behandlung von Plasmen übertragen kann, obwohl ein Plasma durch die Vielzahl der elektromagnetischen Kräfte viel komplizierter als eine normale Flüssigkeit ist.

8.1 Die Grundgleichungen der Magnetohydrodynamik

Bei der Herleitung der Grundgleichungen der Magnetohydrodynamik beschränken wir uns auf ein Wasserstoffplasma, in dem die Ionen und Elektronen die Ladungen $\pm e$ haben. Wir werden annehmen, daß das Plasma im wesentlichen elektrisch neutral ist ($n_i \approx n_e \approx n$), so daß nur kleine Ladungsdichten auftreten können. Die Gleichungen, die wir herleiten, sind aber auch für ein Plasma mit mehrfach ionisierten Atomen, der Ladung Ze gültig. In diesem Fall lautet die Neutralitätsbedingung $n_e \approx Zn_i$. Die Annahme, daß das Plasma näherungsweise elektrisch neutral ist, ist immer gültig, wenn wir Effekte betrachten, deren Längenskala wesentlich größer als die Debye-Länge ist. Wir werden die Massen von Elektronen und Ionen mit m bzw. M bezeichnen.

In der Magnetohydrodynamik behandelt man das Plasma als eine Flüssigkeit mit der (Massen-) Dichte

$$\rho = n_i M + n_e m \approx n(M+m) \approx nM\,, \tag{8.1}$$

der Ladungsdichte

$$\sigma = (n_i + n_e)e\,, \tag{8.2}$$

dem Massenfluß

$$\boldsymbol{u} = \frac{n_i M \boldsymbol{u}_i + n_e m \boldsymbol{u}_e}{\rho} \approx \frac{M\boldsymbol{u}_i + m\boldsymbol{u}_e}{M+m} \approx \boldsymbol{u}_i + \frac{m}{M}\boldsymbol{u}_e\,, \tag{8.3}$$

und der (elektrischen) Stromdichte

$$\boldsymbol{j} = e(n_i \boldsymbol{u}_i - n_e \boldsymbol{u}_e) \approx ne(\boldsymbol{u}_i - \boldsymbol{u}_e)\,. \tag{8.4}$$

Diese Gleichungen kann man nach u_i und u_e auflösen.

$$\boldsymbol{u}_i \approx \boldsymbol{u} + \frac{m}{M}\frac{\boldsymbol{j}}{ne} \qquad \boldsymbol{u}_e \approx \boldsymbol{u} - \frac{\boldsymbol{j}}{ne} \tag{8.5}$$

Dabei haben wir Terme in m/M, die eindeutig klein sind, weggelassen.

Der Gleichungen der Magnetohydrodynamik erhält man, indem man Linearkombinationen der Gleichungen für die Ionen und Elektronen betrachtet. Insbesondere kann man die beiden Kontinuitätsgleichungen

$$\frac{\partial n_{i,e}}{\partial t} + \nabla \cdot (n_{i,e}\boldsymbol{u}_{i,e}) = 0 \tag{8.6}$$

mit den Massen M und m der Ionen bzw. Elektronen multiplizieren und die Gleichungen zu einer Kontinuitätsgleichung der Masse addieren

$$\frac{\partial \rho}{\partial t} + \nabla \cdot (\rho \boldsymbol{u}) = 0 \tag{8.7}$$

oder sie voneinander subtrahieren, um eine Kontinuitätsgleichung für die Ladung zu erhalten

$$\frac{\partial \sigma}{\partial t} + \nabla \cdot \boldsymbol{j} = 0\,. \tag{8.8}$$

Mit den beiden Impulsbilanzgleichungen

$$\begin{aligned} Mn_i \frac{\mathrm{d}\boldsymbol{u}_i}{\mathrm{d}t} &= en_i(\boldsymbol{E} + \boldsymbol{u}_i \times \boldsymbol{B}) - \nabla p_i + \boldsymbol{R}_{ie} \\ mn_e \frac{\mathrm{d}\boldsymbol{u}_e}{\mathrm{d}t} &= -en_e(\boldsymbol{E} + \boldsymbol{u}_e \times \boldsymbol{B}) - \nabla p_e + \boldsymbol{R}_{ei}\,, \end{aligned} \tag{8.9}$$

die wir hier auch als Bewegungsgleichungen bezeichnen werden ($\boldsymbol{R}_{ie}$ und $\boldsymbol{R}_{ei}$ beschreiben die Impulsübertragung durch Stöße zwischen den beiden Arten), kann man ähnlich verfahren und sie zu einer Bewegungsgleichung für nur eine Flüssigkeit addieren

$$\rho \frac{\mathrm{d}\boldsymbol{u}}{\mathrm{d}t} = \rho \left(\frac{\partial \boldsymbol{u}}{\partial t} + \boldsymbol{u} \cdot \nabla \boldsymbol{u} \right) = \sigma \boldsymbol{E} + \boldsymbol{j} \times \boldsymbol{B} - \nabla p\,, \tag{8.10}$$

$p = p_e + p_i$ ist dabei der Gesamtdruck. Falls nötig, kann man auf der rechten Seite der Bewegungsgleichung zusätzliche Kräfte, wie etwa die Schwerkraft $\rho \boldsymbol{g}$ einführen. Die Stoßterme sind bei der Addition der beiden Bewegungsgleichungen wegen $\boldsymbol{R}_{ei} = -\boldsymbol{R}_{ie}$ weggefallen. Obwohl wir in den Gleichungen (8.9) und (8.10) von einem isotropen Druck ausgegangen sind, muß man das in der Magnetohydrodynamik nicht notwendigerweise tun. Es gibt sogar interessante Situationen, in denen der Druck der Elektronen isotrop ist, der Druck der Ionen wegen der größeren Larmor-Radien aber als Tensor behandelt werden muß.

Genau genommen darf man die konvektiven Terme $\boldsymbol{u} \cdot \nabla \boldsymbol{u}$ nicht so einfach addieren wie wir es hier getan haben, da sie nichtlinear in $\boldsymbol{u}$ sind. Ferner haben wir die Drücke der einzelnen Teilchensorten durch das Verhältnis der zufälligen Bewegung der Teilchensorte zu ihrer mittleren Geschwindigkeit definiert. Wir dürfen also eigentlich die beiden Druckgradienten nicht einfach addieren, weil dann unklar ist auf welche mittleren Geschwindigkeiten und zufälligen Bewegungen man sich bezieht. Dieses Problem kann man beheben, wenn man den Druck jeder Teilchensorte mit Hilfe des Massenflusses neu definiert. Wenn $\boldsymbol{u}$ in (8.10) den Massenfluß bezeichnet und ∇p mit dem so definierten Druck berechnet wird, ist diese Gleichung exakt gültig (einschließlich der konvektiven Terme). In der Realität wird der Massenfluß in einem Plasma aber von den Ionen bestimmt, und es ist nicht nötig, zwischen $\boldsymbol{u}$ und der mittleren Geschwindigkeit $\boldsymbol{u}_i$ der Ionen zu unterscheiden. Ferner sind die Zufallsbewegungen der Elektronen so schnell im Vergleich zur mittleren Geschwindigkeit, daß es nicht darauf ankommt, welche mittlere Geschwindigkeit zu Definition des Elektronendrucks herangezogen wird. Deshalb ist (8.10) auch dann noch näherungsweise gültig, wenn auf beiden Seiten für $\boldsymbol{u}$ die mittlere Geschwindigkeit der Ionen eingesetzt wird.

Um eine zweite Gleichung für nur eine Flüssigkeit aus den beiden Bewegungsgleichungen herzuleiten, brauchen wir zwei Näherungen. Zuerst drücken wir wie in Kapitel 6 den Impulsübertrag von den Ionen auf die Elektronen mit Hilfe ihrer Geschwindigkeitsdifferenz und der Stoßfrequenz (oder dem Widerstand η) aus.

$$\boldsymbol{R}_{ei} = mn\langle\nu_{ei}\rangle(\boldsymbol{u}_i - \boldsymbol{u}_e) = \eta n^2 e^2(\boldsymbol{u}_i - \boldsymbol{u}_e) = \eta ne\boldsymbol{j} \tag{8.11}$$

Als nächstes vernachlässigen wir die Trägheit der Elektronen. Diese Näherung können wir immer anwenden, wenn wir Vorgänge betrachten, die so langsam sind, daß die Elektronen längs der magnetischen Feldlinien ins Gleichgewicht kommen können. Mit Hilfe dieser beiden Näherungen wird aus der Bewegungsgleichung für die Elektronen

$$\boldsymbol{E} + \boldsymbol{u}_e \times \boldsymbol{B} = \eta\boldsymbol{j} - \frac{\nabla p_e}{ne} \tag{8.12}$$

bzw.

$$\boldsymbol{E} + \boldsymbol{u} \times \boldsymbol{B} = \eta\boldsymbol{j} + \frac{\boldsymbol{j} \times \boldsymbol{B} - \nabla p_e}{ne}\,. \tag{8.13}$$

Hier haben wir mit Hilfe von (8.5) $\boldsymbol{u}_e$ durch $\boldsymbol{j}$ und $\boldsymbol{u}$ ausgedrückt. Gleichung (8.13) wird auch als das verallgemeinerte Ohmsche Gesetz eines Plasmas bezeichnet. Hier ist es wichtig, zwischen dem Widerstand parallel und senkrecht zu den Feldlinien zu unterscheiden, da der Skalar η für ein Magnetfeld in z-Richtung durch einen Tensor in der Diagonalgestalt $(\eta_\perp, \eta_\perp, \eta_\parallel)$ ersetzt werden muß.

Um ein vollständiges Gleichungssystem zu erhalten, braucht man zusätzlich zu diesen Gleichungen eine Zustandsgleichung, die die zeitlichen Änderung des Plasmadrucks p beschreibt. Wie wir in Kapitel 6 schon festgestellt haben, ist dies typischerweise eine Adiabatengleichung der Form

$$\frac{\mathrm{d}}{\mathrm{d}t}\left(\frac{p}{\rho^\nu}\right) = 0\,. \tag{8.14}$$

In manchen Fällen ist es jedoch vorteilhaft, mit einer Gleichung der Form $p = n(T_e + T_i)$ mit $T_e, T_i = const.$ zu arbeiten. Bei magnetohydrodynamischen Vorgängen, die im Vergleich zu den Stößen schnell sind, kann der Druck im Plasma deutlich anisotrop werden. In diesem Fällen wählt man die doppelt-adiabatischen Zustandsgleichungen aus Kapitel 6.

Als letztes kommen noch die vier Maxwell-Gleichungen

$$\nabla \times \boldsymbol{B} = \mu_0\boldsymbol{j} + \frac{1}{c^2}\frac{\partial \boldsymbol{E}}{\partial t} \tag{8.15}$$

$$\nabla \times \boldsymbol{E} = -\frac{\partial \boldsymbol{B}}{\partial t} \tag{8.16}$$

$$\nabla \cdot \boldsymbol{B} = 0 \tag{8.17}$$

$$\nabla \cdot (\epsilon_0 \boldsymbol{E}) = \sigma \tag{8.18}$$

zu unserem Gleichungssystem. In diesen Gleichungen betrachten wir den Polarisationsstrom im Plasma als externen Strom und arbeiten deshalb mit der Dielektrizitätskonstante ϵ_0 des Vakuums. Die Gleichungen (8.7), (8.8), (8.10) und (8.13)–(8.18) bilden ein vollständiges Gleichungssystem zur Beschreibung eines Plasmas als *einer* elektrisch leitfähigen Flüssigkeit. Wir werden im folgenden einige Grenzfälle dieser Gleichungen betrachten.

8.2 Die quasineutrale Näherung

Bis jetzt finden sich in unseren Gleichungen Terme, die die Folgen einer nicht verschwindenden Ladungsdichte σ beschreiben. Insbesondere haben wir in der Bewegungsgleichung die Coulomb-Kraft und in der Ladungserhaltungsgleichung die Ladungstrennung $\partial\sigma/\partial t$ berücksichtigt. Häufig ist keiner dieser beiden Terme von großer Bedeutung.

Um uns davon zu überzeugen, wollen wir eine Methode benutzen, bei der man den Betrag des betreffenden Terms, mit dem Betrag eines anderen Terms (von dem man annimmt, daß er wichtiger ist) in derselben Gleichung vergleicht. Beispielsweise können wir den Betrag der Coulomb-Kraft $\sigma \boldsymbol{E}$ mit Hilfe der Maxwell-Gleichung $\nabla \cdot (\epsilon_0 \boldsymbol{E}) = \sigma$ mit dem Betrag des Trägheitsterms $\rho \boldsymbol{u} \cdot \nabla \boldsymbol{u}$ in der Bewegungsgleichung vergleichen.

$$\frac{\sigma E}{\rho \boldsymbol{u} \cdot \nabla \boldsymbol{u}} \approx \frac{\epsilon_0 E^2}{L} \left(\frac{\rho u^2}{L}\right)^{-1} \approx \frac{\epsilon_0 E^2}{\rho u^2} \approx \frac{\epsilon_0 B^2}{\rho} \tag{8.19}$$

Dabei haben wir eine charakteristische Länge L eingeführt und angenommen, daß die Geschwindigkeit $\boldsymbol{u}$ von der Größenordnung $\boldsymbol{E} \times \boldsymbol{B}/B^2 \approx E/B$ ist. Die dimensionslose Größe $\epsilon_0 B^2/\rho$ ist in fast allen Plasmen, die für uns von Interesse sind, eine kleine Größe. (Das bedeutet, daß die Dielektrizitätskonstante des $1+\rho/\epsilon_0 B$ Plasmas groß sein muß – sie beträgt meist etwa 10^2--10^3.) Die Coulomb-Kraft ist also vernachlässigbar.

Der Term $\partial\sigma/\partial t$ in der Ladungserhaltungsgleichung kann durch einen Vergleich mit dem Term $\nabla \cdot \boldsymbol{j}$ ähnlich abgeschätzt werden. Wir erhalten

$$\frac{1}{\nabla \cdot \boldsymbol{j}} \frac{\partial \sigma}{\partial t} \approx \frac{\epsilon_0 E}{L\tau} \left(\frac{j}{L}\right)^{-1} \approx \frac{\epsilon_0 u B}{\tau} \left(\frac{\rho u}{B\tau}\right)^{-1} \approx \frac{\epsilon_0 B^2}{\rho}. \tag{8.20}$$

Dabei haben wir eine charakteristische Zeit τ eingeführt und $\boldsymbol{j}$ abgeschätzt, indem wir angenommen haben, daß die Lorentz-Kraft $\boldsymbol{j} \times \boldsymbol{B}$ gleich dem Trägheitsterm $\rho \partial \boldsymbol{u}/\partial t$ ist. Da es sich dabei um eine kleine Größe handelt und Zähler und Nenner nach (8.8) bis auf das Vorzeichen übereinstimmen, ist $\boldsymbol{j}$ fast vollständig divergenzfrei und der Zähler in (8.20) wird deutlich überschätzt.

Im Grenzfall $\rho/\epsilon_0 B^2 \gg 1$ kann man die Terme $\sigma \boldsymbol{E}$ und $\partial\sigma/\partial t$ in den jeweiligen Gleichungen vernachlässigen. Diese Näherung wird als „quasi neutrale" Näherung bezeichnet. Mit „quasi neutraler" Näherung ist jedoch nicht gemeint, daß man die Ladungsdichte σ in der Maxwell-Gleichung $\nabla \cdot (\epsilon_0 \boldsymbol{E}) = \sigma$ vernachlässigt. Sie bedeutet vielmehr, daß die Ladungsdichte durch diese Gleichung festgelegt wird und zu klein ist, um anderswo eine wichtige Rolle zu spielen. Da σ in keiner anderen Gleichung auftaucht, kann man diese Maxwell-Gleichung aus dem Gleichungssystem entfernen. Wir werden sie nur heranziehen, wenn wir σ berechnen wollen. Trotzdem darf man $\nabla \cdot (\epsilon_0 \boldsymbol{E})$ nicht gleich Null setzen, weil beispielsweise die elektrischen Felder in einem Plasma, die die Bewegung des Plasmas quer zum Magnetfeld hervorrufen häufig eine nicht verschwindende Divergenz haben.

Aufgabe 8.1 Mit einer ähnlichen Abschätzung kann man zeigen, daß der Verschiebungsstrom in den Maxwell-Gleichungen in der quasi neutralen Näherung vernachlässigt werden kann. Führen Sie diese Rechnung durch.

Normalerweise wird die Bezeichnung „Magnetohydrodynamik" nur im Zusammenhang mit der quasi neutralen Näherung verwandt. In diesem Grenzfall fallen die Terme $\partial\sigma/\partial t$ in (8.8), $\sigma \boldsymbol{E}$ in (8.10) und der Verschiebungsstrom $\partial(\epsilon_0 \boldsymbol{E})/\partial t$ in (8.15) weg.

8.3 Die Näherung kleiner Larmor-Radien

Wir werden nun zeigen, daß in der Näherung „kleiner Larmor-Radien" der zweite und der dritte Term auf der rechten Seite des verallgemeinerten Ohmschen Gesetzes vernachlässigbar klein sind. Wir benutzen die gleiche Abschätzungsmethode wie oben, d.h. wir vergleichen den Term, von dem wir zeigen wollen, daß er unwichtig ist, mit einem anderem Term, von dem wir annehmen, daß er bedeutend ist.

Typischerweise wird die Strömungsgeschwindigkeit $\boldsymbol{u}$ in einem Plasma durch Druckgradienten und magnetische Kräfte bestimmt. Im Grenzfall einer voll entwickelten Strömung, beispielsweise in Folge einer starken magnetohydrodynamischen Instabilität, erreicht die Strömungsgeschwindigkeit die Größenordnung von

$$\rho \boldsymbol{u} \cdot \nabla \boldsymbol{u} \approx \nabla p \approx \boldsymbol{j} \times \boldsymbol{B} . \tag{8.21}$$

Im Gegensatz zu den im vorherigen Kapitel betrachteten Situationen nehmen wir nun an, daß die $\boldsymbol{E} \times \boldsymbol{B}$-Drift wesentlich stärker ist als die anderen Driften (wie z.B. die diamagnetische Drift) und deshalb die Strömungsgeschwindigkeit bestimmt. Die großen Strömungsgeschwindigkeiten, die wir hier betrachten, sind die Folge großer Kräfte oder starker Instabilitäten.

Mit $p = nT$ und $\rho = nM$ erhalten wir für diesen Fall $u \approx v_{t,i} \approx (T/M)^{1/2}$. Dies ist die thermische Geschwindigkeit der Ionen. Natürlich führt die Plasmadynamik nicht immer zu Geschwindigkeiten von der Größenordnung der thermischen Geschwindigkeit, aber in einer voll entwickelten magnetohydrodynamischen Strömung, in der den ∇p- und $\boldsymbol{j} \times \boldsymbol{B}$-Kräften nur die Trägheit des Plasmas entgegensteht, kommen solche Strömungsgeschwindigkeiten tatsächlich vor. In diesen Situationen kann man die Näherung kleiner Larmor-Radien anwenden. In schwächeren magnetohydrodynamischen Strömungen, z.B. wenn die Strömungsgeschwindigkeit und damit die $\boldsymbol{E} \times \boldsymbol{B}$-Drift von der gleichen Größenordnung wie die diamagnetische Drift oder die ∇B- oder Krümmungsdrift der Führungszentren ist, kann man diese Näherung in der Regel nicht anwenden. Wir werden die Beziehung $u \approx v_{t,i}$ benutzen, um die Größe des zweiten und des dritten Terms auf der rechten Seite von (8.13) im Vergleich zu den Termen auf der linken Seite (insbesondere zum $\boldsymbol{u} \times \boldsymbol{B}$-Term) abzuschätzen. Wir beginnen mit dem letzten Term auf der rechten Seite von (8.13).

$$\frac{1}{|\boldsymbol{u} \times \boldsymbol{B}|} \frac{\nabla p_e}{ne} \approx \frac{T}{euBL} \approx \frac{M v_{t,i}^2}{euBL} \approx \frac{M v_{t,i}}{eBL} \approx \frac{v_{t,i}}{\omega_{ci} L} \approx \frac{r_{Li}}{L} \tag{8.22}$$

r_{Li} ist der Larmor-Radius. Wegen $\boldsymbol{j} \times \boldsymbol{B} \approx \nabla p$ (im allgemeinen Fall, in dem sowohl Druckgradienten als auch magnetische Kräfte wesentlich zur Strömung beitragen), erhält man mit einer ähnlichen Abschätzung für den zweiten Term auf der rechten Seite von (8.13) das gleiche Ergebnis. Wir sehen also, daß der zweite und der dritte Term auf der rechten Seite von (8.13) vernachlässigt werden können, wenn der Larmor-Radius verglichen mit der charakteristischen Länge der Strömung sehr klein ist, also wenn $r_{Li}/L \ll 1$ und wir Strömungsgeschwindigkeiten der Größenordnung von v_{Li} betrachten. Wenn man beide Terme berücksichtigt, bezeichnet man das auch als Rechnung mit „endlichem Larmor-Radius".

In der Näherung kleiner Larmor-Radien lautet das Ohmsche Gesetz

$$\boldsymbol{E} + \boldsymbol{u} \times \boldsymbol{B} = \eta \, \boldsymbol{j} . \tag{8.23}$$

In der Magnetohydrodynamik (MHD) wird normalerweise mit diesem vereinfachten Ohmschen Gesetz anstelle des allgemeinen Ohmschen Gesetzes gearbeitet. Die MHD-Gleichungen sind also die Gleichungen

$$\begin{aligned} \frac{\partial \rho}{\partial t} + \nabla \cdot (\rho \boldsymbol{u}) &= 0 \\ \nabla \cdot j &= 0 \\ \rho \frac{\mathrm{d}u}{\mathrm{d}t} &= -\nabla p + \boldsymbol{j} \times \boldsymbol{B}\,, \end{aligned} \tag{8.24}$$

zusammen mit den noch benötigten Maxwell-Gleichungen

$$\begin{aligned} \nabla \times \boldsymbol{B} &= \mu_0 \boldsymbol{j} \\ \nabla \times \boldsymbol{E} &= -\frac{\partial B}{\partial t} \\ \nabla \cdot \boldsymbol{B} &= 0\,. \end{aligned} \tag{8.25}$$

Ab jetzt bezeichnen wir mit Magnetohydrodynamik (MHD) das durch die Gleichungen (8.24)–(8.25) definierte Modell eines Plasmas.

Die physikalische Bedeutung der einzelnen Gleichungen erkennt man durch Analogieschlüsse im Vergleich mit der normalen Hydrodynamik oder Elektrodynamik. Der wichtigste Unterschied ist, daß $\boldsymbol{E}$ im Ohmschen Gesetz durch $\boldsymbol{E} + \boldsymbol{u} \times \boldsymbol{B}$ ersetzt wird. $\boldsymbol{E} + \boldsymbol{u} \times \boldsymbol{B}$ ist das effektive Feld, das unter Berücksichtigung der Lorentz-Transformation für $u \ll c$ von einem Flüssigkeitselement, das sich mit der Geschwindigkeit $\boldsymbol{u}$ durch das Magnetfeld $\boldsymbol{B}$ bewegt, gemessen wird.

Die MHD-Gleichungen sind das normale Handwerkszeug zur Behandlung ausgedehnter Plasmabewegungen. Bevor wir einige Anwendungsbeispiele geben, wollen wir noch eine weitere Näherung einführen. In dieser Näherung gehen wir davon aus, daß der Widerstand des Plasmas für groß skalige Bewegungen bedeutungslos ist.

8.4 Die Näherung unendlicher Leitfähigkeit

Der Widerstand eines Plasmas ist bei hohen Temperaturen sehr gering. Deshalb kann man viele dynamische Vorgänge in einem Plasma in der Näherung unendlicher Leitfähigkeit beschreiben. In dieser Näherung lautet das Ohmsche Gesetz

$$\boldsymbol{E} + \boldsymbol{u} \times \boldsymbol{B} = 0\,. \tag{8.26}$$

Die Magnetohydrodynamik mit dieser Form des Ohmschen Gesetzes wird auch als „ideale Magnetohydrodynamik“ bezeichnet. Wir werden im Verlauf dieses Kapitels eine dimensionslose Zahl, die magnetische Reynolds Zahl kennenlernen, an deren Betrag wir ablesen können, ob es sich dabei um eine gute Näherung handelt.

Eine Folge der unbegrenzten Leitfähigkeit ist, daß das Plasma an die magnetischen Feldlinien „gebunden“ ist (bzw. die Feldlinien in das Plasma „eingefroren“ sind). Die genauere Bedeutung dieses Ausdrucks werden wir im folgenden klären.

Wir werden zeigen, daß alle Flüssigkeitselemente, die anfänglich auf einer gemeinsamen Feldlinie liegen, auch nach einer beliebigen Bewegung eines unbegrenzt leitfähigen Plasmas auf einer gemeinsamen Feldlinie liegen. Wir wählen eine beliebige Feldlinie aus und betrachten zwei benachbarte Flüssigkeitselemente, die zur Zeit t auf dieser Feldlinie liegen. Der differentielle Verbindungsvektor $\Delta \ell$ dieser Flüssigkeitselemente ist parallel zu $\boldsymbol{B}(t)$. Wie in Bild 8.1 dargestellt, bewegen sich die Flüssigkeitselemente in der Zeit $\mathrm{d}t$ um $\boldsymbol{u}\mathrm{d}t$ bzw. $(\boldsymbol{u} + \Delta \boldsymbol{u})\mathrm{d}t$. Um unsere Behauptung zu beweisen, müssen wir zeigen, daß $\Delta \ell + \mathrm{d}(\Delta \ell)$ parallel zu $\boldsymbol{B}(t + \mathrm{d}t)$ ist. (Bei

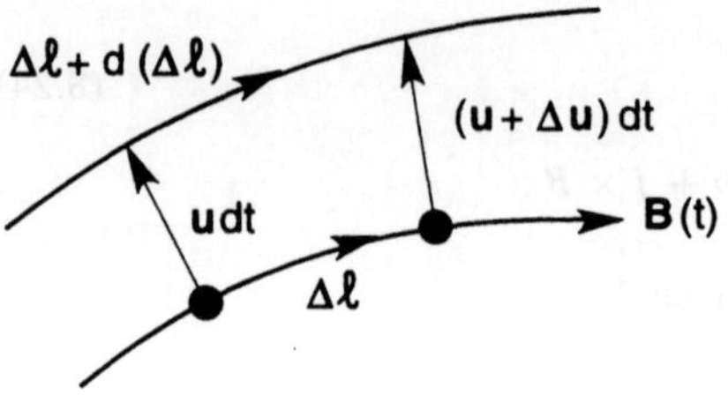

Bild 8.1
Zwei Elemente eines Plasmas liegen anfänglich um $\Delta\ell$ voneinander entfernt auf der selben Feldlinie $\boldsymbol{B}(t)$. Wir zeigen, daß sie auch später auf einer gemeinsamen Feldlinie $\boldsymbol{B}(t + \mathrm{d}t)$ liegen.

dieser Rechnung sind sowohl d als auch Δ Differentiale. Das Differential d steht für den infinitesimalen Zeitschritt, der das Plasma von seiner Anfangsposition auf eine benachbarte Feldlinie trägt. Das Differential Δ steht für die differentielle Entfernung $\Delta\ell$ zweier Plasmaelemente, die anfänglich auf derselben Feldlinie liegen.)

Zuerst wollen wir $\mathrm{d}(\Delta\ell)$, die differentielle Änderung von $\Delta\ell$ durch die Bewegung des Plasmas im Zeitintervall $\mathrm{d}t$ berechnen. Mit einer Taylor-Entwicklung erhalten wir für $\boldsymbol{u}$

$$\Delta\boldsymbol{u} = (\Delta\ell \cdot \nabla)\boldsymbol{u}\,. \tag{8.27}$$

Mit einem Blick auf Bild 8.1 sehen wir, daß weil die Summe der drei Vektoren auf der rechten Seite die gleiche Strecke bezeichnet, wie der Vektor auf der linken Seite

$$\Delta\ell + d(\Delta\ell) = \Delta\ell + (\boldsymbol{u} + \Delta\boldsymbol{u})\mathrm{d}t - \boldsymbol{u}\mathrm{d}t \tag{8.28}$$

gilt. Daraus folgt

$$\frac{\mathrm{d}(\Delta\ell)}{\mathrm{d}t} = \Delta\boldsymbol{u} = (\Delta\ell \cdot \nabla)\boldsymbol{u}\,. \tag{8.29}$$

Als nächstes betrachten wir die Änderung von $\boldsymbol{B}$. Aus einer Kombination der Gesetze von Faraday und Ohm folgt

$$\frac{\partial \boldsymbol{B}}{\partial t} = -\nabla \times \boldsymbol{E} = \nabla \times (\boldsymbol{u} \times \boldsymbol{B}) = (\boldsymbol{B} \cdot \nabla)\boldsymbol{u} - (\boldsymbol{u} \cdot \nabla)\boldsymbol{B} - \boldsymbol{B}(\nabla \cdot \boldsymbol{u})\,. \tag{8.30}$$

Im letzten Schritt haben wir dabei die Rotation des Kreuzproduktes nach einer Formel aus Anhang D entwickelt und dann $\nabla \cdot \boldsymbol{B} = 0$ benutzt, um einen der vier Terme loszuwerden. Die totale Ableitung von $\boldsymbol{B}$ längs der Bewegung des Plasmas ist also

$$\frac{\mathrm{d}\boldsymbol{B}}{\mathrm{d}t} = \frac{\partial \boldsymbol{B}}{\partial t} + (\boldsymbol{u} \cdot \nabla)\boldsymbol{B} = (\boldsymbol{B} \cdot \nabla)\boldsymbol{u} - \boldsymbol{B}(\nabla \cdot \boldsymbol{u})\,. \tag{8.31}$$

Damit folgt

$$\frac{\mathrm{d}(\Delta\ell \times \boldsymbol{B})}{\mathrm{d}t} = \frac{\mathrm{d}(\Delta\ell)}{\mathrm{d}t} \times \boldsymbol{B} + \Delta\ell \times \frac{\mathrm{d}\boldsymbol{B}}{\mathrm{d}t} = [(\Delta\ell \cdot \nabla)\boldsymbol{u}] \times \boldsymbol{B} + \Delta\ell \times [(\boldsymbol{B} \cdot \nabla)\boldsymbol{u} - \boldsymbol{B}(\nabla \cdot \boldsymbol{u})]\,. \tag{8.32}$$

Hier haben wir (8.29) und (8.31) eingesetzt. Der dritte Term auf der rechten Seite verschwindet, weil $\Delta\ell$ und $\boldsymbol{B}$ zum Anfangszeitpunkt parallel sind und deshalb

$$\Delta\ell \times \boldsymbol{B} = 0 \tag{8.33}$$

gilt. Wenn wir ferner die ersten beiden Terme auf der rechten Seite in der zweiten Zeile von (8.32) untersuchen, sehen wir, daß sie sich gegenseitig aufheben, wenn $\Delta\ell$ und $\boldsymbol{B}$ parallel sind. Denn wenn $\Delta\ell$ und $\boldsymbol{B}$ parallel sind, kann man sie im ersten Term auf der rechten Seite von (8.32) vertauschen und erhält $[(\boldsymbol{B}\cdot\nabla)\boldsymbol{u}]\times\Delta\ell$. Das ist der zweite Term auf der rechten Seite von (8.32), aber mit entgegengesetztem Vorzeichen. Also gilt

$$\frac{\mathrm{d}}{\mathrm{d}t}(\Delta\ell\times\boldsymbol{B})=0\,. \tag{8.34}$$

Damit haben wir gezeigt, daß $\Delta\ell$ bei seiner Bewegung parallel zu $\boldsymbol{B}$ bleibt. Unsere Behauptung ist also bewiesen: Zwei beliebige Elemente eines idealen Plasmas, die zu einem Zeitpunkt auf einer gemeinsamen Feldlinie liegen, liegen auch nach einer beliebigen Bewegung des Plasmas auf einer gemeinsamen Feldlinie. Das Magnetfeld kann sich natürlich im Laufe dieser Zeit ändern, und die Plasmaelemente und ihre Feldlinie können an einem völlig anderen Ort liegen als anfänglich. Ganz egal, wie kompliziert die Bewegungen des Plasmas auch sein mögen, es ist immer möglich, die Feldlinie zu identifizieren, weil es möglich ist, die Plasmaelemente zu identifizieren. Wenn man die Plasmaelemente, die anfänglich auf einer gemeinsamen Feldlinie liegen, einfärben könnte, würde sich dieses bunte Band in komplizierten Bahnen durch den Raum bewegen, aber es würde immer auf einer Feldlinie liegen, d.h. die eingefärbten Plasmaelemente würden immer nebeneinander auf derselben Feldlinie liegen.

Dieses sehr weitreichende Ergebnis gilt natürlich nur, wenn die einfache Form des Ohmschen Gesetzes anwendbar ist. Das bedeutet nicht nur, daß der Widerstand des Plasmas vernachlässigbar sein muß, sondern auch, daß die Strömungsgeschwindigkeiten, die von der $\boldsymbol{E}\times\boldsymbol{B}$-Drift hervorgerufen werden, viel größer sind als die diamagnetische Drift oder die Drift der Führungszentren.

8.5 Die Erhaltung des magnetischen Flusses

Das Einfrieren der magnetischen Feldlinien in das Plasma hat eine weitere wichtige Konsequenz. Der magnetische Fluß durch jede geschlossene Kurve, die sich mit dem Plasma bewegt ist konstant. Der magnetische Fluß ist das Flächenintegral von $\boldsymbol{B}$ über die von der Kurve eingeschlossene Fläche, d.h.

$$\Phi=\int_S \boldsymbol{B}d\boldsymbol{S}\,. \tag{8.35}$$

$d\boldsymbol{S}$ ist ein (vektorielles) Flächenelement dieser Fläche. Die geschlossene Kurve wählen wir so, daß sie nicht längs einer Feldlinie verläuft und „zeichnen“ sie im Plasma ein. Wir stellen uns vor, daß sich diese Kurve mit dem Plasma mitbewegt. Es gibt zwei Faktoren, die zur Änderung von Φ beitragen: Änderungen von $\boldsymbol{B}$ bei gleichbleibendem Integrationsweg und Änderungen der Fläche, über die integriert wird, durch die Bewegung ihres Randes. Wenn wir die Gleichung $\partial\boldsymbol{B}/\partial t=\nabla\times(\boldsymbol{u}\times\boldsymbol{B})$ aus (8.30) einsetzen, erhalten wir

$$\frac{\mathrm{d}\Phi}{\mathrm{d}t}=\int\nabla\times(\boldsymbol{u}\times\boldsymbol{B})\mathrm{d}\boldsymbol{S}+\int\boldsymbol{B}\cdot\frac{\mathrm{d}(\Delta\boldsymbol{S})}{\mathrm{d}t}\,. \tag{8.36}$$

Den ersten Term auf der rechten Seite können wir mit Hilfe des Satzes von Stokes in ein Kurvenintegral über den Rand der Integrationsfläche umwandeln. Wir bezeichnen das Linienelement auf dieser Kurve mit $\Delta\ell$. (Wie schon im vorherigen Abschnitt bezeichnen sowohl d als auch Δ

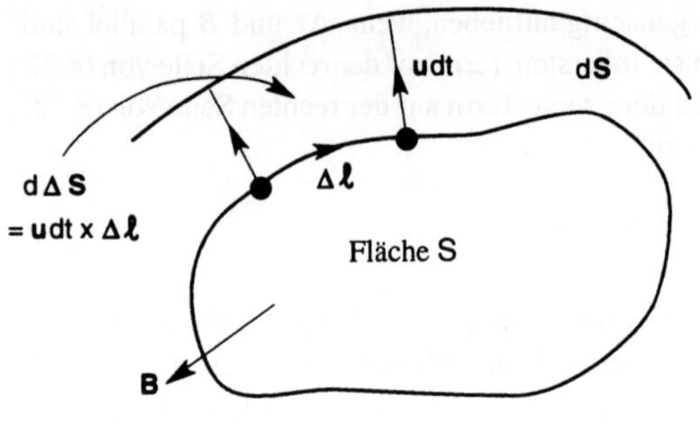

Bild 8.2
Eine Fläche im Plasma und ihr Rand. Nach der Zeit dt hat sich der Rand der Fläche verschoben und umfaßt nun eine zusätzliche Fläche d$\boldsymbol{S}$, die aus kleinen Flächenstücken d$\Delta\boldsymbol{S}$ zusammengesetzt ist. Wir zeigen, daß der magnetische Fluß durch die Fläche konstant bleibt.

Differentiale über einen Zeitschritt dt bzw. ein Linienelement längs der Kurve. Da $\Delta\ell$ ein vollwertiges Linienelement ist, können wir auch Linienintegrale über $\Delta\ell$ berechnen.) An Bild 8.2 können wir ablesen, daß die Änderung des Flächenelementes durch die Bewegung des Plasmas durch

$$\frac{\mathrm{d}\Delta\boldsymbol{S}}{\mathrm{d}t} = \boldsymbol{u} \times \Delta\boldsymbol{\ell} \tag{8.37}$$

gegeben ist. Daraus folgt

$$\frac{\mathrm{d}\Phi}{\mathrm{d}t} = \int (\boldsymbol{u} \times \boldsymbol{B}) \cdot \Delta\boldsymbol{\ell} + \int \boldsymbol{B} \cdot (\boldsymbol{u} \times \Delta\boldsymbol{\ell}) = 0\,. \tag{8.38}$$

Die beiden Terme heben sich gegenseitig nach einer Rechenregel für dreifache Kreuzprodukte weg. Damit ist unsere Behauptung bewiesen: Der magnetische Fluß durch eine auf das Plasma aufgezeichnete geschlossene Kurve wird durch die Bewegung des Plasmas nicht verändert. Die Bedingungen, die für dieses Ergebnis erfüllt sein müssen, sind die gleichen wie im vorigen Abschnitt – vernachlässigbarer Widerstand und dominante $\boldsymbol{E} \times \boldsymbol{B}$-Drift.

8.6 Die Energieerhaltung

Mit Hilfe der Bewegungsgleichung (8.10), der Gleichung (8.30) für die konvektiven Anteile von $\boldsymbol{B}$ in einem unendlich leitfähigen Plasma und der Maxwell-Gleichungen können wir die Energieerhaltungsgleichung für ein unendlich leitfähiges Plasma, für das eine adiabatische Zustandsgleichung gilt, herleiten. Wir wollen zeigen, daß

$$\frac{\mathrm{d}W}{\mathrm{d}t} = 0 \tag{8.39}$$

für die Gesamtenergie

$$W = \int \left(\frac{\rho|\boldsymbol{u}|^2}{2} + \frac{p}{\gamma - 1} + \frac{\epsilon_0|\boldsymbol{E}|^2}{2} + \frac{|\boldsymbol{B}|^2}{2\mu_0} \right) \mathrm{d}^3x \tag{8.40}$$

gilt. Dazu bilden wir zuerst das Skalarprodukt von (8.10) mit $\boldsymbol{u}$ und integrieren über den gesamten Raum. Den Beitrag der Terme auf der linken Seite von (8.10) kann man verhältnismäßig leicht berechnen. Es gilt

$$\begin{aligned}\int \rho\boldsymbol{u}\cdot\left(\frac{\partial \boldsymbol{u}}{\partial t}+\boldsymbol{u}\cdot\nabla\boldsymbol{u}\right)\mathrm{d}^3x &= \frac{1}{2}\int\left(\rho\frac{\partial|\boldsymbol{u}|^2}{\partial t}+\rho\boldsymbol{u}\cdot\nabla|\boldsymbol{u}|^2\right)\mathrm{d}^3x\\ &= \frac{1}{2}\int\left(\rho\frac{\partial|\boldsymbol{u}|^2}{\partial t}+|\boldsymbol{u}|^2\nabla\cdot(\rho\boldsymbol{u})\right)\mathrm{d}^3x\\ &= \frac{1}{2}\int\left(\rho\frac{\partial|\boldsymbol{u}|^2}{\partial t}+|\boldsymbol{u}|^2\frac{\partial\rho}{\partial t}\right)\mathrm{d}^3x=\frac{\partial}{\partial t}\int\frac{\rho|\boldsymbol{u}|^2}{2}\mathrm{d}^3x\,.\end{aligned} \tag{8.41}$$

Hier haben wir beim Schritt von der ersten zur zweiten Zeile den Gaußchen Satz benutzt und angenommen, daß das Flächenintegral im Unendlichen verschwindet. Damit haben wir den ersten Term von W, die Energie der kollektiven Bewegung berechnet.

Die Behandlung des dritten Terms auf der rechten Seite von (8.10) ist schon etwas schwieriger. Zunächst bringen wir die adiabatische Zustandsgleichung in eine andere Form

$$0=\frac{\mathrm{d}}{\mathrm{d}t}\left(\frac{p}{\rho^\gamma}\right)=\frac{1}{\rho^{\gamma-1}}\frac{\mathrm{d}}{\mathrm{d}t}\left(\frac{p}{\rho}\right)-\frac{(\gamma-1)p}{\rho^{\gamma+1}}\frac{\mathrm{d}\rho}{\mathrm{d}t}=\frac{1}{\rho^{\gamma-1}}\frac{\mathrm{d}}{\mathrm{d}t}\left(\frac{p}{\rho}\right)-\frac{(\gamma-1)p}{\rho^\gamma}\nabla\cdot\boldsymbol{u}\,. \tag{8.42}$$

Mit Hilfe des Gaußchen Satzes, der Annahme, daß ein Oberflächenintegral im Unendlichen verschwindet, weil dort entweder $\boldsymbol{u}$ oder p verschwinden und der oben hergeleiteten Beziehung für $\nabla\cdot\boldsymbol{u}$ können wir den Term mit dem Druckgradienten umformen:

$$\begin{aligned}\int\boldsymbol{u}\cdot\nabla p\mathrm{d}^3x &= \int p\nabla\cdot\boldsymbol{u}\mathrm{d}^3x\\ &= \frac{1}{\gamma-1}\int\rho\frac{\mathrm{d}}{\mathrm{d}t}\left(\frac{p}{\rho}\right)\mathrm{d}^3x\\ &= \frac{1}{\gamma-1}\int\left[\rho\frac{\partial}{\partial t}\left(\frac{p}{\rho}\right)+\rho\boldsymbol{u}\nabla\left(\frac{p}{\rho}\right)\right]\mathrm{d}^3x\\ &= \frac{1}{\gamma-1}\int\left[\rho\frac{\partial}{\partial t}\left(\frac{p}{\rho}\right)+\frac{p}{\rho}\nabla(\rho\boldsymbol{u})\right]\mathrm{d}^3x\\ &= \frac{1}{\gamma-1}\int\left[\rho\frac{\partial}{\partial t}\left(\frac{p}{\rho}\right)+\frac{p}{\rho}\frac{\partial\rho}{\partial t}\right]\mathrm{d}^3x=\frac{\partial}{\partial t}\int\frac{1}{\gamma-1}\mathrm{d}^3x\,.\end{aligned} \tag{8.43}$$

Damit haben wir die wesentlichen Schritte in der Herleitung des zweiten Terms von W, der Energie der thermischen Bewegung angegeben.

Aufgabe 8.2 Führen Sie die Herleitung der beiden fehlenden Terme in W zu Ende. Sie können davon ausgehen, daß das Plasma ein isoliertes System ist und deshalb keine elektromagnetische Energie durch die Grenze des Systems fließt. (Hinweis: Bei der Berechnung des magnetischen Kraftterms in der Bewegungsgleichung ist die Identität $(\nabla\times\boldsymbol{B})\times\boldsymbol{B}=(\boldsymbol{B}\cdot\nabla)\boldsymbol{B}-\nabla(B^2/2)$ nützlich.) Obwohl die Herleitung dieses Teils der Energieerhaltungsgleichung einige längere Rechnungen erfordert, die mehrere Seiten füllen, lohnt sie sich, denn das Ergebnis ist erhellend. Man sieht insbesondere, daß die Gesamtenergie aus der kinetischen Energie der gerichteten Bewegung, der kinetischen Energie der thermischen Bewegung und den normalen Energiedichten von elektrischem und magnetischem Feld $\epsilon_0|\boldsymbol{E}|^2/2$ bzw. $|\boldsymbol{B}|^2/2\mu_0$ zusammengesetzt ist.

8.7 Die magnetische Reynoldszahl

Das Einfrieren der magnetischen Feldlinien ist ein Effekt, der im Grenzfall unbegrenzter Leitfähigkeit auftritt. Die Frage, wie gut die Leitfähigkeit sein muß, damit diese Näherung gerechtfertigt ist, soll im folgenden untersucht werden.

Wenn wir einen elektrischen Widerstand zulassen, erhalten wir für die Ableitung des Magnetfeldes

$$\frac{\partial \boldsymbol{B}}{\partial t} = -\nabla \times \boldsymbol{E} = \nabla \times (\boldsymbol{u} \times \boldsymbol{B}) - \nabla \times (\eta \boldsymbol{j}) = \nabla \times (\boldsymbol{u} \times \boldsymbol{B}) + \frac{\eta}{\mu_0} \nabla^2 \boldsymbol{B} . \tag{8.44}$$

Dabei haben wir das Ampèresche Gesetz benutzt, angenommen, daß η konstant ist sowie die Identität

$$\nabla \times \nabla \times \boldsymbol{B} = \nabla(\nabla \cdot \boldsymbol{B}) - \nabla^2 B \tag{8.45}$$

(s. Anhang D, in der Indexnotation ist $\nabla^2 B = \partial^2 B_i / \partial x_j \partial x_j$) eingesetzt. Der erste Term auf der rechten Seite von (8.44) beschreibt die Konvektion des Feldes mit dem Plasma (und seine Verstärkung oder Abschwächung durch die Bewegung quer zum Feld), der zweite (Widerstands-) Term beschreibt die Diffusion des Feldes durch das Plasma.

Für eine beliebige magnetohydrodynamische Bewegung mit charakteristischer Länge L und Plasmageschwindigkeit u ist das Verhältnis des Konvektionsterms zum Diffusions-Widerstandsterm eine dimensionslose Größe.

$$R_M = \frac{\mu_0 u L}{\eta} \tag{8.46}$$

R_M wird als magnetische Reynolds-Zahl (oder auch nach ihrem Entdecker als Lundquist-Zahl) bezeichnet. Wenn die magnetische Reynolds-Zahl groß ist, ist die Näherung unendlicher Leitfähigkeit gerechtfertigt. Die Reynolds-Zahl hängt offensichtlich von der Geschwindigkeit des Plasmas und damit von der jeweiligen Plasmadynamik ab. Die charakteristischen Geschwindigkeiten voll entwickelter magnetohydrodynamischer Strömungen sind sehr groß und die magnetische Reynolds-Zahl kann in Plasmen mit geringem Widerstand Werte von über 10^8 erreichen.

Aufgabe 8.3 Betrachten Sie mit der solaren Korona, in der das Magnetfeld etwa 10^{-8} T beträgt und einem Plasma aus einem Fusionsexperiment, mit einem Feld von 5 T zwei Plasmen, die wir im ersten Kapitel erwähnt haben. Schätzen Sie die jeweiligen Reynolds-Zahlen. Die charakteristischen Längen betragen 10^8 m bzw. 1 m. In beiden Fällen können Sie annehmen, daß der Widerstand mit $2 \cdot 10^{-8}$ Ωm etwa so groß ist wie der von Kupfer. Ferner brauchen Sie Schätzwerte der magnetohydrodynamischen Geschwindigkeiten. Diese Werte können Sie erhalten, indem Sie die Trägheitsterme in der Bewegungsgleichung mit dem Druckgradienten ∇p oder der Lorentz-Kraft $\boldsymbol{j} \times \boldsymbol{B}$ gleichsetzen. Im ersten Fall ist die Geschwindigkeit der magnetohydrodynamischen Strömung etwa die Schallgeschwindigkeit $v_{t,i}$. Im zweiten Fall – den Sie hier betrachten sollen – sollten Sie zunächst die Lorentz-Kraft durch den Gradienten des magnetischen Drucks $\nabla(B^2/2\mu_0)$ ausdrücken. Sie erhalten dann eine Strömungsgeschwindigkeit der Größenordnung $B/(\mu_0 \rho)^{1/2}$. Diese Geschwindigkeit wird als „Alfvén-Geschwindigkeit" bezeichnet. (Wenn Plasmadruck und magnetischer Druck übereinstimmen, stimmen auch die Schallgeschwindigkeit und die Alfvén-Geschwindigkeit überein.) Benutzen Sie die Alfvén-Geschwindigkeit zur Berechnung der Reynolds-Zahlen.

---

9 Das magnetohydrodynamische Gleichgewicht

In den Kapiteln 2–4 haben wir die Bahnen einzelner geladener Teilchen in unterschiedlichen elektromagnetischen Feldern untersucht. Wir haben insbesondere gesehen, daß die Teilchen in starken statischen Magnetfeldern in engen Spiralen um die Feldlinien gyrieren. Wenn das Magnetfeld nicht überall die gleiche Stärke hat oder gekrümmt ist – und das ist natürlich in jeder realen Konfiguration der Fall – können die Teilchen auch quer zu den Feldlinien des Magnetfeldes driften. Bei unserer Behandlung der Teilchenbahnen haben wir das Magnetfeld als externes Feld aufgefaßt, das durch die Teilchen des Plasmas nicht beeinflußt wurde.

Wenn jedoch ein Plasma aus vielen Teilchen besteht, können die Ströme, die längs der Feldlinien oder wie der diamagnetische Strom aufgrund der Druckdifferenzen im Plasma senkrecht dazu fließen, groß genug werden, um das externe Magnetfeld zu beeinflussen. Das Gleichgewicht des Plasmas muß also *selbstkonsistent* sein, denn die Anwesenheit des Plasmas ändert die Konfiguration des Magnetfeldes.

Die Strömungsgleichungen, die wir in den letzten drei Kapiteln hergeleitet haben, sind zur Behandlung dieses Problems gut geeignet. Noch in der einfachsten „idealen magnetohydrodynamischen“ Näherung enthalten sie die Größen, die man betrachten muß, um ein Kräftegleichgewicht im Plasma, das mit der Feldkonfiguration konsistent ist, zu bestimmen.

9.1 Die magnetohydrodynamischen Gleichgewichtsbedingungen

Für eine stationäre Lösung der magnetohydrodynamischen Gleichungen mit $\boldsymbol{u} = 0$ und isotropem Druck gelten die folgenden drei Bedingungen an das Plasma und das Magnetfeld.

$$\nabla p = \boldsymbol{j} \times \boldsymbol{B} \qquad \nabla \cdot \boldsymbol{B} = 0 \qquad \nabla \times \boldsymbol{B} = \mu_0 \boldsymbol{j} \tag{9.1}$$

Die quasi neutrale Näherung der Ladungserhaltungsgleichung $\nabla \cdot \boldsymbol{j} = 0$ ist gleichbedeutend mit der dritten Gleichung. Das Ohmsche Gesetz liefert uns keine zusätzliche Information, da in diesem statischen Gleichgewicht sowohl $\boldsymbol{u}$ als auch $\boldsymbol{E}$ verschwinden und der Widerstand vernachlässigt wird.

Die erste Gleichung bedeutet, daß der Druckgradient des Plasmas und die Lorentz-Kraft miteinander im Gleichgewicht stehen. Wir denken beispielsweise an ein zylindrisches Plasma, dessen maximaler Druck auf der Zylinderachse auftritt. Der Vektor ∇p zeigt dann nach innen. Wenn das Magnetfeld parallel zur Achse des Zylinders, d.h. in z-Richtung, verläuft, muß im Strömungsbild die nach außen gerichtete Druckkraft durch die Lorentz-Kraft, die durch den azimutalen Strom in negativer θ-Richtung entsteht aufgehoben werden. Siehe Bild 9.1.

Vom Standpunkt eines differentiellen Volumenelementes aus gesehen, entsteht der mit ∇p verbundene Impulsstrom dadurch, daß mehr radialer Impuls auf der Seite mit kleinerem r in das Volumen hineinfließt, als auf der Seite mit größerem r herausfließt. $\langle v_r v_r \rangle|_r > \langle v_r v_r \rangle|_{r+dr}$. Andererseits entsteht durch den Druckgradienten ein diamagnetischer Strom und dadurch eine $\boldsymbol{j} \times \boldsymbol{B}$-Kraft, die das Kräftegleichgewicht herstellt. In diesem speziellen Beispiel spielt das Gleichgewicht der Strömungskräfte keine Rolle. Die Bahnen schlingen sich um $\boldsymbol{B}$, und wenn man den Druck als Skalar betrachten kann, gibt es keinen Strom, der durch den Gradienten

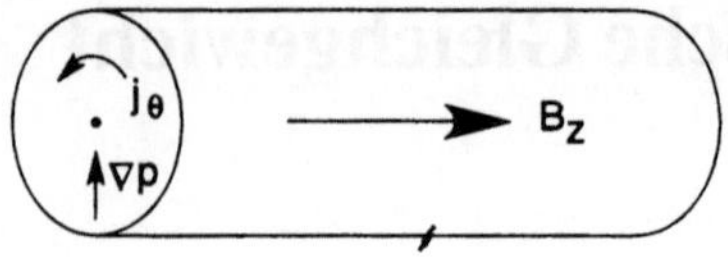

Bild 9.1
Das Gleichgewicht in einem zylindrischen Plasma. Die nach innen gerichtete $\boldsymbol{j} \times \boldsymbol{B}$-Kraft aus der azimutalen Strömung des Plasmas steht im Gleichgewicht mit der nach außen gerichteten Kraft des Druckgradienten. Beachten Sie, daß der azimutale Strom in negativer θ-Richtung fließt.

oder die Krümmung des Magnetfeldes hervorgerufen wird. Nichtsdestotrotz entsteht ein meßbarer diamagnetischer Strom durch die Überlagerung der Bahnen. In einem selbstkonsistenten Teilchenbild des Plasmas beeinflußt er das Magnetfeld.

Im allgemeinen kann man die Strömung des Plasmas im Gleichgewicht bestimmen, indem man das Kreuzprodukt des Kräftegleichgewichts mit $\boldsymbol{B}$ betrachtet und das dreifache Kreuzprodukt entwickelt. Damit bestimmt man die Komponente der Stromdichte quer zum Magnetfeld, also

$$\boldsymbol{j}_\perp = \frac{\boldsymbol{B} \times \nabla p}{B^2} \,. \tag{9.2}$$

Diesem Strom sind wir bereits im siebten Kapitel begegnet. Wir haben ihn dort als diamagnetischen Strom bezeichnet.

Die Komponente $j_\parallel$ der Stromdichte parallel zum Magnetfeld kann man nicht aus dem Kräftegleichgewicht berechnen. Im allgemeinen ist $\boldsymbol{j}_\perp$ nicht divergenzfrei und wegen

$$\nabla \cdot \boldsymbol{j} = 0 \tag{9.3}$$

kann $j_\parallel$ dann nicht verschwinden. Wenn wir $\boldsymbol{j}$ als

$$\boldsymbol{j} = \boldsymbol{j}_\perp + j_\parallel \hat{\boldsymbol{b}} \tag{9.4}$$

schreiben und $\nabla \cdot \boldsymbol{B} = 0$ benutzen, folgt

$$\boldsymbol{B} \cdot \nabla \left(\frac{j_\parallel}{B} \right) + \nabla \cdot \boldsymbol{j}_\perp = 0 \,. \tag{9.5}$$

Aus dieser Gleichung kann man – zumindest im Prinzip – $j_\parallel$ bis auf einen Anteil, der proportional zu B ist, bestimmen. Häufig stellt sich aber heraus, daß $\boldsymbol{j}_\perp$ divergenzfrei ist und daß $j_\parallel$ deshalb verschwinden kann. Dies gilt beispielsweise für das in Bild 9.1 abgebildete Gleichgewicht.

9.2 Der magnetische Druck und β

Wenn wir die Stromdichte $\boldsymbol{j}$ in der Druckgleichung mit Hilfe der Ampèreschen Gleichung ausdrücken, erhalten wir

$$\nabla p = (\nabla \times \boldsymbol{B}) \times \frac{\boldsymbol{B}}{\mu_0} = \frac{(\boldsymbol{B} \cdot \nabla)\boldsymbol{B} - \frac{1}{2}\nabla B^2}{\mu_0} \,. \tag{9.6}$$

Mit der Identität für $(\nabla \times \boldsymbol{A}) \times \boldsymbol{B}$ aus Anhang D können wir diese Gleichung zu

$$\nabla (p + \frac{1}{2\mu_0} B^2) = (\boldsymbol{B} \cdot \nabla) \frac{\boldsymbol{B}}{\mu_0} \tag{9.7}$$

umformen. (9.7) wird auch als Druckgleichgewichts-Bedingung bezeichnet. An den Termen auf der linken Seite sieht man, daß dabei dem Magnetfeld der magnetische Druck $B^2/2\mu_0$ zugeordnet wird. Die Terme auf der rechten Seite von (9.7) entstehen durch die Krümmung und die parallele Kompression des Feldes, die senkrechte bzw. parallele Kräfte hervorrufen. Um das deutlich zu machen, betrachten wir

$$(\boldsymbol{B}\cdot\nabla)\boldsymbol{B} = B(\hat{\boldsymbol{b}}\cdot\nabla)(B\hat{\boldsymbol{b}}) = B^2(\hat{\boldsymbol{b}}\cdot\nabla)\hat{\boldsymbol{b}} + \frac{1}{2}\hat{\boldsymbol{b}}(\hat{\boldsymbol{b}}\cdot\nabla)B^2\,.$$

Der erste Term der zweiten Zeile steht senkrecht auf $\boldsymbol{B}$ (denn $\hat{\boldsymbol{b}}\cdot(\hat{\boldsymbol{b}}\cdot\nabla)\hat{\boldsymbol{b}} = (\hat{\boldsymbol{b}}\cdot\nabla)|\hat{\boldsymbol{b}}|^2/2 = 0$) und beschreibt „krümmende" Kräfte. Der zweite Term ist parallel zum Magnetfeld und beschreibt eine Kraft, die durch die parallele Kompression der Feldlinien entsteht.

Es gibt interessante Konstellationen, in denen die Feldlinien als parallel und geradlinig betrachtet werden können. In diesen Fällen verschwindet der Term auf der rechten Seite von (9.7) und die Druckgleichgewichts-Bedingung lautet

$$p + \frac{B^2}{2\mu_0} = const. \tag{9.8}$$

Die Summe aus Plasmadruck und magnetischem Druck ist also konstant. Ein Beispiel dafür ist das zylindrische Plasma aus Bild 9.1, dessen Magnetfeld parallel zur z-Achse ist. An der Druckbedingung können wir ablesen, daß das Magnetfeld in der Mitte des Plasmas, wo der Druck am höchsten ist abgeschwächt wird. Dies ist ein Beispiel für den Diamagnetismus eines Plasmas.

Das Verhältnis von Plasmadruck zu magnetischem Druck – normalerweise außerhalb des Plasmas gemessen – wird mit β bezeichnet d.h.

$$\beta = \frac{2\mu_0 p}{B^2}\,. \tag{9.9}$$

Die Größe β ist ein Maß dafür, wie sehr das Magnetfeld dazu beiträgt, ein inhomogenes Plasma im Gleichgewicht zu halten. In einem Plasma mit kleinem β ist das Kräftegleichgewicht im wesentlichen ein Gleichgewicht zwischen den verschiedenen magnetischen Kräften. Für $\beta \approx 1$ halten sich die magnetischen und die Druckkräfte die Waage und für $\beta \gg 1$ spielt das Magnetfeld für die Dynamik des Plasmas nur eine geringe Rolle. In astrophysikalischen Plasmen kann β in der Nähe von 1 oder sogar darüber liegen. In Laborplasmen erreicht β meist nur einige Prozent. Es ist aber mit Hilfe spezieller Anordnungen möglich, Plasmen zu erzeugen, in denen β Werte in der Nähe von 1 hat.

9.3 Der zylindrische Pinch

Eine weitere interessante Anordnung ist der zylindrische Pinch, in dem das Magnetfeld azimutal (d.h es gibt nur eine B_θ-Komponente) und die Plasmaströmung axial (nur j_z) ist. Diese Situation ist in Bild 9.2 dargestellt. Hier ist das Magnetfeld gekrümmt, und wir müssen in der Gleichgewichtsbedingung den Term auf der rechten Seite von (9.7) berücksichtigen, der die Spannung der Feldlinien beschreibt die das Plasma „festhalten" wollen. Wenn wir uns daran erinnern, daß die θ-Ableitung des azimutalen Einheitsvektors $\hat{\boldsymbol{\theta}}$ der nach innen gerichtete radiale Einheitsvektor $-\hat{\boldsymbol{r}}$ ist, erhalten wir

$$\frac{\partial}{\partial r}\left(p + \frac{B_\theta^2}{2\mu_0}\right) = -\frac{B_\theta^2}{2\mu_0 r}\,. \tag{9.10}$$

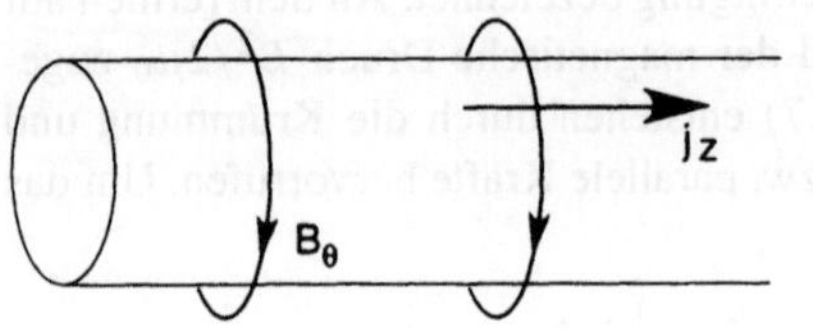

Bild 9.2
Ein zylindrischer Pinch, bei dem das azimutale Magnetfeld durch einen axialen Plasmastrom j_z erzeugt wird

Mit einer Integration folgt

$$p(r) = p_0 - \frac{B_\theta^2(r)}{2\mu_0} - \frac{1}{\mu_0}\int_0^r \frac{B_\theta^2}{r'}\mathrm{d}r' . \tag{9.11}$$

p_0 ist der Druck bei $r = 0$ (der höchste auftretende Druck).

Es gibt beliebig viele Gleichgewichtszustände dieser Art. Als Beispiel betrachten wir ein Plasma, das einen homogenen Strom führt und von Vakuum umgeben ist.

$$\begin{aligned} j_z(r) &= j_{z0} \qquad r < a \\ j_z(r) &= 0 \qquad r > a \end{aligned} \tag{9.12}$$

Der gesamte Strom ist $I = \pi a^2 j_{z0}$. Da die Stromdichte innerhalb des Plasmas konstant ist, ist die Feldstärke B_θ nach dem Ampèreschen Gesetz proportional zu r. Es gilt also $B_\theta = B_{\theta a} r/a$. Wenn wir das Integral in (9.11) ausführen, erhalten wir den gleichen Beitrag wie durch den zweiten Term auf der rechten Seite von (9.11). Für $r < a$ ist der Druck also

$$p(r) = p_0 - \frac{B_{\theta a}^2 r^2}{\mu_0 a^2} . \tag{9.13}$$

Dabei ist $B_{\theta a}$ das azimutale Feld am Rande des Plasmas und es gilt $B_{\theta a} = \mu_0 I/2\pi a$. Der Druck verläuft also parabelförmig. Da der Druck an der Grenze des Plasmas verschwinden muß ($p(a) = 0$), gilt

$$p_0 = \frac{B_{\theta a}^2}{\mu_0} = \frac{\mu_0 I^2}{4\pi^2 a^2} . \tag{9.14}$$

Diese Beziehung, die ein durch das eigene Magnetfeld zusammengehaltenes Plasma beschreibt, wird auch als Pinch-Bedingung bezeichnet.

In diesem Gleichgewicht wird der Strom vollständig von der diamagnetische Strömung im Plasma verursacht und das Magnetfeld vollständig durch den Strom erzeugt. Der Druckgradient und die einzige Feldkomponente B_θ sind proportional zu r. Das ist konsistent mit einem konstanten diamagnetischen Strom j_z. Ein Pinch kann dadurch erzeugt werden, daß man eine sehr hohe Spannung an ein Paar von Elektroden anlegt und dadurch einen Plasmastrom j_z induziert. In Kapitel 19 werden wir aber sehen, daß solche Plasmen sehr instabil sind.

Aufgabe 9.1 Ein Plasma mit konstantem Druck füllt den ganzen Raum bis auf eine zylindrische Aussparung mit dem Radius a. Auf der Achse dieses Vakuums liegt ein Leiter, in dem der Strom I fließt und dadurch das „Loch" hervorruft. Wie in Bild 9.3 dargestellt, verursacht der Leiter ein azimutales Feld B_θ. Zeigen Sie, daß dadurch ein Loch mit maximalem Durchmesser $a^2 = \mu_0 I^2/8\pi^2 p$ erzeugt werden kann. Gibt es im Plasma einen Strom in z-Richtung? Wie groß ist der Betrag dieses Stromes und wo fließt er?

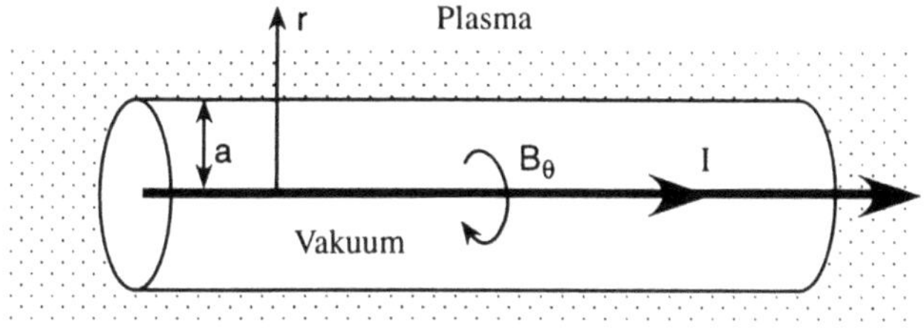

Bild 9.3
Eine Gleichgewichtssituation, in der ein Plasma den ganzen Raum bis auf ein, durch einen Strom erzeugtes Vakuum ausfüllt (s. Aufgabe 9.1)

9.4 Kräftefreie Gleichgewichte: Der zylindrische Tokamak

Wir interessieren uns für Gleichgewichte bei geringem Druck, weil diese die Magnetfelder zu Plasmen mit kleinem β liefern. Wenn der Druckgradient vernachlässigbar ist, muß die Lorentz-Kraft verschwinden

$$0 = \boldsymbol{j} \times \boldsymbol{B} \,. \tag{9.15}$$

Solche Gleichgewichte bezeichnen wir als kräftefrei.

Zu nicht trivialen kräftefreien Gleichgewichten kann es kommen, wenn das Magnetfeld sowohl eine azimutale (B_θ) als auch eine axiale (B_z) Komponente hat. In diesem Fall lautet die Druckbedingung

$$\frac{\partial}{\partial r}\left(\frac{B_\theta^2}{2} + \frac{B_z^2}{2}\right) = -\frac{B_\theta^2}{r} \,. \tag{9.16}$$

Auch diese Gleichung hat unendlich viele Lösungen. Eine dieser Lösungen für einen stromführenden Plasmazylinder mit Radius a ist in Bild 9.4 dargestellt.

In unserem Beispiel gehen wir wieder davon aus, daß die Stromdichte j_z homogen im Plasma verteilt ist, daß also $B_\theta(r) = B_{\theta a} r/a$ gilt. Wir können dann (9.16) integrieren und erhalten

$$B_z(r)^2 = B_{z0}^2 - B_\theta(r)^2 - 2\int \frac{B_\theta^2}{r} \mathrm{d}r = B_{z0}^2 - 2B_\theta(r)^2 \tag{9.17}$$

Dabei ist B_{z0} das axiale Feld auf der Achse des Plasmazylinders. Gleichung (9.17) gilt für $r < a$. Außerhalb des Plasmas, d.h. für $r > a$ gibt es keinen Strom j_z. Das azimutale Feld nimmt dort wie r^{-1} ab. Aus (9.16) folgt, daß B_z in diesem Bereich konstant ist. Die radialen Verläufe von B_z und B_θ sind in Bild 9.4 dargestellt.

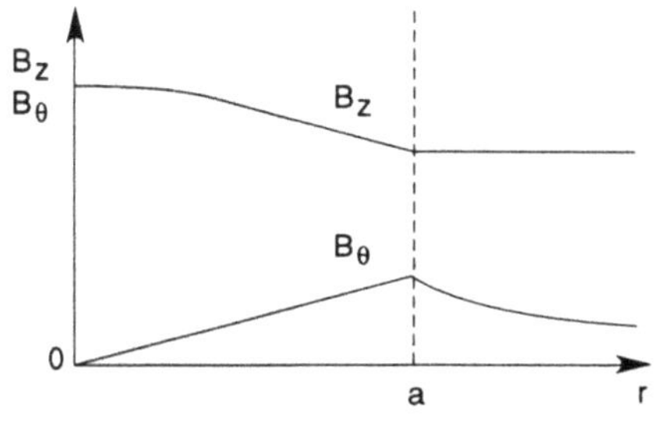

Bild 9.4
Ein zylindrisches kräftefreies Gleichgewicht. Die Grenze des Plasmas liegt bei $r = a$, außerhalb fließen keine Ströme. Deshalb gilt $B_z = const.$, $B_\theta \sim r^{-1}$.

Dies ist eine zylindrische Näherung der Tokamak-Anordnung für sehr geringe Werte von β (dabei stellen wir uns vor, daß der Torus des Tokamak zu einem unendlich langen Zylinder auseinandergezogen wurde). Das starke Feld B_z wird von externen Spulen erzeugt, das schwächere Feld B_θ entsteht durch die Strömung des Plasmas. Für kleine β ist der Tokamak paramagnetisch, d.h. B_z ist in der Mitte des Plasmas stärker als am Rand. Wenn man einen geringen Plasmadruck (groß genug, daß $p > B_\theta^2/2\mu_0$) einführt, erhält man das übliche diamagnetische Verhalten, d.h. B_z ist in der Mitte des Plasmas schwächer als am Rand.

Aufgabe 9.2 Betrachten Sie das Tokamak-Gleichgewicht mit einem geringen Druck, der zum Rand des Plasmas auf Null abfällt. Zeigen Sie in Verallgemeinerung von (9.17), daß für beliebige Stromverteilungen im Plasma

$$p(r) + \frac{B_z(r)^2}{2\mu_0} = p_0 + \frac{B_{z0}^2}{2\mu_0} - \frac{B_\theta(r)^2}{2\mu_0} - \frac{1}{\mu_0}\int \frac{B_\theta^2}{r}\mathrm{d}r$$

gilt. p_0 ist der Druck in der Mitte des Plasmas. Zeigen Sie, daß das Plasma bei einer homogenen Stromverteilung ($B_\theta(r) = B_{\theta a}(r)/a$) diamagnetisch ist, d.h. $B_z(a) > B_{z0}$, falls $p_0 > B_\theta(a)^2/\mu_0$. Hängt dieses Ergebnis von der Strom- und Druckverteilung im Plasma ab?

9.5 Anisotroper Druck: Gleichgewichte in Spiegelfallen*

Wir betrachten die Komponente des Kräftegleichgewichts in Richtung von $\hat{\boldsymbol{b}}$

$$\hat{\boldsymbol{b}} \cdot \nabla p = \hat{\boldsymbol{b}} \cdot (\boldsymbol{j} \times \boldsymbol{B}) = 0\,. \tag{9.18}$$

Wenn wir die Feldlinien mit l parametrisieren, folgt daraus

$$\frac{\partial p}{\partial l} = 0\,. \tag{9.19}$$

Diese Gleichung zeigt uns, daß der Druck in jeder Gleichgewichtssituation längs der Feldlinien konstant sein muß. Das bedeutet, daß ein Magnetfeld mit offenen Feldlinien (damit meinen wir Feldlinien, die das Plasma verlassen) wie beispielsweise der magnetische Spiegel aus Kapitel 3 und Bild 9.5 nicht geeignet ist, um ein Plasma mit isotropem Druck einzuschließen. Wir wissen aber, daß Felder dieser Form in der Lage sind, einzelne Ionen und Elektronen einzuschließen.

Diese scheinbar paradoxe Situation kann man verstehen, wenn man bedenkt, daß der Plasmadruck in diesem Fall anisotrop sein muß. Obwohl wir den Druck in unserem magnetohydrodynamischen Modell bislang als Skalar behandelt haben, hatten wir schon in Kapitel 6 festgestellt, daß der Druck $p_\parallel$ parallel zum Magnetfeld einen anderen Wert haben kann als der Druck $p_\perp$ senkrecht zum Magnetfeld. Wenn das Feld in z-Richtung verläuft, wird der Druck zu einem Tensor in Diagonalgestalt. Die Diagonalelemente sind $p_\perp$, $p_\perp$ und $p_\parallel$, Diesen Tensor können wir auch als

$$P = p_\perp I + (p_\parallel - p_\perp)\hat{\boldsymbol{b}}\hat{\boldsymbol{b}} \tag{9.20}$$

durch den Einheitsvektor $\hat{\boldsymbol{b}}$ in Richtung von $\boldsymbol{B}$ und den Einheitstensor I ausdrücken. (Der Einheitstensor ist der Tensor, der, wenn man ihn als Matrix schreibt, Einsen auf der Diagonalen und sonst nur Nullen als Einträge hat.) Die Kraftgleichgewichts-Bedingung $\hat{\boldsymbol{b}}(\nabla \cdot P) = 0$ kann man am besten in der Indexnotation auswerten.

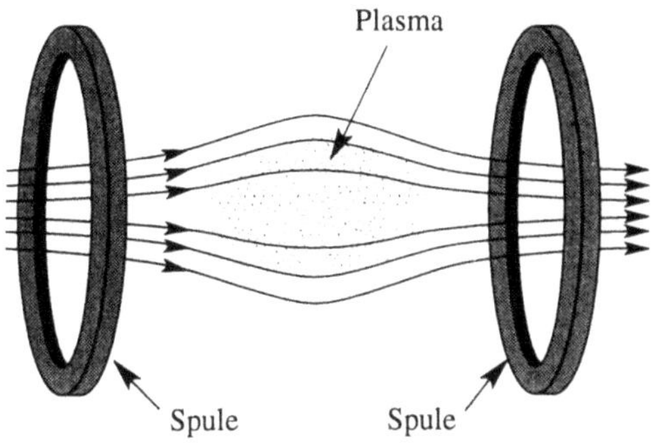

Bild 9.5
Ein Plasmagleichgewicht in einem magnetischen Spiegel

$$
\begin{aligned}
0 &= \hat{b}_i \frac{\partial}{\partial x_j}\left[p_\perp \delta_{ij} + (p_\parallel - p_\perp)\hat{b}_i\hat{b}_j\right] \\
&= \hat{b}_j \frac{\partial p_\perp}{\partial x_j} + \hat{b}_i B_j \frac{\partial}{\partial x_j}\left(\frac{(p_\parallel - p_\perp)\hat{b}_i}{B}\right) \\
&= \hat{b}_j \frac{\partial p_\perp}{\partial x_j} + B_j \frac{\partial}{\partial x_j}\left(\frac{p_\parallel - p_\perp}{B}\right) \\
&= \hat{b}_j \frac{\partial p_\perp}{\partial x_j} + \hat{b}_j \frac{\partial (p_\parallel - p_\perp)}{\partial x_j} - \frac{p_\parallel - p_\perp}{B}\hat{b}_j \frac{\partial B}{\partial x_j} \\
&= \hat{b}_j \frac{\partial p_\parallel}{\partial x_j} + \frac{p_\perp - p_\parallel}{B}\hat{b}_j \frac{\partial B}{\partial x_j} = \hat{\boldsymbol{b}} \cdot \nabla p_\parallel + \frac{p_\perp - p_\parallel}{B}\hat{\boldsymbol{b}} \cdot \nabla B
\end{aligned}
\tag{9.21}
$$

Um von der ersten zur zweiten Zeile zu kommen, haben wir $\nabla \cdot \boldsymbol{B} = \partial B_j / \partial x_j = 0$ benutzt. In den Schritt von der zweiten zur dritten Zeile geht $\hat{b}_i (\partial \hat{b}_i / \partial x_j) = \partial |\hat{\boldsymbol{b}}|^2 / \partial x_j = 0$ ein. Gleichung (9.21) kann man auch als

$$
\frac{\partial p}{\partial B} + \frac{p_\perp - p_\parallel}{B}\frac{\partial B}{\partial l} = 0 \tag{9.22}
$$

schreiben. l ist dabei wie oben ein Parameter für die Feldlinie.

Es gibt viele Lösungen von (9.22), die durch Spiegel eingeschlossenen Gleichgewichten entsprechen.[1] In diesen Lösungen gilt $p_\perp > p_\parallel$ und sowohl $p_\perp$ als auch $p_\parallel$ nehmen mit zunehmendem l ab, wenn man sich von der Mitte des eingeschlossenen Plasmas zu den Enden bewegt. (Die Feldstärke B nimmt dabei natürlich zu.) Also erreichen $p_\perp$ und $p_\parallel$ ihr Maximum jeweils in der Mitte des Plasmas. Eine besonders einfache Klasse von Lösungen von (9.22) erhält man mit dem Ansatz, daß sowohl $p_\perp$ als auch $p_\parallel$ nur vom Betrag der Feldstärke abhängen, d.h. $p_\perp \equiv p_\perp(B)$, $p_\parallel \equiv p_\parallel(B)$. Wegen $\partial p_\parallel / \partial l = \mathrm{d}p_\parallel / \mathrm{d}B \; \partial B / \partial l$ gilt in diesem Fall

$$
\frac{\mathrm{d}p_\parallel}{\mathrm{d}B} + \frac{p_\perp - p_\parallel}{B} = 0\,. \tag{9.23}
$$

Diese Klasse von Lösungen ist besonders interessant, weil man für sie auch eine einfache Lösung des senkrechten Kräftegleichgewichts bestimmen kann. Für ein anisotropes Plasma in einer Spiegelfalle lautet dieses

$$
\nabla \cdot P = \boldsymbol{j} \times \boldsymbol{B}\,. \tag{9.24}
$$

[1] Anm. d. Ü.: Solche Konfigurationen werden auch als magnetische Flaschen bezeichnet.

Wenn wir uns auf Plasmen mit kleinem β beschränken, in denen die Strömungen im Plasma das äußere Feld nur wenig verändern, ist die einzige Bedingung für ein MHD-Gleichgewicht, daß wir eine Lösung von (9.24) mit divergenzfreien Strömen finden. Obwohl die Quasineutralitäts-Bedingung $\nabla \boldsymbol{j} = 0$ auch mit Hilfe paralleler Ströme erfüllt werden kann, betrachten wir den wichtigen Spezialfall, daß die senkrechten Ströme divergenzfrei sind $\nabla \cdot \boldsymbol{j}_\perp = 0$. In unserem Gleichgewicht werden also keine parallelen Ströme benötigt. Diese Gleichgewichte findet man insbesondere bei Spiegel-Konstellationen, in denen das Plasma nicht aus den Enden des Spiegels herausströmen kann. Die Gleichgewichtsbedingung lautet dann

$$\begin{aligned}
0 = \nabla \cdot \boldsymbol{j}_\perp &= \nabla \cdot \left(\frac{1}{B} \hat{\boldsymbol{b}} \times \nabla \cdot \boldsymbol{P} \right) \\
&= \nabla \cdot \left(\frac{1}{B} \hat{\boldsymbol{b}} \times \nabla \cdot [p_\perp \boldsymbol{I} + (p_\parallel - p_\perp) \hat{\boldsymbol{b}}\hat{\boldsymbol{b}}] \right) \\
&= \nabla \cdot \left(\frac{1}{B} [\hat{\boldsymbol{b}} \times \nabla p_\perp + (p_\parallel - p_\perp) \hat{\boldsymbol{b}} \times (\hat{\boldsymbol{b}} \cdot \nabla) \hat{\boldsymbol{b}}] \right) \\
&= \nabla \cdot \left(\frac{1}{B} \left[\hat{\boldsymbol{b}} \times \nabla p_\perp + \frac{p_\parallel - p_\perp}{B} \hat{\boldsymbol{b}} \times \nabla B \right] \right) = 0 \,.
\end{aligned} \tag{9.25}$$

Hier haben wir im vorletzten Schritt eine Eigenschaft von Magnetfeldern im Vakuum ausgenutzt, die wir im dritten Kapitel, während unserer Behandlung der ∇B-Drift, hergeleitet hatten. Wir hatten dort gezeigt, daß

$$\hat{\boldsymbol{b}} \times (\hat{\boldsymbol{b}} \cdot \nabla) \hat{\boldsymbol{b}} = \frac{\hat{\boldsymbol{b}} \times \nabla B}{B} \,. \tag{9.26}$$

Im letzten Schritt von (9.25) haben wir uns auf den Spezialfall $p_\perp = p_\perp(B)$ und $p_\parallel = p_\parallel(B)$ festgelegt. In diesem Spezialfall sind alle Terme der vorletzten Zeile von der Form $\nabla \cdot [f(B)\boldsymbol{B} \times \nabla B]$, mit unterschiedlichen Funktionen f. Diese Terme verschwinden alle, weil das Skalarprodukt des Gradienten von $f(B)$ mit $\boldsymbol{B} \times \nabla B$ verschwindet und man die Divergenz von $\boldsymbol{B} \times \nabla B$ durch die Rotationen von $\boldsymbol{B}$ und ∇B ausdrücken kann, die ebenfalls beide verschwinden. Die Lösungen mit $p_\perp = p_\perp(B)$ und $p_\parallel = p_\parallel(p)$, die (9.23)erfüllen, beschreiben also Plasmen mit kleinem β, die sich in einer Spiegelfalle im Gleichgewicht befinden und für die $\nabla \cdot \boldsymbol{j}_\perp = 0$ gilt.

Diese Lösungen kann man allerdings nicht zur Konstruktion axial symmetrischer Fallen benutzen, da das Magnetfeld abnimmt, wenn man sich radial von der Mitte des Plasmas entfernt. Wenn man solche Lösungen einsetzen will, muß man Fallen bauen, die nicht axialsymmetrisch sind und in denen das Magnetfeld ausgehend von der Mitte in jede Richtung zunimmt.

9.6 Dissipation im Gleichgewicht

In diesem Kapitel haben wir Gleichgewichtssituationen behandelt, bei denen das Magnetfeld das Plasma durchdringt. Da jedoch ein unendlich leitfähiges Plasma ein Magnetfeld, das es noch nicht durchdringt, „abdrängt“, stellt sich die Frage, wie diese Felder in das Plasma eindringen können, falls sie bei der Bildung des Plasmas nicht vorhanden waren. Um diese Frage zu behandeln, müssen wir in den MHD-Gleichungen einen Widerstandsterm zulassen. Eine allgemeinere Frage, die sich in diesem Zusammenhang stellt, ist, wie das Plasma durch die Dissipation in ein thermodynamisches Gleichgewicht mit homogener Druckverteilung kommen kann. Auch dieser Vorgang beruht auf einem Widerstandsterm.

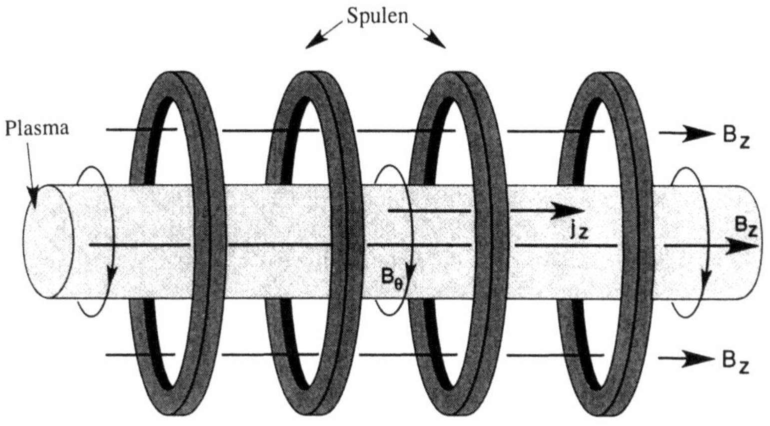

Bild 9.6 Das Tokamak-Gleichgewicht in zylindrischer Näherung. Das näherungsweise homogene Magnetfeld B_z wird hauptsächlich durch die Spulen erzeugt, das deutliche schwächere Feld B_θ wird durch die Ströme im Plasma erzeugt.

Wir wollen diese Fragen anhand der zylindrischen Näherung einer Tokamak-Anordnung, die wir schon behandelt haben und die in Bild 9.6 noch einmal dargestellt ist, untersuchen. Ein richtiger Tokamak ist ein Torus, bei dem eine starke Feldkomponente in Richtung des Torus und eine schwächere Komponente um den Torus herum gerichtet ist. Bei unserem „zylindrischen Tokamak" wird das stärkere Feld B_z (das dem torusförmigem Feld in einem Tokamak entspricht) wie bei einem Tokamak durch große Spulen erzeugt, die das Plasma umgeben. Es ist schon vorhanden, bevor sich das Plasma bildet. Das geschieht normalerweise, indem ein neutrales Gas in den Behälter eingeleitet und durch eine, von einer von außen angelegten Spannung erzeugten Kettenreaktion ionisiert wird. Wenn das Plasma dann leitfähig wird, ist der von B_z verursachte magnetische Fluß bereits vorhanden.

Das B_θ-Feld im Plasma entsteht jedoch durch Strömungen im Plasma. Da solche Strömungen erst entstehen können, wenn das Plasma relativ gut leitet, wird der magnetische Fluß dieses Feldes vom Plasma abgedrängt, wenn j_z größer wird. Wenn wir eine geschlossene Kurve in einer Ebene mit konstantem θ betrachten, wird deutlich, daß der B_θ-Fluß in ein unendlich leitfähiges Plasma niemals eindringen könnte. Wir werden in unseren Überlegungen davon ausgehen, daß das Plasma von einem starken torusförmigen Feld in seiner Position gehalten wird, während wir das Eindringen des B_θ-Feldes in das Plasma betrachten.

Da wir in unseren Gleichungen einen Widerstand zugelassen haben, kann der magnetische Fluß des B_θ-Feldes langsam in das Plasma hineindiffundieren.

Um uns davon zu überzeugen, gehen wir vom Ohmschen Gesetz mit einem Widerstandsterm aus.

$$\boldsymbol{E} + \boldsymbol{u} \times \boldsymbol{b} = \eta\, \boldsymbol{j} \tag{9.27}$$

Wenn wir der Einfachheit halber annehmen, daß η konstant ist, erhalten wir aus einer Kombination der Gesetze von Ampère und Faraday

$$\begin{aligned} \frac{\partial \boldsymbol{B}}{\partial t} &= \nabla \times (\boldsymbol{u} \times \boldsymbol{B}) - \nabla \times (\eta \boldsymbol{j}) \\ &= \nabla \times (\boldsymbol{u} \times \boldsymbol{B}) - \frac{\eta}{\mu_0} \nabla \times \nabla \times \boldsymbol{B} = \nabla \times (\boldsymbol{u} \times \boldsymbol{B}) - \frac{\eta}{\mu_0} \nabla^2 \boldsymbol{B}\,. \end{aligned} \tag{9.28}$$

Im letzten Schritt dieser Rechnung haben wir die Entwicklung von $\nabla \times \nabla \times \boldsymbol{B}$ und $\nabla \cdot \boldsymbol{B} = 0$ eingesetzt. Gleichung (9.28) beschreibt ein Magnetfeld, das sich sowohl durch Konvektion (der erste Term auf der rechten Seite), als auch durch Diffusion (der zweite Term auf der rechten Seite) ändert.

In unserem Beispiel eines zylindrischen Tokamak wird das Plasma durch den Druck eines sehr starken und fast homogenen B_z-Feldes wie in Bild 9.6 dargestellt, in der Nähe des Gleichgewichts gehalten. An der z-Komponente von (9.28) können wir mit Hilfe der Druckgleichung ablesen, wie lange sich dieses Gleichgewicht stabil verhält, d.h. wie schnell das Plasma aus dem einschließenden B_z-Feld herausfließen kann. Da das externe B_z-Feld auf einem konstanten Niveau gehalten wird, folgt aus der z-Komponente von (9.28)

$$0 = -\frac{1}{r}\frac{\partial}{\partial r}(r u_r B_z) + \frac{\eta}{\mu_0}\frac{1}{r}\frac{\partial}{\partial r}\left(r\frac{\partial B_z}{\partial r}\right) \tag{9.29}$$

bzw.

$$u_r = \frac{\eta}{\mu_0 B_z}\frac{\partial B_z}{\partial r} \approx -\frac{\eta}{B_z^2}\frac{\partial p}{\partial r}\,. \tag{9.30}$$

Die zweite Form haben wir mit Hilfe der Druckgleichung, die man für ein schwaches Feld B_θ als $p + B_z^2/2\mu_0 \approx const.$ schreiben kann erhalten. Der Ausdruck (9.30) für die Strömungsgeschwindigkeit des Plasmas beschreibt das langsame Auslaufen des Plasmas quer zum Magnetfeld, das durch den Widerstand verursacht wird; wir werden uns in Kapitel 12 eingehender damit beschäftigen. Für unsere jetzigen Zwecke reicht es zu wissen, daß das Plasma sich nur langsam mit der Geschwindigkeit $u_r \approx \eta p/B_z^2 L$ bewegt, wobei L die charakteristische Länge des Plasmas quer zu B_z ist. Diese Geschwindigkeit kann durch eine Erhöhung von B_z beliebig klein gemacht werden.

Um herauszufinden, wie das azimutale Feld B_θ in das Plasma eindringen kann, betrachten wir die θ-Komponente von (9.28). Mit den Ausdrücken für die Rotation und für ∇^2 in Zylinderkoordinaten erhalten wir

$$\frac{\partial B_\theta}{\partial t} = \frac{\partial}{\partial r}(u_r B_\theta) + \frac{\eta}{\mu_0}\frac{\partial}{\partial r}\left(\frac{1}{r}\frac{\partial (r B_\theta)}{\partial r}\right)\,. \tag{9.31}$$

Wenn u_r von derselben Größenordnung ist wie in (9.30), ist der erste Term auf der rechten Seite in einem Tokamak mit kleinem β so klein, daß er vernachlässigt werden kann (er ist um den Faktor $\beta \approx 2\mu_0 p/B_z^2$ kleiner als der zweite Term auf der rechten Seite). Damit erhalten wir

$$\frac{\partial B_\theta}{\partial t} \approx \frac{\eta}{\mu_0}\frac{\partial}{\partial r}\left(\frac{1}{r}\frac{\partial (r B_\theta)}{\partial r}\right)\,. \tag{9.32}$$

(Den Ausdruck für ∇^2, angewandt auf einen Vektor, den wir in (9.31) benötigt haben und der im Anhang E angegeben ist, kann man für unseren Fall eines rein azimutalen Feldes B_θ wie folgt herleiten: ∇^2 steht für die Hintereinanderausführung des Gradientenoperators

$$\nabla \equiv \hat{\boldsymbol{r}}\frac{\partial}{\partial r} + \hat{\boldsymbol{\theta}}\frac{\partial}{r\partial\theta} + \hat{\boldsymbol{z}}\frac{\partial}{\partial z}$$

und des Divergenzoperators

$$\nabla \cdot \equiv \left(\frac{1}{r}\frac{\partial}{\partial r} r\hat{\boldsymbol{r}} + \frac{1}{r}\frac{\partial}{\partial\theta} r\hat{\boldsymbol{\theta}}\frac{\partial}{\partial z} r\hat{\boldsymbol{z}}\right)\,.$$

Wenn man diese Operatoren auf $B_\theta\hat{\boldsymbol{\theta}}$ anwendet und sich dabei an $\partial\hat{\boldsymbol{r}}/\partial\theta = \hat{\boldsymbol{\theta}}$ und $\partial\hat{\boldsymbol{\theta}}/\partial\theta = -\hat{\boldsymbol{r}}$ erinnert, erhält man

$$\left[\frac{1}{r}\frac{\partial}{\partial r}\left(r\frac{\partial B_\theta}{\partial r}\right) - \frac{B_\theta}{r^2}\right]\hat{\boldsymbol{\theta}} = \left(\frac{\partial^2 B_\theta}{\partial r^2} + \frac{1}{r}\frac{\partial B_\theta}{\partial r} - \frac{B_\theta}{r^2}\right)\hat{\boldsymbol{\theta}} = \frac{\partial}{\partial r}\left(\frac{1}{r}\frac{\partial(rB_\theta)}{\partial r}\right)\hat{\boldsymbol{\theta}}$$

und das ist genau der Ausdruck aus (9.31).)

Daß unser Ergebnis von allgemeiner Bedeutung ist, kann man schon anhand der Form von (9.32) vermuten, die einer Diffusionsgleichung sehr ähnlich ist. Das azimutale Magnetfeld diffundiert in der charakteristischen Zeit $\tau \approx \mu_0 L^2/\eta$ (L ist hier der Radius) in das Plasma hinein. Das Plasma verhält sich fast wie ein fester Leiter mit Widerstand η. Obwohl die charakteristische Zeit für das Eindringen des azimutalen Feldes mit $\mu_0 L^2/\eta$ recht groß ist, ist sie im Vergleich zu der Zeit $L^2 B_z^2/p\eta$, in der das Plasma quer zu B_z ausläuft doch relativ klein (um einen Faktor β kleiner). (In der Praxis, insbesondere dann, wenn der Plasmaverlust anomal groß ist, ist es häufig nötig, Druck und Dichte des Plasmas durch Teilchen- und Wärmequellen aufrechtzuerhalten.)

Dieses Prinzip liegt einem Tokamak zugrunde, in dem ein Strom in einem torusförmigem Plasma fließt. Diese Konfiguration kann man näherungsweise durch ein zylindrisches Plasma wie in Bild 9.6 beschreiben; die z-Achse entspricht dabei der Richtung längs des Torus. Das Plasma wird von einem starken externen Magnetfeld B_z gehalten. Der axiale Strom j_z (und dadurch B_θ) wird durch Induktion erzeugt (das Plasma wirkt dabei wie die sekundäre Spule eines Transformators). Nach der ersten Ionisationskettenreaktion durch das induzierte elektrische Feld fließt der Strom im Plasma in Form eines „Skin-Stromes“ vollständig an der Oberfläche. Erst in der charakteristischen Zeit $\tau \approx \mu_0 a^2/\eta$ können sich der Strom und das Feld B_θ durch das Plasma ausbreiten (a ist der Radius des Plasmas). Um den Skin-Effekt zu vermeiden und eine schnellere Verteilung des Stroms in die Mitte des Plasmas zu erreichen, wird der Radius des Plasmas manchmal gleichzeitig mit der Steigerung des Stroms erhöht und der Strom so „Schicht für Schicht“ aufgebaut. Bei einem quasistationären Betrieb kann man weiterhin magnetischen Fluß auf die Oberfläche des Plasmas übertragen. Dieser Fluß diffundiert dann nach innen und gleicht den Fluß aus, der bei $r = 0$ verlorengeht, weil $E_z = \eta j_z$ dort nicht verschwindet. Um einen wirklich stationären Betrieb zu erreichen, muß man jedoch andere Methoden finden, um den Strom aufrecht zu erhalten, weil die erste Spule des „Transformators“ die hohe Spannung nicht beliebig lang aushalten kann.

Aufgabe 9.3 Wir betrachten ein zylindrisches Plasma mit Radius a in einem starken ($p \ll B_z^2/2\mu_0$) axialen Magnetfeld B_z. Das Plasma hat den endlichen Widerstand η. In dem Plasma wird ein Strom in z-Richtung induziert und bleibt danach mit I_z konstant. Anfänglich fließt der ganze Strom in einer dünnen Schicht an der Oberfläche des Plasmas bei $r = a$. Zeichnen Sie das radiale Profil von $j_z(r)$ und $B_\theta(r)$ im Plasma zu drei verschiedenen Zeiten: (i) kurz nach $t = 0$. (ii) nach einiger Zeit, etwa $t \approx \mu_0 a^2/\eta$ (iii) nach längerer Zeit, $t \gg \mu_0 a^2/\eta$. Für große Zeiten nimmt die Differenz zwischen dem stationären Feld B_θ und dem tatsächlichen Feld mit $\exp(-t/\tau)$ ab (τ ist eine Konstante). Falls Sie sich mit Bessel-Funktionen auskennen, sollten Sie versuchen, die asymptotische Zeitabhängigkeit aus (9.32) zu bestimmen und zeigen, daß die Abklingzeit $\tau = \mu_0 a^2/\eta\lambda_1^2$ ist, wobei λ_1 die erste Nullstelle der Bessel-Funktion $J_1(\lambda)$ ist.

Stoßprozesse in Plasmen

In Teil 1 haben wir die Bewegung einzelner geladener Teilchen in elektromagnetischen Feldern untersucht. Bei unserer Untersuchung von Teilchenbahnen haben wir immer angenommen, daß die Teilchen nicht miteinander zusammenstoßen. Wenn solch ein Stoß vorkommt, wird das Teilchen von seiner ursprünglichen Bahn abgelenkt, und wenn es anfangs eine regelmäßige Bewegung vollführt (etwa Larmor-Gyration), wird diese Bewegung zumindest bis zu einem gewissen Grad unterbrochen.

Wenn wir die Strömungsgleichungen für ein Plasma, in dem Stöße vorkommen formulieren, finden wir neue Kraftterme, die den Impulsaustausch der Stoßpartner beschreiben. Ein Beispiel dafür ist uns bereits begegnet, als wir den elektrischen Widerstand η eines Plasmas beschrieben haben. Wir konnten η durch die Stoßfrequenz ν_{ei} der Elektronen und Ionen ausdrücken, aber wir haben bisher keine Gleichung zur Bestimmung von ν_{ei} hergeleitet.

In diesem Teil des Buches betrachten wir die unterschiedlichen Effekte, die durch die Stöße der geladenen Teilchen in einem Plasma hervorgerufen werden. Zuerst untersuchen wir, ob Stöße mit neutralen Atomen oder solche mit anderen geladenen Teilchen eine größere Rolle spielen. Danach wenden wir uns den Stößen zwischen geladenen Teilchen zu, deren Wechselwirkung durch die Coulomb-Kraft beschrieben wird. Wir werden feststellen, daß die Stöße zu mehreren räumlichen Diffusionsprozessen im Plasma führen. Ein Beispiel dafür ist die Diffusion quer zu einem Magnetfeld, die wir bereits indirekt als einen Effekt des Widerstandes des Plasmas kennengelernt haben. Danach stellen wir eine formalere Behandlung der Coulomb-Stöße mit Hilfe der Fokker-Planck-Gleichung vor und diskutieren die Auswirkungen von einzelnen Stößen auf heißere Ionen, die sich durch das Plasma bewegen.

10 Teilweise und vollständig ionisierte Plasmen

Es gibt zwei Sorten von Stößen geladener Teilchen in einem Plasma: Stöße mit geladenen Teilchen und Stöße mit neutralen Atomen oder Molekülen. Für die meisten Plasmaphysiker sind vor allen Dingen die Stöße mit geladenen Teilchen von Interesse, weil sie in heißen Plasmen vorherrschen, deren Ionisationsgrad hoch ist. Wir werden in diesem Kapitel sehen, daß Stöße mit geladenen Teilchen bereits in einem Plasma dominieren, dessen Ionisationsgrad nur wenige Prozent beträgt. Ein Plasma, dessen Ionisationsgrad so niedrig ist, daß die Stöße mit neutralen Teilchen dominieren, bezeichnet man auch als teilweise ionisiertes Plasma (oder als schwach ionisiertes Gas). Natürlich sind auch solche schwach ionisierten Gase von praktischer Bedeutung. Hochdruck-Bogenentladungen, ionosphärische Plasmen, Prozeßplasmen und die meisten Gasentladungen bei niedrigem Druck sind Beispiele dafür.

Bevor wir uns überlegen können, ob die Stöße von geladenen Teilchen mit anderen geladenen Teilchen oder die Stöße mit neutralen Teilchen eine größere Bedeutung haben, müssen wir zuerst herausfinden, wie groß die Dichte der neutralen Teilchen in einem Plasma ist, d.h. wir müssen den Ionisationsgrad bestimmen.

10.1 Der Ionisationsgrad eines Plasmas

Der Ionisationsgrad eines teilweise ionisierten Gases wird von der Physik der jeweiligen Atome bestimmt. Je nachdem, wie groß die mittlere Energie der freien Elektronen ist, kann nur ein kleiner Anteil der Teilchen ionisiert oder die Ionisation fast vollständig sein (häufig bleibt nur etwa eines von 10^6 Teilchen neutral).

Die elementare Quantenmechanik[1] liefert uns sowohl eine Vorstellung von der Größe eines Atoms als auch von der Ionisationsenergie. Der Bohrsche Atomradius eines Wasserstoffatoms beträgt

$$a_0 = \hbar^2 \frac{4\pi\epsilon_0}{me^2} \approx 5 \cdot 10^{-11}\,\mathrm{m}\,. \tag{10.1}$$

$\hbar = h/2\pi$ ist das Plancksche Wirkungsquantum. Die Energie, die zur Ionisation eines Wasserstoffatoms nötig ist, ist die Energie, die man aufwenden muß, um ein Elektron aus seinem gebundenem Zustand mit negativer potentieller Energie zu entfernen abzüglich der kinetischen Energie der gebundenen Elektronen

$$E_i = \frac{e^2}{4\pi\epsilon_0 a_0} - \frac{mv^2}{2} = \frac{e^2}{8\pi\epsilon_0 a_0} = 13{,}6\,\mathrm{eV}\,. \tag{10.2}$$

Die Geschwindigkeit eines gebundenen Elektrons berechnet man, indem man die Zentrifugalkraft mv^2/a_0 mit der Coulomb-Kraft $e^2/4\pi\epsilon_0 a_0$ gleichsetzt. So erhält man das bekannte Ergebnis, daß die kinetische Energie eines Elektrons halb so hoch ist wie seine potentielle Energie.

[1] Anm. d. Übers.: Die Autoren denken hier wieder an die „alte" Quantenmechanik von Bohr und Sommerfeld.

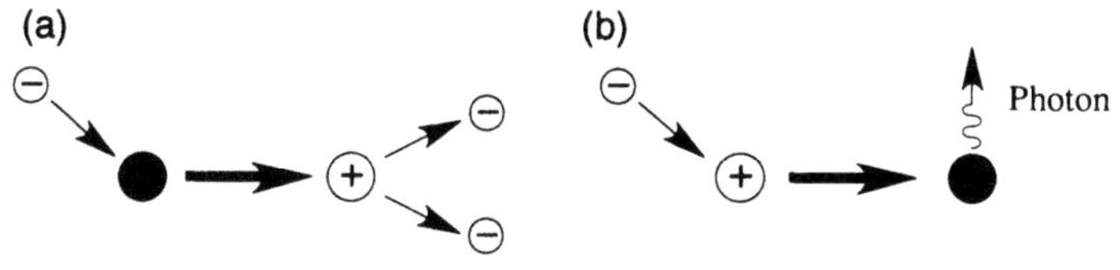

Bild 10.1 Ionisation und Rekombination in einem Plasma. (a)Stoßionisation. (b) Strahlungsrekombination. Die Dreiteilchen-Rekombination und die Strahlungsionisation erhält man durch Umkehrung dieser Vorgänge. Neutrale Atome werden durch schwarze Punkte dargestellt, Elektronen und Protonen durch Kreise, in denen ihre jeweilige Ladung angegeben ist.

Die Ionisation wird durch zwei Prozesse bestimmt, bei denen Energie und Impuls jeweils erhalten sind. (a) Stoßionisation. Dabei trifft ein Elektron auf ein Atom und es entstehen ein Ion und zwei Elektronen. (b) Strahlungsionisation. Ein energiereiches Photon (häufig im UV-Bereich) wird von einem Atom absorbiert und spaltet es in ein Ion und ein Elektron. Ionen und Elektronen können durch Umkehrung dieser Vorgänge zu Atomen rekombinieren: (a) Dreiteilchen-Rekombination. Aus zwei Elektronen und einem Ion werden ein neutrales Atom und ein freies Elektron. (b) Strahlungsrekombination. Ein Elektron und ein Ion verbinden sich zu einem Atom und ein Photon wird abgestrahlt. Diese Vorgänge werden in Bild 10.1 dargestellt.

Im thermodynamischen Gleichgewicht erhält man durch Ionisation und Rekombination ein festes Verhältnis n_i/n_n von Ionen zu neutralen Atomen. Dieses Verhältnis kann man mit Hilfe der statistischen Mechanik aus dem Verhältnis von freien zu gebundenen Elektronenzuständen bestimmen. Dabei stellt sich heraus, daß das Verhältnis n_i/n_n sowohl von der Temperatur der Elektronen als auch von ihrer Dichte abhängt. Dieses Gleichgewicht kann man aber nur bei großen und dichten Plasmen wie z.B. stellaren Plasmen voraussetzen, wenn sowohl die Teilchen als auch die Strahlung so effektiv eingeschlossen sind, daß sich ein Gleichgewicht zwischen ihnen einstellen kann. Die meisten Plasmen, insbesondere alle Laborplasmen, sind viel zu klein, um die UV-Strahlung einzuschließen. In Plasmen mit sehr hoher Dichte kann aber immer noch ein lokales thermodynamisches Gleichgewicht herrschen, bei dem die Stoßionisation und die Dreiteilchen-Rekombination wichtiger sind, als die Strahlungsionisation oder Rekombination. Das setzt natürlich voraus, daß die Plasmen sich in einem thermodynamischen Gleichgewicht befinden. Wenn jedoch die Dreiteilchen-Rekombination wichtiger sein soll als die Strahlungsrekombination, muß die Plasmadichte größer sein als die kritische Dichte von etwa 10^{22} m^{-3} (bei Temperaturen von einigen eV, bei höheren Temperaturen muß der Druck sogar noch größer sein).

Bei geringeren Dichten ist die Strahlungsrekombination wichtiger als die Dreiteilchen-Rekombination und es bildet sich ein anderer stationärer Zustand, der auch als koronares Gleichgewicht bekannt ist, weil er in der Korona der Sonne herrscht. In diesem Gleichgewicht sind Stoßionisation und Strahlungsrekombination gleich häufig. Der Ionisationsgrad ist dann nur noch eine Funktion der Elektronentemperatur und nicht mehr der Dichte. Wir werden diese Situation noch in diesem Kapitel halbquantitativ behandeln. Dabei stellt sich heraus, daß der Ionisationsgrad bei Temperaturen von mehr als einigen eV sehr hoch ist.

Es kann aber auch vorkommen, daß die geladenen Teilchen und die neutralen Atome keinen lokalen Gleichgewichtszustand erreichen. Der Grund dafür ist häufig, daß ständig neue neutrale Atome von außerhalb des Plasmas zugeführt werden. In solchen Fällen wird die Dichte der neutralen Atome durch ein Gleichgewicht zwischen der Ionisation und der Zufuhr neutraler Atome und nicht durch ein Gleichgewicht mit der Rekombination bestimmt. Auch diese Situation werden wir halbquantitativ behandeln. Die Dichte neutraler Atome ist hier natürlich viel höher als wenn neutrale Atome nur durch Rekombination entstehen können. Trotzdem ist der Ionisationsgrad auch hier bei Temperaturen oberhalb einiger eV in der Regel sehr hoch.

10.2 Streuquerschnitte, mittlere freie Weglängen und Stoßfrequenzen

Bevor wir mit einer quantitativen Behandlung dieser Effekte beginnen, müssen wir uns mit dem Konzept des Streuquerschnitts vertraut machen. Streuquerschnitte kann man für jede Art von Stößen definieren, wir wollen hier zunächst aber nur den Fall eines Elektrons, das mit einem neutralen Atom kollidiert betrachten. Schon in diesem einfachen Fall gibt es zwei Arten von Stößen: (i) elastische Stöße, bei denen das Elektron vom Atom abprallt, die beiden Teilchen weiterhin als ein Atom und ein Elektron vorliegen und das Atom im selben Energiezustand bleibt. (ii) inelastische Stöße, bei denen zumindest eines der Teilchen seinen Charakter oder seinen Energiezustand ändert. Im ersten Fall verliert das Elektron je nach dem Winkel, unter dem es abprallt, einen Teil seines ursprünglichen Impulses. Die Wahrscheinlichkeit für einen bestimmten Impulsübertrag kann man durch den äquivalenten Streuquerschnitt σ ausdrücken, den die Atome haben würden, wenn sie stets die maximale Menge an Impuls aufnähmen. Im zweiten Fall kann man die Wahrscheinlichkeit einer Ionisation durch den äquivalenten Streuquerschnitt σ ausdrücken, den ein Atom hätte, wenn es von allen auftreffenden Elektronen, ionisiert würde.

In Bild 10.2 sind Elektronen dargestellt, die auf eine Schicht der Dicke $\mathrm{d}x$ auftreffen, in der sich n_n neutrale Atome pro Volumeneinheit befinden. Wir stellen uns die Atome als undurchsichtige Kugeln mit der Querschnittsfläche σ vor. Wenn jetzt ein Elektron auf die durch ein Atom blockierte Fläche auftrifft, verliert es entweder seinen gesamten Impuls (elastischer Stoß) oder es ionisiert das Atom (inelastischer Stoß). Die Anzahl der Atome, die sich in einer Einheitsfläche der Schicht befinden ist $n_n\mathrm{d}x$. Der von den Atomen blockierte Anteil der Fläche ist $n_n\sigma\mathrm{d}x$. Wenn ein Fluß von Γ Elektronen auf die Schicht auftrifft, verläßt ein Fluß von $\Gamma+\mathrm{d}\Gamma = \Gamma(1-n_n\sigma\mathrm{d}x)$ Elektronen die andere Seite der Schicht. Die Änderung des Flusses ist also

$$\frac{\mathrm{d}\Gamma}{\mathrm{d}x} = -n_n\sigma\Gamma\,. \tag{10.3}$$

Eine Lösung dieser Gleichung ist

$$\Gamma = \Gamma_0\,\mathrm{e}^{-n_n\sigma x} = \Gamma_0\,\mathrm{e}^{-x/\lambda_{\mathrm{mfW}}} \tag{10.4}$$

mit

$$\lambda_{\mathrm{mfW}} = \frac{1}{n_n\sigma}\,. \tag{10.5}$$

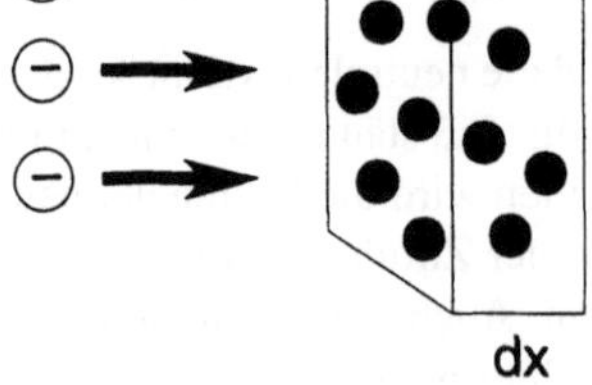

Bild 10.2
Elektronen treffen auf eine Schicht der Dicke $\mathrm{d}x$, in der sich neutrale Atome mit der Dichte n_n befinden

λ_{mfW} ist die mittlere freie Weglänge. Der Fluß von Elektronen wird durch eine Schicht der Dicke λ_{mfW} auf das $1/e$-fache seines ursprünglichen Wertes reduziert. Mit anderen Worten: bevor ein Elektron mit einer nennenswerten Wahrscheinlichkeit auf ein Atom trifft, muß es die Strecke λ_{mfW} zurücklegen. Wenn v die Geschwindigkeit der Elektronen ist, gilt für die Zeit zwischen zwei Stößen

$$\tau = \frac{\lambda_{\text{mfW}}}{v} . \tag{10.6}$$

Die Stoßfrequenz, d.h. das Reziproke von τ wird üblicherweise durch die Mittelung über alle Geschwindigkeiten einer Maxwell-Verteilung (eigentlich gibt es für jede Geschwindigkeit eine eigene Stoßfrequenz) definiert, d.h.

$$\nu = \langle \tau^{-1} \rangle = n_n \langle \sigma v \rangle = \frac{n_n}{n_e} \int f_e(v) \sigma(v) v \, \mathrm{d}^3 v . \tag{10.7}$$

Wie wir in dieser Formel bereits andeuten, ist σ bei komplexeren Stoßvorgängen als denen aus Bild 10.2 häufig eine Funktion der Geschwindigkeit v der aufschlagenden Teilchen.

10.3 Der Ionisationsgrad: Koronares Gleichgewicht

Wenn der Stoß eines Elektrons mit einem Atom zu einer Ionisation des Atoms führt, können wir die Rate bestimmen, mit der in einem Volumenelement neue Elektronen erzeugt werden, indem wir die die Ionisationsstoßfrequenz (10.7) der Elektronen mit der Dichte n_e der Elektronen multiplizieren. Diese Quellstärke S_e der Elektronen ist

$$S_e = n_e n_n \langle \sigma_{\text{ion}} v_e \rangle . \tag{10.8}$$

Dabei ist σ_{ion} der Stoßquerschnitt für die Ionisation durch ein auftreffendes Elektron und wir nehmen an, daß die Geschwindigkeit der Elektronen v_e deutlich größer ist als die der neutralen Atome v_n. Deshalb ist die Aufschlaggeschwindigkeit im wesentlichen die Geschwindigkeit der Elektronen. Dieser Streuquerschnitt hängt zumindest für Energien unterhalb von etwa 30 eV stark von der Geschwindigkeit der Elektronen ab, und es ist deshalb notwendig, über die Geschwindigkeitsverteilung der Elektronen zu mitteln. Es gibt natürlich eine gleich große Quelldichte mit entgegesetztem Vorzeichen für neutrale Atome, d.h. die neutralen Atome verringern sich mit der gleichen Rate S_e pro Volumen.

Die Abhängigkeit des Ionisationsquerschnittes σ_{ion} von Wasserstoffatomen von der Energie der auftreffenden Elektronen ist in Bild 10.3 aufgetragen. Bild 10.4 stellt die über eine Maxwell-Geschwindigkeitsverteilung der Elektronen gemittelte Ionisationsrate $\langle \sigma_{\text{ion}} v_e \rangle$ dar. Der maximale Querschnitt σ_{ion} wird bei Energien von etwas über E_i (der Rydberg-Ionisationsenergie 13,6 eV) erreicht und liegt bei etwa 10^{-20} m^2, der Größe eines Wasserstoffatoms. Es gibt aber bereits bei Elektronentemperaturen deutlich unterhalb von E_i eine signifikante Ionisationsrate, weil in der Maxwell-Verteilung einzelne energiereiche Elektronen vorkommen, die in der Lage sind, Wasserstoffatome zu ionisieren. Die folgende einfache Formel gibt die Daten gut wieder.

$$\langle \sigma_{\text{ion}} v_e \rangle = \frac{2 \cdot 10^{-13}}{6{,}0 + T_e(\text{eV})/13{,}6} \sqrt{\frac{T_e(\text{eV})}{13{,}6}} \, \mathrm{e}^{-\frac{13{,}6}{T_e(\text{eV})}} \, \mathrm{m}^3 \mathrm{s}^{-1} \tag{10.9}$$

Die Quellstärke neutraler Atome (die der Elektronensenke entspricht) in einem Plasma im koronaren Gleichgewicht ist

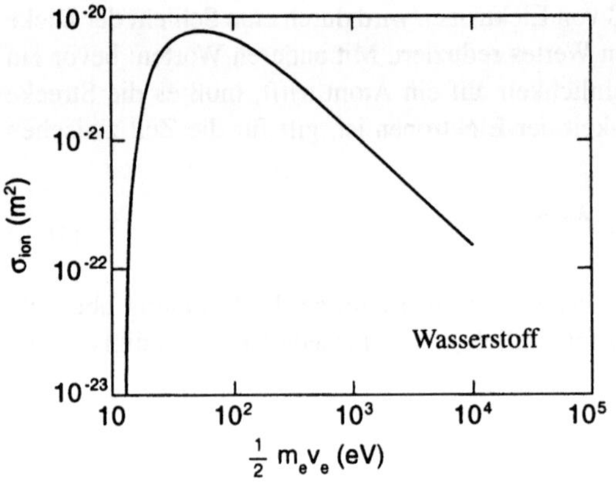

Bild 10.3
Der Ionisationsquerschnitt σ von Wasserstoffatomen als Funktion der Energie der auftreffenden Elektronen

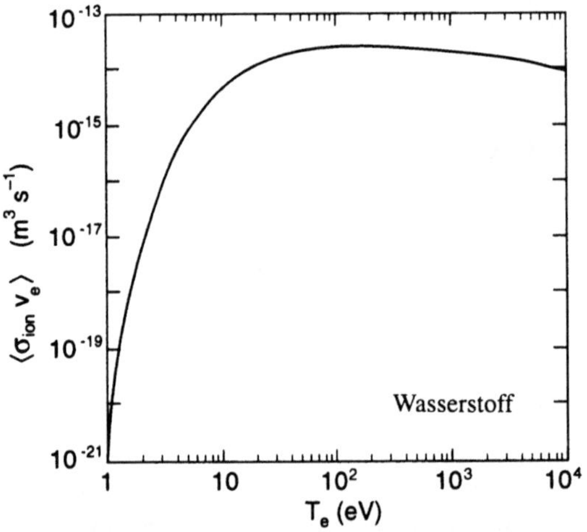

Bild 10.4
Die Ionisationsrate $\langle \sigma_{\text{ion}} v_e \rangle$ durch Stöße von Wasserstoffatomen mit Maxwell-verteilten Elektronen der Temperatur T_e

$$S_n = n_e n_i \langle \sigma_{\text{rek}} v_e \rangle \,, \tag{10.10}$$

mit dem Querschnitt σ_{rek} für Strahlungsrekombination. Eine gute Näherung der Daten für Strahlungsrekombination liefert in dem uns hier interessierenden Temperaturbereich

$$\langle \sigma_{\text{rek}} v_e \rangle = 0{,}7 \cdot 10^{-19} \sqrt{\frac{T_e(\text{eV})}{13{,}6}}\, \text{m}^3\text{s}^{-1} \,. \tag{10.11}$$

(Die Formeln (10.9) und (10.11) haben wir dem Beitrag von R.W.P. McWhirter in *Spectral Intensities in Plasma Diagnostic Techniques*, herausgegeben von R.H. Huddlestone und S.L. Leonard, New York, Academic 1965 entnommen.)

Den Ionisationsgrad eines homogenen Wasserstoffplasmas im koronaren Gleichgewicht erhält man, indem man das Entstehen von Elektronen durch Stoßionisation gegen den Verlust von Elektronen durch Strahlungsrekombination aufrechnet. Bei einer Elektronentemperatur, die etwa der Ionisationsenergie von 13,6 eV entspricht, ist das Plasma fast vollständig ionisiert und nur eines von 10^5 Teilchen ist elektrisch neutral. Nur bei Elektronentemperaturen von unter 1,5

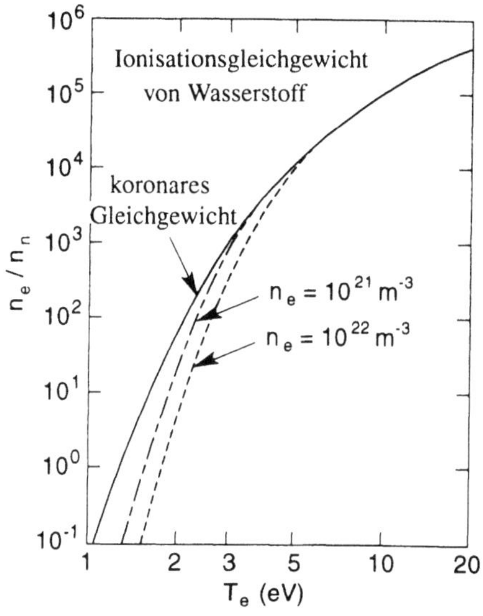

Bild 10.5
Koronares Gleichgewicht von Wasserstoff bei hohen Elektronendichten unter Berücksichtigung der Dreiteilchen-Rekombination

eV ist das Plasma zu weniger als 50% ionisiert. In Bild 10.5 ist der Ionisationsgrad für das koronare Gleichgewicht und auch für Plasmen mit höherer Dichte, bei denen man die Dreiteilchen-Rekombination berücksichtigen muß, als Funktion der Temperatur der Elektronen aufgetragen.

Das Modell eines koronaren Gleichgewichts kann man auch auf Plasmen, die höher geladene Ionen oder eine Mischung niedrig und hoch geladener Ionen enthalten übertragen. In solchen Plasmen verlieren die Ionen je nach Elektronentemperatur einige ihrer Elektronen der äußeren Schalen. Die Elektronen in den inneren Schalen bleiben aber bei den Ionen. Es bildet sich ein Gleichgewicht zwischen den verschiedenen Ionisationszuständen, das in der solaren Korona beispielsweise von der Stoßionisation und der Strahlungsrekombination zwischen den einzelnen Ionisationsstufen bestimmt wird. Bild 10.6 stellt für ein Beispiel die Anteile der verschiedenen Ionisationsstufen von Sauerstoff in einem Plasma im koronaren Gleichgewicht dar. Wir sehen, daß die Sauerstoffatome bei Temperaturen von etwa 30 eV alle 6 Elektronen ihrer äußeren Schale verlieren (sie haben dann $Z = 6$). Um auch noch die beiden inneren Elektronen zu entfernen und vollständig ionisierten Sauerstoff zu erzeugen, benötigt man aber Temperaturen von über 200 eV. Die Gültigkeit des Modells des koronaren Gleichgewichts hängt davon ab, daß die Zeit, in der sich ein ein Ionisations-/Rekombinationsgleichgewicht bildet, viel kürzer ist, als die Zeit in der Teilchen in das Plasma hereinkommen oder aus ihm verlorengehen (am langsamsten stellt sich das koronare Gleichgewicht in der Regel für die am höchsten ionisierten Zustände ein). Wenn diese Einschlußzeit von der gleichen Größenordnung ist wie die Dauer der langsamsten Vorgänge zwischen den Atomen, verschiebt sich das Gleichgewicht in Richtung niedrigerer Ionisationszustände. Wenn neutrale Wasserstoffatome vorhanden sind, kann es auch zu einem Ladungsaustausch kommen, dabei verliert das H-Atom sein Elektron an ein hoch geladenes Ion. Auch diese Vorgänge führen zu einer geringeren Gleichgewichtsdichte der Ionen mit hohem Z.

Für hoch geladene Ionen spielt noch ein weiterer Vorgang bei der Bildung dieses Gleichgewichts eine Rolle. Bei der dielektrischen Rekombination wird ein freies Elektron in einen angeregten Atomzustand eingefangen. Mit der dabei freiwerdenden überschüssigen Energie wird ein anderes gebundenes Elektron in einen höheren Zustand gebracht. Beide Elektronen senden dann Photonen aus und erreichen damit den Grundzustand. Die dielektrische Rekombination wurde bei der Bestimmung der Anteile der einzelnen Ladungszustände in Bild 10.6 nicht berücksichtigt.

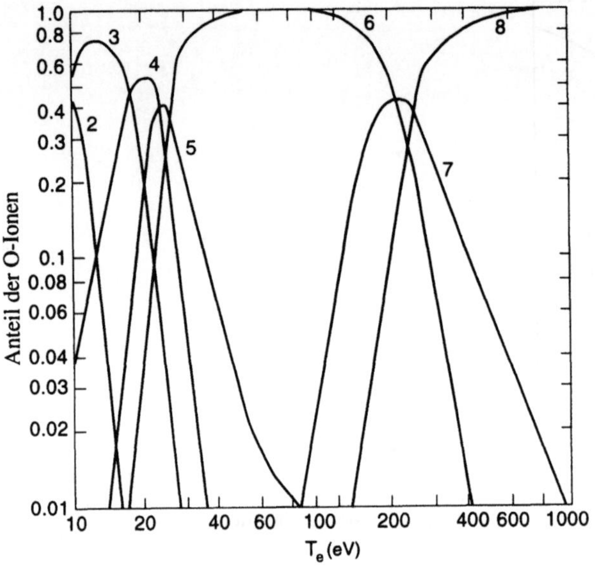

Bild 10.6
Die Anteile der unterschiedlichen Ionisationstufen von Sauerstoffionen im koronaren Gleichgewicht als Funktion der Temperatur. Vollständig ionisierter Sauerstoff hat $Z = 8$. (Bei der Berechnung dieser Anteile wurde die dielektrische Rekombination vernachlässigt.)

10.4 Das Eindringen neutraler Atome in ein Plasma

Um unsere Betrachtung neutraler Teilchen in Plasmen abzuschließen, sollten wir uns überlegen, was am Rande eines heißen Plasmas geschieht, das von einem neutralen Gas umgeben ist. Das ist bei vielen Laborplasmen wie bei durch Magnetfelder eingeschlossenen Plasmen oder bei Bogenentladungsplasmen der Fall. Das Plasma ist dann häufig heiß und dicht genug, um vollständig ionisiert zu sein, aber die Elektronen und Ionen, die aus dem Plasma herausdiffundieren rekombinieren an den Wänden des Behälters zu neutralen Atomen. Diese neutralen Atome (oder andere Atome, die sich von den „gesättigten" Wänden des Behälters ablösen) gelangen wieder in das Plasma und werden dort ionisiert. Je nach der Beschaffenheit des Materials an der Oberfläche des Behälters (und abhängig davon, ob seine Oberfläche bereits mit einer Schicht von H-Atomen gesättigt ist) kann dieses „Recycling" fast perfekt funktionieren, d.h. die Plasmadichte bleibt trotz des Verlustes geladener Teilchen praktisch konstant, weil die verlorenen Teilchen als neutrale Atome in das Plasma zurückkehren und erneut ionisiert werden. Bei heißen und dichten Laborplasmen spielt sich dieser Vorgang fast vollständig an der Oberfläche des Plasmas ab, weil das eigentliche Plasma für neutrale Atome undurchsichtig ist, d.h. neutrale Atome können nicht in das Plasma eindringen, ohne sofort ionisiert zu werden.

Die Rekombination im Plasma (im Gegensatz zur Rekombination an den Wänden des Behälters) spielt in dieser Situation meist keine wesentliche Rolle. Die Dichte neutraler Teilchen am Rande des Plasmas wird vom Gleichgewicht zwischen dem Zustrom neutraler Teilchen von außen und der Ionisation im Plasma bestimmt.

Die Entfernung, die neutrale Atome, die mit der Geschwindigkeit v_n in das Plasma eintreten vor der Ionisation zurücklegen ist die mittlere freie Weglänge der Ionisation

$$\lambda_n = \frac{v_n}{n_e \langle \sigma_{\text{ion}} v_e \rangle} . \tag{10.12}$$

Diese Gleichung kann man herleiten, indem man sich überlegt, daß für $v_e \gg v_n$ die Ionisationsrate pro Volumen $n_i n_e \langle \sigma_{\text{ion}} v_e \rangle$ ist und daß deshalb die Stoßfrequenz neutraler Atome $n_e \langle \sigma_{\text{ion}} v_e \rangle$

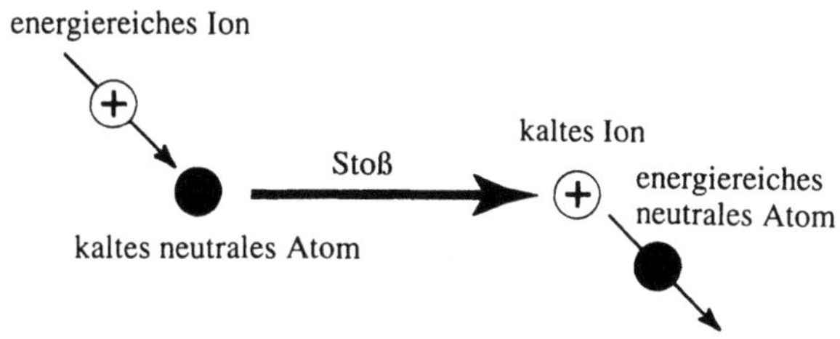

Bild 10.7
Ein Ladungsaustausch, bei dem ein energiereiches Ion ein Elektron von einem kalten neutralen Atom erhält und dadurch zu einem energiereichen neutralen Atom wird. Links: kurz vor dem Stoß. Rechts: kurz nach dem Stoß.

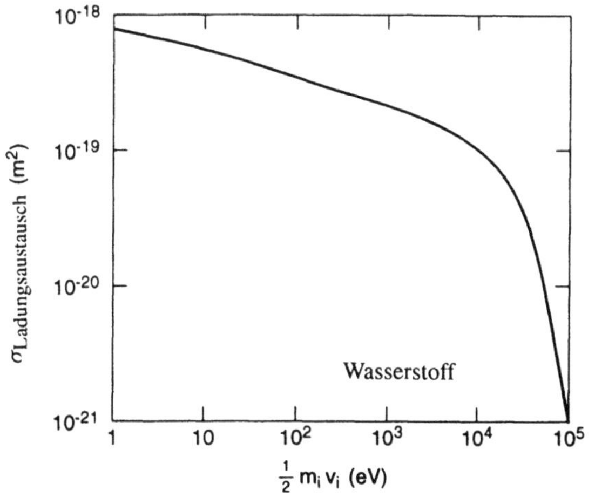

Bild 10.8
Der Querschnitt für einen Ladungsaustausch mit Wasserstoff in Abhängigkeit von der Energie des auftreffenden Ions

sein muß. Die thermische Geschwindigkeit neutraler Wasserstoffatome bei Zimmertemperatur beträgt etwa $2 \cdot 10^3$ m s^{-1}. Wenn die Temperatur der Elektronen am Randes des Plasma bei 10–20 eV liegt, erhält man eine Ionisationsrate $n_e \langle \sigma_{\text{ion}} v_e \rangle$ von etwa 10^{-14} m^3 s^{-1}. Damit ergibt sich $\lambda_n = 2 \cdot 10^{17} (m^{-3})/n_e$. Wenn die Dichte an der Oberfläche des Plasmas mit etwa 10^{19} m^{-3} einen typischen Wert für magnetisch eingeschlossene Fusionsplasmen hat, können neutrale Atome nur ungefähr 2 cm weit in das Plasma eindringen. In vielen Fällen, beispielsweise wenn sich neutraler Wasserstoff von der Wand des Behälters ablöst, tritt er zunächst in molekularer und nicht in atomarer Form auf. Durch einen Stoß mit einem Elektron wird dann zunächst das Molekül in zwei Atome mit gleich großem, aber entgegengesetztem Impuls gespalten. Jedes der Atome hat eine Energie von etwa 3 eV. Das Atom, dessen Impuls in Richtung des Plasmas zeigt, kann dann etwas weiter in das Plasma eindringen.

Ein zweiter atomarer Vorgang – der Ladungsaustausch – ermöglicht es neutralen Teilchen deutlich weiter in heiße, dichte Plasma einzudringen. Bei einem Wasserstoff-Ladungsaustausch raubt ein energiereiches Proton aus dem Plasma einem energieärmeren neutralen H-Atom das Elektron. Danach kann es entweder das Plasma verlassen oder wie in Bild 10.7 dargestellt, tiefer in das Plasma eindringen. Bei diesem Vorgang wird nicht viel Energie übertragen. Das dabei entstehende neutrale Atom hat etwa so viel Energie wie vorher das auftreffende Ion.

Der Querschnitt für den Ladungsaustausch von H-Atomen und auf sie auftreffende Protonen unterschiedlicher Energien ist in Bild 10.8 dargestellt. In dem Energiebereich, der bei den meisten Laborplasmen und an den Rändern von Fusionsplasmen von Interesse ist (10–100 eV), ist der Querschnitt mit $\approx 4 \cdot 10^{-19}$ m^2 relativ groß. Das ist etwa hundertmal mehr als der Querschnitt für die Ionisation. (Dieser Querschnitt ist so groß, weil es sich um einen resonanten Vorgang ohne Energiedifferenz zwischen Anfangs- und Endzustand handelt.) Für ein Plasma mit $T_i \approx T_e$ ist die Austauschrate $\langle \sigma_{cx} v_i \rangle$ in der Regel zwei- bis dreimal so hoch wie die Ionisationsrate $\langle \sigma_{\text{ion}} v_i \rangle$.

Der Ladungsaustausch führt dazu, daß es kein Plasma mit heißen Ionen geben kann, in dessen Inneren sich eine nennenswerte Menge neutraler Atome befindet. Der Querschnitt für den Ladungsaustausch ist so hoch, daß sich in so einem Plasma jedes energiereiche Ion in ein energiereiches neutrales Atom umwandeln und dann aus dem Plasma herausfliegen würde. Das heiße Plasma würde dadurch sehr schnell zu einem kalten Plasma.

Für ein neutrales Teilchen, das mit geringer Energie in den Randbereich eines Plasmas gebracht wird, ist die Wahrscheinlichkeit eines Ladungsaustausches etwas höher als die einer Ionisation. Man könnte also annehmen, daß der Ladungsaustausch zu einer Verminderung des Eindringens neutraler Teilchen in heiße, dichte Plasmen führt. In Wirklichkeit passiert aber genau das Gegenteil, weil durch den Ladungsaustausch energiereichere neutrale Teilchen erzeugt werden, deren Energien etwa so hoch sind wie die der Ionen in dem Teil des Plasmas, wo der Ladungsaustausch stattfindet. Einige dieser energiereichen neutralen Teilchen der „zweiten Generation" verlassen das Plasma. Andere dringen tiefer in das Plasma ein, als dies die weniger energiereichen Teilchen der ersten Generation vermocht hätten. Dort werden sie entweder ionisiert oder sie führen durch Ladungsaustausch zu einer noch energiereicheren dritten Generation neutraler Teilchen. Zwei Bahnen neutraler Teilchen – eines wird ionisiert, das andere erfährt einen Ladungsaustausch – sind in Bild 10.9 dargestellt.

Fast alle neutralen Teilchen, die man in der Mitte eines heißen dichten Plasmas findet, sind auf die Produktion von immer energiereicheren Generationen neutraler Teilchen zurückzuführen. Im Kern des Plasmas haben diese neutralen Teilchen etwa die gleiche Temperatur (und damit auch Energie) wie die Ionen des Plasmas. Trotzdem führt der Ladungsaustausch zu einem Energieverlust der Ionen des Plasmas.

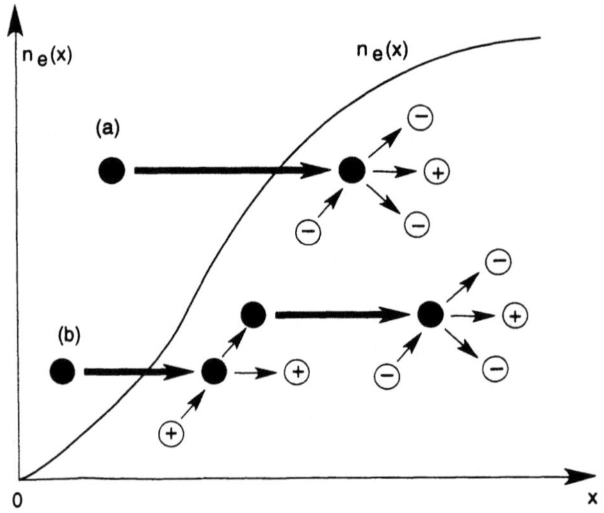

Bild 10.9
Die Bahnen zweier neutraler Teilchen, die in ein Plasma mit zunehmender Dichte eintreten (dicke Pfeile ganz links). Teilchen (a) wird ionisiert, Teilchen (b) erfährt einen Ladungsaustausch. Dabei entsteht ein energiereicheres neutrales Teilchen, das tiefer in das Plasma eindringen kann bevor es ionisiert wird.

10.5 Das Eindringen neutraler Atome in ein Plasma, quantitative Untersuchung*

Das Eindringen neutraler H-Atome in ein heißes dichtes Plasma, einschließlich der Effekte der Ionisation und des Ladungsaustauschs, kann man näherungsweise auch analytisch behandeln. Wir betrachten den Fall, daß die mittlere freie Weglänge $\lambda_{cx} = v_n/n_i\langle\sigma_{cx}v_i\rangle$ für Stöße mit Ladungsaustausch deutlich geringer ist als die Ausdehnung des Plasmas. Wenn wir den Ladungsaustausch als Vorgang betrachten, in den ein neutrales Teilchen hereingeht und aus dem ein neutrales Teilchen mit weitgehend zufälliger Bewegungsrichtung hervorgeht, können wir das Vordringen neutraler Teilchen in das Plasma als einen Diffusionsprozeß betrachten. Wir betrachten also einen *random walk* (zufällige Bewegung) mit der Schrittweite λ_{cx} und der Schrittfrequenz $\nu_{cx} \approx n_i\langle\sigma_{cx}v_i\rangle$. (Die Leser, die mit einem *random walk* oder der Beschreibung durch Diffusionskoeffizienten noch nicht vertraut sind, finden alles Nötige am Anfang von Kapitel 12.) Der Diffusionskoeffizient der neutralen Teilchen ist also

$$D_n \approx \nu_{cx}\lambda_{cx}^2 \approx \frac{v_{t,i}^2}{n_i\langle\sigma_{cx}v_i\rangle}\,. \tag{10.13}$$

Da die Teilchen nach mehreren Ladungsaustauschvorgängen annähernd die gleiche Energie haben wie die Ionen, konnten wir hier v_n durch die thermische Geschwindigkeit der Ionen ersetzen. Um die Tiefe, in die die neutralen Teilchen eindringen können, an einem Beispiel zu bestimmen, beachten wir, daß $D_n \sim n_i^{-1}$ gilt, vernachlässigen aber die räumlichen Abhängigkeiten der anderen Größen. Insbesondere gehen wir davon aus, daß die Ionentemperatur und die Größe $\langle\sigma_{cx}v_i\rangle$ in dem von uns betrachteten Bereich am Rande des Plasmas fast konstant sind.

Wir betrachten eine einfache eindimensionale Situation, in der der rechte Halbraum $x > 0$ mit Plasma gefüllt ist. Bei $x = 0$ kommt das Plasma mit einer Oberfläche in Kontakt, an der geladene Teilchen zu neutralen rekombinieren und dann wieder in das Plasma gelangen. Wenn sich ein Gleichgewicht zwischen der Anlagerung von Teilchen bei $x = 0$ und dem Ablösen von Teilchen von der Oberfläche eingestellt hat, ist die Dichte der geladenen Teilchen, etwa der Ionen $n_i(x)$ eine monoton steigende Funktion von x mit $n_i(0) = 0$. Die Dichte neutraler Teilchen ist eine monoton fallende Funktion mit einem endlichen Wert bei $x = 0$. Diese Situation ist in Bild 10.10 dargestellt. Um den Verlauf von $n_i(x)$ und $n_n(x)$ bestimmen zu können, muß man einige zusätzliche Annahmen über die Bewegung des Plasmas nach links machen. Wir wollen hier annehmen, daß diese Bewegung diffusiv ist, das heißt, daß der Strom der Teilchen proportional und entgegengesetzt zum Dichtegradienten ist. Die Proportionalitätskonstante bezeichnen wir als Plasma-Diffusionskoeffizienten. Ferner wollen wir annehmen, daß dieser Diffusionskoeffizient in der Nähe der Plasmaoberfläche von den Parametern des Plasmas wie der Dichte und der Temperatur unabhängig ist. Das steht im Widerspruch zu den Ergebnissen der Theorie der Stoßdiffusion, die wir in Kapitel 12 herleiten werden. Wenn die Diffusion jedoch von turbulenten Vorgängen dominiert wird, ist es eine brauchbare Näherung.

Die Diffusionsgleichungen für die Dichte der Ionen (nach unseren Voraussetzungen haben die Elektronen die gleiche Dichte) und der neutralen Teilchen lauten einschließlich der Quellen und Senken durch Ionisation

$$\frac{\partial n_i}{\partial t} = D\frac{\partial^2 n_i}{\partial x^2} + n_i n_n\langle\sigma_{\text{ion}}v_e\rangle \tag{10.14}$$

$$\frac{\partial n_n}{\partial t} = \frac{\partial}{\partial x}\left(D\frac{\partial n_n}{\partial x}\right) + n_i n_n\langle\sigma_{\text{ion}}v_e\rangle\,. \tag{10.15}$$

Wenn wir einen stationären Zustand $\partial/\partial t = 0$ betrachten, die beiden Gleichungen addieren und einmal integrieren erhalten wir

$$D\frac{\partial n_i}{\partial x} + D_n\frac{\partial n_n}{\partial x} = 0\,. \tag{10.16}$$

(Die Integrationskonstante haben wir gleich null gesetzt. Das bedeutet, daß keine Teilchen an der Wand verbleiben, also perfektes Recycling.) Wenn wir diese Gleichung noch einmal integrieren und die D_n-Abhängigkeit von n_i beachten, ergibt sich

$$\frac{1}{2}D(n_{i\infty}^2 - n_i^2) = D_{n\infty}n_{i\infty}n_n\,. \tag{10.17}$$

Der untere Index ∞ bedeutet, daß wir einen Bereich des Plasmas betrachten, der so weit von der Oberfläche entfernt liegt, daß dort keine neutralen Atome zu finden sind. Das entspricht bei unserer Betrachtung den Randbedingungen

$$n_i \to n_{i\infty} \qquad n_n \to 0 \qquad D_n \to D_{n\infty}\,. \tag{10.18}$$

Wenn wir in der Gleichung für n_i den Ausdruck für n_n einsetzen erhalten wir

$$\frac{\partial^2 n_i}{\partial x^2} + \frac{\langle\sigma_{\text{ion}} v_e\rangle}{2D_{n\infty}n_{i\infty}} n_i(n_{i\infty}^2 - n_i^2) = 0\,. \tag{10.19}$$

Diese Gleichung können wir als

$$\frac{\partial^2 n_i}{\partial x^2} = \left(\frac{\partial}{\partial n_i}\right)\frac{1}{2}\left(\frac{\partial n_i}{\partial x}\right)^2$$

schreiben. Wenn wir dabei die räumliche Abhängigkeit von $\langle\sigma_{\text{ion}} v_e\rangle$ vernachlässigen, können wir die Gleichung noch einmal integrieren und erhalten

$$\frac{\partial n_i}{\partial x} = \sqrt{\frac{\langle\sigma_{\text{ion}} v_e\rangle}{4D_{n\infty}n_{i\infty}}}\,(n_{i\infty}^2 - n_i^2)\,. \tag{10.20}$$

Eine Lösung dieser Gleichung lautet

$$\begin{aligned}
n_i(x) &= n_{i\infty}\tanh(\tfrac{x}{x_0})\\
n_n(x) &= n_{n0}\,\text{sech}^2(\tfrac{x}{x_0})\\
x_0 &= \sqrt{\frac{4D_{n\infty}}{\langle\sigma_{\text{ion}} v_e\rangle n_{i\infty}}} = \frac{2v_{t,i}}{n_{i\infty}\sqrt{\langle\sigma_{\text{ion}} v_e\rangle\langle\sigma_{cx} v_i\rangle}}\\
n_{n0} &= \frac{Dn_{i\infty}}{2D_{n\infty}}\,.
\end{aligned} \tag{10.21}$$

Diese Lösungen für die Dichten $n_i(x)$ und $n_n(x)$ sind in Bild 10.10 aufgetragen. Die effektive Eindringtiefe x_0 der neutralen Teilchen ist das geometrische Mittel der freien Weglängen für die Ionisation und den Ladungsaustausch eines neutralen Teilchens, dessen Geschwindigkeit etwa so groß ist wie die thermische Geschwindigkeit der Ionen am Rande des Plasmas. Diese Geschwindigkeit ist natürlich viel höher als die thermische Energie in dem Gas mit Raumtemperatur, von

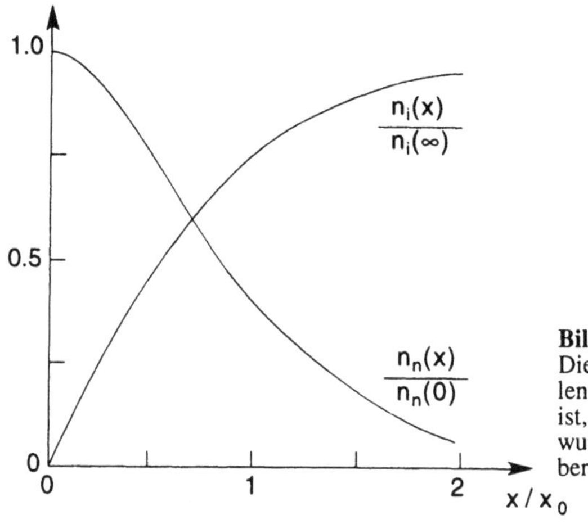

Bild 10.10
Die Dichte der Ionen (oder Elektronen) und der neutralen Atome am Rande eines Plasmas, das dicht genug ist, um für neutrale Teilchen undurchsichtig zu sein. Es wurden sowohl Ladungsaustausch als auch Ionisation berücksichtigt.

dem wir angenommen haben, daß es das Plasma umgibt. Trotzdem ist die Eindringtiefe für viele dichte Hochtemperaturplasmen klein und der Kern des Plasmas deshalb fast vollständig ionisiert.

Aufgabe 10.1 Schätzen Sie die Eindringtiefe neutraler Atome (einschließlich des Beitrags des Ladungsaustauschs) in ein thermonukleares Plasma mit einer Dichte von 10^{20} m^{-3} in seinem Kern und einer Ionentemperatur von 100 eV an seinem Rand. Bei unserer quantitativen Betrachtung des Eindringens neutraler Teilchen in ein Plasma sind wir davon ausgegangen, daß $\langle\sigma_{cx} v_i\rangle$ und $\langle\sigma_{\text{ion}} v_e\rangle$ näherungsweise konstant sind. Benutzen Sie die Daten aus den Bildern 10.4 und 10.8, um für den betrachteten Temperaturbereich abzuschätzen, wie gut diese Näherung ist.

Aufgabe 10.2 Betrachten Sie wie oben das Eindringen neutraler Teilchen in ein Plasma, aber vernachlässigen Sie dabei die Diffusion der Ionen, indem Sie $n_i = const.$ setzen. Zeigen Sie, daß die Dichte der neutralen Teilchen dann proportional zu $\exp(-2x/x_0)$ mit x_0 aus (10.21) ist. Warum ist die typische Eindringtiefe mit $x_0/2$ (im Gegensatz zu x_0) in diesem Fall geringer?

10.6 Strahlung

Insbesondere für Plasmen, die nicht aus Wasserstoffionen bestehen oder für Wasserstoffplasmen, die einzelne höher ionisierte Atome enthalten, sind bestimmte Streuprozesse, bei denen auch Strahlung eine Rolle spielt, sehr wichtig. Wie wir bereits gesehen haben, gibt es in solchen Plasmen Ionisationen und Rekombinationen der unterschiedlichen Ionisationszustände, die sowohl durch Stöße als auch durch Strahlung ausgelöst werden können. Ferner werden die Ionen durch Stöße in höhere Energieniveaus gebracht, dies führt zu Strahlung mit Linienspektren. Die Energie, die bei solchen Vorgängen pro Volumen abgestrahlt wird, ist proportional zum Produkt der Elektronendichte und der Dichte der hoch ionisierten Atome. Ferner hängt sie von der Temperatur der Elektronen ab. Die spektrale Strahlung ist typischerweise etwas stärker als die Strahlung,

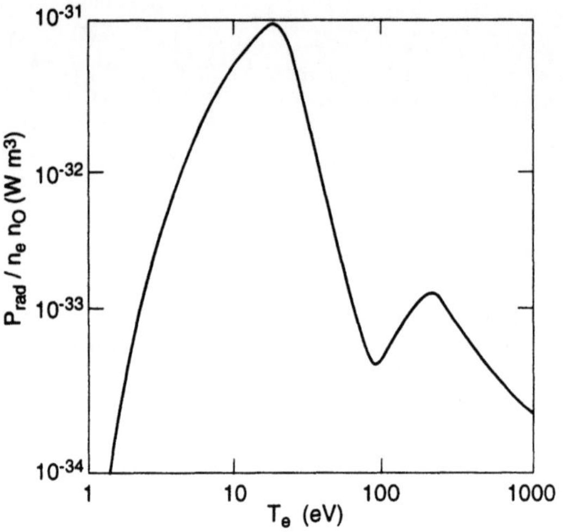

Bild 10.11
Die gesamte pro Volumen abgestrahlte Leistung $P_{rad}(Wm^{-3})$ (einschließlich Rekombinations- und spektraler Strahlung) von Sauerstoffatomen im koronaren Gleichgewicht. Alle Dichten sind in m^{-3} angegeben, n_O ist die Gesamtdichte von Sauerstoff in allen Ionisationszuständen.

die bei Rekombinationen entsteht; beide Vorgänge tragen aber wesentlich zur gesamten Strahlung bei. Wenn ein relativ hoher Anteil der Atome in Ionisationszuständen vorliegt, in denen sie teilweise gefüllte Schalen haben, ist die spektrale Strahlung besonders intensiv. Deshalb ist die abgestrahlte Leistung keine monotone Funktion der Elektronentemperatur, sondern sie gibt die Temperaturabhängigkeit der Anteile der verschiedenen Ionisationszustände im Plasma wieder (s. Bild 10.6). Bild 10.11 zeigt die gesamte abgestrahlte Leistung (einschließlich Rekombinations- und spektraler Strahlung) von Sauerstoffatomen im koronaren Gleichgewicht. Bild 10.11 sollte im Vergleich zu Bild 10.6, das für dieselbe Situation die Anteile der verschiedenen Ionisationszustände zeigt, betrachtet werden.

Auch die Coulomb-Stöße in einem vollständig ionisierten Plasma führen zu Strahlung. Diese sogenannte Bremsstrahlung oder „frei-freie"-Bremsstrahlung entsteht durch die elektromagnetischen Wellen, die die Elektronen aussenden, wenn sie durch die Coulomb-Kräfte der Ionen beschleunigt bzw. abgebremst werden. Eine Herleitung der Bremsstrahlung findet sich im nächsten Kapitel, in dem auch einige besondere Eigenschaften von Coulomb-Stößen untersucht werden. Die Bremsstrahlung ist in der Regel nur dann im Vergleich zu der spektralen Strahlung und der Strahlung bei Rekombinationsvorgängen von Bedeutung, wenn die Elektronentemperatur so hoch ist, daß die Atome vollständig ionisiert sind. Die Leistung der Bremsstrahlung durch Stöße von Elektronen mit Sauerstoffatomen ist beispielsweise für die in Bild 10.11 dargestellten Elektronentemperaturen nur gering.

Eine andere Art von Strahlung tritt in magnetisierten Plasmen auf, auch ohne daß es überhaupt Stöße geben muß. Denn die Elektronen in einem magnetisierten Plasma werden auf ihren Larmor-Bahnen kontinuierlich beschleunigt (weil ihre Flugrichtung sich kontinuierlich ändert). Diese sogenannte Zyklotronstrahlung ist bei der Frequenz der Elektronen und ihren niedrigen Harmonischen am stärksten. Wenn die Energie hoch genug ist, daß relativistische Effekte eine Rolle spielen, verschiebt sich diese Strahlung in Richtung der höheren Harmonischen. Diese Harmonischen liegen immer dichter und irgendwann bildet sich ein kontinuierliches Spektrum. Man bezeichnet die Strahlung dann als Synchrotronstrahlung.

Bis auf diese kurze Einführung liegen Vorgänge, die hoch ionisierte Atome oder Plasmastrahlung beinhalten, außerhalb der Reichweite dieses Buches. Den daran interessierten Leser wollen wir auf die exzellenten Bücher *Radiation Processes in Plasmas*, G. Bekefi, Wiley, New

York 1966 und *Plasma Spectroscopy*, H.R. Griem, McGraw-Hill, New York 1964 verweisen. Die Leistung, die im koronaren Gleichgewicht durch Rekombinations- und spektrale Strahlung von einer Reihe von Ionen mit hohem Z abgegeben wird, haben D.E. Post und R.V. Jensen (At. Data Nucl. Data Tables **20** (1977) 5) berechnet.

10.7 Vergleich der Bedeutung von Stößen mit geladenen und mit neutralen Teilchen

Jetzt wollen wir auf die Frage zurückkommen, die wir am Anfang des Kapitels gestellt haben. Wie wichtig sind Stöße zweier geladener Teilchen in einem Plasma im Vergleich zu Stößen geladener mit neutralen Teilchen?

Der Streuquerschnitt für die elastische Streuung eines Elektron an einem neutralen Atom kann grob durch

$$\sigma_n \approx \pi a_0^2 \approx 10^{-20}\mathrm{m}^2 \tag{10.22}$$

abgeschätzt werden. Ein mit dem Abstand a_0 auftreffendes Elektron wird mit guter Wahrscheinlichkeit in einem großen Winkel gestreut. Wenn andererseits ein Elektron einen Abstand r zu einem einfach geladenen Teilchen (wie einem H-Ion) hat, erfährt es eine anziehende Coulomb-Kraft

$$F_r = -\frac{e^2}{4\pi\epsilon_0 r^2}, \tag{10.23}$$

die das Elektron in Richtung des Ions ablenkt. Wenn das Elektron um einen Winkel von 90° abgelenkt wird, geht der größte Teil seines ursprünglichen Impulses verloren. Für den Impulsaustausch ist es daher unwesentlich, ob die Teilchen knapp aneinander vorbeifliegen oder ob es zu einem Stoß kommt. Das Elektron wird um einen großen Winkel abgelenkt, wenn die Energie der Coulomb-Wechselwirkung etwa so groß ist wie seine kinetische Energie.

$$\frac{e^2}{4\pi\epsilon_0 b} \approx \frac{mv^2}{2} \approx T_e \tag{10.24}$$

Hier bezeichnen m und v die Masse bzw. Geschwindigkeit des Elektrons und b ist die kleinste Entfernung zwischen Elektron und Ion beim Vorbeiflug des Elektrons. Damit können wir einen effektiven Coulomb-Streuquerschnitt für das Ion angeben.

$$\sigma_i \approx \pi b^2 \approx \frac{\pi e^4}{(4\pi\epsilon_0)^2 T_e^2} \approx \frac{10^{-17}}{T_e^2}(\mathrm{eV})^2\mathrm{m}^2 \tag{10.25}$$

T_e(eV) ist die Temperatur der Elektronen in eV. (Wir werden im nächsten Kapitel feststellen, daß der effektive Coulomb-Streuquerschnitt wegen der kumulativen Effekte vieler Stöße unter kleinen Winkeln sogar um fast zwei Größenordnungen größer ist.)

Wenn wir σ_n mit σ_i aus (10.25) vergleichen und den Zusammenhang zwischen dem Ionisationsgrad und T_e aus Bild 10.5 ablesen, stellen wir fest, daß Coulomb-Stöße schon in einem Plasma, das nur zu einigen Prozent ionisiert ist, wichtiger sind als Stöße mit neutralen Teilchen. Nur wenn der Ionisationsgrad sehr gering ($< 10^{-3}$) ist, dominieren die Stöße mit neutralen Teilchen. Ein Plasma ist aber schon bei Elektronentemperaturen von 1 eV fast völlig ionisiert. Stöße mit neutralen Teilchen sind also für Physiker, die sich mit heißen dichten Plasmen beschäftigen nicht besonders wichtig. Das liegt nicht nur daran, daß Hochtemperaturplasmen fast vollständig ionisiert sind, sondern auch daran, daß schon bei Plasmen mit einem sehr geringem Ionisationsgrad die Coulomb-Stöße eine wichtigere Rolle für die Dynamik des Plasmas spielen als die Stöße mit neutralen Teilchen. Die verschiedenen inelastischen Stoßprozesse hoch ionisierter Atome, wie Ionisation, Rekombination oder Anregung, die wir in diesem Kapitel behandelt haben, sind natürlich für die Strahlung eines Hochtemperaturplasmas wichtiger als Coulomb-Stöße, sofern genügend Ionen mit großem Z zur Verfügung stehen.

11 Stöße in vollständig ionisierten Plasmen

Wenn ein Elektron mit einem Ion kollidiert, wird das Elektron durch das langreichweitige Coulomb-Feld des Ions stetig abgelenkt. Auch Stöße dieser Art kann man durch Stoßquerschnitte beschreiben. Am Ende des zehnten Kapitels haben wir einen Ausdruck für den Stoßquerschnitt eines Wasserstoffatoms hergeleitet. Um

$$\sigma_i \approx \frac{\pi e^4}{(4\pi\epsilon_0)^2 m^2 v^4} \tag{11.1}$$

zu erhalten, hatten wir berechnet, wie sehr sich ein Elektron einem Ion nähern muß, damit die potentielle Energie der Coulomb-Wechselwirkung etwa so groß wird wie die kinetische Energie des Elektrons. Im folgenden werden wir die Coulomb-Streuung detaillierter untersuchen. Es wird sich zeigen, daß der Streuquerschnitt wegen der auftretenden Mehrfachstreuungen unter kleinen Winkeln deutlich höher ist.

11.1 Coulomb-Stöße

Wir betrachten wieder ein Elektron der Masse m, der Ladung $-e$ und der Geschwindigkeit v, das auf ein ortsfestes Ion der Ladung Ze zufliegt. Um unsere Betrachtungen so allgemein wie möglich zu halten, lassen wir auch $Z \neq 1$ zu. Unsere Ergebnisse sind daher sowohl für mehrfach geladene Ionen als auch für Wasserstoff gültig. Ohne die Coulomb-Kraft würde das Elektron in der Entfernung b am Ion vorbeifliegen (s. Bild 11.1). b wird auch als *Stoßparameter* bezeichnet. Durch die Coulomb-Kraft wird das Elektron um einen Winkel θ abgelenkt, der natürlich von b abhängt.

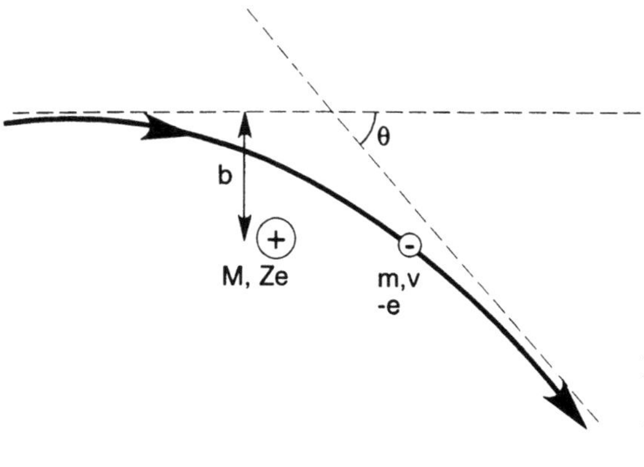

Bild 11.1
Die Bahn eines Elektrons bei einem Coulomb-Stoß mit einem ortsfesten Ion der Ladung Ze

Bekanntermaßen ist die Bahn eines Teilchens, auf das eine r^{-2}-Kraft wirkt, eine Kegelschnittkurve in unserem Fall also eine eine Hyperbel. In den Lehrbüchern der klassischen Mechanik wird gezeigt, daß der Streuwinkel θ eines leichten Teilchens, das an einem deutlich schwereren (unendlich schweren) ortsfesten Teilchen gestreut wird, durch

$$\tan\frac{\theta}{2} = \frac{Ze^2}{4\pi\epsilon_0 m v^2 b} \tag{11.2}$$

gegeben ist (siehe auch Aufgabe 11.1).

Aufgabe 11.1 Beweisen Sie die Beziehung (11.2) für ein Elektron der Masse m, das an einem viel schwereren Kern der Ladung Ze gestreut wird. (Hinweis: Benutzen Sie Polarkoordinaten, legen Sie den Koordinatenursprung in das Ion und beachten Sie, daß Energie und Drehimpuls erhalten sind.)

Um eine Streuung um 90° ($\theta/2 = 45°$, $\tan\theta/2 = 1$) zu bewirken, muß der Stoßparameter den Wert

$$b_0 = \frac{Ze^2}{4\pi\epsilon_0 m v^2} \tag{11.3}$$

annehmen. Gleichung (11.2) kann man für einen beliebigen Stoßparameter auch als $\tan\theta/2 = b_0/b$ schreiben. Der Streuquerschnitt des Ions für 90°-Streuung ist also

$$\sigma_i = \pi b_0^2 = \frac{\pi Z^2 e^4}{(4\pi\epsilon_0)^2 m^2 v^4}\,. \tag{11.4}$$

Dieses Ergebnis stimmt mit unserer Abschätzung von oben überein. Wie wir bereits erwähnt haben, ist jedoch der effektive Streuquerschnitt für die Coulomb-Streuung deutlich größer. Der Grund dafür ist, daß der Streuquerschnitt, den wir hier bestimmt haben, nur Stöße mit großer Ablenkung berücksichtigt. Da die Coulomb-Wechselwirkung langreichweitig ist, sind aber Stöße mit nur geringer Ablenkung deutlich häufiger, und es stellt sich heraus, daß der kumulative Effekt vieler Stöße mit kleinen Winkeln größer ist, als der Effekt der relativ seltenen Stöße mit großen Winkeln.

Um das zu verstehen, untersuchen wir den kumulativen Effekt vieler Streuungen durch viele unterschiedliche Ionen mit unterschiedlichen Werten des Stoßparameters b. Wir betrachten ein Elektron, das mit der Geschwindigkeit v in z-Richtung fliegt und nehmen an, daß es viele Stöße mit kleinem Winkel erfährt. Bei jedem Stoß erhält das Teilchen kleine Geschwindigkeitskomponenten Δv_x und Δv_y. Da es jedoch bei der Streuung keine bevorzugte Richtung gibt (und eine negatives Δv_x genau so wahrscheinlich ist wie ein positives) müssen diese Geschwindigkeitskomponenten im Mittel verschwinden.

$$\langle\Delta v_x\rangle = \langle\Delta v_y\rangle = 0 \tag{11.5}$$

Die mittlere quadratische Abweichung verschwindet aber nicht, d.h.

$$\langle(\Delta v_x)^2\rangle = \langle(\Delta v_y)^2\rangle = \frac{1}{2}\langle(\Delta v_\perp)^2\rangle \neq 0\,. \tag{11.6}$$

$\perp$ (und später auch $\|$) bezieht sich hier auf die ursprüngliche Bewegungsrichtung, in unserem Fall also auf die z-Richtung. Für Coulomb-Stöße gilt

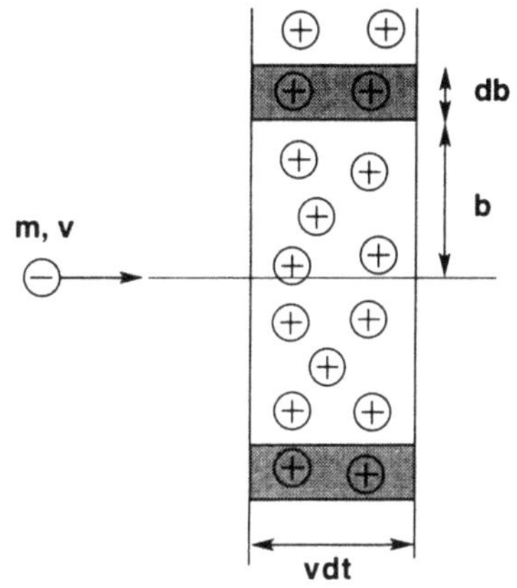

Bild 11.2
Die Coulomb-Streuung durch Ionen in einem ringförmigen Volumenelement. Die Stoßparameter liegen zwischen b und $b + db$.

$$\tan\frac{\theta}{2} = \frac{b_0}{b}, \tag{11.7}$$

mit Hilfe der trigonometrischen Identität

$$\sin\theta = 2\sin\frac{\theta}{2}\cos\frac{\theta}{2} = 2\tan\frac{\theta}{2}\cos^2\frac{\theta}{2} = 2\frac{\tan\frac{\theta}{2}}{1+\tan^2\frac{\theta}{2}}$$

folgt daraus

$$\sin\theta = \frac{2\frac{b}{b_0}}{1+\left(\frac{b}{b_0}\right)^2}. \tag{11.8}$$

Für ein einzelnes Stoßereignis, d.h. für ein einzelnes Elektron, das an einem einzelnen Ion vorbeifliegt, gilt

$$(\Delta v_\perp)^2 = v^2\sin^2\theta = \frac{4v^2\left(\frac{b}{b_0}\right)^2}{[1+\left(\frac{b}{b_0}\right)^2]^2}. \tag{11.9}$$

Jetzt wollen wir das mittlere Verhalten eines Elektrons, das wie in Bild 11.2 an vielen Ionen vorbeifliegt, betrachten. In der Zeit dt bewegt sich das Elektron um vdt. Die Anzahl der Ionen, die das Elektron mit einem Streuparameter zwischen b und $b + db$ streuen, erhalten wir, indem wir die Dichte n_i der Ionen mit dem Volumen $2\pi b\,db\,v\,dt$, in dem sich die Ionen befinden, multiplizieren. Wir erhalten eine Zahl von $2\pi n_i b\,d\,bv\,dt$ Ionen. Indem wir über den Stoßparameter integrieren und nach der Zeit ableiten, erhalten wir für die mittlere Änderung der senkrechten Geschwindigkeit der Elektronen

$$\frac{d\langle(\Delta v_\perp)^2\rangle}{dt} = 2\pi n_i v\int(\Delta v_\perp)^2 b db = 8\pi n_i v^3\int\frac{\left(\frac{b}{b_0}\right)^2 b}{[1+\left(\frac{b}{b_0}\right)^2]^2}db. \tag{11.10}$$

Eigentlich sollte man von $b = 0$ bis $b = \infty$ integrieren. Das Integral ist an der unteren Integrationsgrenze wohldefiniert, divergiert aber für große Werte von b logarithmisch. Wir werden dieses Problem hier dadurch umgehen, daß wir „ad hoc" einen „cut off" bei $b = b_{max}$ einführen. Wenn wir das Integral mit Hilfe der Substitution $y = 1 + (b/b_0)^2$ berechnen, erhalten wir

$$\begin{aligned}\frac{\mathrm{d}\langle(\Delta v_\perp)^2\rangle}{\mathrm{d}t} &= 4\pi n_i v^3 b_0^2 \left(\ln\left[1 + \left(\frac{b_{max}}{b_0}\right)\right] + \frac{1}{1 + \left(\frac{b_{max}}{b_0}\right)^2} - 1 \right) \\ &= 8\pi n_i v^3 b_0^2 \ln\Lambda = \frac{n_i Z^2 e^4 \ln\Lambda}{2\pi\epsilon_0^2 m^2 v^2}\,.\end{aligned} \tag{11.11}$$

Bei den beiden letzten Umformungen haben wir

$$\Lambda \equiv \frac{b_{max}}{b_0} \gg 1 \tag{11.12}$$

eingesetzt.

Da die Energie der Elektronen bei einem Stoß im wesentlichen erhalten bleibt (ein leichtes Teilchen, das an einem schweren gestreut wird, verliert seinen Impuls, aber nicht viel Energie), verringert sich die Geschwindigkeit in Richtung der ursprünglichen Bewegung um $\Delta v_\parallel$. Die ursprüngliche Bewegung verläuft (nach Definition) vollständig in paralleler Richtung, die senkrechte Geschwindigkeit ensteht nur durch Stöße. Also lautet die Energieerhaltungsgleichung $(v + \Delta v_\parallel)^2 + (\Delta v_\perp)^2 = v_\parallel^2$. Daraus folgt

$$v(\Delta v_\parallel) + \tfrac{1}{2}(\Delta v_\perp)^2 = 0 \tag{11.13}$$

Daher ist $\Delta v_\parallel$ von zweiter Ordnung in $\Delta v_\perp$ und man kann den Term vierter Ordnung $(\Delta v_\parallel)^2$ vernachlässigen. Wir erhalten

$$\frac{\mathrm{d}\langle\Delta v_\parallel\rangle}{\mathrm{d}t} = -4\pi n_i v^2 b_0^2 \ln\Lambda = \frac{n_i Z^2 e^4 \ln\Lambda}{4\pi\epsilon_0^2 m^2 v^2}\,. \tag{11.14}$$

Mit Hilfe dieser Beziehung können wir den Verlust der Elektronen an Impuls durch die Stoßfrequenz ν_{ei} (von der Dimension einer Frequenz, d.h. einer inversen Zeit) ausdrücken

$$\frac{\mathrm{d}\langle\Delta v_\parallel\rangle}{\mathrm{d}t} = -\nu_{ei} v \tag{11.15}$$

$$\nu_{ei} = 4\pi n_i v b_0^2 \ln\Lambda = \frac{n_i Z^2 e^4 \ln\Lambda}{4\pi\epsilon_0^2 m^2 v^3}\,. \tag{11.16}$$

Die Stoßfrequenz ν_{ei} ist also umgekehrt proportional zur dritten Potenz der Elektronengeschwindigkeit.

Einen Schätzwert für Λ erhält man, indem man sich überlegt, daß die Teilchen, die um mehr als einen Debye-Länge λ_D von einem Elektron entfernt sind, mit diesem nur noch schwach wechselwirken. Wie wir uns im ersten Kapitel überlegt hatten, erzeugt ein geladenes Teilchen ein elektrostatisches Potential $\phi = e/4\pi\epsilon_0 r$, das die Dichte der benachbarten Teilchen beeinflußt. Durch diese lokale Ladungstrennung wird das elektrische Potential bei Entfernungen von mehr als einer Debye-Länge $\lambda_D \approx (\epsilon_0 T/ne^2)^{1/2}$ abgeschirmt. In Aufgabe 1.3 hatten wir gezeigt, daß das elektrische Potential für $r > \lambda_D$ sogar exponentiell abnimmt. Man kann λ_D also als maximalen Stoßparameter wählen, weil die Debye-Abschirmung das Coulomb-Feld bei größeren Entfernungen abschirmt. Das heißt

Tabelle 11.1 Werte von $\ln\Lambda$ für einige Plasmen

	$n(\mathrm{m}^{-3})$	$T(\mathrm{eV})$	$\ln\Lambda$
Sonnenwind	10^7	10	26
Van-Allen-Gürtel	10^9	10^2	26
Ionosphäre	10^{11}	10^{-1}	14
solare Korona	10^{13}	10^2	21
Gasentladung	10^{16}	10^0	12
Prozeßplasma	10^{18}	10^2	15
Fusionsexperiment	10^{19}	10^3	17
Fusionsreaktor	10^{20}	10^4	18

$$\Lambda \approx \frac{b_{\max}}{b_0} \approx \frac{\lambda_{\mathrm{D}}}{b_0} \qquad b_0 \approx \frac{Ze^2}{12\pi\epsilon_0 T} \approx \frac{Z}{12\pi}\frac{1}{n\lambda_{\mathrm{D}}^2}\,. \tag{11.17}$$

Bei der Bestimmung von b_0 als Mittel über die Maxwell-Verteilung für die Elektronen haben wir mit $mv^2 \approx 3T$ gearbeitet. Wir erhalten $\Lambda \approx (12\pi/Z)n\lambda_{\mathrm{D}}^3$. Durch unsere Definition eines Plasmas im ersten Kapitel, in der wir $n\lambda_{\mathrm{D}}^3 \gg 1$ vorausgesetzt haben, ist also schon sichergestellt, daß Λ groß ist.

Aufgabe 11.2 Definieren Sie die mittlere freie Weglänge der Coulomb-Stöße der Elektronen mit den Ionen durch $\lambda_{\mathrm{mfW}} = v/\nu_{ei}$. Zeigen Sie, daß für das Verhältnis dieser Größe zum Debye-Radius $\lambda_{\mathrm{mfW}}/\lambda_{\mathrm{D}} \approx \Lambda/\ln\Lambda \gg 1$ gilt.

Obwohl Λ von n und T abhängt, ändert sich sein Logarithmus nur relativ wenig, wenn wir diese Parameter ändern. Typische Werte für Λ finden sich in Tabelle 11.1 . Veränderungen der Plasmaparameter über viele Größenordnungen führen zu Veränderungen von nicht mehr als einem Faktor 2 in $\ln\Lambda$. Wenn man die Stoßraten nur grob abschätzen will, reicht es in der Regel, auf Tabellen zurückzugreifen, anstatt $\ln\Lambda$ direkt auszurechnen.

Aufgabe 11.3 Bei hohen Elektronentemperaturen wird der minimale Stoßparameter so klein, daß man quantenmechanische Effekte berücksichtigen muß. Zeigen Sie, daß man für b_0 in diesem Fall die De-Broglie-Wellenlänge $\hbar/mv$ einsetzen muß. Bei welcher Temperatur werden diese quantenmechanischen Effekte wichtig für die Berechnung von b_0 bei Stößen von Elektronen? Bei welchen Werten von $\ln\Lambda$ für einige Plasmen in Tabelle 11.1 haben wir diese quantenmechanische Korrektur berücksichtigt?

Wir können nun den Stoßquerschnitt durch Coulomb-Mehrfachstreuung unter kleinen Winkeln mit dem Streuquerschnitt der Coulomb-Streuung unter 90° vergleichen. Den gesamten Streuquerschnitt für die Streuung von Elektronen an schweren ortsfesten Ionen kann man mit Hilfe der üblichen Beziehung

$$\nu_{ei} = n_i \sigma_{ei} v \tag{11.18}$$

zwischen der Stoßfrequenz und dem Streuquerschnitt erhalten. Es gilt

$$\sigma_{ei} = \frac{Z^2 e^4 \ln \Lambda}{4\pi \epsilon_0^2 m^2 v^4}\,. \tag{11.19}$$

Der tatsächliche Streuquerschnitt ist also um einen Faktor $4 \ln \Lambda \approx 70$ größer als der Streuquerschnitt durch 90°-Streuung. Der große Wert des Coulomb-Streuquerschnitts ergibt sich aus dem kumulativen Effekt vieler Streuungen unter kleinen Winkeln. Das ist eine Besonderheit der r^{-2}-Kraftgesetze. Bei Kräften, die mit zunehmendem r stärker abfallen, gibt es keinen solchen Effekt. Wie wir bereits erwähnt haben, vergrößert dieser Effekt die Bedeutung der Stöße mit geladenen Teilchen gegenüber den Stößen mit neutralen Teilchen weiter.

11.2 Stoßfrequenzen von Elektronen und Ionen

Wir haben einen Ausdruck für die Stoßfrequenz der Stöße der (leichten) Elektronen und der (schweren) Ionen hergeleitet. Die Stoßfrequenz ist proportional zu v^{-3}, d.h. je schneller ein Elektron ist, desto seltener kollidiert es mit den Ionen (dies steht im Widerspruch zu dem „Billard-Stoßmodell" harter Kugeln). Um die mittlere Stoßfrequenz der Elektronen zu bestimmen, berechnen wir die Reibungskraft auf ein Ensemble von Elektronen, das sich durch eine Ansammlung ortsfester Ionen bewegt.

$$\boldsymbol{F} = -n_e m \langle \nu_{ei} \boldsymbol{v} \rangle \tag{11.20}$$

Die Mittelung bezieht sich hier auf die Geschwindigkeitsverteilung der Elektronen. Wir wollen annehmen, daß die Elektronen eine verschobene Maxwell-Verteilung haben, d.h. eine, um eine nichtverschwindende Durchschnittsgeschwindigkeit $\boldsymbol{u}$ zentrierte Maxwell-Verteilung. Wir wählen die z-Achse in Richtung von $\boldsymbol{u}$. Ferner nehmen wir an, daß $u_z \ll v_{t,e}$ mit der thermischen Geschwindigkeit $v_{t,e}$ der Elektronen $(T_e/m)^{1/2}$ und entwickeln die Verteilungsfunktion bis zur Ordnung $u_z/v_{t,e}$. Damit erhalten wir

$$f_e(v) = \frac{n_e}{(2\pi)^{3/2} v_{t,e}^3}\, \mathrm{e}^{-\frac{|\boldsymbol{v}-\boldsymbol{u}|^2}{2v_{t,e}^2}} \approx \frac{n_e}{(2\pi)^{3/2} v_{t,e}^3} \left(1 + \frac{\boldsymbol{v}\cdot\boldsymbol{u}}{v_{t,e}^2}\right) \mathrm{e}^{-\frac{v^2}{2v_{t,e}^2}} \approx \left(1 + \frac{v_z u_z}{v_{t,e}^2}\right) f_{e0}(v)$$

mit der unverschobenen Maxwell-Verteilung f_{e0}. Wenn wir diese Verteilung in (11.20) einsetzen, ergibt sich

$$F_z = -m \int \nu_{ei} v_z f_e\, \mathrm{d}^3 v = -m u_z \int \frac{v_z^2}{v_{t,e}^2} \nu_{ei} f_{e0}\, \mathrm{d}^3 v = -\frac{m u_z}{3} \int \frac{v^2}{v_{t,e}^2} \nu_{ei} f_{e0}\, \mathrm{d}^3 v\,.$$

Im letzten Schritt haben wir ausgenutzt, daß f_{e0} im Geschwindigkeitsraum kugelsymmetrisch ist, und daß deshalb das Integral über v_z^2 ein Drittel des Integrals über v^2 ergibt. Wenn wir (11.16) für ν_{ei} einsetzen, erhalten wir das Integral, das im Folgenden ausgerechnet wird.

$$\int \frac{f_{e0}(v)}{v} \mathrm{d}^3 v = 4\pi \int_0^\infty f_{e0}(v) v \mathrm{d}v = 2\pi \int_0^\infty f_{e0}(v) \mathrm{d}(v^2) = \sqrt{\frac{2}{\pi}} \frac{n_e}{v_{t,e}} \tag{11.21}$$

Damit erhalten wir für die Reibungskraft

$$F_z = -n_e m \langle \nu_{ei} \rangle u_z$$

mit

$$\langle \nu_{ei} \rangle = \sqrt{\frac{2}{\pi^3 m T_e^3}} \frac{n_i Z^2 e^4 \ln \Lambda}{12 \epsilon_0^2} . \qquad (11.22)$$

Wie wir noch in diesem Kapitel und auch in den Kapiteln 13 und 14 feststellen werden, führen unterschiedliche Stoßprozesse zu unterschiedlichen Mittelungen über die Maxwell-Verteilungen der beteiligten Teilchen und damit zu unterschiedlichen numerischen Faktoren in der jeweiligen Stoßfrequenz. Trotzdem ist es nützlich, mit (11.22) einen Standardausdruck für die Stoßfrequenz der Elektronen zur Hand zu haben. Die Masse der Ionen taucht übrigens in (11.22) nicht auf. Man kann sie in allen Berechnungen als unendlich betrachten.

Zusätzlich zu den Stößen mit den Ionen erfahren Elektronen auch Stöße mit anderen Elektronen. In diesem Fall wirkt die Coulomb-Kraft abstoßend und das einlaufende Elektron wird vom streuenden Elektron weg abgelenkt. Die Berechnung von Elektron-Elektron-Stößen ist deutlich schwieriger, weil man das streuende Teilchen nicht mehr als ortsfest betrachten kann. Da jedoch die Coulomb-Kraft den gleichen Betrag hat, wird ein Elektron von einem anderen Elektron etwa so stark abgelenkt wie von einem Wasserstoffion (beim gleichen Stoßparameter). Bis auf einen konstanten Faktor gilt also

$$\langle \nu_{ee} \rangle \sim \frac{n_e e^4 \ln \Lambda}{\epsilon_0^2 \sqrt{m T_e^3}} \sim \frac{n_e \langle \nu_{ei} \rangle}{n_i Z^2} . \qquad (11.23)$$

In einem Wasserstoffplasma ($Z = 1$) sind Stöße zwischen Elektronen genauso häufig wie die Stöße der Elektronen mit Ionen. In einem Plasma, das unterschiedliche Arten von Ionen mit unterschiedlichen Werten von Z enthält ist die effektive Elektron-Ion-Stoßfrequenz um einen Faktor $Z_{\text{eff}} = \sum_i n_i Z_i^2 / n_e$ (die Summe läuft über die Ionenspezies) höher, als die Elektron-Elektron-Stoßfrequenz.

Ionen erleiden Coulomb-Stöße mit anderen Ionen und mit Elektronen. Für die Impulsbilanz der relativ schweren Ionen spielen die Stöße mit den Elektronen keine große Rolle, weil der Impuls, den ein Ion bei einem Stoß mit einem Elektron gewinnen oder verlieren kann, recht gering ist. Bei den Ionen kommt es also vor allem auf die Stöße mit anderen Ionen an. Obwohl unsere obige Herleitung (für Elektronen) eigentlich nicht auf diesen Fall übertragen werden kann (wir können hier die Ionen nicht mehr als unendlich schwer betrachten), liefert sie doch bis auf einen Faktor nullter Ordnung das richtige Ergebnis.

Um wie für die Elektron-Ion-Stoßfrequenz eine mittlere Ion-Ion-Stoßfrequenz zu bestimmen, betrachten wir die Reibungskraft eines Ensembles von Ionen, das sich durch ein ortsfestes Ensemble der gleichen Art bewegt. Im Vergleich zu dem Fall von Stößen zwischen Elektronen und Ionen erwarten wir hier eine etwas geringere Reibungskraft (bei der gleichen Geschwindigkeit und Stoßfrequenz), weil das streuende Ion einen wesentlichen Anteil des Impulses des gestreuten Ions aufnehmen kann. Der Gesamtimpuls beider Ionenensembles kann natürlich durch die Stöße zwischen den Ionen nicht verändert werden. Um die Dynamik eines Stoßes zwischen zwei Ionen formal zu behandeln, würde man im Schwerpunktssystem arbeiten, in dem das Ionenpaar durch ein Teilchen der Gesamtmasse, das sich mit der Schwerpunktsgeschwindigkeit bewegt und durch ein Teilchen der reduzierten Masse $M_1 M_2 / (M_1 + M_2)$ mit der relativen Geschwindigkeit $\boldsymbol{v}_{\text{rel}} = \boldsymbol{v}_1 - \boldsymbol{v}_2$ ersetzt wird. Bei zwei Ensembles von Ionen der gleichen Art ist die reduzierte Masse $M/2$. Die Berechnung der Reibungskraft zwischen den beiden Ensembles aufgrund von Ion-Ion-Stößen verläuft völlig analog zu der Berechnung der Reibungskraft aufgrund von Elektron-Ion-Stößen, bis auf die Tatsache, daß der Impulsübertrag proportional zu $|\boldsymbol{v}_1 - \boldsymbol{v}_2|$ ist und daß sich die Stoßfrequenz wie $|\boldsymbol{v}_1 - \boldsymbol{v}_2|^{-3}$ verhält. Da die Reibungskraft proportional zur Wurzel der Masse und die maßgebliche Masse hier die reduzierte Masse $M/2$ ist, ergibt sich neben dem Wechsel $m \to M$ im Vergleich zur Elektron-Ion-Stoßfrequenz (11.22) noch ein numerischer Faktor $2^{-1/2}$. Wir können die mittlere Frequenz für Stöße zwischen Ionen also mit

$$\langle \nu_{ii} \rangle = \sqrt{\frac{1}{\pi^3 M T_i^3}} \frac{n_i Z^4 e^4 \ln \Lambda}{12\epsilon_0^2} \tag{11.24}$$

angeben. (11.24) ist der übliche Ausdruck für die mittlere Stoßfrequenz der Ionen. Obwohl die einzelnen Ionen mit der Frequenz ν_{ii} Stöße erleiden, muß man sich klar machen, daß der Impuls und die Energie eines Ensembles von Ionen durch Stöße zwischen den Ionen nicht verändert werden können, da bei jedem Stoß der gemeinsame Impuls und die gemeinsame Energie der Stoßpartner erhalten bleiben.

Wenn wir die Stoßfrequenzen der Elektronen und der Ionen in einem Plasma mit $T_e \sim T_i$ vergleichen, erhalten wir

$$\frac{\nu_{ei}}{\nu_{ii}} \approx \sqrt{\frac{M}{m}} . \tag{11.25}$$

In einem Wasserstoffplasma kollidieren die Elektronen also etwa 40mal so häufig wie die Ionen.

Für ein Wasserstoffplasma mit der Ionen- und Elektronendichte n (in Teilchen pro Kubikmeter) und Ionen- und Elektronentemperaturen $T_{e,i}$ (in eV) sind die Stoßfrequenzen aus (11.22), (11.23) und (11.24)

$$\langle \nu_{ei} \rangle \approx \langle \nu_{ee} \rangle \approx \frac{5 \cdot 10^{-11} n}{T_e^{3/2}} \text{ s}^{-1} \qquad \langle \nu_{ii} \rangle \approx \frac{10^{-12} n}{T_i^{3/2}} \text{ s}^{-1} .$$

Die Zahlenwerte für die Stoßfrequenzen können also je nach Temperatur und Dichte des Plasmas sehr unterschiedlich sein.

Entsprechend der Stoßfrequenz, die proportional zu $nT^{-3/2}$ ist, ist der Streuquerschnitt σ für die Coulomb-Streuung proportional zu T^{-2} und unabhängig von der Dichte. Deshalb können wir beispielsweise, wie in Bild 11.3, den Coulomb-Streuquerschnitt mit dem Deuterium-Tritium-Fusionsquerschnitt vergleichen. Damit eine Fusion wahrscheinlich wird, müssen die Ionen in einem Fusionsreaktor nach Bild 11.3 über viele mittlere Stoßzeiten festgehalten werden. Um die Fusionen bei einem festen Wert für den festen Plasmadruck p zu maximieren, ist die beste Plasmatemperatur etwa 10–30 keV (da der Wert $\beta = 2\mu_0 p / B^2$ durch die Eigenschaften des Plasmas und B durch das technisch Mögliche beschränkt sind). Nach Bild 11.3 erwarten wir in diesem Bereich mindestens 10,000 Stöße pro Fusion.

Da bei einer Fusion etwa das Tausendfache der Energie eines Ions freigesetzt wird muß nur ein geringer Anteil des „Treibstoffs" (Deuterium- und Tritiumionen) eines Fusionsreaktors verschmelzen, bevor er aus dem Plasma entweicht. Wie wir sehen, ist es dennoch nötig, die Ionen über viele Stoßzeiten hinweg einzuschließen. Deshalb ist auch die Geschwindigkeitsverteilung der Ionen in einem Fusionsreaktor im wesentlichen eine Maxwell-Verteilung.

11.3 Plasmaleitfähigkeit

Wenn ein elektrisches Feld an ein vollständig ionisiertes Plasma angelegt wird, werden die Elektronen in die eine Richtung ($\boldsymbol{E}$ entgegengesetzt, da ihre Ladung negativ ist) und die Ionen in die

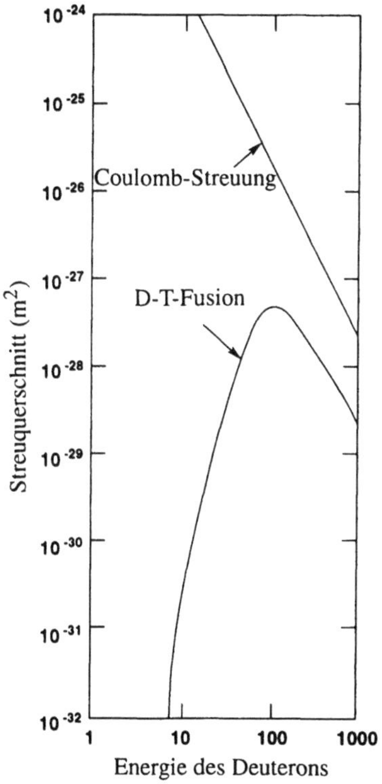

Bild 11.3
Die Querschnitte für Coulomb-Stöße und Fusionen für ein Deuterium-Ion (Deuteron) in einem Deuterium-Tritium-Plasma

andere Richtung (längs $\boldsymbol{E}$) beschleunigt. Die wachsende relative Geschwindigkeit der Elektronen und Ionen führt zu einem zunehmenden Strom in Richtung von $\boldsymbol{E}$. Dieser Strom wird jedoch von Coulomb-Stößen behindert und schon nach wenigen Stoßzeiten stellt sich ein Gleichgewicht ein. In diesem Gleichgewicht ist der Strom $\boldsymbol{j}$ zum elektrischen Feld proportional

$$\boldsymbol{E} = \eta\, \boldsymbol{j}\,. \tag{11.26}$$

Die Proportionalitätskonstante η ist der Widerstand. Bisher haben wir zwar einige Effekte betrachtet, die durch der Widerstand hervorgerufen werden, haben dabei aber weder seinen Betrag noch seine Abhängigkeit von den Parametern des Plasmas untersucht.

Wir hatten den Widerstand im sechsten Kapitel hergeleitet, indem wir die Bewegungsgleichungen der Elektronen in einem homogenen Plasma (kein Druckgradient) längs des Magnetfeldes und ohne Magnetfeld verglichen haben.

$$mn_e \frac{\mathrm{d}\boldsymbol{u}_e}{\mathrm{d}t} = -en_e\boldsymbol{E} + \boldsymbol{R}_{ei}\,. \tag{11.27}$$

Für den Term $\boldsymbol{R}_{ei}$, der den Zugewinn oder Verlust der Elektronen an Impuls beschreibt, hatten wir

$$\boldsymbol{R}_{ei} = -mn_e\langle\nu_{ei}\rangle(\boldsymbol{u}_e - \boldsymbol{u}_i) \tag{11.28}$$

eingesetzt. Wir haben angenommen, daß der Impulsübertrag zwischen zwei Teilchensorten zu ihrer relativen Geschwindigkeit $\boldsymbol{u}_e - \boldsymbol{u}_i$ proportional ist. Wir hatten dann die Trägheit der leichten Elektronen vernachlässigt und mit dem Ansatz $\boldsymbol{j} = -n_e e(\boldsymbol{u}_e - \boldsymbol{u}_i)$ den Widerstand

$$\eta = \frac{m\langle \nu_{ei}\rangle}{n_e e^2} \tag{11.29}$$

erhalten. Wenn wir nun $\langle \nu_{ei}\rangle$ (11.22) einsetzen und $n_e = Zn_i$ benutzen, erhalten wir als Näherungswert für den Widerstand eines Plasmas

$$\eta = \sqrt{\frac{2m}{\pi^3 T_e^3}}\frac{Z^2 e^2 \ln \Lambda}{12\epsilon_0^2}\,. \tag{11.30}$$

Diese einfache Berechnung gibt den Widerstand eines Wasserstoffplasmas um einen Faktor 2 zu hoch an. Dieses relativ schlechte Ergebnis erhalten wir, weil wir in dieser Rechnung die „Standardformel" für die mittlere Stoßfrequenz $\langle \nu_{ei}\rangle$ benutzt haben. In die Berechnung dieser Stoßfrequenz ging eine Maxwell-Verteilung für die Elektronen ein, die Verzerrungen der Maxwell-Verteilung durch das elektrische Feld wurden nicht berücksichtigt.

In der Realität reagieren unterschiedlich schnelle Elektronen unterschiedlich auf die gemeinsamen Effekte des elektrischen Feldes und der Coulomb-Stöße. Insbesondere können Elektronen mit höherer Geschwindigkeit leichter vom Feld beschleunigt werden, weil ihre Stoßfrequenz niedriger ist als die langsamerer Elektronen. Dadurch wird die Verteilungsfunktion der Elektronen verändert und die schnellen Elektronen leisten einen größeren Beitrag zur Leitung des Stromes. Die schnellen Elektronen werden jedoch durch Elektron-Elektron-Stöße wieder gebremst und die Verteilung bleibt in der Nähe einer Maxwell-Verteilung. Wenn man diese Effekte berücksichtigt, erhält man für ein Wasserstoffplasma einen Widerstand, der etwa halb so groß ist wie der, den wir hier berechnet haben. Wir werden uns mit diesem Thema in Kapitel 13 noch ausführlicher beschäftigen.

Nach unserer Formel für η ist der Widerstand eines vollständig ionisierten Plasmas von seiner Dichte unabhängig. Da man erwarten würde, daß der Strom, der von einem festen $\boldsymbol{E}$-Feld verursacht wird, steigt, wenn die Anzahl n_e der Ladungsträger pro Volumen zunimmt, ist das ein überraschendes Ergebnis. Der Grund dafür ist, daß die durch die Stöße der Elektronen verursachte Reibungskraft mit zunehmender Dichte n_i der Streuzentren ebenfalls steigt. Bei festem $\boldsymbol{E}$ ist der Strom proportional zu n_e und umgekehrt proportional zu n_i. Wegen $n_e = Zn_i$ gleichen diese beiden Abhängigkeiten sich gegenseitig aus. Ein vollständig ionisiertes Plasma unterscheidet sich hier aber deutlich von einem schwach ionisierten Gas. In einem schwach ionisierten Gas gilt $\boldsymbol{j} = -n_e e \boldsymbol{u}_e$, mit der Dichte n_e der Ladungsträger, also der Elektronen. Wenn der Fluß der Elektronen hauptsächlich durch neutrale Teilchen behindert wird, ist $\boldsymbol{u}_e$ umgekehrt proportional zu ihrer Dichte n_n. Der Strom ist dann proportional zu n_e/n_n.

An unserer Formel für η kann man auch ablesen, daß der Widerstand eines vollständig ionisierten Plasmas umgekehrt proportional zu $T_e^{3/2}$ ist. Wenn die Temperatur des Plasmas erhöht wird, fällt der Widerstand also stark ab. Deshalb sind Plasmen bei sehr hoher Temperatur am ehesten widerstands- oder stoßfrei, d.h. ihr elektrischer Widerstand ist vernachlässigbar. Im achten Kapitel haben wir die Folgen perfekter Leitfähigkeit und das Einfrieren der Feldlinien in das Plasma untersucht. Wir sehen nun, daß diese Vorstellung vor allem für Plasmen bei hohen Temperaturen geeignet ist. Der abnehmende Widerstand bei steigender Temperatur bringt einen deutlichen Nachteil für die einfachste Methode, ein Plasma zu heizen – indem man einen Strom hindurchleitet, der einen Teil seiner Energie in Wärme umwandelt („Ohmsche Heizung") – mit sich. Das Plasma wird bei dieser Methode mit der Leistung ηj^2 pro Volumen geheizt (äquivalent zu einem Draht der mit $I^2 R$ geheizt wird), weil die Energieübertragung vom elektrischen Feld auf die Elektronen durch $-n_e e \boldsymbol{u}_e \cdot \boldsymbol{E} = \boldsymbol{j} \cdot \boldsymbol{E} = \eta j^2$ gegeben ist. Bei festem j sinkt die Leistung wenn die Temperatur steigt und das so stark, daß Ohmsches Heizen bei Fusionstemperaturen im allgemeinen als ungeeignet betrachtet wird.

Der Zahlenwert, den man für den Ohmschen Widerstand eines Wasserstoffplasmas erhält, wenn man (11.30) um einen Faktor 2 korrigiert, ist (in SI-Einheiten)

$$\eta = 5 \cdot 10^{-5} \frac{\ln \Lambda}{T_e^{3/2}} \ \Omega\text{m} . \qquad (11.31)$$

T_e wird hier in eV eingesetzt. Ein Plasma mit $T_e = 100$ eV hat etwa den gleichen Widerstand wie rostfreier Stahl ($7 \cdot 10^{-7}$ Ωm), der Widerstand eines Plasmas mit $T_e = 1$ keV ist so gering wie der von Kupfer ($2 \cdot 10^{-8}$ Ωm).

11.4 Energietransfer

Ein weiterer durch Stöße verursachter Vorgang, den wir jetzt betrachten wollen, ist die Übertragung von Energie zwischen den heißeren Elektronen und den kälteren Ionen in einem Plasma. Wir wollen also den Ausgleichsvorgang in einem Plasma mit $T_e \gg T_i$ betrachten. Wie wir sehen werden, kommt so eine Situation tatsächlich vor (sogar häufig), weil die Zeit τ_{eq}, in der sich ein Gleichgewicht zwischen den Elektronen und den Ionen einstellt, deutlich länger ist als die Zeit, ν_{ee}^{-1} bzw. ν_{ii}^{-1}, die Elektronen und Ionen brauchen, um untereinander in ein Gleichgewicht zu kommen.

Wenn ein leichtes Teilchen der Masse m und der Geschwindigkeit v_0 mit einem schweren Teilchen der Masse M kollidiert, das sich anfänglich in Ruhe befindet, findet der maximale Energie- und Impulsaustausch bei einer 180°-Streuung statt (also bei einem Frontalzusammenstoß). Die Gleichungen der Energie- und Impulserhaltung bei einer 180°-Streuung lauten

$$m v_0 + m v_1 = M V \qquad (11.32)$$

$$\frac{1}{2} m v_0^2 + \frac{1}{2} m v_1^2 = \frac{1}{2} M V^2 . \qquad (11.33)$$

Dabei sind v_1 (nach hinten) und V (nach vorne) die Endgeschwindigkeiten des leichten und des schweren Teilchens. Aus der Kombination dieser beiden Gleichungen folgt $v_1 \approx v_0$ und

$$\frac{1}{2} M V^2 \approx \left(\frac{4m}{M} \right) \frac{m v_0^2}{2} . \qquad (11.34)$$

Also wird nur ein Bruchteil von $\approx 4m/M$ der Energie des leichteren Teilchens auf das schwerere Teilchen übertragen. Wie wir gleich sehen werden, ist die Situation bei der physikalisch wichtigeren Streuung unter kleinen Winkeln vergleichbar.

Auf die gleiche Art und Weise können wir den Energietransfer zwischen den „heißen" Elektronen der Masse m und den „kalten" Ionen der Masse M in einem Plasma berechnen. Die Änderung $\Delta \boldsymbol{v}$ der Geschwindigkeit eines Elektrons durch einen Coulomb-Stoß mit einem ruhenden Ion kann wegen der Impulserhaltung durch die von dem Ion gewonnene Geschwindigkeit $\Delta \boldsymbol{V}$ ausgedrückt werden.

$$m \Delta \boldsymbol{v} = -M \Delta \boldsymbol{V} \qquad (11.35)$$

Dadurch, daß das auftreffende Elektron wie in Bild 11.1 dargestellt von seiner ursprünglichen Bahn abgelenkt wird, verliert es einen Teil $m \Delta \boldsymbol{v}$ seines Impulses. Das Ion erhält den Impuls $M \Delta \boldsymbol{V}$. Im Mittel über viele Stöße, bei denen die Elektronen in jeweils unterschiedliche Richtungen abgelenkt werden, gewinnen die Ionen keinen Gesamtimpuls. Das setzt natürlich voraus, daß die Elektronen eine isotrope (z.B. Maxwellsche) Geschwindigkeitsverteilung mit verschwindender mittlerer Geschwindigkeit haben. Wenn die Ionen anfangs in Ruhe sind, gewinnen sie durch jeden Stoß eine kleine Menge Energie. Dieser Zuwachs an Energie kann sich sammeln, weil jedes stoßende Elektron eine kleine Menge beiträgt und sich diese Beiträge nicht wie bei der vektoriellen Größe Impuls gegenseitig aufheben. Nach (11.35) ist die Energie, die ein Ion durch einen einzelnen Stoß erhält

$$\frac{1}{2}M|\Delta \boldsymbol{V}|^2 = \frac{m^2}{2M}|\Delta \boldsymbol{v}|^2 . \tag{11.36}$$

Wie wir bereits festgestellt haben, steht die Änderung $\Delta \boldsymbol{v}$ der Geschwindigkeit des Elektrons aus Bild 11.1 im wesentlichen senkrecht auf seiner ursprünglichen Flugrichtung. Den Betrag dieser Geschwindigkeit haben wir mit $\Delta v_\perp$ bezeichnet. Anhand der Energiegleichung in niedrigster Ordnung für das Elektron hatten wir festgestellt, daß der Beitrag von $\Delta v_\parallel$ wegen $v\Delta v_\parallel \approx (\Delta v_\perp)^2$ wesentlich kleiner ist. Also gilt

$$\frac{1}{2}M|\Delta \boldsymbol{V}|^2 = \frac{m^2}{2M}(\Delta v_\perp)^2 . \tag{11.37}$$

Die Größe $(\Delta v_\perp)^2$ für ein einzelnes Elektron, das mit einem einzelnen Ion kollidiert ist in (11.9) angegeben. Nach (11.37) ist die Energie, die bei einem Stoß von dem Elektron auf das Ion übertragen wird $m^2/2M(\Delta v_\perp)^2$.

Wir betrachten nun den Fall, daß wie in einem Plasma viele Elektronen mit vielen Ionen zusammenstoßen. Die Dichten der Elektronen und der Ionen können dabei wie beispielsweise in einem Plasma mit $Z \neq 1$ unterschiedlich sein. Die Ablenkung eines durchschnittlichen Elektrons mit der Geschwindigkeit $\boldsymbol{v}$ durch seine zahlreichen Stöße mit den Ionen ist nach (11.11)

$$\frac{\mathrm{d}\langle(\Delta v_\perp)^2\rangle}{\mathrm{d}t} = \frac{n_i Z^2 e^4 \ln \Lambda}{2\pi \epsilon_0^2 m^2 v^2} . \tag{11.38}$$

Wenn wir über die Maxwell-Verteilung

$$f_e(v) = n_e \sqrt{\left(\frac{m}{2\pi T_e}\right)^3}\, \mathrm{e}^{-\frac{mv^2}{2T_e}} \tag{11.39}$$

der Elektronen integrieren, erhalten wir den gesamten Energieverlust der Elektronen durch Stöße mit den Ionen.

$$\frac{\mathrm{d}W_e}{\mathrm{d}t} = -\frac{m^2}{2M}\int \frac{\mathrm{d}\langle(\Delta v_\perp)^2\rangle}{\mathrm{d}t} f_e(v)\, \mathrm{d}^3 v \tag{11.40}$$

$W_e = (3/2)n_e T_e$ ist die Energiedichte der Elektronen. Bei jedem Stoß wird Energie auf ein einzelnes Ion übertragen. Diese Energie verteilt sich jedoch auf das ganze Ensemble von Ionen. Auch für die Ionen gehen wir von einer Maxwellschen Geschwindigkeitsverteilung aus. Die Energiedichte der Ionen $W_i = (3/2)n_i T_i$ nimmt um genau so viel zu wie die der Elektronen abnimmt. Es gilt also

$$\frac{\mathrm{d}W_i}{\mathrm{d}t} = -\frac{\mathrm{d}W_e}{\mathrm{d}t} . \tag{11.41}$$

Da nur die mittleren Energien und mit ihnen die Temperaturen T_e und T_i, nicht aber die Dichten, durch die Coulomb-Stöße verändert werden, können wir daraus eine Formel für die Zunahme der Temperatur der Ionen herleiten.

$$\begin{aligned}\frac{\mathrm{d}T_i}{\mathrm{d}t} &= \frac{m^2}{3Mn_i}\int \frac{\mathrm{d}\langle(\Delta v_\perp)^2\rangle}{\mathrm{d}t} f_e(v)\mathrm{d}^3v &(11.42)\\ &= \frac{Z^2e^4\ln\Lambda}{6\pi\epsilon_0^2 M}\int \frac{f_e(v)}{v}\mathrm{d}^3v &(11.43)\end{aligned}$$

Für eine Maxwell-Verteilung f_e kann man das Integral in (11.43) problemlos berechnen (s. (11.21))

$$\int \frac{f_e(v)}{v}\mathrm{d}^3v = \sqrt{\frac{2m}{\pi T_e}}n_e\,. \tag{11.44}$$

Unser Endergebnis lautet also

$$\frac{\mathrm{d}T_i}{\mathrm{d}t} = \frac{T_e}{\tau_{\mathrm{eq}}} \tag{11.45}$$

mit

$$\tau_{\mathrm{eq}}^{-1} = \sqrt{\frac{m}{2\pi T_e^3}}\frac{n_e Z^2 e^4 \ln\Lambda}{3\pi\epsilon_0^2 M}\,. \tag{11.46}$$

Wenn wir diese Temperaturausgleichsgeschwindigkeit mit der mittleren Elektron-Ion-Stoßfrequenz vergleichen, die wir früher in diesem Kapitel berechnet haben, finden wir

$$\tau_{\mathrm{eq}}^{-1} \approx 2\frac{m}{M}\langle\nu_{ei}\rangle\,. \tag{11.47}$$

Da wir davon ausgegangen sind, daß zu Beginn der Stöße alle Streuzentren ruhen, ist dieses Ergebnis nur für die erste Phase einer Temperaturerhöhung, ausgehend von $T_i \approx 0$, gültig. Wenn die Ionen eine endliche Temperatur haben, wird bei manchen Stößen Energie von den Elektronen auf die Ionen und bei manchen Stößen Energie von den Ionen auf die Elektronen übertragen. Aus der Thermodynamik wissen wir, daß der über viele Stöße gemittelte Energiestrom für $T_i < T_e$ von den Elektronen zu den Ionen und für $T_e < T_i$ von den Ionen zu den Elektronen gerichtet ist. Unsere Betrachtung, bei der wir die Temperatur der Ionen vollständig vernachlässigt haben, kann also nur für $T_i \ll T_e$ gültig sein. Unsere Ergebnisse können aber auch auf den Fall einer endlichen Anfangstemperatur der Ionen verallgemeinert werden und zeigen dann, daß sich T_e und T_i mit den Geschwindigkeiten

$$\frac{\mathrm{d}T_i}{\mathrm{d}t} = \frac{T_e - T_i}{\tau_{\mathrm{eq}}} \qquad \frac{\mathrm{d}T_e}{\mathrm{d}t} = \frac{n_i}{n_e}\frac{T_i - T_e}{\tau_{\mathrm{eq}}} \tag{11.48}$$

aneinander angleichen. Dabei ist die zweite Gleichung in (11.48) eine direkte Folgerung aus der Energieerhaltung. Obwohl (11.48) eine vom Standpunkt der Thermodynamik aus naheliegende Verallgemeinerung von (11.45) für den Fall einer endlichen Temperatur T_i ist, benötigt man zu ihrer Herleitung eine aufwendigere Betrachtung der Coulomb-Stöße zwischen Ionen und Elektronen, die den Rahmen dieses Buches sprengen würde. Diese Betrachtung, einschließlich der Herleitung von (11.48), findet sich beispielsweise in L. Spitzer: *Physics of Fully Ionized Gases*, Interscience, New York, zweite Auflage 1962.

Aus (11.48) folgt unter anderem, daß der Temperaturausgleich in einem Plasma (d.h. zwischen den Elektronen und Ionen) ein relativ langsamer Vorgang ist. Die Geschwindigkeit, mit der die Ionen und die Elektronen Energie austauschen, ist nicht so hoch wie ihre Stoßfrequenz ν_{ei} oder die Elektron-Elektron-Stoßfrequenz ν_{ee}, sondern um einen Faktor m/M kleiner. Sie ist auch kleiner als die Ion-Ion-Stoßfrequenz ν_{ii} und zwar um einen Faktor $(m/M)^{1/2}$.

Aufgabe 11.4 Wir betrachten ein Wasserstoffplasma mit einer beliebigen (d.h. nicht Maxwellschen) Geschwindigkeitsverteilung der Elektronen und Protonen. (Wir gehen aber davon aus, daß die mittleren Energien der Elektronen und Protonen von der gleichen Größenordnung sind.) Im Laufe der Zeit gelangt das Plasma in einen Gleichgewichtszustand, in dem die Elektronen und Protonen jeweils eine Maxwellsche Geschwindigkeitsverteilung mit $T_e = T_i$ haben. Beschreiben Sie die Übergangszustände auf dem Weg zum thermodynamischen Gleichgewicht qualitativ. Was geschieht zuerst? Was danach? ...

11.5 Bremsstrahlung*

Die Coulomb-Wechselwirkung zwischen einem Elektron und einem Ion führt zu einer Beschleunigung des Elektrons während, es von dem Ion angezogen und wie in Bild 11.1 dargestellt aus seiner ursprünglichen Bahn abgelenkt wird. Aus der Elektrodynamik wissen wir, daß eine beschleunigte Ladung elektromagnetische Strahlung aussendet. Die Strahlung dieses Typs, die die Elektronen bei den Coulomb-Stößen mit den Ionen abstrahlen, wird als „Bremsstrahlung" oder auch als „frei-freie Bremsstrahlung" bezeichnet. Bei einer Betrachtung in niedrigster Ordnung führen die Stöße von Elektronen mit Elektronen nicht zu einer solchen Strahlung, weil die Beschleunigungen der Elektronen gleich groß und entgegengesetzt sind. Es ensteht also im Mittel kein Elektronenstrom und daher erhält man in der Dipolnäherung keine Strahlung. Wir werden deshalb nur Stöße von Elektronen mit Ionen betrachten.

Obwohl zu einer genauen Untersuchung der Bremsstrahlung bei interessanten Werten der Plasmaparameter im allgemeinen quantenmechanische Rechnungen erforderlich sind, können wir eine brauchbare Näherung durch eine klassische Rechnung unter Berücksichtigung einer quantenmechanischen Korrektur erhalten. Aus der klassischen Elektrodynamik wissen wir, daß die Leistung $\dot{W}$, die ein nichtrelativistisches Elektron bei der Beschleunigung a abstrahlt, durch die Larmor-Formel angegeben wird.

$$\dot{W} = \frac{e^2 a^2}{6\pi \epsilon_0 c^3} \tag{11.49}$$

Mit Hilfe der Bewegungsgleichung können wir die Beschleunigung durch die Coulomb-Kraft ausdrücken.

$$ma = \frac{Ze^2}{4\pi \epsilon_0 r^2} \tag{11.50}$$

r ist der Abstand zwischen dem Elektron und dem Ion zum jeweiligen Zeitpunkt. Wenn wir diese Gleichung in (11.49) einsetzen, erhalten wir

$$\dot{W} = \frac{2Z^2 e^6}{3(4\pi \epsilon_0)^3 m^2 c^3 r^4} \,. \tag{11.51}$$

Den gesamten Energieverlust durch Strahlung bei einem einzelnen Stoßvorgang berechnen wir, indem wir (11.51) längs der Bahn des Elektrons nach der Zeit aufintegrieren. Wenn wir die Bahn mit s parametrisieren, gilt für ein differentielles Zeitelement $dt = ds/v$, wobei v die momentane Geschwindigkeit des Elektrons bezeichnet. Damit erhalten wir

$$W_{\rm rad} = \frac{2Z^2e^6}{3(4\pi\epsilon_0)^3m^2c^3}\int\frac{{\rm d}s}{r^4v}\,. \tag{11.52}$$

Da wir wegen der Energieerhaltung auch über eine Beziehung zwischen der kinetischen Energie $mv^2/2$ des Elektrons und seiner potentiellen Energie $-Ze^2/r$ im Feld des Ions verfügen, können wir seine augenblickliche Geschwindigkeit als Funktion von r angeben, wenn wir seine Anfangsgeschwindigkeit (weit von dem Ion entfernt) kennen. Wir kennen auch den Verlauf der Bahn des Elektrons (eine Hyperbel) und könnten daher versuchen, das Integral in (11.52) zu lösen. Dadurch würden wir eine exakte Formel für die Bremsstrahlung im klassischen Rahmen erhalten.

Bei der Behandlung der quantenmechanischen Effekte sind wir hier aber ohnehin auf eine Näherung angewiesen, also reicht es, das Integral in (11.52) näherungsweise zu lösen, indem wir über die ungestörte Bahn des Elektrons integrieren. Dadurch behandeln wir alle Stöße so, als ob sie nur zu geringen Abweichungen von der geraden Flugbahn des Elektrons führen würden. In dieser Näherung gilt $v \approx const.$, und wenn wir s vom Mittelpunkt der Bahn (dem Punkt mit dem geringsten Abstand zum Ion) aus messen, gilt $r^2 = s^2 + b^2$ mit dem Stoßparameter b. Aus dem Integral wird dann

$$\int\frac{{\rm d}s}{r^4} = \int_{-\infty}^{\infty}\frac{{\rm d}s}{(s^2+b^2)^2} = \frac{\pi}{2b^3}\,. \tag{11.53}$$

Dabei ist im letzten Schritt die Substitution $s = b\tan\alpha$ hilfreich. Unser Ergebnis für die bei einem Stoß abgestrahlte Energie lautet

$$W_{\rm rad} \approx \frac{\pi Z^2e^6}{3(4\pi\epsilon_0)^3m^2c^3vb^3}\,. \tag{11.54}$$

In dieser Formel deuten wir mit $\approx$ an, daß wir das Integral nur näherungsweise ausgewertet haben.

Die Anzahl der Ionen, mit denen das Elektron in einem differentiellen Zeitintervall ${\rm d}t$ mit einem Stoßparameter im Intervall ${\rm d}b$ kollidiert erhält man, indem man die Dichte n_i der Ionen mit dem Volumenelement $2\pi b\,{\rm d}b\,v\,{\rm d}t$ multipliziert. Um die Leistung, die das Plasma pro Volumen abstrahlt zu berechnen, multipliziert man (11.54) mit $2\pi n_i vb\,{\rm d}b$, integriert über alle möglichen Werte von b und multipliziert mit der Anzahl der Elektronen pro Volumen, d.h. mit der Elektronendichte n_e. Dadurch erhalten wir

$$P_{\rm br} \approx \frac{2\pi^2 n_i n_e Z^2e^6}{3(4\pi\epsilon_0)^3m^2c^3}\int_{b_{\rm min}}^{\infty}\frac{{\rm d}b}{b^2} \approx \frac{2\pi^2 n_i n_e Z^2e^6}{3(4\pi\epsilon_0)^3m^2c^3b_{\rm min}}\,. \tag{11.55}$$

In dieser Rechnung war es nicht nötig, an der oberen Integrationsgrenze einen „cut-off" (z.B. die Debye-Länge) einzuführen. Das liegt daran, daß das Integral über den Stoßparameter für große b nicht divergiert. Physikalisch gesehen tragen die Stöße unter großem Winkel nicht so viel zur Bremsstrahlung bei wie die Mehrfachstreuung unter kleinen Winkeln. Trotzdem mußten wir einen unteren „cut-off" $b_{\rm min}$ einführen. Im rein klassischen Fall würden wir $b_{\rm min} \approx b_0$, mit dem Stoßparameter b_0 für 90°-Streuung aus (11.3) und (11.17) annehmen. Es wäre jedoch befriedigender, das Integral über die Bahn des Elektrons genau auszurechnen. Dadurch erhält man von selbst einen „cut-off" in der Nähe von b_0.

Wir hatten bereits festgestellt (s. Aufgabe 11.2), daß der minimale Stoßparameter in Plasmen mit $T_e > 10$ eV durch quantenmechanische Effekte bestimmt wird. Da die Bremsstrahlung bei niedrigen Temperaturen meist schwächer als die anderen Formen der Strahlung (wie z.B.

Spektralstrahlung) ist, ist hier vor allem dieser Temperaturbereich von Interesse. Selbst bei einem reinen Wasserstoffplasma ist die Strahlung aus der Rekombination zusammen mit der Spektralstrahlung aus den Übergängen in angeregten Zuständen rekombinierter Atome für $T_e < 10$ eV stärker als die frei-freie Bremsstrahlung (s. Bild 10.11). Die Bremsstrahlung ist also vor allem dann interessant, wenn man quantenmechanische Effekte berücksichtigen muß. Der minimale Stoßparameter ist dann die De-Broglie-Wellenlänge

$$b_{\min} \approx \frac{\hbar}{mv} \tag{11.56}$$

mit $v = (3T_e/m)^{1/2}$. Wenn wir (11.56) in (11.55) einsetzen, erhalten wir als Leistung der Bremsstrahlung pro Volumen im quantenmechanischen Bereich

$$P_{\mathrm{br}} \approx \sqrt{\frac{T_e}{3m^3}}\,\frac{2\pi^2 n_i n_e Z^2 e^6}{(4\pi\epsilon_0)^3 c^3 \hbar}\,. \tag{11.57}$$

Gleichung (11.57) ist nur eine Näherung, weil eine exakte Berechnung vollständig im Rahmen der Quantenmechanik durchgeführt werden müßte, anstatt einen quantenmechanischen „cut-off" *ad hoc* in eine klassische Rechnung einzuführen. Außerdem muß man noch über die Maxwell-Verteilung der Elektronen mitteln. (11.57) liegt nur etwa 34% über dem exakten quantenmechanischen Ergebnis (in das gegenüber dem klassischen Resultat ein sogenannter „Gaunt-Faktor" eingeht, der quantenmechanische und relativistische Korrekturen für den keV-Bereich berücksichtigt). Wenn wir, um diesen Fehler auszugleichen, auf der rechten Seite von (11.57) einen Faktor 0,75 einführen und die Zahlenwerte der Konstanten einsetzen, erhalten wir für die durch Bremsstrahlung abgestrahlte Leistung

$$P_{\mathrm{br}} = 1.7 \cdot 10^{-38} Z^2 n_i n_e \sqrt{T_e} (\mathrm{Wm}^{-3})\,, \tag{11.58}$$

wobei n_i und n_e in m^{-3} angegeben werden und T_e in eV. Wenn das Plasma Ionen mit unterschiedlichem Z enthält, muß $n_i Z^2$ durch $\sum_i n_i Z_i^2$ ersetzt werden. Die Leser, die an der vollständigen quantenmechanischen Herleitung interessiert sind, finden diese in: W. Heitler, *Quantum Theory of Radiation*, Oxford University Press, dritte Auflage, Oxford 1954.

Aufgabe 11.5 Bei Fusionen von Deuteronen und Tritonen entstehen geladene Heliumionen (Alphateilchen) mit der Energie $E_\alpha = 3{,}5$ MeV. Wenn diese Ionen im Plasma bleiben, führen sie zu einer internen Heizung des Plasmas mit

$$n_D n_T \langle\sigma v\rangle_{DT} E_\alpha$$

pro Volumen. Im Temperaturbereich 3–10 keV gilt für die Fusionsrate bei festem T_i $\langle\sigma v\rangle_{DT} \approx 10^{-34} T_i^{-3}$. (Vorsicht: Oberhalb von 10 keV ist diese Formel *keine* gute Näherung.) Zeigen Sie, daß in einem reinen Deuterium-Tritium-Plasma mit $n_D = n_T = n_e/2$ und $T_e = T_i = T$ die dadurch erzeugte Energie nur dann größer ist als die durch Bremsstrahlung verlorene Energie, falls $T > 4{,}3$ keV.

---

12 Diffusion in Plasmen

Wenn ein geladenes Teilchen in einem Plasma mit einem anderen Teilchen kollidiert, führt das zu einer kleinen, aber abrupten Änderung seiner Geschwindigkeit. Das Teilchen gerät dabei von seiner anfänglichen Bahn auf eine andere, stoßfreie Bahn. Nach einer genügend großen Anzahl solcher Stöße weicht die Bahn des Teilchens deutlich von seiner ursprünglichen Bahn ab. In einem inhomogenen Plasma führt das zu einer Wanderungsbewegung der Teilchen von dem Bereich mit der größten Dichte in den Bereich mit der geringsten Dichte, die den Dichtegradienten abschwächt. Diese Wanderungsbewegung wird als Diffusion bezeichnet.

Wir betrachten neben der Diffusion in einem vollständig ionisierten Plasma auch die Diffusion in einem schwach ionisierten Gas, in dem die Stöße geladener Teilchen mit neutralen Teilchen wegen deren größerer Dichte häufiger sind als Stöße mit anderen geladenen Teilchen. Die Diffusion in einem schwach ionisierten Gas ist von grundlegender Bedeutung, weil der Mechanismus, mit dem die elektrische Neutralität des Gases während der Diffusion erhalten wird, sich von dem eines vollständig ionisierten Plasmas unterscheidet. Ferner kann man an diesem Beispiel die wesentlichen physikalischen Prinzipien der Diffusion ohne allzu großen mathematischen Aufwand darstellen. Natürlich ist ein schwach ionisiertes Gas, beispielsweise in einem Prozeßplasma oder in einer Bogenentladung, auch von selbst interessant.

Wir werden in diesem Kapitel nur einfach geladene Ionen betrachten (also H-Ionen). Die Verallgemeinerung auf höhere Ladungen Ze ist aber unproblematisch.

12.1 Diffusion als *random walk*

Es wird sich als nützlich erweisen, den Diffusionkoeffizienten der geladenen Teilchen eines Plasmas zunächst heuristisch einzuführen. Dazu brauchen wir das Konzept des *random walk* (Zufallsbewegung).

Wir betrachten eine Gruppe von Teilchen, die sich ausgehend von $x = 0$ längs der x-Achse bewegen. Die Teilchen machen immer nur einen Schritt auf einmal, jeder Schritt hat die Länge Δx und die Richtung des Schritts ist zufällig. Ein Schritt nach rechts ist genauso wahrscheinlich wie ein Schritt nach links. Die Schritte werden in gleichen Zeitabständen Δt gemacht. Im Mittel, d.h. wenn wir den Durchschnitt einer großen Anzahl von Teilchen betrachten, die alle bei $x = 0$ loslaufen bewegen sich die Teilchen nicht. Die Schritte nach rechts werden durch eine etwa gleich große Anzahl von Schritten nach links ausgeglichen. Der mittlere Aufenthaltsort $\langle x \rangle$ der Teilchen ist also für alle Zeiten der Ursprung

$$\langle x \rangle = 0\,. \tag{12.1}$$

Nach einiger Zeit werden die Teilchen sich aus ihrer Anfangsposition heraus ausgebreitet haben. Einige Teilchen werden sehr weit nach rechts gewandert sein, andere Teilchen sehr weit nach links. Der mittlere Betrag der Position eines Teilchens ist $\langle x^2 \rangle^{1/2}$. Wir werden zeigen, daß $\langle x^2 \rangle$ im Laufe der Zeit gemäß

$$\frac{\mathrm{d}\langle x^2\rangle}{\mathrm{d}t} = \frac{(\Delta x)^2}{\Delta t} \tag{12.2}$$

zunimmt. Eine Lösung dieser Gleichung ist $\langle x^2\rangle = (\Delta x)^2 t/\Delta t$. Die Ausbreitung $\langle x^2\rangle^{1/2}$ der Teilchen nimmt also im Laufe der Zeit mit $\sqrt{t}$ zu.

Im Abschnitt 12.3 werden wir eine äquivalente Form von (12.2) herleiten, indem wir eine Diffusionsgleichung für die Dichte $n(x,t)$ der Teilchen auf der x-Achse lösen. Diese Diffusionsgleichung kann man für den Grenzfall infinitesimaler Δt und Δx anwenden.

12.2 Wahrscheinlichkeitstheorie und *random walk**

Es gibt sicher Leser, die, bevor wir uns der Diffusionsgleichung zuwenden, gerne wissen wollen, wie man (12.2) mit Hilfe einer wahrscheinlichkeitstheoretischen Beschreibung des *random walk* herleitet. Diese Herleitung gilt auch, falls Δt und Δx nicht klein sind. (Diejenigen Leser, die daran nicht interessiert sind, können diesen Abschnitt getrost auslassen.)

Die Herleitung von (12.2) mit Hilfe der Wahrscheinlichkeitstheorie verläuft wie folgt: Wir betrachten eine Gesamtzahl von n Schritten. Die Wahrscheinlichkeit, daß genau r von diesen Schritten nach rechts und $n-r$ nach links gerichtet sind, bezeichnen wir mit $P_n(r)$. Die Wahrscheinlichkeit, daß eine vorher festgelegte Reihenfolge von Schritten eintritt, ist mit $2^{-r}\cdot 2^{-(n-r)} = 2^{-n}$ genau so groß wie die Wahrscheinlichkeit, daß bei n Würfen einer Münze eine vorher festgelegte Reihenfolge von Wappen und Zahlen auftritt. Um die Zahl $P_n(r)$ zu bestimmen, bei der es nicht darauf ankommt, welche von den n Schritten, die r Schritte nach rechts sind müssen wir mit der Anzahl von Möglichkeiten, r ununterscheidbare Dinge aus einer Gesamtzahl von n Dingen auszuwählen, multiplizieren. Diese Anzahl ist $n!/[r!(n-r)!]$. Also gilt

$$P_n(r) = \frac{n!}{r!(n-r)!}\frac{1}{2^n}\,.$$

Nach diesen n Schritten, die das Teilchen in der Zeit $t = n\Delta t$ zurückgelegt hat, ist das Teilchen um $r\Delta x - (n-r)\Delta x = (2r-n)\Delta x$ Schritte nach rechts vorangekommen. Für das mittlere Betragsquadrat seiner Position gilt

$$\langle x^2\rangle = 4(\Delta x)^2 \sum_{r=0}^{n}\left(r-\frac{n}{2}\right)^2 P_n(r)\,.$$

Um jetzt weiter zu kommen, benutzen wir einen raffinierten Trick, der zunächst witzlos scheint. Wir betrachten die Binomialentwicklung der Funktion $F_n(y)$ mit

$$F_n(y) \equiv \frac{(1+y)^n}{2^n y^{n/2}} = \frac{1}{2^n}\sum_{r=0}^{n}\frac{n!}{r!(n-r)!}y^{(r-n/2)}\,.$$

Es gilt

$$y\frac{\mathrm{d}}{\mathrm{d}y}\left(y\frac{\mathrm{d}F_n(y)}{\mathrm{d}y}\right) = \frac{1}{2^n}\sum_{r=0}^{n}\frac{n!}{r!(n-r)!}\left(r-\frac{n}{2}\right)^2 y^{(r-n/2)} = \sum_{r=0}^{n}\left(r-\frac{n}{2}\right)^2 P_n(r)y^{(r-n/2)}\,.$$

Wenn wir dies in unseren Ausdruck für $\langle x^2\rangle$ einsetzen, erhalten wir

$$\langle x^2 \rangle = 4(\Delta x)^2 \left[y \frac{\mathrm{d}}{\mathrm{d}y} \left(y \frac{\mathrm{d}F_n(y)}{\mathrm{d}y} \right) \right]_{y=1} .$$

Jetzt muß man nur noch $F_n(y)$ ableiten und $y = 1$ einsetzen, um herauszufinden, daß der Ausdruck in den eckigen Klammern den Wert $n/4$ hat. Damit gilt also

$$\langle x^2 \rangle = n(\Delta x)^2 = t \frac{(\Delta x)^2}{\Delta t}$$

und (12.2) ist bewiesen. Wir wollen nun den Grenzfall betrachten, in dem die Anzahl der Schritte sehr groß wird, während die Länge Δx und der Zeitabstand Δt zwischen den Schritten sehr klein werden. Damit dabei die mittlere quadratische Entfernung $\langle x^2 \rangle$ endlich bleibt, müssen Δx und Δt während sie gegen Null streben die Beziehung $(\Delta x)^2 \sim \Delta t$ erfüllen.

12.3 Die Diffusionsgleichung

Jetzt kommen wir zu der angekündigten Herleitung von (12.2) durch das Aufstellen und Lösen einer Diffusionsgleichung, die den *random walk* im Grenzfall kleiner Δx und Δt richtig beschreibt. Zuerst definieren wir eine Teilchenzahldichte $n(x,t)$, mit deren Hilfe wir die Anzahl der Teilchen in einem Längenelement $\mathrm{d}x$ am Ort x zur Zeit t als $n(x,t)\mathrm{d}x$ angeben können. Wir wollen zeigen, daß diese Teilchenzahldichte (genau wie eine Wahrscheinlichkeitsdichte) eine Diffusionsgleichung der Form

$$\frac{\partial n}{\partial t} = -\frac{\partial \Gamma}{\partial x} = \frac{\partial}{\partial x} \left(D \frac{\partial n}{\partial x} \right) \tag{12.3}$$

erfüllt. Diese Gleichung, die die Form einer Kontinuitätsgleichung für unsere „Zufallswanderer" hat, gilt, solange der Strom Γ von Teilchen in x-Richtung proportional zum Dichtegradienten ist. (Die Proportionalitätskonstante ist $-D$.) Im Grenzfall kleiner Schritte können wir den Fluß mit Hilfe der Vorstellung eines *random walk* von Teilchen auf der x-Achse berechnen. Um den Fluß bei $x = x_0$ zu berechnen, überlegen wir uns, daß der positiv gerichtete Fluß aus Teilchen besteht, die sich vorher in einem Intervall der Länge Δx rechts von x_0 befinden. Nach der Zeit Δt verlassen diese Teilchen das Intervall in x-Richtung. Dabei macht eine Hälfte der Teilchen einen Schritt nach rechts und die andere Hälfte einen Schritt nach links. Also gilt für den positiv gerichteten Fluß

$$\begin{aligned} \Gamma_+ &= \frac{1}{2\Delta t} \int_{x_0 - \Delta x}^{x_0} n(x)\mathrm{d}x \\ &\approx \frac{1}{2\Delta t} \int_{x_0 - \Delta x}^{x_0} \left(n(x_0) + (x - x_0) \left. \frac{\mathrm{d}n}{\mathrm{d}x} \right|_{x_0} \right) \mathrm{d}x \approx \frac{1}{2\Delta t} \left(n\Delta x + \frac{(\Delta x)^2}{2} \frac{\mathrm{d}n}{\mathrm{d}x} \right) . \end{aligned}$$

Analog dazu ist der negativ gerichtet Fluß von Teilchen

$$\Gamma_- = \frac{1}{2\Delta t} \int_{x_0}^{x_0 + \Delta x} n(x)\mathrm{d}x \approx \frac{1}{2\Delta t} \left(n\Delta x + \frac{(\Delta x)^2}{2} \frac{\mathrm{d}n}{\mathrm{d}x} \right) .$$

Der gesamte Fluß ist also

$$\Gamma = \Gamma_+ + \Gamma_- = -\frac{(\Delta x)^2}{2\Delta t}\frac{dn}{dx}. \tag{12.4}$$

Das entspricht einem Diffusionskoeffizienten von

$$D = \frac{(\Delta x)^2}{2\Delta t} \tag{12.5}$$

in (12.3). Die Diffusionsgleichung (12.3) liefert also im Grenzfall einer großen Anzahl von Schritten und kleinen Δx und Δt die richtige Flüssigkeitsbeschreibung einer großen Anzahl von Teilchen, die Zufallsbewegungen vollführen.

Wenn alle Teilchen bei $x = 0$, $t = 0$ anfangen, können wir eine exakte Lösung dieser Diffusionsgleichung angeben.

$$n(x,t) = \frac{N}{\sqrt{4\pi Dt}}\,\mathrm{e}^{-\frac{x^2}{4Dt}} \tag{12.6}$$

Hier ist N die Gesamtzahl der Teilchen, $N = \int n(x,t)\mathrm{d}x$. Dies ist eine exakte Lösung von (12.4). Wir sollten aber nicht vergessen, daß die Diffusionsgleichung nur im Grenzfall $\Delta x \ll x$ und $\Delta t \ll t$ angewandt werden kann.

Aufgabe 12.1 Zeigen Sie durch Einsetzen, daß (12.6) eine Lösung von (12.3) ist. Zeigen Sie durch ein Gegenbeispiel, bei dem (12.6) mit (12.5) nicht die richtige Lösung sein kann, daß die Lösung für endliche Δx und Δt nicht richtig ist.

Bei $t = 0$ ist die Verteilung der Teilchen eine δ-Funktion bei $x = 0$. Daher können wir die mittlere Entfernung der Teilchen vom Ursprung, die in (12.2) schon angegeben war, leicht berechnen

$$\langle x^2 \rangle = N^{-1}\int x^2 n(x,t)\mathrm{d}x = 2Dt = \frac{(\Delta x)^2 t}{\Delta t}.$$

Die dreidimensionale Verallgemeinerung der Diffusionsgleichung (12.3) ist

$$\frac{\partial n}{\partial t} = \nabla\cdot(D\nabla n). \tag{12.7}$$

Bei einem Diffusionsprozeß gibt es eine mittlere Wanderung der Teilchen in die ∇n entgegengesetzte Richtung. Da sich anfangs mehr Teilchen im Gebiet mit höherer Dichte befinden als in den Gebieten mit niedrigem n, führt die Ausbreitung der Teilchen zu einem Teilchenfluß in Richtung von $-\nabla n$.

Als erstes Beispiel der Diffusion in einem Plasma betrachten wir den Fall eines Plasmas, in dem es keine wesentlichen elektromagnetischen Felder gibt. In diesem Fall bewegt sich ein Teilchen auf einer geradlinigen Bahn, bis es einem anderen, geladenen oder neutralen Teilchen begegnet, d.h. mit ihm kollidiert. Auf der Grundlage unseres heuristischen Modells können wir den Diffusionskoeffizienten D abschätzen. Die Schrittweite des zugehörigen *random walk* ist die mittlere freie Weglänge λ_{mfW}. Der Zeitabstand zwischen zwei Schritten ist die reziproke Stoßfrequenz $\tau \approx \nu^{-1}$. Aus unserer Behandlung des *random walk* erhalten wir also einen Diffusionskoeffizienten von

$$D \approx \nu\lambda_{\mathrm{mfW}}^2. \tag{12.8}$$

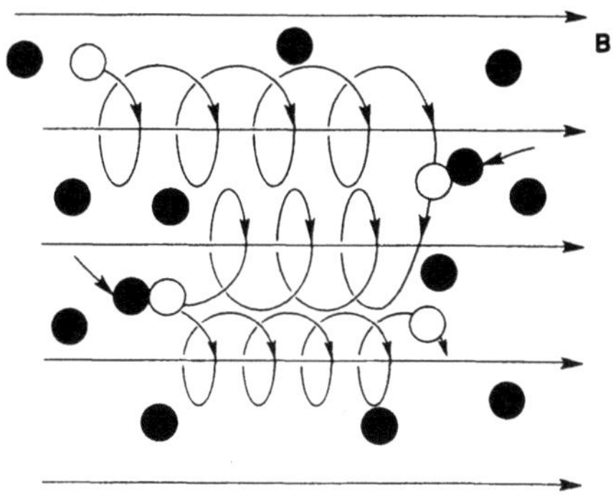

Bild 12.1
Die durch Stöße mit anderen neutralen oder geladenen Teilchen (ausgefüllte Kreise) hervorgerufene Diffusion eines geladenen Teilchens (offene Kreise) in einem Magnetfeld. Es werden zwei Stöße dargestellt. Beide tragen zur Diffusion längs des Feldes und durch Änderungen der Phase der Larmor-Gyration auch zur Diffusion quer zum Feld bei.

Mit Gleichung (12.8) und ähnlichen Abschätzungen können wir nur die Größenordnung von D bestimmen. Dementsprechend haben wir auch in (12.8) einen Faktor 1/2 weggelassen, der in (12.5) auftaucht. Wenn wir uns daran erinnern, daß wir die mittlere freie Weglänge bestimmt haben, indem wir die Geschwindigkeit der Teilchen, in diesem Fall also die thermische Geschwindigkeit, durch die Stoßfrequenz geteilt haben, können wir den Diffusionskoeffizienten auch als

$$D \approx \frac{v_t^2}{\nu} \approx \frac{T}{m\nu} \tag{12.9}$$

schreiben.

Als nächstes betrachten wir ein Plasma, das von einem starken Magnetfeld $\boldsymbol{B}$ durchdrungen ist. Wie in Bild 12.1 dargestellt, bewegen sich die geladenen Teilchen frei längs $\boldsymbol{B}$. Bei dieser Bewegung werden sie nur durch Stöße mit anderen Teilchen gestört. Wenn die Teilchendichte längs des Feldes inhomogen ist, werden die Inhomogenitäten durch die Diffusion ausgeglichen. Da das Magnetfeld die Bewegung parallel zum Feld nicht beeinflußt, gilt dafür die Beziehung, die wir oben für den feldfreien Fall aufgestellt haben. Wir können also einen parallelen Diffusionskoeffizienten $D_\parallel$ einführen, dessen Wert durch (12.9) gegeben ist.

In beiden Fällen, sowohl in einem feldfreien Plasma als auch bei der Diffusion längs des Feldes, wird der Transport von Teilchen durch die Stöße behindert. Die Diffusion senkrecht zum Magnetfeld wird durch die Stöße verstärkt. Wenn es keine Stöße gibt, wandern die Teilchen nicht quer zum Magnetfeld, sondern gyrieren immer um die gleiche Feldlinie. Es gibt natürlich auch durch Feldkrümmung, Gradienten oder elektrische Felder quer zu $\boldsymbol{B}$ verursachte Teilchendriften quer zu $\boldsymbol{B}$, aber diese führen innerhalb eines begrenzten Plasmas häufig zu geschlossenen Bahnen. Ein Beispiel dafür ist eine zylindrische Plasmasäule, in der das elektrische Feld und alle Gradienten radial gerichtet sind und die Driften deshalb azimutal sind. In solchen Anordnungen tragen die Driften die Teilchen nicht aus dem Plasma heraus.

Wenn es Stöße gibt, können sich die Teilchen in Zufallsbewegungen quer zu $\boldsymbol{B}$ bewegen. Der Geschwindigkeitsvektor eines geladenen Teilchens, das mit einem anderen Teilchen zusammenstößt, wird um einen endlichen Winkel gedreht. Das Teilchen gyriert mit dem gleichen Drehsinn wie vorher, aber es gibt einen Phasensprung der Gyrationsbewegung und das Gyrationszentrum wird verschoben. Auch der Larmor-Radius kann geändert werden. Das ist aber für den Vorgang nicht wesentlich und wir werden davon ausgehen, daß das Teilchen keine senkrechte Energie gewinnt oder verliert und daß deshalb der Larmor-Radius unverändert bleibt.

Der Phasensprung führt zu einer Verschiebung des Führungszentrums durch den Stoß. Bei vielen aufeinanderfolgenden Stößen ergibt sich ein *random walk* des Führungszentrums. Diese Situation ist in Bild 12.1 dargestellt. Wir gehen hier davon aus, daß die meisten Larmor-Bahnen vollendet werden, weil die Stoßfrequenz wesentlich geringer ist als die Larmor-Frequenz. Die Schrittweite des *random walk* ist jetzt nicht mehr die mittlere freie Weglänge λ_{mfW}, sondern sie ist von der Größenordnung des Larmor-Radius r_{L}. Der zeitliche Abstand zwischen zwei Stößen ist auch hier die reziproke Stoßfrequenz $\tau = \nu^{-1}$. Damit erhalten wir als „senkrechten" Diffusionskoeffizienten

$$D_{\perp} \approx \nu r_{\text{L}}^{2} . \tag{12.10}$$

Obwohl wir uns bei der Abschätzung (12.10) auf Bild 12.10, in dem 90°-Stöße dargestellt sind, bezogen haben, sollten wir nicht vergessen, daß die zahlreichen Coulomb-Stöße unter kleinen Winkeln die größeren Auswirkungen haben. Ein typisches Teilchen wird in einer Gyrationsperiode ($\Delta\tau \approx 2\pi/\omega_{\text{c}}$) um einen Winkel der Größenordnung $\Delta\theta \approx (2\pi\nu/\omega_{\text{c}})^{1/2}$ gestreut. (Die Streuung durch Stöße ist ein diffusiver Prozeß im Geschwindigkeitsraum, für den Streuwinkel $\Delta\theta$ gilt also $(\Delta\theta)^2 \approx \nu\Delta t$.) Wenn die senkrechte Geschwindigkeit des Teilchens um einen Winkel $\Delta\theta$ verändert wird, bewegt sich das Führungszentrum des Teilchens um $\Delta x \approx r_{\text{L}}\Delta\theta$ und das führt zu einem räumlichen Diffusionskoeffizienten von $D \approx (\Delta x)^2/\Delta t \approx \nu r_{\text{L}}^2$. Eine genauere Herleitung, die die Auswirkungen vieler Streuungen unter kleinen Winkeln berücksichtigt, führt also zum gleichen Ergebnis wie die heuristische Herleitung, die Stöße unter großen Winkeln betrachtet.

12.4 Diffusion in schwach ionisierten Gasen

Wenn der Ionisationsgrad eines schwach ionisierten Gases niedrig genug ist, spielt die Wechselwirkung (durch Stöße) der geladenen Teilchen mit den neutralen Teilchen eine wichtigere Rolle als die Wechselwirkung mit anderen geladenen Teilchen. In diesem Fall kann man die Diffusionskoeffizienten aus (12.9) und (12.10) bestimmen, indem man nur die Stoßfrequenzen der neutralen Teilchen mit den Ionen und Elektronen berücksichtigt. Es gilt $\nu = n_n\langle\sigma_n v\rangle$, dabei ist der Streuquerschnitt eines neutralen Atoms mit einem Elektron etwa so groß wie der mit einem Ion. Also gibt es zwischen der Stoßfrequenz neutraler Teilchen (Index en) mit den Ionen (Index in) und ihrer Stoßfrequenz mit den Elektronen die Beziehung

$$\frac{\nu_{\text{en}}}{\nu_{\text{in}}} \approx \frac{v_{t,e}}{v_{t,i}} \approx \sqrt{\frac{M}{m}} \gg 1 . \tag{12.11}$$

$v_{t,e}$ und $v_{t,i}$ sind die thermischen Geschwindigkeiten der Elektronen bzw. Ionen. Um eine Verbindung mit den Massen der Elektronen bzw. Ionen herzustellen, sind wir davon ausgegangen, daß Elektronen und Ionen etwa die gleiche Temperatur haben.

Für den feldfreien Fall (oder längs des Feldes wenn ein Feld vorhanden ist) ergibt sich damit eine Beziehung zwischen den Diffusionskoeffizienten von Elektronen und Ionen

$$\frac{D_{\parallel e}}{D_{\parallel i}} \approx \sqrt{\frac{M}{m}} \gg 1 . \tag{12.12}$$

Für die Diffusionskoeffizienten quer zu einem starken Magnetfeld gilt

$$\frac{D_{\perp e}}{D_{\perp i}} \approx \sqrt{\frac{m}{M}} \ll 1 , \tag{12.13}$$

weil der Larmor-Radius proportional zur Wurzel der Masse ist.

Da ein Plasma fast vollständig neutral bleiben muß, kann es nicht zu Gesamtbewegungen der Elektronen und Ionen mit unterschiedlichen Geschwindigkeiten kommen. Damit das Plasma neutral bleibt, stellen sich die Flüsse der Elektronen und Ionen so ein, daß die beiden Teilchenarten das Plasma mit derselben Häufigkeit verlassen. Bei diesem Anpassungsprozeß der Verlustgeschwindigkeiten spielt natürlich das elektrische Feld, das entsteht, sobald ein Ladungsungleichgewicht im Plasma vorkommt, eine wichtige Rolle. Im feldfreien Fall (oder längs des Feldes, falls eines vorhanden ist) diffundieren die Elektronen etwas schneller und lassen dadurch die Ionen hinter sich. Im Bereich mit der höchsten Plasmadichte entsteht eine sehr geringe positive Ladung. Dadurch wird ein nach außen gerichtetes elektrisches Feld erzeugt, das gerade stark genug ist, um die schnellere Diffusion der Elektronen auszugleichen. Außerdem erhöht sich in der Regel auch der Verlust an Ionen etwas. Bei der Diffusion quer zum Magnetfeld entsteht ein nach innen, d.h. in den Bereich mit der höchsten Dichte gerichtetes elektrisches Feld, das den größeren Verlust an Ionen ausgleicht.

Die Ergebnisse aus (12.9) und (12.10), die wir mit Hilfe eines heuristischen Ein-Teilchen-Bildes hergeleitet haben, kann man auch formaler (aber mit dem gleichen Grad an Näherungen) mit Hilfe der Strömungsgleichungen für ein schwach ionisiertes Gas herleiten. Mit dieser Methode können wir auch die Stärke des elektrischen Feldes bestimmen. Die Bewegungsgleichung einschließlich der Stöße mit neutralen Atomen lautet im Flüssigkeitsbild für jede der beiden Teilchenarten in einem Wasserstoffplasma

$$mn\frac{\mathrm{d}\boldsymbol{u}}{\mathrm{d}t} = qn\boldsymbol{E} - \nabla p - mn\nu\boldsymbol{u}\,. \tag{12.14}$$

q ist wie üblich die Ladung der Teilchen ($\pm e$ für Ionen/Elektronen). Wir nehmen an, daß die Stoßfrequenz ν bereits über die Geschwindigkeitsverteilungen der Teilchen gemittelt und konstant, d.h. von der Strömungsgeschwindigkeit unabhängig ist. Wir betrachten eine stationäre Strömung $\partial\boldsymbol{u}/\partial t = 0$, in der sich ein Flüssigkeitselement in einer Stoßzeit nicht sehr weit bewegt (d.h. $u/\nu \ll L$ für die charakteristische Länge L des Plasmas). Also ist $(\boldsymbol{u}\cdot\nabla)\boldsymbol{u}$ vernachlässigbar und die Trägheit und Beschleunigung können weggelassen werden. Wir erhalten

$$\boldsymbol{u} = \frac{q\boldsymbol{E}}{m\nu} - \frac{T}{m\nu}\frac{\nabla n}{n}\,. \tag{12.15}$$

Wir sind hier von einem isothermen Plasma mit $\nabla p = T\nabla n$ ausgegangen. Die Proportionalitätskonstante zwischen dem Fluß $n\boldsymbol{u}$ und ∇n ist identisch mit derjenigen, die wir in Gleichung (12.9) heuristisch aus dem Teilchenbild hergeleitet hatten.

Jetzt betrachten wir (12.15) für Ionen ($m \to M, q \to e$) und Elektronen ($m \to m, q \to -e$) getrennt. Gleichung (12.15) zeigt, daß die Elektronen nicht nur schneller diffundieren falls ein Dichtegradient vorhanden ist, sondern daß sie auch schneller auf ein elektrisches Feld reagieren. (Der Koeffizient des elektrischen Feldes in (12.15) wird auch als Beweglichkeit der Elektronen bezeichnet.) Damit Elektronen und Ionen gleich schnell diffundieren – das wird auch als ambipolare Diffusion bezeichnet – muß das elektrische Feld die Diffusion um den großen Faktor $(M/m)^{1/2}$ verlangsamen. Etwas genauer können wir dieses elektrische Feld aus (12.15) bestimmen, indem wir $\boldsymbol{u}_e = \boldsymbol{u}_i$ einsetzen.

$$\boldsymbol{E} = -\frac{T_e M\nu_{in} - T_i m\nu_{en}}{M\nu_{in} + m\nu_{en}}\frac{\nabla n}{ne} \approx -\frac{T_e}{ne}\nabla n \tag{12.16}$$

Dieses Feld wird als ambipolares elektrisches Feld bezeichnet. Wenn wir es in (12.15) einsetzen, erhalten wir

$$n\boldsymbol{u}_e = n\boldsymbol{u}_i = -D_a\nabla n \tag{12.17}$$

als Gleichung für die Flüsse der Elektronen und Ionen. D_a ist der ambipolare Diffusionskoeffizient

$$D_a \approx \frac{T_e + T_i}{M\nu_{in}}. \qquad (12.18)$$

Für $T_e \approx T_i$ führt das ambipolare Feld näherungsweise zu einer Verdoppelung des Diffusionskoeffizienten der Ionen. Der Elektronendruck verstärkt also über den Umweg eines elektrischen Feldes die Diffusion der Ionen. Die gemeinsame Diffusionsgeschwindigkeit zweier Teilchenarten wird also in erster Linie von der Diffusionsgeschwindigkeit der langsameren Teilchenart, in diesem Fall der Ionen, bestimmt. Selbst wenn der Transport der Elektronen unendlich viel schneller vonstatten ginge, würde er nur zu einer Verdoppelung des gesamten Teilchentransportes führen.

Interessanterweise werden im entgegengesetzten Grenzfall $\lambda_{\mathrm{mfW}} \approx u/\nu \gg L$ die Beschleunigung und die Trägheit dominant. Die Stöße werden dann unwichtig, und man kann auf die Behandlung des Druckgleichgewichts eines stoßfreien Plasmas aus Kapitel 7 zurückgreifen. Auch in diesem Fall führt der Druck der Elektronen durch die Vermittlung eines elektrischen Feldes zu einer Verstärkung des Drucks der Ionen. Allerdings erhöht dieses Feld die Beschleunigung der Ionen und nicht ihre Diffusion. Im Flüssigkeitsbild entsteht der Diffusionsstrom also dadurch, daß die Reibung, die durch Stöße zwischen den Teilchen unterschiedlicher Sorten entsteht, für die Bestimmung der Strömungsgeschwindigkeit aufgrund der Druckdifferenzen wichtiger wird als die Beschleunigung. Die Diffusion ist in den Strömungsgleichungen mit Reibungstermen von selbst enthalten und muß nicht, etwa durch einen Term der Form $\nabla \cdot (D\nabla n)$ in der Kontinuitätsgleichung nachträglich eingeführt werden.

Jetzt wollen wir ein schwach ionisiertes Gas in einem Magnetfeld betrachten. Wie oben gehen wir von den Bewegungsgleichungen beider Teilchenarten, in denen die Stöße mit neutralen Teilchen berücksichtigt sind aus. Da wir in der feldparallelen Richtung die gleichen Bewegungsgleichungen erhalten wie im feldfreien Fall, konzentrieren wir uns auf die Bewegung senkrecht zum Feld.

$$mn\frac{\mathrm{d}\boldsymbol{u}_\perp}{\mathrm{d}t} = qn(\boldsymbol{E} + \boldsymbol{u}_\perp \times \boldsymbol{B}) - T\nabla n - mn\nu\boldsymbol{u} \qquad (12.19)$$

Wir nehmen an, daß das Magnetfeld in z-Richtung gerichtet ist und daß die Dichteinhomogenität in x-Richtung auftritt. Das ambipolare Feld wird dann auch in x-Richtung liegen. Für eine stationäre Strömung und unter Vernachlässigung der Trägheit können wir die beiden Komponenten von (12.19) nach den beiden senkrechten Komponenten der Strömungsgeschwindigkeit auflösen. Durch den $\boldsymbol{u}_\perp \times \boldsymbol{B}$-Term sind die beiden Gleichungen gekoppelt, aber man kann sie mit einer einfachen Rechnung gleichzeitig lösen und erhält

$$u_x = \frac{1}{1+\omega_\mathrm{c}^2\tau^2}\left(\frac{qE_x}{m\nu} - \frac{T}{m\nu}\frac{1}{n}\frac{\mathrm{d}n}{\mathrm{d}x}\right) \qquad (12.20)$$

$$u_y = \frac{\omega_\mathrm{c}^2\tau^2}{1+\omega_\mathrm{c}^2\tau^2}\left(\frac{E_x}{B} - \frac{T}{qB}\frac{1}{n}\frac{\mathrm{d}n}{\mathrm{d}x}\right). \qquad (12.21)$$

Hier ist τ die mittlere Stoßzeit ν^{-1} und ω_c die Larmor-Frequenz eB/m.

Ein Vergleich von (12.20) mit (12.15) zeigt, daß das Magnetfeld die Beweglichkeit und Diffusionsstärke im Vergleich zu einem unmagnetisierten Plasma um den Faktor $1 + \omega_\mathrm{c}^2\tau^2$ vermindert. An Gleichung (12.21) können wir ablesen, daß die Stöße ($\tau \neq \infty$) die $\boldsymbol{E} \times \boldsymbol{B}$-Drift und die diamagnetische Drift im Vergleich zu einem stoßfreien Plasma um $\omega_c^2\tau^2/(1+\omega_c^2\tau^2)$ reduzieren. Da der Dichtegradient in x-Richtung liegt, trägt die Komponente u_y der Strömungsgeschwindigkeit nicht zur Diffusion bei, obwohl sie in einem stoßfreien Plasma die größere ist. Der Diffusionsstrom, der die Teilchen von den Bereichen hoher Dichte in die Bereiche niedriger Dichten trägt ist in u_x enthalten.

Für $\omega_c^2\tau^2 \ll 1$ hat das Magnetfeld nur einen geringen Einfluß auf die Diffusion. Im entgegengesetzten Fall $\omega_c^2\tau^2 \gg 1$ verlangsamt das Magnetfeld die Diffusion quer zu $\boldsymbol{B}$ ganz wesentlich, denn es gilt

$$u_x = \frac{\nu}{m\omega_c^2}\left(qE_x - \frac{T}{n}\frac{dn}{dx}\right). \tag{12.22}$$

Wieder ist die Proportionalitätskonstante zwischen dem Fluß $n\boldsymbol{u}$ und ∇n, also der Diffusionskoeffizient $D_\perp$, die gleiche, die wir in (12.10) aus einer heuristischen Betrachtung im Teilchenbild erhalten hatten.

Wie wir schon dort festgestellt hatten, ist die Rolle der Stoßfrequenz im Vergleich zur Diffusion längs des Feldes (oder ohne Feld) hier genau umgekehrt. Bei der Diffusion längs $\boldsymbol{B}$ ist die Diffusionsgeschwindigkeit umgekehrt proportional zu ν, da die Stöße die Bewegung behindern. Die Diffusion quer zu $\boldsymbol{B}$ kommt überhaupt erst durch die Stöße zustande und ist deshalb proportional zu ν. Auch die Abhängigkeit von der Masse der Teilchen ist anders. Da die Stoßfrequenz geladener Teilchen mit neutralen Atomen proportional zu $m^{-1/2}$ ist und ω_c umgekehrt proportional zu m, ist die Diffusionsgeschwindigkeit längs $\boldsymbol{B}$ proportional zu $m^{-1/2}$, während die Diffusionsgeschwindigkeit quer zum Feld proportional zu $m^{1/2}$ ist. Bei der Diffusion längs $\boldsymbol{B}$ bewegen sich die Elektronen wegen ihrer höheren thermischen Geschwindigkeiten schneller als die Ionen. Bei der Diffusion quer zu $\boldsymbol{B}$ sind die Ionen schneller als die Elektronen, weil sie größere Larmor-Radien haben.

Wir wollen jetzt (12.22) für Ionen ($m \to M$, $q \to e$) und Elektronen ($m \to m$, $q \to -e$) getrennt betrachten. Da die Diffusionskoeffizienten, wenn es ein Magnetfeld gibt, anisotrop sind, ist die ambipolare Diffusion jetzt wesentlich komplizierter als ohne Magnetfeld. Wie wir gesehen haben, ist in der Richtung quer zum Feld der Diffusionsstrom der Ionen größer als der der Elektronen. Deshalb baut sich in der Regel ein elektrisches Feld auf, das die Diffusion der Elektronen beschleunigt und die der Ionen bremst. Das elektrische Feld muß gerade so stark sein, daß die Diffusion der Ionen um den Faktor $(M/m)^{1/2}$ reduziert wird. Nach (12.22) wird dazu das Feld

$$\boldsymbol{E}_\perp \approx \frac{T_i}{ne}\nabla_\perp n \tag{12.23}$$

benötigt. Die ambipolaren Ströme der Elektronen und Ionen erhält man dann aus (12.22). Es gilt

$$n\boldsymbol{u}_{e\perp} = n\boldsymbol{u}_{i\perp} = -D_a\nabla_\perp n\,, \tag{12.24}$$

mit

$$D_a \approx \frac{\nu_{\text{en}}(T_e+T_i)}{m\omega_{\text{ce}}^2} \approx \nu_{\text{en}}\langle r_{\text{Le}}^2\rangle\left(1+\frac{T_i}{T_e}\right). \tag{12.25}$$

Dabei ist $\langle r_{\text{Le}}^2\rangle = T_e/(m\omega_{\text{ce}}^2) = mT_e/(e^2B^2)$ der mittlere quadratische Larmor-Radius der Elektronen. Der Diffusionskoeffizient D_a ist also umgekehrt proportional zu B^2. In einem gewissen Sinne stimmt unser Ergebnis offensichtlich mit dem heuristischen Ergebnis aus (12.10) überein. Aber die ambipolare Diffusion ist hier langsamer – etwa von der gleichen Größenordnung wie die Diffusion der Elektronen in (12.10).

Das elektrische Feld, das für eine ambipolare Diffusion quer zu $\boldsymbol{B}$ nötig ist, wird manchmal durch ein Ungleichgewicht der Ströme längs $\boldsymbol{B}$ kurzgeschlossen. Insbesondere kann die negative Ladung, die durch die Diffusion quer zum Feld entsteht, von Elektronen davongetragen werden, die längs der Feldlinien aus dem Plasma entkommen. Obwohl die gesamte Diffusion ambipolar ist, braucht die senkrechte Komponente allein nicht ambipolar zu sein, denn die Ionen diffundieren hauptsächlich quer zum Feld, während die Elektronen sich eher längs des Feldes bewegen.

Ob es dazu kommt, hängt von der Geometrie des Magnetfeldes und von den experimentellen Rahmenbedingungen ab. Bei einem Plasma in einer magnetischen Flasche mit offenen Feldlinien gehen in der Regel deutlich mehr Elektronen längs des Feldes verloren als Ionen quer zum Feld. In Übereinstimmung mit unserer Betrachtung der ambipolaren Diffusion längs des Feldes (oder im feldfreien Fall) baut sich eine positive Ladung im Plasma auf. Im entgegengesetzten Fall einer „abgeschlossenen" Anordnung, in der alle Feldlinien geschlossen sind, gibt es keinen Verlust von Teilchen längs der Feldes. Deshalb sind es in erster Linie die Ionen, die quer zum Feld verlorengehen, und im Plasma baut sich wie wir es für die Diffusion quer zum Feld erwarten eine negative Ladung auf. In einem zylindrischen Plasma, dessen Feldlinien an leitenden Platten enden, ist das ambipolare Feld kurzgeschlossen. Falls der Ladungsausgleich durch Diffusion längs des Feldes zu den Platten schnell genug stattfindet, diffundieren beide Teilchensorten mit unterschiedlichen Geschwindigkeiten in radialer Richtung.

12.5 Diffusion in vollständig ionisierten Plasmen

Als nächstes betrachten wir die Diffusion quer zum Magnetfeld in einem vollständig ionisierten Plasma, in dem die Coulomb-Stöße wichtiger sind, als die Stöße mit neutralen Atomen.

Wie schon beim schwach ionisierten Gas gehen wir dabei von den Strömungsgleichungen (mit Stoßtermen) der beiden Teilchenarten aus. In einem vollständig ionisierten Plasma können wir dazu die Ein-Flüssigkeits-Strömungsgleichung und das Ohmsche Gesetz eines Plasmas heranziehen.

$$\rho \frac{\mathrm{d}\boldsymbol{u}}{\mathrm{d}t} = -\nabla p + \boldsymbol{j} \times \boldsymbol{B} \tag{12.26}$$

$$\boldsymbol{E} + \boldsymbol{u} \times \boldsymbol{B} + \frac{\nabla p_e}{ne} - \frac{\boldsymbol{j} \times \boldsymbol{B}}{ne} = \eta \boldsymbol{j} \tag{12.27}$$

Da wir bereits wissen, das die Diffusionsgeschwindigkeiten kleiner oder von der gleichen Größenordnung sind wie die diamagnetische Geschwindigkeit, benutzen wir hier das sogenannte „verallgemeinerte Ohmsche Gesetz". Unser Vorgehen ist äquivalent zu der Betrachtung zweier Flüssigkeiten unter Vernachlässigung der Trägheit der Elektronen. Die Stöße zwischen den beiden Teilchenarten – Ionen und Elektronen – werden durch den Widerstandsterm im Ohmschen Gesetz beschrieben. Wie schon beim schwach ionisierten Gas gehen wir davon aus, daß die Diffusion so langsam erfolgt, daß sich das Plasma immer im Gleichgewicht befindet. Ferner nehmen wir an, daß die Diffusionsgeschwindigkeit viel geringer ist als die Schallgeschwindigkeit. Deshalb können wir $\rho(\boldsymbol{u}\nabla)\boldsymbol{u}$ im Vergleich mit ∇p vernachlässigen. Wegen dieser Annahmen müssen wir weder die Trägheit der Ionen noch die der Elektronen betrachten und können die Bewegungsgleichung durch das Kräftegleichgewicht

$$\boldsymbol{j} \times \boldsymbol{B} = \nabla p \tag{12.28}$$

ersetzen. Auch hier gehen wir davon aus, daß das Magnetfeld in z-Richtung verläuft und der Dichtegradient in x-Richtung. Das ambipolare elektrische Feld muß dann auch in x-Richtung zeigen, da die Dichten nicht von y abhängen. (Die Verallgemeinerung auf ein zylindrisches Plasma, in dem Dichtegradient und elektrisches Feld radial und alle Größen von θ unabhängig sind, ist unproblematisch.) Aus dem Kräftegleichgewicht folgt

$$j_x = 0 \qquad j_y = \frac{1}{B}\frac{\mathrm{d}p}{\mathrm{d}x}\,. \tag{12.29}$$

Da die Stromdichte nicht von y abhängt, ist die Quasineutralitätsbedingung $\nabla\cdot\boldsymbol{j} = 0$ automatisch erfüllt.

Das verallgemeinerte Ohmsche Gesetz kann nach den senkrechten Komponenten der Strömungsgeschwindigkeit aufgelöst werden.

$$u_y = -\frac{E_x}{B} + \frac{1}{neB}\frac{\mathrm{d}p_i}{\mathrm{d}x} \qquad u_x = -\frac{\eta}{B^2}\frac{\mathrm{d}p}{\mathrm{d}x} \tag{12.30}$$

Hier haben wir j_x und j_y aus (12.29) eingesetzt. Die senkrechte Geschwindigkeit des Plasmas besteht offensichtlich aus 2 Komponenten. Zum einen treten die elektrische und die diamagnetische Drift auf, die senkrecht auf dem elektrischen Feld bzw. dem Druckgradienten stehen und daher nicht direkt zu einer Verschiebung des Plasmas aus den Bereichen mit hoher Dichte in die Bereiche mit niedriger Dichte führen. (Bei dem von uns betrachteten Plasma zeigen diese Driften in y-Richtung, bei einem zylindrischen Plasma mit radialer Inhomogenität würden sie in θ-Richtung zeigen.) Die zweite Komponente ist die dem Druckgradienten entgegengesetzte Strömung. Diese Strömung führt zu einem Verlust von Teilchen. Man kann sie allgemeiner auch als

$$\boldsymbol{u}_\perp = -\frac{\eta}{B^2}\nabla_\perp p \tag{12.31}$$

schreiben. Wenn wir diese Gleichung in die Kontinuitätsgleichung der Masse einsetzen, erhalten wir

$$\frac{\partial\rho}{\partial t} = \nabla_\perp\cdot\left(\frac{\rho\eta}{B^2}\nabla_\perp p\right) = \nabla_\perp\cdot\left(\frac{\eta p}{B^2}\nabla_\perp\rho\right)\,. \tag{12.32}$$

Um zur zweiten Zeile zu kommen, haben wir der Einfachheit halber vorausgesetzt, daß das Plasma isotherm ist, d.h. $p/\rho = nT/nM = T/M = const.$ (12.32) ist eine Diffusionsgleichung für die Massendichte mit dem Diffusionskoeffizienten

$$D_\perp = \frac{\eta p}{B^2}\,. \tag{12.33}$$

$D_\perp$ wird häufig als der klassische Diffusionskoeffizient eines vollständig ionisierten Plasmas bezeichnet.

Genau wie bei einem schwach ionisierten Gas ist der klassische Diffusionskoeffizient umgekehrt proportional zu B^2. Diese Abhängigkeit kann darauf zurückgeführt werden, daß die Diffusion eine Zufallsbewegung ist. Bei einem *random walk* quer zu einem Magnetfeld ist die Schrittweite der Larmor-Radius r_L. Mit $\eta \approx m\nu_{ei}/ne^2$ und $p = n(T_e + T_i)$ erhalten wir

$$D_\perp \approx \frac{\nu_{ei} m(T_e + T_i)}{e^2 B^2} \approx \nu_{ei}\langle r_\mathrm{Le}^2\rangle\left(1 + \frac{T_i}{T_e}\right)\,. \tag{12.34}$$

Die Diffusion der Elektronen eines vollständig ionisierten Plasmas quer zum Magnetfeld kann also durch einen *random walk* mit der Schrittweite r_Le und der Schrittfrequenz ν_{ei} beschrieben werden.

Der klassische Diffusionkoeffizient ist umgekehrt proportional zu $T_e^{1/2}$. Das liegt daran, daß die Temperaturabhängigkeit von ν_{ei} mit $T_e^{-3/2}$ stärker ist, als die $T_e^{1/2}$-Abhängigkeit von r_{Le}. Der Diffusionskoeffizient nimmt also bei steigender Elektronentemperatur ab. Der Grund hierfür ist die Geschwindigkeitsabhängigkeit des Coulomb-Streuquerschnitts. Aus einem Plasma sollten also desto weniger Teilchen verlorengehen, je heißer es ist – gute Aussichten für Fusionsexperimente. Aber leider gibt es auch noch turbulente Diffusionseffekte in Plasmen, die aus kollektiven Bewegungen im Plasma entstehen. Sie führen zu einer wesentlich stärkeren Diffusion als der hier beschriebenen klassischen Diffusion.

Trotzdem wollen wir einige Eigenschaften der klassischen Diffusion in einem vollständig ionisierten Plasma diskutieren, die sich von denen eines schwach ionisierten Gases unterscheiden und bei unserer heuristischen Herleitung nicht zutage getreten sind. Die klassische Diffusion in einem vollständig ionisierten Plasma ist *intrinsisch* ambipolar. Da wir von Anfang an die Quasineutralitätsbedingung $\nabla \cdot \boldsymbol{j} = 0$ vorausgesetzt haben, müssen die Elektronen und Ionen mit der gleichen Geschwindigkeit aus dem Plasma herausdiffundieren. Es ist dazu nicht nötig, ein spezielles elektrisches Feld einzuführen, das die Verluste an Elektronen und Ionen angleicht. Diese Eigenschaft wollen wir am Beispiel eines zylindrischen Plasmagleichgewichts mit einem nur in z-Richtung verlaufenden Magnetfeld $\boldsymbol{B}$ untersuchen. Die Stromdichte ist in diesem Fall rein azimutal $Bj_\theta = \mathrm{d}p/\mathrm{d}r$, $j_r = 0$. Es gehen also weder vorwiegend Elektronen noch Ionen verloren. Ein radiales elektrisches Feld E_r führt zu einer Rotation $u_\theta = E_r/B$ des Plasmas und beeinflußt weder die Diffusion der Elektronen noch die der Ionen. Es stellt sich heraus, daß das Plasma intrinsisch ambipolar sein muß, weil der Gesamtimpuls bei den Elektron-Ion-Stößen erhalten ist. Wir werden im nächsten Kapitel lernen, daß zwei Teilchen mit gleich großer aber entgegengesetzter Ladung, die in einem Magnetfeld gyrieren und deren Impuls man um den gleichen Betrag aber in entgegengesetzter Richtung ändert, eine gleich große Verschiebung ihres Führungszentrums in die gleiche Richtung erfahren. Elektronen und Ionen diffundieren also gemeinsam durch das Magnetfeld.

Der klassische Diffusionskoeffizient D entsteht durch den Widerstand des Plasmas, also durch Elektron-Ion-Stöße und nicht durch Elektron-Elektron- oder Ion-Ion-Stöße. Auf den ersten Blick ist das überraschend, weil wir zunächst einen Diffusionskoeffizienten der Ordnung $\nu_{ii} r_{Li}^2$ durch die Ion-Ion-Stöße erwarten würden. Dieser Koeffizient wäre um den Faktor $(M/m)^{1/2}$ größer als der tatsächliche Diffusionkoeffizient, der von der Größenordnung $\nu_{ei} r_{Le}^2$ ist. Der Grund dafür, daß das nicht der Fall ist, steht wieder in einem engen Zusammenhang mit der Impulserhaltung. Wenn der Impuls zweier Ionen, die in einem Magnetfeld gyrieren, um den gleichen Betrag aber in entgegengesetzter Richtung geändert wird, bewegen sich ihre Führungszentren um den gleichen Betrag in entgegesetzter Richtung quer zum Magnetfeld. Wie wir im nächsten Abschnitt feststellen werden, führen wegen dieser einfachen Konsequenz der Impulserhaltung die Stöße gleichartiger Teilchen (z.B. Ion-Ion-Stöße) bis zu der Ordunung in der man die Diffusion üblicherweise betrachtet nicht zu einer Diffusion.

In der Zwei-Flüssigkeiten-Formulierung der Bewegungsgleichungen (s. Kapitel 6) taucht der elektrische Widerstand in der Reibungskraft zwischen den beiden Teilchenarten auf. Wie schon beim schwach ionisierten Gas wollen wir hier noch einmal betonen, daß wir den Diffusionsstrom erhalten, indem wir diese Gleichungen, die einen Reibungsterm enthalten, lösen. Die Diffusion erhalten wir also automatisch, wenn wir die Strömungsgleichungen lösen, sie muß nicht zusätzlich in die Kontinuitätsgleichung eingeführt werden.

An dieser Stelle wollen wir auch noch bemerken, daß es in den vollständigen Strömungsgleichungen noch weitere Kräfte gibt. Diese sind aber typischerweise recht schwach, da sie von höherer Ordnung in kr_L sind. Beispielsweise führen Gradienten in der Strömungsgeschwindigkeit zu Viskositätskräften und Gradienten der Temperatur zu thermischen Kräften. Diese Kräfte tauchen in den Strömungsgleichungen als zusätzliche Terme im Drucktensor auf, dessen Divergenz eine Kraftdichte beschreibt, deren Folgen man in einer vollständigeren Betrachtung untersuchen muß.

12.6 Die Diffusion durch Stöße zwischen gleichnamig und ungleichnamig geladenen Teilchen

Wir wollen jetzt das Teilchenbild benutzen, um zu einem besseren Verständnis der Ergebnisse aus dem letzten Abschnitt zu kommen, wonach Stöße zwischen gleichartigen Teilchen nicht zur Diffusion beitragen und der Transport durch Stöße unterschiedlicher Teilchen (Elektronen und Ionen) intrinsisch ambipolar ist.

Wir betrachten ein Magnetfeld in z-Richtung und einen Dichtegradienten in x-Richtung und konzentrieren uns auf die Stöße zweier Ionen. Unsere Betrachtung kann aber auch auf die Stöße der Elektronen untereinander angewandt werden. Die Ionen gyrieren um die Feldlinien und beschreiben dabei Kreise in der (x, y)-Ebene. Bei dieser Bewegung ist der Zusammenhang zwischen der x-Koordinate x_{Fz} des Führungszentrums und der x-Koordinate x des Teilchens durch

$$x_{\mathrm{Fz}} = x + \frac{v_y}{\omega_c} = x + \frac{M v_y}{eB} \tag{12.35}$$

gegeben. Wenn zwei Ionen zusammenstoßen, weil sie zu einem Zeitpunkt am gleichen Ort x sind, werden ihre Geschwindigkeitsvektoren und damit auch ihre Führungszentren plötzlich geändert. Aus der Impulserhaltung in y-Richtung

$$\left(\sum M v_y\right)_{\text{vor dem Stoß}} = \left(\sum M v_y\right)_{\text{nach dem Stoß}} \tag{12.36}$$

(die Summe läuft über die beiden Ionen) folgt mit (12.35)

$$\left(x_{\mathrm{Fz}}^{(1)} + x_{\mathrm{Fz}}^{(2)}\right)_{\text{vor dem Stoß}} = \left(x_{\mathrm{Fz}}^{(1)} + x_{\mathrm{Fz}}^{(2)}\right)_{\text{nach dem Stoß}} . \tag{12.37}$$

(1) und (2) stehen hier für die beiden Ionen. Also folgt aus der Impulserhaltung in y-Richtung, daß der Schwerpunkt der beiden Führungszentren in Richtung des Dichtegradienten x unverändert bleibt. In Bild 12.2 ist der Spezialfall eines 90°-Stoßes dargestellt. Die Ionen kommen auf Larmor-Bahnen, deren Geschwindigkeitsvektoren in $\pm y$-Richtung zeigen aufeinander zu (das obere Vorzeichen steht für Bahn (1), das untere für Bahn (2)). Nach dem Stoß haben die Teilchen keinen y-Impuls mehr, sie bewegen sich zunächst in $\pm x$-Richtung und kreisen dann auf den im Bild dargestellten Larmor-Bahnen. Stöße dieser Art können also, selbst in einem inhomogenen Plasma, nicht zu einer Gesamtbewegung der Ionen führen. Man könnte also meinen, daß es nicht zu einer Diffusion kommt, obwohl es natürlich kleinere Bewegungen der Führungszentren von der Größenordnung der Larmor-Radien gibt.

Wenn wir unter Diffusion das „Verteilen" der Führungszentren im Raum oder im Falle eines inhomogenen Plasmas eine Strömung in die ∇n entgegengesetzte Richtung verstehen, scheint das Ergebnis, daß keine Diffusion stattfindet immer noch etwas rätselhaft zu sein. Wenn wir beispielsweise den Stoßvorgang betrachten, der durch Zeitumkehr aus dem oben (und in Bild 12.2) betrachteten Vorgang hervorgeht, sehen wir, daß zwei Führungszentren, die anfangs auf gleicher Höhe der x-Achse lagen, nun auf der x-Achse um zwei Larmor-Radien auseinanderliegen. Zumindest dieser spezielle Stoß führt also zu einer Verteilung der Führungszentren im Raum. Wenn

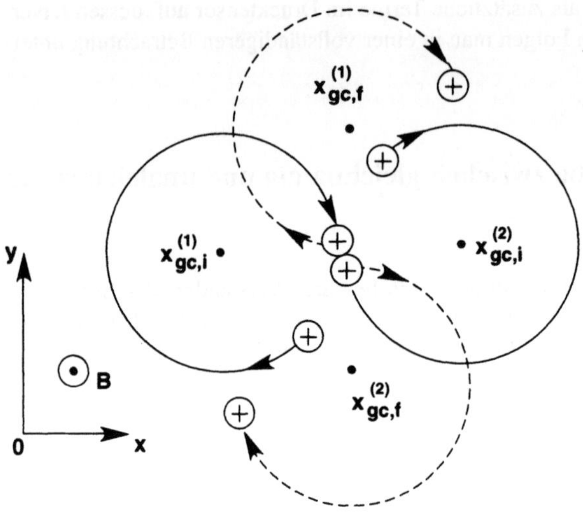

Bild 12.2
Die Larmor-Bahnen zweier Ionen vor (durchgezogene Linien) und nach (gestrichelte Linien) einem 90°-Stoß. Die Führungszentren liegen vor dem Stoß in $x^{(1)}_{\mathrm{Fz},i}$ und $x^{(2)}_{\mathrm{Fz},i}$. Nach dem Stoß liegen sie in $x^{(1)}_{\mathrm{Fz},f}$ und $x^{(2)}_{\mathrm{Fz},f}$.

wir den Fluß der Führungszentren durch eine Ebene knapp rechts vom Stoßpunkt in Bild 12.2 betrachten, sehen wir, daß sich bei unserem umgekehrten Stoß ein Führungszentrum durch die Ebene nach rechts bewegt, d.h. durch den Stoß ist es zu einem Fluß gekommen.

Um dieses scheinbare Paradoxon zu verstehen, überlegen wir uns, daß (i) die Stoßfrequenz proportional zum Produkt der Dichten an den Orten der beiden Führungszentren ist, welche sich etwas unterscheiden, und daß (ii) man den Gesamtfluß durch eine Ebene berechnet, indem man über diejenigen Stöße mittelt, bei denen ein Führungszentrum durch die Ebene hindurchtritt. Also auch über das Paar von Stößen, das aus einem Stoß und dem zeitumgekehrten Stoß besteht. Damit ergibt sich, daß der gesamte Fluß, der durch Stöße zwischen gleichartigen Teilchen hervorgerufen wird, in der niedrigsten signifikanten Ordnung verschwindet, d.h. es gibt keinen Anteil des Stromes, der proportional zu ∇n ist.

Davon können wir uns leicht überzeugen, indem wir den Fluß der Führungszentren betrachten, der aus den beiden in Bild 12.2 dargestellten Stößen resultiert. Wir wollen also sowohl den Stoß $i \rightarrow f$ als auch den umgekehrten Stoß $f \rightarrow i$ betrachten. Wenn wir unsere „Beobachtungsfläche" bei $x = x_0$ wählen, knapp rechts von dem Ort, an dem der Stoß stattfindet, dann führt der Stoß $i \rightarrow f$ dazu, daß sich ein Führungszentrum nach links durch die Fläche bewegt und der umgekehrte Stoß $f \rightarrow i$ führt dazu, daß sich ein Teilchen nach rechts durch die Fläche bewegt. Um zu zeigen, daß es nicht zu einem Gesamtfluß von Teilchen kommt, muß man jetzt noch zeigen, daß die Stoßfrequenzen dieser beiden Stöße gleich groß sind. Bis zur ersten Ordnung im Betrag des Larmor-Radius hat aber das Produkt der Dichten der Führungszentren $x^{(1)}_{\mathrm{Fz},i}$ und $x^{(2)}_{\mathrm{Fz},i}$ den gleichen Wert wie das Produkt von $x^{(1)}_{\mathrm{Fz},f}$ und $x^{(2)}_{\mathrm{Fz},f}$, selbst wenn es einen nicht verschwindenden Gradienten der Dichte in x-Richtung gibt. Im Vergleich mit der Dichte n_{Fz} der Führungszentren bei $x = x^{(1)}_{\mathrm{Fz},f} = x^{(2)}_{\mathrm{Fz},f}$ erhalten wir für die Dichten in $x^{(1)}_{\mathrm{Fz},i}$ und $x^{(2)}_{\mathrm{Fz},i}$ die Werte $n_{\mathrm{Fz}} \pm r_{\mathrm{L}}(\mathrm{d}n_{\mathrm{Fz}}/\mathrm{d}x)$. Das Produkt der Dichten bis zur ersten Ordnung in r_{L} ist also einfach n^2_{Fz}. Aus der Schwerpunktserhaltung bei einem Stoß, die wir als Folge der Impulserhaltung hergeleitet haben, folgt die geometrische Bedingung an Bild 12.2, daß $x^{(1)}_{\mathrm{Fz},i}$ und $x^{(2)}_{\mathrm{Fz},i}$ gleich weit rechts bzw. links von $x^{(1)}_{\mathrm{Fz},f} = x^{(2)}_{\mathrm{Fz},f}$ liegen müssen. Aus dieser Argumentation wird auch deutlich, daß der Fluß nur in der niedrigsten Ordnung verschwindet. In höheren Ordnungen in r_{L} müssen wir mit nichtverschwindenden Flüssen rechnen, die von höheren Ableitungen der Dichte

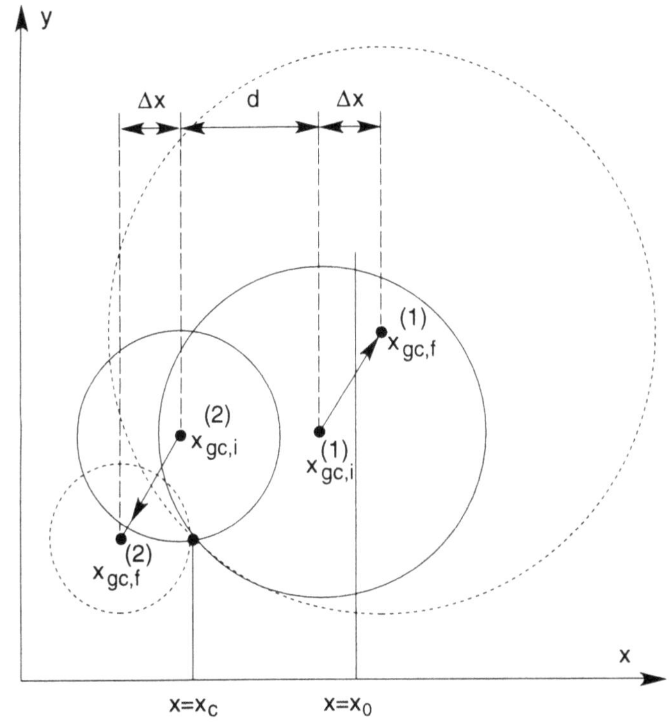

Bild 12.3 Zwei Führungszentren an den Orten $x_{\mathrm{Fz},i}$, die durch einen Stoß bei $x = x_c$ an die Orte $x_{\mathrm{Fz},f}$ verschoben werden. Die Gyrationsbahnen vor und nach dem Stoß sind durch durchgezogene bzw. gestrichelte Linien dargestellt. Der Fluß wird bei $x = x_0$ berechnet.

der Führungszentren wie z.B. $\mathrm{d}^2 n_{\mathrm{Fz}}/\mathrm{d}x^2$ abhängen.

Diese Argumentation kann man auch auf den allgemeineren Fall unterschiedlicher Larmor-Radien und von 90° abweichender Stoßwinkel übertragen. Wir betrachten dazu Bild 12.3, in dem die Führungszentren $x_{\mathrm{Fz}}^{(1)}$ und $x_{\mathrm{Fz}}^{(2)}$ zweier beliebiger Teilchen, die einen Stoß bei $x = x_c$ erleiden, dargestellt sind. Dieser Stoß führt dazu, daß die Führungszentren von ihren Positionen $x_{\mathrm{Fz},i}^{(1)}$ und $x_{\mathrm{Fz},i}^{(2)}$ vor dem Stoß in neue Positionen $x_{\mathrm{Fz},f}^{(1)}$ und $x_{\mathrm{Fz},f}^{(2)}$ verschoben werden. Wir nehmen an, daß $x_{\mathrm{Fz}}^{(1)}$ durch den Stoß um Δx nach rechts verschoben wird und daß $x_{\mathrm{Fz}}^{(2)}$ (nach (12.37)) um den gleichen Betrag nach links verschoben wird. Wir berechnen den Fluß durch die Fläche $x = x_0$, die, wie in Bild 12.3 dargestellt, von $x_{\mathrm{Fz}}^{(1)}$ überschritten wird.

Wenn wir alle Führungszentren betrachten wollen, die durch unsere Beobachtungsebene hindurchtreten müssen wir sowohl denjenigen Stoß $i \to f$ betrachten, bei dem das Führungszentrum von Teilchen (1) von $x_{\mathrm{Fz},i}^{(1)}$ nach $x_{\mathrm{Fz},f}^{(1)}$ verschoben wird und dabei die Ebene nach rechts überschreitet, als auch den Stoß $f \to i$, bei dem das Führungszentrum die Ebene nach links überschreitet. Die jeweiligen Stoßfrequenzen sind dabei proportional zu den Produkten der Verteilungsfunktionen der Führungszentren für die jeweiligen Teilchengeschwindigkeiten an den entsprechenden Orten. Ferner ist die Stoßfrequenz proportional zu $\sigma(v_{\mathrm{rel}},\theta)v_{\mathrm{rel}}$. Der Querschnitt für einen Stoß hängt dabei vom Betrag der relativen Geschwindigkeit der Teilchen und vom Streuwinkel θ im Schwerpunktssystem ab. Wir gehen davon aus, daß die Verteilungsfunktion der Führungszentren der Teilchen von der Form $f(x_{\mathrm{Fz}},\boldsymbol{v}) \equiv n(x_{\mathrm{Fz}}) f_M(v)$ ist, wobei $f_M(v)$ eine Maxwellsche Geschwindigkeitsverteilung ist und wir nur einen Gradienten der Dichte, nicht aber der Temperatur zulassen.

Für unseren speziellen Stoß ist die Wahrscheinlichkeit für den $(i \to f)$-Stoß proportional zu

$$\begin{aligned}
&\sigma v_{\text{rel}} n(x^{(1)}_{\text{Fz},i}) n(x^{(2)}_{\text{Fz},i}) f_M(v^{(1)}_i) f_M(v^{(2)}_i) \\
&= \sigma v_{\text{rel}} \left(n(x_0) + (x^{(1)}_{\text{Fz},i} - x_0) \left.\frac{\mathrm{d}n}{\mathrm{d}x}\right|_{x_0} \right) \left(n(x_0) + (x^{(2)}_{\text{Fz},i} - x_0) \left.\frac{\mathrm{d}n}{\mathrm{d}x}\right|_{x_0} \right) f_M(v^{(1)}_i) f_M(v^{(2)}_i) \\
&\approx \sigma v_{\text{rel}} \left(n^2(x_0) + (x^{(1)}_{\text{Fz},i} + x^{(2)}_{\text{Fz},i} - 2x_0) n(x_0) \left.\frac{\mathrm{d}n}{\mathrm{d}x}\right|_{x_0} \right) f_M(v^{(1)}_i) f_M(v^{(2)}_i) \,.
\end{aligned} \tag{12.38}$$

Die Frequenz der $(i \to f)$-Stöße erhält man, indem man (12.38) mit dem Produkt $\mathrm{d}^3 v^{(1)}_i\ \mathrm{d}^3\ v^{(2)}_i$ der Volumenelemente der beiden zusammenstoßenden Teilchen im Geschwindigkeitsraum multipliziert und dann über beide Geschwindigkeitsräume integriert. Da bei zwei gleichartigen Teilchen ihre Vertauschung zum gleichen Stoßvorgang führt, müssen wir, um Doppelzählungen zu vermeiden, in diesem Fall noch einen Faktor $1/2$ einführen.

Analog dazu ist die Wahrscheinlichkeit des umgekehrten Stoßes $(f \to i)$ proportional zu

$$\begin{aligned}
&\sigma v_{\text{rel}} n(x^{(1)}_{\text{Fz},f}) n(x^{(2)}_{\text{Fz},f}) f_M(v^{(1)}_f) f_M(v^{(2)}_f) \\
&\approx \sigma v_{\text{rel}} \left(n^2(x_0) + (x^{(1)}_{\text{Fz},f} + x^{(2)}_{\text{Fz},f} - 2x_0) n(x_0) \left.\frac{\mathrm{d}n}{\mathrm{d}x}\right|_{x_0} \right) f_M(v^{(1)}_f) f_M(v^{(2)}_f) \,.
\end{aligned} \tag{12.39}$$

Um die Frequenz dieser „umgekehrten" Stöße zu bestimmen, müssen wir (12.39) wie oben mit $\mathrm{d}^3 v^{(1)}_f \mathrm{d}^3 v^{(2)}_f$ multiplizieren und über den Geschwindigkeitsraum integrieren. Auch hier braucht man einen Faktor $1/2$, um mögliche Doppelzählungen zu verhindern.

Da die Führungszentren der beteiligten Teilchen bei jedem Stoß um den gleichen Betrag in entgegengesetzter Richtung verschoben werden, folgt auch hier aus (12.37), daß die großen Klammern in (12.38) und (12.39) den gleichen Wert haben. Wenn wir Maxwell-Verteilungen der gleichen Temperatur voraussetzen, haben auch die Produkte der f_{M} in beiden Gleichungen den gleichen Wert. Ferner stimmen die Relativgeschwindigkeiten und die Streuwinkel im Schwerpunktssystem überein. Auch die beiden Größen σv_{rel} in (12.38) und (12.39) sind also identisch. Zu guter Letzt überlegen wir uns, daß auch die Volumenelemente, welche durch die Dynamik der Streuung von Teilchen mit Stoßgeschwindigkeiten in der Nähe von $\boldsymbol{v}^{(1)}_i$ und $\boldsymbol{v}^{(2)}_i$ definiert werden für einen Streuvorgang und den umgekehrten Streuvorgang identisch sind $\mathrm{d}^3 v^{(1)}_i \mathrm{d}^3 v^{(2)}_i = \mathrm{d}^3 v^{(1)}_f \mathrm{d}^3 v^{(2)}_f$. Diese Gleichheit kann man formal beweisen, indem man zeigt, daß beide Produkte von Geschwindigkeitsraum-Volumenelementen zu $\mathrm{d}^3 V \mathrm{d}^2 v_{\text{rel}}$ transformiert werden können (hier ist $\boldsymbol{V}$ die Schwerpunkts- und $\boldsymbol{v}_{\text{rel}}$ die Relativgeschwindigkeit).

Aufgabe 12.2 Beweisen Sie die letzte Behauptung. Die Schwerpunktsgeschwindigkeit und die Relativgeschwindigkeit werden durch

$$(m_1 + m_2)\boldsymbol{V} = m_1 \boldsymbol{v}^{(1)} + m_2 \boldsymbol{v}^{(2)} \qquad \boldsymbol{v}_{\text{rel}} = \boldsymbol{v}^{(1)} - \boldsymbol{v}^{(2)}$$

definiert. (Hinweis: Betrachten Sie diese Formeln als eine komponentenweise Koordinatentransformation. Die Transformation von $(v^{(1)}_x, v^{(2)}_x)$ zu $(V_x, v_{\text{rel},x})$ hat die Jacobi-Determinante -1. Es gilt also $\mathrm{d}v^{(1)}_x \mathrm{d}v^{(2)}_x = \mathrm{d}V_x \mathrm{d}v_{\text{rel},x}$. Mit den anderen Komponenten kann man analog verfahren.)

Wenn wir über den Geschwindigkeitsraum integrieren, um alle möglichen $(i \rightarrow f)$-Stöße zu berücksichtigen, berücksichtigen wir dabei automatisch auch alle möglichen „umgekehrten" Stöße, weil diese die gleiche Wahrscheinlichkeit haben. Der Fluß der Teilchen durch eine Ebene in eine Richtung wird also gerade durch den Fluß in die entgegengesetzte Richtung ausgeglichen, der von den „umgekehrten" Stößen stammt.

Obwohl man anhand der am Anfang dieses Kapitels behandelten Zufallsbewegung annehmen könnte, daß es einen Fluß zweiter Ordnung $\Gamma_x \sim \nu(\Delta x)^2(\mathrm{d}n/\mathrm{d}x)$ gibt, haben wir hier gezeigt, daß der Fluß auch in dieser Ordnung verschwindet. Selbst wenn es einen endlichen Dichtegradienten $\mathrm{d}n/\mathrm{d}x$ gibt, wird der Fluß von Führungszentren nach rechts bei $x = x_0$ durch den Fluß nach links ausgeglichen. Wir wollen das an einem Beispiel deutlich machen: Im Falle des negativen $(\mathrm{d}n/\mathrm{d}x < 0)$ Dichtegradienten aus Bild 12.3 ist der Fluß nach rechts proportional zu den „mittleren" Dichten an den Orten $x^{(1)}_{\mathrm{Fz},i}$ und $x^{(2)}_{\mathrm{Fz},i}$. Der Fluß nach links ist proportional zum Produkt der niedrigsten Dichte in $x^{(1)}_{\mathrm{Fz},f}$ und der höchsten Dichte in $x^{(2)}_{\mathrm{Fz},f}$. Es ist jedoch offensichtlich, daß der exakte Fluß (in jeder Ordnung des Larmor-Radius) nicht verschwinden muß. Bei einer genaueren Berechnung stellt man fest, daß es einen geringen Fluß höherer Ordnung gibt. Diesen Fluß kann man aber nicht einfach auf die Diffusion zurückführen, weil er proportional zur zweiten und zu höheren Ableitungen von $n(x)$ ist.

Jetzt wollen wir diese Argumentation auf Stöße unterschiedlicher Teilchen anwenden. Für Stöße unterschiedlicher Teilchen folgt aus der Impulserhaltung, daß

$$(x^{(1)}_{\mathrm{Fz}} - x^{(2)}_{\mathrm{Fz}})_{\text{vor dem Stoß}} = (x^{(1)}_{\mathrm{Fz}} - x^{(2)}_{\mathrm{Fz}})_{\text{nach dem Stoß}} \tag{12.40}$$

bzw.

$$x^{(2)}_{\mathrm{Fz},nachdemSto\beta} - x^{(2)}_{\mathrm{Fz},\text{vor dem Stoß}} = x^{(1)}_{\mathrm{Fz},nachdemSto\beta} - x^{(1)}_{\mathrm{Fz},\text{vor dem Stoß}}\,. \tag{12.41}$$

Beide Führungszentren bewegen sich also in die gleiche Richtung. Bei manchen Stößen bewegen sich beide Führungszentren in die eine Richtung, bei anderen bewegen sie sich beide in die andere Richtung. In einem inhomogenen Plasma überwiegen die Bewegungen in der dem Dichtegradienten entgegengesetzten Richtung. Wenn wir eine Fläche $x = x_0$ betrachten und $\mathrm{d}n/\mathrm{d}x > 0$ gilt, befinden sich mehr Führungszentren bei $x > x_0$, die zu einem negativen Fluß durch unsere Fläche führen als bei $x < x_0$, die zu einem positiven Fluß führen. In diesem Fall findet also eine Diffusion statt. Da sich die Führungszentren bei jedem Stoß gleich weit und in die gleiche Richtung bewegen, ist diese Diffusion intrinsisch ambipolar, d.h. die Bewegungen der Elektronen und Ionen stimmen überein.

Aufgabe 12.3 Ein vollständig ionisiertes Plasma enthalte zwei Arten von Ionen mit unterschiedlichen Massen M und Ladungszahlen Z. Betrachten Sie die Diffusion durch das Magnetfeld, das durch die Stöße der Ionen der unterschiedlichen Arten miteinander entsteht. Zeigen Sie in Verallgemeinerung unserer Diskussion der Diffusion durch Stöße von Teilchen mit gleicher oder unterschiedlicher Ladung, daß die beiden Arten von Ionen relativ zueinander diffundieren, daß es aber nicht zu einer Verschiebung von Ionenladung quer zum Magnetfeld kommt. Erklären Sie qualitativ, wie es zu einer Diffusion der beiden Teilchensorten kommen kann, die diese Bedingung erfüllt. Diffundieren die Elektronen? Ist diese Diffusion noch ambipolar?

12.7 Diffusion als stochastische Bewegung*

Daß der Diffusionsfluß durch Stöße gleichartiger Teilchen in niedrigster Ordnung verschwindet, wurde zuerst von C.L. Longmire und M.N. Rosenbluth (*Phys.Rev.* **103** (1956) 507) gezeigt. Sie berechnen auch den nichtverschwindenden Fluß proportional zu den zweiten und dritten Ableitungen von $n(x)$. Longmire und Rosenbluth lösen die Fokker-Planck-Gleichung, um den Teilchenfluß aufgrund von Coulomb-Stößen in einem Maxwellschen Plasma mit kleinen Inhomogenitäten zu berechnen. Dem liegt eine allgemeinere Methode zur Beschreibung „stochastischer Bewegungen" zugrunde, die wir in diesem Abschnitt einführen wollen. Wir werden für einen Spezialfall eine vereinfachte Version des Beweises von Longmire und Rosenbluth für das Verschwinden der Diffusion durch Stöße gleichartiger Teilchen in zweiter Ordnung angeben.

Die vereinfachte Version der Methode von Longmire und Rosenbluth, die wir in diesem Kapitel einführen liefert, wenn wir sie auf Stöße unterschiedlicher Teilchen anwenden, auch eine formalere Herleitung der intrinsischen Ambipolarität des Teilchenflusses zweiter Ordnung.

Wir wollen nun allgemeinere Zufallsbewegungen mit zufälligen Schrittweiten, sogenannte „stochastische Bewegungen" betrachten. Damit können wir zunächst eine alternative Herleitung des Verschwindens des durch Stöße gleichartiger Teilchen hervorgerufenen Diffusionsstromes zweiter Ordnung geben. Ferner sind wir in der Lage die intrinsischen Ambipolarität der durch Stöße unterschiedlicher Teilchen hervorgerufenen Diffusion zu erklären. Beim *random walk* von Teilchen auf einer Geraden, den wir weiter oben behandelt haben, machen alle Teilchen Schritte der gleichen Länge Δx und ein Schritt nach rechts ist genauso wahrscheinlich wie ein Schritt nach links. Es gibt hier zwei Möglichkeiten der Verallgemeinerung. Erstens können wir annehmen, daß es einen kleinen Unterschied in der mittleren Länge der Schritte nach rechts und nach links gibt. Wenn wir mit Δx (mit Vorzeichen) nun einen Schritt in positiver x-Richtung bezeichnen, bedeutet das, daß es eine nichtverschwindende mittlere Verschiebung $\langle \Delta x \rangle$ der Teilchen im Zeitintervall Δt gibt. Die zweite Möglichkeit der Verallgemeinerung besteht darin, die typische Schrittweite und das Ungleichgewicht der Schritte nach links und rechts von x abhängig werden zu lassen. $\langle \Delta x \rangle$ und $\langle (\Delta x)^2 \rangle$ sind dann Funktionen von x.

Um den resultierenden Fluß Γ in x-Richtung durch eine Fläche bei $x = x_0$ zu bestimmen, betrachten wir wieder ein Linienelement unmittelbar links von $x = x_0$ und berechnen wie die Teilchen dieses Element im Zeitintervall Δt durch Schritte in positiver x-Richtung verlassen. Wenn wir eine x-abhängige Schrittweite zulassen, gilt für die Länge des Linienelementes, das im Intervall Δt von den Teilchen in positiver x-Richtung verlassen wird,

$$(\Delta x)_- \equiv \Delta x|_{x_0 - \Delta t} \approx \Delta x|_{x_0} - \Delta x \left.\frac{\mathrm{d}\Delta x}{\mathrm{d}x}\right|_{x_0} . \tag{12.42}$$

Der dabei entstehende Fluß in x-Richtung ist

$$\begin{aligned} \Gamma &= \frac{1}{\Delta t} \int_{x_0-(\Delta x)_-}^{x_0} n(x)\mathrm{d}x \\ &\approx \frac{1}{\Delta t} \int_{x_0-(\Delta x)_-}^{x_0} \left(n(x_0) + (x - x_0) \left.\frac{\mathrm{d}n}{\mathrm{d}x}\right|_{x_0} \right) \mathrm{d}x \\ &\approx \frac{1}{\Delta t} \left(n\Delta x - n\Delta x \frac{\mathrm{d}\Delta x}{\mathrm{d}x} - \frac{(\Delta x)^2}{2} \frac{\mathrm{d}n}{\mathrm{d}x} \right) \approx \frac{1}{\Delta t} \left(n\Delta x - \frac{1}{2} \frac{\mathrm{d}}{\mathrm{d}x} [n(\Delta x)^2] \right) . \end{aligned} \tag{12.43}$$

Obwohl wir diese Ergebnis hergeleitet haben, indem wir ein Linienelement unmittelbar links von $x = x_0$ betrachtet haben, das von den Teilchen durch positive Schritte Δx verlassen wird, können wir die Herleitung auch auf ein Linienelement rechts von $x = x_0$ übertragen, wenn wir negative Δx betrachten. Um den mittleren Fluß zu bestimmen, bilden wir das Mittel von (12.43) über nach links und nach rechts gerichtete Schritte und erhalten

$$\Gamma = \frac{1}{\Delta t}\left(n\langle\Delta x\rangle - \frac{1}{2}\frac{\mathrm{d}}{\mathrm{d}x}[n\langle(\Delta x)^2\rangle]\right). \tag{12.44}$$

(12.44) ist eine Verallgemeinerung von (12.4) auf den Fall x-abhängiger Schrittweiten Δx und einen nichtverschwindenden mittleren Schritt. Aus unserer Herleitung ist ersichtlich, daß (12.44) nur bis zur zweiten Ordnung in der Schrittweite Δx gültig ist. Wir werden (12.44) vor allem in Situationen anwenden, in denen es annähernd gleichviele Schritte nach rechts und nach links gibt. Der Term $\langle\Delta x\rangle$, der zunächst von der Größe eines Terms erster Ordnung in Δx zu sein scheint, ist dann so klein wie ein Term zweiter Ordnung. Um einen Beitrag zum Fluß zu liefern, der etwa so groß ist wie der Beitrag durch diffusive Verteilung, reicht aber schon ein kleines Ungleichgewicht zwischen den Schritten nach rechts und nach links. Diese Situation wird von (12.44) beschrieben.

Aufgabe 12.4 Bei der Herleitung von (12.44) sind wir davon ausgegangen, daß die Schritte nach links und rechts etwas unterschiedlich groß sind, die Schrittweite aber nicht vom Ort abhängt. Ferner haben wir implizit die Annahme gemacht, daß die Teilchen bei diesen Schritten nicht übereinander hinwegspringen. Verallgemeinern Sie diese Herleitung, indem Sie von der (physikalisch besser begründeten) Annahme ausgehen, daß es eine Verteilung möglicher Schritte mit unterschiedlichen Schrittweiten gibt. Die Größen $\langle\Delta x\rangle$ und $\langle(\Delta x)^2\rangle$ sind dann die mittlere Schrittweite bzw. die Breite dieser Verteilung. (Hinweis: Definieren Sie eine Wahrscheinlichkeit $P(x,\Delta x)$ für einen Schritt Δx (in positiver oder negativer Richtung) an der Stelle x. Finden Sie einen Ausdruck für den Strom von Teilchen durch einen Punkt x_0 und entwickeln Sie $n(x)$ um x_0. Behalten Sie nur Terme der Ordnungen $n(x_0)$ und $\mathrm{d}n/\mathrm{d}x|_{x_0}$. $\langle\Delta x\rangle$ und $\langle(\Delta x)^2\rangle$ sind durch

$$\langle\Delta x\rangle = \int_{-\infty}^{\infty} \Delta x\, P(x,\Delta x)\mathrm{d}(\Delta x) \qquad \langle(\Delta x)^2\rangle = \int_{-\infty}^{\infty} (\Delta x)^2 P(x,\Delta x)\mathrm{d}(\Delta x)$$

definiert. Ihr Endergebnis sollte mit (12.44) übereinstimmen.

Wir wollen jetzt noch einmal auf den durch Stöße gleichartiger Teilchen verursachten Strom zurückkommen. Wir hatten festgestellt, daß von den Stößen aus Bild 12.3 (einen negativen Gradienten $\mathrm{d}n/\mathrm{d}x$ der Dichte vorausgesetzt) die $(i \to f)$-Stöße einen nach rechts gerichteten Strom von Teilchen bei $x = x_0$ verursachen. Dieser Strom hat Ähnlichkeit mit einer Diffusion, weil er dem Dichtegradienten entgegengesetzt ist. Wir hatten aber auch festgestellt, daß die „umgekehrten" Stöße $(f \to i)$ einen kompensierenden Strom verursachen, der in die gleiche Richtung zeigt wie der Gradient der Dichte.

Wenn wir diese Situation in der Sprache beschreiben, die wir eingeführt haben, um allgemeine stochastische Bewegungen behandeln zu können, stammt der Fluß parallel zum Dichtegradienten aus einer nichtverschwindenden mittlere Bewegung $\langle\Delta x\rangle$ pro Zeitintervall Δt, während der zum Dichtegradienten antiparallele Strom aus der diffusiven Ausbreitung $\langle(\Delta x)^2\rangle$ im gleichen Zeitintervall herrührt. Bei diesem Beispiel stochastischer Bewegung entsteht das nichtverschwindende $\langle\Delta x\rangle$ aus einer Inhomogenität der Dichte der streuenden Teilchen (und nicht der gestreuten Teilchen). Der durch $\langle\Delta x\rangle$ hervorgerufene Fluß, d.h. der erste Term auf der rechten Seite von (12.44), ist proportional zum Dichtegradienten der streuenden Teilchen. Der diffusive Fluß, der durch den $\langle(\Delta x)^2\rangle$-Term beschrieben wird, d.h. der zweite Term auf der rechten Seite von (12.44), hat einen Anteil, der proportional zum Dichtegradienten der gestreuten Teilchen ist und in (12.44) explizit erscheint sowie einen Anteil, der proportional zum Dichtegradienten

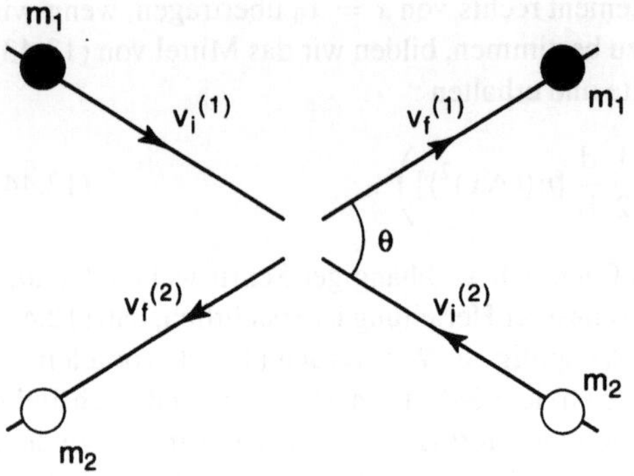

Bild 12.4
Ein Stoß eines Teilchens der Art (1) mit der Masse m_1 und eines Teilchens der Art (2) mit der Masse m_2, dargestellt im Schwerpunktssystem, in dem der Gesamtimpuls der Teilchen verschwindet. Die relative Geschwindigkeit $v_{\text{rel}} = |\boldsymbol{v}^{(1)} - \boldsymbol{v}^{(2)}|$ der Teilchen vor und nach dem Stoß ist gleich. Der Streuwinkel ist θ.

der streuenden Teilchen ist und in (12.44) nur implizit durch die Abhängigkeit von $\langle(\Delta x)^2\rangle$ von der Dichte der streuenden Teilchen eingeht. Wenn die streuenden und die gestreuten Teilchen identisch sind, können sich diese Beiträge gegenseitig wegheben, was tatsächlich auch der Fall ist.

Davon können wir uns überzeugen, indem wir einen sehr einfachen Fall betrachten, bei dem sich die Teilchen, ähnlich wie in den Bildern 12.2 und 12.3, nur senkrecht zum Magnetfeld bewegen, d.h. sie haben nur Geschwindigkeitskomponenten (v_x, v_y). Wir nehmen an, daß diese Situation durch Stöße nicht verändert wird. Durch die Stöße wird also keine Geschwindigkeitskomponente v_z parallel zum Magnetfeld erzeugt und wir können unsere Betrachtungen auf zwei Dimensionen beschränken. Ferner gehen wir davon aus, daß die Geschwindigkeitsverteilung eine Maxwell-Verteilung in $v_\perp = (v_x^2 + v_y^2)^{1/2}$ und die Temperatur räumlich homogen ist. Da wir sowohl das Verschwinden des Teilchenflusses durch Stöße gleichartiger Teilchen als auch die intrinsische Ambipolarität des Flusses, der durch Stöße unterschiedlicher Teilchen hervorgerufen wird, behandeln wollen, betrachten wir zwei unterschiedliche Teilchensorten (1) und (2). Die Ladungen dieser Teilchen bezeichnen wir mit q_1 und q_2, ihre Massen mit m_1 und m_2 und ihre Dichten mit $n_1(x)$ und $n_2(x)$. Wir gehen davon aus, daß ihre Temperaturen übereinstimmen.

Die Kollision eines Teilchens der Art (1) und eines Teilchens der Art (2) kann man am besten im Schwerpunktssystem beschreiben. Im Schwerpunktssystem verschwindet der Gesamtimpuls der beiden stoßenden Teilchen. In diesem bewegten Bezugsystem, das in Bild 12.4 dargestellt ist, gilt für die Geschwindigkeitsvektoren vor dem Stoß $m_2\boldsymbol{v}_i^{(2)} = -m_1\boldsymbol{v}_i^{(1)}$. Da der Impuls bei dem Stoß erhalten bleibt, gilt nach dem Stoß $m_2\boldsymbol{v}_f^{(2)} = -m_1\boldsymbol{v}_f^{(1)}$. In Schwerpunktskoordinaten kann man die kinetische Energie $W_1 + W_2$ der Teilchen im Ruhesystem als Summe der kinetischen Energie der kombinierten Masse $m_1 + m_2$, die sich mit der Schwerpunktsgeschwindigkeit $\boldsymbol{V}$ mit $M\boldsymbol{V} = m_1\boldsymbol{v}^{(1)} + m_2\boldsymbol{v}^{(2)}$ bewegt und der kinetischen Energie der reduzierten Masse $m = m_1 m_2/(m_1 + m_2)$, die sich mit der relativen Geschwindigkeit $\boldsymbol{v}_{\text{rel}} = \boldsymbol{v}^{(1)} - \boldsymbol{v}^{(2)}$ bewegt, schreiben. Im Schwerpunktssystem, das sich mit der Geschwindigkeit $\boldsymbol{V}$ bewegt, ist die kinetische Energie einfach $mv_{\text{rel}}^2/2$. Da die Energie bei einem Stoß erhalten bleibt, muß v_{rel} vor und nach dem Stoß den gleichen Wert haben.

Ein Teilchen der Art (1) erleidet mit der Frequenz $\nu_{12} = n_2\langle\sigma_{12}(v_{\text{rel}},\theta)v_{\text{rel}}\rangle$ Stöße mit Teilchen der Art (2). Der Streuquerschnitt σ_{12} ist in der Regel eine Funktion von v_{rel} und dem in Bild 12.4 eingezeichneten Streuwinkel θ im Schwerpunktssystem. Wir gehen davon aus, daß in dem einfachen Fall, den wir hier betrachten, der Streuquerschnitt unabhängig von Streuwinkel ist, d.h. im Schwerpunktssystem sind alle Streuwinkel gleich wahrscheinlich. Ferner nehmen wir an, daß die Größe $\sigma_{12}v_{\text{rel}}$ eine von v_{rel} unabhängige Konstante ist. (Der bei Coulomb-Stößen eigentlich zutreffende Fall, in dem $\sigma_{12}v_{\rm rel}$ sowohl von θ als auch von $v_{\rm rel}$ abhängt, wird in der oben zitierten Arbeit von Rosenbluth und Longmire behandelt. Es entstehen keine wesentlichen neuen Effekte, nur die Berechnungen der Geschwindigkeitsraum-Mittel werden deutlich komplizierter.)

Wir betrachten die mittlere Bewegung $\langle \Delta x \rangle$ des Führungszentrums eines Teilchens der Sorte (1) bei einem Stoß mit einem Teilchen der Sorte (2). Die Frequenz dieser Stöße ist proportional zu der Dichte der Teilchen der Sorte (2) am Ort x_c des Stoßes, die mit der Dichte der Führungszentren in

$$x_{\mathrm{Fz},i}^{(2)} = x_c + \frac{v_{y,i}^{(2)}}{\omega_{c2}} = x_{\mathrm{Fz},i}^{(1)} - \frac{v_{y,i}^{(1)}}{\omega_{c1}} + \frac{v_{y,i}^{(2)}}{\omega_{c2}} \tag{12.45}$$

identisch ist. Wir haben hier zweimal auf (12.35) zurückgegriffen – einmal um $x_{\mathrm{Fz},i}^{(2)}$ durch x_c auszudrücken und einmal um x_c durch $x_{\mathrm{Fz},i}^{(1)}$ auszudrücken. Ferner haben wir die Larmor-Frequenzen der beiden Teilchensorten benutzt.

An dieser Stelle ist es hilfreich, die Geschwindigkeiten der Teilchen durch die Schwerpunktsgeschwindigkeit $\boldsymbol{V}$ (sie ist vor und nach dem Stoß gleich) und die Relativgeschwindigkeit $\boldsymbol{v}_{\rm rel} = \boldsymbol{v}_i^{(1)} - \boldsymbol{v}_i^{(2)}$ auszudrücken. Die Geschwindigkeiten der einzelnen Teilchen, ausgedrückt in Schwerpunkts- und Relativgeschwindigkeit sind

$$\boldsymbol{v}_i^{(1)} = \boldsymbol{V} + \frac{m_2}{m_1 + m_2}\boldsymbol{v}_{\rm rel} \qquad \boldsymbol{v}_i^{(2)} = \boldsymbol{V} - \frac{m_1}{m_1 + m_2}\boldsymbol{v}_{\rm rel}\,.$$

Wenn wir die y-Komponenten dieser Gleichung in (12.45) einsetzen, erhalten wir

$$x_{\mathrm{Fz},i}^{(2)} = x_{\mathrm{Fz},i}^{(1)} - \left(\frac{1}{\omega_{c1}} + \frac{1}{\omega_{c2}}\right) V_y - \frac{m}{q_1 B}\left(1 + \frac{q_1}{q_2}\right) v_{\mathrm{rel},y,i}\,. \tag{12.46}$$

m ist auch hier die reduzierte Masse $m = m_1 m_2/(m_1 + m_2)$.

Die Bewegung des Führungszentrums des Teilchens der Sorte (1) bei diesem Stoß ist

$$\Delta x = x_{\mathrm{Fz},f}^{(1)} - x_{\mathrm{Fz},i}^{(1)} = x_c + \frac{v_{y,f}^{(1)}}{\omega_{c1}} - x_{\mathrm{Fz},i}^{(1)} = \frac{v_{y,f}^{(1)}}{\omega_{c1}} - \frac{v_{y,i}^{(1)}}{\omega_{c1}}\,. \tag{12.47}$$

Auch hier transformieren wir auf die Schwerpunkts- und Relativgeschwindigkeit, aber mit der Relativgeschwindigkeit $\boldsymbol{v}_{\mathrm{rel},f} = \boldsymbol{v}_f^{(1)} - \boldsymbol{v}_f^{(2)}$ nach dem Stoß. Damit erhalten wir aus (12.47)

$$\Delta x = \frac{1}{\omega_{c1}}\frac{m_2}{m_1 + m_2}(v_{\mathrm{rel},y,f} - v_{\mathrm{rel},y,i}) = \frac{m}{q_1 B}(v_{\mathrm{rel},y,f} - v_{\mathrm{rel},y,i})\,, \tag{12.48}$$

weil die Terme, die V_y enthalten sich gegenseitig wegheben.

Da wir davon ausgegangen sind, daß der Streuquerschnitt vom Streuwinkel unabhängig ist, ist der Winkel, unter dem Teilchen (1) gestreut wird völlig zufällig – jeder Winkel zwischen 0 und 2π ist gleich wahrscheinlich. Also ist die y-Komponente $v_{\mathrm{rel},y,f}$ der relativen Geschwindigkeit unmittelbar nach dem Stoß mit der gleichen Wahrscheinlichkeit negativ wie positiv und ihr Mittel verschwindet. Wir erhalten folglich als Ergebnis der ersten Mittelung, bei der wir über alle möglichen Relativgeschwindigkeiten nach dem Stoß bei fester Relativgeschwindigkeit vor dem Stoß mitteln,

$$\langle \Delta x \rangle_f = -\frac{m}{q_1 B} v_{\mathrm{rel,y,i}}\,. \tag{12.49}$$

Jetzt müssen wir noch eine zweite Mittelung durchführen, bei der wir über alle möglichen Relativgeschwindigkeiten vor dem Stoß mitteln. Bei dieser Mittelung müssen wir berücksichtigen, daß die Stoßfrequenz zu der Dichte der Führungszentren der Art (2) in $x^{(2)}_{\mathrm{Fz},i}$ proportional ist und daß diese wiederum nach (12.46) von den Geschwindigkeitsvektoren vor dem Stoß abhängt. Die Stoßfrequenz ist $\nu_{12} = n_2\sigma_{12}v_{\mathrm{rel}}$. Die zweite Mittelung führt also zu einem gewichteten Mittel über die rechte Seite von (12.49). Die Gewichte sind proportional zur Dichte der Führungszentren von Teilchen der Art (2) in $x^{(2)}_{\mathrm{Fz},i}$. Damit erhalten wir einen Ausdruck für die mittlere Bewegung pro Zeiteinheit.

$$\begin{aligned}\frac{\langle\Delta x\rangle}{\Delta t} &= -\sigma_{12}v_{\mathrm{rel}}\left\langle n^{(2)}_{\mathrm{Fz}}(x^{(2)}_{\mathrm{Fz},i}) - (x^{(2)}_{\mathrm{Fz},i} - x^{(1)}_{\mathrm{Fz},i})\frac{m v_{\mathrm{rel},y,i}}{q_1 B}\right\rangle \\ &= -\sigma_{12}v_{\mathrm{rel}}\left\langle\left(n^{(2)}_{\mathrm{Fz}}(x^{(2)}_{\mathrm{Fz},i}) - (x^{(2)}_{\mathrm{Fz},i} - x^{(1)}_{\mathrm{Fz},i})\left.\frac{\mathrm{d}n^{(2)}_{\mathrm{Fz}}}{\mathrm{d}x}\right|_{x^{(1)}_{\mathrm{Fz},i}}\right)\frac{m v_{\mathrm{rel},y,i}}{q_1 B}\right\rangle \\ &= -\sigma_{12}v_{\mathrm{rel}}\left(1+\frac{q_1}{q_2}\right)\frac{m^2}{q_1^2 B^2}\langle v^2_{\mathrm{rel},y,i}\rangle\frac{\mathrm{d}n^{(2)}_{\mathrm{Fz}}}{\mathrm{d}x}\end{aligned} \tag{12.50}$$

Beim letzten Schritt in (12.50) haben wir $x^{(2)}_{\mathrm{Fz},i} - x^{(1)}_{\mathrm{Fz},i}$ aus (12.46) eingesetzt und ausgenutzt, daß nach der Mittelung nur der Term zweiter Ordnung in $v_{\mathrm{rel},y,i}$ übrigbleibt, weil bei der Mittelung positive und negative Werte von $v_{\mathrm{rel},y,i}$ mit gleichem Gewicht auftreten. Insbesondere tritt der V_y-Term aus (12.46) in (12.50) mit einem Vorfaktor $v_{\mathrm{rel},y,i}$ auf und verschwindet daher bei der Mittelung. An dieser Stelle fällt also die Schwerpunktsgeschwindigkeit $\boldsymbol{V}$ aus unserer Rechnung heraus.

Die letzte Mittelung, die in (12.50) angedeutet ist, läuft über Werte von $v_{\mathrm{rel},y,i}$, die in der Geschwindigkeitsverteilung der Stoßpartner auftreten. Wir sind davon ausgegangen, daß sowohl die Teilchen der Art (1) als auch die Teilchen der Art (2) eine Maxwellsche Geschwindigkeitsverteilung der (übereinstimmenden) Temperatur T haben. Ferner hatten wir festgestellt, daß die Summe $W_1 + W_2$ der kinetischen Energien der beiden Teilchen als Summe der kinetischen Energie der kombinierten Masse $m_1 + m_2$ der beiden Teilchen mit der Schwerpunktsgeschwindigkeit $\boldsymbol{V}$ und der reduzierten Masse $m = m_1 m_2/(m_1 + m_2)$ mit der Relativgeschwindigkeit $\boldsymbol{v}_{\mathrm{rel}}$ geschrieben werden kann. Es gilt also

$$W_1 + W_2 \equiv \frac{1}{2}m_1(v^{(1)}_i)^2 + \frac{1}{2}m_2(v^{(2)}_i)^2 = \frac{1}{2}MV^2 + \frac{1}{2}mv^2_{\mathrm{rel}}\,.$$

Daraus folgt, daß die Schwerpunktsgeschwindigkeiten und die Relativgeschwindigkeiten mit derselben Temperatur und den Massen M bzw. m Maxwell-verteilt sind.

Aufgabe 12.5 Bestätigen Sie diese Behauptung, indem Sie die Transformation von den Geschwindigkeiten $\boldsymbol{v}^{(1)}_i$ und $\boldsymbol{v}^{(2)}_i$ auf die Geschwindigkeiten $\boldsymbol{V}$ und $\boldsymbol{v}_{\mathrm{rel}}$ durchführen.

Daraus folgt, daß

$$\langle v^2_{\mathrm{rel},y,i}\rangle = \frac{T}{m}\,. \tag{12.51}$$

Wenn wir diese Gleichung in (12.50) einsetzen, erhalten wir unser Endergebnis für die Bewegung pro Zeiteinheit

$$\frac{\langle \Delta x \rangle}{\Delta t} = \sigma_{12} v_{\mathrm{rel}} \left(1 + \frac{q_1}{q_2}\right) \frac{mT}{q_1^2 B^2} \frac{\mathrm{d}n_2}{\mathrm{d}x} \,. \tag{12.52}$$

Auf der rechten Seite von (12.52) stehen zwei Terme, die proportional zum Dichtegradienten der streuenden Teilchen sind. Der eine Term entsteht durch die 1 in der Klammer, der andere durch q_1/q_2. Der erste dieser beiden Terme beschreibt die höhere Stoßfrequenz auf der Seite der Gyrationsbahnen der Teilchen der Sorte (1), auf der die Dichte der Teilchen der Sorte 2 (d.h. der streuenden Teilchen) höher ist. Dadurch entsteht immer ein Fluß von gestreuten Teilchen in Richtung des Dichtegradienten der streuenden Teilchen. Im Falle gleichartiger Teilchen verläuft dieser Fluß parallel zum Dichtegradienten. Der zweite dieser beiden Terme (also der Term mit q_1/q_2) beschreibt die nichtverschwindende diamagnetische Drift der Teilchen der Sorte (2) in y-Richtung. Dabei wird eine Reibungskraft in y-Richtung auf die Teilchen der Sorte (1) ausgeübt und so eine Drift in x-Richtung hervorgerufen. Wenn man die diamagnetische Drift $(T/q_2 B n_2)(\mathrm{d}n_2/\mathrm{d}x)$ der Sorte (2) mit der reduzierten Masse m und der Stoßfrequenz $n_2\sigma_{12}v_{\mathrm{rel}}$ multipliziert, erhält man den Impulsübertrag, d.h. die Reibungskraft auf die Teilchen der Sorte (1) $F_y = \sigma_{12}v_{\mathrm{rel}}(mT/q_2 B)\mathrm{d}n_2/\mathrm{d}x$. Dadurch entsteht eine Drift $(\boldsymbol{F}\times\boldsymbol{B})/(q_1 B^2)$ der Teilchen der Sorten (1). Bei unserer Anordnung ist die Drift in x-Richtung gerichtet und hat den Betrag $\sigma_{12}v_{\mathrm{rel}}$ $(mT/q_1 q_2 B^2)\ \mathrm{d}n_2/\mathrm{d}x$. Das ist genau der q_1/q_2-Term aus (12.52). Bei gleichartigen Teilchen ist auch dieser Fluß gestreuter Teilchen parallel zum Dichtegradienten. Bei unterschiedlichen Teilchen, insbesondere bei Teilchen entgegengesetzter Ladung, verläuft dieser Teilchenstrom in die andere Richtung. Das liegt daran, daß die Richtung der $\boldsymbol{F}\times\boldsymbol{B}$-Drift vom Vorzeichen der Ladung des Teilchens abhängt. An (12.52) können wir ablesen, daß sich diese beiden Beiträge bei Stößen zwischen Elektronen und Protonen gerade wegheben und daß es deshalb nicht zu einer Bewegung $\langle\Delta x\rangle/\Delta t$ kommt.

Als nächstes betrachten wir die Verteilung der Führungszentren der Teilchen der Sorte (1) im Raum, die durch Stöße mit Teilchen der Sorte (2) hervorgerufen wird. Bei dem Stoß, den wir hier betrachten, wird das Führungszentrum des Teilchens der Sorte (1) nach (12.47) um Δx verschoben. In (12.48) haben wir Δx durch die Relativgeschwindigkeit vor und nach dem Stoß ausgedrückt. Die durchschnittliche Streuung der Führungszentren pro Stoß ist also

$$\langle(\Delta x)^2\rangle = \frac{m^2}{q_1^2 B^2}\langle(v_{rel,y,f} - v_{\mathrm{rel},y,i})^2\rangle = \frac{m^2}{q_1^2 B^2}[\langle v_{rel,y,f}^2\rangle + \langle v_{\mathrm{rel},y,i}^2\rangle] = \frac{2mT}{q_1^2 B^2} \,. \tag{12.53}$$

Hier haben wir zwei Mittelungen gleichzeitig durchgeführt. Zum einen die Mittelung über die Relativgeschwindigkeiten unmittelbar nach dem Stoß $v_{rel,y,f}$ und zum anderen die Mittelung über die Relativgeschwindigkeiten unmittelbar vor dem Stoß $v_{\mathrm{rel},y,i}$. Da wir angenommen haben, daß der Streuquerschnitt vom Streuwinkel im Schwerpunktssystem unabhängig ist, sind diese beiden Mittelungen voneinander unabhängig und es gibt keinen Kreuzterm der Form $\langle v_{rel,y,f}\, v_{\mathrm{rel},y,i}\rangle$. Im letzten Schritt von (12.53) haben wir auch die Abhängigkeit der Maxwell-Geschwindigkeitsverteilungen vor und nach dem Stoß von m und T ausgenutzt, d.h. wir haben (12.51) und den analogen Ausdruck für die Relativgeschwindigkeit unmittelbar nach dem Stoß eingesetzt. Mit der Stoßfrequenz $\nu_{12} = n_2\sigma_{12}v_{\mathrm{rel}}$ erhalten wir als mittlere Ausbreitungsgeschwindigkeit der Teilchen

$$\frac{\langle(\Delta x)^2\rangle}{\Delta t} = \sigma_{12} v_{\mathrm{rel}} \frac{2mTn_2}{q_1^2 B^2} \,. \tag{12.54}$$

Wenn wir (12.52) und (12.54) in unseren allgemeinen Ausdruck (12.44) für den Teilchenstrom durch die stochastische Bewegung einsetzen, erhalten wir

$$\Gamma_{12} = \sigma_{12} v_{\text{rel}} \frac{mT}{q_1^2 B^2} \left[\left(1 + \frac{q_1}{q_2}\right) n_1 \frac{\mathrm{d}n_2}{\mathrm{d}x} - \frac{\mathrm{d}(n_1 n_2)}{\mathrm{d}x} \right] . \tag{12.55}$$

Gleichung (12.55) beschreibt den Fluß von Teilchen der Sorte (1) aufgrund von Stößen mit Teilchen der Sorte (2). Für Stöße gleichartiger Teilchen mit $q_1 = q_2$ und $n_1(x) \equiv n_2(x)$ verschwindet dieser Fluß. Genauer gesagt, hebt bei Stößen gleichartiger Teilchen der Fluß, der durch die nichtverschwindende mittlere Bewegung $\langle \Delta x \rangle$ der Teilchen entsteht, den Term $\langle (\Delta x)^2 \rangle$, der die diffusive Ausbreitung der Teilchen beschreibt, weg.

Bei der Rechnung, die wir hier vorgestellt haben, sind wir von der vereinfachenden Annahme ausgegangen, daß der Streuquerschnitt unabhängig vom Streuwinkel im Schwerpunktssystem ist und daß die Größe $\sigma_{12} v_{\text{rel}}$ von der Relativgeschwindigkeit v_{rel} unabhängig ist. Als Folge davon taucht diese Größe in (12.55) auch nur als Vorfaktor auf. Bei einer allgemeineren (und physikalisch sinnvolleren) Betrachtung muß die Größe $\sigma_{12} v_{\text{rel}}$ bei den Mittelungen über den Geschwindigkeitsraum mit einbezogen werden.

Im anfangs erwähnten Artikel von Rosenbluth und Longmire wird, ausgehend von einem dreidimensionalen Geschwindigkeitsraum und dem vollständigen Streuquerschnitt für die Coulomb-Streuung, ein Ergebnis von der gleichen allgemeinen Form wie (12.55) hergeleitet. Um einen nichtverschwindenden Fluß durch Stöße gleichartiger Teilchen zu erhalten, muß man auch Terme der Ordnungen $(\Delta x)^3$ und $(\Delta x)^4$ betrachten.

Jetzt wollen wir (12.55) für den Fall von Stößen zwischen unterschiedlichen Teilchen betrachten. Der erste Teil des Terms in den eckigen Klammern in (12.55) hebt gerade den Anteil mit $\mathrm{d}n_2/\mathrm{d}x$ aus dem zweiten Term weg. Wir erhalten also für den Fluß elektrischer Ladung von Teilchen der Sorte (1) durch Stöße mit Teilchen der Sorte (2)

$$q_1 \Gamma_{12} = \sigma_{12} v_{\text{rel}} \frac{mT}{B^2} \left(\frac{n_1}{q_2} \frac{\mathrm{d}n_2}{\mathrm{d}x} - \frac{n_2}{q_1} \frac{\mathrm{d}n_1}{\mathrm{d}x} \right) . \tag{12.56}$$

Bis auf das Vorzeichen stimmt dieser Ausdruck mit dem Ladungsfluß von Teilchen der Sorte (2) durch Stöße mit Teilchen der Sorte (1) überein. Also gilt

$$q_1 \Gamma_{12} + q_2 \Gamma_{21} = 0 . \tag{12.57}$$

Damit haben wir also gezeigt, daß der Fluß, der durch Stöße unterschiedlicher Teilchen entsteht, bis zu dieser Ordnung intrinsisch ambipolar ist. Inbesondere sind in einem Wasserstoffplasma die Flüsse der Elektronen und Ionen genau gleich. Von dieser Tatsache ist häufig die Rede, wenn man sagt, daß die Diffusion in einem Plasma ambipolar ist.

12.8 Die Diffusion der Energie (Wärmeleitung)

Eine systematische Behandlung der Wärmeleitung wäre zu umfangreich, um sie an dieser Stelle durchzuführen. Wir haben bisher nur zwei Grenzfälle der Strömungsgleichungen eines Plasmas betrachtet. Zuerst die adiabatische Zustandsgleichung $\mathrm{d}(p/\rho^\gamma)/\mathrm{d}t = 0$, die zu einer vernachlässigbaren Wärmeleitung führt (zumindest in den Zeiträumen die uns interessieren) und als zweites die isotherme Zustandsgleichung $T = const.$, die einem Plasma mit einer sehr schnellen Wärmeleitung entspricht. Die Wärmeleitung in einem vollständig ionisierten Plasma ist aber hochgradig anisotrop – sehr schnell längs des Feldes und relativ langsam quer dazu.

Bei unserer systematischen Herleitung der Strömungsgleichungen für ein Plasma haben wir bei der Gleichung für den Impulsstrom, die zu der Bewegungsgleichung einer Flüssigkeit führte, haltgemacht. Die Gleichung für den Energieaustausch, die den Wärmetransport durch Wärmeleitung und Konvektion und die Quellen und Senken der Wärme beschreibt haben wir nicht mehr hergeleitet. Um diese Gleichung herzuleiten, müßte man die Energieflüsse in ein differentielles Volumenelement sowie aus ihm heraus und die anderen Möglichkeiten, beispielsweise durch Ohmsche Wärme ($\boldsymbol{j} \cdot \boldsymbol{E}$) Energie in das Volumen zu transportieren, betrachten. Genauso wie man zur Beschreibung des Impulsflusses in ein Volumen den Drucktensor einführt, benötigt man in der Energiebilanzgleichung den Wärmestromvektor. In der Indexnotation lautet dieser Vektor für eine einzelne Teilchensorte $Q_i = (m/2)\langle(v_i - u_i)(v_j - u_j)(v_j - u_j)\rangle$. (Der Fluß der skalaren Größe Wärme $((m/2)\langle\, (v_j - u_j)\; (v_j - u_j)\rangle)$ kann durch einen Vektor beschrieben werden, während zur Beschreibung des Flusses der vektoriellen Größe Impuls ein Tensor nötig ist.)

Der dominante Effekt, den man bei der Bestimmung des Wärmestromvektors betrachten muß, ist in vielen Fällen die Wärmeleitung, d.h. der Wärmefluß, der durch einen Temperaturgradienten hervorgerufen wird. Im allgemeinen gibt es aber auch noch andere Terme, die durch Konvektion enstehen. Wenn die Wärmeleitung vorherrscht, kann man die Wärmeleitungsgleichung so formulieren, daß sie unterschiedliche Effekte längs des Magnetfeldes und quer zu ihm beschreibt.

$$\frac{3}{2} n \frac{\partial T}{\partial t} = -\nabla \cdot \boldsymbol{Q} = \nabla_\perp \cdot (\kappa_\perp \nabla_\perp T) + \nabla_\parallel \cdot (\kappa_\parallel \nabla_\parallel T) \tag{12.58}$$

$\kappa_\perp$ und $\kappa_\parallel$ sind die Wärmeleitfähigkeiten senkrecht bzw. parallel zum Magnetfeld. Die Größen κ/n, die man aus beiden Wärmeleitfähigkeiten bilden kann und die die Dimension eines Diffusionskoeffizienten haben, werden manchmal auch als thermische Diffusionskoeffizienten bezeichnet. Wir wollen noch einmal darauf hinweisen, daß es viele Möglichkeiten des Wärmetransportes oder der Erzeugung oder Vernichtung von Wärme gibt, die in (12.58) ausgelassen wurden. Beispielweise findet in einem Plasma eine Konvektion von Wärme mit der Strömungsgeschwindigkeit $\boldsymbol{u}$ statt und Wärme wird durch Ohmsches Heizen erzeugt und geht durch Abstrahlung verloren. Da jedoch für den Wärmetransport häufig die Wärmeleitung entscheidend ist, ist es nützlich, die Größenordnungen von $\kappa_\perp$ und $\kappa_\parallel$ abzuschätzen.

Die Wärmeleitung längs des Magnetfeldes geht hauptsächlich auf die Elektronen und nicht auf die Ionen zurück. Aus unserer altbekannten Argumentation über einen *random walk* folgt, daß die Diffusionskoeffizienten von der Form v_t^2/ν sind. Damit ist der Diffusionskoeffizient der Elektronen um den Faktor $(M/m)^{1/2}$ größer als der der Ionen. Es gilt also

$$\frac{\kappa_\parallel}{n} \approx \frac{v_{t,e}^2}{\nu_e}, \tag{12.59}$$

wobei in ν_e die Elektron-Elektron- und die Ion-Ion-Stoßfrequenz zusammengezogen werden müssen, weil beide Arten von Stößen einen Beitrag liefern.

Für die Wärmeleitung quer zum Magnetfeld sind in erster Linie die Ionen und nicht die Elektronen verantwortlich. Die Ionen haben relativ große Larmor-Bahnen und wenn diese Bahnen durch den Stoß zweier Ionen gestört werden, wird zwischen den beiden Ionen Energie ausgetauscht. Ferner werden die Führungszentren um eine Entfernung von der Größenordnung eines Larmor-Radius aus ihrer ursprünglichen Lage verschoben. (Im Gegensatz zur Situation bei der Diffusion gibt es hier keinen Erhaltungssatz, der verhindert, das sich die Gesamtenergie der beiden Ionen verschiebt.) Die „Energie" vollführt also einen *random walk* mit der Schrittweite eines Larmor-Radius r_{Li} und der charakteristischen Zeit ν_{ii}^{-1}. Der thermische Diffusionskoeffizient quer zum Feld ist also etwa

$$\frac{\kappa_\perp}{n} \approx \nu_{ii} r_{\text{Li}}^2 . \qquad (12.60)$$

Wenn wir dieses Ergebnis mit dem für die Diffusion nur einer Teilchensorte vergleichen, stellen wir fest, daß die Diffusion der Wärme quer zum Feld hauptsächlich auf Ion-Ion-Stößen beruht, während die Diffusion der Teilchen quer zum Feld hauptsächlich auf Elektron-Ion-Stößen beruht. Die thermische Diffusion quer zum Feld ist um den Faktor $(M/m)^{1/2} \approx 40$ höher als die Teilchendiffusion quer zum Feld. Die Erhaltung des Gesamtimpulses bei einem Stoß führt dazu, daß die Ion-Ion-Stöße keinen Beitrag niedrigster Ordnung zur Teilchendiffusion leisten. Es gibt aber einen solchen Beitrag zur Wärmediffusion. Die Theorie der Bewegung eines Plasmas quer zum Magnetfeld wurde zuerst von M.N. Rosenbluth und A.N. Kaufmann (*Phys.Rev.* **109** (1958) 1) entwickelt. Sie geben Ausdrücke sowohl für die Wärmeleitung durch Elektronen als auch durch Ionen quer zum Feld an.

Aufgabe 12.6 Wir ersetzen unser Wasserstoffplasma durch ein Plasma mit mehrfach geladenen Ionen der Ladung Ze. Das Plasma ist vollständig ionisiert und elektrisch neutral, d.h. es gilt $n_e = Zn_i$. Bestimmen Sie die Z-Abhängigkeit von (i) dem Teilchen-Diffusionskoeffizienten quer zum Feld $D_\perp$, (ii) dem thermischen Diffusionskoeffizienten $\kappa_{\parallel e}/n_e$ der Elektronen längs des Feldes und (iii) dem thermischen Diffusionskoeffizienten $\kappa_{\perp i}/n_i$ der Ionen senkrecht zum Feld. Wenn in Ihren Formeln Dichten auftauchen, müssen Sie sorgfältig zwischen n_e und n_i unterscheiden.

---

13 Die Fokker-Planck-Gleichung für Coulomb-Stöße*

Wie wir bereits festgestellt haben, sind die Stoßeffekte in vollständig ionisierten Plasmen hauptsächlich auf die kumulative Wirkung vieler Stöße unter kleinen Winkeln und weniger auf die wenigen wirklich dichten Begegnungen zurückzuführen. In Kapitel 11 hatten wir die effektiven Stoßfrequenzen und den elektrischen Widerstand des Plasmas abgeschätzt. Wir haben aber noch keinen Formalismus entwickelt, mit dem wir die Auswirkungen der vielen Stöße unter kleinen Winkeln auf die Verteilungsfunktion $f(v)$ beschreiben können.

Für den Fall dichter Stöße unter großen Winkeln wird ein solcher Formalismus durch die Boltzmann-Gleichung geboten. Diese Gleichung, die immer dann angewandt werden kann, wenn die Kräfte zwischen den Teilchen eine geringe Reichweite haben, wird in den Lehrbüchern über statistische Mechanik im Nichtgleichgewicht (z.B. in F. Reif: *Fundamentals of Statistical and Thermal Physics*, New York, McGraw-Hill 1965) behandelt. Die Fokker-Planck-Gleichung ist die Variante der Boltzmann-Gleichung, die zur Beschreibung langreichweitiger Kräfte geeignet ist. Man kann sie aus der Boltzmann-Gleichung herleiten, indem man den Grenzfall sehr langreichweitiger Kräfte betrachtet (diese Herleitung findet sich beispielsweise in: D.C. Montgomery, D.A. Tidman: *Plasma Kinetic Theory*, New York McGraw-Hill 1964). Wir werden die Fokker-Planck-Gleichung direkt herleiten, indem wir die Auswirkungen vieler Coulomb-Stöße unter kleinen Winkeln auf die Geschwindigkeitsverteilungsfunktion eines Plasmas betrachten.

So betrachtet, bietet die Fokker-Planck-Gleichung einen allgemeinen Rahmen, um die Änderung der Verteilungsfunktion unter dem Einfluß vieler „Stoßereignisse", die jedes für sich nur zu einer kleinen Änderung der Geschwindigkeit eines Teilchens führen, zu beschreiben. Die Fokker-Planck-Gleichung wurde in den Jahren 1914–17 von A.D. Fokker und M. Planck entwickelt, um die Brownsche Bewegung zu beschreiben (siehe z.B. S. Chandrasekar, *Rev.Mod.Phys.* **15** (1943) 1).

13.1 Die allgemeine Form der Fokker-Planck-Gleichung

Die Stöße in einem Plasma ändern die Verteilung der Teilchengeschwindigkeiten. Wir müssen daher auf die Geschwindigkeitsverteilungsfunktion $f(\boldsymbol{v})$, die wir im ersten Kapitel eingeführt haben, zurückgreifen. Sie gibt die Dichte der Teilchen im Phasenraum, d.h. die Anzahl der Teilchen in einem Einheitsvolumen des physikalischen Raumes (Ortsraum) und des Geschwindigkeitsraumes an. Die Dichte im Ortsraum kann man aus $f(\boldsymbol{v})$ berechnen.

$$n = \int f(\boldsymbol{v})\mathrm{d}^3 v \tag{13.1}$$

Die Fokker-Planck-Gleichung beschreibt die Zeitentwicklung von $f(\boldsymbol{v})$ aufgrund von Stößen. Da die Auswirkungen der Stöße nur von den Eigenschaften von f an einer Stelle abhängen, können wir die Ortsabhängigkeit von f zunächst vernachlässigen.

Wir definieren eine weitere Funktion $\phi(\boldsymbol{v}, \Delta\boldsymbol{v})$ als die Wahrscheinlichkeit, daß sich die Geschwindigkeit $\boldsymbol{v}$ eines Teilchens im Zeitintervall Δt um Δv ändert. Wir gehen davon aus, daß die Stöße so wenig korreliert sind, daß ϕ nicht von der Vorgeschichte eines Teilchens abhängt.

Aus der Definition von ϕ folgt, daß wir die Geschwindigkeitsverteilung zur Zeit t mit Hilfe von ϕ durch die Geschwindigkeitsverteilung zu einem etwas früheren Zeitpunkt ausdrücken können.

$$f(\boldsymbol{v},t) = \int f(\boldsymbol{v} - \Delta\boldsymbol{v}, t - \Delta t)\phi(\boldsymbol{v} - \Delta\boldsymbol{v}, \Delta\boldsymbol{v})\mathrm{d}^3\Delta v \tag{13.2}$$

Das Integral läuft dabei über alle möglichen Δv. Die Summe der Wahrscheinlichkeiten für alle möglichen Veränderungen der Geschwindigkeit muß 1 sein. Also gilt

$$\int \phi(\boldsymbol{v}, \Delta\boldsymbol{v})\mathrm{d}^3\Delta v = 1\,. \tag{13.3}$$

Die Coulomb-Stöße führen zu einer Folge von Ablenkungen der Teilchen mit kleinen Winkeln, d.h. zu einer Folge von kleinen Änderungen $\Delta\boldsymbol{v}$ der Geschwindigkeiten. Wir können daher den Integranden $f\phi$ in (13.2) nach Potenzen von $\Delta\boldsymbol{v}$ entwickeln. In dem Faktor $\phi(\boldsymbol{v} - \Delta\boldsymbol{v}, \Delta\boldsymbol{v})$ dürfen wir allerdings nur nach dem ersten Argument entwickeln, weil $\Delta\boldsymbol{v}$ hier klein im Vergleich zu $\boldsymbol{v}$ ist. Das zweite Argument bleibt unverändert, weil es eine starke $\Delta\boldsymbol{v}$-Abhängigkeit von ϕ beschreibt. Wenn wir Terme bis zur zweiten Ordnung berücksichtigen, gilt

$$\begin{aligned} f(\boldsymbol{v} - \Delta\boldsymbol{v}, t - \Delta t) &= f(\boldsymbol{v}, t - \Delta t) - \Delta\boldsymbol{v}\cdot\frac{\partial}{\partial\boldsymbol{v}} f(\boldsymbol{v}, t - \Delta t) + \frac{1}{2}\Delta\boldsymbol{v}\Delta\boldsymbol{v} : \frac{\partial^2}{\partial\boldsymbol{v}\partial\boldsymbol{v}} f(\boldsymbol{v}, t - \Delta t) \\ \phi(\boldsymbol{v} - \Delta\boldsymbol{v}, \Delta\boldsymbol{v}) &= \phi(\boldsymbol{v}, \Delta\boldsymbol{v}) - \Delta\boldsymbol{v}\cdot\frac{\partial}{\partial\boldsymbol{v}}\phi(\boldsymbol{v}, \Delta\boldsymbol{v}) + \frac{1}{2}\Delta\boldsymbol{v}\Delta\boldsymbol{v} : \frac{\partial^2}{\partial\boldsymbol{v}\partial\boldsymbol{v}}\phi(\boldsymbol{v}, \Delta\boldsymbol{v})\,. \end{aligned}$$

Die Bedeutung der etwas ungewöhnlichen Notation $\Delta\boldsymbol{v}\Delta\boldsymbol{v}$: und $(\partial^2/\partial\boldsymbol{v}\partial\boldsymbol{v})$: sollte offensichtlich sein – diese Größen sind Dyaden, deren doppeltes Skalarprodukt mit einer anderen Dyade gebildet werden soll, um einen Skalar zu erhalten. In der Indexnotation erhält man für $\Delta\boldsymbol{v}\Delta\boldsymbol{v} : (\partial^2/\partial\boldsymbol{v}\partial\boldsymbol{v})$ den Ausdruck $\Delta v_i \Delta v_j(\partial^2/\partial v_i \partial v_j)$ (Über doppelt auftauchende Indizes wird summiert).

Wir setzen diese Ausdrücke nun in (13.2) ein, wobei wir in dem Produkt $f\phi$ nur Terme bis zur zweiten Ordnung in $\Delta\boldsymbol{v}$ berücksichtigen. Wenn wir (13.3) ausnutzen und annehmen, daß Δt klein ist, erhalten wir

$$\begin{aligned} &f(\boldsymbol{v},t) - f(\boldsymbol{v}, t - \Delta t) \\ &= -\int \Delta\boldsymbol{v}\cdot\left(\frac{\partial f}{\partial\boldsymbol{v}}\phi + \frac{\partial\phi}{\partial\boldsymbol{v}} f\right)\mathrm{d}^3\Delta v + \frac{1}{2}\int \Delta\boldsymbol{v}\Delta\boldsymbol{v} : \left(\frac{\partial^2 f}{\partial\boldsymbol{v}\partial\boldsymbol{v}}\phi + 2\frac{\partial f}{\partial\boldsymbol{v}}\frac{\partial\phi}{\partial\boldsymbol{v}} + \frac{\partial^2\phi}{\partial\boldsymbol{v}\partial\boldsymbol{v}} f\right)\mathrm{d}^3\Delta v \\ &= -\frac{\partial}{\partial\boldsymbol{v}}\cdot\int f\phi\Delta\boldsymbol{v}\mathrm{d}^3\Delta v + \frac{1}{2}\frac{\partial^2}{\partial\boldsymbol{v}\partial\boldsymbol{v}} : \int f\phi\Delta\boldsymbol{v}\Delta\boldsymbol{v}\mathrm{d}^3\Delta v\,. \end{aligned} \tag{13.4}$$

In dieser Ordnung der Näherung stehen f und ϕ auf der rechten Seite für $f(\boldsymbol{v},t)$ und $\phi(\boldsymbol{v}, \Delta\boldsymbol{v})$. Damit erhält man für die Änderung von f durch Stöße

$$\left(\frac{\partial f}{\partial t}\right)_{\mathrm{coll}} = \frac{f(\boldsymbol{v},t) - f(\boldsymbol{v}, t - \Delta t)}{\Delta t} = -\frac{\partial}{\partial\boldsymbol{v}}\cdot\left(\frac{\mathrm{d}\langle\Delta\boldsymbol{v}\rangle}{\mathrm{d}t} f\right) + \frac{1}{2}\frac{\partial^2}{\partial\boldsymbol{v}\partial\boldsymbol{v}} : \left(\frac{\mathrm{d}\langle\Delta\boldsymbol{v}\Delta\boldsymbol{v}\rangle}{\mathrm{d}t} f\right), \tag{13.5}$$

denn $f = f(\boldsymbol{v},t)$ ist unabhängig von Δv und es gilt

$$\frac{\mathrm{d}\langle\Delta\boldsymbol{v}\rangle}{\mathrm{d}t} = \frac{1}{\Delta t}\int \phi\Delta\boldsymbol{v}\mathrm{d}^3\Delta v \qquad \frac{\mathrm{d}\langle\Delta\boldsymbol{v}\Delta\boldsymbol{v}\rangle}{\mathrm{d}t} = \frac{1}{\Delta t}\int \phi\Delta\boldsymbol{v}\Delta\boldsymbol{v}\mathrm{d}^3\Delta v\,. \tag{13.6}$$

(13.5) ist die Fokker-Planck-Gleichung.

Die Größe $(d\langle\Delta \boldsymbol{v}\rangle/\mathrm{d}t)_{\text{coll}}$ beschreibt die mittlere Änderung der durchschnittlichen (vektoriellen) Geschwindigkeit eines Teilchens durch Coulomb-Stöße. In einem isotropen Plasma gibt es keine Richtung, in der die Teilchen bei den Stößen bevorzugt Impuls gewinnen, und es gibt auch keine Vorzugsrichtung, in die die Geschwindigkeitsvektoren der Teilchen abgelenkt werden, wenn sie Impuls verlieren. Die Größe $\mathrm{d}\langle\Delta \boldsymbol{v}\rangle/\mathrm{d}t$ wird also in der Regel in die $\boldsymbol{v}$ entgegengesetzte Richtung zeigen. Ihr Betrag wird als dynamische Reibung bezeichnet. Diese Reibung führt zu einer Verlangsamung der gerichteten Bewegung des Teilchens.

Die Größen $\mathrm{d}\langle\Delta \boldsymbol{v}\Delta \boldsymbol{v}\rangle/\mathrm{d}t$ sind die Geschwindigkeitsdiffusionskoeffizienten, da sie zu einer Verteilung der Teilchengeschwindigkeiten über einen größeren Bereich im Geschwindigkeitsraum führen. Die Geschwindigkeitsdiffusion führt häufig dazu, daß bestimmte Gruppen von Teilchen im Mittel Energie gewinnen, beispielsweise eine Gruppe von kälteren Teilchen in einem Plasma mit Maxwellscher Geschwindigkeitsverteilung. Die Maxwellsche Geschwindigkeitsverteilung eines Gleichgewichtszustandes wird durch die Konkurrenz bzw. das Gleichgewicht zwischen dynamischer Reibung und Geschwindigkeitsdiffusion hervorgerufen.

13.2 Die Fokker-Planck-Gleichung für Stöße von Elektronen und Ionen

In Kapitel 11 haben wir die Kinematik einer Serie von Coulomb-Stößen unter kleinen Winkeln untersucht und einige Größen eingeführt, die mit der dynamischen Reibung und den Geschwindigkeitsdiffusionskoeffizienten eng verwandt sind. Wir haben dabei ein Elektron der Masse m betrachtet, das mit einem viel schwereren Ion der Ladung Ze kollidiert.

Der Ausdruck für $\mathrm{d}(\Delta v_{\|})/\mathrm{d}t$, den wir in (11.14) hergeleitet haben, ist identisch mit der dynamischen Reibung

$$\frac{\mathrm{d}\langle\Delta \boldsymbol{v}\rangle}{\mathrm{d}t} = -\frac{n_i Z^2 e^4 \ln\Lambda}{4\pi\epsilon_0^2 m^2 v^3}\,. \tag{13.7}$$

Um die Geschwindigkeitsdiffusionskoeffizienten zu bestimmen, gehen wir davon aus, daß sich das Teilchen in z-Richtung bewegt. Die xx- und die yy-Komponenten des Tensors $\mathrm{d}\langle\Delta \boldsymbol{v}\Delta \boldsymbol{v}\rangle/\mathrm{d}t$ sind

$$\frac{\mathrm{d}\langle(\Delta v_x)^2\rangle}{\mathrm{d}t} = \frac{\mathrm{d}\langle(\Delta v_y)^2\rangle}{\mathrm{d}t} = \frac{1}{2}\frac{\mathrm{d}\langle(\Delta v_\perp)^2\rangle}{\mathrm{d}t}\,. \tag{13.8}$$

Alle anderen Komponenten verschwinden. Der Grund dafür soll im folgenden dargestellt werden. Alle Komponenten der Form $\mathrm{d}\langle\Delta v_x \Delta v_z\rangle/\mathrm{d}t$ sind Null, weil es keine bevorzugte Richtung für Δv_x gibt. Mit einem ähnlichen Argument zeigt man, daß auch $\mathrm{d}\langle\Delta v_x \Delta v_y\rangle/\mathrm{d}t$ verschwindet. Die Komponente $\mathrm{d}\langle(\Delta v_z)^2\rangle/\mathrm{d}t$ verschwindet genau genommen nicht, ist aber von höherer Ordnung als die Komponenten, die wir betrachten wollen, weil wegen der Energieerhaltung bei Stößen mit unendlich schweren Ionen $\Delta v_z \approx (\Delta v_\perp)^2/2v$ und deshalb $(\Delta v_z)^2 \approx (\Delta v_\perp)^4$ gilt.

Wenn wir unseren Ausdruck für $\mathrm{d}\langle(\Delta v_\perp)^2\rangle/\mathrm{d}t$ aus Kapitel 11 (also (11.11)) einsetzen, erhalten wir

$$\frac{\mathrm{d}\langle\Delta \boldsymbol{v}\Delta \boldsymbol{v}\rangle}{\mathrm{d}t} = -\frac{n_i Z^2 e^4 \ln\Lambda}{4\pi\epsilon_0^2 m^2 v^3}(I v^2 - \boldsymbol{v}\boldsymbol{v})\,. \tag{13.9}$$

Hier steht I für den Einheitstensor. Das Endergebnis ist von unserer ursprünglichen Wahl von $\boldsymbol{v}$ in z-Richtung unabhängig.

Mit diesen Ausdrücken für die dynamische Reibung und die Geschwindigkeitsdiffusionskoeffizienten erhalten wir als Fokker-Planck-Gleichung

$$\left(\frac{\partial f_e}{\partial t}\right)_{\text{coll}} = \frac{n_i Z^2 e^4 \ln \Lambda}{4\pi \epsilon_0^2 m^2} \left[\frac{\partial}{\partial \boldsymbol{v}} \cdot \left(\frac{\boldsymbol{v} f_e}{v^3}\right) + \frac{1}{2} \frac{\partial^2}{\partial \boldsymbol{v} \partial \boldsymbol{v}} : \left(\frac{\boldsymbol{I} v^2 - \boldsymbol{v}\boldsymbol{v}}{v^3} f_e\right)\right] . \tag{13.10}$$

Um (13.10) in eine einfachere Form zu bringen, benutzen wir die Identität

$$\frac{\partial}{\partial \boldsymbol{v}} \cdot \left(\frac{\boldsymbol{I} v^2 - \boldsymbol{v}\boldsymbol{v}}{v^3}\right) = -\frac{2\boldsymbol{v}}{v^3} . \tag{13.11}$$

Diese Identität beweist man am leichtesten mit Hilfe der Indexnotation. Der Ausdruck auf der linken Seite von (13.11) ist ein Vektor. Für seine i-te Komponente gilt

$$\frac{\partial}{\partial v_j}\left(\frac{\delta_{ij} v^2 - v_i v_j}{v^3}\right) = -\frac{1}{v^2}\frac{\partial v}{\partial v_i} - \frac{\delta_{ij} v_j + 3 v_i}{v^3} + \frac{3 v_i v_j}{v^4}\frac{\partial v}{\partial v_j} = -\frac{v_i}{v^3} - \frac{4 v_i}{v^3} + \frac{3 v_i}{v^3} = -\frac{2 v_i}{v^3} .$$

Hier haben wir aus $\partial v_i / \partial v_j = \delta_{ij}$, $\partial v_j / \partial v_j = 3$ und $v^2 = v_i v_i$ gefolgert, daß $\partial v / \partial v_i = v_i / v$.

Mit (13.11) erhalten wir unsere endgültigen Fokker-Planck-Gleichung

$$\left(\frac{\partial f_e}{\partial t}\right)_{\text{coll}} = \frac{n_i Z^2 e^4 \ln \Lambda}{8\pi \epsilon_0^2 m^2} \frac{\partial}{\partial \boldsymbol{v}} \cdot \left(\frac{\boldsymbol{I} v^2 - \boldsymbol{v}\boldsymbol{v}}{v^3} \cdot \frac{\partial f_e}{\partial \boldsymbol{v}}\right) . \tag{13.12}$$

Diese Form der Fokker-Planck-Gleichung beschreibt die Zeitentwicklung der Geschwindigkeitsverteilungsfunktion $f_e(\boldsymbol{v},t)$ der Elektronen aufgrund von Stößen mit ortsfesten unendlich schweren Ionen. Die Fokker-Planck-Gleichung in dieser einfachen Form beinhaltet nur die Stöße der Elektronen mit den Ionen, es ist aber auch möglich, eine Fokker-Planck-Gleichung herzuleiten, die auch die Stöße der Elektronen und der Ionen untereinander beschreibt. Die *Struktur* der Gleichung ist dabei immer gleich, d.h. es gibt Koeffizienten der dynamischen Reibung und der Geschwindigkeitsdiffusion, die genau wie bei (13.5) in die Gleichung eingehen. Sie werden berechnet, indem man den Einfluß der Stöße auf die Geschwindigkeitsverteilung der jeweiligen Teilchensorte betrachtet. Die vollständige Fokker-Planck-Gleichung für ein Plasma wurde zuerst von M.N. Rosenbluth, W. MacDonald und D. Judd (*Phys.Rev.* **107** (1957) 1) angegeben.

13.3 Die Lorentz-Gas-Näherung

Die relativ einfache Form der Fokker-Planck-Gleichung, die wir oben hergeleitet haben, beschreibt Elektronen in der „Lorentz-Gas“-Näherung. Ein Lorentz-Gas ist ein Plasma, in dem die Elektronen nur mit den ortsfesten Ionen kollidieren können und nicht mit anderen Elektronen. In einem echten Plasma mit $Z = 1$ sind Elektron-Elektron-Stöße natürlich etwa genauso häufig wie Elektron-Ion-Stöße. Trotzdem ist die Lorentz-Gas-Näherung bei vielen Anwendungen hilfreich, insbesondere weil die resultierende einfache Form der Fokker-Planck-Gleichung relativ leicht analytisch gelöst werden kann. Für ein Plasma mit mehrfach geladenen Ionen ist diese Näherung verhältnismäßig genau, da in diesem Fall die Elektron-Ion-Stöße um einen Faktor $n_i Z^2 / n_e = Z$ häufiger sind als die Elektron-Elektron-Stöße.

Wenn wir in die oben angegebene Fokker-Planck-Gleichung eine Maxwell-Verteilung $f_e \sim \exp(-mv^2/2T)$ einsetzen würden, würde die rechte Seite der Gleichung verschwinden. Das muß natürlich bei jeder Gleichung, die die Auswirkungen von Stößen beschreibt der Fall sein, weil die Maxwell-Verteilung ein thermodynamisches Gleichgewicht zwischen den Teilchen voraussetzt. Die rechte Seite der Fokker-Planck-Gleichung für ein Lorentz-Gas verschwindet sogar immer dann, wenn f_e im Geschwindigkeitsraum isotrop ist, d.h. wenn f_e nur von v abhängt, denn es gilt

$$(\mathbf{I}v^2 - \mathbf{v}\mathbf{v}) \cdot \frac{\partial f}{\partial \mathbf{v}} = (\mathbf{I}v^2 - \mathbf{v}\mathbf{v}) \cdot \mathbf{v}\frac{\partial f}{v \partial v} = 0 . \tag{13.13}$$

Diese Eigenschaft der Lorentz-Gas-Näherung erklärt sich dadurch, daß die Elektron-Ion-Stöße (zumindest in der niedrigsten Ordnung von m/M, die wir hier betrachten) den Betrag der Elektronengeschwindigkeiten nicht ändern. Sie führen bloß zu einer Streuung der Richtungen der Elektronengeschwindigkeiten.

Die Fokker-Planck-Gleichung für das Lorentz-Gas kann man noch etwas weiter vereinfachen, indem man zu Kugelkoordinaten im Geschwindigkeitsraum übergeht. Wir wählen eine beliebige Richtung als z-Achse und schreiben $v_z = v\cos\theta$, $v_x = v\sin\theta\cos\phi$ und $v_y = v\sin\theta\sin\phi$. Die Ausdrücke für den Gradienten und die Divergenz in Kugelkoordinaten finden wir im Anhang E (wir müssen sie bloß auf den Geschwindigkeitsraum anwenden). Damit erhalten wir eine Fokker-Planck-Gleichung der Form

$$\left(\frac{\partial f_e}{\partial t}\right)_{\text{coll}} = \frac{n_i Z^2 e^4 \ln \Lambda}{8\pi\epsilon_0^2 m^2 v^3} \left[\frac{1}{\sin\theta}\frac{\partial}{\partial\theta}\left(\sin\theta\frac{\partial f_e}{\partial\theta}\right) + \frac{1}{\sin^2\theta}\frac{\partial^2 f_e}{\partial\phi^2}\right] . \tag{13.14}$$

Die Tatsache, daß der Betrag der Geschwindigkeiten der Elektronen bei den Stößen mit den Ionen nicht geändert wird, drückt sich hier darin aus, daß in der Gleichung kein $\partial/\partial v$-Term auftritt.

Aufgabe 13.1 Leiten Sie ausgehend von (13.12) Gleichung (13.14) her. Benutzen Sie dabei, wo nötig, Anhang E.

13.4 Plasmaleitfähigkeit in der Lorentz-Gas-Näherung

Als Anwendungsbeispiel für die Fokker-Planck-Gleichung werden wir einen exakten Ausdruck für die elektrische Leitfähigkeit eines Plasmas im Rahmen der Lorentz-Gas-Näherung bestimmen.

Wir gehen davon aus, daß die Geschwindigkeitsverteilung der Elektronen annähernd mit einer Maxwell-Verteilung

$$f_{0e} = n_e \left(\frac{m_e}{2\pi T_e}\right)^{3/2} \mathrm{e}^{-\frac{m_e v^2}{2T_e}} \tag{13.15}$$

übereinstimmt. Das Gleichgewicht wird nur durch ein schwaches elektrisches Feld in z-Richtung gestört. Die Beschleunigung der Elektronen durch das elektrische Feld ist $-eE/m$. Die Geschwindigkeitsverteilungsfunktion zur Zeit t geht also nach

$$f_e(\boldsymbol{v},t) = f_e(\boldsymbol{v} + \frac{e\boldsymbol{E}\Delta t}{m}, t - \Delta t) \tag{13.16}$$

aus der zur Zeit $t - \Delta t$ hervor. Für kleine Δt können wir diesen Ausdruck entwickeln:

$$f_e(\boldsymbol{v},t) - f_e(\boldsymbol{v},t-\Delta t) = \frac{e\boldsymbol{E}}{m} \cdot \frac{\partial f_e}{\partial \boldsymbol{v}} \Delta t \qquad \left(\frac{\partial f_e}{\partial t}\right)_E = \frac{e\boldsymbol{E}}{m} \cdot \frac{\partial f_{e0}}{\partial \boldsymbol{v}} \tag{13.17}$$

Der untere Index $\boldsymbol{E}$ soll hier andeuten, daß sich f_e nur wegen des Feldes $\boldsymbol{E}$ ändert. Außerdem haben wir angenommen, daß das elektrische Feld nur eine kleine Änderung von f_e verursacht und deshalb in den Term der $\boldsymbol{E}$ enthält $f_e \approx f_{e0}$ eingesetzt. Gleichung (13.17) ist ein Schritt in Richtung der „Vlasov-Gleichung", die die Zeitentwicklung von $f(\boldsymbol{x},\boldsymbol{v}\,t)$ in einem beliebigen Kraftfeld beschreibt. Wir werden die Vlasov-Gleichung in Kapitel 22 behandeln.

In einem Gleichgewichtszustand, in dem die beschleunigende Kraft des Feldes auf die Elektronen durch die Bremswirkung der Stöße mit den Ionen ausgeglichen wird, gilt

$$0 = \frac{\partial f_e}{\partial t} = \left(\frac{\partial f_e}{\partial t}\right)_E + \left(\frac{\partial f_e}{\partial t}\right)_{\text{coll}} \tag{13.18}$$

bzw.

$$-\frac{e\boldsymbol{E}}{m} \cdot \frac{\partial f_{e0}}{\partial \boldsymbol{v}} = \left(\frac{\partial f_e}{\partial t}\right)_{\text{coll}} . \tag{13.19}$$

Aus dieser Gleichung müssen wir den nicht-Maxwellschen Anteil von f_e berechnen, den wir mit f_{e1} bezeichnen wollen. Wir drücken den Stoßterm auf der rechten Seite von (13.19) mit Hilfe der Fokker-Planck-Gleichung (13.14) aus. Dadurch erhalten wir nur den nicht-Maxwellschen Anteil der Verteilungsfunktion, da die Stöße ja keinen Einfluß auf das Maxwellsche f_{e0} haben. Bei dieser Rechnung im Rahmen der Lorentz-Gas-Näherung folgt schon aus der Tatsache, daß die Maxwell-Verteilung isotrop ist, daß nur f_{e1} und nicht f_{e0} eingeht.

Da $\boldsymbol{E}$ in z-Richtung zeigt und die Gleichung in ϕ symmetrisch ist, muß auch f_{e1} bezüglich des Azimutalwinkels um die z-Achse symmetrisch sein, d.h. f_{e1} kann nicht von ϕ abhängen. Wenn wir die Maxwell-Verteilung für f_{e0} einsetzen, erhalten wir

$$\frac{eEvf_{e0}}{T_e}\cos\theta = \frac{n_i Z^2 e^4 \ln\Lambda}{8\pi\epsilon_0^2 m^2 v^3} \frac{1}{\sin\theta} \frac{\partial}{\partial\theta}\left(\sin\theta \frac{\partial f_{e1}}{\partial\theta}\right) . \tag{13.20}$$

Diese Gleichung hat die Lösung

$$f_{e1} = -\frac{4\pi\epsilon_0^2 m^2 E v^4 f_{e0}\cos\theta}{n_i Z^2 e^3 T_e \ln\Lambda} . \tag{13.21}$$

Die vollständige Verteilungsfunktion der Elektronen, die man erhält, indem man die von θ unabhängige Maxwell-Verteilung f_{e0} zur θ-abhängigen Störung f_{e1} addiert, ist eine (in θ) leicht asymmetrische Verteilung mit etwas mehr Elektronen im Bereich $\pi > \theta > \pi/2$ als im Bereich $\pi/2 > \theta > 0$. In kartesischen Koordinaten bedeutet das, daß es etwas mehr Elektronen mit $v_z < 0$ als mit $v_z > 0$ gibt. Das stimmt mit unserer Erwartung überein, daß ein elektrisches Feld in z-Richtung die negativ geladenen Elektronen in negativer z-Richtung beschleunigt.

Nun berechnen wir die Stromdichte in z-Richtung

$$\begin{aligned} j_z &= -e \int f_{e1} v \cos\theta \mathrm{d}^3 v \\ &= \frac{8\pi^2 \epsilon_0^2 m^2 E}{n_i Z^2 e^2 T_e \ln\Lambda} \int_0^\infty v^7 f_{e0} \mathrm{d}v \int_0^\pi \cos^2\theta \sin\theta \mathrm{d}\theta = \sqrt{\frac{8\pi T_e^3}{m}} \frac{32\epsilon_0^2 E}{Ze^2 \ln\Lambda} . \end{aligned} \tag{13.22}$$

Hier haben wir $\mathrm{d}^3 v = 2\pi v^2 \sin\theta \mathrm{d}\theta \mathrm{d}v$ eingesetzt und die elektrische Neutralität des Plasmas ($n_e = Zn_i$) benutzt. Die Integrale in (13.22) können mit den üblichen Methoden gelöst werden. Das θ-Integral löst man mit $\sin\theta \mathrm{d}\theta = -\mathrm{d}(\cos\theta)$. Beim v-Integral substituiert man zuerst $v^7 \mathrm{d}v = v^6 \mathrm{d}(v^2/2)$ und kann dann wegen $f_{e0} \sim \exp(-v^2/2v_t^2)$ das Integral über $v^2/2$ durch mehrfache partielle Integration lösen. Der Widerstand des Plasmas in der Lorentz-Gas-Näherung ist also

$$\eta = \sqrt{\frac{m}{8T_e^3 \pi}} \frac{Ze^2 \ln\Lambda}{32\epsilon_0^2 E} . \tag{13.23}$$

Wenn wir dieses Ergebnis mit unserer Abschätzung aus dem elften Kapitel vergleichen (also mit (11.30)), sehen wir, daß der Lorentz-Gas-Widerstand um einen Faktor 3,4 unter dieser einfachen Schätzung liegt. Daß wir hier einen deutlich geringeren Widerstand erhalten, liegt daran, daß die schnelleren Elektronen in der Lorentz-Gas-Näherung eine bestimmende Rolle beim Ladungstransport spielen.

Um den tatsächlichen Widerstand eines Plasmas zu berechnen, muß man auch Elektron-Elektron-Stöße berücksichtigen. Diese Berechnungen kann man nur numerisch durchführen. Der Widerstand eines Wasserstoffplasmas wurde zuerst von L. Spitzer und R. Harm (*Phys. Rev.* **89** (1953) 977) berechnet. Er ist etwa 1,7-mal so groß wie der Widerstand eines Lorentz-Gases und damit um einen Faktor 2 kleiner als der in Kapitel 11 berechnete Widerstand. (Dies hatten wir dort bereits hervorgehoben.) Die Elektron-Elektron-Stöße tragen nicht direkt zum Widerstand bei, da sie den Gesamtimpuls aller Elektronen nicht verändern können, sondern sie beeinflussen die Geschwindigkeitsverteilung der Elektronen in einer Weise, die die Hemmung der Bewegung durch Stöße mit den Ionen verstärkt. Der Grund dafür, daß die Stöße der Elektronen untereinander den Widerstand erhöhen, tritt in der Lorentz-Gas-Näherung deutlich zutage: Die heißen Elektronen tragen am meisten zum Ladungstransport bei, weil die Elektron-Ion-Stoßfrequenz ($\sim v^{-3}$) mit steigender Elektronengeschwindigkeit abnimmt. Wenn wir auch Elektron-Elektron-Stöße berücksichtigen, sind diese heißen Elektronen stärker an die anderen Elektronen gekoppelt und werden durch sie abgebremst, dadurch steigt dann auch ihre Stoßfrequenz mit den Ionen.

Aufgabe 13.2 Betrachten Sie ein neutrales Plasma, das aus Elektronen und einer Sorte Ionen der Ladung Ze besteht. Vergleichen Sie die relative Häufigkeit von Elektron-Ion- und Elektron-Elektron-Stößen und finden Sie eine Formel für den Widerstand des Plasmas mit einem numerischen Faktor, der im Grenzfall großer Z, auch wenn man die Elektron-Elektron-Stöße berücksichtigt, die Situation vollständig beschreibt.

Aufgabe 13.3 Beschreiben Sie die Elektron-Ion-Stöße mit der Fokker-Planck-Gleichung und berechnen Sie den Widerstand des Plasmas für den Fall, daß die Stöße der Elektronen untereinander im Vergleich zu den Stößen der Elektronen mit den Ionen unendlich häufig sind. Das ist offensichtlich der dem Lorentz-Gas-Modell entgegengesetzte Grenzfall. (Hinweis: Beachten Sie, daß die Elektron-Elektron-Stöße selber keinen Widerstand hervorrufen. Sie können den Widerstand nur über die Geschwindigkeitsverteilung der Elektronen beeinflussen. Sie führen zu einer Maxwell-Verteilung, die um eine nichtverschwindende mittlere Elektronengeschwindigkeit zentriert sein kann. Diese Verteilung entsteht durch einen Elektron-Elektron-Stoßterm in der Fokker-Planck-Gleichung, der für die Verteilungsfunktion der Elektronen entscheidend ist, aber den Gesamtimpuls aller Elektronen nicht ändern kann. Der Impulsaustausch zwischen Elektronen und Ionen wird auch hier durch einen Lorentz-Gasartigen Fokker-Planck-Term beschrieben, wobei allerdings in diesem Fall die Geschwindigkeitsverteilung der Elektronen von vornherein feststeht. Da wir davon ausgehen, daß das elektrische Feld schwach ist, ist die Verschiebung der Maxwell-Verteilung klein im Vergleich zu den thermischen Geschwindigkeiten.) Drücken sie Ihr Resultat η durch die mittlere Ion-Elektron-Stoßfrequenz $\langle \nu_{ei} \rangle$ aus (11.22) aus.

14 Stöße schneller Ionen in einem Plasma*

In vielen in der Natur auftretenden Plasmen, aber auch in Fusionsplasmen gibt es „Strahlen“ schneller Ionen, die sich durch das Plasma bewegen. Die Energie der Ionen in diesen Strahlen ist in der Regel deutlich höher als die Temperatur des restlichen Plasmas, d.h. die Geschwindigkeiten der Ionen im Strahl sind im Vergleich zum Hintergrund „suprathermal“. Die Geschwindigkeit der Ionen im Strahl kann über oder unter der thermischen Geschwindigkeit der Elektronen im Hintergrund liegen. Damit der erste Fall eintritt, muß die Strahlgeschwindigkeit in einem Wasserstoffplasma mit $T_e \approx T_i$ um den Faktor $(M/m)^{1/2} \approx 43$ größer sein als die thermische Geschwindigkeit der Ionen des Hintergrundes (die Energie der Ionen im Strahl ist dann 1800mal so hoch wie die Plasmatemperatur). Zumindest in Laborplasmen ist eine solche Situation verhältnismäßig selten. Es kommt hingegen häufig vor, daß die Geschwindigkeit der Ionen im Strahl deutlich unter der Geschwindigkeit der Elektronen des Hintergrundes liegt. Die Ionen im Strahl können von der gleichen Art sein wie die Ionen des Hintergrundes (gleiche Masse, gleiches Z), es kann sich aber auch um andere Ionen handeln. Der Ionenstrahl kann vor der Wechselwirkung mit dem Plasma annähernd monoenergetisch und fokussiert sein oder schon von vornherein ein breites Spektrum von Teilchengeschwindigkeiten und Flugrichtungen aufweisen.

14.1 Schnelle Ionen in Fusionsplasmen

Bei der Fusionsforschung sind Plasmen, die durch die bei der Fusion entstehenden energiereichen Ionen geheizt werden von großer Bedeutung. Bei der Deuterium-Tritium-Reaktion entsteht beispielsweise ein energiereiches Heliumion (Alphateilchen, $Z = 2$, Atommasse 4) mit einer Energie von 3,5 MeV. Dieses Ion ist damit etwa 200mal so heiß wie das Plasma, das man normalerweise in einem Fusionsreaktor benötigt. Die Alphateilchen entstehen mit einer isotropen Geschwindigkeitsverteilung, d.h. es gibt bei ihrer Entstehung keine bevorzugte Richtung ihrer Geschwindigkeitsvektoren.

In Fusionsexperimenten wird das Plasma häufig auch durch energiereiche Ionenstrahlen geheizt, die anfänglich als neutrale Strahlen in das Plasma geleitet, dann aber schnell ionisiert werden. Zur Zeit arbeitet man dabei mit Ionen von etwa 100 keV und liegt damit um etwa das 10–20fache über der Temperatur des Plasmas. Bei den Plasmen in einem Leistungsreaktor werden Energien von etwa 1 MeV benötigt. Solche Strahlen sind normalerweise recht gut fokussiert, weil ihre Geschwindigkeitsvektoren nur wenig von der Richtung abweichen, in der sie ursprünglich in das Plasma eingetreten sind. Eine andere Methode zur Heizung eines Plasmas, die häufig eingesetzt wird, ist das Aufheizen einer Sorte von Ionen, die mit einem eher geringen Anteil im Plasma vertreten ist durch Radiowellen mit der Larmor-Frequenz dieser Ionen. Dadurch ensteht ein „Strahl“ energiereicher Ionen, deren Geschwindigkeitsvektoren größtenteils senkrecht auf dem Magnetfeld stehen.

Die energiereichen Ionen des Strahls werden von den Teilchen des Hintergrundplasmas durch zahlreichen Coulomb-Stöße „thermalisiert“. In diesem Kapitel wollen wir den Vorgang der „Thermalisierung“ mit Hilfe unseres Wissens über Coulomb-Stöße aus Kapitel 11 beschreiben. Ferner wollen wir eine Fokker-Planck-Gleichung für die Ionen des Strahls herleiten, die etwas komplexer ist als die Fokker-Planck-Gleichung für ein Lorentz-Gas, die wir in Kapitel 13 hergeleitet haben.

Wir gehen davon aus, daß das Hintergrundplasma aus Maxwell-verteilten Elektronen und Ionen besteht. Die Dichte n_b der Ionen des Strahls soll wesentlich geringer sein als die Dichte n_i der Ionen des Hintergrundes. Folglich ist das Plasma näherungsweise elektrisch neutral (d.h. $n_e \approx Zn_i$) und die Strahlionen tragen nicht wesentlich zur Ladungsdichte bei. Die Geschwindigkeiten V_b der Ionen des Strahls (in diesem Kapitel benutzen wir Großbuchstaben für die Geschwindigkeit des Strahls und kleine Buchstaben für die Geschwindigkeit der Ionen im Hintergrundplasma) sind sehr viel größer als die thermischen Geschwindigkeiten $v_{t,i}$ der Ionen des Hintergrundes aber deutlich niedriger als die Geschwindigkeiten $v_{t,e}$ der Elektronen des Hintergrundes, d.h.

$$v_{t,i} \ll V_b \ll v_{t,e} \,. \tag{14.1}$$

Um unsere Betrachtungen möglichst allgemein zu halten, lassen wir zu, daß die Ionen des Strahls nicht mit den Ionen des Hintergrundes identisch sind. Die Masse und die Ladungszahl der Ionen des Hintergrundes bezeichnen wir wie üblich mit M und Z, die der Ionen des Strahls mit M_b und Z_b.

Die Strahlionen erleiden Coulomb-Stöße mit den Ionen und Elektronen des Hintergrundes. Durch diese Stöße kommt es zu einer Reibung mit dem Hintergrund, durch die der Strahl verlangsamt wird und zu einer Streuung, die die Strahlionen aus ihrer ursprünglichen Richtung ablenkt.

14.2 Die Verlangsamung der Strahlionen durch Stöße mit Elektronen

Wir betrachten zunächst die Verlangsamung des Strahls durch Stöße mit den Maxwell-verteilten Elektronen des Hintergrundes. Wenn wir uns in das mit den Strahlionen mitbewegte Koordinatensystem begeben, haben wir eine Situation, die der aus Kapitel 11 sehr ähnlich ist: die Elektronen kollidieren mit den deutlich schwereren und im wesentlichen ortsfesten Ionen. Wir stellen fest, daß die Plasmaelektronen Impuls auf die Ionen des Strahls übertragen können, aber nur wenig Energie. Im Mittel erhalten die Strahlionen dabei einen gerichteten Impuls, weil die Elektronen einen gerichteten Impuls haben, der aus der Transformation der Maxwell-Verteilung in das bewegte Bezugssystem herrührt. In diesem Bezugsystem zeigt der von den Ionen gewonnene Impuls in Richtung des mittleren Impulses der Elektronen. Er ist also der Geschwindigkeit der Ionen des Strahls entgegengesetzt (die identisch mit der Geschwindigkeit des bewegten Bezugsystems im Bezugssystem des Hintergrundplasmas ist). Durch die Stöße mit den Elektronen verlieren die Ionen also gerichteten Impuls und werden gebremst, sie werden aber nicht wesentlich aus ihrer ursprünglichen Flugrichtung abgelenkt.

Die Änderung der Energie der Strahlionen geht fast vollständig auf die Änderung der kinetischen Energie der gerichteten Bewegung zurück und nur zu einem geringen Anteil auf den Zugewinn an kinetischer Energie der thermischen Bewegung in der ursprünglichen Richtung des Strahls oder senkrecht dazu. Um uns davon zu überzeugen, betrachten wir einen typischen Stoß zwischen einem Strahlion und einem Hintergrundelektron im Bezugsystem des Hintergrundplasmas. Wenn sich die Geschwindigkeit des Ions um $\Delta \boldsymbol{V}$ ändert, muß sich wegen der Impulserhaltung die Geschwindigkeit des Elektrons um $-(M_b/m)\Delta \boldsymbol{V}$ ändern. Aus der Energieerhaltung folgt, daß die Änderung der Energie des Strahlions $\Delta W_b = (M_b/2)(|\boldsymbol{V} + \Delta \boldsymbol{V}|)^2 - V^2) \approx M_b \boldsymbol{V} \Delta \boldsymbol{V}$ den gleichen Betrag haben muß wie die Änderung

$$\Delta W_e = \frac{m}{2}\left(\frac{M_b}{m}\right)^2 |\Delta V|^2 = \frac{M_b^2}{2m}|\Delta V|^2 \tag{14.2}$$

der Energie des Elektrons. Wenn wir die Komponente von $\Delta \boldsymbol{V}$ in Richtung von $\boldsymbol{V}$ mit $V_\parallel$ bezeichnen ($V_\parallel$ wird also negativ sein), können wir die Energieerhaltungsgleichung $\Delta W_b = -\Delta W_e$ in der Form

$$-M_b V \Delta V_\parallel = \frac{M_b^2}{2m}|\Delta V|^2 = \frac{M_b^2}{2m}[(\Delta V_\parallel)^2 + (V_\perp^2)^2] \tag{14.3}$$

schreiben. Dabei bezeichnet $\Delta V_\perp$ die Zunahme der Geschwindigkeit des Ions senkrecht zu seiner ursprünglichen Bewegungsrichtung $\boldsymbol{V}$. Aus dieser Gleichung können wir sofort zwei Folgerungen ziehen. Zum einen folgt aus $M_b(\Delta V_\perp)^2/2 < mV|\Delta V_\parallel| \ll M_b V|\Delta V_\parallel|$, daß die Energie, die die Ionen dadurch erhalten, daß ihre Flugbahn aus der ursprünglichen Richtung abgelenkt wird viel geringer ist, als der Energieverlust durch die Abbremsung ohne Richtungsänderung. Zum anderen folgt aus (14.3), daß $|\Delta V_\parallel| < (2m/M_b)V$ und das bedeutet, daß das Strahlion durch den Stoß einen Anteil der Größenordnung m/M_b seines Impulses verliert, während es einen Anteil $(m/M_b)^2$ seiner Energie also etwa eine Energie von mV_b^2 verliert. Wenn man diese beiden Ungleichungen kombiniert, erhält man $\Delta V_\perp < (2m/M_b)V$.

Im wesentlichen führt der Stoß dazu, daß das Ion um einen Winkel abgelenkt wird, der maximal von der Größenordnung m/M_b ist. Die kinetische Energie dieser senkrechten Bewegung ist der $(m/M_b)^2$-te Teil der ursprünglichen Energie des Ions. Im Vergleich dazu ist der Anteil der Energie, der durch Abbremsung ohne Richtungsänderung verloren wird, von der Größenordnung m/M_b. Wenn das Elektron beim Stoß den größten möglichen Anteil seiner thermischen Energie auf das Strahlion übertragen würde, wäre dieser Energiegewinn trotzdem nur ein Bruchteil des Energieverlustes durch Abbremsung, denn das Elektron kann nach Kapitel 11 eine Energie von etwa $(m/M_b)T_e$ übertragen und es gilt $(m/M_b)T_e/(mV_b^2) = T_e/(M_b V_b^2) \approx v_{t,i}^2/V_b^2 \ll 1$. (Wir sind davon ausgegangen, daß T_e und T_i etwa gleich groß sind). Die Kraft, die die Elektronen des Hintergrunds auf die Strahlionen ausüben, ist also im wesentlichen eine Reibungskraft, d.h. sie ist der Bewegung des Strahles entgegengesetzt, führt aber nicht zu einer Streuung des Strahls.

Im folgenden wollen wir den Betrag dieser Reibung berechnen. Wegen der Impulserhaltung gilt für die Zunahme $\Delta \boldsymbol{v}$ der Geschwindigkeit des Elektrons und die Abnahme $\Delta \boldsymbol{V}$ der Geschwindigkeit des Ions bei einem Coulomb-Stoß

$$m\Delta \boldsymbol{v} = -M_b \Delta \boldsymbol{V}. \tag{14.4}$$

Wir gehen davon aus, daß die Strahlionen die Dichte n_b und die mittlere Geschwindigkeit $\langle \boldsymbol{V} \rangle$ haben. Ferner sollen die Elektronen der Maxwell-Verteilung

$$f_e(\boldsymbol{v}) = n_e \left(\frac{m}{2\pi T_e}\right)^{3/2} \mathrm{e}^{-\frac{mv^2}{2T_e}} \tag{14.5}$$

mit der Dichte n_e genügen. Durch eine große Anzahl von Stößen zwischen Strahlionen und Elektronen nimmt der Impuls des Strahles ab und der der Elektronen dementsprechend zu.

$$n_b M_b \frac{\mathrm{d}\langle \boldsymbol{V} \rangle}{\mathrm{d}t} = -m \int \frac{\mathrm{d}\langle \boldsymbol{v} \rangle}{\mathrm{d}t} f_e(v)\mathrm{d}^3 v \tag{14.6}$$

Die Änderung der gerichteten Geschwindigkeit der Elektronen durch die Stöße erhalten wir, indem wir Gleichung (11.15) aus Kapitel 11 in das Laborsystem, in dem die Ionen die Geschwindigkeit $\boldsymbol{V}$ haben, übertragen. Es gilt

$$\frac{\mathrm{d}\langle \boldsymbol{v}\rangle}{\mathrm{d}t} = -\nu_{eb}(\boldsymbol{v} - \boldsymbol{V}) \tag{14.7}$$

mit

$$\nu_{eb} = \frac{n_b Z_b^2 e^4 \ln \Lambda}{4\pi \epsilon_0^2 m^2 |\boldsymbol{v} - \boldsymbol{V}|^3} . \tag{14.8}$$

Wenn wir (14.7) in den Ausdruck für die Abbremsung der Strahlionen einsetzen, erhalten wir

$$\frac{\mathrm{d}\langle \boldsymbol{V}\rangle}{\mathrm{d}t} = \frac{n_b Z_b^2 e^4 \ln \Lambda}{4\pi \epsilon_0^2 m M_b} \int \frac{\boldsymbol{v} - \boldsymbol{V}}{|\boldsymbol{v} - \boldsymbol{V}|^3} f_e(v)\, \mathrm{d}^3 v . \tag{14.9}$$

Um dieses Integral zu lösen, betreiben wir zuerst etwas Vektoranalysis und transformieren danach auf Kugelkoordinaten im Geschwindigkeitsraum. Als ersten Schritt benutzen wir

$$\frac{\boldsymbol{v} - \boldsymbol{V}}{|\boldsymbol{v} - \boldsymbol{V}|^3} = \frac{\partial}{\partial \boldsymbol{V}} \frac{1}{\sqrt{|\boldsymbol{v} - \boldsymbol{V}|^2}} = \frac{\partial}{\partial \boldsymbol{V}} \frac{1}{|\boldsymbol{v} - \boldsymbol{V}|} .$$

Diese Gleichung bedeutet, daß man das „Kraftfeld" $\boldsymbol{v} - \boldsymbol{V}/|\boldsymbol{v} - \boldsymbol{V}|^3$ im Geschwindigkeitsraum aus den skalaren Potential $|\boldsymbol{v} - \boldsymbol{V}|^{-1}$ herleiten kann.

Damit gilt

$$\frac{\mathrm{d}\langle \boldsymbol{V}\rangle}{\mathrm{d}t} = \frac{n_b Z_b^2 e^4 \ln \Lambda}{4\pi \epsilon_0^2 m M_b} \frac{\partial I}{\partial \boldsymbol{V}} , \tag{14.10}$$

wobei I für das Integral

$$I(\boldsymbol{V}) = -\int \frac{f_e \mathrm{d}^3 v}{|\boldsymbol{v} - \boldsymbol{V}|} \tag{14.11}$$

steht. Obwohl wir von einer Maxwell-Verteilung ausgehen, wollen wir das Integral $I(\boldsymbol{V})$ für beliebige, im Geschwindigkeitsraum isotrope ($f_e \equiv f_e(v)$) Verteilungen lösen. Wenn wir (14.10) und (14.11) betrachten, fällt sofort eine Ähnlichkeit mit $1/r^2$-Kraftgesetzen, wie etwa dem der Gravitation auf. Falls wir unseren Geschwindigkeitsraum als Ortsraum auffassen, ist der Vektor $-\partial I/\partial \boldsymbol{V}$ die Gravitationskraft der Massenverteilung $f_e(v)$ am Ort $\boldsymbol{V}$.

Für ein beliebiges Verhältnis zwischen der Geschwindigkeit der Strahlionen und der thermischen Geschwindigkeit der Elektronen kann man das Integral $I(\boldsymbol{V})$ folgendermaßen berechnen: Zuerst transformieren wir auf ein Kugelkoordinatensystem (v,θ,ϕ) im Geschwindigkeitsraum, dessen $\theta = 0$-Achse parallel zu $\boldsymbol{V}$ liegt. Wie in Bild 14.1 angedeutet, müssen wir zwischen den Kugelschalen im Geschwindigkeitsraum mit $v > V$ und denjenigen mit $v < V$ unterscheiden. In beiden Fällen ist der Abstand

$$|\boldsymbol{v} - \boldsymbol{V}| = \sqrt{v^2 + V^2 - 2vV \cos\theta}$$

zwischen dem durch $\boldsymbol{V}$ gegebenen Punkt und einem beliebigen Punkt $\boldsymbol{P}$ bzw. P' aus der jeweiligen Kugelschale (s. Bild 14.1) von der Azimutalkoordinate ϕ unabhängig. Wir können also sofort von 0 bis 2π über ϕ integrieren und erhalten

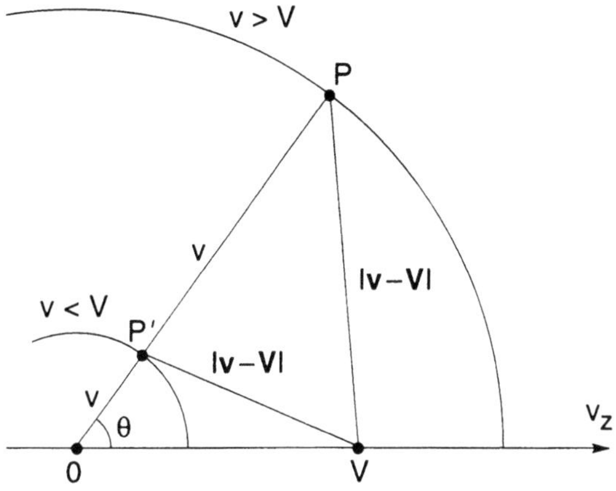

Bild 14.1
Ein Kugelkoordinatensystem zur Berechnung des Integrals in (14.11). Das Integral ist äquivalent zum Gravitationspotential einer Massenverteilung $f_e(v)$ in V. Es erstreckt sich über Kugelschalen mit $v > V$ und über solche mit $v < V$. P und P' sind typische Punkte mit $v > V$ bzw. $v < V$. Die Beträge von $\boldsymbol{v} - \boldsymbol{V}$ sind in beiden Fällen eingezeichnet.

$$\begin{aligned}
I &= -2\pi \int \frac{f_e(v)v^2 \sin\theta \mathrm{d}\theta \mathrm{d}v}{\sqrt{v^2+V^2-2vV\cos\theta}} \\
&= -2\pi \int_0^\infty v^2 f_e(v)\mathrm{d}v \int_{\cos\theta=-1}^{\cos\theta=1} \frac{\mathrm{d}(\cos\theta)}{\sqrt{v^2+V^2-2vV\cos\theta}} \\
&= -2\pi \int_0^\infty v^2 f_e(v)\mathrm{d}v \left[-\frac{1}{vV}\sqrt{v^2+V^2-2vV\cos\theta}\right]_{\cos\theta=-1}^{\cos\theta=1} \\
&= -\frac{2\pi}{V}\int_0^\infty v f_e(v)\mathrm{d}v(-|v-V|+v+V)\,.
\end{aligned}$$

Nun müssen wir zwischen den Kugelschalen außerhalb von V, für die $|v - V| = v - V$ gilt und den Kugelschalen innerhalb von V mit $|v - V| = V - v$ unterscheiden. Wenn wir die beiden Beiträge zum Integral getrennt berechnen und zueinander addieren, erhalten wir

$$I = -4\pi \int_V^\infty v f_e(v)\mathrm{d}v - \frac{4\pi}{V}\int_0^V v^2 f_e(v)\mathrm{d}v\,.$$

Aus Symmetriegründen kann I nur vom Betrag von $\boldsymbol{V}$ und nicht von der Richtung abhängen. Wir differenzieren nun dieses „Potential", um das Kraftfeld zu erhalten.

$$-\frac{\partial I}{\partial \boldsymbol{V}} = -\frac{4\pi \boldsymbol{V}}{V^3}\int_0^V v^2 f_e(v)\mathrm{d}v$$

Dabei heben sich die Beiträge aus den Ableitungen der Integrationsgrenzen gegenseitig weg. In unserer Analogiebetrachtung zum Gravitationsfeld bedeutet das, daß alle Kugelschalen außerhalb von V nicht zum Feld beitragen und das Feld der innen liegenden Schalen das gleiche ist, das entstehen würde, wenn die ganze Masse in $v = 0$ konzentriert wäre.

Für eine Maxwellsche Geschwindigkeitsverteilung $f_e(v)$ und $V \ll v_{t,e}$ können wir das verbleibende Integral explizit lösen.

$$\int_0^V v^2 f_e(v)\mathrm{d}v = \frac{n_e}{(2\pi)^{3/2}v_{t,e}^3}\int_0^V v^2 \,\mathrm{e}^{-\frac{v^2}{2v_{t,e}^2}}\mathrm{d}v \approx \frac{n_e V^3}{3(2\pi)^{3/2}v_{t,e}^3}$$

Damit erhalten wir als Endergebnis

$$\frac{\mathrm{d}\langle V\rangle}{\mathrm{d}t} = -\sqrt{\frac{2}{\pi^3 T_e^3}}\frac{n_e Z_b^2 e^4 \ln\Lambda}{12\epsilon_0^2 M_b} V \,. \tag{14.12}$$

Es fällt auf, daß die charakteristische Zeit, in der die Ionen durch Stöße mit den Elektronen gebremst werden nicht von der Geschwindigkeit des Strahl abhängt. Sie ist jedoch umgekehrt proportional zur Elektronendichte und zu $T_e^{3/2}$. Je höher die Temperatur der Elektronen ist, desto geringer ist die Reibungskraft auf die Strahlionen. Wenn wir das Skalarprodukt von (14.12) mit $M_b \boldsymbol{V}$ bilden, erfahren wir, wie schnell die kinetische Energie des Strahls abnimmt.

$$\frac{\mathrm{d}W_b}{\mathrm{d}t} = -\sqrt{\frac{2m}{\pi^3 T_e^3}}\frac{n_e Z_b^2 e^4 \ln\Lambda}{6\epsilon_0^2 M_b} W_b \tag{14.13}$$

Auch die charakteristische Zeit für den Energieverlust des Strahls hängt nicht von der Energie des Strahls, dafür aber stark von der Elektronendichte und -temperatur ab.

14.3 Die Verlangsamung der Strahlionen durch Stöße mit Hintergrundionen

Jetzt wollen wir die Stöße der Strahlionen mit den Ionen des Hintergrundplasmas betrachten. Die gerichteten Geschwindigkeiten der Strahlionen liegen deutlich über den thermischen Geschwindigkeiten der Hintergrundionen. In dieser Situation wird die gerichtete Geschwindigkeit der Strahlionen durch zwei Prozesse mit vergleichbaren Zeitskalen vermindert – zum einen durch Ablenkung der Geschwindigkeitsvektoren durch Hintergrundionen, zum anderen durch Energieverluste an Hintergrundionen.

Wir werden nacheinander beide Grenzfälle des Verhältnisses von Strahlionenmasse zu Hintergrundionenmasse betrachten, d.h. $M_b/M \gg 1$ und $M_b/M \ll 1$.

Wenn die Strahlionen eine größere Masse haben als die Hintergrundionen wird der Impuls in Strahlrichtung wie bei den Stößen mit den Elektronen hauptsächlich durch Übertragung von kinetischer Energie in Strahlrichtung auf die Ionen des Hintergrunds vermindert. Das liegt daran, daß ein schweres Strahlion bei einem Stoß wegen der Impulserhaltung nur einen Bruchteil seiner Energie auf ein leichteres ruhendes Hintergrundion übertragen kann. Wir hatten in unserer Betrachtung der Stöße von Strahlionen mit Hintergrundelektronen festgestellt (um Hintergrundionen mit $M \ll M_b$ zu betrachten, muß man dort nur $m \to M$ substituieren), daß die Veränderung $\Delta V_\perp$ der Geschwindigkeit des Ions senkrecht zu seiner ursprünglichen Geschwindigkeit $\boldsymbol{V}$ durch die Ungleichung $M_b(\Delta V_\perp)^2/2 < MV|\Delta V_\parallel| \ll M_b V|\Delta V_\parallel|$ begrenzt wird. Für die Änderung der Geschwindigkeit in Richtung von $\boldsymbol{V}$ gilt bei einem typischen Stoß $|V_\parallel| < (2M/M_b)V$. Aus beiden Ungleichungen gemeinsam folgt $\Delta V_\perp < (2M/M_b)V$. Wie schon bei den Stößen der Strahlionen mit Elektronen ist der Anteil des gerichteten Impulses, der durch Stöße bei gleichbleibender Energie verlorengeht, von der Größenordnung $(M/M_b)^2$, während der Anteil, der durch Reibung verloren geht, mit M/M_b deutlich größer ist. Im Falle $M_b \gg M$ führt das zu einem Energie- und Impulsverlust ohne Streuung. Schwerere Strahlionen verlieren also hauptsächlich durch Energieübertragung bei nur geringer Streuung Impuls an die leichteren Hintergrundionen.

Für den Fall eines schwereren Strahlions können wir die Beziehung zwischen der Änderung $\Delta \boldsymbol{V}$ der Geschwindigkeit des Hintergrundions und der des Strahlions $\Delta \boldsymbol{V}$ wie oben angeben

$$M\Delta \boldsymbol{v} = -M_b \Delta \boldsymbol{V} \,. \tag{14.14}$$

(14.14) ist die Gleichung der Impulserhaltung bei einem einzelnen Stoß. Wir gehen nun genauso vor wie bei der Betrachtung der Abbremsung durch Stöße mit Elektronen. Wir nehmen an, daß die Hintergrundionen mit der Dichte n_i Maxwell-verteilt sind.

$$f_i(v) = n_i \left(\frac{M}{2\pi T_i}\right)^{3/2} \mathrm{e}^{-\frac{Mv^2}{2T_i}} \tag{14.15}$$

Die Abnahme der mittleren Geschwindigkeit der Strahlionen durch die zahlreichen Stöße mit den Hintergrundionen wird durch

$$n_b M_b \frac{\mathrm{d}\langle \boldsymbol{V}\rangle}{\mathrm{d}t} = -M \int \frac{\mathrm{d}\langle \boldsymbol{v}\rangle}{\mathrm{d}t} f_i(v)\mathrm{d}^3 v \tag{14.16}$$

beschrieben. Die Änderung der Geschwindigkeit der Hintergrundionen durch die Stöße erhalten wir wieder, indem wir Gleichung (11.15) aus Kapitel 11 in das Laborsystem übertragen. Es gilt

$$\frac{\mathrm{d}\langle \boldsymbol{v}\rangle}{\mathrm{d}t} = -\nu_{ib}(\boldsymbol{v} - \boldsymbol{V}) \tag{14.17}$$

mit

$$\nu_{ib} = \frac{n_b Z^2 Z_b^2 e^4 \ln \Lambda}{4\pi \epsilon_0^2 M^2 |\boldsymbol{v} - \boldsymbol{V}|^3}\,. \tag{14.18}$$

Diese Formel ist aber nur für den Fall gültig, daß schwere Strahlionen mit deutlich leichteren Hintergrundionen kollidieren. Nach (14.1) gilt für die Strahlionen im Vergleich zu den thermischen Ionen $V \gg v$. Wenn wir die Gleichungen (14.16), (14.17) und (14.18) kombinieren, folgt

$$\frac{\mathrm{d}\langle \boldsymbol{V}\rangle}{\mathrm{d}t} = \frac{n_i Z^2 Z_b^2 e^4 \ln \Lambda}{4\pi \epsilon_0^2 M M_b V^3} \boldsymbol{V}\,. \tag{14.19}$$

In der Näherung, die wir benutzt haben, um (14.19) zu erhalten, wird aus der rechten Seite von (14.17) $\nu_{ib}\boldsymbol{V}$ und aus dem Faktor $|\boldsymbol{v} - \boldsymbol{V}|^3$ im Nenner von (14.18) wird $|\boldsymbol{V}|^3$. Die Größe $\mathrm{d}\langle \boldsymbol{v}\rangle/\mathrm{d}t$ hängt dann nicht mehr von der Geschwindigkeit $\boldsymbol{v}$ der Hintergrundionen ab und das Integral von $\mathrm{d}\langle \boldsymbol{v}\rangle/\mathrm{d}t$ über die Geschwindigkeitsverteilung der Hintergrundionen in (14.16) wird trivial und trägt nur einen Faktor n_i bei.

Die charakteristische Zeit, in der die Strahlionen gebremst werden, hängt nicht von der Temperatur der Hintergrundionen ab, aber sie ist proportional zu V^3. Energieärmere Strahlen werden also schneller gebremst. Wenn wir das Skalarprodukt von (14.19) mit $M_b\boldsymbol{V}$ bilden, erfahren wir, wie schnell die kinetische Energie W_b abnimmt.

$$\frac{\mathrm{d}W_b}{\mathrm{d}t} = -\sqrt{\frac{2M_b}{W_b}} \frac{n_i Z^2 Z_b^2 e^4 \ln \Lambda}{8\pi \epsilon_0^2 M} \tag{14.20}$$

In dem hier betrachteten Fall schwerer Strahlionen ist der vorherrschende Effekt der Stöße mit den Hintergrundionen eine reine Abbremsung, d.h. ein Verlust von gerichtetem Impuls wie er durch (14.19) beschrieben wird. Es gibt keine wesentliche Ablenkung der Richtung der Geschwindigkeitsvektoren der Strahlionen aus ihrer ursprünglichen Richtung.

Wenn die Masse der Strahlionen geringer ist als die der Hintergrundionen verlieren sie ihren gerichteten Impuls hauptsächlich durch Ablenkung ihrer Geschwindigkeitsvektoren. Das liegt daran, daß die leichteren Strahlionen relativ leicht ihren Impuls auf die schwereren Hintergrundionen übertragen können, ohne daß diese einen wesentlichen Anteil der Energie des Strahlions erhalten. Selbst wenn ein leichtes Strahlion bei einem Stoß mit einem schwereren Hintergrundion seinen gesamten Impuls $M_b V$ verliert und dadurch die Geschwindigkeit des Hintergrundions auf $M_b V/M$ erhöht wird, kommt es zu einem Energietransfer von nur $M|M_b V/M|^2/2 = (M_b/M)M_b V^2/2$, d.h. nur ein Anteil M_b/M der ursprünglichen Energie des Strahlions wird übertragen. Bei einer reinen Ablenkung des Geschwindigkeitsvektors des Ions, einer sogenannten „Pitchwinkel"-Streuung, bleibt seine Energie unverändert. Im Falle leichterer Strahlionen beschreibt (14.19) nicht den dominierenden Prozeß, ist aber weiterhin wichtig, um zu bestimmen, wie schnell die Strahlionen ihre Energie verlieren, auch wenn das im Vergleich zur Pitchwinkel-Streuung verhältnismäßig langsam geschieht. Es wird sich herausstellen, daß (14.20) auch für den Fall leichterer Strahlionen gültig ist und das dieses Ergebnis sogar für alle Verhältnisse von Strahlionen- zu Hintergrundionenmasse anwendbar ist.

Um den Fall eines leichteren Strahlions zu untersuchen, gehen wir von der Beziehung zwischen den Veränderungen der Geschwindigkeiten eines Strahlions und eines Hintergrundions bei einem Stoß aus.

$$M \Delta \boldsymbol{v} = -M_b \Delta \boldsymbol{V} \tag{14.21}$$

Die Energie, die das Hintergrundion bei dem Stoß gewinnt, ist

$$\frac{M}{2}|\Delta \boldsymbol{v}|^2 = \frac{M_b^2}{2M}|\Delta \boldsymbol{V}|^2 . \tag{14.22}$$

Sie muß mit der Energie, die das Strahlion verliert, übereinstimmen, es gilt also $\Delta W_b = -M_b^2/2M|\Delta \boldsymbol{V}|^2$. Wir haben bereits in Kapitel 11 festgestellt, daß bei Stößen unter kleinen Winkeln, wie wir sie hier untersuchen wollen, die Ablenkung $\Delta \boldsymbol{V}$ des Geschwindigkeitsvektors des Strahlions im wesentlichen senkrecht auf $\boldsymbol{V}$ steht $|\Delta \boldsymbol{V}|^2 \approx (\Delta V_\perp)^2$. Der Betrag von $\Delta \boldsymbol{V}$ wurde in Kapitel 11 berechnet (für den analogen Fall von Elektronen, die an Ionen gestreut werden). Das Ergebnis (11.11) dieser Betrachtung lautet für unseren Fall

$$\frac{\mathrm{d}(\Delta V_\perp)^2}{\mathrm{d}t} = \frac{n_i Z^2 Z_b^2 e^4 \ln \Lambda}{2\pi \epsilon_0^2 M_b^2 V_b} . \tag{14.23}$$

Die Energie des Strahlions nimmt also gemäß

$$\frac{\mathrm{d}W_b}{\mathrm{d}t} = -\frac{M_b^2}{2M}\frac{\mathrm{d}(\Delta V_\perp)^2}{\mathrm{d}t} = -\frac{n_i Z^2 Z_b^2 e^4 \ln \Lambda}{4\pi \epsilon_0^2 M V_b} = \sqrt{\frac{2M_b}{W_b}} - \frac{n_i Z^2 Z_b^2 e^4 \ln \Lambda}{8\pi \epsilon_0^2 M} \tag{14.24}$$

ab (genau wie in (14.20)).

Obwohl wir unsere Ergebnisse (14.20) und (14.24) nur für die beiden Grenzfälle $M \ll M_b$ und $M_b \ll M$ hergeleitet haben, werden wir davon ausgehen, daß man es für ein beliebiges Massenverhältnis von Strahlionen und Hintergrundionen anwenden kann (das ist auch tatsächlich der Fall).

14.4 Die „kritische“ Strahlionenenergie

Wenn wir die beiden Gleichungen für die Verlangsamung des Strahls durch Stöße mit Elektronen (14.13) und durch Stöße mit Ionen (14.20) addieren, erhalten wir

$$\frac{\mathrm{d}W_b}{\mathrm{d}t} = -\sqrt{\frac{2m}{\pi^3}} \frac{n_e Z_b^2 e^4 \ln\Lambda}{6\epsilon_0^2 M_b} \left(\frac{W_b}{T_e^{3/2}} + \frac{C}{W_b^{1/2}} \right) \tag{14.25}$$

mit

$$C = \frac{3\pi^{1/2} Z M_b^{3/2}}{4m^{1/2} M} \approx 57\,. \tag{14.26}$$

Der Zahlenwert gilt für den Fall, daß sowohl die Strahlionen als auch die Hintergrundionen Protonen sind. Oberhalb einer gewissen kritischen Energie $W_{b,\mathrm{krit}}$ der Strahlionen wird die Abbremsung des Strahls also von den Elektronen beherrscht. Für $W_b < W_{b,\mathrm{krit}}$ werden die Strahlionen hauptsächlich durch Stöße mit den Hintergrundionen gebremst. Die kritische Energie des Strahls (bei der Elektronen und Ionen den Strahl gleich stark abbremsen) ist

$$\frac{W_{b,\mathrm{krit}}}{T_e} = C^{3/2} \approx 15\,. \tag{14.27}$$

Der Zahlenwert gilt wieder für den Fall, daß es sich bei beiden Ionensorten um Protonen handelt.

Wenn Strahlionen in einem Plasma langsamer werden, verlieren sie einen immer größeren Teil ihrer Energie an die Hintergrundionen und nicht an die Hintergrundelektronen. Obwohl für $W_b = W_{b,\mathrm{krit}}$ die anfänglichen Beiträge zur Abbremsung genau gleich groß sind, dominiert, sobald die Energie unter $W_{b,\mathrm{krit}}$ gefallen ist, die Abbremsung durch Hintergrundionen.

Aufgabe 14.1 Nehmen Sie an, Sie wollten erreichen, daß die Strahlionen bei ihrer Abbremsung genau gleichviel Energie an die Hintergrundionen und -Elektronen verlieren. Schätzen Sie ab, wie hoch die Energie eines monoenergetischen Strahls im Verhältnis zu $W_{b,\mathrm{krit}}$ sein muß, um dieses Ziel zu erreichen. (Hinweis: Es kann sein, daß Sie dabei ein einfaches Integral numerisch lösen wollen. Es wird keine besonders hohe Genauigkeit verlangt; jedes einfache numerische Integrationsverfahren ist ausreichend.)

14.5 Die Fokker-Planck-Gleichung für energiereiche Ionen

In (14.12) und (14.19) haben wir die beiden Beiträge zur dynamischen Reibung von Strahlionen in einen Hintergrundplasma bestimmt. Ausgehend von diesen Beiträgen wollen wir nun eine Fokker-Planck-Gleichung für die Strahlionen aufstellen. Durch die Stöße mit den Elektronen des Hintergrundplasmas wird der Strahl im wesentlichen gebremst und nicht aus seiner ursprünglichen Richtung abgelenkt. Die Stöße mit den Ionen des Hintergrundplasmas tragen zu einer Verlangsamung der Strahlionen bei. Insbesondere, wenn die Strahlionen schwerer sind als die des Plasmas, gibt es aber auch eine wesentliche Pitchwinkel- Streuung. Wenn wir die Pitchwinkel-Streuung zunächst vernachlässigen wie es beispielsweise für einen Strahl, der aus einer isotropen Quelle (z.B einer Fusionsreaktion) stammt angemessen ist, können wir die Auswirkungen der reinen Bremsung durch Stöße mit den Elektronen und Ionen des Hintergrundes auf die Energieverteilung der Strahlionen betrachten. Das bedeutet, daß wir in der allgemeinen Form (13.5) der Fokker-Planck-Gleichung die Geschwindigkeitsdiffusionskoeffizienten im Vergleich zur dynamischen Reibung vernachlässigen.

$$\left(\frac{\partial f}{\partial t}\right)_{\text{coll}} = -\frac{\partial}{\partial \boldsymbol{V}} \cdot \left(\frac{\mathrm{d}\langle \boldsymbol{V}\rangle}{\mathrm{d}t} f\right) \tag{14.28}$$

Wenn wir unsere beiden Ausdrücke (14.12) und (14.19) für die dynamische Reibung in (14.28) einsetzen, erhalten wir eine Fokker-Planck-Gleichung für die Verteilungsfunktion $f_b(\boldsymbol{V})$ der Strahlionen. Es gilt

$$\frac{\partial f_b}{\partial t} = \frac{n_e Z^2 Z_b^2 e^4 \ln \Lambda}{4\pi\epsilon_0^2 M_b M} \frac{\partial}{\partial \boldsymbol{V}} \cdot \left[\frac{\boldsymbol{V}}{V^3}\left(1 + \frac{V^3}{V_{\text{krit}}^3}\right) f_b\right] \tag{14.29}$$

mit der kritischen Strahlgeschwindigkeit

$$V_{\text{krit}} = \sqrt{\frac{2W_{b,\text{krit}}}{M_b}} = Z^{1/3}\left(\frac{\pi}{2}\right)^{1/6} \sqrt{\frac{3T_e}{m^{1/3}M^{2/3}}}$$

bei der kritischen Energie $W_{b,\text{krit}}$.

Wenn wir uns nicht für die Richtung der Strahlgeschwindigkeit, sondern nur für ihren Betrag interessieren oder wenn wir eine Ionenpopulation mit erhöhter kinetischer Energie betrachten, die im Geschwindigkeitsraum isotrop ist, ist es vorteilhaft, mit Kugelkoordinaten im Geschwindigkeitsraum zu arbeiten. Wir erhalten dann eine Gleichung für $f_b(V)$ mit $V = |\boldsymbol{V}|$. Mit der Divergenz in Kugelkoordinaten (s. Anhang E) erhalten wir aus (14.29)

$$\frac{\partial f_b}{\partial t} = \frac{n_e Z^2 Z_b^2 e^4 \ln \Lambda}{4\pi\epsilon_0^2 M_b M} \frac{1}{V^2}\frac{\partial}{\partial V} \cdot \left[\left(1 + \frac{V^3}{V_{\text{krit}}^3}\right) f_b\right]. \tag{14.30}$$

Da unser Ergebnis für den Energieverlust der Strahlionen sowohl für leichtere als auch für schwerere Strahlionen gültig war, gilt auch (14.30) für jedes Verhältnis von Strahlionen- zu Hintergrundionenmasse.

Es gibt viele Situationen, in denen es eine Gruppe schnellerer Ionen in einem Plasma gibt und wir (14.30) anwenden können. Obwohl wir diese Teilchen auch weiterhin als Strahl bezeichnen und ihre Verteilungsfunktion f_b nennen, schließt diese Bezeichnung auch den wichtigen Fall einer isotropen Verteilung schnellerer Teilchen ein. Solch eine Verteilung kann zustande kommen, wenn die schnelleren Teilchen isotrop in das Plasma gelangen oder wenn sie mit einer isotropen Verteilung im Plasma selbst entstehen. Die Verteilung der energiereichen Ionen, die durch Stöße mit den Teilchen des Hintergrundplasmas erzeugt wird, wird dann durch (14.28) im wesentlichen vollständig beschrieben.

Als Beispiel betrachten wir ein Plasma, in das energiereichere Ionen mit der Geschwindigkeit V_0 eingeleitet werden. Wir müssen dann einen Quellterm auf die rechte Seite von (14.30) schreiben. In unserem Fall hat dieser Quellterm die Form einer um $V = V_0$ zentrierten δ-Funktion im Geschwindigkeitsraum. Wenn wir S Teilchen pro Sekunde einleiten und die Teilchen dabei isotrop im Geschwindigkeitsraum verteilt sind, lautet der Quellterm

$$\left(\frac{\partial f_b}{\partial t}\right)_{\text{Quelle}} = \frac{S\delta(V - V_0)}{4\pi V^2}. \tag{14.31}$$

(Diese Gleichung in Kugelkoordinaten mit dem Volumenelement $4\pi V^2 \mathrm{d}V$ über den ganzen Geschwindigkeitsraum integriert, führt zu $\mathrm{d}n/\mathrm{d}t = S$.) Wenn wir einen Term dieser Art auf der rechten Seite von (14.28) einfügen, können wir eine stationäre Lösung bestimmen, bei der die von außen eingeleiteten Ionen gebremst werden bis sie bei $V = 0$ in einer Senke verschwinden. Natürlich bedeutet das nicht, daß die energiereicheren Ionen tatsächlich verschwinden, sondern nur, daß sie in der Maxwell-Verteilung der Hintergrundionen aufgehen. (Wenn wir noch weitere Terme in die Fokker-Planck-Gleichung aufnehmen, die bei $V_b \approx v_{t,i}$ wichtig sind wird die Verteilung der langsamer gewordenen Strahlionen natürlich zu einer Maxwell-Verteilung.)

Die stationäre Verteilung können wir mit Hilfe von (14.30) bestimmen, indem wir den Quellterm einfügen und durch Integration über die δ-Funktion eine „Randbedingung" bei $V = V_0$ einführen. Zunächst überlegen wir uns, daß die rechte Seite von (14.30) außerhalb der Quelle bei $V = V_0$ verschwinden muß. Für $V < V_0$ gilt also

$$\left(1 + \frac{V^3}{V_{\text{krit}}^3}\right) f_b = C \tag{14.32}$$

mit einer bislang noch unbestimmten Konstante C. Für $V > V_0$ gilt $f_b = 0$, denn eine Quelle mit $V = V_0$ erzeugt keine Teilchen mit höherer Geschwindigkeit und in unserem Modell werden die Strahlionen durch ihre Wechselwirkung mit dem Hintergrund nur gebremst und nicht beschleunigt. Die Konstante C aus (14.32) können wir bestimmen, indem wir den Quellterm in (14.30) einfügen, eine stationären Zustand betrachten, unsere Lösung für f_b einsetzen (also (14.32)), mit V^2 multiplizieren und über $V = V_0$ hinwegintegrieren. Wir erhalten dadurch

$$-C\frac{n_e Z Z_b^2 e^4 \ln\Lambda}{4\pi\epsilon_0^2 M_b M} + \frac{S}{4\pi} = 0 \tag{14.33}$$

und können C durch die Quellstärke S ausdrücken. Die Verteilungsfunktion des Strahles ist dann

$$f_b(V) = \frac{S\epsilon_0^2 M_b M}{n_e Z Z_b^2 e^4 \ln\Lambda}\left(1 + \frac{V^3}{V_{\text{krit}}^3}\right)^{-1} \qquad V < V_0 \tag{14.34}$$

und $f_b(V) = 0$ für $V > V_0$. Wir haben damit eine explizite Lösung für eine isotrope Verteilungsfunktion gebremster Strahlionen bestimmt. Diese Verteilung wird üblicherweise als „Bremsverteilung" bezeichnet.

Wie können (14.34) sofort auf die Abbremsung von Alphateilchen in einem Deuterium-Tritium-Plasma (DT-Plasma) anwenden, wenn wir die Alphateilchen als „Strahl" energiereicher Ionen auffassen. Die Alphateilchen – es handelt sich um energiereiche Heliumionen (Ladung $Z = 2$, Atomgewicht = 4) – entstehen mit einer Quellstärke von

$$S = n_D n_T \langle\sigma v\rangle_{DT} \tag{14.35}$$

laufend bei der DT-Fusion. n_T und n_D sind die Dichten der Deuterium bzw. Tritiumionen (normalerweise sind sie etwa gleich groß und etwa halb so groß wie die Elektronendichte), $\langle\sigma v\rangle_{DT}$ ist das, über eine Maxwell-Verteilung der reagierenden Ionen gemittelte Produkt des DT-Fusionsquerschnitts σ und der Ionengeschwindigkeit. Diese Größe ist stark temperaturabhängig und hat bei $T_i = 20$ keV den Wert $\langle\sigma v\rangle_{DT} \approx 4.2 \cdot 10^{-22}\mathrm{m^3 s^{-1}}$. Die Alphateilchen entstehen mit einer Energie von etwa 3,5 MeV, also einer Geschwindigkeit von etwa $1{,}3 \cdot 10^7\mathrm{ms^{-1}}$. Ihre Geschwindigkeitsverteilung ist dabei isotrop. Gleichung (14.34) beschreibt die Geschwindigkeitsverteilung energiereicher Alphateilchen in einem DT-Fusionsplasma. Die kritische Energie $W_{b,\text{krit}}$ beträgt in diesem Fall (also für Heliumionen, die in einem DT-Plasma abgebremst werden) etwa

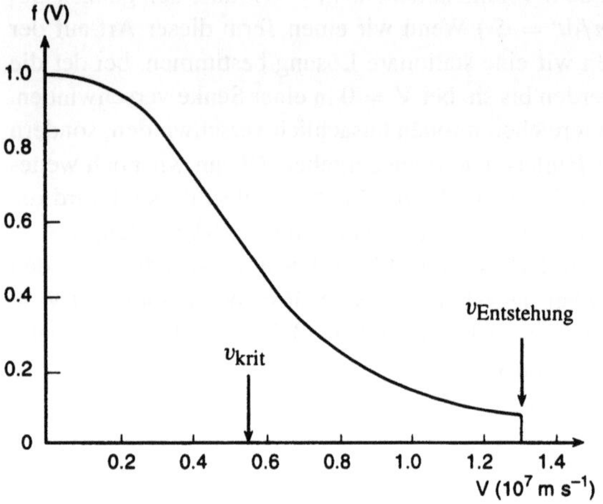

Bild 14.2
Eine stationäre Geschwindigkeitsverteilung $f(V)$ von Alphateilchen in einem Deuterium-Tritium-Plasma mit $T_e = 20$ keV

$30 \cdot T_e$. Für T_e=20 keV also etwa 600 keV. Dementsprechend verlieren die Alphateilchen, bis sie etwa 600 keV erreicht haben, ihre Energie hauptsächlich durch Stöße mit den Elektronen. Die Verteilung der Alphateilchen ist in Bild 14.2 aufgetragen. Bei dieser Berechnung haben wir so getan, als bestünde das DT-Plasma aus einer einzigen Art von Ionen mit $Z = 1$ und Massenzahl 2,5.

Aufgabe 14.2 Berechnen Sie die Dichte der energiereichen Alphateilchen und ihre mittlere Energie in einem DT-Fusionsplasma, indem Sie die entsprechende Bremsverteilung über die Geschwindigkeit integrieren. (Hinweis: Das Integral kann analytisch gelöst werden). Nehmen Sie an, daß das Hintergrundplasma eine Elektronendichte von $n_e = 10^{20}\text{m}^{-3}$ sowie gleiche Deuterium- und Tritiumdichten $n_D = n_T = n_e/2$ und Temperaturen $T_i = T_e = 20$ keV hat. Sie können es so behandeln, als bestünde es aus Ionen nur einer Sorte mit der Massenzahl 2,5. Bei diesen Temperaturen können wir $\langle \sigma v \rangle_{DT} \approx 4{,}2 \cdot 10^{-22}\text{m}^3\text{s}^{-1}$ setzen. Drücken Sie die Dichte und den Druck der Alphateilchen im Verhältnis zur Dichte und zum Druck des Hintergrundplasmas aus. Hängt dieses Verhältnis von der Dichte des Hintergrundplasmas ab?

14.6 Pitchwinkel-Streuung von Strahlionen

Wir haben bereits festgestellt, daß bei der Streuung relativ leichter Strahlionen an schweren Hintergrundionen vor allem der Geschwindigkeitsvektor der Strahlionen aus seiner ursprünglichen Richtung abgelenkt wird. Das äquivalente Problem der Streuung von Elektronen an Ionen wurde in Kapitel 11 behandelt und die zugehörige Fokker-Planck-Gleichung in Kapitel 13 aufgestellt. Wenn wir sie auf diesen Fall anwenden, sehen wir, daß das Strahlion eine Geschwindigkeitskomponente $\Delta V_\perp$ senkrecht zu seiner ursprünglichen Flugrichtung erhält. Die Stoßrate wird in (14.23) angegeben. Die Energie der Strahlionen bleibt dabei etwa konstant, es gilt also $(\Delta V_\perp)^2 + 2V\Delta V_\| = 0$. Für den Impuls der gerichteten Bewegung der Strahlionen gilt also

$$\frac{\mathrm{d}V_{\|}}{\mathrm{d}t} = -\frac{n_i Z^2 Z_b^2 e^4 \ln \Lambda}{4\pi \epsilon_0^2 M_b^2 V_b^2} \,. \tag{14.36}$$

(Für den äquivalenten Fall von Elektronen, die an Ionen gestreut werden gilt (11.14).)

Als nächstes betrachten wir den Fall einer Verteilung von Strahlionen, wie sie beispielsweise durch das Einleiten eines gerichteten Strahles in ein Plasma zustande kommen kann. Wenn die energiereichen Ionen anisotrop in das Plasma eingeleitet werden und man auch die Verteilung der gerichteten Geschwindigkeiten und nicht nur den Betrag der Geschwindigkeit betrachten will, muß ein Geschwindigkeits-Winkel-Stoßterm derart wie wir ihn in (13.14) betrachtet haben, in die Fokker-Planck-Gleichung eingeführt werden. Sie beschreibt dann die Winkeländerung der energiereichen Strahlionen durch Stöße mit den Hintergrundionen.

Genau genommen haben wir (13.14) nur für den Fall hergeleitet, daß die gestreuten Teilchen eine viel kleinere Masse haben als die streuenden Teilchen, wie Elektronen, die an Ionen gestreut werden. In unserem Fall ist ein Geschwindigkeitsstoßterm dieser Art nur gültig, wenn das gestreute Strahlion leichter ist als das streuende Ion. In diesem Fall – oder wenn wir davon ausgehen, daß dieser Term für den Fall, daß die beiden Ionenmassen vergleichbar sind, zumindest eine brauchbare Näherung ist (das ist der Fall) – gilt

$$\left(\frac{\partial f_b}{\partial t}\right)_{\text{streu}} = \frac{n_i Z^2 Z_b^2 e^4 \ln \Lambda}{8\pi \epsilon_0^2 M_b^2 V^3} \frac{1}{\sin\theta} \frac{\partial}{\partial\theta} \left(\sin\theta \frac{\partial f_b}{\partial\theta}\right) . \tag{14.37}$$

Hier sind wir davon ausgegangen, daß die Verteilung der Strahlionen um eine bestimmte Richtung im Azimutalwinkel symmetrisch ist. Diese Richtung haben wir als z-Richtung gewählt. Das bedeutet, daß $f_b(\boldsymbol{V})$ in Kugelkoordinaten im Geschwindigkeitsraum nur eine Funktion von V und θ, nicht aber von ϕ ist. In diesem Fall können wir den zweiten Term auf der rechten Seite von (13.14), der die Streuung in ϕ beschreibt, weglassen. Eine Symmetrie dieser Art wird häufig durch ein starkes Magnetfeld in z-Richtung herbeigeführt, weil die Strahlionen mit großer Geschwindigkeit um das Magnetfeld gyrieren. Wenn die Gyrationsfrequenz wesentlich größer ist als alle Stoßfrequenzen, führt die Gyrationsbewegung zu einer schnellen Mittelung der ϕ-Komponenten der Geschwindigkeit und f_b ist nur noch eine Funktion von V und θ. Die Polarkoordinate θ mit

$$\sin\theta = \frac{V_\perp}{V} \tag{14.38}$$

wird auch als Pitchwinkel des Teilchens bezeichnet.

Wenn wir den Pitchwinkel-Streuterm aus (14.37) zu dem Streuterm aus (14.30) hinzufügen, erhalten wir die endgültige Fokker-Planck-Gleichung für die Strahlionen.

$$\frac{\partial f_b}{\partial t} = \frac{n_e Z^2 Z_b^2 e^4 \ln \Lambda}{4\pi \epsilon_0^2 M_b M} \left(\frac{M}{2M_b} \frac{1}{V^3} \frac{1}{\sin\theta} \frac{\partial}{\partial\theta} \left(\sin\theta \frac{\partial f_b}{\partial\theta}\right) + \frac{1}{V^2} \frac{\partial}{\partial V} \left[\left(1 + \frac{V^3}{V_{\text{krit}}^3}\right) f_b \right] \right) \tag{14.39}$$

Diese Gleichung beschreibt eine Abnahme des Betrages V der Geschwindigkeit und eine Ausbreitung in Richtung des Pitchwinkels θ. Für Ionen, die beispielsweise alle mit der gleichen Geschwindigkeit $V = V_0$ und dem gleichen Winkel etwa $\theta = 0$ eingeleitet werden, ergibt sich eine Ausbreitung über einen zunehmenden Bereich von Werten von θ, während sie auf Geschwindigkeiten unterhalb von V_0 abgebremst werden.

Aufgabe 14.3 In ein neutrales Hintergrundplasma aus Elektronen und Ionen der Ladungszahl Z wird ein kontinuierlicher Strahl energiereicher Ionen der Dichte n_b, der Masse M_b und der Ladungszahl Z_b eingeleitet. Alle Ionen haben dabei die gleiche Richtung. Die Dichte des Strahls sei sehr gering im Vergleich zur Dichte des Hintergrundplasmas. Der durch den Strahl zugeführte Impuls wird durch die Reibung der Strahlionen durch Stöße mit den Elektronen und Ionen des Hintergrundplasmas ausgeglichen. Dadurch erhalten die Elektronen eine nichtverschwindende mittlere Geschwindigkeit in Richtung des Strahls. Infolgedessen kommt es zu einer Reibung durch Stöße zwischen den Elektronen und den Ionen des Hintergrundplasmas. Der Einfachheit halber gehen wir davon aus, daß die Ionen des Hintergrundplasmas unendlich schwer sind und deshalb keine gerichtete Geschwindigkeit erhalten. Sie können aber Impuls aufnehmen und dadurch den eingeleiteten Impuls absorbieren, so daß sich ein Gleichgewicht einstellt. Bestimmen Sie die Richtung und den Betrag des elektrischen Stromes in diesem Gleichgewichtszustand, indem Sie einfache Ausdrücke für die Reibungskräfte, die in Richtung des Strahls auftreten, annehmen. Zeigen Sie, daß die Elektronen dazu neigen, den Strom der Strahlionen auszugleichen und daß dieser Ausgleich für $Z \neq Z_b$ unvollständig ist. (Hinweis: Um diese Aufgabe zu lösen, müssen Sie nicht auf die Fokker-Planck-Gleichung zurückgreifen. Dort, wo Sie wesentlich zum Impulsverlust durch Reibung beiträgt, müssen Sie die Pitchwinkel-Streuung aber implizit berücksichtigen.)

14.7 Zweikomponentige Fusionsreaktionen

Unsere Betrachtung der Abbremsung schneller Ionen in einem Plasma hat noch eine weitere Anwendung im Bereich der Fusion – die Einleitung eines Strahles reagierender Ionen in ein Fusionsplasma.

Wir denken beispielsweise an einen Strahl von Deuteriumionen, die in ein reines Tritium-Hintergrundplasma eingeleitet werden, um Fusionsreaktionen herbeizuführen. Da das Maximum des DT-Fusionsquerschnitts $\sigma_{DT}(v)$ bei etwa 120 keV liegt, sollte der Strahl etwas energiereicher sein, damit er bei seiner Abbremsung den Bereich größter Reaktivität durchläuft. Die Reibungskraft auf die Strahlionen durch Stöße mit den Hintergrundionen kann nicht verringert werden. Für eine vorgegebene Strahlenergie hängt sie ebenso wie die Fusionsrate linear von der Dichte der Hintergrundionen ab. Die Abhängigkeiten von der Dichte heben sich also gegenseitig weg. Im Gegensatz dazu kann man die Reibung durch Stöße mit den Hintergrundelektronen vermindern, indem man ihre Temperatur erhöht. Bei einem 140 keV-Deuteriumstrahl muß man die Elektronentemperatur auf 10 keV bringen, damit die Reibung durch die Elektronen bei der Einleitungsgeschwindigkeit genauso groß ist, wie die Reibung durch die Tritiumionen.

Bild 14.3 illustriert die Abbremsung eines Strahles von 180 keV Deuterium, der in ein reines Tritiumplasma mit einer Elektronentemperatur von 5 keV eingeleitet wird. Der Zeitmaßstab wurde mit der Plasmadichte skaliert, deshalb gilt dieses Bild für beliebige Plasmadichten. Wie man sieht, wird während die Energie W_D der Deuteronen abnimmt (durchgezogenen Linie), die Energie der Hintergrundelektronen und -Tritonen um Energiepakete ΔW (auch durch eine durchgezogene Linie dargestellt) erhöht. Für $t \to \infty$ ist die Summe der beiden ΔW gerade so hoch wie die ursprüngliche Deuteron-Energie $W_D(0)$. Während ein Deuteron sich durch das Plasma bewegt, ist seine Fusionswahrscheinlichkeit proportional zu $\sigma_{DT}(v)v$ (v ist die Geschwindigkeit des Deuterons). Es wird thermonukleare Energie, die in Bild 14.3 als Anteil Q (gestrichelte Linie) der ursprünglichen Energie des Deuterons von 180 keV dargestellt ist freigesetzt. Wenn das Deuteron vollständig abgebremst ist, hat Q einen Wert von etwa 1,15 erreicht – das bedeutet, daß

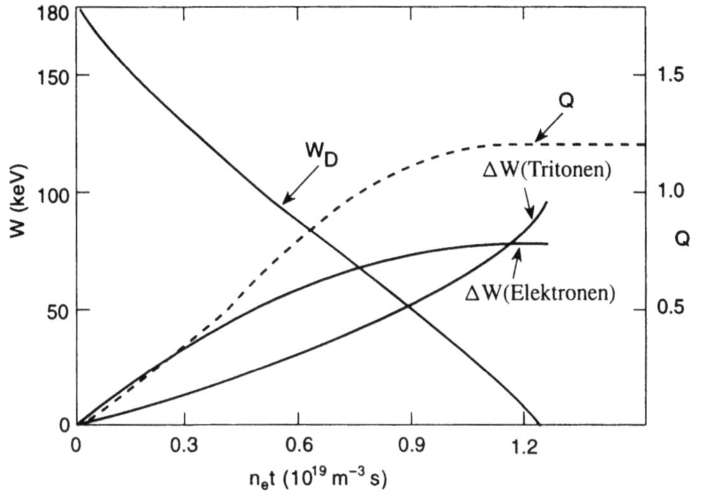

Bild 14.3 Die Verlangsamung von 180 keV Deuteronen in einem Tritiumplasma mit $T_e = 5$ keV. W_D bezeichnet die Energie der Deuteronen. Die Energien ΔW werden auf Tritonen und Elektronen übertragen. Die erzeugte Fusionsenergie Q ist in Anteilen der ursprünglichen Energie der Deuteronen aufgetragen.

etwa 200 keV Fusionsenergie erzeugt wurden. Bei höheren Elektronentemperaturen kann der Q-Wert etwas höher liegen, da die Bremsung durch Stöße mit den Elektronen geringer ist. Da die Fusionsenergie nur mit einem geringen Wirkungsgrad in elektrische Energie umgewandelt werden kann, muß der Q-Wert in einem Leistungsreaktor sehr viel größer sein ($\approx$ 20). Das setzt voraus, daß Reaktionen zwischen den Maxwell-verteilten Hintergrundionen dominieren müssen und nicht Reaktionen zwischen dem Strahl und dem Plasma.

Die Anwendung von zweikomponentigen Fusionsreaktionen dieser Art zur Erzeugung von Q-Werten in der Nähe von 1 und einer nennenswerten Dichte der Fusionsenergie-Erzeugung in einem experimentellen Fusionsreaktor wurde zuerst von J. M. Dawson, H. P. Furth und F. H. Tenney (*Phys. Rev. Lett.* 26 (1971) 1156) vorgeschlagen. Reaktionen dieser Art tragen in den heutigen strahlgeheizten Deuterium-Tritium-Tokamaks normalerweise etwa die Hälfte der Fusionsenergie bei.

Wellen in flüssigen Plasmen

Wir wollen uns jetzt mit der Ausbreitung von Wellen in einem Plasma beschäftigen. Die Dynamik von natürlichen Plasmen führt häufig zur Bildung von Wellen. Laborplasmen werden mit Hilfe von Wellen geheizt und untersucht. Die Behandlung der Ausbreitung von Wellen – linearer und nichtlinearer, elektromagnetischer und elektrostatischer – ist also ein wichtiges Gebiet der Plasmaphysik.

In diesem Teil des Buches werden wir das Plasma in der Flüssigkeitsnäherung behandeln. (Die Wechselwirkungen zwischen Wellen und Teilchen werden in den Kapiteln 23 und 24 eingeführt.) Wir werden ferner davon ausgehen, daß die Schwingungen des Plasmas und die mit der Welle verbundenen elektromagnetischen Felder klein genug sind, daß wir die Gleichungen linearisieren dürfen. Das heißt, wir werden in den Strömungsgleichungen alle Terme vernachlässigen, die von zweiter Ordnung in diesen sogenannten gestörten Größen sind. Dadurch wird es möglich, das zeitliche Verhalten mit Hilfe einer Fourier-Transformation zu beschreiben. Wir werden ferner davon ausgehen, daß das Plasma bis zu Größenordnungen, die deutlich größer sind als eine Wellenlänge, homogen ist und können daher auch auf eine räumliche Fourier-Transformation zurückgreifen. Der Formalismus, den wir zur Beschreibung der Wellen einsetzen werden, wird in Kapitel 15 eingeführt.

Es gibt viele unterschiedliche Arten von Wellen, die sich in einem Plasma ausbreiten können. Sie können sehr unterschiedliche Frequenzen ω und Wellenzahlen k haben. In Kapitel 16 betrachten wir zunächst Wellen in einem nichtmagnetisierten Plasma. Wir werden zwischen elektromagnetischen und elektrostatischen Wellen unterscheiden müssen. In Kapitel 17 zeigen wir, daß Magnetfelder zu interessanten Effekten mit Frequenzen von der Größenordnung der Larmor-Frequenz der Elektronen und der Plasmafrequenz führen. Das Verhalten eines Plasmas bei niedrigeren Frequenzen, bei denen die Bewegung der Ionen eine Rolle spielt, wird in Kapitel 18 behandelt. Ferner werden wir zeigen, wie man diese unterschiedlichen Arten von Wellen herleiten kann, indem man das Plasma als ein anisotropes Medium behandelt, dessen Leitfähigkeit ein komplexer Tensor ist.

15 Kleine Wellen in anisotropen, dispersiven Stoffen – Grundlagen

Systeme linearer Differentialgleichungen kann man bequem mit Hilfe der Fourier-Theorie behandeln. Wenn eine Größe mit einer bestimmten Frequenz ω sinusförmig schwingt, müssen alle anderen Größen mit derselben Frequenz schwingen (oder überhaupt nicht schwingen) und das Problem reduziert sich darauf, die jeweiligen Amplituden und Phasen der schwingenden Größen zu bestimmen. Die Strömungsgleichungen eines Plasmas sind *kein* System von linearen Differentialgleichungen; wir können also im allgemeinen nicht davon ausgehen, daß es keine nichtlinearen Koppelungen zwischen unterschiedlichen Frequenzen gibt. Wenn wir uns aber auf kleine Schwingungen beschränken, können wir die Gleichungen linearisieren. Das bedeutet, daß wir die Strömungsgleichungen zunächst bis zur nullten Ordnung (ohne Wellen) lösen. Im einfachsten Fall, den wir hier betrachten, ist diese Lösung trivial – ein homogenes isotropes Plasma in einem stationären (oder sogar verschwindenden) Magnetfeld. Als nächstes betrachten wir die Entwicklung bis zur ersten Ordnung nach kleinen wellenförmigen Störungen. Dabei vernachlässigen wir Terme zweiter und höherer Ordnung. Das bedeutet, daß wir davon ausgehen, daß wir Produkte zweier Schwingungsgrößen vernachlässigen, weil sie von höherer Ordnung sind. Bei der Beschreibung eines realen Plasmas müssen wir am Ende der Rechnung überprüfen, ob diese Annahmen gerechtfertigt waren. Sind die Amplituden, die wir berechnet haben, klein genug, daß die nichtlinearen Terme gegenüber den linearen nicht ins Gewicht fallen? Zunächst werden wir jedoch nur den Grenzfall kleiner Amplituden betrachten.

15.1 Die Exponentialfunktionsschreibweise

Im linearen Bereich können alle schwingenden Größen durch Exponentialfunktionen beschrieben werden. Für die Störung der Dichte könnte beispielsweise

$$n = \tilde{n}\, \mathrm{e}^{\mathrm{i}(\boldsymbol{k}\cdot\boldsymbol{x} - \omega t + \delta_n)} \tag{15.1}$$

gelten. Mit der Tilde wollen wir andeuten, daß es sich bei $\tilde{n}_1$ um eine Amplitude und nicht um eine schwingende Größe handelt (˜steht nicht für eine zeitliche Mittelung). Die Größe $\boldsymbol{k}$ ist die vektorielle Wellenzahl oder auch der Wellenvektor. Für die Wellenlänge λ gilt $\lambda = 2\pi/k$. Der Vektor $\boldsymbol{k}$ kann Komponenten in jeder Richtung haben. In einem anisotropen Medium, z.B in einem magnetisierten Plasma, spielen sowohl die Richtung als auch der Betrag von $\boldsymbol{k}$ eine wesentliche Rolle für die Dynamik der Wellen. In den Richtungen, in denen $\boldsymbol{k}$ eine große Komponente hat, ist die Wellenlänge klein und die physikalischen Größen sind stark ortsabhängig. In Richtungen mit einer kleinen Komponente von $\boldsymbol{k}$ ist die Wellenlänge groß und die Ortsabhängigkeit schwach. Wir betrachten hier Störungen mit geringer Amplitude, das bedeutet aber nicht, daß diese Störungen am besten durch ebene Wellen beschrieben werden. Insbesondere sind ebene Wellen zu simpel, um zylindrische oder andere kreisförmige Störungen zu beschreiben, falls das Plasma nicht sehr viel größer ist als eine Wellenlänge. In diesem Fall ist die zeitliche Abhängigkeit von der Form $\exp[-i\omega t + i\delta_n]$ und man muß die räumliche Form der Welle durch eine andere Funktion beschreiben.

Wir werden uns zunächst auf ideale ebene Wellen beschränken. In dem besonders einfachen Fall, daß die Fronten der ebenen Wellen mit den $x = const.$-Flächen übereinstimmen, haben wir

$$n = \tilde{n}\, \mathrm{e}^{\mathrm{i}(k_x x - \omega t + \delta_n)} . \tag{15.2}$$

Der Übersichtlichkeit halber können wir auch δ_n zu 0 setzen (d.h. es gibt keine Phasenverschiebung, mit dieser Annahme verlieren wir nicht an Allgemeinheit, da wir ja die Phasenverschiebung aller anderen Größen relativ zu n_1 angeben können). Üblicherweise vereinbart man, daß die meßbaren Größen durch den Realteil von n_1 beschrieben werden sollen. Es gilt dann also

$$n_1 = \tilde{n}_1 \cos(k_x x - \omega t) . \tag{15.3}$$

Es handelt sich um eine propagierende Welle mit der Phasengeschwindigkeit $v_p = \omega / k_x$.

Wenn die Wellenzahl ein Vektor ist, definieren wir die Phasengeschwindigkeit durch

$$\boldsymbol{v}_p \equiv \frac{\omega \boldsymbol{k}}{k^2} = \frac{\omega k_x}{k^2}\hat{\boldsymbol{x}} + \frac{\omega k_y}{k^2}\hat{\boldsymbol{y}} + \frac{\omega k_z}{k^2}\hat{\boldsymbol{z}} .$$

Ein Beobachter, der sich mit der Geschwindigkeit ω/k in Richtung der Ausbreitung der Welle $(\boldsymbol{k}/k)$ bewegt, bleibt immer auf der Höhe der gleichen Wellenphase. Um uns davon zu überzeugen, nehmen wir an, daß $\boldsymbol{x}$ mit $\boldsymbol{v}_p t$ wächst. Das Argument $i(\boldsymbol{k} \cdot \boldsymbol{x} - \omega t + \delta_n)$ hängt dann nicht mehr von der Zeit ab. In diesem Teil des Buches werden wir immer davon ausgehen, daß $\mathrm{Re}(\omega)$ positiv ist. Ein negatives $\mathrm{Re}(\omega)$ entspricht einer Welle, die sich in der $\boldsymbol{k}$ entgegengesetzten Richtung ausbreitet. Diesen Fall beschreiben wir lieber durch $\boldsymbol{k} \to -\boldsymbol{k}$. Die Größe $\mathrm{Im}(\omega)$ beschreibt die Dämpfung ($\mathrm{Im}(\omega) < 0$) oder das Anwachsen ($\mathrm{Im}(\omega) < 0$) der Amplitude der Welle im Laufe der Zeit. Analog dazu beschreibt $\mathrm{Im}(\boldsymbol{k})$ räumliche Dämpfung bzw. räumliches Anwachsen.

Andere Größen, wie etwa die Strömungsgeschwindigkeiten oder die elektrischen und magnetischen Felder, werden die gleiche Form $\exp(i(\boldsymbol{k} \cdot \boldsymbol{x} - \omega t))$ haben, aber andere Phasen und Amplituden. Tatsächlich hat sogar jede Komponente einer vektoriellen Größe ihre eigene Phase und Amplitude. Beispielsweise können wir das elektrische Feld als

$$\begin{aligned}
\boldsymbol{E}_1 &= \tilde{E}_{x1}\hat{\boldsymbol{x}} \cos[\boldsymbol{k} \cdot \boldsymbol{x} - \omega t + \delta_{Ex}] + \tilde{E}_{y1}\hat{\boldsymbol{y}} \cos[\boldsymbol{k} \cdot \boldsymbol{x} - \omega t + \delta_{Ey}] + \tilde{E}_{z1}\hat{\boldsymbol{z}} \cos[\boldsymbol{k} \cdot \boldsymbol{x} - \omega t + \delta_{Ez}] \\
&= \mathrm{Re}\big(\tilde{E}_{x1}\hat{\boldsymbol{x}}\, \mathrm{e}^{\mathrm{i}(\boldsymbol{k}\cdot\boldsymbol{x} - \omega t + \delta_{Ex})} + \tilde{E}_{y1}\hat{\boldsymbol{y}}\, \mathrm{e}^{\mathrm{i}(\boldsymbol{k}\cdot\boldsymbol{x} - \omega t + \delta_{Ey})} + \tilde{E}_{z1}\hat{\boldsymbol{z}}\, \mathrm{e}^{\mathrm{i}(\boldsymbol{k}\cdot\boldsymbol{x} - \omega t + \delta_{Ez})}\big) \\
&= \mathrm{Re}\big(\tilde{E}_{x1}\hat{\boldsymbol{x}}\, \mathrm{e}^{\mathrm{i}\delta_{Ex}} + \tilde{E}_{y1}\hat{\boldsymbol{y}}\, \mathrm{e}^{\mathrm{i}\delta_{Ey}} + \tilde{E}_{z1}\hat{\boldsymbol{z}}\, \mathrm{e}^{\mathrm{i}\delta_{Ez}}\big)\, \mathrm{e}^{\mathrm{i}(\boldsymbol{k}\cdot\boldsymbol{x} - \omega t)}
\end{aligned} \tag{15.4}$$

schreiben. Dabei sind δ_{Ex}, δ_{Ey} und δ_{Ez} die reellen Phasenverschiebungen zwischen E_{x1}, E_{y1}, E_{z1} und n_1. Die Amplituden (die Größen mit den Tilden) sind auch hier reell. Dies ist eine sehr umständliche Form $\boldsymbol{E}_1$ anzugeben. Die gleiche Größe kann man viel kompakter als

$$\boldsymbol{E}_1 = \mathrm{Re}\big(\underline{\mathbf{E}}_1\, \mathrm{e}^{\mathrm{i}(\boldsymbol{k}\cdot\boldsymbol{x} - \omega t)}\big) \tag{15.5}$$

schreiben. Die unterstrichene Größe $\underline{\mathbf{E}}_1$ ist ein komplexer Vektor (d.h. er enthält 6 Skalare), hängt aber nicht vom Ort oder von der Zeit ab. Um zwischen beiden Schreibweisen wechseln zu können, benutzen wir, daß

$$\tan \delta_{Ex} = \frac{\mathrm{Im}(\underline{\mathbf{E}}_1 \cdot \hat{\boldsymbol{x}})}{\mathrm{Re}(\underline{\mathbf{E}}_1 \cdot \hat{\boldsymbol{x}})} \tag{15.6}$$

und

$$\tilde{E}_{1x} = |\underline{\mathbf{E}}_1 \cdot \hat{\boldsymbol{x}}| = \sqrt{(\underline{\mathbf{E}}_1 \cdot \hat{\boldsymbol{x}})(\underline{\mathbf{E}}_1 \cdot \hat{\boldsymbol{x}})^*} \tag{15.7}$$

gilt. Der Stern steht hier für komplexe Konjugation. Die Größe auf der linken Seiten von (15.6) und (15.7) sind die reelle Phasenverschiebung bzw. Amplitude, die hier durch die komplexen Größen ausgedrückt werden.

Im folgenden werden wir die Knappheit dieser Notation sogar noch stärker ausnutzen. Alle Größen erster Ordnung, die in unseren Gleichungen auftreten (d.h. ein Faktor in jedem Summanden in den Gleichungen erster Ordnung) enthalten den gleichen exponentiellen Faktor. Solange wir uns immer im klaren darüber sind, welche Größen die Faktoren erster Ordnung sind, können wir die Exponentialfaktoren also einfach herauskürzen. (Wir werden häufig Terme der Art $\underline{\mathbf{E}}_1 \times \boldsymbol{B}$ betrachten. Hier ist es wichtig, sich daran zu erinnern, welche Größe gestört ist.) Um zu einer übersichtlichen Notation zu gelangen, lassen wir die Unterstreichungen, die auf eine komplexe Amplitude hindeuten, weg. Alle Terme erster Ordnung sind komplexe Amplituden, wir können also genauso gut einen normalen, fett gedruckten Vektor $\boldsymbol{E}_1$ benutzen und damit andeuten, daß es einen exponentiellen Faktor gibt und daß die physikalischen Größen durch die Realteile dargestellt werden. Wir werden aber weiterhin die Ordnung einer Größe durch einen unteren Index angeben und Vektoren durch Fettdruck von Skalaren unterscheiden.

Bei dieser Standardnotation gibt es allerdings eine böse Falle: Manchmal multiplizieren wir zwei Größen erster Ordnung, um eine Größe zweiter Ordnung zu erhalten und bilden dann das zeitliche Mittel dieser Größe. Wenn wir beispielsweise das zeitliche Mittel von $\boldsymbol{A}_1 \cdot \boldsymbol{B}_1$ bestimmen wollen, müssen wir $1/2\,\mathrm{Re}(\boldsymbol{A}_1 \cdot \boldsymbol{B}_1^*)$ berechnen.

Aufgabe 15.1 Zeigen Sie, daß das zeitliche Mittel des Skalarproduktes zweier vektorieller Größen $\boldsymbol{A}_1$ und $\boldsymbol{B}_1$ durch $\langle \boldsymbol{A}_1 \cdot \boldsymbol{B}_1 \rangle = 1/2\mathrm{Re}(\boldsymbol{A}_1 \cdot \boldsymbol{B}_1^*)$ gegeben ist. Die linke Seite dieser Gleichung steht für eine zeitliche Mittelung der physikalischen Felder, die rechte Seite drückt diese Mittel durch die komplexen Amplituden aus. Lassen Sie beliebige Phasendifferenzen von $\boldsymbol{A}_1$ und $\boldsymbol{B}_1$ zu.

15.2 Die Gruppengeschwindigkeit

Wir haben bereits die Phasengeschwindigkeit einer Welle – die Geschwindigkeit, mit der sich ein Punkt konstanter Phase in Richtung von $\boldsymbol{k}/k$ bewegt – eingeführt. Wenn wir aus vielen Schwingungen, die in Raum und Zeit eng beieinander liegen, ein Wellenpaket wie in Bild 15.1 bilden, ist das die Geschwindigkeit, mit der sich die einzelnen Berge des Pakets bewegen. Das ganze Paket muß sich aber nicht mit der gleichen Geschwindigkeit wie seine Berge bewegen, denn die Berge können sich in bezug auf die Energie und die Information die das Wellenpaket ausmachen nach vorne oder hinten verschieben. Das das tatsächlich relativ häufig der Fall ist, können wir daraus schließen, daß die Phasengeschwindigkeit einer Welle oft größer ist als die Lichtgeschwindigkeit, während die Geschwindigkeit der ganzen Gruppe von Wellen, die Gruppengeschwindigkeit, nach der speziellen Relativitätstheorie unterhalb der Lichtgeschwindigkeit liegen muß.

In Bild 15.1 ist ein Wellenpaket mit einer Gaußschen Einhüllenden abgebildet. Für die Amplitude $A(x)$ gilt

$$A(x) = \mathrm{Re}[\,\mathrm{e}^{-\frac{x^2}{2\sigma^2}}\,\mathrm{e}^{\mathrm{i}k_0 x}\,]\,. \tag{15.8}$$

Wir haben hier $k_0\sigma \gg 1$ gewählt, um ein Paket, das aus einer großen Anzahl von Wellen besteht, zu erhalten. Die Frage, die wir im folgenden untersuchen wollen ist, wie sich dieses Wellenpaket in einem dispersiven Medium ausbreitet, in dem ω von k abhängt. Ohne auf die Grundlagen der Fourier-Transformation einzugehen, wollen wir hier ausnutzen (und es später auch beweisen), daß man $A(x)$ aus (15.8) auch als

$$A(x) = \mathrm{Re}\left(\frac{\sigma}{\sqrt{2\pi}}\int_{-\infty}^{\infty} \mathrm{e}^{ikx}\,\mathrm{e}^{-\frac{\sigma^2(k-k_0)^2}{2}}\mathrm{d}k\right) \tag{15.9}$$

schreiben kann. Gleichung (15.9) bedeutet, daß man durch ein Integral über ebene Wellen mit der Wellenzahl k ein im Raum bei x lokalisiertes Wellenpaket bilden kann.

Aufgabe 15.2 Beweisen Sie, daß die beiden Formen von A aus (15.8) und (15.9) übereinstimmen. (Hier noch einige Tricks: Substituieren Sie $k' = k - k_0$, vervollständigen Sie das Quadrat im Exponenten um ein Integral über eine Gauß-Funktion zu erhalten, nutzen Sie aus, daß der Integrand keine Pole in der komplexen Ebene hat und daß er für $\mathrm{Re}\,k \to \pm\infty$ exponentiell abfällt und daß deshalb jedes Integral auf einer zu der reellen Achse parallelen Geraden den gleichen Wert hat.)

Wir können (15.9) (und Bild 15.1) als Schnappschüsse einer sich ausbreitenden Wellengruppe bei $t = 0$ auffassen. Für die Zeitentwicklung dieses Systems gilt dann

$$A(x,t) = \mathrm{Re}\left(\frac{\sigma}{\sqrt{2\pi}}\int_{-\infty}^{\infty} \mathrm{e}^{\mathrm{i}[kx-\omega(k)t]}\,\mathrm{e}^{-\frac{1}{2}\sigma^2(k-k_0)^2}\mathrm{d}k\right)\,. \tag{15.10}$$

Hier haben wir die k-Abhängigkeit von ω durch die Schreibweise $\omega(k)$ angedeutet. Bei einem im k-Raum schmalen Wellenpaket (das dafür ein großes σ hat und im Ortsraum um so breiter ist) können wir näherungsweise $\omega(k) \approx \omega(k_0) + (\partial\omega/\partial k)_{k_0}(k - k_0)$ schreiben. Ferner gehen wir zwar davon aus, daß das Medium dispersiv ist, es soll aber nicht sehr stark dispersiv sein, so daß wir den quadratischen Term in der Entwicklung von ω nach $k - k_0$ weglassen können. In unserem schwach dispersiven Medium gilt also

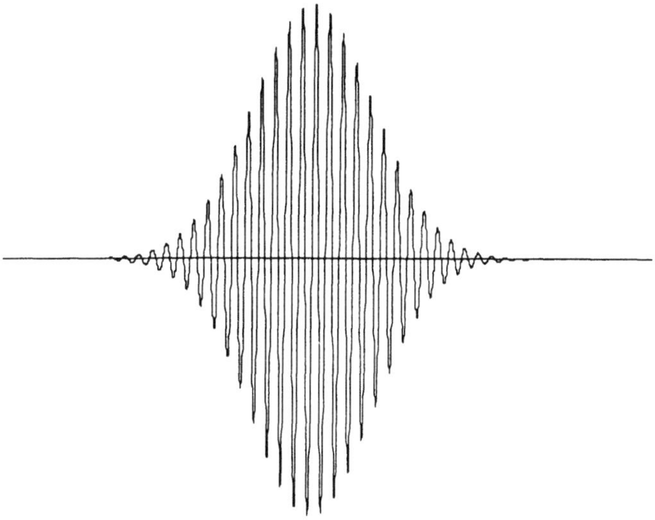

Bild 15.1 Ein Wellenpaket mit Gaußscher Einhüllenden und $k_0\sigma \ll 1$

$$A(x,t) = \mathrm{Re}\Big(\mathrm{e}^{\mathrm{i}[k_0(\frac{\partial\omega}{\partial k})_{k_0} - \omega(k_0)]t} \frac{\sigma}{\sqrt{2\pi}} \int_{-\infty}^{\infty} \mathrm{e}^{\mathrm{i}[kx - \frac{1}{2}(\frac{\partial\omega}{\partial k})_{k_0} t]} \, \mathrm{e}^{-\sigma^2(k-k_0)^2} \mathrm{d}k \Big) . \tag{15.11}$$

Der Faktor, der mit $\sigma/2\pi$ beginnt, ist gerade $A(x - (\partial\omega/\partial k)_{k_0} t, 0)$ oder – mit anderen Worten – unser $t = 0$-Schnappschuß, der sich jetzt aber mit der Geschwindigkeit $(\partial\omega/\partial k)_{k_0}$ fortbewegt. Wir haben also gefunden, wonach wir gesucht haben: die Geschwindigkeit unseres Wellenpaketes. Was bedeutet aber der Faktor in der ersten Zeile? Es handelt sich dabei um einen zeitabhängigen Vorfaktor, der entsteht, weil sich die einzelnen Wellenfronten mit Phasengeschwindigkeit ω/k bewegen, während sich das Paket mit der Gruppengeschwindigkeit $\partial\omega/\partial k$ bewegt, die mit der Phasengeschwindigkeit nicht übereinstimmt.

15.3 „Ray-tracing", Bewegungsgleichungen für Wellenpakete

In einem inhomogenen Plasma ist die Bahn eines Wellenpaketes entsprechend der Ortsabhängigkeit der Eigenschaften des Plasmas gekrümmt. Wir können die Gleichungen, die die Bahnen einer lokalisierten Menge von Wellenenergie beschreiben mit Hilfe unserer Überlegungen von oben herleiten. Wir betrachten dazu ein Wellenpaket, das nicht nur longitudinal (parallel zu $\boldsymbol{k}_0$), sondern auch transversal (quer zu $\boldsymbol{k}_0$) lokalisiert ist. Der Einfachheit halber (aber ohne Beschränkung der Allgemeinheit) nehmen wir an, daß $\boldsymbol{k}_0 \parallel \hat{\boldsymbol{x}}$, d.h. $\boldsymbol{k}_0 = k_0\hat{\boldsymbol{x}}$. Wir können die Amplitude der Welle dann als

$$A(\boldsymbol{x}) = \mathrm{Re}[\, \mathrm{e}^{-\frac{x^2}{2\sigma_x^2} - \frac{y^2}{2\sigma_y^2} - \frac{z^2}{2\sigma_z^2}} \, \mathrm{e}^{\mathrm{i}k_0 x}] \tag{15.12}$$

schreiben. In Analogie zu (15.9) können wir $A(\boldsymbol{x})$ auch durch seine Fourier-Transformierte ausdrücken.

$$A(\boldsymbol{x}) = \mathrm{Re}\left(\frac{\sigma_x\sigma_y\sigma_z}{(2\pi)^{3/2}} \int_{-\infty}^{\infty} \mathrm{e}^{\mathrm{i}\boldsymbol{k}\cdot\boldsymbol{x}} \, \mathrm{e}^{-\frac{1}{2}(\sigma_x^2(k_x-k_{0x})^2 - \sigma_y k_y^2 - \sigma_z k_z^2)} \mathrm{d}^3\boldsymbol{k} \right) \tag{15.13}$$

Wie oben fassen wir (15.13) als einen Schnappschuß bei $t = 0$ auf und führen noch einen Faktor $\exp(-\mathrm{i}\omega t)$ ein. Dabei ist $\omega = \omega(\boldsymbol{k})$, mit einem in unserem anisotropen Medium vektoriellen $\boldsymbol{k}$. Auch hier benutzen wir wieder eine Taylor-Entwicklung und schreiben

$$\omega \approx \omega(\boldsymbol{k}_0) + (\boldsymbol{k} - \boldsymbol{k}_0) \cdot \nabla_{\boldsymbol{k}}\omega|_{\boldsymbol{k}_0} , \tag{15.14}$$

dabei steht $\nabla_{\boldsymbol{k}}\omega|_{\boldsymbol{k}_0}$ für

$$\nabla_{\boldsymbol{k}}\omega \equiv \hat{\boldsymbol{x}}\frac{\partial\omega}{\partial k_x} + \hat{\boldsymbol{y}}\frac{\partial\omega}{\partial k_y} + \hat{\boldsymbol{z}}\frac{\partial\omega}{\partial k_z} = \frac{\partial\omega}{\partial\boldsymbol{k}} , \tag{15.15}$$

ausgewertet an der Stelle $\boldsymbol{k} = \boldsymbol{k}_0$. Wenn wir analog zu den Gleichungen (15.9)–(15.11) vorgehen, bloß hier in drei Dimensionen, finden wir unseren Schnappschuß $A(\boldsymbol{x})$. Die vektorielle Gruppengeschwindigkeit ist

$$\boldsymbol{v}_{\mathrm{g}} = \frac{\partial\omega}{\partial\boldsymbol{k}} . \tag{15.16}$$

Auch dieser Bewegung ist eine zeitabhängige Schwingung überlagert. $\boldsymbol{v}_{\mathrm{g}}$ kann nicht nur im Betrag von $\boldsymbol{v}_{\mathrm{p}}$ abweichen, sondern auch in der Richtung.

Aufgabe 15.3 Leiten Sie in Analogie zum Vorgehen in einer Dimension (Gleichungen (15.9) – (15.11)) (15.16) her.

Wir gehen hier davon aus, daß das Plasma inhomogen ist. Aufgrund unserer Erfahrungen mit Lichtstrahlen und Linsen können wir daher nicht erwarten, daß das Maximum des $\boldsymbol{k}$-Spektrums bei $\boldsymbol{k}_0$ erhalten bleibt. Da wir andererseits davon ausgehen, daß das Medium linear und zeitunabhängig ist, sollte $\omega(\boldsymbol{k}_0)$ konstant sein. Deshalb muß die substantielle Ableitung von ω längs der Bewegung des Wellenpaketes verschwinden. Wenn wir davon ausgehen, daß wir die Funktion $\omega(\boldsymbol{x},\boldsymbol{k})$ für unser Medium kennen, können wir die substantielle Ableitung von ω durch die partiellen Ableitungen ausdrücken.

$$\frac{\mathrm{d}\omega}{\mathrm{d}t} = \boldsymbol{v}_g \cdot \left.\frac{\partial \omega}{\partial \boldsymbol{x}}\right|_{\boldsymbol{k}} + \frac{\mathrm{d}\boldsymbol{k}_0}{\mathrm{d}t} \left.\frac{\partial \omega}{\partial \boldsymbol{k}}\right|_{\boldsymbol{x}} = 0 \tag{15.17}$$

Die partielle Ableitung nach $\boldsymbol{x}$ wird für konstantes $\boldsymbol{k}$ berechnet und umgekehrt. Wir haben also Bewegungsgleichungen oder auch Wellenausbreitungsgleichungen für unser Wellenpaket hergeleitet.

$$\frac{\mathrm{d}\boldsymbol{k}_0}{\mathrm{d}t} = -\left.\frac{\mathrm{d}\omega}{\mathrm{d}\boldsymbol{x}}\right|_{\boldsymbol{k}} \qquad \frac{\mathrm{d}\boldsymbol{x}_0}{\mathrm{d}t} = -\left.\frac{\mathrm{d}\omega}{\mathrm{d}\boldsymbol{k}}\right|_{\boldsymbol{x}} \tag{15.18}$$

Bei der Bewegung des Wellenpakets bleibt das Maximum des Frequenzspektrums erhalten, aber das Wellenzahlspektrum ändert sich. Um einen „Strahl“ zu verfolgen, muß man die Gleichungen für die Bewegung sowohl im $\boldsymbol{x}$- als auch im $\boldsymbol{k}$-Raum lösen, da die Ausbreitung sowohl von $\boldsymbol{x}_0$ als auch von $\boldsymbol{k}_0$ abhängt.

Die Analogie zur Hamiltonschen Mechanik und die Ähnlichkeit mit der Quantenmechanik, bei der $\hbar\omega$ mit der Energie und $\hbar\boldsymbol{k}$ mit dem Impuls eines Teilchens identifiziert werden, ist offensichtlich. Die Wellenausbreitungsgleichungen gelten nur in der Näherung der geometrischen Optik, bei der das Wellenpaket im Orts- und $\boldsymbol{k}$-Raum so gut lokalisiert ist, daß $\delta\boldsymbol{x} \cdot \partial\omega/\partial\boldsymbol{x} \ll \omega$ mit $\delta\boldsymbol{x} = \sigma_x\hat{\boldsymbol{x}} + \sigma_y\hat{\boldsymbol{y}} + \sigma_z\hat{\boldsymbol{z}}$ und $\delta\boldsymbol{k} \cdot \partial\omega/\partial\boldsymbol{k} \ll \omega$ mit $\delta\boldsymbol{k} = \hat{\boldsymbol{x}}/\sigma_x + \hat{\boldsymbol{y}}/\sigma_y + \hat{\boldsymbol{z}}\sigma_z$.

In diesem Grenzfall können wir die Wenzel-Kramers-Brillouin- (WKB)-Näherung benutzen, um die Phase an jedem Ort der Bahn der Welle zu bestimmen. Bei diesem Ansatz nutzen wir aus, daß $\boldsymbol{k}_0(t)$ längs der Bahn eine implizite Funktion von $\boldsymbol{x}_0(t)$ ist, da beide explizite Funktionen von t sind. Auch wenn wir uns vorstellen, daß wir anstelle eines Wellenpaketes einen gleichmäßigen Strahl aussenden, breitet sich die Energie längs des Gruppengeschwindigkeitsvektors aus. Längs dieser Bahn ist die räumliche Ableitung der Wellenphase $\boldsymbol{k}_0$. Die zeitliche Ableitung der Phase ist weiterhin $-\omega_0$. Sie ist also räumlich und zeitlich konstant. Die Phasendifferenz zwischen zwei festen Punkten $\boldsymbol{x}_0$ und $\boldsymbol{x}_1$ längs der Bahn $\boldsymbol{l}$ ist also gerade $\Delta\phi = \int_{\boldsymbol{x}_0}^{\boldsymbol{x}_1} \boldsymbol{k}_0 \cdot \mathrm{d}\boldsymbol{l}$.

16 Wellen in einem unmagnetisierten Plasma

Der Einfachheit halber betrachten wir zunächst Wellen in einem unmagnetisierten Plasma – einem einfachen homogenen, isotropen System. Da Plasmen in der Regel von Magnetfeldern eingeschlossen sind und auch selbst durch ihre internen Ströme Magnetfelder erzeugen, ist ein solches System eher ungewöhnlich. Trotzdem ist es interessant, diese Situation zu untersuchen. Außerdem gibt es Plasmaschwingungen, die sich so verhalten als ob kein Magnetfeld vorhanden wäre, auch wenn eines vorhanden ist. Wenn beispielsweise die Schwingungsfrequenz weit höher ist als die Larmor-Frequenz der Elektronen, können die Teilchen keinen nennenswerten Teil einer Gyrationsbahn durchlaufen, bevor das Feld das Vorzeichen wechselt. (In den Strömungsgleichungen sind dann die Inertial-, Druck- und/oder $\boldsymbol{E}$-Feldterme größer als der $\boldsymbol{j} \times \boldsymbol{B}$-Term.) Ferner gibt es Wellen, deren elektrisches Feld in Richtung des magnetischen Gleichgewichtsfeldes $\boldsymbol{B}_0$ polarisiert ist, was zur Folge hat, daß es keine Wechselwirkung zwischen der erzwungenen Teilchenbewegung und dem Magnetfeld gibt.

16.1 Langmuir-Wellen und -Schwingungen

Wenn wir eine Anfangsbedingung wählen, bei der die Elektronen aus ihrer Gleichgewichtsposition ausgelenkt sind, während die Ionen nicht ausgelenkt sind, entsteht durch das dadurch hervorgerufene elektrische Feld eine Rückstellkraft. Die Elektronen werden in Richtung der Position gezogen, in der sie die Ionenladung ausgleichen. Die ursprünglich im elektrischen Feld gespeicherte Energie wird dabei in kinetische Energie der Elektronen umgewandelt. Wenn die Elektronen nun in ihrer Gleichgewichtsposition ankommen, haben sie kinetische Energie und werden deshalb über ihr Ziel hinausschießen. Es entsteht wieder eine Nichtgleichgewichtsverteilung, bloß diesmal auf der anderen Seite. Dieser Vorgang, den man Langmuir-Schwingung nennt, ist in Bild 16.1 dargestellt.

Wir werden sehen, daß diese Form der Schwingung eine sehr kurze Periode hat und daß

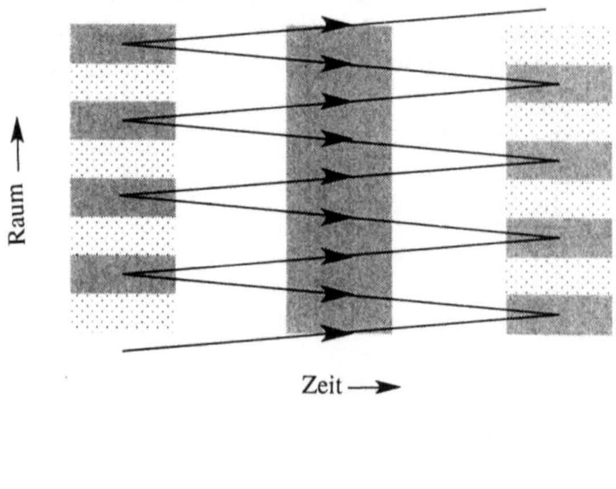

Bild 16.1
Schematische Darstellung einer Langmuir-Schwingung. Die Elektronendichte ist durch Punkte dargestellt; die Zeit fließt nach rechts.

die Ionen zu träge sind, um in dieser kurzen Zeit zu reagieren. Wir können die Ionen bei unserer Rechnung also als einen stationären Hintergrund betrachten. Andererseits ist die Schwingung auf die Trägheit der Elektronen angewiesen (denn nur wegen dieser Trägheit schießen die Elektronen über ihr Ziel hinaus). Wir müssen also den Term $mn_e\dot{\boldsymbol{u}}_e$ in der Bewegungsgleichung der Elektronenflüssigkeit berücksichtigen. Die Elektronendynamik auf dieser sehr kurzen Zeitskala wird nicht von einer Boltzmann-Verteilung beschrieben. Wie Sie sehen, sind wir dabei eine Hierarchie von Bewegungsgleichungen für unterschiedliche Situationen aufzustellen.

1. Sehr kurze Zeitskala – die Teilchen bewegen sich nicht.
2. Mittlere Zeitskala – Trägheitseffekte berücksichtigen.
3. Lange Zeitskala – Boltzmann-Verteilung.

Nachdem wir die Ionen dazu verdonnert haben, sich nicht von der Stelle zu bewegen, brauchen wir uns nicht mehr mit dem Gleichgewicht der auf sie wirkenden Kräfte zu beschäftigen. Wir können uns ganz auf die Elektronen konzentrieren. Wir betrachten ein verschwindendes $\boldsymbol{B}$-Feld, aber einen endlichen skalaren Elektronendruck. Die Bewegungsgleichung für die Elektronenflüssigkeit lautet also

$$mn_e\left[\dot{\boldsymbol{u}}_e + (\boldsymbol{u}_e \cdot \nabla)\boldsymbol{u}_e\right] = -en_e\boldsymbol{E} - \nabla p_e\,. \tag{16.1}$$

Wir benötigen auch die Kontinuitätsgleichung

$$\dot{n}_e + \nabla \cdot (n_e\boldsymbol{u}_e) = 0 \tag{16.2}$$

für die Elektronen. Wegen unserer Annahmen benötigen wir die Kontinuitätsgleichung für die Ionen nicht. Da wir die Poisson-Gleichung nicht mit Hilfe der Boltzmann-Beziehung umgehen können, müssen wir sie hinzunehmen. Für die Ionen mit $Z = 1$ lautet sie

$$\epsilon_0\nabla \cdot \boldsymbol{E} = e(n_i - n_e)\,. \tag{16.3}$$

Bei dieser Untersuchung werden wir nur den Fall betrachten, daß die Elektronen sich in Richtung der Ausbreitung einer ebenen Welle bewegen und daß das elektrische Feld auch in diese Richtung zeigt. Dies ist bei weitem nicht die einzige mögliche physikalische Situation, aber wir werden mit dieser Art von Welle, der sogenannten Langmuir- oder auch Plasmawelle beginnen. Es wird sich zeigen, daß wegen der eingeschränkten Bewegung der Verschiebungsstrom $\epsilon_0 \cdot \boldsymbol{E}_1$ dem durch die Elektronen transportierten Strom entgegengesetzt gleich sein muß. Es gibt also kein $\boldsymbol{B}$-Feld erster Ordnung und es handelt sich (im Gegensatz zu elektromagnetischen Wellen) um rein elektrostatische Wellen. Der Einfachheit halber gehen wir davon aus, daß sich die Welle in x-Richtung ausbreitet (es gibt hier keine, etwa durch ein Magnetfeld ausgezeichnete Richtung). Aus dem ∇-Operator wird dann $\hat{\boldsymbol{x}}\partial/\partial x$. Wir gehen ferner davon aus, daß alle Größen erster Ordnung mit $\exp[i(kx - \omega t)]$ schwingen, deshalb vereinfacht sich $\partial/\partial x$ zu ik und $\partial/\partial t$ zu $-i\omega$. Wenn wir den Index e weglassen, weil wir ohnehin nur Elektronen betrachten, linearisieren und das Skalarprodukt mit $\hat{\boldsymbol{x}}$ bilden, wird aus (16.1)

$$-\mathrm{i}\omega mn_0u_1 = -en_0E_1 - \mathrm{i}kp_1\,, \tag{16.4}$$

denn es gilt $u_0 = E_0 = 0$. Bei der Linearisierung haben wir Terme, die quadratisch in u_1 sind, weggelassen.

Die Störung p_1 des Drucks muß nun mit Hilfe der Zustandsgleichung durch n_1 ausgedrückt werden. Wir nehmen an, daß die Kompression der Elektronen nur in einer Dimension stattfindet und daß sie adiabatisch ist (d.h. schneller als die Wärmeleitung). Es gilt also $p \sim n^\gamma$, $\gamma = 3$. p_1 kann dann folgendermaßen berechnet werden.

$$\begin{aligned} p &= Cn^{\gamma} \\ \mathrm{d}p/\mathrm{d}n &= \gamma C n^{\gamma-1} = \gamma p/n = \gamma T \\ \mathrm{d}p &= \gamma T \mathrm{d}n \\ p_1 &= \gamma T n_1 \end{aligned} \tag{16.5}$$

Die Bewegungsgleichung für die Elektronenflüssigkeit lautet also

$$\mathrm{i}\omega m n_0 u_1 = e n_0 E_1 + 3\mathrm{i}kT n_1 \,. \tag{16.6}$$

Die Linearisierung der Kontinuitätsgleichung führt zu

$$-\mathrm{i}\omega n_1 + \mathrm{i}k n_0 u_1 = 0 \,. \tag{16.7}$$

(Hinter Termen wie $n_1 u_1$, die bei Wellen mit größerer Amplitude wichtig sind, verbirgt sich vermutlich interessante Physik, der Term $u_0 n_1$ könnte in einem bewegten Plasma, in dem u_0 nicht verschwindet, zu ganz neuen Effekten führen. Wir wollen hier aber nicht auf diese nichtlineare Physik eingehen.) In der Poisson-Gleichung

$$\mathrm{i}k\epsilon_0 E_1 = -e n_1 \tag{16.8}$$

hat der Beitrag der Ionen zur Ladungsdichte das Feld der Gleichgewichtsverteilung der Elektronen ausgeglichen. Er hat aber selber keine gestörte Komponente. Da es keinen Elektronen-Strom nullter Ordnung gibt, ist der Strom erster Ordnung, der von den Elektronen transportiert wird

$$j_1 = -e n_0 u_1 = -e\frac{\omega}{k} n_1 = \mathrm{i}\omega\epsilon_0 E_1 = -\epsilon_0 \dot{E}_1 \,. \tag{16.9}$$

Wenn wir diesen Strom in die Maxwell-Gleichung

$$\nabla \times \boldsymbol{B}_1 = \mu_0 \boldsymbol{j}_1 + \mu_0\epsilon_0 \dot{\boldsymbol{E}}_1 \tag{16.10}$$

einsetzen, können wir zeigen, daß es kein gestörtes Magnetfeld gibt. Wie wir schon behauptet hatten, ist diese longitudinale Welle (longitudinal bedeutet $\boldsymbol{E}_1 \parallel \boldsymbol{k}$) elektrostatisch. Wir können uns davon überzeugen, daß alle longitudinalen Wellen elektrostatisch sind, indem wir uns überlegen, daß $\nabla \times \boldsymbol{x}_1$ für eine mit $\exp[\mathrm{i}(\boldsymbol{k}\cdot\boldsymbol{x} - \omega t)]$ schwingende Größe mit $\mathrm{i}\boldsymbol{k} \times \boldsymbol{x}_1$ übereinstimmt. Wenn $\boldsymbol{E}_1$ parallel zu $\boldsymbol{k}$ ist, gilt $\nabla \times \boldsymbol{E}_1 = 0$ und deshalb $\mathrm{i}\omega \boldsymbol{B}_1 = 0$.

Aufgabe 16.1 Beweisen Sie $\nabla \times \boldsymbol{x}_1 = \mathrm{i}\boldsymbol{k} \times \boldsymbol{X}_1$ für jedes $\boldsymbol{x}_1 \sim \mathrm{e}^{\mathrm{i}(\boldsymbol{k}\boldsymbol{x} - \omega t)}$.

Jetzt lösen wir (16.7) nach $n_0 u_1$ und (16.8) nach E_1 auf

$$n_0 u_1 = \frac{\omega}{k} n_1 \tag{16.11}$$

$$E_1 = -\frac{e n_1}{\mathrm{i}k\epsilon_0} \tag{16.12}$$

und setzen sie in (16.6) ein, um eine Gleichung zu erhalten, in der n_1 die einzige Größe erster Ordnung ist.

$$\frac{\mathrm{i}\omega^2 m n_1}{k} = \frac{-e^2 n_0 n_1}{\mathrm{i}k\epsilon_0} + 3\mathrm{i}T n_1 \tag{16.13}$$

Wenn wir nun mit $-\mathrm{i}k/mn_1$ multiplizieren und davon ausgehen, daß wir nicht an der trivialen Lösung $n_1 = 0$ interessiert sind, gelangen wir zur Bohm-Gross-Dispersionsrelation, die zuerst von D. Bohm und E.P. Gross (*Phys. Rev.* **75** (1949) 1851) hergeleitet wurde.

$$\omega^2 = \omega_{\mathrm{p}e}^2 + 3k\frac{T}{m} = \omega_{\mathrm{p}e}^2 + 3k^2 v_{t,e}^2 \,. \tag{16.14}$$

$\omega_{\mathrm{p}e}$ steht hier für die Elektronenplasmafrequenz

$$\omega_{\mathrm{p}e}^2 \equiv \frac{n_e e^2}{\epsilon_0 m_e} \tag{16.15}$$

und $v_{t,e} = (T/m)^{1/2}$ ist die thermische Geschwindigkeit der Elektronen. Es gibt auch eine Ionenplasmafrequenz, bei der in der Definition die jeweiligen Größen für die Ionen stehen. Sie ist aber weit weniger gebräuchlich und deshalb werden wir immer, wenn wir einfach nur ω_{p} schreiben, $\omega_{\mathrm{p}e}$ meinen.

(16.14) kann auch in der Form $\omega = \omega(k)$ geschrieben werden und wird deshalb als Dispersionsrelation für eine elektrostatische Plasmawelle oder auch Langmuir-Welle bezeichnet. Es ist für das Verständnis hilfreich, sich die Bohm-Gross-Dispersionsrelation geteilt durch ω_{p}, wie in Bild 16.2, in einem dimensionslosen Koordinatensystem aufzutragen.

Als erstes stellen wir fest, daß es keine Langmuir-Wellen mit $\omega < \omega_{\mathrm{p}}$ gibt. Ferner entstehen Wellen mit $\omega > \omega_{\mathrm{p}}$ nur als Folge der endlichen Temperatur. Bei großer Wellenlänge (kleines k) oder niedriger Temperatur wird die Phasengeschwindigkeit ω/k (diese Größe ist proportional zur Steigung der Geraden durch den Ursprung und die Dispersionskurve) beliebig groß. Sie kann viel größer werden als die thermische Geschwindigkeit der Elektronen und sogar c übersteigen. Dadurch wird unsere adiabatische Näherung, bei der wir davon ausgehen, daß die Wärmeleitung nicht mit der sich bewegenden Wellenfront Schritt halten kann, gerechtfertigt. Die Gruppengeschwindigkeit $\partial\omega/\partial k$ (sie ist proportional zur Steigung der Tangente an die Dispersionskurve) geht im Gegensatz dazu bei diesen Bedingungen gegen Null. Es wird also keine Energie oder Information transportiert. Dieses sich nicht-ausbreitende Zappeln bei kleinem k wird manchmal

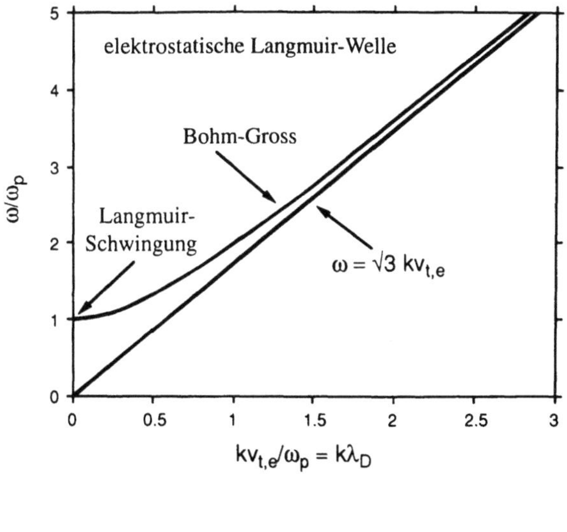

Bild 16.2
Die Bohm-Gross-Dispersionsrelation für hochfrequente elektrostatische Langmuir-Wellen in einem unmagnetisierten Plasma

auch als Plasmaschwingung bezeichnet, da es die erste Schwingungsform war, die in diesem neuen Aggregatzustand beobachtet wurde.

Für hohe k (kleine Wellenlänge) oder hohe Temperaturen sieht die Bohm-Gross-Dispersionsrelation einer Elektronenschallwelle ähnlich. Gruppen- und Phasengeschwindigkeit gehen gegen $\sqrt{3}v_{t,e}$ und die Welle breitet sich aus wie eine Schallwelle. Im Gegensatz zu einer Schallwelle in einem Gas wird die Dynamik sowohl vom elektrischen Feld als auch von ∇p_e bestimmt. Die größten Unterschiede werden wir jedoch erst bemerken, wenn wir die stoßfreien kinetischen Effekte bei Teilchen, deren Geschwindigkeit in der Nähe der Phasengeschwindigkeit liegt, auftreten. Diese Effekte, die sogenannte Landau-Dämpfung, werden in Kapitel 24 behandelt.

16.2 Ionenschallwellen

Wir wollen nun eine weitere Form longitudinaler ($\boldsymbol{k} \parallel \boldsymbol{E}$) Wellen in einem Plasma betrachten. Da sie longitudinal sind, handelt es sich auch bei diesen Wellen um elektrostatische Wellen. Wir werden davon aussgehen (und diese Annahme später auch rechtfertigen), daß die Frequenz niedrig genug ist, daß auch die Ionen an der Bewegung teilhaben können und daß die Elektronen in der Lage sind, während der Schwingungen ein fast vollständiges Kräftegleichgewicht (d.h. eine Boltzmann-Verteilung) zu erreichen. Wir werden weiterhin von $\boldsymbol{B}_0 = 0$ ausgehen, und wegen $\boldsymbol{k} \parallel \boldsymbol{E}_1$ gilt jetzt auch $\boldsymbol{B}_1 = 0$. Damit wird die Strömungsgleichung für die Ionen zu

$$Mn_i \left[\dot{\boldsymbol{u}}_i + (\boldsymbol{u}_i \cdot \nabla)\boldsymbol{u}_i\right] = en_i \boldsymbol{E} - \nabla p_i \,. \tag{16.16}$$

Das große M steht hier für die Masse der Ionen und wir haben wieder $Z = 1$ angenommen. Wie üblich linearisieren wir die Gleichung, nutzen die Tatsache aus, daß es sich um elektrostatische Wellen handelt, indem wir $\boldsymbol{E}_1$ als Gradienten eines Potentials schreiben und drücken p_{i1} mit Hilfe der Zustandsgleichung durch n_{i1} aus. Wir setzen die Bewegung in Form harmonischer Wellen an. Ferner gehen wir davon aus, daß die Bewegung $\boldsymbol{u}_{i1}$ nur eine Komponente u_{i1} in Richtung von $\boldsymbol{k}$ hat, denn es gibt keine Ursache für eine Bewegung in eine andere Richtung. Aus (16.16) wird dann

$$-\mathrm{i}\omega M n_{i0} u_{i1} = -e n_{i0} \mathrm{i} k \phi_1 - \gamma_1 T_i \mathrm{i} k n_{i1} \,. \tag{16.17}$$

Wir nehmen an, daß die Elektronen Boltzmann-verteilt sind, d.h.

$$n_e = n_{e0}\, \mathrm{e}^{\frac{e\phi_1}{T_e}} \approx n_{e0}(1 + \frac{e\phi_1}{T_e}) \qquad n_{e1} = n_{e0}\frac{e\phi_1}{T_e} \,. \tag{16.18}$$

Als nächstes greifen wir auf die Poisson-Gleichung zurück (wenn wir nur den Grenzfall kleiner k d.h. $k\lambda_\mathrm{D} \ll 1$ betrachteten, könnten wir statt dessen wegen der Debye-Abschirmung von $n_{i1} = n_{e1}$ ausgehen) und erhalten

$$\epsilon_0 \nabla \cdot \boldsymbol{E}_1 = \epsilon_0 k^2 \phi_1 = e(n_{i1} - n_{e1}) = e(n_{i1} - n_{e0}\frac{e\phi_1}{T_e}) \,. \tag{16.19}$$

Diese Gleichung können wir nach ϕ_1 auflösen.

$$n_{i1} = (\frac{n_{i0} e}{T_e} + \frac{\epsilon_0 k^2}{e})\phi_1 \tag{16.20}$$

Dabei konnten wir wegen $Z = 1$ von $n_{i0} = n_{e0}$ ausgehen. Wir brauchen nun noch die linearisierte Kontinuitätsgleichung

$$\mathrm{i}\omega n_{i1} = n_{i0}\mathrm{i}ku_{i1}\,. \tag{16.21}$$

Jetzt können wir alle Terme erster Ordnung in (16.17) durch n_{i1} ausdrücken. Wir multiplizieren mit i und erhalten

$$\omega M n_{i0}\frac{\omega n_{i1}}{kn_{i0}} = \frac{en_{i0}kn_{i1}}{\frac{n_{i0}e}{T_e}+\frac{\epsilon_0 k^2}{e}} + \gamma_i T_i k n_{i1}\,. \tag{16.22}$$

Wenn wir nun durch Mn_{i0} teilen (und davon ausgehen, daß wir nicht an der trivialen Lösung $n_{i1} = 0$ interessiert sind) ergibt sich

$$\left(\frac{\omega}{k}\right)^2 = \frac{T_e}{M(1+k^2\lambda_\mathrm{D}^2)} + \frac{\gamma_i T_i}{M} \tag{16.23}$$

mit der üblichen Definition $\lambda_\mathrm{D}^2 = \epsilon_0 T_e/n_e e^2 = v_{t,e}^2/\omega_\mathrm{p}^2$.

Im Grenzfall großer Wellenlänge ($k \to 0$) sind diese Wellen normalen Schallwellen sehr ähnlich. Hier tragen sowohl die Ionen als auch die Elektronen zum Druck bei, aber die Masse stammt fast vollständig von den Ionen. Die Tatsache, daß effektiv $\gamma_e = 1$ gilt, steht im Einklang mit unserer Annahme über eine Boltzmann-Verteilung isothermer Elektronen. Da die Phasengeschwindigkeit dieser Wellen von der Größenordnung der Ionenschallgeschwindigkeit ist, haben die Elektronen genug Zeit, der Wellenbewegung vorauszueilen und ein Temperaturgleichgewicht zu erreichen. Für die Ionen ist das nicht der Fall. Wenn es so viele Stöße gibt, daß die thermische Diffusion der Ionen nicht die Ionenschallgeschwindigkeit erreichen kann, müssen wir mit dem üblichen adiabatisch, isotropen Wert 5/3 für γ_i rechnen. Wenn im stoßfreien Fall $T_i \ll T_e$ gilt und die thermische Bewegung der Ionen deshalb nicht mit der Welle Schritt halten kann, können wir annehmen, daß die Ionen eindimensional adiabatisch komprimiert werden, d.h. $\gamma_i = 3$. Da in vielen Laborplasmen, die zur Untersuchung von Wellen benutzt werden $T_i \ll T_e$ ist, wird die Ionenschallgeschwindigkeit C_s üblicherweise als $(T_e/M)^{3/2}$ definiert.

Bei großen Wellenlängen (kleinen k) haben Ionenschallwellen konstante Phasen- und Gruppengeschwindigkeiten. Bei kleinen Wellenlängen (großen k), d.h. Wellenlängen die kleiner als die Debye-Länge sind (dieses λ_D wird ohne die T_i-Term aus (1.36) definiert), werden die Ionenschallwellen zu Wellen mit konstanter Frequenz $\Omega_p = (m/M)^{1/2}\omega_\mathrm{p}$ (das große Ω soll andeuten, daß es sich um Ionen handelt).

Die longitudinalen ($\boldsymbol{k} \parallel \boldsymbol{E}_1$) elektrostatischen Wellen der Ionen und Elektronen in einem unmagnetisierten Plasma sind auf interessante Weise komplementär. Die Elektronenwellen haben eine konstante Frequenz ω_p mit $kv_{t,e}/\omega_\mathrm{p} = k\lambda_p \ll 1$ und bei kleinen Wellenlängen (großen k) die konstante Phasengeschwindigkeit $\sqrt{3}v_{t,e}$. Im Gegensatz dazu breiten sich die Ionenwellen für $k\lambda_\mathrm{D} \ll 1$ mit konstanter Phasengeschwindigkeit C_s aus und haben bei $k\lambda_\mathrm{D} \gg 1$ die konstante Frequenz Ω_p. Bei kurzen Wellenlängen sehen die Elektronenwellen wie Elektronenschallwellen und die Ionenwellen wie Plasmaschwingungen aus. Bild 16.3 zeigt die Dispersionsrelation der Ionenschallwellen für $T_i = 0$ in einem geeigneten dimensionslosen Koordinatensystem. In einem stoßfreien Plasma gibt es außer bei $T_e \gg T_i$ eine Landau-Dämpfung der Ionenschallwellen. Das ist analog zu den Effekten bei Elektronen-Langmuir-Wellen, wie wir in Kapitel 24 diskutieren werden.

Für den Spezialfall $\boldsymbol{k} \parallel \boldsymbol{E}_1 \parallel \boldsymbol{B}_0$ sind die Dispersionsrelationen für Langmuir-Wellen und Ionenschallwellen auch in einem magnetisierten Plasma gültig, da bei einer solchen Geometrie die Lorentz-Kraft keine Rolle spielt.

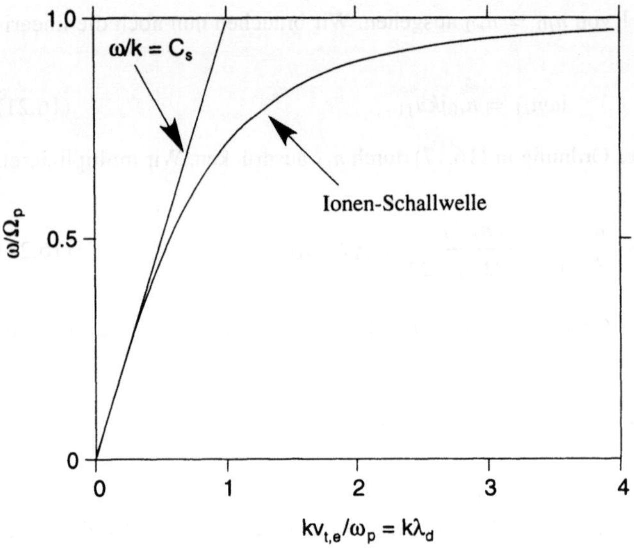

Bild 16.3
Die Dispersionsrelation einer Ionenschallwelle in einem unmagnetisierten Plasma

16.3 Hochfrequente elektromagnetische Wellen in einem unmagnetisierten Plasma

Bis jetzt haben wir zwei Formen elektrostatischer Wellen in einem unmagnetisierten Plasma kennengelernt. Die Plasmawellen mit $\omega \geq \omega_\mathrm{p}$ und die Ionenschallwellen mit $\omega \leq \Omega_p$. In einem unmagnetisierten Plasma gibt es auch hochfrequente elektromagnetische Wellen, die wir jetzt untersuchen wollen. Dazu müssen wir zuerst noch einen Blick auf die Maxwell-Gleichungen werfen.

Wenn wir wieder von unserer Annahme über harmonische ebene Wellen ausgehen, gilt

$$\mathrm{i}\boldsymbol{k} \times \boldsymbol{B}_1 = \mu_0 \boldsymbol{j}_1 - \mathrm{i}\frac{\omega \boldsymbol{E}_1}{c^2} \tag{16.24}$$

$$\mathrm{i}\boldsymbol{k} \times \boldsymbol{E}_1 = \mathrm{i}\omega \boldsymbol{B}_1 \,. \tag{16.25}$$

Wir bilden das Kreuzprodukt von (16.25) mit $\boldsymbol{k}$ und erhalten

$$\mathrm{i}\boldsymbol{k} \times \boldsymbol{k} \times \boldsymbol{E}_1 = \omega(\mu_0 \boldsymbol{j}_1 - \mathrm{i}\frac{\omega \boldsymbol{E}_1}{c^2}) = \frac{\omega^2}{c^2}[\frac{\boldsymbol{j}_1}{\epsilon_0 \omega} - \mathrm{i}\boldsymbol{E}_1] \,. \tag{16.26}$$

Mit Hilfe einer Vektoridentität (s. Anhang D) können wir die linke Seite umformen. Danach multiplizieren wir mit i und erhalten nun

$$k^2 \boldsymbol{E}_1 - \boldsymbol{k}(\boldsymbol{k} \cdot \boldsymbol{E}_1) = \frac{\omega^2}{c^2}[\mathrm{i}\frac{\boldsymbol{j}_1}{\epsilon_0 \omega} + \boldsymbol{E}_1] \,. \tag{16.27}$$

Die ersten Terme auf jeder Seite beschreiben normale elektromagnetische Wellen im Vakuum. Diese Gleichung haben wir im elektrostatischen Fall nicht benötigt. Für $\boldsymbol{k} \parallel \boldsymbol{E}_1$ verschwindet die linke Seite und Verschiebungsstrom und realer Strom heben sich gegenseitig weg. Diesen Effekt hatten wir schon oben bemerkt. Wie wir es bei einer elektrostatischen Welle erwarten würden, steckte die interessante Physik dort in der Kontinuitätsgleichung und in den Feldern, die durch die Ladungsdichte σ hervorgerufen wurden. Jetzt werden wir aber ein transversales Feld $\boldsymbol{E}_1$ betrachten. Das ist genau das Gegenteil eines longitudinalen Feldes, es gilt also $\boldsymbol{k} \cdot \boldsymbol{E}_1 = 0$. Wie wir in Aufgabe 16.2 zeigen werden, gibt es in einem unmagnetisierten Plasma keine Wellen, bei denen $\boldsymbol{E}$ schief auf $\boldsymbol{k}$ steht. Die transversalen und longitudinalen Komponenten breiten sich in einem unmagnetisierten Plasma unabhängig voneinander als elektromagnetische und elektrostatische Welle aus. (Wir reden an dieser Stellen nicht von parallel oder senkrecht in bezug auf $\boldsymbol{k}$, weil wir uns diese Begriffe für das nächste Kapitel aufheben wollen, wo wir sie in bezug auf ein Magnetfeld $\boldsymbol{B}_0$ nullter Ordnung verwenden.) Wegen $\boldsymbol{k} \cdot \boldsymbol{E}_1 = 0$ (d.h. $\nabla \cdot \boldsymbol{E}_1 = 0$) gilt für die hier betrachteten Wellen zu jedem Zeitpunkt $\sigma = 0$. Wir müssen also bei dieser Rechnung die Kontinuitätsgleichung nicht berücksichtigen.

Wir arbeiten hier bei hohen Frequenzen und können daher die Ionen als stationär behandeln. Es gilt also

$$j_1 = -n_0 e \boldsymbol{u}_1 \,. \tag{16.28}$$

Auch in diese Rechnung gehen die Ionen nicht ein. Wir haben daher den unteren Index e weggelassen. Die linearisierte Strömungsgleichung für die Elektronen lautet in diesem Fall

$$-\mathrm{i}\omega m \boldsymbol{u}_1 = -e\boldsymbol{E}_1 \,. \tag{16.29}$$

Daraus folgt

$$\boldsymbol{j}_1 = -\frac{n_0 e^2 \boldsymbol{E}_1}{\mathrm{i}\omega m} \,. \tag{16.30}$$

Auf den ersten Blick ist es erstaunlich, daß ∇p_e nicht in der Bewegungsgleichung auftaucht. Das liegt daran, daß wegen $\boldsymbol{k} \cdot \boldsymbol{E} = 0$ auch σ verschwindet und daß die Ionen sich nicht bewegen. Es gibt also weder n_{e1} noch p_{e1} ganz gleich von welcher Zustandsgleichung wir ausgehen. Wir bezeichnen die Bewegung der Flüssigkeit als inkompressibel, weil diese spezielle Art von Wellen die Flüssigkeit nicht komprimiert. Aus (16.27) folgt

$$(c^2k^2 - \omega^2)\boldsymbol{E}_1 = \mathrm{i}\frac{\omega \boldsymbol{j}_1}{\epsilon_0} = -\frac{n_0 e^2}{m\epsilon_0}\boldsymbol{E}_1 \tag{16.31}$$

also gilt

$$\omega^2 = c^2k^2 + \omega_p^2 \tag{16.32}$$

bzw.

$$\omega = \sqrt{c^2k^2 + \omega_p^2} = ck\sqrt{1 + \frac{\omega_p^2}{c^2k^2}} \,. \tag{16.33}$$

Dies ist die Dispersionsrelation einer elektromagnetischen Welle, die sich in einem unmagnetisierten Plasma ausbreitet. (Sie gilt auch für hochfrequente elektromagnetische Wellen in einem schwach magnetisierten Plasma mit $\omega \gg \omega_c$ und hochfrequenten Wellen mit $\boldsymbol{E}_1 \parallel \boldsymbol{B}_0$, da solche Wellen nicht von der Lorentz-Kraft beeinflußt werden.) Es ist das klassische Beispiel einer Welle in einem dispersiven Medium. Die Dispersionsrelation ist in Bild 16.4 in einem dimensionslosen Koordinatensystem aufgetragen.

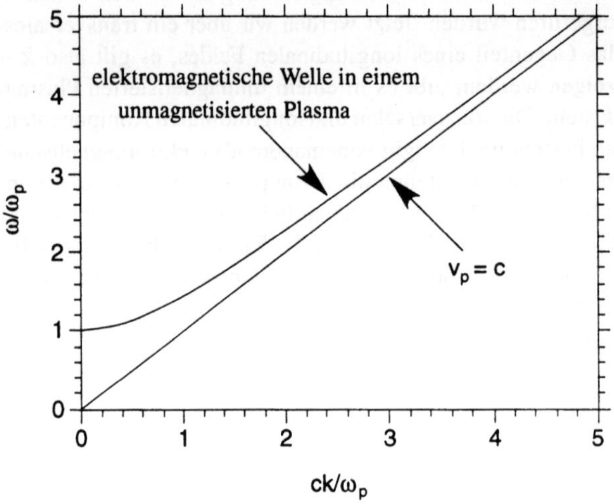

Bild 16.4
Die Dispersionsrelation einer hochfrequenten elektromagnetischen Welle in einem unmagnetisierten Plasma

---

Aufgabe 16.2 Gehen Sie von Gleichung (16.2) für eine elektromagnetische Welle aus und drücken Sie j_1 mit Hilfe der Strömungsgleichung der Elektronen ((16.1) inklusive Elektronendruck) und der Poisson-Gleichung durch $\boldsymbol{E}_1$ aus. Bilden Sie sowohl das Skalar- als auch das Kreuzprodukt der Gleichung, die Sie so erhalten haben mit $\boldsymbol{k}$ und zeigen Sie, wie man die Dispersionsrelation für hochfrequente longitudinale elektromagnetische Welle in einem Plasma herleiten kann. Beweisen Sie, daß es eine Dispersionsrelation für $\boldsymbol{k} \cdot E_1 \neq 0$ und eine Dispersionsrelation für $\boldsymbol{k} \times E_1 \neq 0$ gibt. Das bedeutet, daß es für die dazwischenliegenden Winkel von $\boldsymbol{E}$ und $\boldsymbol{k}$ keine Wellen gibt.

Aus dem letzten Schritt in (16.33) entnehmen wir, daß

$$v_p = \frac{\omega}{k} = c\sqrt{1 + \frac{\omega_p^2}{c^2k^2}} > c\,. \tag{16.34}$$

Die Phasengeschwindigkeit ist größer als c und hängt von k ab (oder äquivalent dazu von ω). Die Gruppengeschwindigkeit kann natürlich nicht größer als c sein. Aus (16.33) folgt

$$v_g \equiv \frac{\partial\omega}{\partial k} = \frac{c^2k}{\sqrt{c^2k^2 + \omega_p^2}} = \frac{c}{\sqrt{1 + \frac{\omega_p^2}{c^2k^2}}} < c\,. \tag{16.35}$$

Bei niedrigen k (große Wellenlänge,$ck \ll \omega_\mathrm{p}$) handelt es sich um Wellen konstanter Frequenz $\omega = \omega_\mathrm{p}$. Wenn die Frequenz steigt und die Wellenlänge abnimmt, werden sie zu elektromagnetischen Vakuumwellen, die sich mit Lichtgeschwindigkeit ausbreiten. Ab einer gewissen Frequenz können auch die Elektronen nicht mehr wesentlich angeregt werden.

Eine interessante Eigenschaft dieser Wellen ist, daß sie sich nicht in einem Plasma mit $\omega_\mathrm{p} > \omega$ ausbreiten können. Es gibt eine „cutoff"-Dichte

$$n_c = \frac{m_e\epsilon_0\omega^2}{e^2} \tag{16.36}$$

oberhalb der eine einlaufende Welle reflektiert wird. Darauf beruht die Reflektion niederfrequenter elektromagnetischer Wellen an der Ionosphäre. Die Wellen breiten sich rund um die Erde aus und Amateurfunker in Europa können sich mit ihren Kollegen in Australien unterhalten. Die Australier haben Glück, daß hochfrequente Wellen, wie sie für das Fernsehen eingesetzt werden, nicht von der Ionosphäre reflektiert werden und sie daher nicht dem amerikanischen Fernsehprogramm ausgesetzt sind (und umgekehrt).

Aufgabe 16.3 Schätzen Sie mit Hilfe dieser Information eine obere und eine untere Grenze der Elektronendichte in der Ionosphäre.

Es ist lehrreich zu berechnen, wie tief eine elektromagnetische Welle in ein dichtes Plasma ($\omega < \omega_p$ bzw. $n > n_c$, die Welle kann sich also nicht ausbreiten) eindringt. Um die Eindringtiefe zu bestimmen müßen wir die Dispersionsrelation für reelles ω und komplexes k lösen.

$$k = \frac{\sqrt{\omega^2 - \omega_p^2}}{c} = \pm i \frac{\sqrt{\omega_p^2 - \omega^2}}{c} \tag{16.37}$$

Unsere Lösungen der Form ebener Wellen lassen auch ein Abklingen der Welle zu. Hier gilt

$$e^{ikx} = e^{-x \frac{\sqrt{\omega_p^2 - \omega^2}}{c}} . \tag{16.38}$$

Das Vorzeichen von k haben wir entsprechend der physikalischen Situation gewählt. Die Eindringtiefe ist $c/(\omega_p^2 - \omega^2)^{1/2}$. Die Lösung c/ω_p mit $\omega = 0$ wird manchmal auch als Stärke der stoßfreien Schicht bezeichnet. Das Abklingen der Welle beruht hier nicht auf einer Dissipation von Energie – die Welle und damit auch ihre Energie werden ganz einfach reflektiert. Wenn es eine geringe Dissipation, etwa durch Stöße gibt, ist die Eindringtiefe auch für $\omega > \omega_p$ endlich, d.h. k hat einen Imaginärteil.

Aufgabe 16.4 Ein Plasma mit $n \leq n_c$ kann elektromagnetische Strahlung ganz erheblich ablenken. Betrachten Sie ein zylindrisches Plasma mit dem Dichteprofil $n(r) = n_c r^2/a^2$. Zeigen Sie, daß die Ausbreitungsgleichung für ein Paket elektromagnetischer Strahlung einen Kreis mit Radius $r = a/\sqrt{2}$ beschreiben kann. (Sie können sich vorstellen, daß die Wellenfronten sich längs des Kreises ausbreiten, weil λ im dichteren Plasma weiter außen größer ist als im weniger dichten Plasma weiter innen.) Hinweis: Die Rechnung wird einfacher, wenn sie $n_c/n = \omega_p^2/\omega$ benutzen.

Da wir die elektromagnetischen Wellen, die wir gerade behandelt haben als hochfrequente elektromagnetische Wellen bezeichnet haben, fragen Sie sich vielleicht, ob es auch niederfrequente elektromagnetische Welle in einem nichtmagnetisierten Plasma gibt. Solche Wellen gibt es nicht. Diese Wellen werden von den Elektronen unterdrückt. Wellen mit $\omega < \omega_p$ können sich nicht ausbreiten. Wenn wir ein Magnetfeld zulassen (in den nächsten beiden Kapiteln), können bestimmte Arten von Wellen nicht mehr durch die Elektronen unterdrückt werden und es gibt eine Anzahl von Typen niedrigfrequenter Wellen. Auch die hochfrequenten Wellen werden spannender – insbesondere sind elektromagnetische Wellen dann nicht mehr rein transversal und inkompressibel.

17 Hochfrequente Wellen in einem magnetisierten Plasma

In diesem Kapitel werden wir ein von einem Magnetfeld $\boldsymbol{B}_0$ durchdrungenes Plasma betrachten und untersuchen, wie sich Wellen in diesem anisotropen Medium ausbreiten. Die Dynamik hängt jetzt sowohl von der Ausbreitungsrichtung $\boldsymbol{k}/k$ der Welle als auch von der Polarisation des $\boldsymbol{E}$-Feldes der Welle relativ zum Magnetfeld $\boldsymbol{B}_0$ ab. Wir werden voraussetzen, daß die Frequenz der Wellen so hoch ist, daß wir die Ionen als stationär betrachten können. Durch die neuen dynamischen Effekte (wie die Larmor-Gyration), die durch das Magnetfeld herbeigeführt werden, kann es jetzt zu Resonanzen der Wellen kommen. Weiterhin sind auch Cutoffs, wie wir sie oben für eine unmagnetisierte Welle bei $\omega = \omega_\mathrm{p}$ hergeleitet haben, möglich. Wir werden Cutoffs und Resonanzen miteinander vergleichen und die Unterschiede herausstellen. In diesem Kapitel werden wir uns nur mit Wellen beschäftigen, die sich entweder genau senkrecht oder genau parallel zu $\boldsymbol{B}_0$ ausbreiten. In Kapitel 18 werden wir zeigen, wie man Wellen mit beliebiger Ausbreitungsrichtung behandelt.

17.1 Hochfrequente elektromagnetische Wellen – Ausbreitungsrichtung senkrecht zum Magnetfeld

Wir betrachten nun hochfrequente elektromagnetische Wellen in Gegenwart eines Magnetfeldes $\boldsymbol{B}_0$ nullter Ordnung. Wir beginnen in diesem Abschnitt mit Wellen, die sich senkrecht zu $\boldsymbol{B}_0$ ausbreiten (d.h. $\boldsymbol{k} \perp \boldsymbol{B}_0$ – senkrechte Ausbreitung im Gegensatz zur parallelen Ausbreitung $\boldsymbol{k} \parallel \boldsymbol{B}_0$, die wir im nächsten Abschnitt behandeln werden. Wir benutzen hier also die Bezeichnungen senkrecht und parallel, um die Orientierung von $\boldsymbol{k}$ oder $\boldsymbol{E}$ relativ zu $\boldsymbol{B}_0$ zu charakterisieren). Für senkrechte Wellen wird sich eine weitere Unterteilung ergeben. Es gibt normale und außerordentliche Wellen. Die normalen Wellen (sie werden manchmal auch O-Wellen genannt) sind, wie der Name sagt, normal. Sie entstehen, wenn sich eine Welle senkrecht zu $\boldsymbol{B}_0$ ausbreitet und das elektrische Feld der Welle in Richtung von $\boldsymbol{B}_0$ orientiert ist. Daraus folgt, daß das Magnetfeld die Dynamik der Welle nicht beeinflußt und wir unsere Ergebnisse für hochfrequente Wellen mit $\boldsymbol{u}_1 \parallel \boldsymbol{E}_1$ in einem unmagnetisierten Plasma anwenden können. Die Lorentz-Kraft $\boldsymbol{u}_1 \times \boldsymbol{B}_0$ verschwindet und die normale Welle bemerkt das Magnetfeld nicht. Die obige Rechnung und die Dispersionsrelation, die wir erhalten haben, gelten also genauso für normale Wellen. Die hochfrequenten elektromagnetischen Wellen in einem unmagnetisierten Plasma sind rein transversal ($\boldsymbol{E}_1 \perp \boldsymbol{k}$); für eine normale Welle in einem magnetisierten Plasma mit $\boldsymbol{k} \perp \boldsymbol{B}_0$ (eine senkrechte Welle) bedeutet das, $\boldsymbol{E}_1 \perp \boldsymbol{k}$ und $\boldsymbol{E}_1 \parallel \boldsymbol{B}_0$.

Aufgabe 17.1 Eine O-Welle der Winkelgeschwindigkeit ω_O, die sich in einem Plasma mit $n_e < n_c$ ausbreitet, hat eine größere Wellenlänge als eine Welle derselben Frequenz im Vakuum. In der WKB-Näherung wird der Phasenfaktor einer Welle, die sich in x-Richtung ausbreitet und deren Wellenzahl $k(x)$ schwach ortsabhängig ist, am Ort x_1 zur Zeit t_1 durch

$$\mathrm{e}^{\left(\mathrm{i}\int_{x_0}^{x_1} k(x)\mathrm{d}x - \mathrm{i}\omega_0(t-t_0)\right)}$$

gegeben, wenn die Phase bei $x = x_0$ und $t = t_0$ verschwindet. Berechnen Sie die Phasendifferenz einer O-Welle zur Zeit t_1, die sich von x_0 nach x_1 durch ein Plasma ausbreitet und einer Welle, die die gleiche Strecke durch ein Vakuum zurücklegt. Die Funktion $n_e(x)$ können Sie dabei als bekannt voraussetzen. Gehen Sie davon aus, daß n_e/n_c klein ist, rechnen Sie aber trotzdem bis zur zweiten Ordnung in n_e/n_c.

Die Wellen mit der zweiten möglichen Orientierung von $\boldsymbol{E}_1$ (d.h. $\boldsymbol{E}_1 \perp \boldsymbol{B}_0$) haben einige ungewöhnliche Eigenschaften und werden deshalb als außerordentliche Wellen (manchmal auch als X-Wellen) bezeichnet. Je nach ihrer Frequenz ω haben sie sowohl transversale als auch longitudinale Komponenten. Wenn ω nahe der oberen Hybridresonanz ist (diese Resonanz werden wir bald definieren), sind sie rein longitudinal ($\boldsymbol{E}_1 \parallel \boldsymbol{k}$), sonst haben sie auch eine transversale Komponente ($\boldsymbol{E}_1 \perp \boldsymbol{k}$). Im allgemeinen hat das elektrische Feld solcher Wellen eine zu $\boldsymbol{k}$ parallele Komponente ($\perp$ zu $\boldsymbol{B}_0$) und eine Komponente, die sowohl auf $\boldsymbol{k}$ als auch auf $\boldsymbol{B}_0$ senkrecht steht. Wenn $\boldsymbol{B}_0$ in z-Richtung und $\boldsymbol{k}$ in x-Richtung zeigt, kann $\boldsymbol{E}_1$ Komponenten in x- und y-Richtung haben.

Wir betrachten die Ionen als stationär, weil sie wegen ihrer großen Trägheit nicht auf hochfrequente Wellen reagieren können. Ferner vernachlässigen wir den Elektronendruck – der Elektronendruck kann hier durchaus eine Rolle spielen, denn diese Wellen sind nicht inkompressibel. Diese Näherung wird manchmal auch als „kaltes Plasma“ bezeichnet, denn sie ist äquivalent zu $T_e = T_i = 0$.

Unter diesen Voraussetzungen lautet die linearisierte Strömungsgleichung für die Elektronen

$$-\mathrm{i}\omega m u_{x1} = -e(E_{x1} + u_{y1}B_0) \qquad -\mathrm{i}\omega m u_{y1} = -e(E_{y1} - u_{x1}B_0). \tag{17.1}$$

Aus diesen Gleichungen müssen wir die Lösungen u_{x1} und u_{y1} bestimmen. Wir können die Determinantenmethode benutzen, um dieses lineare Gleichungssystem zu lösen. Dazu schreiben wir es in der Form

$$\frac{eE_{x1}}{m} = \mathrm{i}\omega u_{x1} - \omega_c u_{y1} \qquad \frac{eE_{y1}}{m} = \omega_c u_{x1} + \mathrm{i}\omega u_{y1}\,. \tag{17.2}$$

Die Determinante hat den Wert $\omega_c^2 - \omega^2$ und die Lösungen lauten

$$u_{x1} = \frac{e(\mathrm{i}\omega E_{x1} + \omega_c E_{y1})}{m(\omega_c^2 - \omega^2)} \qquad u_{y1} = \frac{e(\mathrm{i}\omega E_{y1} - \omega_c E_{x1})}{m(\omega_c^2 - \omega^2)}\,. \tag{17.3}$$

Wir setzen diese Elektronenströmungsgeschwindigkeiten in die Wellengleichung, d.h. in (16.27) ein.

$$k^2\boldsymbol{E}_1 - \boldsymbol{k}(\boldsymbol{k}\cdot\boldsymbol{E}_1) = \frac{\omega^2}{c^2}[\boldsymbol{E}_1 + \mathrm{i}\boldsymbol{j}_1(\epsilon_0\omega)] \tag{17.4}$$

Dabei ist $\boldsymbol{j}_1 = -n_0 e\boldsymbol{u}_1$. Wir betrachten anstatt dieser Vektorgleichung ihre Komponenten in x- und y-Richtung. $\boldsymbol{E}_1$ hat keine Komponenten in z-Richtung, da es sich dann um eine normale Welle handeln würde. Wir sind davon ausgegangen, daß $\boldsymbol{k}$ in x-Richtung zeigt. Die linke Seite von (17.4) hat also keine x-Komponente. Deshalb folgt aus der x-Komponente von (17.4)

$$E_{x1} = \mathrm{i}\,\frac{n_0 e^2}{\epsilon_0 m}\,\frac{\mathrm{i}\omega E_{x1} + \omega_c E_{y1}}{\omega(\omega_c^2 - \omega^2)}\,. \tag{17.5}$$

Wenn wir die y-Komponente mit c^2/ω^2 multiplizieren, folgt

$$(1 - \frac{c^2k^2}{\omega^2})E_{y1} = \mathrm{i}\,\frac{n_0 e^2}{\epsilon_0 m}\,\frac{\mathrm{i}\omega E_{y1} - \omega_c E_{x1}}{\omega(\omega_c^2 - \omega^2)}\,. \tag{17.6}$$

Wir sehen, daß in diesen Gleichungen ω_p^2 auftaucht. Da es sich um zwei lineare Gleichungen mit zwei Unbekannten handelt, multiplizieren wir mit $\omega_c^2 - \omega^2$ und schreiben diese Gleichungen als

$$\begin{aligned} (\omega_c^2 - \omega^2 + \omega_p^2)E_{x1} - \mathrm{i}\,\frac{\omega_p^2\omega_c}{\omega}E_{y1} &= 0 \\ \mathrm{i}\,\frac{\omega_p^2\omega_c}{\omega}E_{x1} + [(1 - \frac{c^2k^2}{\omega^2})(\omega_c^2 - \omega^2) + \omega_p^2]E_{y1} &= 0\,. \end{aligned} \tag{17.7}$$

Auch diese Gleichungen können wir mit der Determinantenmethode lösen. Wir können aber die Amplitude von $\boldsymbol{E}_1$ nicht berechnen: Wenn die rechte Seite der Matrixgleichung verschwindet, ist die Lösung nicht eindeutig und wir erhalten stattdessen ein Kriterium dafür, daß die Determinante der Koeffizientenmatrix verschwindet. Damit ergibt sich

$$(\omega_c^2 - \omega^2 + \omega_p^2)[(1 - \frac{c^2k^2}{\omega^2})(\omega_c^2 - \omega^2) + \omega_p^2] - \left(\frac{\omega_p^2\omega_c}{\omega}\right)^2 = 0 \tag{17.8}$$

Dies ist die Dispersionsrelation $\omega = \omega(k)$ die wir suchen.

Wir definieren die obere Hybridfrequenz durch

$$\omega_h^2 \equiv \omega_p^2 + \omega_c^2\,. \tag{17.9}$$

Die Dispersionsrelation lautet nun

$$(1 - \frac{c^2k^2}{\omega^2})(\omega_c^2 - \omega^2) + \omega_p^2 = \frac{1}{\omega_h^2 - \omega^2}\left(\frac{\omega_p^2\omega_c}{\omega}\right)^2. \tag{17.10}$$

Dieser Gleichung sehen wir sofort an, daß bei $\omega = \omega_h$, der oberen Hybridfrequenz, etwas Interessantes passiert, dort liegt die obere Hybridresonanz. Es sieht auch so aus, als könnte auch bei $\omega = \omega_c$ etwas geschehen, aber das ist nur eine Täuschung. Wenn wir $\omega = \omega_c$ in (17.10) einsetzen, folgt $\omega_p^2 = \omega_p^2$ und der Wert von k ist beliebig. Solange ω nur beliebig nahe an ω_c herankommt, ist der Wert von k aber wohldefiniert und stimmt auf beiden Seiten überein. Es ist hilfreich, diese scheinbare Singularität zu entfernen, da es sich nicht um einen physikalischen Effekt handelt und es eine nützlichere Form der Dispersionsrelation geben könnte. (Bei der vollständigen kinetischen Behandlung in der sogenannten Theorie eines heißen Plasmas gibt es bei $\omega = \omega_c$ und sogar bei $\omega = n\omega_c$ für alle natürlichen Zahlen n interessante Effekte. Es entstehen neue Wellenformen, die nach ihrem Entdecker I. B. Bernstein (*Phys. Rev.* 109 (1958) 10) als Bernstein-Moden bezeichnet werden.) Um die Dispersionsrelation für ein kaltes Plasma zu vereinfachen, gehen wir folgendermaßen vor.

$$(1 - \frac{c^2k^2}{\omega^2})(\omega_c^2 - \omega^2) = \frac{-\omega_p^2(\omega_p^2 + \omega_c^2 - \omega^2) + \left(\frac{\omega_p^2\omega_c}{\omega}\right)^2}{\omega_h^2 - \omega^2} = \frac{-\omega_p^2(\omega_c^2 - \omega^2) + \frac{\omega_p^4}{\omega^2}(\omega_c^2 - \omega^2)}{\omega_h^2 - \omega^2} \tag{17.11}$$

Wenn wir durch $\omega_c^2 - \omega^2$ teilen und die Gleichung etwas umformen, erhalten wir

$$\frac{c^2k^2}{\omega^2} = \frac{c^2}{v_\mathrm{p}^2} = 1 - \frac{\omega_\mathrm{p}^2(\omega^2 - \omega_\mathrm{p}^2)}{\omega^2(\omega^2 - \omega_\mathrm{h}^2)} . \tag{17.12}$$

Wir sehen nun, daß an der oberen Hybridresonanz $k \to \infty$ geht, d.h. die Wellenlänge geht gegen Null. Das ist, was wir meinen, wenn wir von einer Resonanz sprechen. Für $k \to \infty$ geht die Phasengeschwindigkeit gegen Null und die Wellenfronten türmen sich auf. Aus dem ersten Teil von (17.7) folgt, daß bei $\omega = \omega_\mathrm{h}$ $E_{y1}/E_{x1} \to 0$ geht. Da $\boldsymbol{k}$ in x-Richtung zeigt, gilt für die Resonanz $\boldsymbol{k} \parallel \boldsymbol{E}_1$. Daraus folgt, daß die obere Hybridresonanz rein elektrostatisch ist.

Die Dispersionsrelation hat zwei Cutoffs, d.h. Stellen, an denen wegen $k \to 0$ die Wellenlänge unendlich groß wird. Um sie zu finden, setzen wir

$$\omega^2(\omega^2 - \omega_\mathrm{c}^2 - \omega_\mathrm{p}^2) = \omega_\mathrm{p}^2(\omega^2 - \omega_\mathrm{p}^2) . \tag{17.13}$$

Dies ist eine quadratische Gleichung für ω^2. Wenn wir beide Seiten durch $\omega^2(\omega^2 - \omega_\mathrm{p}^2)$ teilen, erhalten wir

$$1 - \frac{\omega_\mathrm{c}^2}{\omega^2 - \omega_\mathrm{p}^2} = \frac{\omega_\mathrm{p}^2}{\omega^2} \tag{17.14}$$

und nach einer weiteren Umformung

$$1 - \frac{\omega_\mathrm{p}^2}{\omega^2} = \frac{\omega_\mathrm{c}^2}{\omega^2} \frac{1}{1 - \omega_\mathrm{p}^2/\omega^2} . \tag{17.15}$$

Wir ziehen die Wurzel dieser Gleichung und erhalten

$$1 - \frac{\omega_\mathrm{p}^2}{\omega^2} = \pm\frac{\omega_\mathrm{c}}{\omega} . \tag{17.16}$$

Jetzt haben wir zwei quadratische Gleichungen mit (vermutlich) insgesamt vier Lösungen. Diese Gleichungen können wir als

$$\omega^2 \pm \omega\omega_\mathrm{c} - \omega_\mathrm{p}^2 = 0 \tag{17.17}$$

schreiben, ihre Lösungen als

$$\omega = \frac{1}{2}[\pm\omega_\mathrm{c} \pm \sqrt{\omega_\mathrm{c}^2 + 4\omega_\mathrm{p}^2}] . \tag{17.18}$$

Dabei enthält jede Lösung zwei voneinander unabhängige $\pm$-Symbole. Da jedoch ein negatives ω sinnlos ist – nach unserer Konvention gilt $\omega > 0$ und $\boldsymbol{k}$ zeigt in Ausbreitungsrichtung – sind zwei dieser Lösungen physikalisch bedeutungslos. Wir erhalten also zwei unterschiedliche Cutoff-Frequenzen.

$$\omega = \frac{1}{2}[\pm\omega_\mathrm{c} + \sqrt{\omega_\mathrm{c}^2 + 4\omega_\mathrm{p}^2}] \equiv \left\{ \begin{array}{l} \omega_\mathrm{R} \\ \omega_\mathrm{L} \end{array} \right. . \tag{17.19}$$

Das Pluszeichen liefert die rechtshändige Cutoff-Frequenz, das Minuszeichen liefert die linkshändige. Wir bezeichnen sie als ω_R bzw. ω_L. Der Grund für diese Bezeichnung wird im nächsten Kapitel deutlich werden, wenn diese beiden Frequenzen als Cutoffs für links- und rechtshändig zirkular polarisierte Wellen, die sich parallel zu $\boldsymbol{B}_0$ ausbreiten, interpretiert werden. Die Cutoff-Frequenzen hängen nicht vom Ausbreitungswinkel ab. Im Gegensatz dazu vermindert sich die Frequenz der oberen Hybridresonanz, wenn die Welle nicht mehr senkrecht steht. Die obere Hybridresonanz und der rechtshändige Cutoff sind Hochfrequenzphänomene. Für $\omega_\mathrm{p} \ll \omega_\mathrm{c}$ kann der linkshändige Cutoff auch bei niedrigen Frequenzen auftreten. Die Ionendynamik kann bei der Berechnung von ω_L und bei der Dynamik der Wellen in diesem Bereich eine wichtige Rolle spielen. Damit werden wir uns im nächsten Kapitel beschäftigen.

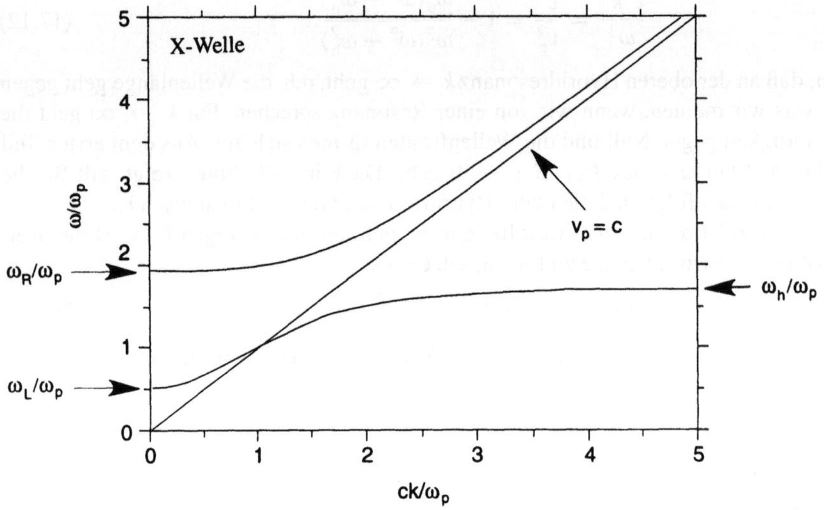

Bild 17.1 Die Dispersionsrelation einer außerordentlichen Welle, die sich senkrecht zu ***B*** in einem magnetisierten Plasma ausbreitet. Es gilt $\omega_c^2 = 2\omega_p^2$.

Ein Grund dafür, daß die Cutoffs und Resonanzen eine wichtige Rolle spielen, liegt darin, daß sie die Frequenzbereiche bestimmen, in denen sich Wellen in einem Plasma ausbreiten können. Das wird bei der Auftragung der Dispersionsrelation einer X-Welle deutlich. In Bild 17.1 sind die Plasmaparameter so gewählt, daß $\omega_c^2 = 2\omega_p^2$. Wir sehen, daß sich die Wellen in den Frequenzbändern $\omega_L < \omega < \omega_h$ und $\omega > \omega_R$ ausbreiten können, während sie im Frequenzband $\omega_h < \omega < \omega_R$ nicht propagieren können. Die Cutoffs liegen bei den Frequenzen, an denen die Dispersionsrelationen bei $k = 0$ verschwinden und die Resonanzen dort, wo $k \to \infty$ geht. Beachten Sie, daß im niedrigeren Frequenzband, in dem sich x-Wellen ausbreiten können, für $\omega < \omega_p$ gilt, daß $v_p > c$, während $v_p < c$ für $\omega > \omega_p$ gilt.

In Experimenten werden im allgemeinen Wellen konstanter Frequenz von einem Frequenzgenerator mit Radiofrequenz (rf) erzeugt und es wird untersucht, wie sich diese Wellen in einem bestimmten Plasma ausbreiten. Damit eine Welle die obere Hybridresonanz erreicht, muß sie sich in der dem Dichtegradienten oder dem magnetischen Feldgradienten entgegengesetzten Richtung ausbreiten, damit zuerst $\omega < \omega_h \equiv (\omega_p^2 + \omega_c^2)^{1/2}$, an der Resonanz aber $\omega = \omega_h$ gilt. Daß sich eine Welle entgegen dem Dichtegradienten ausbreitet, läßt sich nur schwer erreichen, da die rf-Quelle normalerweise außerhalb des Plasmas liegt. Deshalb sorgt man in der Regel dafür, daß sich die Welle entgegen einem magnetischen Feldgradienten ausbreitet. Im Gegensatz dazu muß sich die Welle, um den ω_R-Cutoff zu erreichen in Richtung eines Dichte- oder Feldgradienten ausbreiten. Diese Situation kann experimentell leichter realisiert werden.

Trotzdem wollen wir uns nun mit einer X-Welle beschäftigen, die sich senkrecht zu ***B*** und einem Feld- oder Dichtegradienten entgegengesetzt ausbreitet, bis sie die obere „Hybridschicht" erreicht. Denn wenn die Phasengeschwindigkeit gegen Null geht, geschieht etwas Interessantes. Wir wollen uns in diesem Bereich auch die Gruppengeschwindigkeit $d\omega/dk$ ansehen. Nach Bild 17.1 geht die Gruppengeschwindigkeit in der Umgebung der oberen Hybridresonanz gegen Null. Wenn wir (17.12) mit ω^2 multiplizieren und differenzieren, gilt für $\omega \to \omega_h$

$$2c^2 k\,\mathrm{d}k \approx 2\omega\,\mathrm{d}\omega + \frac{2\omega_\mathrm{p}^2\omega}{\omega_\mathrm{h}^2 - \omega^2}\,\mathrm{d}\omega + \frac{2\omega_\mathrm{p}^2\omega_\mathrm{c}^2\omega}{(\omega_\mathrm{h}^2 - \omega^2)^2}\,\mathrm{d}\omega\,. \tag{17.20}$$

In der Nähe von $\omega_\mathrm{h} = \omega$ dominiert der dritte Term. Wenn wir (17.12) in der Nähe von $\omega = \omega_\mathrm{h}$ lösen, erhalten wir eine Näherung für v_p.

$$v_\mathrm{p} \equiv \frac{\omega}{k} \approx \frac{\omega_\mathrm{h}\sqrt{\omega_\mathrm{h}^2 - \omega^2}}{\omega_\mathrm{p}\omega_\mathrm{c}} \tag{17.21}$$

Damit gilt

$$\frac{\mathrm{d}\omega}{\mathrm{d}k} = v_g \approx \frac{(\omega_\mathrm{h}^2 - \omega^2)^2 c^2}{\omega_\mathrm{p}^2\omega_\mathrm{c}^2 v_\mathrm{p}} \approx \frac{\sqrt{(\omega_\mathrm{h}^2 - \omega^2)^3}\,c}{\omega_\mathrm{p}\omega_\mathrm{c}\omega_\mathrm{h}}\,. \tag{17.22}$$

Wenn wir ein Wellenpaket als gebündelte Energie auffassen und v_g als die Geschwindigkeit, mit der sich das Bündel bewegt, bleibt das Bündel für $v_g \to 0$ stehen. Der rf-Generator strahlt immer neue Bündel in das Plasma. Es stellt sich also die Frage, ob die Energie bei der Resonanz „anhält" und dort eine Wellenenergiedichte aufbaut, bis ein Prozeß, der nicht durch die lineare Theorie eines kalten Plasmas beschrieben werden kann, die Energie abbaut oder umwandelt, oder ob die Wellenenergie aus dem Plasma heraus reflektiert wird.

Die Vorstellung diskreter Wellenpakete ist unter diesen Bedingungen zwar eigentlich nicht mehr zulässig, aber wir können uns trotzdem ein Bild von den Vorgängen machen, indem wir die Ortsabhängigkeit der Gruppengeschwindigkeit v_g untersuchen. Wenn wir uns einen Ball vorstellen, der in einer Potentialmulde rollt, können wir uns überlegen, daß die räumliche Ableitung von v_g^2 nicht verschwinden darf, damit die Energie der Welle reflektiert werden kann. Das liegt daran, daß es nur dann am oberen Wendepunkt des Balls eine endliche Beschleunigung gibt (oder, äquivalent dazu, bei der Resonanz, an der v_g verschwindet). In der normalen Kinematik ist die Beschleunigung $(\mathrm{d}/\mathrm{d}x)(v^2/2) = v\mathrm{d}v/\mathrm{d}x = \mathrm{d}v/\mathrm{d}t$, analog dazu ist die Beschleunigung eines Wellenpakets $(\mathrm{d}/\mathrm{d}x)(v_g^2/2)$. Wenn die räumliche Ableitung von v_g verschwindet, bedeutet das, daß der Ball an seinem oberen Wendepunkt einen Steg gefunden hat (wie in Bild 17.2). In Analogie dazu nimmt die Wellenenergie an der Resonanz in diesem Fall immer weiter zu während neue Energiepakete eintreffen.

In der Nähe der Resonanz gilt

$$v_g^2 \approx \frac{(\omega_\mathrm{h}^2 - \omega^2)^3 c^2}{(\omega_\mathrm{p}\omega_\mathrm{c}\omega_\mathrm{h})^2}\,. \tag{17.23}$$

Wenn wir voraussetzen, daß die räumlichen Profile aller Plasmaparameter glatt sind, folgt, daß die räumliche Ableitung von v_g^2 genau dann verschwindet, wenn auch v_g verschwindet. Der Grund dafür ist, daß nach der räumlichen Ableitung von (17.23) noch ein Faktor verbleibt, der mindestens so schnell abfällt wie $(\omega_\mathrm{h}^2 - \omega)^2$. Im Geltungsbereich der Theorie eines kalten Plasmas nimmt die Amplitude einer rein senkrechten Welle an der oberen Hybridschicht also immer weiter zu, wenn wir von außen weitere Energie zuführen. Deshalb wird dieses Phänomen als Resonanz bezeichnet.

Die Cutoffs haben einen ganz anderen Mechanismus. Um ihn zu untersuchen, betrachten wir den Cutoff einer elektromagnetischen Welle bei $\omega = \omega_\mathrm{p}$ in einem nicht magnetisierten Plasma. (Dabei gilt die gleiche Dispersionsrelation wie bei normalen ($\boldsymbol{E}_1 \parallel \boldsymbol{B}_0$), senkrechten ($\boldsymbol{k} \perp \boldsymbol{B}_0$) Wellen in einem magnetisierten Plasma.) Es galt

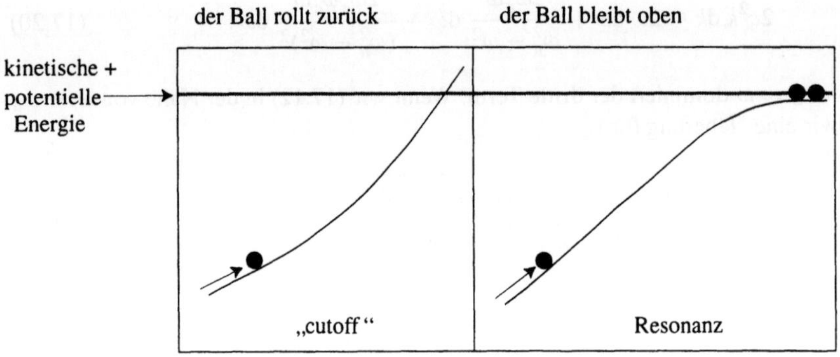

Bild 17.2 Ein mechanisches Analogon für Cutoffs und Resonanzen von Wellen

$$\omega^2 = \omega_p^2 + k^2c^2 \tag{17.24}$$

und

$$v_g = \frac{c}{\sqrt{1 + \omega_p^2/k^2c^2}}\,. \tag{17.25}$$

Daraus folgt

$$v_g^2 = \frac{c^2}{1 + \omega_p^2/k^2c^2} = \frac{c^2}{1 + \omega_p^2/(\omega^2 - \omega_p^2)} = \frac{c^2(\omega^2 - \omega_p^2)}{\omega^2} = c^2(1 - \frac{\omega_p^2}{\omega^2})\,. \tag{17.26}$$

Die räumliche Ableitung bei $n = n_c$ (d.h. bei $\omega = \omega_p$) verschwindet also offensichtliche nicht (wenn wir voraussetzen, daß die Dichte einen nicht verschwindenden Gradienten hat). Beim Cutoff gibt es also eine Rückstellkraft, die die Wellenenergie wieder aus dem Plasma heraus beschleunigt. Es kommt nicht zu einer Ansammlung der Energie am Cutoff. In der Regel wird die Energie fast vollständig reflektiert, obwohl man auch die Brechungseffekte der jeweiligen Geometrie berücksichtigen muß. Bei einigen Geometrien wird der Strahl durch die Brechung so stark abgelenkt, daß er den Cutoff nicht erreicht.

Aufgabe 17.2 Zeigen Sie, daß es bei ω_R- und ω_L-Cutoffs von X-Wellen in der Regel nicht zu einer Ansammlung der Energie kommt. Hinweis: Bringen Sie zuerst (17.2) in die elegante Form

$$\frac{c^2k^2}{\omega^2} = \frac{(\omega^2 - \omega_L^2)(\omega^2 - \omega_R^2)}{\omega^2(\omega^2 - \omega_h^2)}\,.$$

Die Gruppengeschwindigkeit hängt nicht von Potenzen von $\omega^2 - \omega_R^2$ oder $\omega^2 - \omega_L^2$ ab. Deshalb muß der räumliche Gradient des Quadrats der Gruppengeschwindigkeit an den Cutoffs nicht unbedingt verschwinden. (Wenn man die Werte der Plasmaparameter und des räumlichen Gradienten pervers genug wählt, kann der räumliche Gradient zum Verschwinden gebracht werden. Es handelt sich dabei jedoch nicht, wie bei der oberen Hybridresonanz, um eine fundamentale Eigenschaft der Gleichungen.)

17.2 Hochfrequente elektromagnetische Wellen – Ausbreitungsrichtung parallel zum Magnetfeld

Im vorigen Abschnitt haben wir uns mit hochfrequenten elektromagnetischen Wellen beschäftigt, die sich senkrecht zu $\boldsymbol{B}_0$ ausbreiten (d.h. $\boldsymbol{k} \perp \boldsymbol{B}_0$). Auch den Fall paralleler Ausbreitung ($\boldsymbol{k} \parallel \boldsymbol{B}_0$) wollen wir nun für hohe Frequenzen betrachten, bei denen die Ionen im Vergleich zu den Elektronen als stationär betrachtet werden können.

Wie üblich zeigt $\boldsymbol{B}_0$ in z-Richtung; $\boldsymbol{k}$ zeigt jetzt auch in z-Richtung. Wir gehen wieder von der Wellengleichung

$$k^2 \boldsymbol{E}_1 - \boldsymbol{k}(\boldsymbol{k} \cdot \boldsymbol{E}_1) = \frac{\omega^2}{c^2} \left(\boldsymbol{E}_1 + \mathrm{i} \frac{\boldsymbol{j}_1}{\epsilon_0 \omega} \right) \tag{17.27}$$

aus. Es gibt longitudinale Wellen ($\boldsymbol{E}_1 \parallel \boldsymbol{k}$), die sich parallel zu $\boldsymbol{B}_0$, d.h. mit $\boldsymbol{k} \parallel \boldsymbol{B}_0$ ausbreiten. Dabei handelt es sich um die elektrostatischen Langmuir-Wellen, die wir schon für $\boldsymbol{B}_0 = 0$ untersucht haben. Im Grenzfall eines kalten Plasmas, den wir hier betrachten, handelt es sich nur um die von k unabhängige Langmuir-Schwingung bei $\omega = \omega_\mathrm{p}$. Um neue Formen elektromagnetischer Wellen zu finden, gehen wir daher von $\boldsymbol{k} \cdot \boldsymbol{E}_1 = 0$ aus. Weil $\boldsymbol{k}$ in z-Richtung zeigt, gilt dann

$$\boldsymbol{E}_1 = E_{x1} \hat{\boldsymbol{x}} + E_{y1} \hat{\boldsymbol{y}} \,. \tag{17.28}$$

Bei unserer Berechnung im Falle der außerordentlichen Wellen hatten wir u_{x1} und u_{y1} durch E_{x1} und E_{y1} ausgedrückt (s. (17.3)). Da auch dort $\boldsymbol{B}_0$ in z-Richtung zeigte, können wir das Ergebnis auf den hier betrachteten Fall übertragen.

$$u_{x1} = \frac{e(\mathrm{i}\omega E_{x1} + \omega_\mathrm{c} E_{y1})}{m(\omega_\mathrm{c}^2 - \omega^2)} \qquad u_{y1} = \frac{e(\mathrm{i}\omega E_{y1} - \omega_\mathrm{c} E_{x1})}{m(\omega_\mathrm{c}^2 - \omega^2)} \,. \tag{17.29}$$

Als nächstes setzen wir $\boldsymbol{j}_1 = -n_e e \boldsymbol{u}_1$ in (17.27) ein. Die Rechnung für die y-Komponenten verläuft genau wie bei den außerordentlichen Wellen

$$(1 - \frac{c^2 k^2}{\omega^2}) E_{y1} = \mathrm{i} \frac{n_0 e^2}{\epsilon_0 m} \frac{\mathrm{i}\omega E_{y1} - \omega_\mathrm{c} E_{x1}}{\omega(\omega_\mathrm{c}^2 - \omega^2)} \,. \tag{17.30}$$

Da $\boldsymbol{k}$ nun in z-Richtung zeigt, ist die x-Komponente der y-Komponente sehr ähnlich.

$$(1 - \frac{c^2 k^2}{\omega^2}) E_{x1} = \mathrm{i} \frac{n_0 e^2}{\epsilon_0 m} \frac{\mathrm{i}\omega E_{x1} + \omega_\mathrm{c} E_{y1}}{\omega(\omega_\mathrm{c}^2 - \omega^2)} \tag{17.31}$$

Um diese Gleichungen mit den Methoden der linearen Algebra lösen zu können, schreiben wir sie als

$$\begin{aligned} \mathrm{i} \frac{\omega_\mathrm{p}^2 \omega_\mathrm{c}}{\omega} E_{x1} + [(1 - \frac{c^2 k^2}{\omega^2})(\omega_\mathrm{c}^2 - \omega^2) + \omega_\mathrm{p}^2] E_{y1} &= 0 \\ [(1 - \frac{c^2 k^2}{\omega^2})(\omega_\mathrm{c}^2 - \omega^2) + \omega_\mathrm{p}^2] E_{x1} - \mathrm{i} \frac{\omega_\mathrm{p}^2 \omega_\mathrm{c}}{\omega} E_{y1} &= 0 \,. \end{aligned} \tag{17.32}$$

Auch hier führt die Bedingung, daß die Determinante verschwindet

$$\left(\frac{\omega_\mathrm{p}^2 \omega_\mathrm{c}}{\omega} \right)^2 - [(1 - \frac{c^2 k^2}{\omega^2})(\omega_\mathrm{c}^2 - \omega^2) + \omega_\mathrm{p}^2]^2 = 0 \tag{17.33}$$

zu zwei Lösungen

$$\frac{\omega_p^2\omega_c}{\omega} = \pm[(1-\frac{c^2k^2}{\omega^2})(\omega_c^2-\omega^2)+\omega_p^2]\,. \tag{17.34}$$

Um sie nach $\tilde{n} = c^2k^2/\omega^2 = c^2/v_p^2$ ($\tilde{n}$ ist der Brechungsindex) aufzulösen, multiplizieren wir mit ± 1 und teilen durch $\omega_c^2 - \omega^2$. Das führt zu

$$1-\frac{c^2k^2}{\omega^2} = \frac{1}{(\omega_c^2-\omega^2)}\Big(\pm\frac{\omega_p^2\omega_c}{\omega}-\omega_p^2\Big) \tag{17.35}$$

bzw.

$$\tilde{n}^2 \equiv \frac{c^2k^2}{\omega^2} = 1+\frac{\omega_p^2(\omega\mp\omega_c)}{\omega(\omega_c^2-\omega^2)} = 1-\frac{\omega_p^2}{\omega(\omega\pm\omega_c)}\,.$$

Für die obere Vorzeichenkombination handelt es sich um L-Wellen, für die untere um R-Wellen. Beide Lösungen entsprechen zirkular polarisierten Wellen. Das bedeutet, daß E_{x1} und E_{y1} gegeneinander um $\pi/2$ phasenverschoben sind, aber die gleiche Amplitude haben. Um sich davon zu überzeugen, kann man (17.34) in den ersten Teil von (17.32) einsetzen. Bei der oberen Vorzeichenkombination gilt $E_{y1} = -\mathrm{i}E_{x1}$, bei der unteren $E_{y1} = +\mathrm{i}E_{x1}$. Es wird sich herausstellen, daß das bedeutet, daß die obere Vorzeichenkombination einer Welle entspricht, die sich nach der „Linke-Hand-Regel" ausbreitet. Wenn der Daumen in Richtung von $\boldsymbol{B}_0$ zeigt, geben die Finger den Drehsinn des elektrischen Feldes an. Die untere Vorzeichenkombination führt zur „Rechte-Hand-Regel". Als Beispiel betrachten wir $x = 0$ und eine verschwindende Phase von E_{x1}. Für die obere Vorzeichenkombination (L-Welle) erhalten wir dann als Zeitabhängigkeit von E_{x1} und E_{y1}

$$\begin{aligned} E_{x1}(t) &= \mathrm{Re}\{\bar{E}_{x1}[\cos(-\omega t)+\mathrm{i}\sin(-\omega t)]\} = \bar{E}_{x1}\cos(\omega t) \\ E_{y1}(t) &= \mathrm{Re}\{-\mathrm{i}\bar{E}_{x1}[\cos(-\omega t)+\mathrm{i}\sin(-\omega t)]\} = -\bar{E}_{x1}\sin(\omega t)\,. \end{aligned} \tag{17.36}$$

Die überstrichenen Größen sind die reellen Amplituden der Wellen, die Größen auf der linken Seite sind die physikalischen Felder. Bild 17.3 zeigt, was zwischen $t = 0$ und $t = \pi/2\omega$ geschieht. Das $\boldsymbol{E}$-Feld dreht sich entsprechend der Linke-Hand-Regel; $\boldsymbol{B}_0$ zeigt in z-Richtung.

Der Drehsinn der Welle hat einen Einfluß auf die Dispersionsrelation, weil er mit dem Drehsinn der Teilchen, die den Strom $\boldsymbol{j}_1$ tragen, verknüpft ist. Sowohl die L- als auch die R-Wellen

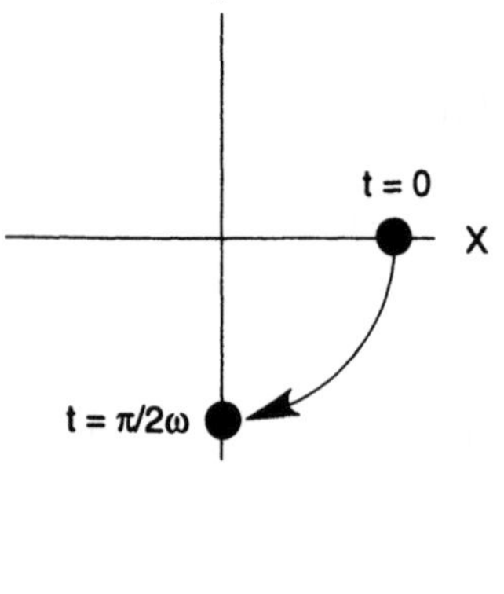

Bild 17.3
Die Bewegung des $\boldsymbol{E}$-Feldes einer linkshändig zirkular polarisierten Welle. $\boldsymbol{B}_0$ zeigt in z-Richtung aus der Seite heraus.

können sich in beiden Richtungen längs $\boldsymbol{B}_0$ ausbreiten. In die Dispersionsrelation geht dabei nur k^2 ein. Der elektrische Feldvektor der L-Wellen dreht sich in bezug auf die Richtung von $\boldsymbol{B}_0$ immer entsprechend der Linke-Hand-Regel. Der Feldvektor der R-Wellen befolgt die Rechte-Hand-Regel längs $\boldsymbol{B}_0$. In diese Richtung gyrieren auch die Elektronen um $\boldsymbol{B}_0$. Es ist also nicht überraschend, daß die R-Wellen eine Resonanz bei ω_c haben. (Vorsicht: In der Plasmaphysik wird die „Händigkeit" einer zirkular polarisierten Welle relativ zu $\boldsymbol{B}_0$ definiert. In anderen Gebieten der Physik ist eine Definition relativ zu $\boldsymbol{k}$ üblich.)

Bei normalen (O-)Wellen, die sich senkrecht zu $\boldsymbol{B}_0$ ausbreiten, ist das elektrische Feld stets parallel zu $\boldsymbol{B}_0$. Es handelt sich also um Wellen mit ebener Polarisation. Das elektrische Feld der außerordentlichen (X-) Wellen, die sich auch senkrecht zu $\boldsymbol{B}_0$ ausbreiten, hat sowohl longitudinale als auch transversale Komponenten (beide senkrecht zu $\boldsymbol{B}_0$), die gegeneinander um 90° phasenverschoben sind (s. (17.7)). Die Amplituden der Komponenten stimmen jedoch nicht überein, die Welle ist also elliptisch polarisiert. An der ω_h-Resonanz mit $\boldsymbol{E}_1 \parallel \boldsymbol{k}$ (longitudinal, elektrostatisch) werden diese Wellen linear polarisiert. Oberhalb und unterhalb dieser Resonanz wechselt der Drehsinn des elektrischen Feldes einer X-Welle sein Vorzeichen.

Wir wollen nun die Graphen von ω in Abhängigkeit von k der R- und L-Wellen vergleichen. Wir fangen mit den einfacheren L-Wellen an (Bild 17.4). Sie entsprechen der Lösung von (17.36) mit positivem Vorzeichen im Nenner. Für unsere Auftragung haben wir $\omega_c^2/\omega_p^2 = 2$ gewählt. Abhängig von den Plasmaparametern kann dieses Verhältnis aber jeden beliebigen Wert annehmen. Die Wellen haben eine einfache Dispersionsrelation. Sie breiten sich bei allen Frequenzen oberhalb des Cutoffs bei ω_L mit $v_p > c$ und $v_g < c$ aus. Sie ähneln darin den elektromagnetischen Wellen im unmagnetisierten Fall, deren Cutoff jedoch bei $\omega = \omega_p$ liegt. Wie auch bei den O-Wellen wird die Energie der Wellen am Cutoff reflektiert. Wenn wir in der Dispersionsrelation mit der oberen Vorzeichenwahl $k = 0$ setzen, erhalten wir eine quadratische Gleichung für die Cutoff-Frequenz ω_L.

$$\omega_L^2 + \omega_L\omega_c - \omega_p^2 = 0 \tag{17.37}$$

Diese Gleichung hat die Lösung

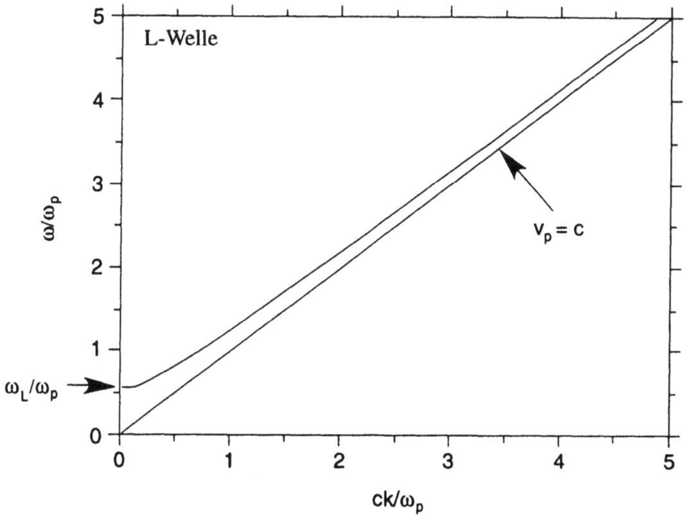

Bild 17.4 Linkshändig zirkular polarisierte elektromagnetische Wellen, die sich parallel zu $\boldsymbol{B}_0$ in einem magnetisierten Plasma ausbreiten. Es gilt $\omega_c^2 = 2\omega_p^2$.

$$\omega_L = \frac{1}{2}\left(-\omega_c + \sqrt{\omega_c^2 + 4\omega_p^2}\right). \tag{17.38}$$

Diese Lösung hatten wir schon als Cutoff der außerordentlichen Wellen gefunden. (Bei der Lösung der quadratischen Gleichung entsteht ein $\pm$ vor der Wurzel, aber wegen unserer Konvention, nach der ω positiv ist, sind wir auf das +-Zeichen festgelegt.) ω_c spielt bei den L-Wellen keine besondere Rolle. Das war auch zu erwarten, denn da die Elektronen rechtshändig um das Magnetfeld gyrieren (in unserer Nomenklatur), gibt es keine Resonanz der L-Wellen. Für $\omega_p \ll \omega_c$ kann der Cutoff $\omega_L \approx \omega_p(\omega_p/\omega_c)$ so niedrig liegen, daß die Dynamik der Ionen, die wir bisher stets vernachlässigt haben, eine Rolle spielt.

Der $\omega(k)$-Graph für eine R-Welle ist wegen der ω_c-Resonanz etwas komplizierter (s. Bild 17.5). Auch hier haben wir den Fall $\omega_c^2/\omega_p^2 = 2$ aufgetragen. Den Cutoff bei ω_R finden wir, indem wir in der Dispersionsrelation mit der unteren Vorzeichenkombination $k = 0$ setzen.

$$\omega_R = \frac{1}{2}\left(\omega_c + \sqrt{\omega_c^2 + 4\omega_p^2}\right) \tag{17.39}$$

Auch diesen Wert hatten wir oben schon als Cutoff einer außerordentlichen Welle bestimmt. Das +-Zeichen vor der Wurzel ergibt sich hier wieder daraus, daß ω positiv sein muß. Es gilt $\omega_R > \omega_c$ (im Gegensatz zu ω_L). Die Dynamik der Ionen kann also bei diesem Cutoff keine Rolle spielen.

Die Tatsache, daß wir nun einen Cutoff bei $\omega = \omega_c$ haben, sollte uns nicht überraschen. Wir stellen fest, daß bei einer Resonanz $\omega/k \to 0$ bzw. $\tilde{n} = ck/\omega \to \infty$ gilt, weil $k \to \infty$, $\lambda \to 0$. Das stimmt mit dem überein, was wir bei der Behandlung der Hybridresonanz einer außerordentlichen Welle, die sich senkrecht zu $\boldsymbol{B}_0$ ausbreitet, kennengelernt hatten. Dort lag die Resonanzfrequenz bei $\omega_h^2 = \omega_p^2 + \omega_c^2$ und die Plasmafrequenz kam ins Spiel, weil die Elektronen durch die Wellen komprimiert wurden und eine elektrostatische Rückstellkraft erzeugten. Der Term, der die Larmor-Frequenz enthält, entstand aufgrund der Lorentz-Kraft, die dazu führt, daß diese senkrechte Resonanz im Gegensatz zu den Langmuir-Schwingungen vom Magnetfeld

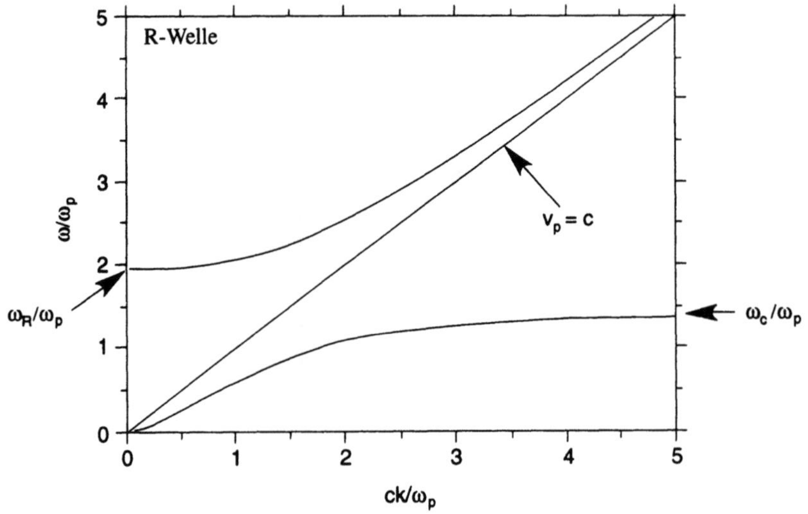

Bild 17.5 Rechtshändig zirkular polarisierte elektromagnetische Wellen, die sich parallel zu $\boldsymbol{B}_0$ in einem magnetisierten Plasma ausbreiten. Es gilt $\omega_c^2 = 2\omega_p^2$.

beeinflußt wird. Die transversalen Wellen, die wir hier betrachten, breiten sich mit $\boldsymbol{k} \cdot \boldsymbol{E} = 0$ parallel zu $\boldsymbol{B}_0$ aus, deshalb kommt es nicht zu einer Kompression der Elektronen und die Resonanzfrequenz hängt nicht von ω_p ab. Bei $\boldsymbol{k} \parallel \boldsymbol{B}_0$ und bei rechtshändig zirkular polarisierten Wellen spielt die Larmor-Frequenz aber eine wichtige Rolle.

Aufgabe 17.3 Wir haben gezeigt, daß die Resonanz der X-Wellen an der oberen Hybridfrequenz rein elektrostatisch ist. Ist die Resonanz der R-Wellen an der Larmor-Frequenz der Elektronen elektrostatisch oder elektromagnetisch?

Eine besonders interessante Eigenschaft der $\omega(k)$-Kurve der R-Wellen ist, daß es auch Wellen mit $\omega < \omega_\text{c}$ gibt. Diese niederfrequenten R-Wellen werden als „Whistler"-Wellen (Pfeifer-Wellen) bezeichnet. Unterhalb von ω_c nimmt die Gruppengeschwindigkeit mit zunehmender Frequenz zu. Das bedeutet, daß das Rauschen im Bereich der Radiofrequenzen, das durch Blitze in der Ionosphäre entsteht und sich in Form von Whistlern ausbreitet, bei höheren Frequenzen schneller ist als bei niedrigeren. Ein Empfänger, der auf der Nordhalbkugel auf dem Erdboden steht, hört ein Pfeifen, das von hohen zu niedrigen Frequenzen übergeht, wenn es auf der Höhe der gleichen magnetischen Feldlinie auf der Südhalbkugel blitzt. Die Bahnen der Strahlen der Whistler konvergieren längs B_0. Man kann daher die Eigenschaften des Signals ausnutzen, um Informationen über den Zustand des Plasmas längs einzelner Feldlinien zu gewinnen. Wenn wir in Kapitel 18 auch die Dynamik der Ionen berücksichtigen, werden wir feststellen, daß es auch einen Frequenzbereich gibt, in dem sich auch niederfrequente L-Wellen ausbreiten können.

Eine weitere Eigenschaft der Dispersionskurven der R- und L-Wellen ist, daß die R-Wellen im oberen Bereich der Dispersionskurve höhere Phasengeschwindigkeiten haben als die entsprechenden L-Wellen. Davon können Sie sich überzeugen, indem Sie die k Werte zu gleichen ω-Werten in den Bildern 17.4 und 17.5 vergleichen (im oberen Frequenzbereich von 17.5). Wenn linear polarisierte Radiowellen sich in Richtung von $\boldsymbol{B}_0$ ausbreiten, kommt es deshalb zu einer Drehung der Polarisationsebene, der Faraday-Rotation.

Eine linear polarisierte Welle kann als Überlagerung von zwei gegenläufigen zirkular polarisierten Wellen aufgefaßt werden. In diesem Sinne reagiert ein Plasma auf hochfrequente elektromagnetische Wellen. Wenn wir bei $z = 0$ eine linear polarisierte elektromagnetische Welle der Frequenz ω mit $\boldsymbol{E}_1$ in x- und $\boldsymbol{k}$ und $\boldsymbol{B}_0$ in z-Richtung haben und wir das elektrische Feld als Summe zweier zirkular polarisierter Felder schreiben, gilt

$$\boldsymbol{E}(z=0) = \hat{\boldsymbol{x}} E_0 \text{Re}[\,\text{e}^{-\text{i}\omega t}] = \text{Re}(\boldsymbol{E}_\text{R} + \boldsymbol{E}_\text{L}) \tag{17.40}$$

mit

$$\begin{aligned} \boldsymbol{E}_\text{R}(z=0) &= \left(\frac{E_0}{2}\hat{\boldsymbol{x}} + \text{i}\frac{E_0}{2}\hat{\boldsymbol{y}}\right)\,\text{e}^{-\text{i}\omega t} \\ \boldsymbol{E}_\text{L}(z=0) &= \left(\frac{E_0}{2}\hat{\boldsymbol{x}} - \text{i}\frac{E_0}{2}\hat{\boldsymbol{y}}\right)\,\text{e}^{-\text{i}\omega t}\,. \end{aligned} \tag{17.41}$$

Bei $z = l$ gilt

$$\begin{aligned} \boldsymbol{E}_\text{R}(z=l) &= \left(\frac{E_0}{2}\hat{\boldsymbol{x}} + \text{i}\frac{E_0}{2}\hat{\boldsymbol{y}}\right)\,\text{e}^{\text{i}\phi_\text{R}-\text{i}\omega t} \\ \boldsymbol{E}_\text{L}(z=l) &= \left(\frac{E_0}{2}\hat{\boldsymbol{x}} - \text{i}\frac{E_0}{2}\hat{\boldsymbol{y}}\right)\,\text{e}^{\text{i}\phi_\text{L}-\text{i}\omega t} \end{aligned} \tag{17.42}$$

mit

$$\phi_R = \int_0^l k_R(\omega)dz \qquad \phi_L = \int_0^l k_L(\omega)dz\,. \tag{17.43}$$

Bei festem ω ist k_L größer als k_R. ϕ_L ist also größer als ϕ_R. Eine ebene Welle bei $z = l$ hat sich also gegenüber der ursprünglichen ebenen Welle bei $z = 0$ verdreht.

$$\begin{aligned} \boldsymbol{E}(z=l) = &\ \mathrm{Re}[\boldsymbol{E}_R(z=l) + \boldsymbol{E}_L(z=l)] \\ = &\ \hat{\boldsymbol{x}}\frac{E_0}{2}\mathrm{Re}\{\,\mathrm{e}^{-\mathrm{i}\omega t}[\,\mathrm{e}^{\mathrm{i}\phi_R} + \mathrm{e}^{\mathrm{i}\phi_L}]\} + \hat{\boldsymbol{y}}\frac{E_0}{2}\mathrm{Re}\{\mathrm{i}\,\mathrm{e}^{-\mathrm{i}\omega t}[\,\mathrm{e}^{\mathrm{i}\phi_R} - \mathrm{e}^{\mathrm{i}\phi_L}]\} \\ = &\ E_0\left[\hat{\boldsymbol{x}}\cos\left(\frac{\phi_L - \phi_R}{2}\right) + \hat{\boldsymbol{y}}\sin\left(\frac{\phi_L - \phi_R}{2}\right)\right]\mathrm{Re}\{\,\mathrm{e}^{\mathrm{i}\frac{1}{2}(\phi_L + \phi_R) - \mathrm{i}\omega t}\} \end{aligned} \tag{17.44}$$

(Der letzte Schritt wird in Aufgabe 17.4 bewiesen.)

Für $\phi_L > \phi_R$ handelt es sich um eine linear polarisierte Welle bei $z = l$, die gegenüber der Polarisation bei $z = 0$ um den Winkel $(\phi_L - \phi_R)/2$ in R-Richtung gedreht ist. Wenn wir die Dichte des Plasmas und damit die Plasmafrequenz mit anderen Mitteln bestimmen können (beispielsweise, indem wir die Phasenverschiebung des gleichen Strahls bestimmen), können wir mit Hilfe der Faraday-Rotation das Magnetfeld in einem Plasma messen. In der Astrophysik ist es nicht möglich, die Strahlungsquelle (wie etwa einen schnell rotierenden Neutronenstern) zu beeinflussen, oder einen Vergleichsstrahl auszusenden. Dennoch kann man, indem man die Frequenzabhängigkeit der Faraday-Rotation untersucht, Informationen über die Magnetfelder gewinnen. Es ist auch möglich, mit Hilfe einer Messung der Pulsverzögerung als Funktion der Frequenz die Plasmadichten zu bestimmen.

Aufgabe 17.4 Beweisen Sie den letzten Schritt in (17.44). Es gibt mehrere Möglichkeiten dies mit Hilfe trigonometrischer Identitäten zu tun. Berechnen Sie dann mit den gleichen Methoden wie in Aufgabe 17.1 die Faraday-Rotation einer linear polarisierten transversalen Welle, die sich parallel zu $\boldsymbol{B}_0$ ausbreitet ($n_e(z)$ und $B(z)$ sind vorgegeben). Gehen Sie davon aus, daß $\omega \ll \omega_p, \omega_c$ und rechnen Sie nur bis zur ersten Ordnung in ω_R/ω^2, ω_c/ω^2 und ω_p/ω^2.

Aufgabe 17.5 Wie kann man mit Hilfe einer Messung der Pulsverzögerung als Funktion der Frequenz die Plasmadichte zwischen der Erde und einem Radiopulsar bestimmen?

---

18 Niederfrequente Wellen in magnetisierten Plasmen

In diesem Kapitel wollen wir uns mit den niederfrequenten Wellen beschäftigen, die sich in einem magnetisierten Plasma aufgrund der Bewegung der Ionen ausbreiten können. Diese Wellen sind sowohl von erheblichem theoretischen als auch von praktischem Interesse. Da die Gleichungen, wenn wir sowohl die Dynamik der Ionen als auch der Elektronen betrachten, deutlich komplizierter werden, führen wir einen neuen Formalismus zu ihrer Beschreibung ein. Dabei beschreiben wir entweder den Ohmschen Widerstand oder (üblicher) den dispersiven dielektrischen „response“ durch einen komplexen Tensor. In diesem Formalismus können wir alle Arten von Wellen, die wir bisher untersucht haben, einheitlich beschreiben: X- und O-Wellen in senkrechter Richtung, elektrostatische Wellen, R- und L-Wellen in paralleler Richtung sind Sonderfälle einer für beliebige Winkel gültigen Beschreibung.

18.1 Eine Übersicht – Der Dielektrizitätstensor

Bevor wir uns der Herausforderung stellen, die Ausbreitung von Wellen bei niedrigen Frequenzen zu behandeln, bei denen auch die Bewegung der Ionen eine Rolle spielt, wollen wir uns noch einmal überlegen, was wir getan haben, um die Dispersionsrelationen zu berechnen. Dabei werden wir unsere Behandlung so verallgemeinern, daß wir auch die Bewegung der Ionen sowie einen endlichen Druck und beliebige Ausbreitungswinkel beschreiben können. Zuerst wollen wir die linearisierte Strömungsgleichung in einer Form betrachten, bei der es keine Rolle spielt, ob wir uns für Ionen oder Elektronen interessieren.

$$mn_0\frac{\partial \boldsymbol{u}_1}{\partial t} = qn_0(\boldsymbol{E}_1 + \boldsymbol{u}_1 \times \boldsymbol{B}_0) - \gamma T \nabla n_1 \tag{18.1}$$

Wir hatten bei unseren Lösungen in Form ebener Wellen ohne Beschränkung der Allgemeinheit $\boldsymbol{B}_0$ in z-Richtung gelegt und vorausgesetzt, daß $\boldsymbol{k}$ nur Komponenten in x- und z-Richtung hat. Der Winkel zwischen $\boldsymbol{k}$ und $\boldsymbol{B}_0$ spiegelt sich also in k_x wider. Wenn wir die drei Komponenten der Gleichung wie üblich Fourier-transformieren und durch n_0 teilen, erhalten wir

$$\begin{aligned} -\mathrm{i}\omega m u_{x1} &= q(E_{x1} + u_{y1}B_0) - \mathrm{i}k_x\gamma\frac{Tn_1}{n_0} && (18.2)\\ -\mathrm{i}\omega m u_{y1} &= q(E_{y1} - u_{x1}B_0) && (18.3)\\ -\mathrm{i}\omega m u_{z1} &= qE_{z1} - \mathrm{i}k_z\gamma\frac{Tn_1}{n_0}\,. && (18.4) \end{aligned}$$

Aus der Kontinuitätsgleichung $\nabla \cdot (n_0\boldsymbol{u}_1) = -\partial n_1/\partial t$ folgt

$$\mathrm{i}k_x u_{x1} + \mathrm{i}k_z u_{z1} = \mathrm{i}\frac{\omega n_1}{n_0}\,. \tag{18.5}$$

Wenn wir den Winkel zwischen $\boldsymbol{k}$ und $\boldsymbol{B}_0$ mit θ bezeichnen, gilt $k_x = k\sin\theta$ und $k_z = k\cos\theta$. Damit wird aus (18.5)

$$\frac{n_1}{n_0} = \frac{k}{\omega}(u_{x1}\sin\theta + u_{z1}\cos\theta)\,. \qquad (18.6)$$

Diese Gleichung können wir in (18.2) und (18.4) einsetzen. Wir haben dann drei Gleichungen, in denen die unbekannten Komponenten von $\boldsymbol{u}_1$ durch die Komponenten von $\boldsymbol{E}_1$ ausgedrückt werden. Aus (18.2) und (18.4) wird

$$-\mathrm{i}\omega m u_{x1} = q(E_{x1} + u_{y1}B_0) - \mathrm{i}\frac{k^2}{\omega}\gamma T(u_{x1}\sin^2\theta + u_{z1}\sin\theta\cos\theta) \qquad (18.7)$$

$$-\mathrm{i}\omega m u_{z1} = qE_{z1} - \mathrm{i}\frac{k^2}{\omega}\gamma T(u_{x1}\sin\theta\cos\theta + u_{z1}\cos^2\theta) \qquad (18.8)$$

(18.3), (18.7) und (18.8) sind ein lineares Gleichungssystem für die Komponenten von $\boldsymbol{u}_1$. Wenn wir es lösen, erhalten wir jede Komponente in Abhängigkeit von den Komponenten von $\boldsymbol{E}_1$. Genau das haben wir in den zwei vorangehenden Kapiteln für die Spezialfälle $\theta = 0$ oder $\theta = \pi/2$ und $T = 0$ getan. Indem wir aus den Strömungsgeschwindigkeiten den elektrischen Strom berechnen, können wir dieses Ergebnis in Form einer komplexen, frequenzabhängigen tensoriellen elektrischen Leitfähigkeit schreiben.

$$\boldsymbol{j}_1 = \sum n_0 q \boldsymbol{u}_1 = \underline{\boldsymbol{\sigma}} \cdot \boldsymbol{E}_1 \qquad (18.9)$$

Die Summation läuft über die Teilchenarten und $\underline{\boldsymbol{\sigma}}$ ist ein Tensor. (Wie schon weiter oben, benutzen wir fette, kursive Buchstaben für Tensoren, wenn es sich jedoch um griechische Buchstaben handelt, werden wir die Tensoren zusätzlich unterstreichen.) Diese tensorielle Leitfähigkeit können wir in die Wellengleichung einsetzen, um eine Dispersionsrelation zu erhalten. Mit der Wellengleichung

$$k^2\boldsymbol{E}_1 - \boldsymbol{k}(\boldsymbol{k}\cdot\boldsymbol{E}_1) = \frac{\omega^2}{c^2}(\boldsymbol{E}_1 + \mathrm{i}\frac{\boldsymbol{j}_1}{\epsilon_0\omega}) \qquad (18.10)$$

gilt dann

$$k^2\boldsymbol{E}_1 - \boldsymbol{k}(\boldsymbol{k}\cdot\boldsymbol{E}_1) = \frac{\omega^2}{c^2}(\boldsymbol{I} + \mathrm{i}\frac{\underline{\boldsymbol{\sigma}}}{\epsilon_0\omega})\cdot\boldsymbol{E}_1\,. \qquad (18.11)$$

$\boldsymbol{I}$ ist der Einheitstensor; oder, in Indexnotation, die Matrix mit Einsen auf der Diagonalen und sonst nur Nullen (δ_{ij}). Üblicherweise arbeitet man mit einem Dielektrizitätstensor, der die skalare Dielektrizitätskonstante in der Wellengleichung für ein nichtdispersives, isotropes dielektrisches Medium ersetzt.

$$k^2\boldsymbol{E}_1 - \boldsymbol{k}(\boldsymbol{k}\cdot\boldsymbol{E}_1) = \omega^2\mu_0\underline{\boldsymbol{\epsilon}}\cdot\boldsymbol{E}_1 \qquad (18.12)$$

In einem Plasma gilt für den Dielektrizitätstensor $\underline{\boldsymbol{\epsilon}}$ also

$$\underline{\boldsymbol{\epsilon}} = \epsilon_0(\boldsymbol{I} + \mathrm{i}\frac{\underline{\boldsymbol{\sigma}}}{\epsilon_0\omega})\,. \qquad (18.13)$$

Hier haben wir $\epsilon_0\mu_0c^2 = 1$ ausgenutzt. Wir werden später feststellen, daß die Diagonalkomponenten des Dielektrizitätstensors, die den Richtungen senkrecht zu $\boldsymbol{B}_0$ entsprechen im Grenzfall niedriger Frequenzen für ein kaltes Plasma mit der Dielektrizitätskonstante $\epsilon_\perp = \epsilon_0 + \rho/B^2$, die wir bereits weiter oben definiert haben, übereinstimmen.

Da wir eine Tensornotation benutzen, sollten wir auch die linke Seite der Wellengleichung als Tensor schreiben.

$$k^2 X \cdot \boldsymbol{E}_1 \equiv [k^2 \boldsymbol{E}_1 - \boldsymbol{k}(\boldsymbol{k} \cdot \boldsymbol{E}_1)]$$

X ist der durch $X = I - \boldsymbol{kk}/k^2$ definierte Tensor. Da wir $k_y = 0$ gewählt hatten, gilt $\boldsymbol{k} = k \sin\theta \hat{\boldsymbol{x}} + k \cos\theta \hat{\boldsymbol{z}}$. Daraus folgt

$$\frac{\boldsymbol{kk}}{k^2} = (\sin\theta \hat{\boldsymbol{x}} + \cos\theta \hat{\boldsymbol{z}})(\sin\theta \hat{\boldsymbol{x}} + \cos\theta \hat{\boldsymbol{z}})$$

und deshalb

$$\begin{array}{lcccccc} X & \equiv & \hat{\boldsymbol{x}}\hat{\boldsymbol{x}} \cos^2\theta & + & 0 & - & \hat{\boldsymbol{x}}\hat{\boldsymbol{z}} \sin\theta\cos\theta \\ & + & 0 & + & \hat{\boldsymbol{y}}\hat{\boldsymbol{y}} & + & 0 \\ & - & \hat{\boldsymbol{z}}\hat{\boldsymbol{x}} \sin\theta\cos\theta & + & 0 & + & \hat{\boldsymbol{z}}\hat{\boldsymbol{z}} \sin^2\theta \, . \end{array} \tag{18.14}$$

Hier haben wir eine Schreibweise benutzt, bei der man die Matrixelemente leicht ablesen kann. Unsere Wellengleichung lautet nun

$$(\omega^2 \mu_0 \underline{\epsilon} - k^2 X) \cdot \boldsymbol{E}_1 = 0 \, . \tag{18.15}$$

Die Dispersionsrelation erhält man, indem man die Determinante des Tensors in (18.15) gleich Null setzt.

Falls die Bewegungsgleichungen einen endlichen Druck zulassen, wird sie auch als Dispersionsrelation eines warmen Plasmas bezeichnet. Wenn wir in diesen Gleichungen $T = 0$ setzen, erhalten wir die Dispersionsrelation eines kalten Plasmas. Sie ist eine Verallgemeinerung der Dispersionsrelationen, die wir in den vorigen beiden Kapiteln betrachtet haben. Es werden nun die Bewegung der Ionen und beliebige Ausbreitungswinkel beschrieben. Die Bezeichnung „heiß" wird normalerweise nur im Zusammenhang mit einer vollständigen kinetischen Beschreibung verwandt, in der auch die Auswirkungen der Teilchen, die sich mit Geschwindigkeiten in der Nähe der Phasengeschwindigkeit der Wellen bewegen, berücksichtigt sind. Wenn wir noch einmal die Gleichungen (18.3), (18.7) und (18.8) betrachten, stellen wir fest, daß $\underline{\sigma}$ (und deshalb auch $\underline{\epsilon}$) nur in $T \neq 0$-Termen vom Wellenvektor $\boldsymbol{k}$ abhängen. Daraus folgt, daß $\boldsymbol{k}$ in die Dispersionsrelation eines kalten Plasmas nur durch den k^2-Term in (18.5) eingeht. Seine Richtung geht nur in X ein. Durch die zusätzlichen $\boldsymbol{k}$-Terme, die für ein warmes Plasma auftreten, werden neue Lösungen der Dispersionsrelation, wie beispielsweise die Ionenschallwelle, die es in einem kalten Plasma nicht gibt, möglich. Ferner gibt es, falls kr_{L} nicht klein ist, Veränderungen der Wellenformen durch Kompressionsbewegungen und den endlichen Larmor-Radius. In der vollen Dispersionsrelation für ein heißes Plasma treten Terme jeder Ordnung von k auf.

18.2 Die Dispersionsrelation für ein kaltes Plasma

Für ein kaltes Plasma kann man die Matrixeinträge von (18.15) relativ leicht berechnen. Um uns die Arbeit zu erleichtern, wollen wir die folgende Notation einführen.

$$\tilde{n} \equiv \frac{ck}{\omega} = \frac{c}{v_\mathrm{p}} \qquad \frac{c\boldsymbol{k}}{\omega} \equiv \tilde{n}\sin\theta\hat{\boldsymbol{x}} + \tilde{n}\cos\theta\hat{\boldsymbol{z}}$$

$\omega_\mathrm{p}, \Omega_\mathrm{p} \equiv$ Plasmafrequenz der Elektronen und Ionen

$\omega_\mathrm{c}, \Omega_\mathrm{c} \equiv$ Larmor-Frequenz der Elektronen und Ionen

$$R \equiv 1 - \frac{\omega_\mathrm{p}^2/\omega}{\omega-\omega_\mathrm{c}} - \frac{\Omega_\mathrm{p}^2/\omega}{\omega+\Omega_\mathrm{c}} \qquad L \equiv 1 - \frac{\omega_\mathrm{p}^2/\omega}{\omega+\omega_\mathrm{c}} - \frac{\Omega_\mathrm{p}^2/\omega}{\omega-\Omega_\mathrm{c}}$$

$$S \equiv \tfrac{1}{2}(R+L) \qquad D \equiv \tfrac{1}{2}(R-L)$$

$$P \equiv 1 - \frac{\omega_\mathrm{p}^2}{\omega^2} - \frac{\Omega_\mathrm{p}^2}{\omega^2}$$

Wenn wir (18.15) mit c^2/ω^2 multiplizieren, erhalten wir

$$\begin{aligned}
[\hat{\boldsymbol{x}}\hat{\boldsymbol{x}}(S-\tilde{n}^2\cos^2\theta) \quad &- \quad \hat{\boldsymbol{x}}\hat{\boldsymbol{y}}\mathrm{i}D \quad &+ \quad \hat{\boldsymbol{x}}\hat{\boldsymbol{z}}\tilde{n}^2\sin\theta\cos\theta \\
+\hat{\boldsymbol{y}}\hat{\boldsymbol{x}}\mathrm{i}D \quad &+ \quad \hat{\boldsymbol{y}}\hat{\boldsymbol{y}}(S-\tilde{n}^2) \quad &+ \quad 0 \\
+\hat{\boldsymbol{z}}\hat{\boldsymbol{x}}\tilde{n}^2\sin\theta\cos\theta \quad &+ \quad 0 \quad &+ \quad \hat{\boldsymbol{z}}\hat{\boldsymbol{z}}(P-\tilde{n}^2\sin^2\theta)] \cdot \boldsymbol{E}_1 = 0\,.
\end{aligned} \tag{18.16}$$

Auch hier haben wir die Terme so angeordnet, daß man die Matrixelemente leicht ablesen kann.

Aufgabe 18.1 Leiten Sie (18.16) für $T = 0$ aus (18.15) her. (Dazu ist eine lange Rechnung nötig. Es lohnt sich aber, diese Rechnung einmal durchzuführen, damit man hinterher beim Rechnen mit der Dispersionsrelation für ein kaltes Plasma kein schlechtes Gefühl hat.)

Wenn wir die Determinante gleich Null setzen, erhalten wir

$$(S-\tilde{n}^2\cos^2\theta)(S-\tilde{n}^2)(P-\tilde{n}^2\sin^2\theta) - \tilde{n}^4\sin^2\theta\cos^2\theta(S-\tilde{n}^2) - D^2(P-\tilde{n}^2\sin^2\theta) = 0\,. \tag{18.17}$$

Zuerst sieht es so aus, als hätte man für vorgegebenen Werte von θ und ω eine Gleichung sechster Ordnung in k. Glücklicherweise heben sich die $\tilde{n}^6$-Terme weg und es bleiben nur Terme in $\tilde{n}^0$, $\tilde{n}^2$ und $\tilde{n}^4$ übrig. Wir haben also eine quadratische Gleichung in $\tilde{n}^2$, die wir relativ leicht lösen können. Wenn wir die Terme nach Potenzen von $\tilde{n}$ ordnen, erhalten wir

$$(S^2P - D^2P) - \tilde{n}^2(SP\cos^2\theta + SP + S^2\sin^2\theta - D^2\sin^2\theta) + \tilde{n}^4(P\cos^2\theta + S\sin^2\theta) = 0\,. \tag{18.18}$$

Weil dies eine quadratische Gleichung in $\tilde{n}$ ist, gibt es für jeden Wert von ω, θ und der Plasmaparameter höchstens zwei reelle positive Lösungen für k, die den beiden „Zweigen" der Dispersionsrelation für parallele Ausbreitung (R und L) und senkrechte Ausbreitung (X und O), die wir bereits untersucht haben, entsprechen. Angenehmerweise können in der Dispersionsrelation für ein kaltes Plasma alle $\sin\theta$- und $\cos\theta$-Terme vereinfacht werden. Wir ersetzen $\cos^2\theta$ durch $1-\sin^2\theta$ und benutzen $S^2 - D^2 = RL$. Es gilt

$$RLP - \tilde{n}^2[2SP + (RL-SP)\sin^2\theta] + \tilde{n}^4[P + (S-P)\sin^2\theta] = 0 \tag{18.19}$$

bzw.

$$RLP - 2\tilde{n}^2SP + \tilde{n}^4P = \tilde{n}^2(RL-SP)\sin^2\theta - \tilde{n}^4(S-P)\sin^2\theta$$

bzw.

$$\sin^2\theta = \frac{-P(\tilde{n}^4 - 2S\tilde{n}^2 + RL)}{\tilde{n}^4(S-P) + \tilde{n}^2(SP - RL)}. \tag{18.20}$$

Um in Richtung einer nützlichen Form der Dispersionsrelation voranzukommen, setzen wir in (18.19) $\sin^2\theta = 1 - \cos^2\theta$ und erhalten

$$RLP - \tilde{n}^2[SP + RL + (SP - RL)\cos^2\theta] + \tilde{n}^4[S + (P-S)\cos^2\theta] = 0 \tag{18.21}$$

bzw.

$$\cos^2\theta = \frac{S\tilde{n}^4 - (PS + RL)\tilde{n}^2 + PRL)}{\tilde{n}^4(S-P) + \tilde{n}^2(PS - RL)}. \tag{18.22}$$

Jetzt teilen wir (18.20) durch (18.22).

$$\tan^2\theta = \frac{-P(\tilde{n}^4 - 2S\tilde{n}^2 + RL)}{S\tilde{n}^4 - (PS + RL)\tilde{n}^2 + PRL} \tag{18.23}$$

Wegen $2S = R + L$ können wir kürzen. Das führt zu

$$\tan^2\theta = \frac{-P(\tilde{n}^2 - R)(\tilde{n}^2 - L)}{(S\tilde{n}^2 - RL)(\tilde{n}^2 - P)}. \tag{18.24}$$

(18.24) ist eine sehr nützliche Form der Dispersionsrelation für ein kaltes Plasma, weil wir daraus viel über die zugrundeliegende Physik lernen können. Für Wellen, die sich parallel ausbreiten ($\theta = 0$) finden wir zwei Lösungen, $\tilde{n}^2 = R$ und $\tilde{n}^2 = L$, die links- und rechtshändig polarisierten Wellen. Auch für senkrechte Wellen gibt es zwei Lösungen: $\tilde{n}^2 = P$ (normale Wellen) und $\tilde{n}^2 = RL/S$ (außerordentliche Wellen). Durch die Definitionen von R, L, S und P wird die Dynamik der Ionen automatisch berücksichtigt. Die Lage der Resonanzen können wir bestimmen, indem wir $\tilde{n} \to \infty$ ($k \to \infty, \lambda \to 0$) gehen lassen. Es gilt dann $\tan^2\theta = P/S$. Die Resonanzfrequenzen hängen also vom Ausbreitungswinkel ab. Für $\theta = 0$ liegen sie bei $P = 0$ und $S \to \infty$. Die Resonanz mit $P = 0$ ist die Plasmaresonanz bei ω_p (In einem kalten Plasma gilt unabhängig von k für die Langmuir-Schwingungen immer $\omega = \omega_p$). Es gibt zwei Möglichkeiten, $S \to \infty$ zu erreichen. Entweder R oder $L \to \infty$. Sie entsprechen den Gyrationsresonanzen der Elektronen bzw. Ionen. Bei $\theta = \pi/2$ muß entweder $P \to \infty$ oder $S \to 0$ gehen. Ersteres ist für endliche ω und ω_p nicht möglich. Letzteres führt, unter Berücksichtigung der Ionendynamik, zu den oberen und unteren Hybridresonanzen. (Die untere Hybridresonanz werden wir etwas weiter unten in diesem Kapitel kennenlernen.)

Die Cutoffs kann man nicht ganz so leicht aus dieser Gleichung bestimmen, denn für $\lambda \to \infty$ und $\tilde{n} \to 0$ erhält man $-PRL/PRL = \tan^2\theta$. Für reelle Winkel θ kann das nur der Fall sein, wenn $PRL = 0$. Dieses Ergebnis hätten wir aus (18.18) leichter herleiten können, denn aus $\tilde{n}^2 = 0$ folgt dort $P(S^2 - D^2) = PRL = 0$. Wie wir schon bemerkt hatten, hängen die Cutoffs nicht von θ ab. $P = 0$ ist der ω_p-Cutoff normaler Wellen sowie Cutoff und Resonanz der Langmuir-Schwingungen. Die Fälle $R = 0$ und $L = 0$ entsprechen den ω_R- und ω_L- Cutoffs (unter Berücksichtigung der Ionendynamik).

18.3 COLDWAVE

Damit Sie die Eigenschaften der Dispersionsrelation eines kalten Plasmas besser kennenlernen können, haben wir das Programm COLDWAVE geschrieben, das (18.18) löst. Dieses Programm

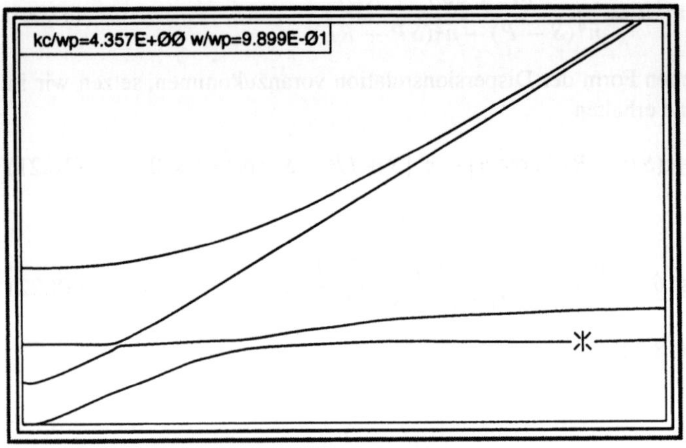

Bild 18.1 Eine mit COLDWAVE berechnete Dispersionsrelation. $\theta = 7°$, $RE = 5$, $\omega_c^2 = 2\omega_p^2$. Der Zeiger steht bei kc/ω_p und ω/ω_p. $kc/\omega_p = 4{,}357$, $\omega/\omega_p = 0{,}9899$

durchläuft einen vorgegebenen ω-Bereich (bei festem θ) und sucht diejenigen Werte von $\tilde{n}$ (und damit auch von k), die jedem ω entsprechen. Die Bedienungsanleitung dieses Programms finden Sie in der PC-Version in der Datei COLDWAVE.WRI und in der Mac-Version in der Datei README-COLDWAVE (Die Quelltexte sind auch vorhanden). Beachten Sie, daß in diesem Programm alle Frequenzen mit der Elektronen-Plasmafrequenz und alle Wellenzahlen mit ω_p/c normiert werden.

Die Auftragung aus Bild 18.1 erhalten Sie mit den Parameterwerten $\omega_c/\omega_p = 1.414$, $Z_i = 1$, $A_i = 1$, $\theta = 7°$, $\omega_{min} = 0$, $\omega_{max} = 5\omega_p$, einem linearen ω-Maßstab, $k_{min} = 0$, $k_{max} = 5$ und einem linearen k-Maßstab. Jedes vertikale Pixel (ω-Achse) entspricht fünf Auswertungen von $k(\omega)$. Die Schnittpunkte dreier Kurven gehen bei $\omega = \omega_p$ für $\theta = 0$ in die Langmuir-Schwingung über. Eine der vier Kurven verschwindet für $\theta \to 90°$ auf eine andere Art und Weise (s. Aufgabe 18,2).

Aufgabe 18.2 Untersuchen Sie mit Hilfe von COLDWAVE den Winkelbereich $0 - 90°$ für hochfrequente Wellen mit $\omega_c = \omega_p/2$ und $\omega_c = 2\omega_p$. Beschreiben Sie die Veränderungen der unterschiedlichen Formen von Wellen qualitativ.

Aufgabe 18.3 Benutzen Sie COLDWAVE, um den niederfrequenten Bereich $\omega \ll \Omega_c$ für $\theta = 0°$ zu erkunden. Finden Sie für $\omega \to 0$ die Beziehung zwischen der Phasengeschwindigkeit und der senkrechten Dielektrizitätskonstante für niedrige Frequenzen, die wir in Kapitel 4 berechnet haben.

18.4 Alfvén-Scherwellen

Jetzt wollen wir niederfrequente $R-$ und $L-$Wellen betrachten. Wie oben untersuchen wir Wellen, die sich parallel zu $\boldsymbol{B}_0$ ausbreiten (also $\boldsymbol{k} \parallel \boldsymbol{B}_0$). Ferner soll $\boldsymbol{E}_1 \perp \boldsymbol{B}_0$ und deshalb auch $\boldsymbol{E}_1 \perp \boldsymbol{k}$ gelten. Diese Wahl treffen wir, weil wir für $\boldsymbol{E}_1 \parallel \boldsymbol{B}_0 \parallel \boldsymbol{k}$ bei niedrigen Frequenzen in einem warmen Plasma die Ionenschallwellen erhalten, mit denen wir uns schon beschäftigt haben – die Lorentz-Kraft spielt dann keine Rolle. Genau wie die elektrostatischen Langmuir-Wellen von den hochfrequenten elektromagnetischen Wellen entkoppelt sind, sind die Ionenschallwellen von den niederfrequenten R- und L-Wellen, die wir hier betrachten wollen, entkoppelt. Das liegt daran, daß für Wellen, die sich parallel zu $\boldsymbol{B}_0$ ausbreiten, wegen $\boldsymbol{B}_0 \parallel \hat{z}$ $E_{z1} = u_{z1} = 0$ gilt. Wenn wir unsere Bewegungsgleichungen ((18.3), (18.7) und (18.8)) betrachten, sehen wir, daß diese Wellen nicht von T abhängen. Als Folge davon erhalten wir für die Geschwindigkeiten u_{x1} und u_{y1} der Elektronen die gleichen Werte, die wir in (17.3) erhalten hatten, als wir zum ersten Mal $u_{x1} \neq 0$ und $u_{y1} \neq 0$ zuließen, obwohl wir nun einen endlichen Druck haben. Für die Ionen gilt (17.3) mit den Ersetzungen $e \to -e$, $\omega_c \to -\Omega_c$ und $m \to M$. (Es gilt hier $\omega_c = -q_e B/m_e$ und $\Omega_c = q_i B/m_i$.)

$$u_{xi1} = \frac{-e(\mathrm{i}\omega E_{x1} - \Omega_c E_{y1})}{M(\Omega_c^2 - \omega^2)} \qquad u_{yi1} = \frac{-e(\mathrm{i}\omega E_{y1} + \Omega_c E_{x1})}{M(\Omega_c^2 - \omega^2)} \tag{18.25}$$

Für die Elektronen gehen wir von $\omega < \Omega_p \ll \omega_c$ aus. Die Elektronenflüssigkeit hat dann eine reine $\boldsymbol{E}_1 \times \boldsymbol{B}_0$-Drift.

$$u_{xe1} = \frac{eE_{y1}}{m\omega_c} = \frac{eE_{y1}}{M\Omega_c} \qquad u_{ye1} = \frac{-eE_{x1}}{m\omega_c} = \frac{-eE_{x1}}{M\Omega_c} \tag{18.26}$$

Den letzten Schritt haben wir durchgeführt, um die Frequenzen durch die Ionengrößen auszudrücken. Angenehmerweise haben wir dadurch auch einen gemeinsamen Vorfaktor e/M in den Gleichungen für die Ionen und die Elektronen erhalten. Der Leitfähigkeitstensor ist

$$j_1 = \frac{n_0 e^2}{M}\left[\frac{-\mathrm{i}\omega}{\Omega_c^2 - \omega^2}\hat{x}\hat{x} + \left(\frac{\Omega_c}{\Omega_c^2 - \omega^2} - \frac{1}{\Omega_c}\right)(\hat{x}\hat{y} - \hat{y}\hat{x}) - \frac{\mathrm{i}\omega}{\Omega_c^2 - \omega^2}\hat{y}\hat{y}\right] \cdot \boldsymbol{E}_1 = \underline{\sigma} \cdot \boldsymbol{E}_1 . \tag{18.27}$$

Wegen $j_{z1} = E_{z1} = 0$ ist der Leitfähigkeitstensor im Falle der Alfvén-Scherwellen nur ein 2×2-Tensor. Für $\omega \to 0$ verschwinden die nichtdiagonalen Elemente wie ω^2, während sich die Diagonalelemente mit ω verhalten. Wir haben dann also einen rein skalaren (wenn auch imaginären) Leitfähigkeitstensor. Mit Hilfe von $\Omega_p^2 = n_0 e^2/M\epsilon_0$ können wir den ersten Faktor auf der rechten Seite von (18.27) vereinfachen und erhalten als skalare Leitfähigkeit

$$\sigma = -\mathrm{i}\frac{\omega n_0 e^2}{M\Omega_c^2} = -\mathrm{i}\frac{\omega\epsilon_0\Omega_p^2}{\Omega_c^2} . \tag{18.28}$$

Das können wir auch als einen dieelektrischen „response" bei niedrigen Frequenzen auffassen. Nach (18.13) gilt $\underline{\epsilon} = \epsilon_0(I + \mathrm{i}\underline{\sigma}/\epsilon_0\omega)$ und deshalb auch

$$\epsilon_\perp = \epsilon_0\left(1 + \frac{\Omega_p^2}{\Omega_c^2}\right) = \epsilon_0 + \frac{n_0 M}{B^2} . \tag{18.29}$$

Dieses Ergebnis stimmt mit dem, was wir in Kapitel 4 berechnet haben, überein.

Für endliches ω lautet die allgemeine Dispersionsrelation

$$\| \omega^2 \mu_0 \underline{\epsilon} - k^2 X \| = 0 . \tag{18.30}$$

Die Striche $\|$ bedeuten, daß wir die Determinante der Matrix betrachten wollen. Wenn wir mit c^2/ω multiplizieren und $\underline{\sigma}$ einführen, erhalten wir

$$\| I - \tilde{n}^2 X + \mathrm{i}\frac{\underline{\sigma}}{\epsilon_0 \omega} \| = 0 . \tag{18.31}$$

Für $\theta = 0$ gilt $X = \hat{x}\hat{x} + \hat{y}\hat{y}$. Bei dieser Rechnung haben wir die $\hat{z}\hat{z}$-Komponente von $\underline{\sigma}$ nicht bestimmt. Das spielt aber keine Rolle, weil die Matrix, die wir hier für den Fall $\boldsymbol{k} \parallel \boldsymbol{B}_0$ bestimmt haben, nicht verschwindende Einträge nur in der oberen linken 2×2 Untermatrix und in der rechten unteren Ecke haben kann. Die anderen Elemente von $\underline{\sigma}$ (Ströme in $\hat{z}$-Richtung, die durch Felder, die nicht in $\hat{z}$-Richtung liegen, verursacht werden und umgekehrt) verschwinden. Also muß die linke obere 2×2 Untermatrix eine verschwindende Determinante haben (unsere Dispersionsrelation) oder das Element in der rechten unteren Ecke muß 0 sein, damit die Determinante der Matrix verschwindet. Letzteres entspricht einer reinen $\boldsymbol{E} \parallel \boldsymbol{B}$-Dynamik, wie bei hochfrequenten Langmuir-Wellen und niederfrequenten Ionenschallwellen in einem warmen Plasma.

Für unseren $\boldsymbol{E}_1 \perp \boldsymbol{B}_0$-Fall muß also

$$\begin{vmatrix} 1 - \tilde{n}^2 + \Omega_\mathrm{p}^2/(\Omega_\mathrm{c}^2 - \omega^2) & \mathrm{i}\Omega_\mathrm{p}^2\omega/[\Omega_\mathrm{c}(\Omega_\mathrm{c}^2 - \omega^2)] \\ -\mathrm{i}\Omega_\mathrm{p}^2\omega/[\Omega_\mathrm{c}(\Omega_\mathrm{c}^2 - \omega^2)] & 1 - \tilde{n}^2 + \Omega_\mathrm{p}^2/(\Omega_\mathrm{c}^2 - \omega^2) \end{vmatrix} = 0 \tag{18.32}$$

gelten. Die Symmetrie dieser Matrix erinnert uns an die hochfrequenten parallelen R- und L-Wellen. Wir erhalten

$$1 - \tilde{n}^2 + \frac{\Omega_\mathrm{p}^2}{(\Omega_\mathrm{c}^2 - \omega^2)} = \pm \frac{\Omega_\mathrm{p}^2 \omega}{\Omega_\mathrm{c}(\Omega_\mathrm{c}^2 - \omega^2)} . \tag{18.33}$$

Auch hier haben wir also zirkular polarisierte R- und L-Wellen. Das können wir an dieser Formel ablesen, weil E_{x1} und E_{y1} den gleichen Betrag haben und um $\pi/2$ gegen einander phasenverschoben sind (die Argumentation verläuft wie oben). Um uns davon zu überzeugen, müssen wir die linearen Gleichungen, die entstehen, wenn wir das Skalarprodukt der Matrix aus (18.32) mit $\boldsymbol{E}_1$ bilden, gleich Null setzen. Mit Hilfe von (18.33) stellen wir fest, daß sich die Vorfaktoren von E_{x1} und E_{y1} um einen Faktor $\pm\mathrm{i}$ unterscheiden. Um die Dispersionsrelation kompakter formulieren zu können, brauchen wir noch einige Umformungen.

$$\tilde{n}^2 = \frac{c^2k^2}{\omega^2} = 1 + \frac{\Omega_\mathrm{p}^2\Omega_\mathrm{c} \mp \Omega_\mathrm{p}^2\omega}{\Omega_\mathrm{c}(\Omega_\mathrm{c}^2 - \omega^2)} = 1 + \frac{\Omega_\mathrm{p}^2}{\Omega_\mathrm{c}(\Omega_\mathrm{c} \pm \omega)} = \frac{\Omega_\mathrm{c}^2 + \Omega_\mathrm{p}^2 \pm \Omega_\mathrm{c}\omega}{\Omega_\mathrm{c}(\Omega_\mathrm{c} \pm \omega)} \tag{18.34}$$

Das obere Vorzeichen gehört (in dem, in Kapitel 17 definierten Sinn) zu rechtshändig polarisierten Wellen (R-Wellen), das untere Vorzeichen gehört zu linkshändig polarisierten Wellen (L-Wellen).

Wenn wir den Bruch für R-Wellen durch Ω_c kürzen, erhalten wir

$$\tilde{n}^2 = \frac{c^2k^2}{\omega^2} = \frac{1}{(\Omega_\mathrm{c} + \omega)} \left(\Omega_\mathrm{c} + \frac{\Omega_\mathrm{p}^2}{\Omega_\mathrm{c}} + \omega \right) . \tag{18.35}$$

Da weder der Zähler noch der Nenner des Bruches bei niedrigen Frequenzen verschwinden können, haben die R-Alfvén-Scherwellen in diesem Bereich weder Cutoffs noch Resonanzen. Das kann uns nicht überraschen, weil die Bewegung der Ionen linkshändig ist. Wenn wir die Frequenz erhöhen, gehen die R-Alfvén-Scherwellen stetig in Whistler über. Diese Wellen haben eine Resonanz bei $\omega = \omega_c$. Für sehr niedrige Frequenzen finden wir „einfache" Lichtwellen in einem Medium mit großer skalarer Dielektrizitätskonstante. Für $\omega \to 0$ erhalten wir aus (18.35) den Brechungsindex

$$\tilde{n} = \sqrt{1 + \frac{\Omega_p^2}{\Omega_c^2}} \tag{18.36}$$

und damit die Phasengeschwindigkeit

$$v_p = \frac{\omega}{k} = \frac{c}{\tilde{n}} = \frac{c}{\sqrt{1 + \frac{\Omega_p^2}{\Omega_c^2}}} . \tag{18.37}$$

Wir definieren die Alfvén-Geschwindigkeit v_A durch

$$v_A \equiv \frac{c\Omega_c}{\Omega_p} = \frac{c}{\sqrt{\frac{ne^2}{\epsilon_0 M}}} \frac{eB}{M} = \frac{cB}{\sqrt{\frac{nM}{\epsilon_0}}} = \frac{B}{\sqrt{\mu_0 n M}} . \tag{18.38}$$

Mit ihrer Hilfe können wir die Phasengeschwindigkeit als

$$v_p = \frac{c}{\sqrt{1 + \frac{c^2}{v_A^2}}}$$

schreiben. Wenn wir mit v_A/c erweitern und von $v_A/c = \Omega_c/\Omega_p \ll 1$ ausgehen (das gilt für $\omega_p \approx \omega_c$) erhalten wir

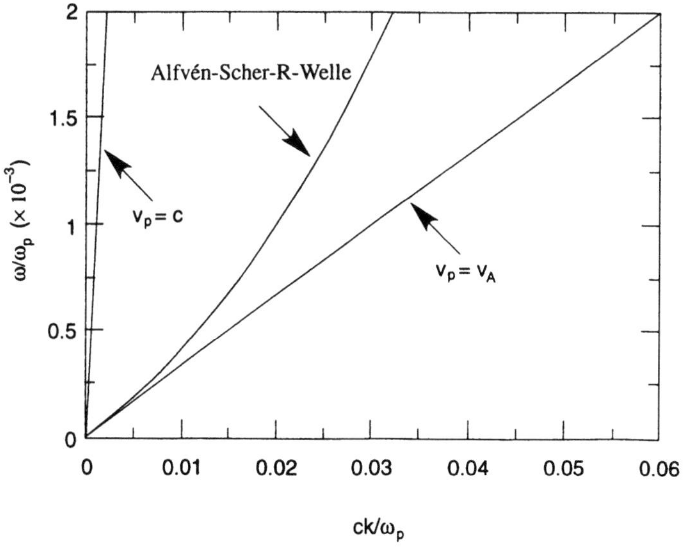

Bild 18.2 Die Dispersionsrelation einer Alfvén-R-Welle für $\omega_c^2 = 2\omega_p^2$

$$v_{\mathrm{p}} = \frac{v_A}{\sqrt{1+\frac{v_A^2}{c^2}}} \approx v_A \,. \tag{18.39}$$

In Bild 18.2 ist $\omega(k)$ für eine R-Alfvén-Scherwelle aufgetragen. Wie üblich, haben wir (willkürlich) $\omega_{\mathrm{c}}^2 = 2\omega_{\mathrm{p}}^2$ gesetzt. Ferner werden wir $M/m = 1837$ benutzen. Das legt die entsprechenden Größen in (18.35) fest. Beispielsweise gilt

$$\frac{v_A}{c} = \frac{\Omega_{\mathrm{c}}}{\Omega_{\mathrm{p}}} = \frac{\Omega_{\mathrm{c}}}{\omega_{\mathrm{c}}}\frac{\omega_{\mathrm{c}}}{\omega_{\mathrm{p}}}\frac{\omega_{\mathrm{p}}}{\Omega_{\mathrm{p}}} = \frac{1}{1837}\sqrt{2}\sqrt{1837} = \frac{\sqrt{2}}{\sqrt{1837}} = 0{,}033\,.$$

Damit wir dies mit unseren Auftragungen für hohe Frequenzen vergleichen können, benutzen wir hier das gleiche dimensionslose Koordinatensystem. Um unsere neuen Ergebnisse darin auftragen zu können, mußten wir jedoch die Einheiten ändern. Die Einheiten auf den beiden Achsen sind nun unterschiedlich, denn ω/k ist hier etwa $c/30$.

Die linkshändigen Alfvén-Scherwellen (L-Wellen) haben die Dispersionsrelation

$$\tilde{n}^2 = \frac{c^2k^2}{\omega^2} = \frac{1}{(\Omega_{\mathrm{c}} - \omega)}\left(\Omega_{\mathrm{c}} + \frac{\Omega_{\mathrm{p}}^2}{\Omega_{\mathrm{c}}} - \omega\right), \tag{18.40}$$

die in Bild 18.3 aufgetragen ist. Für niedrige Frequenzen stimmt sie mit der der R-Wellen überein. Bei niedrigen Frequenzen gibt es also linear polarisierte Alfvén-Scherwellen, die keiner Faraday-Rotation unterliegen. Die L-Wellen haben aber eine Resonanz bei $\omega = \Omega_{\mathrm{c}}$, die durch die linkshändige Gyration der Ionen hervorgerufen wird. Ferner haben sie einen Cutoff bei $\omega = \omega_{\mathrm{L}} = \Omega_{\mathrm{c}} + \Omega_{\mathrm{p}}^2/\Omega_{\mathrm{c}}$ (Bild 18.3 reicht nicht bis zu so hohen Frequenzen). Es scheint sich also nicht um das gleiche ω_{L} zu handeln, das wir bei unserer Rechnung für hohe Frequenzen gefunden hatten. Tatsächlich handelt es sich aber um den gleichen L-Cutoff, nur sind wir jetzt von der Annahme ausgegangen, daß ω klein ist und konnten daher andere Terme vernachlässigen.

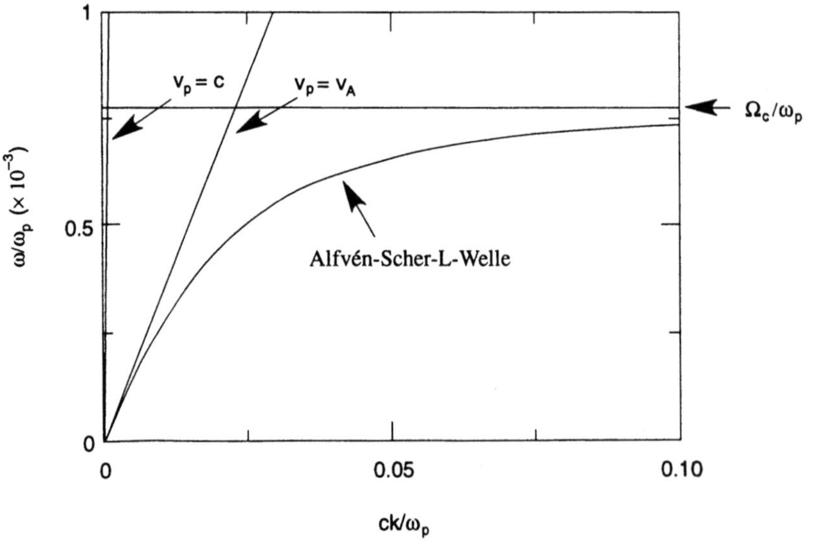

Bild 18.3 Die Dispersionsrelation einer Alfvén-L-Welle für $\omega_{\mathrm{c}}^2 = 2\omega_{\mathrm{p}}^2$

Die allgemeine Definition von ω_R und ω_L, in die sowohl die durch die Elektronen als auch die durch die Ionen verursachten Effekte eingehen und bei der nicht von vornherein Annahmen über deren Bedeutung gemacht werden, erhalten wir, indem wir in der allgemeinen Definition von R und L, die wir weiter oben hergeleitet haben, entweder R oder L zu Null setzen. Wir benutzen $\Omega_c \ll \omega_c$ und $\Omega_p \ll \omega_p$ (das ist in einem Plasma aus Ionen und Elektronen immer gerechtfertigt) und erhalten damit

$$\omega_R^2 - \omega_R\omega_c - \omega_c\Omega_c - \omega_p^2 = 0 \tag{18.41}$$

und

$$\omega_L^2 - \omega_L\omega_c - \omega_c\Omega_c - \omega_p^2 = 0\,. \tag{18.42}$$

Für hohe Frequenzen ist der dritte Term vernachlässigbar (wir hatten ihn in (17.38) auch nicht berücksichtigt). Im Bereich niedriger Frequenzen, der uns hier interessiert, können wir den ersten Term weglassen. Es gibt keine positive Lösung ω_R bei niedrigen Frequenzen und deshalb auch keinen niederfrequenten rechtshändigen Cutoff. Für manche Werte der Plasmaparameter kann ω_L niederfrequent sein. In diesem Fall wird der Cutoff durch unsere Dispersionsrelation für die Alfvén-Scherwellen näherungsweise richtig beschrieben. Dieser Cutoff liegt, wenn ω_p von der gleichen Größenordnung ist wie ω_c, in einem Frequenzbereich, in dem es nicht ausreicht, nur die $\boldsymbol{E}_1 \times \boldsymbol{B}_0$-Drift zu berücksichtigen, um die Bewegung der Elektronen zu beschreiben. Unsere jetzige Rechnung ist also nur ungenau. Bei den Parametern, die wir für unsere Auftragungen benutzt haben, gilt $\omega_L = 0{,}37\omega_c = 0{,}52\omega_p$. Unsere anfängliche Annahme $\omega \ll \omega_c$ ist also nicht erfüllt. In diesem Fall ist unsere Hochfrequenzrechnung aus Kapitel 17 eine bessere Näherung als (18.42). Die Ionenterme, die wir dort vernachlässigt haben, sind viel kleiner, und es handelt sich daher um eine gute Näherung. Für jede vorgegebene Kombination aus Dichte und Magnetfeld gibt es genau eine ω_R- und ω_L-Cutoff-Frequenz, die aus den oben angegebenen vollständigen Gleichungen für ω_L und ω_R bestimmt werden kann.

Was sind denn nun eigentlich Alfvén-Scherwellen? Im Bereich sehr niedriger Frequenzen ($\omega \ll \Omega_c$) unterliegen sowohl die Ionen als auch die Elektronen einer $\boldsymbol{E}_1 \times \boldsymbol{B}_0$-Drift. Ferner gibt es eine niederfrequente Polarisationsdrift der Ionen, die im Vergleich zu ihrer $\boldsymbol{E}_1 \times \boldsymbol{B}_0$-Drift klein ist. Die Feldlinien des Magnetfeldes bewegen sich mit derselben Geschwindigkeit $\boldsymbol{v}_\perp = \boldsymbol{E}_1 \times \boldsymbol{B}_0/B^2$. Wie wir in Kapitel 8 gelernt haben, beschreibt man diese Situation durch Feldlinien, die im Plasma eingefroren sind. Wir sind einer solchen Situation bereits früher im Zusammenhang mit niederfrequenten Effekten begegnet. In unserem jetzigen Fall werden die Feldlinien gegeneinander verdrillt – in einer Kreisbewegung in der (x,y)-Ebene, deren Phase von z abhängt – wie die Streifen an einem Maibaum. Daher stammt der Name Scherwellen (manchmal spricht man auch von Torsionswellen). Durch die Verdrillung der Feldlinien wird das Magnetfeld aus seinem Grundzustand heraus gebracht. In der Verdrillung ist also magnetische Feldenergie gespeichert. Die Trägheit, die für diese Wellen nötig ist, damit die Feldlinien sich weiter kreisförmig bewegen und nicht anhalten, wird von den Ionen beigetragen. Für die Verdrillungsbewegung der Alfvén-Scherwellen gilt $\nabla \cdot \boldsymbol{u}_1 = 0$, es gibt also keine Kompression, keine Störung p_1 des Druckes und deshalb keine Wirkungen des Drucks auf die Wellen.

Aufgabe 18.4 Für endliches ω erfahren die Alfvén-Scherwellen eine Faraday-Rotation. Berechnen Sie diese Faraday-Rotation längs der Bahn der Welle für vorgegebenes $B(z)$ und $n_e(z)$ in Analogie zu Aufgabe 17.4.

Aufgabe 18.5 Bestimmen Sie ω_R und ω_L für ein Elektron-Positron-Plasma. Sie können dabei von der Definition für R und L in der Dispersionsrelation (18.24) für ein kaltes Plasma ausgehen.

Wir haben damit unsere Untersuchung von Wellen, die sich parallel zu $\boldsymbol{B}_0$ (d.h. mit $\boldsymbol{k} \parallel \boldsymbol{B}_0$) ausbreiten, beendet. In Kapitel 17 gab es eine erstaunliche Asymmetrie zwischen L- und R-Wellen. Die R-Wellen konnten sich in zwei Frequenzbereichen ausbreiten (im niedrigeren Frequenzbereich waren es Whistler). Für die L-Wellen gab es nur einen Frequenzbereich. Nachdem wir nun auch die Bewegung der Ionen berücksichtigt haben, finden wir einen weiteren Frequenzbereich, in dem sich die L-Wellen ausbreiten können. Er liegt unterhalb der Larmor-Frequenz der Ionen. Die linkshändig polarisierten Wellen können mit der Gyration der Ionen resonieren. Im folgenden geben wir eine Zusammenstellung der Wellen mit $\boldsymbol{k} \parallel \boldsymbol{B}_0$, $\theta = 0$ in einem kalten Plasma.

R-Wellen ($\boldsymbol{E}_1 \perp \boldsymbol{B}_0$, $\boldsymbol{k} \parallel \boldsymbol{B}_0$) (zwei Frequenzbereiche)

$\omega > \omega_R$	oberer Frequenzbereich
	$v_p \to c$ für $\omega \to \infty$
$\omega < \omega_c$	Whistler Übergang zu Alfvén-Scherwellen
	bei niedrigen Frequenzen
	$v_p \to v_A$ für $\omega \to 0$

L-Wellen ($\boldsymbol{E}_1 \perp \boldsymbol{B}_0$, $\boldsymbol{k} \parallel \boldsymbol{B}_0$) (zwei Frequenzbereiche)

$\omega > \omega_L$	oberer Frequenzbereich
	$v_p \to c$ für $\omega \to \infty$
$\omega < \Omega_c$	L-Alfvén-Scherwellen
	$v_p \to v_A$ für $\omega \to 0$

Langmuir-Schwingungen ($\boldsymbol{E}_1 \parallel \boldsymbol{B}_0$, $\boldsymbol{k} \parallel \boldsymbol{B}_0$)

$\omega = \omega_p$	verschwindende Gruppengeschwindigkeit
	v_p nicht definiert

Bei endlicher Temperatur ($\boldsymbol{E}_1 \parallel \boldsymbol{B}_0$, $\boldsymbol{k} \parallel \boldsymbol{B}_0$)

$\omega > \omega_p$	Langmuir-Wellen
	$v_p \to \sqrt{3} v_{t,e}$ für $\omega \to \infty$
$\omega < \Omega_p$	Ionenschallwellen
	$v_p \to C_s$ für $\omega \to 0$

Die hochfrequenten R- und L-Wellen werden bei sehr hohen Frequenzen zu Vakuumlichtwellen. Sie haben dort eine Differenz in der Phasengeschwindigkeit, die zu einer Faraday-Rotation linear polarisierter Wellen führt.

Die parallelen ($\boldsymbol{k} \parallel \boldsymbol{B}_0$) R- und L-Wellen sind bei allen Frequenzen rein transversal ($\boldsymbol{k} \perp \boldsymbol{E}_1$) und führen daher weder zu einem Strom noch zu einem Feld in Richtung von $\boldsymbol{B}_0$. Da es keine Kompression gibt, gibt es weder eine gestörte Teilchen- noch Ladungsdichte und deshalb auch keine Druckeffekte.

Im Gegensatz dazu sind die Langmuir-Wellen vollständig elektrostatisch – $\dot{\boldsymbol{B}}_1$ verschwindet – und die physikalischen Effekte beruhen auf der Kompression der Ionen und Elektronen. Diese führen zu einer gestörten Ladungsdichte σ_1. Im Grenzfall eines kalten Plasmas gibt es nur eine Schwingung bei ω_p. In einem warmen Plasma gibt es auch propagierende Langmuir-Wellen und Ionenschallwellen. Wenn wir die Rechnung für ein warmes Plasma im Grenzfall $T_e, T_i \to 0$ betrachten, wird die Langmuir-Welle zu einer Langmuir-Schwingung bei $\omega = \omega_p$. Die Ionenschallwellen gehen bei $\omega = 0$ in die horizontale Achse über.

18.5 Magnet-Schallwellen

Die letzte Klasse niederfrequenter Wellen, die wir behandeln wollen, sind die Wellen, die sich senkrecht zu $\boldsymbol{B}_0$ ausbreiten. Wir können sie in außerordentliche (X-) und normale (O-) Wellen einteilen. Das elektrische Feld der X-Wellen steht überall senkrecht auf $\boldsymbol{B}_0$ und führt wegen der daraus resultierenden Lorentz-Kraft zu den außerordentlichen Effekten. Für die O-Wellen gilt $\boldsymbol{E}_1 \parallel \boldsymbol{B}_0$. Diese Einteilung ist allerdings rein akademisch, weil es in diesem Frequenzbereich keine O-Wellen gibt. Sie werden durch den Cutoff bei $\omega = \omega_\mathrm{p}$ abgeschnitten, und da es hier keine Lorentz-Kraft gibt, können sie durch die Ionendynamik bei niedrigeren Frequenzen nicht wieder erzeugt werden. Wir müssen uns also nur mit X-Wellen beschäftigen.

Wenn man die Ionendynamik berücksichtigt, sind die X-Wellen kompliziert. Es gibt interessante Effekte bei Frequenzen der Größenordnung $\sqrt{\omega_\mathrm{c}\Omega_\mathrm{c}}$, wir müssen also beim Vergleich von ω mit den beiden Larmor-Frequenzen vorsichtig sein, um wirklich alle wichtigen Phänomene zu beschreiben. Insbesondere müssen wir in der Näherung $\omega \ll \omega_\mathrm{c}$ den Elektronenstrom in Richtung von $\boldsymbol{E}_1$ (dem Polarisationsstrom) berücksichtigen. Bei den Alfvén-Scherwellen hatten wir den Elektronenstrom längs der Diagonalen von $\underline{\sigma}$ im Vergleich zum Ionenstrom vernachlässigt. Bei niedrigen Frequenzen ist das zulässig (das Verhältnis ist hier von der Größenordnung M/m), aber bei höheren Frequenzen müssen wir vorsichtig sein. An (18.43) (wir haben dort den Polarisationsstrom der Elektronen berücksichtigt) können wir ablesen, daß der Polarisationsstrom der Ionen längs der Diagonalen von $\underline{\sigma}$ für $\omega \gg \Omega_\mathrm{c}$ von der Größenordnung $-\Omega_\mathrm{p}^2/\omega^2$ ist. Der Beitrag der Polarisationsdrift der Elektronen für $\omega \ll \omega_\mathrm{c}$ ist $\omega_\mathrm{p}^2/\omega_\mathrm{c}^2$. Für $\omega^2 \approx \omega_\mathrm{c}^2(\Omega_\mathrm{p}^2/\omega_\mathrm{p}^2)$ bzw. $\omega \approx \sqrt{\omega_\mathrm{c}\Omega_\mathrm{c}}$ sind sie von vergleichbarer Größenordung. In diesem unteren „Hybridbereich" können wir also nicht, wie bei den Alfvén-Scherwellen, den Polarisationsstrom der Elektronen vernachlässigen. Ansonsten unterscheidet sich die Determinante, die wir berechnen müssen, von den Gleichungen (18.31) und (18.32) nur dadurch, daß der Tensor X aus (18.14) nun für $\theta = \pi/2$ berechnet werden muß. Es gilt dann $X = \hat{\boldsymbol{y}}\hat{\boldsymbol{y}} + \hat{\boldsymbol{z}}\hat{\boldsymbol{z}}$. Wieder müssen wir nur die obere linke 2×2 Untermatrix von $\underline{\sigma}$ betrachten, weil in dieser Geometrie die dritte Zeile und Spalte bis auf die untere Ecke verschwinden. Die Determinante ist

$$\begin{vmatrix} 1 + \Omega_\mathrm{p}^2/(\Omega_\mathrm{c}^2 - \omega^2) + \omega_\mathrm{p}^2/\omega_\mathrm{c}^2 & \mathrm{i}\Omega_\mathrm{p}^2\omega/[\Omega_\mathrm{c}(\Omega_\mathrm{c}^2 - \omega^2)] \\ -\mathrm{i}\Omega_\mathrm{p}^2\omega/[\Omega_\mathrm{c}(\Omega_\mathrm{c}^2 - \omega^2)] & 1 - \tilde{n}^2 + \Omega_\mathrm{p}^2/(\Omega_\mathrm{c}^2 - \omega^2) + \omega_\mathrm{p}^2/\omega_\mathrm{c}^2 \end{vmatrix} = 0\,. \tag{18.43}$$

Gleichung (18.43) ist (18.32) sehr ähnlich. Da $\tilde{n}^2$ hier aber nur einmal auftaucht, erhalten wir nicht zwei Arten von Wellen, sondern nur eine – die X-Wellen. Wir haben genug von der Elektronendynamik beibehalten, um die ω_R- und ω_L-Cutoffs dieser Wellen zu bestimmen. Das ist aber nicht, was wir wollen. Wir sind vielmehr an der Dynamik bei niedriger Frequenz und an der unteren Hybridresonanz, die den verbotenen Frequenzbereich zwischen der außerordentlichen Ionenwelle und der hochfrequenten X-Welle nach unten begrenzt, interessiert. Wir können die Dispersionsrelation als

$$\tilde{n}^2\left(\frac{\Omega_\mathrm{c}^2 - \omega^2 + \Omega_\mathrm{p}^2}{\Omega_\mathrm{c}^2 - \omega^2} + \frac{\omega_\mathrm{p}^2}{\omega_\mathrm{c}^2}\right) = \left(\frac{\Omega_\mathrm{c}^2 - \omega^2 + \Omega_\mathrm{p}^2}{\Omega_\mathrm{c}^2 - \omega^2} + \frac{\omega_\mathrm{p}^2}{\omega_\mathrm{c}^2}\right)^2 - \left(\frac{\Omega_\mathrm{p}^2\omega}{\Omega_\mathrm{c}(\Omega_\mathrm{c}^2 - \omega^2)}\right)^2 \tag{18.44}$$

schreiben. Bei einer Resonanz geht $k \to \infty$ und es gilt $\tilde{n} \equiv ck/\omega$. Der Term in Klammern auf der linken Seite muß also an der Resonanz verschwinden. (Im Grenzfall eines kalten Plasmas geschieht bei $\omega = \Omega_\mathrm{c}$ nichts Besonderes. In der Theorie eines heißen Plasmas gibt es die Bernstein-Ionenwellen bei allen Harmonischen von Ω_c.) Der erste Term in Klammern auf der rechten Seite verschwindet dann auch, aber der zweite Term sollte das nicht tun. Wenn wir die Gleichung erweitern, finden wir Resonanzen bei

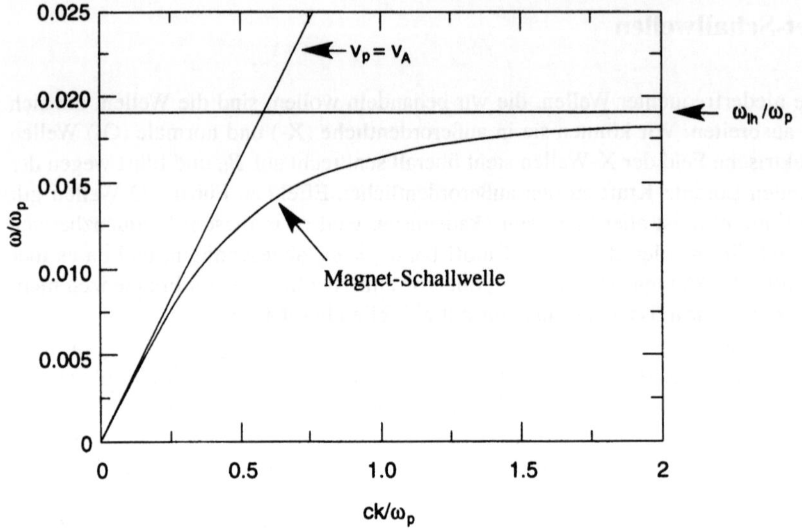

Bild 18.4 Die Dispersionsrelation einer Magnetschallwelle im Grenzfall eines kalten Plasmas für $\omega_c^2 = 2\omega_p^2$

$$\omega_p^2(\Omega_c^2 - \omega^2) + \omega_c^2(\Omega_c^2 - \omega^2 + \Omega_p^2) = 0 \tag{18.45}$$

bzw.

$$\omega^2 = \frac{\omega_p^2\Omega_c^2 + \omega_c^2\Omega_c^2 + \omega_c^2\Omega_p^2}{\omega_p^2 + \omega_c^2} . \tag{18.46}$$

Der erste und der dritte Term im Zähler unterscheiden sich nur in ihrer Abhängigkeit von der Masse. Genauer gesagt, ist der erste Term im Zähler das m/M-fache des dritten Terms und damit im Vergleich zu ihm vernachlässigbar. Um mit der üblichen Notation übereinzustimmen, erweitern wir mit m/M und erhalten

$$\omega^2 = \omega_{\text{lh}}^2 = \frac{\omega_c\Omega_c(\Omega_c^2 + \Omega_p^2)}{\Omega_p^2 + \Omega_c\omega_c} . \tag{18.47}$$

Noch häufiger findet man (für $\Omega_p^2 \gg \Omega_c^2$ wegen $\omega_p^2 \approx \omega_c^2$)

$$\frac{1}{\omega_{\text{lh}}^2} = \frac{1}{\Omega_p^2} + \frac{1}{\Omega_c\omega_c} . \tag{18.48}$$

ω_{lh} wird als untere Hybridfrequenz bezeichnet. Wir haben die Dispersionsrelation der niederfrequenten X-Wellen in Bild 18.4 aufgetragen (wie immer für $\omega_c^2 = 2\omega_p^2$). Im Grenzfall $\omega \to 0$ erhalten wir die Dispersionsrelation der Alfvénwellen.

$$\tilde{n}^2 = 1 + \frac{\Omega_p^2}{\Omega_c^2} + \frac{\omega_p^2}{\omega_c^2} \approx 1 + \frac{\Omega_p^2}{\Omega_c^2} \tag{18.49}$$

Diese Tatsache kann man leicht aus (18.44) herleiten.

Diese niederfrequenten X-Wellen werden im allgemeinen als Magnet-Schallwellen bezeichnet. Nach unserer Herleitung ist der Grund dafür offensichtlich. Im Gegensatz zur Alfvén-Scherwelle hat diese Art von Wellen, die manchmal auch als Alfvén-Kompressionswellen bezeichnet werden, ein endliches $\boldsymbol{k} \cdot \boldsymbol{u}_1$ und komprimiert daher das Plasma. Da das Plasma bei den niedrigsten hier betrachteten Frequenzen mit den Feldlinien „verbunden" ist, wird auch das Magnetfeld komprimiert. Der Name Magnet-Schallwelle stammt daher, daß bei der Ausbreitung der Welle durch das Magnetfeld die Feldlinien zusammengedrängt und auseinandergezogen werden, wie der Druck bei einer Schallwelle. Wenn das Plasma einen endlichen Druck hat, führen die zusätzlichen Terme, die bei einem warmen Plasma auftreten, zu einer Erhöhung der Phasengeschwindigkeit. Um diesen Effekt genauer zu untersuchen, werden wir als nächstes die Dispersionsrelation der Alfvénwellen bei sehr niedrigen Frequenzen mit Hilfe des Dielektrizitätstensors eines warmen Plasmas berechnen. Wir werden dadurch Ergebnisse für einen beliebigen Ausbreitungswinkel θ und auch Informationen über das Verhalten der Alfvén-Scherwellen im Grenzfall niedrigerer Frequenz erhalten.

18.6 Niederfrequente Alfvénwellen, endliches T, beliebiger Ausbreitungswinkel*

Um Alfvénwellen in einem warmen Plasma für den Grenzfall niedriger Frequenz ($\omega \ll \Omega_c$) zu betrachten, werden wir nach der allgemeinen Methode, die wir am Anfang dieses Kapitels vorgestellt haben, vorgehen. Zuerst müssen wir den Leitfähigkeitstensor $\underline{\sigma}$ bestimmen. Dazu schreiben wir (18.3), (18.7) und (18.8) als lineares Gleichungssystem für die Strömungsgeschwindigkeit.

$$\begin{aligned} E_{y1} &= B_0 u_{x1} - \frac{\mathrm{i}\omega m}{q} u_{y1} \\ E_{z1} &= \left(\frac{\mathrm{i}k^2}{\omega q}\gamma T \sin\theta\cos\theta\right) u_{x1} - \mathrm{i}\left(\frac{\omega m}{q} - \frac{k^2\gamma T}{\omega q}\cos^2\theta\right) u_{z1} \end{aligned} \tag{18.50}$$

Wir haben bisher nicht festgelegt, welche Teilchenart wir betrachten wollen. Um $\underline{\sigma}$ zu bestimmen, müssen wir die Determinante der Koeffizienten aus (18.50) berechnen. Wir wollen sie mit Δ bezeichnen.

$$\begin{aligned} \Delta = \; & \mathrm{i}\left(\frac{\omega m}{q} - \frac{k^2\gamma T}{\omega q}\sin^2\theta\right)\left(\frac{\omega m}{q} - \frac{k^2\gamma T}{\omega q}\cos^2\theta\right)\left(\frac{\omega m}{q}\right) - \mathrm{i}\left(\frac{k^2}{\omega q}\gamma T\sin\theta\cos\theta\right)^2\frac{\omega m}{q} \\ & -\mathrm{i}B_0^2\left(\frac{\omega m}{q} - \frac{k^2\gamma T}{\omega q}\cos^2\theta\right) \simeq -\mathrm{i}B_0^2\left(\frac{\omega m}{q} - \frac{k^2\gamma T}{\omega q}\cos^2\theta\right) \end{aligned} \tag{18.51}$$

Bei der letzten Vereinfachung haben wir $\omega \ll \Omega_c$ und $kr_L \ll 1$ benutzt (die entsprechenden Ungleichungen für die Elektronen gelten dann erst recht). Durch diese Näherung verschwinden alle Unterschiede zwischen der $\boldsymbol{E}_1 \times \boldsymbol{B}_0$-Drift der Elektronen und der Ionen. Die zugehörigen Ströme heben sich daher gegenseitig weg. Dadurch werden die Dispersionsrelationen für R- und L-Wellen identisch und die Alfvénwellen können im Grenzfall niedriger Frequenz entweder als linear polarisiert oder als zirkular polarisiert bei $\theta = 0$ aufgefaßt werden. Wir werden nachher feststellen, daß es für beliebiges θ vorteilhaft ist, von einer linearen Polarisation auszugehen.

Wenn wir nach $\boldsymbol{u}$ auflösen, erhalten wir

$$
\begin{aligned}
u_{x1}\Delta = \; & E_{x1}\left(\frac{-\omega m}{q}\right)\left(\frac{\omega m}{q}-\frac{k^2\gamma T}{\omega q}\cos^2\theta\right) - \mathrm{i}E_{y1}B_0\left(\frac{\omega m}{q}-\frac{k^2\gamma T}{\omega q}\cos^2\theta\right) \\
& -E_{z1}\left(\frac{\omega m}{q}\right)\left(\frac{k^2}{\omega q}\gamma T\sin\theta\cos\theta\right) \\
u_{y1}\Delta = \; & \mathrm{i}E_{x1}B_0\left(\frac{\omega m}{q}-\frac{k^2\gamma T}{\omega q}\cos^2\theta\right) - E_{y1}\left[\left(\frac{\omega m}{q}-\frac{k^2\gamma T}{\omega q}\sin^2\theta\right)\right. \\
& \left.\left(\frac{\omega m}{q}-\frac{k^2\gamma T}{\omega q}\cos^2\theta\right)-\left(\frac{k^2\gamma T}{\omega q}\sin\theta\cos\theta\right)^2\right] + \mathrm{i}E_{z1}B_0\left(\frac{k^2}{\omega q}\gamma T\sin\theta\cos\theta\right) \\
u_{z1}\Delta = \; & -E_{x1}\left(\frac{\omega m}{q}\right)\left(\frac{k^2}{\omega q}\gamma T\sin\theta\cos\theta\right) - \mathrm{i}E_{y1}B_0\left(\frac{k^2}{\omega q}\gamma T\sin\theta\cos\theta\right) \\
& -E_{z1}\left[\left(\frac{\omega m}{q}\right)\left(\frac{\omega m}{q}-\frac{k^2\gamma T}{\omega q}\sin^2\theta\right)-B_0^2\right] .
\end{aligned}
\tag{18.52}
$$

Als nächstes wollen wir mit Hilfe von $\boldsymbol{j} = \sum nq\boldsymbol{u} = \underline{\sigma}\cdot \boldsymbol{E}$ und $\underline{\epsilon} = \epsilon_0 \boldsymbol{I} + \mathrm{i}\underline{\sigma}/\omega$ den Dielektrizitätstensor berechnen. Wir werden dabei die Summe über die Teilchenarten explizit ausrechnen. Wir wissen bereits, daß $\omega/k \approx v_A$. Wenn wir nun noch von $\beta_i (\equiv n_i T_i/(B^2/2\mu_0)) \ll 1$ und $\beta_e (\equiv n_e T_e/(B^2/2\mu_0)) \gg m/M$ ausgehen, folgt $v_{t,i} \ll v_A$ und $v_{t,e} \gg v_A$. Ferner wollen wir annehmen, daß $\beta_e \ll 1$ und deshalb $C_s \ll v_A$, $\beta_i \gg m/M$ und $\epsilon_\perp = \epsilon_0 + n_0 M/B_0^2 \gg \epsilon_0$ gilt. Durch diese Annahmen wird die Rechnung ganz wesentlich erleichtert.

Aufgabe 18.6 Beweisen Sie, daß aus $\beta_i \ll 1$ und $\beta_e \gg m/M$ folgt, daß $v_{t,i} \ll v_A$ und $v_{t,e} \gg v_A$.

Der Dielektrizitätstensor eines warmen Plasmas hat bei niedrigen Frequenzen die Komponenten

$$
\begin{aligned}
\epsilon_{xx} = \; & \epsilon_0 + \sum_s \frac{n_0 m}{B_0^2} \simeq \epsilon_0 + \frac{n_{i0}M}{B_0^2} \simeq \frac{n_{i0}M}{B_0^2} \qquad \epsilon_{xy} = \epsilon_{yx} = 0 \\
\epsilon_{xz} = \; & \epsilon_{zx} = \sum_s \frac{n_0 m}{B_0^2}\frac{k^2\gamma T\sin\theta\cos\theta}{(\omega^2 m - k^2\gamma T\cos^2\theta)} \\
\simeq \; & \frac{n_{i0}M}{B_0^2}\left(\frac{k^2\gamma_i T_i\sin\theta\cos\theta}{\omega^2 M}\right) - \frac{n_{e0}m}{B_0^2}\left(\frac{\sin\theta}{\cos\theta}\right) \simeq \frac{n_{i0}M}{B_0^2}\left(\frac{k^2\gamma_i v_{t,i}^2\sin\theta\cos\theta}{\omega^2}\right) \\
\epsilon_{yy} = \; & \epsilon_0 + \sum_s \frac{n_0 m}{B_0^2}\frac{\omega^2 m - k^2\gamma T}{(\omega^2 m - k^2\gamma T\cos^2\theta)} \simeq \frac{n_{i0}M}{B_0^2}\left(1 - \frac{k^2\gamma_i v_{t,i}^2\sin^2\theta}{\omega^2}\right) \\
\epsilon_{yz} = \; & -\epsilon_{zy} = -\mathrm{i}\sum_s \frac{n_0 q}{\omega B_0}\frac{k^2\gamma T\sin\theta\cos\theta}{(\omega^2 m - k^2\gamma T\cos^2\theta)} \\
\simeq \; & -\mathrm{i}\frac{n_{e0}e}{\omega B_0}\left(\frac{\sin\theta}{\cos\theta}\right) - \mathrm{i}\frac{n_{i0}e}{\omega B_0}\left(\frac{k^2\gamma_i v_{t,i}^2\sin\theta\cos\theta}{\omega^2}\right) - \mathrm{i}\frac{n_{e0}e}{\omega B_0}\left(\frac{\omega^2\sin\theta}{k^2\gamma_e v_{t,e}^2\cos^3\theta}\right) \\
\epsilon_{zz} \simeq \; & \epsilon_0 - \sum_s \frac{nq^2}{\omega^2 m - k^2\gamma T\cos^2\theta} = \epsilon_0 + \frac{n_e e^2}{k^2\gamma_e T_e\cos^2\theta} - \frac{n_i e^2}{\omega^2 M} \simeq \frac{n_e e^2/m}{k^2\gamma_e v_{t,e}^2\cos^2\theta} .
\end{aligned}
\tag{18.53}
$$

In die Berechnung von ϵ_{xx} ist $M \gg m$ eingegangen. Bei der Berechnung von $\epsilon_{xy} = \epsilon_{yx}$ haben sich die Beiträge der $\boldsymbol{E}_1 \times \boldsymbol{B}_0$-Drift der Ionen und Elektronen zum Strom gegenseitig weggehoben. Bei der Bestimmung der Komponenten $\epsilon_{xz} = \epsilon_{zx}$ war $\beta_i \gg m/M$ hilfreich; bei ϵ_{yy} war es $M \gg m$ und bei ϵ_{zz} $\beta_i \gg m/M$. Wir haben immer bis zur ersten Ordnung in $(v_{t,i}/v_A)^2$ und $(v_A/v_{t,e})^2$ gerechnet.

Wenn wir die Wellengleichung (18.30) in der dimensionslosen Form

$$\| \frac{\omega^2 \mu_0 \underline{\epsilon}}{k^2} - X \| = 0 \tag{18.54}$$

schreiben, können wir die jeweiligen Größenordnungen der Matrixelemente für $\omega/k \approx v_A$ wie folgt abschätzen:

xx-Term
$O(\omega^2 \mu_0 \epsilon_{xx}/k^2 - \cos^2\theta) = 1$

xz- und zx-Term
$O(\omega^2 \mu_0 \epsilon_{xz}/k^2 + \sin\theta\cos\theta) = O(\omega^2 \mu_0 \epsilon_{zx}/k^2 + \sin\theta\cos\theta) = 1$ (mit einem Plasmaterm der Ordnung $(v_{t,i}/v_A)^2$)

yy-Term
$O(\omega^2 \mu_0 \epsilon_{yy}/k^2 - 1) = 1$ (mit einem Korrekturterm der Ordnung $(v_{t,i}/v_A)^2$)

yz- und zy-Term
$O(\omega^2 \mu_0 \epsilon_{yz}/k^2) = O(\omega^2 \mu_0 \epsilon_{zy}/k^2) = \Omega_c/\omega$ (mit Korrekturtermen der Ordnung $(\Omega_c/\omega)\,(v_{t,i}/v_A)^2$ und $(\Omega_c/\omega)(v_A/v_{t,e})^2$).

Die Ordnungen der Terme, die in die Determinante eingehen sind:

$O[(xx)(yy)(zz)] = (\Omega_c/\omega)(v_A/C_s)^2$ (mit einer Korrektur der Ordnung $(\Omega_c/\omega)^2$)

$O[-(xz)(yy)(zx)] = 1$ (mit einem Korrekturterm der Ordnung $(v_{t,i}/v_A)^2$)

$O[-(xx)(zy)(yz)] = (\Omega_c/\omega)^2$ (mit Korrekturtermen der Ordnung $(\Omega_c/\omega)^2(v_{t,i}/v_A)$ und $(\Omega_c/\omega)^2(v_A/v_{t,e})^2$) .

Offensichtlich kann der zweite Term der Determinante im Vergleich mit den anderen vernachlässigt werden. Wir können die Dispersionsrelation also als

$$(\frac{\omega^2 \mu_0 \epsilon_{xx}}{k^2} - \cos^2\theta)[(\frac{\omega^2 \mu_0 \epsilon_{yy}}{k^2} - 1)(\frac{\omega^2 \mu_0 \epsilon_{zz}}{k^2} - \sin^2\theta) - \left(\frac{\omega^2 \mu_0}{k^2}\right)^2 \epsilon_{yz}\epsilon_{zy}] = 0 \tag{18.55}$$

schreiben. Wenn wir den ersten Term in Klammern zu Null setzen, erhalten wir linear polarisierte Alfvén-Scherwellen im Grenzfall niedriger Frequenz.

$$\omega = k v_A \cos\theta = k_\| v_A \tag{18.56}$$

Das bedeutet, daß das einzige nicht verschwindende elektrische Feld in x-Richtung zeigt und zu einer divergenzfreien $\boldsymbol{E}_1 \times \boldsymbol{B}_0$-Drift in y-Richtung führt, da $\boldsymbol{k}$ nur Komponenten in x- und z-Richtung hat. (18.56) beschreibt Alfvén-Scherwellen mit beliebiger Ausbreitungsrichtung. Bei niedriger Frequenz führen auch diese linear polarisierten Wellen nicht zu einer Kompression. Wegen unserer Näherung $kr_L \ll 1$ erhalten wir keine Effekte, die nur in warmen Plasmen auftreten.

Wenn wir den Term in den eckigen Klammern in (18.55) zu Null setzen, kann es nicht verschwindende E_y und E_z geben. Durch die $\boldsymbol{E}_1 \times \boldsymbol{B}_0$-Drift in x-Richtung führt E_y zu einer Kompression. Wenn k_z von Null verschieden ist, gibt es einen Dichtegradienten längs $\boldsymbol{B}_0$. Wegen $v_{t,e} \gg v_p \gg v_{t,i}$ können die Ionen den Dichtegradienten nicht ausgleichen, und es stellt sich eine Boltzmann-Verteilung der Elektronen längs $\boldsymbol{B}_0$ ein. Das wiederum führt zu einem Feld E_z. Weil ϵ_{zz} groß ist, ist dieses Feld deutlich schwächer als E_y. Die Dispersionsrelation dieser Kompressionswellen lautet in niedrigster Ordnung

$$\begin{aligned}\left[\frac{\omega^2\mu_0}{k^2}\frac{n_{i0}M}{B_0^2}\left(1-\frac{k^2\gamma_i v_{t,i}^2\sin^2\theta}{\omega^2}\right)-1\right]\left(\frac{\omega^2\mu_0}{k^2}\frac{n_{e0}e^2}{mk^2\gamma_e v_{t,e}^2\cos^2\theta}-\sin^2\theta\right)& \\ =\frac{\omega^2\mu_0^2}{k^4}\frac{n_{e0}^2e^2}{B_0^2}\frac{\sin^2\theta}{\cos^2\theta}\,.&\end{aligned} \tag{18.57}$$

Wenn wir den $\sin^2\theta$-Term auf der linken Seite vernachlässigen, da er um einen Faktor $(C_s/v_A)^2 \cdot (\omega/\Omega_c)^2$ kleiner ist als die anderen Terme, erhalten wir

$$\begin{aligned}\frac{\omega^2\mu_0}{k^2}\frac{n_{i,0}M}{B_0^2}\left(1-\frac{k^2\gamma_i v_{t,i}^2\sin^2\theta}{\omega^2}\right)-1 &\simeq \frac{\mu_0 n_{e0} m\gamma_e v_{t,e}^2\sin^2\theta}{B_0^2}\\ \frac{\omega^2}{k^2}\left(1-\frac{k^2\gamma_i v_{t,i}^2\sin^2\theta}{\omega^2}\right) &= \frac{B_0^2}{\mu_0 n_{i0}M}+\frac{m\gamma_e v_{t,e}^2\sin^2\theta}{M}\\ \frac{\omega^2}{k^2} &= v_A^2+(\gamma_i v_{t,i}^2+\gamma_e C_s^2)\sin^2\theta\,.\end{aligned}$$

Hier gilt $C_s^2 \equiv T_e/M$. Für $\theta = 0$ wird das Plasma nicht komprimiert. Wie wir schon bei der Untersuchung der Alfvénwellen, die sich parallel zu $\boldsymbol{B}_0$ ausbreiten gesehen hatten, spielt die Temperatur bei diesen Wellen keine Rolle. In einem kalten Plasma hängt die Phasengeschwindigkeit nicht vom Winkel ab; sie nimmt in einem warmen Plasma zu, wenn der Winkel zwischen Magnetfeld und Welle zunimmt. Das liegt daran, daß durch eine Krümmung der Feldlinien des Magnetfeldes im Gegensatz zu einer Kompression keine Energie gespeichert wird. Jetzt wird noch deutlicher, weshalb die Kompressions-Alfvénwellen als „Magnet + Schall“ = „Magnet-Schallwellen“ bezeichnet werden. Die Werte, die man für γ_e und γ_i einsetzen muß, hängen vom Winkel zwischen der Ausbreitungsrichtung der Wellen und $\boldsymbol{B}_0$ ab (wenn der Winkel nicht mehr senkrecht ist, werden die Elektronen isotherm $\gamma_e = 1$, da wir davon ausgehen, daß die Phasengeschwindigkeit im Vergleich zur thermischen Geschwindigkeit der Elektronen gering ist). γ_i und γ_e hängen auch vom Verhältnis der Frequenz der Wellen und der Elektron-Elektron- und Ion-Ion-Stoß-Frequenzen ab.

18.7 Schnelle und langsame Wellen

Wir wollen nun den Übergang der Alfvén-L- und R-Scherwellen in Magnet-Schallwellen betrachten, während θ von 0 auf $\pi/2$ anwächst. Die R-Welle, deren Resonanz bei ω_c liegt, transformiert sich in eine Magnet-Schallwelle, deren Resonanz an der unteren Hybridfrequenz ω_{lh} eintritt (im Gegensatz zu den Cutoffs dürfen die Resonanzen ja vom Winkel θ abhängen). Bis auf den Bereich in der Nähe der Resonanz, wo $k \to \infty$ und die Ausbreitungsgeschwindigkeit gering ist, werden diese Wellen manchmal als schnelle Wellen bezeichnet. Die L-Welle, deren

Resonanz für $\theta = 0$ bei Ω_c liegt, bleibt weiterhin, wie die Alfvénwellen, nicht komprimierend und verschwindet, während θ von 0 bis $\pi/2$ anwächst, in der $\omega = 0$-Achse. Deshalb werden diese Wellen manchmal als langsame Wellen bezeichnet. Bei sehr niedrigen Frequenzen ($\omega \ll \Omega_c$) beschreibt man diese Wellen am besten als linear polarisierte Kompressions- und Scherwellen. Im Grenzfall des kalten Plasmas gilt für die Kompressionswellen $\omega = kv_A$ und für die Scherwellen $\omega = k_\parallel v_A$.

Aufgabe 18.7 Zeigen Sie, daß es im Grenzfall $\omega \ll \Omega_c$, $T = 0$ zwei Sorten linear polarisierter Alfvénwellen mit $\omega = kv_A$ bzw. $\omega = k_\parallel v_A$ gibt. Zeigen Sie, daß die Strömung der Flüssigkeit im ersten Fall zu einer Kompression führt und im zweiten nicht. Gehen Sie dabei vom Dielektrizitätstensor eines kalten Plasmas aus ((18.16)). Können Sie physikalisch erklären, weshalb sich die Alfvén-Scherwellen langsamer ausbreiten, wenn $k_\parallel$ abnimmt?

Im allgemeinen gibt es in einem kalten Plasma bei vorgegebener Frequenz, Plasmaparametern (ω_c,ω_p,m/M) und Ausbreitungswinkel θ nicht mehr als zwei Arten von Wellen mit unterschiedlichen k. Auch wenn θ variiert wird, bleiben die Werte von k immer unterschiedlich, man kann daher den Zweig mit kleinem k als langsame und den Zweig mit großem k als schnelle Wellen bezeichnen. Für $\theta = 0$ handelt es sich dabei um die R- und L-Wellen, für $\theta = \pi/2$ um die O- und X-Wellen. Die Einteilung der R-, L-, O- und X-Wellen in langsame und schnelle Wellen und die stetigen Übergänge der O- und X-Wellen bei $\theta = \pi/2$ sowie der R- und L-Wellen bei $\theta = 0$ hängen sowohl von ω als auch von den Plasmaparametern ab.

Zum Schluß wollen wir noch auf die praktische Bedeutung der von uns untersuchten Resonanzen bei niedrigen Frequenzen eingehen. Wir hatten weiter oben festgestellt, daß die L-Alfvén-Scherwellen eine Resonanz bei $\omega = \Omega_c$ haben und wir haben gerade hergeleitet, daß die Kompressions-Alfvénwellen bei ω_{lh} resonieren. Da das Heizen des Plasmas bei jedem Fusionsexperiment eine große Rolle spielt, sind die Resonanzen dort von großer Bedeutung. Leistungsfähige Mikrowellensender im Frequenzbereich von einigen 10 bis 100 Gigahertz sind schwer zu konstruieren, weil die Komponenten dabei sowohl klein als auch hoch leistungsfähig sein müssen. Im Gegensatz dazu sind Sender im Megahertzbereich erhältlich und werden im Bereich der Kommunikation kommerziell eingesetzt. Es gibt also gute Gründe dafür, bei Ω_c oder ω_{lh} zu heizen, obwohl die Physik in diesem Bereich wesentlich komplizierter ist als bei ω_c oder ω_h. Die Ausbreitung der Wellen in Richtung der Resonanzregion ist in realen Geometrien sehr kompliziert und der Mechanismus der Aufheizung an der Resonanz kann sehr stark von den Plasmaparametern abhängen. Auf diesem Gebiet wird sowohl in der theoretischen als auch in der experimentellen Plasmaphysik geforscht.

Wir wollen unsere Ergebnisse über Wellen mit $\boldsymbol{k} \perp \boldsymbol{B}_0$ in einem kalten Plasma noch einmal zusammenstellen:

O-Wellen ($\boldsymbol{E}_1 \perp \boldsymbol{B}_0, \boldsymbol{k} \parallel \boldsymbol{B}_0$) (ein Frequenzbereich)
$\omega > \omega_p$ (hoher Frequenzbereich)
$v_p \to c$ für $\omega \to \infty$
X-Wellen ($\boldsymbol{E}_1 \perp \boldsymbol{B}_0, \boldsymbol{k} \parallel \boldsymbol{B}_0$) (3 Frequenzbereiche)
$\omega > \omega_R$ (hoher Frequenzbereich)
$v_p \to c$ für $\omega \to \infty$
$\omega < \omega_h$ mittlerer Frequenzbereich
$\omega > \omega_L$ $v_p = c$ bei $\omega = \omega_p$
$\omega < \omega_{lh}$ Kompressions-Alfvén- bzw. Magnet-Schallwellen
$v_p \to v_A$ für $\omega \to 0$.

Für $\omega \ll \Omega_c$ kann man die Alfvénwellen in zwei linear polarisierte Wellen zerlegen, die bei einer Änderung des Winkels erhalten bleiben. Unabhängig vom Winkel breiten sich die Alfvén-Scherwellen mit $\omega = k_{\parallel} v_A$ und die Kompressions-Alfvénwellen mit $\omega = k v_A$ aus. Für $\theta \neq 0$ werden die Kompressionswellen in einem warmen Plasma schneller.

Wenn wir die Cutoffs der Wellen mit $\boldsymbol{k} \parallel \boldsymbol{B}_0$ und $\boldsymbol{k} \perp \boldsymbol{B}_0$ nach aufsteigender Frequenz ordnen, erhalten wir ω_L, ω_p, ω_R. Die Cutoffs hängen nicht von θ ab. Die Resonanzen für $\theta = 0$ und $\pi/2$ sind Ω_c, ω_{lh}, ω_c und ω_h (für die Langmuir-Schwingung ist ω_p sowohl Cutoff als auch Resonanz). Die Resonanzen hängen von θ ab.

Aufgabe 18.8 Zeigen Sie, daß die untere Hybridresonanz der X-Wellen rein elektrostatisch ist.

Aufgabe 18.9 Benutzen Sie COLDWAVE, um die Abhängigkeit der Resonanzen von θ zu untersuchen. Betrachten Sie sowohl $\omega_c = 2\omega_p$ als auch $\omega_c = \omega_p/2$. Tragen Sie die Resonanzfrequenzen gegen θ auf. (Betrachten Sie die Umgebung von $\theta = 90°$, die mit der Ionen-Larmor-Resonanz bei $\theta = 0°$ in Verbindung steht. Dieser Bereich wird auch als Alfvén-Resonanz bezeichnet, da er von der Larmor-Bewegung entkoppelt ist.)

Es gibt viele interessante und praktisch bedeutsame Aspekte der Ausbreitung von Wellen in einem Plasma, die in einem einführenden Buch nicht behandelt werden können. In dem Buch von T.H. Stix (*Waves in Plasmas*, American Institute of Physics, New York 1992) finden Sie eine vollständige Übersicht über dieses Gebiet.

Instabilität in flüssigen Plasmen

Im vierten Teil dieses Buches haben wir unterschiedliche wellenförmige Störungen eines flüssigen Plasmas mit kleiner Amplitude untersucht. Da sich das Plasma ohne diese Störungen im Gleichgewicht befindet, müssen sie von außen angeregt werden. Im einfachsten Falle eines räumlich homogenen Plasmas konnten wir diese Störungen mit Hilfe einer Fourier-Transformation in ebene Wellen zerlegen, deren Frequenzen ω und Wellenvektoren $\boldsymbol{k}$ einer Dispersionsrelation genügen. Die Dispersionsrelationen $\omega \equiv \omega(\boldsymbol{k})$ führten für reelle $\boldsymbol{k}$ in fast allen Fällen zu reellen Werten für ω. Die Amplitude einer Welle mit nur einem $\boldsymbol{k}$ war also zeitlich konstant.

Bei einigen räumlich stark inhomogenen Plasmen gibt es Störungen, deren Dispersionsrelation zu komplexen Werten von ω mit positivem Imaginärteil γ führt. Diese Störungen wachsen wie $\exp(\gamma t)$. Da die infinitesimal kleinen Schwankungen, die nötig sind, um diese Störungen zu erzeugen, immer vorhanden sind, können diese Störungen spontan anwachsen. Sie entsprechen den Instabilitäten des Plasmas.

In diesem Abschnitt wollen wir drei Arten von Instabilitäten eines inhomogenen, als Flüssigkeit beschriebenen Plasmas betrachten, die ihre Energie aus unterschiedlichen Quellen beziehen. Die Rayleigh-Taylor-Instabilität wird von der thermischen Energie eines Plasmas, das in einem gekrümmten Magnetfeld eingeschlossen ist, oder von der potentiellen Energie der Gravitation gespeist. Die resistive Instabilität gewinnt ihre Energie aus inhomogenen Magnetfeldern, die resistive Driftinstabilität destabilisiert Wellen, die sich mit der diamagnetischen Geschwindigkeit bewegen und greift dabei auf die thermische Energie zurück, die mit einem Druckgradienten im Plasma verbunden ist.

19 Die Rayleigh-Taylor-Instabilität

In Kapitel 9 haben wir gelernt, daß das magnetohydrodynamische Gleichgewicht eines Plasmas selbstkonsistent sein muß, da die Ströme im Plasma das Magnetfeld, in das das Plasma eingebettet ist, beeinflußen. Ein statisches magnetohydrodynamisches Gleichgewicht (Strömungsgeschwindigkeit $\boldsymbol{u} = 0$, also $\boldsymbol{E} = 0$) kommt zustande, wenn die Druckgradienten im Plasma durch die magnetischen $\boldsymbol{j} \times \boldsymbol{B}$-Kräfte ausgeglichen werden.

Auch wenn es ein magnetohydrodynamisches Gleichgewicht gibt, kann eine Instabilität zu einer spontanen Erzeugung von $\boldsymbol{E}$-Feldern und damit zu einer Strömungsgeschwindigkeit $\boldsymbol{u}$ führen. Selbst wenn das Plasma nur schwach gestört wird, kann diese Bewegung das Magnetfeld deformieren und dadurch Kräfte hervorrufen, die die ursprüngliche Störung verstärken. Dieses Phänomen wird als magnetohydrodynamische (MHD-)Instabilität bezeichnet.

Da die magnetohydrodynamischen Gleichungen sehr komplex sind, können wir in der Regel nur die lineare Stabilität, d.h. die Stabilität gegenüber infinitesimal kleinen Störungen, in recht einfachen Geometrien analytisch behandeln. In räumlich homogenen Plasmen sind infinitesimale Störungen meistens wellenförmig. Wie wir in Kapitel 15 gezeigt haben, hat eine ebene Welle mit nur einem Wellenvektor $\boldsymbol{k}$ normalerweise nur eine einzige Frequenz ω. Diese Welle ist die Normalmode des homogenen Plasmas. Bei einem inhomogenen Plasma, wie wir es in diesem Kapitel betrachten wollen, muß man die Eigenfunktionen der Normalmoden der Störung, die mit einer einzigen, möglicherweise komplexen Frequenz ω schwingen (oder anwachsen) und die räumliche Struktur in Richtung der Inhomogenität beschreiben, bestimmen.

Die Theorie der magnetohydrodynamischen Stabilität ist für eine ganze Reihe von Plasmen sowohl analytisch als auch numerisch mit Hilfe eines Variationsprinzips, das als das MHD-Energieprinzip bezeichnet wird, untersucht worden. Das MHD-Energieprinzip wurde von I. B. Bernstein, E. A. Frieman, M. D. Kruskal und R. M. Kulsrud (*Proc. R. Soc.* (London), A **744** (1958) 17) eingeführt. Das Energieprinzip liegt aber außerhalb dessen, was wir in diesem Buch behandeln können. Wir werden uns daher auf einfache Geometrien beschränken, bei denen wir die Normalmoden explizit berechnen können. Diese Ergebnisse werden wir dann mit Hilfe allgemeiner Argumente auf andere Geometrien übertragen.

19.1 Die Rayleigh-Taylor-Gravitationsinstabilität

Die wichtigste MHD-Instabilität ist wohl die Rayleigh-Taylor- (oder Gravitations-) Instabilität. In der normalen Hydrodynamik kommt es zu einer Rayleigh-Taylor-Instabilität, wenn eine Schicht mit größerer Dichte über einer Schicht mit geringerer Dichte liegt. Die Grenzfläche wird zuerst wellig und dann kann die dichtere Flüssigkeit durch die weniger dichte Flüssigkeit nach unten „fallen". In Plasmen kann es zu einer Rayleigh-Taylor-Instabilität kommen, wenn ein dichtes Plasma von einem Magnetfeld hochgehalten wird.

Da die Gravitation in der Plasmaphysik nur von geringer Bedeutung ist, scheint diese Art von Instabilität zunächst nicht besonders wichtig zu sein. In einem gekrümmten Magnetfeld entsteht jedoch wegen der Bewegung der Teilchen längs der Feldlinien eine Zentrifugalkraft, die wie eine Gravitationskraft wirkt. (Dies kann man auch anders beschreiben, indem man bemerkt,

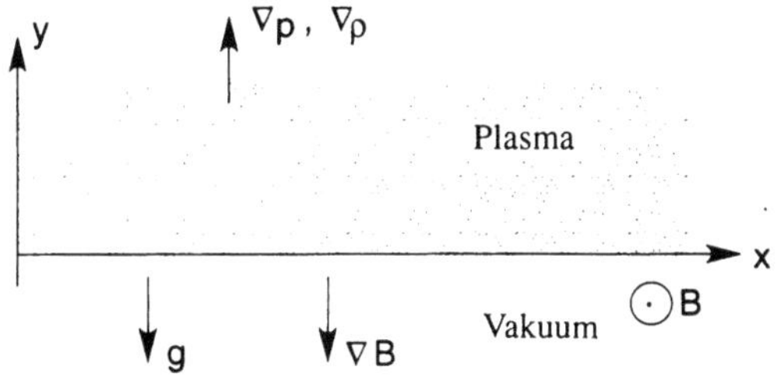

Bild 19.1
Eine Gleichgewichtssituation, in der das Plasma von einem Magnetfeld hochgehalten wird

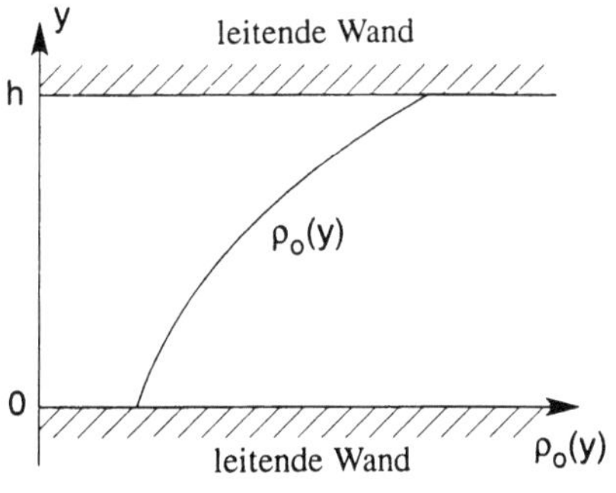

Bild 19.2
Das Profil der Massendichte des Plasmas zwischen leitenden Wänden bei $y = 0$ und $y = h$

daß die Driften der Elektronen und Ionen aufgrund des Gradienten und der Krümmung des Magnetfeldes ($\nabla \boldsymbol{B}$- und Krümmungsdrift s. Kapitel 2 und 3) der durch das Schwerefeld erzeugten Drift (Gravitationsdrift) ähneln.) Aus diesem Grund können wir durch eine Untersuchung der Rayleigh-Taylor-Instabilität gleichzeitig etwas über die Stabilität von Plasmen in gekrümmten Magnetfeldern lernen. Rayleigh-Taylor-Instabilitäten, die durch Feldkrümmung hervorgerufen werden, sind die wichtigsten MHD-Instabilitäten in inhomogenen Plasmen.

Wir betrachten zunächst den einfachsten Fall eines in y-Richtung inhomogenen Plasmas, das in einem Magnetfeld in z-Richtung liegt. Unser Dichtegradient $\nabla\rho$ soll in y-Richtung zeigen und der Gravitationsbeschleunigung $\boldsymbol{g}$ entgegengerichtet sein. Es handelt sich also um ein Plasma, das, wie das in Bild 19.1 abgebildete, von einem Magnetfeld hochgehalten wird. In Bild 19.1 ist eine scharfe Grenzlinie zwischen dem Plasma und dem Vakuum dargestellt. Dabei handelt es sich nur um eine mögliche Situation; das Dichteprofil $\rho_0(y)$ kann genau so gut eine stetige Funktion von y sein. Wir wollen bei unserer Rechnung davon ausgehen, daß das Dichteprofil exponentiell verläuft.

$$\rho_0(y) \sim \mathrm{e}^{y/s} \tag{19.1}$$

Dabei ist s die Skalenlänge des Dichtegradienten. Das Plasma soll, wie in Bild 19.2 dargestellt, durch leitende Wände bei $y = 0$ und $y = h$ begrenzt werden.

Im Gleichgewicht gilt $\boldsymbol{u}_0 = 0$ und p_0, B_0 und ρ_0 hängen nur von y ab (Der untere Index 0 bezeichnet Gleichgewichtsgrößen). Wenn wir im Druckgleichgewicht (s. Kapitel 9) auch die Gravitationskraft berücksichtigen, erhalten wir

$$\frac{\partial}{\partial y}\left(p_0 + \frac{B_0^2}{2\mu_0}\right) + \rho_0 g = 0\,. \tag{19.2}$$

g ist die Gravitationskonstante, es gilt also $\boldsymbol{g} = -g\hat{\boldsymbol{y}}$. Aus Gleichung (19.2) und mit einem Blick auf die Bilder 19.1 und 19.2 wissen wir, daß die Feldstärke B_0 (zur Erzeugung des Druckgradienten und zum Ausgleich der Gravitationskraft) im Vakuum größer sein muß als im Plasma. Es gilt also $\partial B_0/\partial y < 0$.

Wir wollen nun mit einer linearen Stabilitätsbetrachtung dieses Gleichgewichts für kleine Amplituden beginnen. Wir gehen davon aus, daß das Plasmagleichgewicht so gestört wird, daß alle Größen (Dichten, Felder, ...) infinitesimal von ihrem Gleichgewichtswert abweichen. Wir werden alle Produkte zweier oder mehrerer infinitesimaler Größen vernachlässigen (es handelt sich schließlich um eine lineare Betrachtung). Im Gegensatz zum Gleichgewicht sind die Störungen zeitabhängig. Aus den linearisierten Gleichungen erhalten wir drei unterschiedliche Arten von Zeitabhängigkeit gestörter Größen. Die Zeitabhängigkeit einer gestörten Größe kann aber immer in der Form $\psi \sim \exp(-\mathrm{i}\omega t)$ geschrieben werden. Eine reelle Frequenz ω führt zu einer schwingenden Störung, wenn ω einen positiven Imaginärteil hat, wächst die Störung exponentiell (Instabilität); ein negativer Imaginärteil von ω entspricht einer gedämpften Störung.

Wenn das Gleichgewicht in einer Richtung, etwa der x-Richtung, räumlich homogen ist, sind die räumlichen Eigenfunktionen des linearisierten Gleichungssystems in x sinusförmig. Das heißt, sie können als $\psi \sim \exp(\mathrm{i}kx)$ geschrieben werden. k ist die Wellenzahl. Wenn das Gleichgewicht nicht nur homogen, sondern in x-Richtung auch unendlich ausgedehnt ist, können alle reellen Werte von k vorkommen. Bei Stabilitätsanalysen dieser Art geht man deshalb im allgemeinen davon aus, daß sich die gestörte Größe wie

$$\psi \sim \hat{\psi}(y)\, \mathrm{e}^{\mathrm{i}kx-\mathrm{i}\omega t} \tag{19.3}$$

verhält. Die komplexe Frequenz ω muß noch bestimmt werden. Wenn sich herausstellt, daß ω imaginär ist (d.h. einen positiven Imaginärteil hat) ist das System instabil.

Da das Gleichgewicht, das wir untersuchen wollen, räumlich homogen und in x-Richtung unendlich ausgedehnt ist, wählen wir diese Funktionen für alle gestörten Größen. Ferner ist die Dynamik der Rayleigh-Taylor-Instabilität rein zweidimensional. Es gibt keine Ortsabhängigkeit (des Gleichgewichts oder der gestörten Größen) längs des Magnetfeldes (z-Richtung). Eine allgemeinere Störung ist von der Form

$$\psi \sim \hat{\psi}(y)\, \mathrm{e}^{\mathrm{i}k_x x+\mathrm{i}k_z z-\mathrm{i}\omega t}\,, \tag{19.4}$$

wir können aber von $k_z = 0$ ausgehen. Die Eigenfunktionen $\hat{\psi}(y)$ werden bestimmt, indem man Lösungen findet, die Normalmoden entsprechen, d.h. Störungen, bei denen nur eine einzige (komplexe) Frequenz ω auftritt.

Wir müssen also Störungen des in Bild 19.1 und 19.2 abgebildeten Gleichgewichts suchen, bei denen alle Größen (Dichten, Drücke, Felder, ...) von der Form

$$f = f_0(y) + f_1(y)\, \mathrm{e}^{\mathrm{i}kx-\mathrm{i}\omega t} \tag{19.5}$$

sind. Der untere Index 1 steht dabei für eine kleine Störung. Wir haben den Index bei k_x weggelassen und schreiben stattdessen einfach k für die x-Komponente des $\boldsymbol{k}$-Vektors. Solche Lösungen beschreiben wellenförmige Störungen der Grenzfläche zwischen Vakuum und Plasma (s. Bild 19.3). Wenn ω reell ist, bewegt sich die Störung in x-Richtung. Die wellenförmige Störung entsteht durch die periodische Auf- und Abbewegung (d.h. in y-Richtung) der Elemente des Plasmas. Die Plasmaelemente selber müssen sich dabei nicht wesentlich in x-Richtung bewegen. (Dies entspricht der Situation bei Oberflächenwellen auf Wasser. Das Wasser bewegt sich nach oben und unten, aber solange die Wellenlänge im Verhältnis zur Tiefe des Wassers klein ist, nicht wesentlich zur Seite.) Wenn ω rein imaginär ist, wächst die Amplitude der Störung, aber das Wellenmuster bewegt sich nicht in x-Richtung.

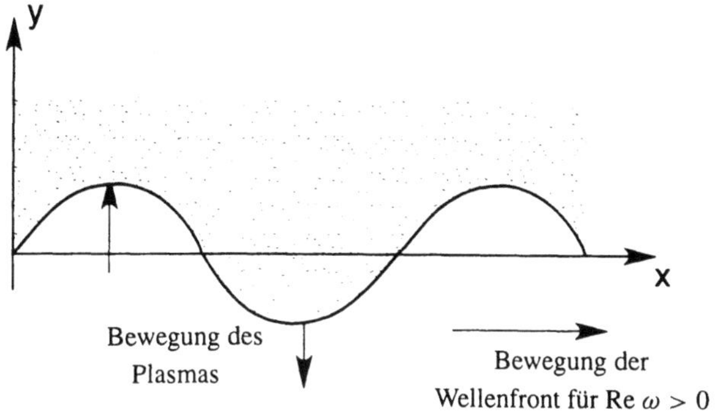

Bild 19.3
Eine wellenförmige Störung der Plasma-Vakuum-Grenzfläche aus Bild 19.1

Wir können die Situation ganz wesentlich vereinfachen, indem wir uns überlegen, daß die Feldlinien durch diese Art von Störung nicht verbogen werden. Intuitiv ist das sofort einleuchtend, denn wir hatten gezeigt, daß die Elemente des Plasmas bei einer idealen (unendliche Leitfähigkeit) magnetohydrodynamischen Bewegung auf ihrer anfänglichen Feldlinie verharren. Wenn sich nun das Plasma einfach nur nach oben und unten bewegt und das Wellenmuster in z-Richtung unendlich ausgedehnt ist, gibt es keinen Grund dafür, daß sich die Feldlinien verbiegen sollten. Dieses Ergebnis können wir auch formal herleiten, indem wir jede Komponente der linearisierten Version der üblichen Kombination des Faraday-Gesetzes und des Ohmschen Gesetzes der idealen MHD betrachten.

$$\frac{\partial \boldsymbol{B}_1}{\partial t} = \nabla \times (\boldsymbol{u}_1 \times \boldsymbol{B}_0) = (\boldsymbol{B}_0 \cdot \nabla)\boldsymbol{u}_1 - (\boldsymbol{u}_1 \cdot \nabla)\boldsymbol{B}_0 - \boldsymbol{B}_0(\nabla \cdot \boldsymbol{u}_1) \tag{19.6}$$

Wir haben hier einen Term in $\nabla \cdot \boldsymbol{B}_0$ auf der rechten Seite weggelassen. (Im Gleichgewicht verschwindet die Plasmageschwindigkeit, es gibt daher nur einen Störungsanteil $\boldsymbol{u}_1$.) Wenn wir die x- und y-Komponenten von (19.6) betrachten, sehen wir, daß alle drei Terme auf der rechten Seite identisch verschwinden. Der erste Term auf der rechten Seite verschwindet wegen $\boldsymbol{B}_0 \cdot \nabla = B_0(\partial/\partial z) = 0$. Die x- und y-Komponenten des zweiten und dritten Termes verschwinden, weil $\boldsymbol{B}_0$ nur eine z-Komponente hat. Es können also keine B_x- oder B_y-Komponenten entstehen und die Feldlinien bleiben gerade.

Für gerade Feldlinien lautet die linearisierte Strömungsgleichung für eine Störung

$$\rho_0 \frac{\partial \boldsymbol{u}_1}{\partial t} = \rho_1 \boldsymbol{g} - \nabla \left(p_1 + \frac{B_0 B_{z1}}{\mu_0} \right) . \tag{19.7}$$

Wir haben hier die Störung des magnetischen Drucks linearisiert, d.h. $(B^2)_1 = 2B_0 B_{z1}$. Sowohl aus der x- als auch aus der y-Komponente dieser linearisierten Gleichung können wir wichtige Informationen gewinnen. Da wir im Moment jedoch keine zusätzliche Information über p_1 oder B_{z1} zur Verfügung haben, wollen wir diese beiden Größen aus unserer Gleichung entfernen, indem wir die z-Komponente der Rotation der Bewegungsgleichung betrachten. Wir wenden also auf beide Seiten von (19.7) den Operator $\hat{\boldsymbol{z}} \cdot \nabla \times$ an. Das bedeutet, daß wir die y-Komponente nach x ableiten und davon die y-Ableitung der x-Komponente abziehen. Dadurch verschwindet der Gradiententerm auf der rechten Seite, weil die Rotation eines Gradienten immer verschwindet. Übrig bleibt

$$-\mathrm{i}\omega \left(\mathrm{i}k\rho_0 u_y - \frac{\partial}{\partial y}(\rho_0 u_x) \right) = -\mathrm{i}k\rho_1 g . \tag{19.8}$$

Wir haben hier den unteren Index 1 an den Geschwindigkeitskomponenten weggelassen.

Wir wollen zunächst davon ausgehen, daß die Bewegung des Plasmas inkompressibel ist. D.h.

$$0 = \nabla \cdot \boldsymbol{u}_1 = \mathrm{i}ku_x + \frac{\partial u_y}{\partial y} \qquad u_x = \frac{\mathrm{i}}{k}\frac{\partial u_y}{\partial y}\,. \tag{19.9}$$

(Diese Annahme ersetzt die adiabatischen oder isothermen Zustandsgleichungen. Sie ist nur näherungsweise gültig; wir werden ihre Gültigkeit am Ende unserer Rechnung untersuchen.) Mit dieser Annahme können wir die Störung der Dichte aus der Kontinuitätsgleichung berechnen. Aus

$$\frac{\partial \rho_1}{\partial t} + \boldsymbol{u}_1 \cdot \nabla \rho_0 = 0 \tag{19.10}$$

folgt

$$-\mathrm{i}\omega\rho_1 = -u_y\frac{\partial \rho_0}{\partial y} = -\frac{\rho_0 u_y}{s} \qquad \rho_1 = \frac{\rho_0 u_y}{\mathrm{i}\omega s}\,. \tag{19.11}$$

Dabei sind wir von unserer speziellen Funktion $\rho_0(y)$ ausgegangen. Wenn wir ρ_1 aus der Kontinuitätsgleichung (19.11) und u_x aus (19.9) in die Bewegungsgleichung (19.8) einsetzen, erhalten wir

$$\frac{1}{\rho_0}\frac{\partial}{\partial y}\left(\rho_0\frac{\partial u_y}{\partial y}\right) - k^2\left(1 + \frac{g}{s\omega^2}\right)u_y = 0\,. \tag{19.12}$$

Dies ist eine Differentialgleichung zweiter Ordnung für eine Funktion $u_y(y)$ in Abhängigkeit der unbekannten skalaren Größe ω. Wir können sie lösen, sobald wir die Randbedingungen festgelegt haben. Die Differentialgleichung ist homogen, es ist daher nur für bestimmte diskrete Eigenwerte möglich, zwei Randbedingungen gleichzeitig zu befriedigen. Diese Eigenwerte sind die Menge der erlaubten Werte von ω. Wie wir in Bild 19.2 angedeutet haben, gehen wir davon aus, daß das Plasma von oben und unten durch leitende Wände bei $y = 0$ und $y = h$ eingeschlossen ist. (Es gibt kein elektrisches Feld $\boldsymbol{E}$ parallel zur Oberfläche einer leitenden Wand, deshalb muß die senkrechte Komponente der Plasmageschwindigkeit verschwinden. In bezug auf die Strömung handelt es sich also um eine Randbedingung.) Die Randbedingungen lauten also

$$u_y = 0 \qquad \text{bei} \quad y = 0,h\,. \tag{19.13}$$

Wir haben $\rho_0(y)$ so ausgesucht, daß die Differentialgleichung analytisch gelöst werden kann. Mit Hilfe des integrierenden Faktors $\exp(-y/2s)$ können wir diskrete Lösungen (Eigenfunktionen) von (19.2) der Form

$$u_y(y) = \sin\left(\frac{n\pi y}{h}\right)\,\mathrm{e}^{-\frac{y}{2s}} \tag{19.14}$$

für alle ganzzahligen n bestimmen. Die Eigenwerte, die die erlaubten Werte von $g/(s\omega^2)$ sind, werden aus

$$k^2\left(1 + \frac{g}{s\omega^2}\right) = -\frac{1}{4s^2} - \frac{n^2\pi^2}{h^2} \tag{19.15}$$

bestimmt.

Aufgabe 19.1 Leiten Sie (19.15) her, indem Sie (19.14) in (19.12) einsetzen.

Wenn wie bei dem in Bild 19.1 und 19.2 dargestellten Beispiel sowohl g als auch s positiv sind, gibt es keine Lösungen für positives ω^2. ω muß also imaginär sein. Wir lösen nach ω auf und erhalten

$$\omega = \pm \mathrm{i} \sqrt{\frac{g}{s} \frac{h^2 k^2}{n^2 \pi^2 + h^2 k^2 + h^2/4s^2}} . \tag{19.16}$$

Die Lösung mit positivem Imaginärteil entspricht einer exponentiell wachsenden Störung, d.h. einer Instabilität. Die Lösung mit negativem Imaginärteil entspricht einer abklingenden Störung, die uns hier nicht interessiert.

Die niedrigste Mode, die unsere Randbedingungen erfüllt ist die $n = 1$-Mode. Es ist die Mode mit der größten Wellenlänge in y-Richtung. Sie wächst schneller als Moden mit $n > 1$. Im allgemeinen sind die am schnellsten wachsenden Moden diejenigen mit den kürzesten Wellenlängen in x-Richtung (d.h. mit größeren Werten von k). Für alle Moden, deren Wellenlänge in x-Richtung kleiner als die Skalenlänge s der Dichte und als die Schichtdicke des Plasmas ist (d.h. diejenigen mit $hk \gg \pi$ und $ks \gg 1$), ist die Wachstumsgeschwindigkeit γ (der Imaginärteil von ω für die $n = 1$ Mode)

$$\gamma = \sqrt{\frac{g}{s}} . \tag{19.17}$$

Die Wachstumsperiode $\gamma^{-1} = (s/g)^{1/2}$ ist die Zeit, die ein freier Fall durch eine Schicht der Dicke s unter Einfluß der Beschleunigung g dauert.

Wenn das Vorzeichen von g oder s wechselt und wir eine, in Richtung der Gravitationskraft zunehmende, Plasmadichte haben, gibt es nur reelle Lösungen ω. Diese Konfiguration ist stabil und die Eigenmoden sind wellenförmige Störungen.

19.2 Die Bedeutung der Inkompressibilität für die Rayleigh-Taylor-Instabilität

Bei unserer Behandlung der Rayleigh-Taylor-Instabilität im vorigen Kapitel sind wir davon ausgegangen, daß das Plasma inkompressibel ist, d.h.

$$\nabla \cdot \boldsymbol{u} = 0 . \tag{19.18}$$

Wir werden nun untersuchen, ob diese Annahme zulässig ist.

Physikalisch handelt es sich um eine gute Näherung, denn die potentielle Energie eines Plasmas in einem Gravitationsfeld reicht weder aus, um die Erwärmung, die mit der Kompression eines Plasmas einhergehet, herbeizuführen, noch, um die Erhöhung der Energie des Magnetfeldes, die zur (notwendigen) Kompression der Feldlinien nötig ist, auszugleichen. Wir wollen den zweiten Effekt näher untersuchen, da er in einem Plasma mit kleinem β ($p \ll B^2/2\mu_0$) wichtiger ist.

Wir betrachten wieder die Situation aus Bild 19.1. Die Feldlinien bleiben also gerade und es entstehen keine Feldkomponenten B_x oder B_y. Wie üblich können wir die Störung von B_z aus den Gesetzen von Faraday und Ohm berechnen.

$$\frac{\partial \boldsymbol{B}_1}{\partial t} = \nabla \times (\boldsymbol{u}_1 \times \boldsymbol{B}_0) = (\boldsymbol{B}_0 \cdot \nabla)\boldsymbol{u}_1 - (\boldsymbol{u}_1 \cdot \nabla)\boldsymbol{B}_0 - \boldsymbol{B}_0(\nabla \cdot \boldsymbol{u}_1) \tag{19.19}$$

Die z-Komponente dieser Gleichung ist

$$\frac{\partial B_{1z}}{\partial t} + (\boldsymbol{u}_1 \cdot \nabla) B_0 = -\mathrm{i}\omega B_{z1} + u_y \frac{\partial B_0}{\partial y} = -B_0(\nabla \cdot \boldsymbol{u}_1)\,. \tag{19.20}$$

Das Magnetfeld wird also gemeinsam mit dem Plasma komprimiert und transportiert. Im folgenden werden wir wieder den unteren Index 1 an den Geschwindigkeitskomponenten weglassen.

Um für eine solche Kompression notwendige Energie mit der vorhandenen potentiellen Energie in Verbindung zu bringen, betrachten wir die einzelnen Komponenten der Bewegungsgleichung, wie beispielsweise die x-Komponente

$$\rho_0 \frac{\partial u_x}{\partial t} = -\frac{\partial}{\partial x}\left(p_1 + \frac{B_0 B_{z1}}{\mu_0}\right). \tag{19.21}$$

Diese Gleichung beschreibt das Gleichgewicht der Kräfte, die das Plasma und damit auch das Magnetfeld komprimieren mit denen des beschleunigenden oder sich verlangsamenden Flusses, der diese Kompression herbeiführt. Im letzten Abschnitt hatten wir p_1 und B_{z1} aus dieser Gleichung eliminiert, indem wir die x-Ableitung der y-Komponente der Bewegungsgleichung von der y-Ableitung der x-Komponente abgezogen hatten. Diesen Trick konnten wir benutzen, weil wir davon ausgingen, daß das Plasma inkompressibel ist. Wir mußten dann die Auswirkungen von p_1 und B_{z1} nicht mehr direkt berechnen. Hier müssen wir beide Größen beibehalten und arbeiten mit (19.21) in der Form

$$-\mathrm{i}\omega\rho_0 u_x \approx -\mathrm{i}k(p_1 + \frac{B_0 B_{z1}}{\mu_0})\,. \tag{19.22}$$

Um die Störung des Drucks p_1 zu bestimmen, benutzen wir die Adiabatengleichung eines Gases. Aus $\mathrm{d}p/\mathrm{d}t = (\gamma p/\rho)\mathrm{d}\rho/\mathrm{d}t$ folgt

$$\frac{\partial p_1}{\partial t} + (\boldsymbol{u}_1 \cdot \nabla) p_0 = -\mathrm{i}\omega p_1 + u_y \frac{\partial p_0}{\partial y} = -\gamma p_0(\nabla \cdot \boldsymbol{u}_1)\,. \tag{19.23}$$

Wir können nun die Gleichungen (19.20) und (19.23) für B_{z1} bzw. p_1 in (19.22) einsetzen und erhalten

$$\mathrm{i}ku_x = \frac{k^2}{\omega^2}\left(\frac{\gamma p_0}{\rho_0} + \frac{B_0^2}{\rho_0\mu_0}\right)\nabla \cdot \boldsymbol{u}_1 + \frac{k^2 u_y}{\omega^2 \rho_0}\frac{\partial}{\partial y}\left(p_0 + \frac{B_0^2}{2\mu_0}\right). \tag{19.24}$$

Den zweiten Term auf der rechten Seite können wir mit Hilfe der Gleichgewichtsrelation (19.2) vereinfachen. Für die Eigenfunktionen und Eigenwerte aus (19.14) und (19.16) ist dann der zweite Term auf der rechten Seite von (19.24) von der gleichen Größenordnung wie der Term auf der linken Seite. Der Koeffizient des ersten Terms auf der rechten Seite von (19.24) ist (für $p_0 \ll B_0^2/\mu_0$) aber etwa $k^2 B_0^2/\omega^2\rho_0\mu_0 = k^2 v_A^2/\omega^2$. Aus (19.24) folgt also, daß für die Größenordnungen

$$\frac{\nabla \cdot \boldsymbol{u}_1}{\mathrm{i}ku_x} \sim \frac{\omega^2}{k^2 v_A^2} \tag{19.25}$$

gilt. Dabei ist $v_A = B_0/(\rho_0\mu_0)^{1/2}$ die Alfvén-Geschwindigkeit. Wegen

$$\nabla \cdot \boldsymbol{u}_1 = ik u_x + \frac{\partial u_y}{\partial y}$$

drückt (19.25) die vernachlässigte Größe $\nabla \cdot \boldsymbol{u}_1$ als Bruchteil der beibehaltenen Größe iku_x aus. Der Bruch sagt uns also, wie gut unsere Näherung eines inkompressiblen Plasmas ist. Wenn der Bruch sehr klein ist, heben sich die beiden Terme in $\nabla \cdot \boldsymbol{u}_1$ fast vollständig gegenseitig weg, und $\nabla \cdot \boldsymbol{u}_1 = 0$ ist eine gute Näherung. Die Näherung eines inkompressiblen Plasmas ist also immer dann gut, wenn

$$|\omega^2| \ll k^2 v_A^2 \tag{19.26}$$

gilt. Umgekehrt führt ein Fluß mit endlicher Kompression, bei dem also $\nabla \boldsymbol{u}_1$ von der gleichen Größenordnung ist wie die anderen Größen, also beispielsweise iku_x, zu einer höher frequenten Welle, deren Phasengeschwindigkeit senkrecht zum Magnetfeld etwa so hoch ist wie die Alfvén-Geschwindigkeit. In der Sprache aus Kapitel 18 handelt es sich um eine Kompressions-Alfvén-Welle bzw. um eine Magnet-Schallwelle.

Im Falle einer Instabilität ist die Wachstumsgeschwindigkeit ein Maß für die Menge an potentieller Energie, die zur Verfügung steht, um die Kompression herbeizuführen. Für die Rayleigh-Taylor-Instabilität ist die Wachstumsgeschwindigkeit (s. (19.16))

$$|\omega^2| = |\gamma^2| = \frac{g}{s} \frac{h^2k^2}{n^2\pi^2 + h^2k^2 + h^2/4s^2} \, .$$

Die Bedingung der Inkompressibilität (19.26) ist erfüllt, falls

$$gs \ll v_A^2 \left(\frac{n^2\pi^2 s^2}{h^2} + k^2 s^2 + \frac{1}{4} \right) . \tag{19.27}$$

(19.27) kann für große Wellenlängen, d.h. kleine n und ks am schwersten erfüllt werden. Selbst dann gilt diese Bedingung immer, wenn

$$\rho g s \ll \rho v_A^2 \approx \frac{B^2}{\mu_0} , \tag{19.28}$$

gilt, d.h. wenn die potentielle Energie der Gravitation wesentlich kleiner ist als die magnetische Feldenergie. Bei kleineren Wellenlängen ist die Näherung sogar noch besser.

Das stimmt mit unserer anfänglichen intuitiven Beobachtung überein. Immer wenn die potentielle Energie des Gravitationsfeldes, die zur Verfügung steht, nicht ausreicht, um das Magnetfeld zu komprimieren, ist das Plasma im wesentlichen inkompressibel.

In dieser einfachen Geometrie kann das Plasma nicht komprimiert werden, weil die verfügbare potentielle Energie aus dem Gravitationsfeld sehr gering ist. Deshalb können auch Kompressions-Alfvénwellen bzw. Magnet-Schallwellen nicht angeregt werden. Die Instabilität entsteht aus der Alfvén-Scherwelle im Spezialfall $k_\parallel = 0$. Der Einfluß des Magnet-Schallwellen-Zweiges der Dispersionsrelation ist am geringsten, wenn die Störgrößen B_{z1} und p_1 recht klein sind (aber nicht verschwinden) und durch die Bewegungsgleichung (19.21) miteinander verknüpft werden. Sie können beide auch durch eine Kombination einer Konvektion und einer geringen Kompression, wie in den Gleichungen (19.20) und (19.23), beschrieben werden. (19.20) ist die Gleichung der Erhaltung des magnetischen Flusses in unserem unendlich leitfähigen Plasma. Im Gegensatz zur Inkompressibilität gilt sie exakt. Wir werden weiter unten sehen, daß es Geometrien gibt, in denen die Rayleigh-Taylor-Instabilität von der Expansion (d.h. negativer Kompression) des

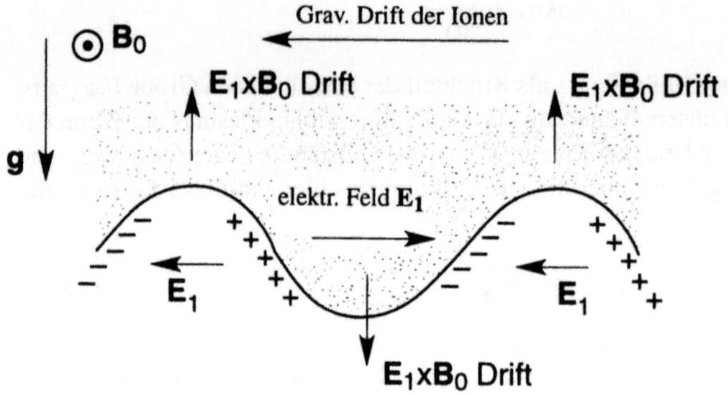

Bild 19.4 Der Mechanismus der Rayleigh-Taylor-Instabilität. Die Gravitationsdrift der Ionen führt zu einer Ladungstrennung an der Plasma-Vakuum-Grenzschicht. Dadurch entsteht eine $\boldsymbol{E} \times \boldsymbol{B}$-Drift, die die Störung verstärkt.

Plasmas gespeist wird. In diesen Fällen ist die Expansion gerade so groß, daß sie zur Erhaltung des magnetischen Flusses eines Plasmas, das in eine Gegend mit schwächerem Magnetfeld strömt, führt. Auch hier gibt es nur eine geringe Expansion/Kompression des Magnetfeldes, die Koppelung zur Magnet-Schallwelle ist also nur schwach.

19.3 Der physikalische Mechanismus der Rayleigh-Taylor-Instabilität

Komplementär zu der gerade behandelten Beschreibung im Strömungsbild wollen wir den physikalischen Mechanismus der Rayleigh-Taylor-Instabilität jetzt als Folge der Gravitationsdrift der Ionen und Elektronen betrachten.

In Kapitel 2 hatten wir gelernt, daß eine externe Kraft $\boldsymbol{F}$ (wie die Gravitationskraft $\boldsymbol{F} = M\boldsymbol{g}$) senkrecht zum Magnetfeld $\boldsymbol{B}$ zu einer Drift geladener Teilchen (wie der Ionen mit Ladung $+e$) der Geschwindigkeit

$$v_d = \frac{\boldsymbol{F} \times \boldsymbol{B}}{eB^2} = \frac{M\boldsymbol{g} \times \boldsymbol{B}}{eB^2} \tag{19.29}$$

führt. In unserem Fall (Bild 19.1) ist diese Drift in negativer x-Richtung gerichtet und hat den Betrag $v_d = Mg/eB$. Es gibt auch eine Drift der Elektronen in entgegengesetzter Richtung, aber diese ist wegen der geringeren Masse der Elektronen sehr viel kleiner.

Wir wollen uns nun vorstellen, daß es zu einer wellenförmigen Störung der Plasma-Vakuum-Grenzschicht, wie in Bild 19.3 kommt. Die Gravitationsdrift der Ionen auf der Seite des Plasmas führt dann zu einer Ansammlung positiver Ladung auf der einen Seite der Störung (s. Bild 19.4). Durch die Verminderung der Ionendichte baut sich auf der anderen Seite der Störung eine negative Ladungsdichte auf. Durch diese Ladungstrennung entsteht ein schwaches elektrisches Feld $\boldsymbol{E}_1$, das von Wellenberg zu Wellental das Vorzeichen wechselt (s. Bild 19.4). Die daraus resultierende $\boldsymbol{E}_1 \times \boldsymbol{B}_0$-Drift zeigt dort, wo sich die Grenzschicht bereits nach oben verschoben hat, nach oben und dort, wo sich die Grenzschicht nach unten verschoben hat, nach unten. Durch die $\boldsymbol{E} \times \boldsymbol{B}$-Drift wird die anfängliche Störung also verstärkt.

Die Rayleigh-Taylor-Instabilität kann auch mit Hilfe einer Energiebetrachtung erklärt werden, indem wir zeigen, daß die potentielle Energie des Plasmas im Gravitationsfeld durch das

Anwachsen der Störung vermindert wird. Die Änderung der potentiellen Energie tritt aber erst in zweiter Ordnung der Amplitude der Störung auf. In dem einfachen Fall, der in Bild 19.3 dargestellt ist, können wir diese Änderung zweiter Ordnung der potentiellen Energie explizit berechnen. Wir gehen davon aus, daß das in Bild 19.3 dargestellte Plasma eine homogene Dichte ρ hat und sich von der Plasma-Vakuum-Grenzschicht bei $y = 0$ bis zu einer festen oberen Grenze bei $y = h$ erstreckt. Bevor die wellenförmige Störung der unteren Oberfläche des Plasmas einsetzt, ist seine potentielle Energie durch

$$\int \rho g y \, \mathrm{d}x\mathrm{d}y = \frac{1}{2}\rho g L h^2$$

gegeben. Das y-Integral läuft dabei von $y = 0$ bis $y = h$ und das x-Integral über eine Länge L. Wir führen jetzt eine sinusförmige Störung der unteren Oberfläche des Plasmas mit $y = \xi \sin kx$, wie in Bild 19.3, ein. Diese Störung erfüllt die Inkompressibilitätsbedingung, da die Fläche des Plasmas in der (x, y)-Ebene erhalten bleibt. Oberhalb seiner deformierten Grenzschicht hat das Plasma immer noch die konstante Dichte ρ. Die potentielle Energie der Gravitation des Plasmas ist nach wie vor $\int \rho g y \, \mathrm{d}x\mathrm{d}y$, aber jetzt muß das y-Integral von $y = \xi \sin kx$ bis $y = h$ laufen. Das x-Integral können wir am besten über eine volle Periode $L = 2\pi/k$ berechnen. Wir erhalten

$$\frac{1}{2}\rho g \int (h^2 - \xi^2 \sin^2 kx)\mathrm{d}x = \frac{1}{2}\rho g L(h^2 - \frac{1}{2}\xi^2) .$$

Die potentielle Energie der Gravitation wird also durch das Einsetzen der Störung um $\rho g L \xi^2/4$ (in zweiter Ordnung von ξ) vermindert. Wenn die potentielle Energie durch eine Störung vermindert wird und dadurch kinetische Energie entsteht, kann eine Instabilität gespeist werden.

19.4 Austauschinstabilitäten und Feldkrümmung

In Laborplasmen sind die Gravitationskräfte in aller Regel vernachlässigbar. Die Dichte eines Plasmas ist nicht so hoch, daß die Gravitation so stark wie die großen Dichtegradienten und Magnetfelder werden kann. Die Rayleigh-Taylor-Instabilität ist dennoch von Bedeutung, weil die Gravitationsdrift und die ∇B- bzw. Krümmungsdrift in einem inhomogenen Magnetfeld sehr ähnlich sind.

In Kapitel 3 hatten wir den folgenden Ausdruck für die kombinierte ∇B- und Krümmungsdrift eines Ions der Ladung e in einem Vakuummagnetfeld (das sollte eine brauchbare Näherung für ein Magnetfeld in einem Plasma mit niedrigem β und ohne starke Ströme längs des Feldes sein) hergeleitet.

$$\boldsymbol{v}_d = \frac{M}{e}\left(\frac{v_\perp^2}{2} + v_\parallel^2\right)\frac{\boldsymbol{R}_\mathrm{c} \times \boldsymbol{B}}{R_c^2 B^2} \tag{19.30}$$

$\boldsymbol{R}_\mathrm{c}$ ist der Krümmungsradius (der Vektor vom lokalen Krümmungsmittelpunkt zur Feldlinie, der die Feldlinie senkrecht schneidet und vom Krümmungsmittelpunkt wegzeigt). Wenn wir (19.30) mit dem Ausdruck für die Gravitationsdrift aus (19.29) vergleichen, sehen wir, daß die Gravitationsdrift ein gutes Modell für die Driften in einem gekrümmten Magnetfeld ist, falls $\boldsymbol{g}$ und $\boldsymbol{R}_\mathrm{c}$ in die gleiche Richtung zeigen und für den Betrag $\boldsymbol{g}$

$$g = \left(\frac{v_\perp^2}{2} + v_\parallel^2\right)\frac{1}{R_c} \tag{19.31}$$

gilt.

Wenn wir über die thermische Verteilung der Teilchengeschwindigkeiten $v_\perp$ und $v_\parallel$ mitteln, gilt $\langle v_\parallel^2 \rangle = \langle v_\perp^2/2 \rangle = T/M = p/\rho$. Für den Betrag von g und den Ionendruck p des Plasmas sollte also

$$g = \frac{2p}{\rho R_c} \tag{19.32}$$

gelten. Da die thermischen Geschwindigkeiten der Elektronen viel höher sind als die der Ionen, haben beide Teilchensorten vergleichbare Krümmungs- und ∇B-Driften. Die Gravitationsdrift spielt aber nur bei den Ionen eine Rolle. Deshalb müssen wir in (19.32) den gesamten Druck der Ionen und Elektronen für p einsetzen.

Ein Plasma in einem gekrümmten Magnetfeld hat also Teilchendriften, die zu denjenigen in einem Plasma in einem Gravitationsfeld analog sind. Es kann also zu einer Ladungstrennung und zu Instabilitäten kommen. Die Rayleigh-Taylor-Instabilität kann eintreten, wenn die Gravitationskraft von der Gegend größter Plasmadichte wegzeigt. Die entsprechende Instabilität eines Plasmas in einem gekrümmten Feld entsteht also, wenn der Krümmungsvektor von dem Bereich größter Plasmadichte wegzeigt, d.h. wenn ein Plasma von einem Magnetfeld eingeschlossen wird, das in Richtung des Plasmas konkav ist.

Wir können die Wachstumsgeschwindigkeit γ der Instabilität abschätzen, indem wir in (19.17) g durch $2p/\rho R_c$ ersetzen und die Skalenlänge s mit der Skalenlänge des Druckgradienten gleichsetzen, d.h. $s^{-1} = |\nabla p|/p$. Wir erhalten dadurch

$$\gamma \approx \sqrt{\frac{2|\nabla p|}{\rho R_c}}\,. \tag{19.33}$$

Wir weisen noch einmal darauf hin, daß diese Instabilität nur dann entsteht, wenn der Krümmungsradius vom Bereich größter Plasmadichte wegzeigt, d.h. wenn $\boldsymbol{R}_c$ und ∇p in entgegengesetzte Richtungen zeigen.

Diese durch den Druck angetriebene Version der Rayleigh-Taylor-Instabilität, die wir im nächsten Abschnitt als Austauschinstabilität bezeichnen werden, wächst schnell. Die Wachstumsdauer (γ^{-1}) können wir abschätzen, indem wir ausnutzen, daß $p/\rho \approx C_s^2$ ist (C_s ist die Schallgeschwindigkeit im Plasma). Es gilt also

$$\gamma \sim \frac{C_s}{\sqrt{(sR_c)}}\,. \tag{19.34}$$

Die charakteristische Wachstumsperiode ist also gerade die Zeit, die eine Schallwelle braucht, um die Strecke zurückzulegen, die sich aus dem geometrischen Mittel der Skalenlänge des Druckgradienten und des Krümmungsradius ergibt.

Aufgabe 19.2 Ein Plasmaring, wie in Bild 19.5, ist in z-Richtung unendlich ausgedehnt. Das rein azimutale Magnetfeld $B_\theta(r)$ wird hauptsächlich durch den Strom I, der durch einen Leiter bei $r = 0$ fließt, erzeugt. Der Plasmadruck fällt im Inneren und Äußeren des Hohlzylinders auf Null ab und erreicht irgendwo zwischen r_1 und r_2 seinen höchsten Wert. Begründen Sie mit Hilfe eines Bildes, weshalb Sie erwarten, daß es bei diesem Plasma zu Rayleigh-Taylor-Austauschinstabilitäten kommen kann. Der Einfachheit halber können Sie davon ausgehen, daß $p \ll B_\theta^2/\mu_0$, d.h. das Feld ist näherungsweise ein Vakuumfeld mit

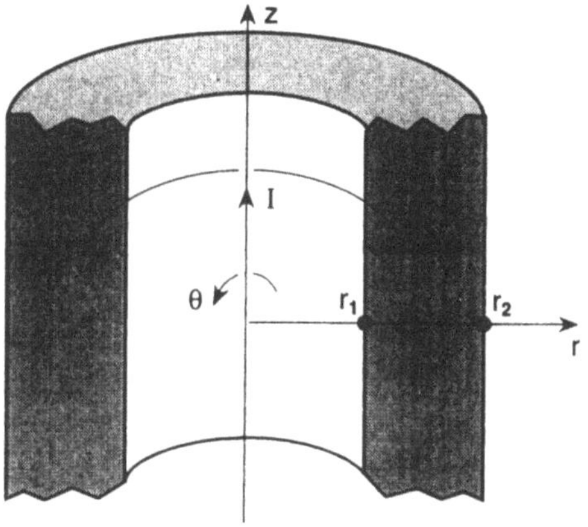

Bild 19.5
Ein Plasma in Form eines in z-Richtung unendlich ausgedehnten Hohlzylinders. Das rein azimutale Feld $B_\theta(r)$ wird durch einen Leiter bei $r = 0$ erzeugt (s. Aufgabe 19.2).

$B_\theta \sim r^{-1}$. Zeichnen Sie in Ihrem Bild die Teilchendriften, die zur Instabilität führen ein und deuten Sie die Form der Instabilität, die sich ergeben wird, an.

19.5 Die Austauschinstabilität in magnetischen Flaschen

In Bild 19.6 ist eine für druckgespeiste Rayleigh-Taylor-Instabilitäten anfällige Geometrie dargestellt. Es handelt sich um eine magnetische Flasche, bei der ein zylindrisches Plasma durch ein an beiden Enden anwachsendes Magnetfeld eingeschlossen wird. Die Krümmung des Magnetfeldes ist in Richtung des in der Mitte eingeschlossenen Plasmas offensichtlich konkav. Wenn wir das Plasma als einen langen Zylinder annähern, in dem der Druck eine Funktion des Radius r ist, erhalten wir

$$\gamma \approx \sqrt{-\frac{2p'(r)}{\rho R_c}} \tag{19.35}$$

als Wachtumsgeschwindigkeit der Instabilität. Der Strich in p' steht hier für eine Ableitung nach r.

Die Rayleigh-Taylor-Instabilität führt dazu, daß sich das Plasma in azimutaler Richtung wellt. Die Wellen erstrecken sich gleichmäßig längs des Zylinders. Die Form der Störung ist in Bild 19.7 dargestellt. Die druckgespeiste Variante der Rayleigh-Taylor-Instabilität wird auch als „Flute"-Instabilität bezeichnet, weil die gestörte Oberfläche des Plasmas einer griechischen Säule ähnelt. [1]

Aufgabe 19.3 Betrachten Sie ein zylindrisches Plasma mit einem axialen Feld B_0, das für Austauschinstabilitäten anfällig ist, weil seine Enden zu einer magnetischen Flasche zusammenlaufen. Betrachten Sie eine Austauschinstabilität der Modenzahl m, d.h. eine Störung die wie $\exp(im\theta)$ verläuft. Zeigen Sie mit

[1] Anm. d. Übers.: Die Kanneluren einer Säule heißen auf englisch flute.

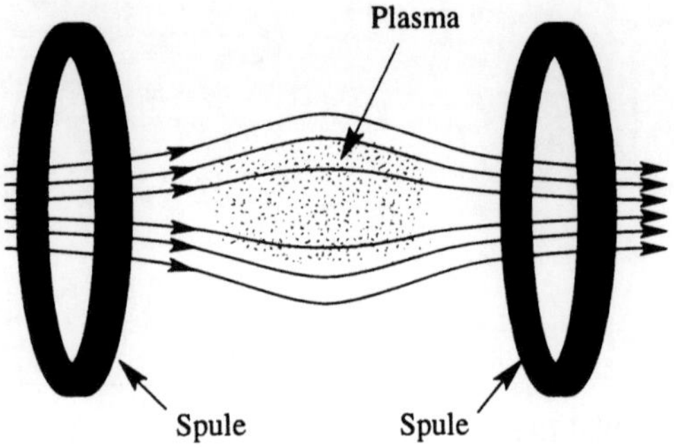

Bild 19.6
Ein Plasma im Gleichgewicht in einer magnetischen Flasche. Im zentralen Bereich ist die Plasmadichte am höchsten. Dort ist die Krümmung des Magnetfeldes in Richtung des Plasmas konkav.

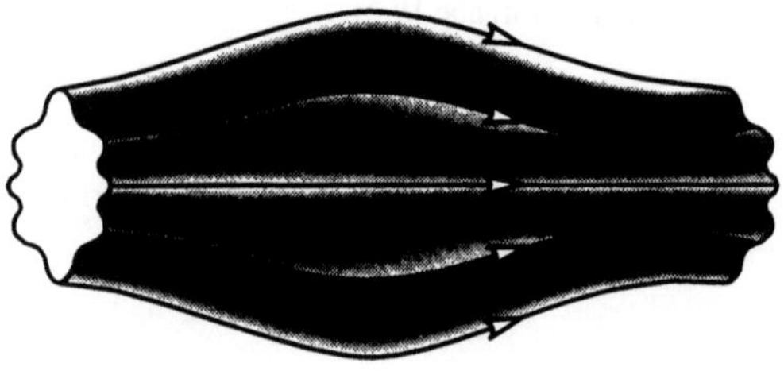

Bild 19.7
Die Rayleigh-Taylor-Instabilität führt zu einer kanneluren-förmigen Störung des Plasmas

Hilfe der Wachstumsgeschwindigkeit γ, daß das Plasma als inkompressibel betrachtet werden kann, falls $\beta r / R_c \ll m^2$.

Die Energiebilanz einer Austauschinstabilität in einem gekrümmten Magnetfeld und einer Gravitationsinstabilität sind sehr ähnlich. Eine gegen die Gravitationskraft hochgehaltene Flüssigkeit kann ihre potentielle Energie vermindern, indem sie sich in Richtung von $\boldsymbol{g}$ nach unten bewegt. Die thermische Energie des Plasmas wird bei der Austauschinstabilität vermindert, indem sich das Plasma in Richtung von $\boldsymbol{R}_c$ nach außen bewegt. Wir wollen nun am Beispiel eines Plasmas mit niedrigem β in einer magnetischen Flasche zeigen, daß Störungen zu einer Expansion des Plasmas und dadurch zu einer Freisetzung thermischer Energie führen.

Wir hatten bereits festgestellt, daß die Energie nicht zu einer Kompression des Magnetfeldes ausreicht. Bei einem Plasma mit geringem β ist das Magnetfeld im wesentlichen ein Vakuumfeld und wird durch das sich ausdehnende Plasma kaum beeinflußt. Der magnetische Fluß durch die Querschnittsfläche des Plasmas ($\int \boldsymbol{B} \mathrm{d}\boldsymbol{S}$) muß aber erhalten bleiben, also kann es nur Störungen der in Bild 19.7 eingezeichneten Form geben, bei denen die Oberfläche des Plasma wellig wird, weil sich Teile des Plasmas nach außen bewegen, während sich andere Teile des Plasmas gleichzeitig nach innen bewegen. Weil das Magnetfeld nicht verbogen werden kann, da dazu zusätzliche Energie nötig wäre, muß diese Struktur längs der ganzen Ausdehnung des Plasmas gleichmäßig sein. Das führt zu charakteristischen Effekten an den Enden der magnetischen Flasche. Wenn die Randbedingungen (wie z.B. leitende Platten) die Form der Störungen einschränken, kann das einen stabilisierenden Einfluß haben. Diese Materie ist jedoch zu komplex, um sie hier zu behandeln. Wenn man die Stabilität der Magnetosphäre der Erde erklären will, muß man auch solche Effekte berücksichtigen.

Wenn die Feldstärke des Magnetfeldes radial nach außen abnimmt (das ist z.B. im zentralen Bereich des Plasmas der Fall, wo es einen Feldgradient gibt, weil das Feld in Richtung des Plasmas konkav ist), führt die wellenförmige Störung der Plasmaoberfläche, bei der der magnetische Fluß erhalten bleibt, zu einer kleinen (zweite Ordnung) Vergrößerung des Plasmaquerschnitts. Das liegt daran, daß sich Teile des Plasmas nach außen, in Bereiche geringerer Feldstärke bewegen, während sich gleichzeitig andere Teile des Plasmas aus Bereichen mit im Vergleich dazu höherer Feldstärke zurückziehen. Dieser Zuwachs an Querschnittsfläche führt auch zu einer Vergrößerung des Volumens des Plasmas. Die in Richtung des Plasmas konkave Krümmung des Magnetfeldes führt zu einem weiteren Volumenzuwachs zweiter Ordnung, weil die sich nach außen bewegenden Teile des Plasmas ein wenig länger werden müssen. In Vakuummagnetfeldern sind die Auswirkungen des Gradienten und der Krümmung immer additiv (das entspricht der Tatsache, daß $\nabla \boldsymbol{B}$- und Krümmungsdrift in die gleiche Richtung zeigen). Die Volumenzunahme des Plasmas durch den vergrößerten Querschnitt und die größere Länge längs der Feldlinien führt zu einer Expansion des Plasmas und damit zu einer Verminderung seiner thermischen Energie. Die freigesetzte Energie kann die Instabilität speisen.

Im Teilchenbild wird die, durch die Bewegung in Bereiche mit niedrigerem B und höherem R_c freiwerdende senkrechte und parallele kinetische Energie der Teilchen in $\boldsymbol{j} \cdot \boldsymbol{E}$-Arbeit umgesetzt (s. Abschnitt 3.5). Diese $\boldsymbol{j} \cdot \boldsymbol{E}$-Arbeit führt zu einer Vergrößerung der Amplitude des Plasmas.

Wenn man die Geometrie einer magnetischen Flasche genauer untersucht, stellt man fest, daß es nicht nur Bereiche unvorteilhafter Krümmung (konkav) gibt, sondern auch – in der Nähe der Enden – Bereiche vorteilhafter Krümmung (konvex in Richtung des Plasmas). In axialsymmetrischen magnetischen Flaschen übewiegt jedoch im allgemeinen die unvorteilhafte Krümmung. Es wurden jedoch auch schon nichtaxialsymmetrische magnetische Flaschen entworfen, bei denen Ströme, die außerhalb des Plasmas parallel zu dessen Achse verlaufen, dazu führen, daß das Magnetfeld B_θ eine vorteilhafte Krümmung hat. Zuerst wurde so ein Aufbau für Fusionsexperimente von M.C. Ioffe vorgeschlagen (s. Y.B. Gott et. al. *Nucl. Fusion Suppl.* (1962), Seite 1042). Man kann damit erreichen, daß die Summe der Krümmungen überall vorteilhaft ist. Das Plasma befindet sich dann im Bereich des absoluten Minimums der Feldstärke des Vakuummagnetfeldes.

Die Gewichtung der vorteilhaften und unvorteilhaften Bereiche in einer einfachen magnetischen Flasche können wir wie folgt bestimmen. Wir wählen Zylinderkoordinaten (r, θ, z), deren z-Achse längs der Achse der magnetischen Flasche zeigt. Die Stabilität dieser Konfiguration hängt vom mittleren Driftwinkel der Teilchen bei einer vollständigen Bahn längs des Feldes von einem Ende zum anderen ab. Wenn das Vorzeichen dieses mittleren Driftwinkels einer Feldkrümmung, die in Richtung des Plasmas konkav ist entspricht, baut sich eine Ladungsdichte an den Kanten der Wellen auf, die zu einem azimutalen $\boldsymbol{E}$-Feld führt, das wiederum zu einem instabilen Wachstum der Amplitude der Störung führt.

In einer einfachen magnetischen Flasche sind die ∇B- und die Krümmungsdrift rein azimutal. Für den Driftwinkel eines einzelnen Teilchens gilt also

$$r\frac{\mathrm{d}\theta}{\mathrm{d}t} = \frac{m}{eR_c B}\left(v_\parallel^2 + \frac{v_\perp^2}{2}\right). \tag{19.36}$$

Über eine vollständige Bahn längs des Feldes ergibt sich ein Driftwinkel von

$$\Delta\theta = \frac{m}{e}\int \frac{(v_\parallel^2 + v_\perp^2/2)\mathrm{d}\ell}{rR_c B v_\parallel}. \tag{19.37}$$

Hier haben wir $\mathrm{d}t$ als $\mathrm{d}\ell/v_\parallel$ geschrieben. ℓ ist die Bogenlänge der Feldlinien. Die Geschwindigkeitskomponenten $v_\parallel$ und $v_\perp$ ändern sich, während sich das Teilchen längs der Feldlinie bewegt;

sie sind unter dem Integral in (19.37) Funktionen von ℓ. Bei diesen Änderungen bleiben die Energie $W = mv^2/2$ des Teilchens und sein magnetisches Moment $\mu = mv_\perp^2/2B$ erhalten.

Um die mittlere Drift aller Teilchen in einer fadenförmigen „Flußröhre", d.h. einer dünnen Röhre, die den magnetischen Feldlinien folgt und eine bestimmte Anzahl Feldlinien umschließt, zu berechnen, greifen wir auf (19.36) zurück. Wir mitteln $\mathrm{d}\theta/\mathrm{d}t$ über die Verteilungsfunktionen im Geschwindigkeitsraum und über eine Flußröhre, die einen geringen magnetischen Fluß $\Delta\Phi$ enthält. Der Querschnitt dieser Röhre ist überall $\Delta A = \Delta\Phi/B$. In der Röhre befinden sich insgesamt $\Delta N = \int n\mathrm{d}A\,\mathrm{d}\ell$ Teilchen. Wenn wir (19.36) durch r teilen, mit der Verteilungsfunktion f multiplizieren und sowohl über den Geschwindigkeitsraum als auch über das Volumen der Flußröhre integrieren, erhalten wir

$$\Delta N\left\langle\frac{\mathrm{d}\theta}{\mathrm{d}t}\right\rangle = \frac{m}{e}\Delta\Phi\int\frac{v_\parallel^2 + v_\perp^2/2}{rR_\mathrm{c}B^2}f\,\mathrm{d}^3v\mathrm{d}\ell\,. \tag{19.38}$$

Aus (19.38) erhalten wir die mittlere Geschwindigkeit, mit der die Teilchen einer bestimmten Spezies, die sich in einer Flußröhre befinden, in azimutaler (θ-) Richtung in eine benachbarte Flußröhre driften. Die Richtung der Drift ist für Ionen und Elektronen entgegengesetzt, wie wir es bei einer Krümmungs- bzw. Gradientendrift erwarten. Die Beiträge der beiden Teilchensorten zur Ladungsdrift addieren sich also. Wenn wir die Geschwindigkeitsraumintegrale in (19.38) lösen und einige positive Vorfaktoren weglassen, sehen wir, daß der mittlere Driftwinkel durch

$$\left\langle\frac{\mathrm{d}\theta}{\mathrm{d}t}\right\rangle \sim \int\frac{p_\parallel + p_\perp}{rR_\mathrm{c}B^2}\mathrm{d}\ell \tag{19.39}$$

gegeben ist. Wenn wir festlegen, daß Feldlinien, die in Richtung des Plasmas konkav sind, einen positiven Krümmungsradius haben, während konvexe Feldlinien einen negativen Krümmungsradius haben, kommt es zu einer Austauschinstabilität, falls das Integral in (19.39) positiv ist, d.h. wenn die Bereiche mit positivem R_c gegenüber den Bereichen mit negativem R_c überwiegen. Der Scheidepunkt, der diese beiden Bereiche trennt, hat ein unendlich großes R_c und trägt zum Integral in (19.39) vernachlässigbar wenig bei.

Leider ist die Gewichtung, die sich durch den Faktor $1/rB^2$ im Integranden in (19.39) ergibt sehr unvorteilhaft, weil B am kleinsten ist, wenn R_c positiv ist. Eine einfache magnetische Flasche ist daher in aller Regel instabil.

Die Austauschinstabilität in magnetischen Flaschen wurde zuerst von M.N. Rosenbluth und C. L. Longmire (*Ann. Phys.* **1**(1957) 120) untersucht.

19.6 Die Austauschinstabilität bei geschlossenen Feldlinien*

Ein noch einfacheres Stabilitätskriterium erhalten wir für den Fall eines Plasmas mit isotropem Druck ($p_\parallel = p_\perp = p$). In diesem Fall folgt aus der Gleichgewichtsbedingung, daß der Druck längs des Feldes konstant sein muß, d.h. $\boldsymbol{B}\cdot\nabla p = 0$. Bei einem Plasma, das in einer magnetischen Flasche eingeschlossen ist, kann diese Bedingung nicht erfüllt werden, denn das Plasma müßte sonst längs der Feldlinien unendlich ausgedehnt sein. Es gibt jedoch Konfigurationen mit geschlossenen Feldlinien, bei denen sich jede Feldlinie „in den Schwanz beißt". In dieser Situation kann der Druck längs der Feldlinien überall konstant sein. Ein Beispiel einer solchen Konfiguration ist der torusförmigen Quadrupol in Bild 19.8. Das Plasma umschließt die beiden Spulen, die das Magnetfeld erzeugen vollständig. (In einem experimentellen Aufbau müssen die Spulen natürlich entweder von Leitungen, die durch das Plasma laufen, mit Strom versorgt und

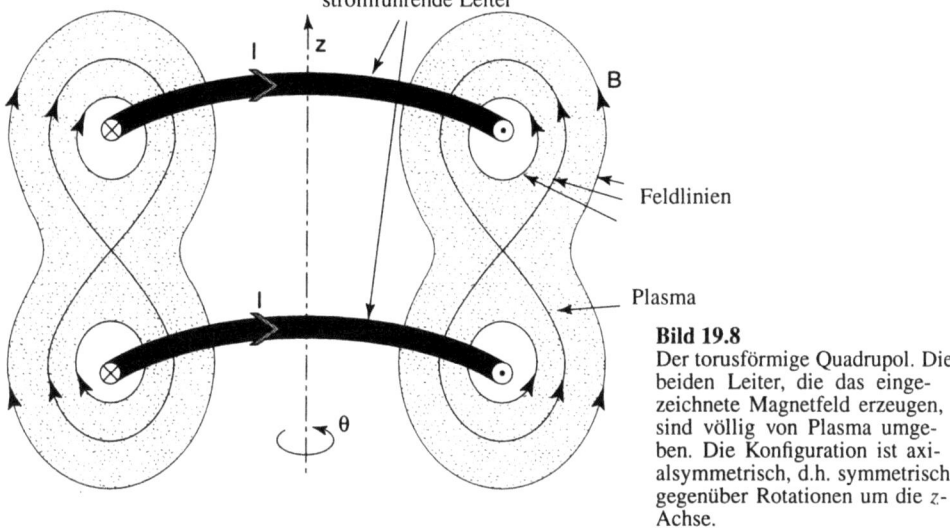

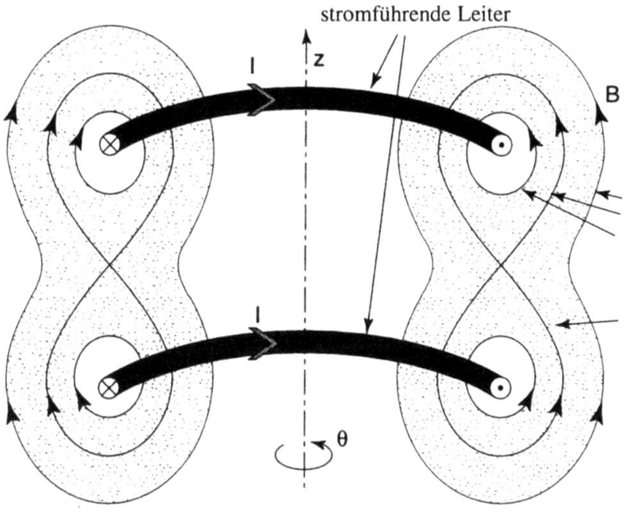

Bild 19.8
Der torusförmige Quadrupol. Die beiden Leiter, die das eingezeichnete Magnetfeld erzeugen, sind völlig von Plasma umgeben. Die Konfiguration ist axialsymmetrisch, d.h. symmetrisch gegenüber Rotationen um die z-Achse.

getragen werden oder supraleitend sein und während eines Plasmapulses vom Magnetfeld getragen werden.) In Bild 19.8 sehen wir, daß ein Teil des Plasmas auf Feldlinien liegt, die nur eine der Spulen umschließen, während der Rest des Plasmas auf Feldlinien liegt, die um beide Spulen herumlaufen. An den inneren Seiten der Bereiche des Plasmas, die an die Spulen angrenzen, ist die Krümmung des Magnetfeldes in Richtung des Plasmas konvex und die Grenzschicht ist gegenüber Austauschinstabilitäten stabil. Auf der äußeren Seite des Plasmas gibt es Bereiche konvexer und Bereiche konkaver Krümmung. Die Stabilität dieser Grenzschicht hängt also von den Anteilen der günstigen bzw. ungünstigen Beiträge ab. Wir wollen jetzt ein Kriterium dafür herleiten. Wir gehen dabei von einem isotropen Druck und davon, daß das Plasma (wie in einer einfachen magnetischen Flasche) axialsymmetrisch ist aus, d.h., daß die Konfiguration gegenüber θ-Rotationen um die in Bild 19.8 eingezeichnete z-Achse symmetrisch ist. In diesem Fall können wir den Druck aus dem Integral in (19.39) herausziehen und erhalten

$$\left\langle \frac{\mathrm{d}\theta}{\mathrm{d}t} \right\rangle \sim \oint \frac{\mathrm{d}\ell}{r R_c B^2} . \tag{19.40}$$

Eine Instabilität liegt vor, wenn das Integral positiv ist. (Das Integral muß längs einer geschlossenen Feldlinie ausgewertet werden.)

Um ein noch einfacheres Stabilitätskriterium zu erhalten, betrachten wir zwei benachbarte Feldlinien in der gleichen azimutalen Ebene (d.h. gleiche Werte von θ) einer axialsymmetrischen Konfiguration. Wir betrachten zwei infinitesimale Elemente dieser benachbarten Feldlinien, die durch dieselben zwei Krümmungsradius-Vektoren begrenzt werden (s. Bild 19.9). Die Feldstärken auf diesen beiden Elementen bezeichnen wir mit B und $B + \delta B$, die infinitesimalen Längen der Elemente mit $\mathrm{d}\ell$ und $\mathrm{d}\ell + \delta(\mathrm{d}\ell)$. Für ein Vakuummagnetfeld folgt aus dem Satz von Stokes, daß

$$\oint \boldsymbol{B} \cdot \mathrm{d}\boldsymbol{\ell} = \int (\nabla \times \boldsymbol{B}) \cdot \mathrm{d}\boldsymbol{S} = 0 . \tag{19.41}$$

Wenn wir dieses Ergebnis auf den in Bild 19.9 eingezeichneten, infinitesimalen geschlossenen Integrationsweg anwenden, sehen wir, daß

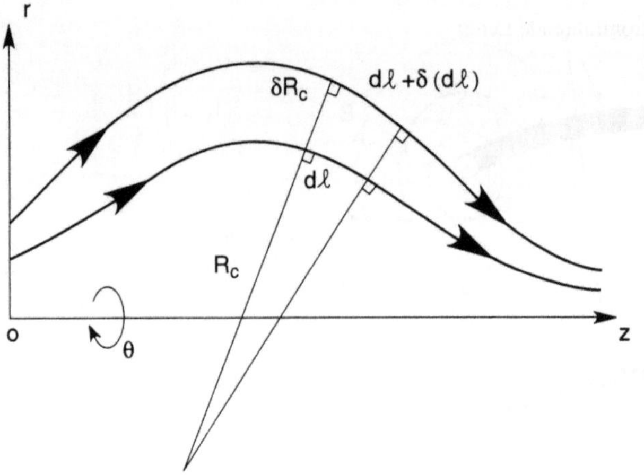

Bild 19.9
Zwei benachbarte Feldlinien mit lokalen Krümmungsradien R_c und $R_c + \delta R_c$ in einer magnetischen Flasche. Die Konfiguration ist axialsymmetrisch.

$$B\mathrm{d}\ell = (B + \delta B)[\mathrm{d}\ell + \delta(\mathrm{d}\ell)] \tag{19.42}$$

bzw.

$$\frac{\delta B}{B} = -\frac{\delta(\mathrm{d}\ell)}{\mathrm{d}\ell} = -\frac{\delta R_c}{R_c}\,. \tag{19.43}$$

Im letzten Schritt haben wir mit Hilfe einer einfachen geometrischen Überlegung $\delta(\mathrm{d}\ell)$ durch den senkrechten Abstand δR_c der beiden Feldlinien ausgedrückt. Da wir (19.34) an allen Punkten der beiden Feldlinien anwenden wollen, ist es vorteilhaft, ihren Abstand nicht durch den geometrischen Abstand δR_c, der sich längs der Feldlinien ändern kann, sondern durch den magnetischen Fluß zwischen den beiden Feldlinien, der konstant ist, anzugeben. Ein naheliegendes Maß dafür ist der Fluß, der durch das ringförmige Band, das entsteht, wenn wir das Längenelement δR_c aus Bild 19.9 einmal um die z-Achse drehen, fließt. Dieser Fluß ist

$$\delta\Phi = 2\pi r B \delta R_c\,, \tag{19.44}$$

also gilt

$$\frac{\delta B}{B} = -\frac{\delta\Phi}{2\pi r R_c B}\,. \tag{19.45}$$

Damit können wir (19.40) als

$$\left\langle\frac{\mathrm{d}\theta}{\mathrm{d}t}\right\rangle \sim -\frac{1}{\delta\Phi}\oint\frac{\delta B}{B^2}\mathrm{d}\ell \tag{19.46}$$

schreiben (wir haben hier einen Faktor 2π weggelassen). Wir wollen nun die Änderung von $\oint \mathrm{d}\ell/B$ zwischen zwei benachbarten Feldlinien, wie denen aus Bild 19.9 betrachten. Es gilt

$$\delta\oint\frac{\mathrm{d}\ell}{B} = -\oint\frac{\delta B}{B^2}\mathrm{d}\ell + \oint\frac{\delta(\mathrm{d}\ell)}{B}\,. \tag{19.47}$$

Bei diesen Integralen über geschlossene Wege müssen wir uns nicht um die Effekte an den Enden kümmern. Mit Hilfe von (19.34) erhalten wir eine Beziehung zwischen $\delta(\mathrm{d}\ell)$ und δB. Es folgt

$$\delta \oint \frac{d\ell}{B} = -2 \oint \frac{\delta B}{B^2} d\ell . \tag{19.48}$$

Im Grenzfall differentieller Wegelemente wird (19.46) zu

$$\left\langle \frac{d\theta}{dt} \right\rangle \sim \frac{d}{d\Phi} \oint \frac{d\ell}{B} . \tag{19.49}$$

Die Bedingung für Instabilität war, daß $\langle d\theta/dt \rangle$ positiv ist. $\oint d\ell/B$ muß also nach außen zunehmen, damit es zu Instabilitäten kommen kann.

Dies ist die einfachste Form der Stabilitätsbedingung für kanneluren-förmige Moden in einer Konfiguration mit geschlossenen Feldlinien. In dieser Konfiguration hängt die Stabilität bzw. Instabilität eines Plasmas mit isotropem Druck davon ab, ob $\oint d\ell/B$ nach außen zu- oder abnimmt. Das Integral muß dabei längs einer geschlossenen Feldlinie ausgewertet werden. Aus diesem Kriterium folgt, daß Quadrupolkonfigurationen, wie die in Bild 19.8, gegenüber flötenförmigen Störungen stabil sein können.

Das Instabilitätskriterium, daß $\oint d\ell/B$ nach außen hin abnehmen muß (d.h. in der dem Druckgradienten entgegengesetzten Richtung), kann auch auf allgemeinere (nicht axialsymmetrische) Konfigurationen mit geschlossenen Feldlinien angewendet werden. Im Strömungsbild kann man dieses Kriterium intuitiv erklären, indem man sich überlegt, ob eine Expansion des Plasmas erfolgt (und dabei kinetische Energie freigesetzt wird), wenn Flußröhren, die gleiche Mengen magnetischen Fluß enthalten, vertauscht werden. Wir betrachten eine dünne Flußröhre, die den magnetischen Fluß $\delta\Phi$ enthält. An unterschiedlichen Punkten dieser Röhre gilt für die Querschnittsfläche immer $\delta\Phi = B\delta A$. Das Volumen der gesamten Röhre ist also

$$\delta V = \oint \delta A \cdot d\ell = \delta\Phi \oint \frac{d\ell}{B} .$$

Wir stellen uns nun eine wellenförmige Störung der Plasmaoberfläche vor, bei der sich unsere Flußröhre nach außen bewegt, während sich eine andere Vakuumflußröhre, die den gleichen Fluß enthält, nach innen bewegt. Es handelt sich dabei also um eine Art Vertauschung der Flußröhren. Wenn die Größe $\oint d\ell/B$ nach außen hin zunimmt, dehnt sich die Plasmaflußröhre aus, während sie nach außen bewegt wird. Die Vakuumflußröhre zieht sich bei der Bewegung nach innen zusammen. Dadurch ergibt sich eine Expansion des Plasmas und deshalb eine Verminderung seiner thermischen Energie. Die freigesetzte Energie speist die Instabilität.

Aus dieser Betrachtung wird klar, daß instabile Austauschstörungen nicht nur an der Grenzfläche von Plasma und Vakuum, sondern auch im Inneren eines Plasmas auftreten können. Das kann immer dann geschehen, wenn eine Flußröhre mit einem Plasma unter hohem Druck gegen eine Flußröhre mit Plasma unter niedrigem Druck ausgetauscht werden kann. Zu einer Instabilität kommt es, falls $\oint d\ell/B$ in Richtung des geringeren Plasmadrucks zunimmt (das entspricht der Richtung nach außen an der Grenzfläche zwischen Plasma und Vakuum). Wie im Falle der Rayleigh-Taylor-Gravitationsinstabilität hängt die freigesetzte Energie in zweiter Ordnung vom Verschiebungsvektor $\boldsymbol{\xi}$ ab, denn sie wächst wie $-(\boldsymbol{\xi} \cdot \nabla p)(\boldsymbol{\xi} \cdot \nabla(\oint d\ell/B))$.

Man kann das Plasma stabilisieren, indem man dafür sorgt, daß das Magnetfeld eine Scherung hat. Von einem Magnetfeld mit Scherung spricht man, wenn sich die Richtung des Feldvektors ändert, während man von einer Fläche konstanten Druckes zur nächsten wechselt. In der Quadrupolkonfiguration aus Bild 19.8 könnte man durch Hinzufügen einer B_θ-Komponente (z.B. durch einen Leiter längs der z-Achse) eine Scherung erreichen. In einem Magnetfeld mit Scherung ist es unmöglich, zwei Flußröhren zu vertauschen, ohne dabei das Feld zu „verdrehen" und dadurch die Feldenergie zu erhöhen. Die Energie, die durch die Expansion des Plasmas freigesetzt wird, muß jetzt ausreichen, um die Feldenergie zu erhöhen. Dadurch wird im allgemeinen der Wert von β, ab dem das Plasma instabil ist, deutlich vermindert.

Selbst in Konfigurationen, die nach dem $\oint d\ell/B$-Kriterium gegenüber Austauschinstabilitäten stabil sind, wie beispielsweise die Quadrupolkonfiguration aus Bild 19.8, gibt es im allgemeinen auf jeder Feldlinie Bereiche, in denen die Krümmung des Feldes ungünstig, d.h. konkav in Richtung des Plasmas ist. Obwohl sich die, in diesem Kapitel behandelten Austauschinstabilitäten über die ganze Länge der Feldlinie erstrecken, ist es prinzipiell möglich, daß Instabilitäten mit dem gleichen Mechanismus auf endliche Bereiche ungünstiger Krümmung beschränkt sind. Solche Instabilitäten führen zu Ausstülpungen des Plasmas in diesen Bereichen. Wegen der Erhaltung des magnetischen Flusses müssen sich dabei die Feldlinien biegen und im allgemeinen wird dadurch die Feldenergie erhöht. Wie im Falle eines gescherten Feldes muß die, durch die Expansion des Plasmas freigesetzte Energie ausreichen, um die Feldenergie zu erhöhen. Diese Form von Instabilitäten – sie werden auch als Balloninstabilitäten bezeichnet – entstehen auch nur oberhalb eines gewissen β.

19.7 Die Austauschinstabilität des Pinch

Eine andere Konfiguration, die offensichtlich für Austauschinstabilitäten anfällig ist, ist das zylindrische Pinch-Plasma aus Kapitel 9. Hier wird das Magnetfeld durch einen axialen Strom im Plasma hervorgerufen. Die Feldlinien sind azimutal (B_θ) und ihr Krümmungsradius stimmt gerade mit der Radialkoordinate r überein. Die Feldkrümmung ist also immer ungünstig (konkav in Richtung des Plasmas). In diesem Fall sind die Störungen, wie in Bild 19.10 gezeigt, azimutal. Wegen der Form des gestörten Plasmas wird diese Instabilität manchmal auch als Wurstinstabilität bezeichnet.

Die Wurstinstabilität wächst sehr schnell, da der Krümmungsradius der Feldlinien mit dem Radius der Störung übereinstimmt. Nach der oben hergeleiteten Formel ist die Wachstumsgeschwindigkeit

$$\gamma = \sqrt{-\frac{2p'}{\rho r}}. \tag{19.50}$$

p' ist hier wieder die Ableitung von p nach r.

19.8 Die MHD-Stabilität des Tokamak*

Vor Ende dieses Kapitels wollen wir noch kurz auf die Stabilität des Tokamak im Modell der idealen MHD, in dem wir auch die Rayleigh-Taylor- und die Austauschinstabilität behandelt ha-

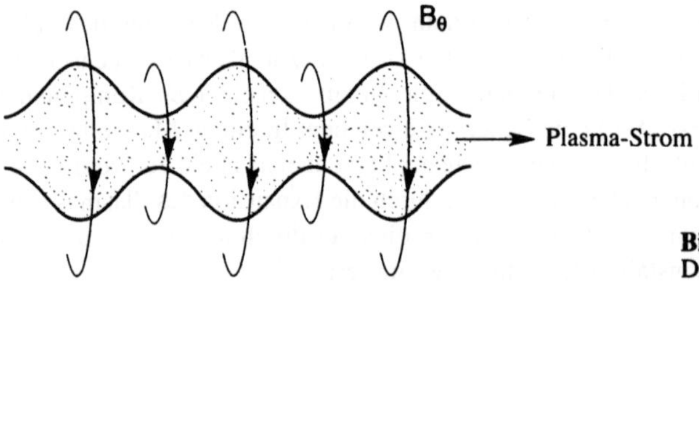

Bild 19.10
Die Wurstinstabilität eines Pinch-Plasmas

ben, eingehen. Die Tokamak-Geometrie in zylindrischer Näherung wurde in Kapitel 9 eingeführt. Sie ist in Bild 9.6 abgebildet. Ein realer Tokamak ist torusförmig und die Hauptkomponente des Magnetfeldes (sie entspricht B_z in der zylindrischen Näherung) zeigt in Richtung des Torus. Eine schwächere Feldkomponente (B_θ in der zylindrischen Näherung) ist azimutal um den Torus gerichtet. Der zylindrische Tokamak könnte sehr anfällig für Austauschinstabilitäten sein, weil das aus B_z und B_θ kombinierte spiralförmige Magnetfeld in Richtung des Plasmas konkav ist. Andererseits hat dieses Feld eine beträchtliche Scherung, die das Plasma stabilisiert. In der Torus-Geometrie ist aber die zusätzliche Krümmung, die dadurch entsteht, daß der Zylinder zu einem Torus gebogen wird für die Stabilität gegenüber der Austauschbildung ausschlaggebend. In einem Torus mit (mittlerem) Radius R ist die Torus-Krümmung auf der Seite mit kleinerem Radius günstig und auf der Seite mit größerem Radius ungünstig. Wenn man die Rechnung durchführt, stellt sich heraus, daß die Seite mit kleinerem Radius etwas stärker gewichtet wird als die Seite, deren Radius größer als R ist. Die Torus-Krümmung führt daher zu einer Stabilisierung. Damit der stabilisierende Effekt der Torus-Krümmung gegenüber dem spiralförmigen Feld überwiegt (für einen Torus mit näherungsweise kreisförmigem Plasmaquerschnitt) muß $q \equiv rB_z/RB_\theta > 1$ gelten. Normalerweise nimmt der Wert von q in einem Tokamak von etwa 0 im Zentrum ($r = 0$) bis zu einem Wert von 3 oder mehr an der äußeren Kante ($r = a$) zu. Die Stabilitätsbedingung ist also in der Regel erfüllt und der Tokamak ist gegenüber der Austauschinstabilität stabil.

Wenn wir eine der spiralförmigen Feldlinien um den Torus herum verfolgen, liegt sie manchmal auf der Innenseite (Radius kleiner als R) und manchmal auf der Außenseite (Radius größer als R) des Plasmas. Wie bei den geschlossenen Feldlinien der Quadrupolkonfiguration gibt es also auf jeder Feldlinie Bereiche günstiger und ungünstiger Krümmung. Wir hatten festgestellt, daß es deshalb zu Balloninstabilitäten kommen kann. Da die Feldlinien für jeden Umlauf auf der Seite des Plasmas mit kleinem Radius q Umläufe auf der Seite mit großem Radius machen, sind die Bereiche mit ungünstiger Krümmung von einander längs einer Feldlinie um etwa qR entfernt. Bei einer Verschiebung um ξ wird pro Volumen der Störung eine Energie der Größenordnung $p'\xi^2/R$ freigesetzt. Um das Magnetfeld auf einer Länge von qR zu verbiegen, wird eine Energie von $(B_z^2/2\mu_0)(\xi^2/q^2R^2)$ benötigt (im Gegensatz zu einer Austauschinstabilität werden bei einer Balloninstabilität immer Feldlinien verbogen). Zu einer Balloninstabilität in einem Tokamak kommt es also nur, falls $p'/R > B_z^2/2\mu_0 q^2R^2$, d.h. nur für $\beta > \beta_{\text{krit}} \approx a/q^2R$, falls $p' \approx p/a$. Es handelt sich hierbei aber nur um eine grobe Abschätzung der Größenordnung. In der Praxis sind Tokamaks gegenüber der Balloninstabilität bis zu β-Werten von 3–6 % stabil.

Bei einem Tokamak kann es aber auch zu einer ganz anderen Art von MHD-Instabilität kommen. Diese Instabilität wird von der magnetischen Feldenergie des Tokamak-Feldes und nicht von der thermischen Energie, die bei der Expansion des Plasmas freigesetzt wird, gespeist. Diese Instabilität, zu der es auch in der zylindrischen Näherung des Tokamak kommen kann, wird „kink"-Instabilität (Knick-Instabilität) genannt. Sie führt zu einer spiralförmigen Verschiebung des Plasmas. Sie tritt auf, falls durch diese Form der Verschiebung des Plasmas die Feldenergie des B_θ-Feldes vermindert wird (Diese Feldkomponente wird durch Ströme innerhalb des Plasmas erzeugt). „kink"-Instabilitäten treten in der Regel nur bei niedrigen Werten von q auf. Wir wollen sie hier nicht weiter betrachten, sondern nur anmerken, daß sie in bezug auf ihre Energiequelle einer anderen, langsamer wachsenderen Form von Instabilität, die entsteht, wenn das Plasma einen Widerstand hat, sehr ähnlich sind. Diese Instabilität, die sowohl in vielen Laborplasmen als auch in natürlichen Plasmen auftritt, wird im nächsten Kapitel behandelt. Der Einfachheit halber betrachten wir dort eine einfachere Konfiguration (einen ebenen Stromstab), die im idealen MHD-Modell stabil ist.

Die Leser, die sich weiter mit den MHD-Instabilitäten des Tokamaks beschäftigen wollen, verweisen wir auf J. Wesson (Tokamaks, Clarendon Press, Oxford 1987) oder R.B. White (Theory of Tokamak Plasmas, North-Holland, Amsterdam 1989).

20 Die Tearing-Instabilität

Im letzten Kapitel haben wir die Rayleigh-Taylor-Instabilität untersucht. Diese Instabilität entsteht in idealen magnetohydrodynamischen (MHD-) Plasmen, d.h. in Plasmen, deren elektrischer Widerstand vernachlässigbar ist und bei denen keine zusätzlichen Terme im verallgemeinerten Ohmschen Gesetz auftreten. Wir haben festgestellt, daß in diesem Fall die magnetischen Feldlinien in das Plasma eingefroren sind. Die Austauschinstabilität wächst sehr schnell, ihre Wachstumsperiode ist etwa so groß wie die Zeit, die eine Schallwelle benötigt, um eine Strecke zurückzulegen, die dem geometrischen Mittel der Abmessungen des Plasmas und des Krümmungsradius des Magnetfeldes entspricht. Da Schallwellen sich in Plasmen mit hoher Temperatur sehr schnell ausbreiten, sind diese Zeiten sehr kurz.

Selbst wenn es in einem Plasma keine MHD-Instabilitäten gibt, können wir nicht davon ausgehen, daß es stabil ist. Wir müssen auch untersuchen, ob es noch andere Instabilitäten mit geringerer Wachstumsgeschwindigkeit gibt. Wie wir festgestellt haben, ist die Näherung der idealen MHD auf langen Zeitskalen ungünstig. Mit der Zeit breitet sich das Plasma quer zum Magnetfeld aus bzw. das Magnetfeld diffundiert in das Plasma. Für langsam ablaufende Vorgänge in Plasmen muß man bei der Untersuchung der Stabilität, insbesondere im Ohmschen Gesetz, den nichtverschwindenden Widerstand berücksichtigen. Obwohl der Widerstand häufig dazu führt, daß Störungen gedämpft werden, gibt es auch Situationen, in denen das Plasma durch den Widerstand destabilisiert wird. Dies führt sogar zu einer ganz neuen Klasse von Plasmainstabilitäten, die nur auftreten, wenn es einen Widerstand gibt. Die wichtigste dieser Instabilitäten, die Tearing-Instabilität, wollen wir jetzt diskutieren. Der Grund dafür, daß der Widerstand eine destabilisierende Wirkung haben kann ist, daß die Bedingung, daß die Feldlinien im Plasma eingefroren sind, aufgehoben wird. Es werden dadurch qualitativ neue Formen von Störungen eines Plasmas möglich. Insbesondere können diese Tearing-Störungen ihre Energie leichter aus dem Magnetfeld gewinnen, das durch die Ströme im Plasma hervorgerufen wird. Es kann daher zur Instabilität kommen.

Rein intuitiv könnte man annehmen, daß diese Instabilitäten bei endlicher Leitfähigkeit sehr langsam anwachsen, genauer gesagt, mit Zeitskalen, die mit denen der Diffusion des Plasmas quer zum Magnetfeld vergleichbar sind. Wenn das so wäre, wären sie nicht sehr interessant, da die meisten Plasmagleichgewichte sich im Laufe der Zeit ohnehin verschieben und deshalb eine so langsam anwachsende Instabilität keine wesentlichen Auswirkungen hätte. Einige dieser Instabilitäten, wie z.B. die Tearing- Instabilität, wachsen aber wesentlich schneller. Der Grund dafür ist, daß die Instabilität sich in ihrer Form danach richtet, wie sie am leichtesten die zu ihrem Wachstum nötige Feldenergie erhalten kann. Genau wie die Austauschinstabilität von der Inhomogenität des Plasmadrucks (also der thermischen Energie des Plasmas) gespeist wurde, speist sich die Tearing-Instabilität aus den Inhomogenitäten des Magnetfeldes (also aus der Möglichkeit, daß die Feldenergie in einen niedrigeren Zustand wechseln kann). Die Tearing-Instabilität wird durch das Freisetzen dieser im Magnetfeld gespeicherten Energie erzeugt. Die Wachstumsgeschwindigkeit kann dabei viel größer sein, als man intuitiv annimmt, weil die Diffusion des Plasmas quer zum Magnetfeld auf wesentlich kleineren Längen als der des gesamten Plasmas stattfindet und dennoch einen wesentlichen Anteil der Feldenergie freisetzen kann. Wegen dieser kürzeren Längenskalen kann die Diffusion recht schnell vorankommen. Die Theorie der Tearing-Instabilität, einschließlich der erstaunlich hohen Wachstumsgeschwindigkeiten wurde zuerst von

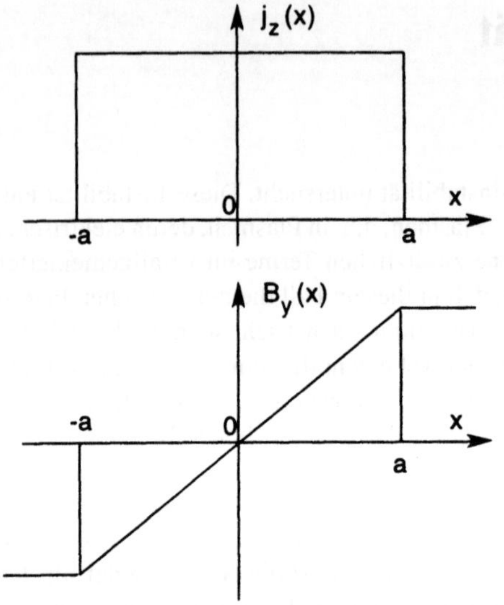

Bild 20.1
Die Gleichgewichtssituation in einem Plasma mit einem Stromstab

H. P. Furth, J. Killeen und M. N. Rosenbluth (*Phys. Fluids* **6** (1963) 459) hergeleitet.

20.1 Der Plasma-Stromstab

Wir werden die Tearing-Instabilität in der einfachsten Geometrie behandeln, und zwar in einem Plasma-Stromstab. Genauer gesagt, betrachten wir ein unendlich ausgedehntes Plasma, das einen endlichen stromführenden Stab (oder dicke Schicht) enthält.

$$j_z = \begin{cases} j_{z0} & -a < x < a \\ 0 & |x| > a \end{cases} \tag{20.1}$$

Das Plasma ist in y- und z-Richtung homogen. Aus dem Ampèreschen Gesetz $\nabla \times \boldsymbol{B} = \mu_0 \boldsymbol{j}$, d.h. $\mathrm{d}B_y/\mathrm{d}x = \mu_0 j_z(x)$, folgt

$$B_y(x) = \begin{cases} B'_{y0}x & -a < x < a \\ -B'_{y0}a & x < -a \\ B'_{y0}a & x > a \end{cases} \tag{20.2}$$

mit $B'_{y0} = \mu_0 j_{z0}$. Die Funktionen $j_z(x)$ und $B_y(x)$ sind in Bild 20.1 dargestellt.

Die Feldlinien des Magnetfeldes in der (x,y)-Ebene sind in Bild 20.2 eingezeichnet. Wir haben die Stärke von B_y an unterschiedlichen Orten x durch die Dichte der Feldlinien dargestellt. Dort, wo die Feldlinien enger beieinander liegen, ist das Feld stärker. Es könnte hier auch Instabilitäten der idealen MHD geben (wir werden später zeigen, daß dies nicht der Fall ist), sie würden jedoch die Geometrie nicht ändern, da der magnetische Fluß durch ein Oberflächenelement in der (x,z)-Ebene (d.h. die Anzahl der Feldlinien von B_y, die durch das Flächenelement hindurch treten) gleich bleiben muß. Durch den Widerstand des Plasmas kann das negative Feld

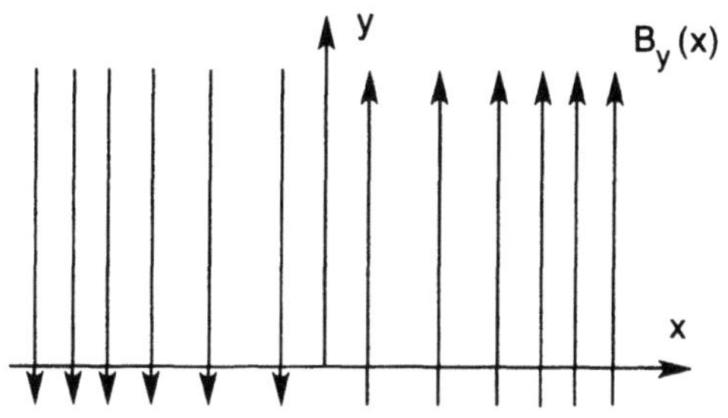

Bild 20.2
Die Feldlinien des $\boldsymbol{B}$-Feldes in dieser Situation

B_y links von $x = 0$ in den Bereich mit positivem B_y rechts von $x = 0$ diffundieren und das Feld dort vernichten. Diese Vernichtung (oder Ausgleich) des Magnetfeldes ist natürlich in der Nähe von $x = 0$ am weitgehendsten. Dort werden wir auch die größten Plasmaströme in der Tearing-Instabilität finden.

Diese Vernichtung des Magnetfeldes ist offensichtlich energetisch günstig. Wenn wir beispielsweise die Änderung von $B_y(x)$ betrachten, die sich durch den Ausgleich von positiven und negativen B_y-Komponenten in einem kleinen Bereich $|x| < \delta$ ergibt, nimmt die magnetische Feldenergie $\int (B_y^2/2)\mathrm{d}V$ ab. Die Tearing-Instabilität kann das Magnetfeld aber nicht ohne weitere Auswirkungen vernichten. Sie führt vielmehr zu wellenförmigen Störungen des gesamten Plasmas, auch deutlich links und rechts von $x = 0$. Das wiederum führt zu einem wellenförmigen Aufbrechen der Topologie des Magnetfeldes in der Nähe von $x = 0$. Insgesamt wird die Feldenergie durch diese Art von Störung aber erniedrigt.

In der Stromstab-Geometrie aus Bild 20.2 könnte es ein zusätzliches Magnetfeld in z-Richtung geben. Wenn es kein solches Feld gibt, kann das Plasma nur dann im Gleichgewicht sein, wenn sein Druck die Variation des magnetischen Druckes ausgleicht, d.h. wenn $p(x) + B_y^2(x)/2\mu_0 = const.$ gilt. Wenn andererseits das Feld B_z groß ist, können die Variationen des Druckes (für $p \ll B_z^2/2\mu_0$) leicht ausgeglichen werden, und die Funktionen $p(x)$ und $B_y(x)$ sind im wesentlichen unabhängig voneinander. Ein starkes Feld B_z hat noch eine weitere Konsequenz. Wie bei der Rayleigh-Taylor-Instabilität führt es dazu, daß der Plasmastrom in der (x,y)-Ebene inkompressibel ist, d.h. es gilt $\nabla \cdot \boldsymbol{u}_\perp = 0$. In unserem Beispiel werden wir davon ausgehen, daß es ein starkes Feld B_z gibt. Diese Annahme machen wir hauptsächlich, um die Rechnung zu vereinfachen. Tearing-Instabilitäten können, wenn sie energetisch möglich sind, auch an einer Grenzfläche mit $B_y(x) = 0$ auftreten, selbst wenn es einen endlichen Druck und ein schwaches (oder verschwindendes) Feld B_z gibt. Der Strom des Plasmas ist dann kompressibel.

Sobald wir ein Feld B_z eingeführt haben, betrachten wir offensichtlich nur einen Spezialfall der allgemeineren „Stab"-Geometrie mit Feldkomponenten $B_y(x)$ und $B_z(x)$. Da B_y und/oder B_z von x abhängen, dreht sich das Magnetfeld, während wir uns in x-Richtung bewegen. Solche Felder bezeichnen wir als geschert. In gescherten Feldern kann man die y- und z-Achsen so wählen, daß das Feld an einem bestimmten Ort, beispielsweise bei $x = 0$, in z-Richtung zeigt. Die Geometrie sieht dann genauso aus, wie die in Bild 20.1 und 20.2 (mit einem zusätzlichen Feld B_z). Unser Beispiel ist also für eine größere Klasse von Geometrien mit geschertem Feld repräsentativ.

Da die Gleichgewichte mit einem ebenen Stab stationär und in y- und z-Richtung homogen sind, können wir die linearisierten Störungen nach Moden der Form

$$\psi_1(\boldsymbol{x},t) = \hat{\psi}_1(x)\, \mathrm{e}^{\mathrm{i}k_y y + \mathrm{i}k_z z - \mathrm{i}\omega t}$$

Fourier-zerlegen. $\psi_1(\boldsymbol{x},t)$ ist dabei eine Größe erster Ordnung. In der durch die Gleichungen

(20.1) und (20.2) definierten Geometrie, in der auf der $x = 0$-Ebene $B_y(x) = 0$ gilt, gilt für die Tearing-Instabilitäten $k_z = 0$. Der $\boldsymbol{k}$-Vektor steht also bei $x = 0$ senkrecht auf $\boldsymbol{B}$, d.h. $\boldsymbol{k} \cdot \boldsymbol{B} = 0$, dort, wo es zur Tearing-Instabilität kommt. Wenn wir ein Feld B_z einführen, ist die Geometrie sowohl in $B_y(x)$ als auch in $B_z(x)$ geschert. Auf allen Flächen $x = const.$ kann es dann zu Tearing-Instabilitäten kommen, weil wir die y- und z-Achsen auf jeder Ebene so wählen können, daß das Magnetfeld in z-Richtung zeigt und wir dann einen $\boldsymbol{k}$-Vektor finden können, der in y-Richtung zeigt (sofern die Randbedingungen das zulassen). Bei einem ebenen Stab, der in y- und z-Richtung unendlich ausgedehnt ist, sind alle Werte für k_y und k_z möglich. Wenn der Stab nur eine endliche Ausdehnung hat, ergeben sich die möglichen Werte aus den Randbedingungen und die Tearing-Instabilität kann nur noch auf bestimmten Ebenen auftreten. Wir betrachten hier nur das durch die Gleichungen (20.1) und (20.2) definierte Gleichgewicht mit Störungen in k_y, d.h. $k_z = 0$. Dadurch wird die Resonanzfläche mit $\boldsymbol{k} \cdot \boldsymbol{B} = 0$ nach $x = 0$ gelegt. Auf dieser Resonanzfläche liegt eine Feldlinie nullter Ordnung des Magnetfeldes auf einer Linie konstanter Phase der wellenförmigen Störung und wird dadurch anfällig für Störungen erster Ordnung. Wir werden im folgenden die Notation vereinfachen, indem wir den unteren Index y bei k_y weglassen, weil der Vektor $\boldsymbol{k}$ nur eine Komponente hat. Für den Rest dieses Kapitels gehen wir also davon aus, daß die Störungen von der Form $\exp(\mathrm{i}ky)$ sind.

20.2 Die Stabilität des Stromstabes in der idealen MHD

Bei unserer Behandlung der Rayleigh-Taylor-Instabilität in Kapitel 19 haben wir festgestellt, daß man einige allgemeine Eigenschaften von Störungen des Magnetfeldes aus der linearisierten Kombination des Faradayschen und des Ohmschen Gesetzes herleiten kann. Wir betrachten zunächst ein unendlich leitfähiges Plasma. In diesem Fall gilt

$$\frac{\partial \boldsymbol{B}_1}{\partial t} = -\nabla \times \boldsymbol{E}_1 = \nabla \times (\boldsymbol{u}_1 \times \boldsymbol{B}_0) = (\boldsymbol{B}_0 \cdot \nabla)\boldsymbol{u}_1 - (\boldsymbol{u}_1 \cdot \nabla)\boldsymbol{B}_0 - \boldsymbol{B}_0(\nabla \cdot \boldsymbol{u}_1)\,, \tag{20.3}$$

denn die Plasmageschwindigkeit $\boldsymbol{u}$ verschwindet im Gleichgewicht und hat daher nur einen Störanteil $\boldsymbol{u}_1$. Im Unterschied zur Rayleigh-Taylor-Instabilität werden die Feldlinien hier verbogen, deshalb gibt es sowohl eine B_x- als auch eine B_y-Komponente erster Ordnung. Dementsprechend kann man aus der x- und der y-Komponente von (20.3) nichttriviale Informationen gewinnen. Es gilt

$$\frac{\partial B_{x1}}{\partial t} = \mathrm{i}kB_{y0}u_{x1} \tag{20.4}$$

und

$$\frac{\partial B_{y1}}{\partial t} = \mathrm{i}kB_{y0}u_{y1} - u_{x1}\frac{\partial B_{y0}}{\partial x} - B_{y0}(\nabla \cdot \boldsymbol{u}_1) = -u_{x1}\frac{\partial B_{y0}}{\partial x} - B_{y0}\frac{\partial u_{x1}}{\partial x} = -\frac{\partial (B_{y0}u_{x1})}{\partial x}\,. \tag{20.5}$$

((20.5) hätten wir auch mit Hilfe der Bedingung $\nabla \cdot \dot{\boldsymbol{B}}_1 = 0$ aus (20.4) herleiten können.) Für eine Normalmode der Frequenz ω, d.h., für den Fall, daß die Störgrößen sich wie $\exp(-\mathrm{i}\omega t)$ verhalten, können wir (20.4) als

$$\omega B_x = -kB_{y0}u_x \tag{20.6}$$

schreiben. Hier und im folgenden lassen wir den unteren Index 1 an den Geschwindigkeits- und Feldkomponenten u_x bzw. B_x weg, da diese Größen im Gleichgewicht verschwinden. Aus (20.6) folgt, daß überall wo $B_{y0} = 0$ auch B_x verschwindet, denn sonst müßte die Geschwindigkeitskomponente u_x divergieren. In unserem Beispiel ist das bei $x = 0$ der Fall.

Wir betrachten nun die linearisierte Strömungsgleichung erster Ordnung.

$$\rho_0 \frac{\partial \boldsymbol{u}_1}{\partial t} = -\nabla p_1 + (\boldsymbol{j} \times \boldsymbol{B})_1 = -\nabla \left(p_1 + \frac{\boldsymbol{B}_0 \cdot \boldsymbol{B}_1}{\mu_0} \right) + \frac{1}{\mu_0} [(\boldsymbol{B}_0 \cdot \nabla)\boldsymbol{B}_1 + (\boldsymbol{B}_1 \cdot \nabla)\boldsymbol{B}_0] \tag{20.7}$$

Hier haben wir $\boldsymbol{j} = (\nabla \times \boldsymbol{B})/\mu_0$ und die Vektoridentität für $(\nabla \times \boldsymbol{B}) \times \boldsymbol{B}$ aus Anhang D eingesetzt. Ferner haben wir die Störung des magnetischen Drucks linearisiert ($(B^2)_1 = 2\boldsymbol{B}_0 \cdot \boldsymbol{B}_1$). Sowohl aus der x- als auch aus der y-Komponente dieser Gleichung können wir Informationen gewinnen. Es gilt

$$-\mathrm{i}\omega\rho_0 u_x = -\frac{\partial}{\partial x}\left(p_1 + \frac{B_{z0}B_{z1} + B_{y0}By1}{\mu_0} \right) + \frac{1}{\mu_0}\mathrm{i}k B_{y0} B_x \tag{20.8}$$

$$-\mathrm{i}\omega\rho_0 u_y = -\mathrm{i}k \left(p_1 + \frac{B_{z0}B_{z1} + B_{y0}By1}{\mu_0} \right) - \frac{1}{\mu_0}\left(B_{y0}\frac{\partial B_x}{\partial x} - B_x \frac{\partial B_{y0}}{\partial x} \right). \tag{20.9}$$

Im vorletzten Term der rechten Seite von (20.9) haben wir $\nabla \cdot \boldsymbol{B}_1 = 0$ benutzt, um B_{y1} durch B_x auszudrücken. Genau wie bei unserer Betrachtung der Rayleigh-Taylor-Instabilität haben wir außer (20.8) und (20.9) keine Information über p_1 und B_{z1}. Im Prinzip könnten wir p_1 auch aus der (beispielsweise) adiabatischen Zustandsgleichung bestimmen. Normalerweise würde man B_{z1} aus der z-Komponente von (20.3) berechnen. Dabei würde der kompressible, d.h. nicht divergenzfreie Anteil der Strömungsgeschwindigkeit des Plasmas eingehen. Dieser ist aber sehr klein. Im näherungsweise inkompressiblen Fall müssen wir B_{z1} entweder aus (20.8) oder aus (20.9) bestimmen. Den Wert, den wir dabei erhalten, setzen wir dann in die z-Komponente von (20.3) ein und bestimmen dadurch den kompressiblen Anteil der Strömungsgeschwindigkeit. Diese kleine Größe geht aber in keine der weiteren Berechnungen ein. Das sehr schwache Feld B_{z1} erzeugt die Änderungen des fast konstanten magnetischen Drucks B_z^2, die nötig sind, um das Kräftegleichgewicht mit den geringen Druckschwankungen in einem näherungsweise inkompressiblen Strom aufrechtzuerhalten. Sowohl die Rayleigh-Taylor-(Gravitations-) als auch die Tearing-Instabilität sind daher im wesentlichen vom Plasmadruck unabhängig. Die Rayleigh-Taylor-Instabilität wird von der Energie gespeist, die wegen dem der Gravitationskraft entgegengesetzten Dichtegradienten zur Verfügung steht. Die Tearing-Instabilität kann ihre Energie vollständig aus dem gescherten Magnetfeld beziehen. Wir wollen nun zeigen, daß diese Energie nur wegen des elektrischen Widerstandes für die Bewegung des Plasmas verfügbar ist.

Genau wie im Fall der Rayleigh-Taylor-Instabilität können wir die beiden Größen p_1 und B_{z1} eliminieren, indem wir die z-Komponente der Rotation der Bewegungsgleichung betrachten. Wir ziehen also von der x-Ableitung der y-Komponente von (20.9) das $\mathrm{i}k$-fache der x-Komponente (20.8) ab.

$$\begin{aligned} -\mathrm{i}\omega \left(\frac{\partial}{\partial x}(\rho_0 u_y) - \mathrm{i}k\rho_0 u_x \right) &= \frac{1}{\mu_0}\left[\frac{\partial}{\partial x}\left(B_x \frac{\partial B_{y0}}{\partial x} - B_{y0}\frac{\partial B_x}{\partial x} \right) + k^2 B_{y0} B_x \right] \\ &= -\frac{1}{\mu_0}\left\{ \frac{\partial}{\partial x}\left[B_{y0}^2 \frac{\partial}{\partial x}\left(\frac{B_x}{B_{y0}} \right) \right] - k^2 B_{y0} B_x \right\} \end{aligned} \tag{20.10}$$

Bis hierher gilt unsere Betrachtung für ein beliebiges Gleichgewicht $B_{y0}(x)$ und ist nicht auf das Gleichgewicht aus (20.2) beschränkt.

Wir wollen zunächst annehmen, daß die Bewegung des Plasmas vollständig inkompressibel verläuft, d.h.

$$0 = \nabla \cdot \boldsymbol{u}_1 = \frac{\partial u_x}{\partial x} + iku_y\,. \tag{20.11}$$

Wie schon im Fall der Rayleigh-Taylor-Instabilität ist diese Annahme nur näherungsweise gültig. Genau wie in Kapitel 19 könnten wir ihre Gültigkeit am Ende der Rechnung untersuchen. Um das zu tun, müßten wir $\nabla \cdot \boldsymbol{u}_1$ durch die Störung B_{z1}, die durch die Kompression des starken Magnetfeldes B_{z0} (s. (19.20)) entsteht, ausdrücken. Danach könnten wir die Kraft, die durch den Gradienten im gestörten magnetischen Druck $B_{z0}B_{z1}$ entsteht, durch u_x oder u_y ausdrücken (s. beispielsweise (19.22)). Aus einem Vergleich des Betrages von $\nabla \cdot \boldsymbol{u}_1$ mit einem dieser Terme (es sind $\partial u_x/\partial x$ bzw. iku_y) würde sich ergeben, daß $\nabla \cdot \boldsymbol{u}_1$ um einen Faktor $\omega^2/k^2 v_A^2$ kleiner ist (v_A ist die Alfvén-Geschwindigkeit $B_0/(\rho_0\mu_0)^{1/2}$). Wie im Falle der Rayleigh-Taylor-Instabilität stellt sich heraus, daß die Wachstumsgeschwindigkeiten der schnellsten Moden, die sich ergeben, wesentlich geringer sind als kv_A. Also ist auch hier die Kompressibilität vernachlässigbar, d.h. $\nabla \cdot \boldsymbol{u}_1 = 0$ ist eine gute Näherung.

Mit Hilfe von (20.11) können wir u_y durch u_x ausdrücken. In der linken Seite von (20.10) kommt dann nur noch u_x vor.

$$-\frac{\omega\mu_0}{k}\left[\frac{\partial}{\partial x}\left(\rho_0\frac{\partial u_x}{\partial x}\right) - k^2\rho_0 u_x\right] = \frac{\partial}{\partial x}\left[B_{y0}^2\frac{\partial}{\partial x}\left(\frac{B_x}{B_{y0}}\right)\right] - k^2 B_{y0}B_x \tag{20.12}$$

Bei unendlicher Leitfähigkeit gilt (20.6) und kann hier in der Form

$$\frac{B_x}{B_{y0}} = -\frac{ku_x}{\omega} \tag{20.13}$$

eingesetzt werden, um auch die rechte Seite von (20.12) durch u_x auszudrücken. Wir multiplizieren (20.12) mit $-\omega k$ und machen einige kleinere Umformungen. Dadurch erhalten wir

$$\frac{\partial}{\partial x}\left((\rho_0\mu_0\omega^2 - k^2B_{y0}^2)\frac{\partial u_x}{\partial x}\right) - k^2(\rho_0\mu_0\omega^2 - k^2B_{y0}^2)u_x = 0\,. \tag{20.14}$$

(20.14) ist eine homogene Differentialgleichung zweiter Ordnung für u_x. Sie beschreibt ideale MHD-Wellen, in der von uns betrachteten Geometrie. Mit den geeigneten Randbedingungen können wir die Eigenmoden dieser Gleichung bestimmen. Einige allgemeine Eigenschaften solcher Wellen können wir herleiten, indem wir den quadratischen Ausdruck, den man erhält, wenn man (20.14) mit dem komplex konjugierten u_x^* von u_x multipliziert und x über die gesamte reelle Achse integriert, untersuchen. Nach einer partiellen Integration ($u_x = 0$ für $x \to \pm\infty$) erhalten wir

$$\int_{-\infty}^{\infty}(\rho_0\mu_0\omega^2 - k^2B_{y0}^2)\left(\left|\frac{\partial u_x}{\partial x}\right|^2 + k^2|u_x|^2\right)\mathrm{d}x = 0\,. \tag{20.15}$$

ω^2 muß in (20.15) offensichtlich reell sein, also muß ω entweder reell oder rein imaginär sein. Ferner sehen wir, daß unser Plasma (unter der Annahme unendlicher Leitfähigkeit) vollständig stabil ist, da eine Instabilität einem rein imaginären Wert von ω, d.h. $\omega = i\gamma$ mit $\gamma > 0$, entspricht, für den die linke Seite von (20.15) negativ definit wäre. Die Gleichung könnte also nicht erfüllt werden.

Die stabilen Wellen, die durch (20.14) beschrieben werden, sind die Alfvén-Scherwellen, deren niederfrequenten Limes wir in Kapitel 18 untersucht haben. Die Frequenzen sind normalerweise von der Größenordnung $\omega \approx k_{\|} v_A$, wobei $k_{\|} = \boldsymbol{k} \cdot \hat{\boldsymbol{b}} = k_y B_{y0}/B_z$ die Komponente des Wellenvektors in Richtung des Gleichgewichtsmagnetfeldes ist. Bei der Geometrie, die wir hier betrachten, hängt B_{y0} von x ab. Wenn der Wert von $\omega(\rho_0\mu_0)^{1/2}$ in den Bereich fällt, den auch $kB_{y0}(x)$ annehmen kann, wird (20.14) singulär, weil der Koeffizient der zweiten Ableitung an einer Stelle verschwindet. Da wir uns hier mit Instabilitäten und nicht mit stabilen Schwingungen beschäftigen wollen, werden wir dem nicht weiter nachgehen. Es reicht uns zu wissen, daß zum Spektrum der möglichen Lösungen von (20.14) diskrete Moden mit $\omega > k|B_{y0}|_{\max}/(\rho_0\mu_0)^{1/2}$ und ein Kontinuum von Moden mit kleineren ω, die in der Regel an der Singularität durch Effekte, die nicht zur idealen MHD gehören, stark gedämpft werden, gehören.

20.3 Mit Widerstand: Die Tearing-Instabilität

Wir wollen nun einen Widerstand in das Ohmsche Gesetz des Plasmas einführen.

$$\boldsymbol{E} + \boldsymbol{u} \times \boldsymbol{B} = \eta \boldsymbol{j} \tag{20.16}$$

Wir kombinieren diese Formel mit dem Faradayschen Gesetz und linearisieren. Damit erhalten wir für die Störung des magnetischen Feldes den Ausdruck

$$\frac{\partial \boldsymbol{B}_1}{\partial t} = -\nabla \times \boldsymbol{E}_1 = \nabla \times (\boldsymbol{u}_1 \times \boldsymbol{B}_0) - \eta \nabla \times \boldsymbol{j}_1 \,. \tag{20.17}$$

Hier sind wir davon ausgegangen, daß der Widerstand räumlich konstant ist. Mit Hilfe des Ampèreschen Gesetzes $\mu_0 \boldsymbol{j}_1 = (\nabla \times \boldsymbol{B}_1)$ und der Identität $\nabla \times (\nabla \times \boldsymbol{B}_1) = \nabla(\nabla \cdot \boldsymbol{B}_1 - \nabla^2 \boldsymbol{B}_1 = -\nabla^2 B_1$ aus Anhang D erhalten wir

$$\frac{\partial \boldsymbol{B}_1}{\partial t} = \nabla \times (\boldsymbol{u}_1 \times \boldsymbol{B}_0) + \frac{\eta}{\mu_0} \nabla^2 \boldsymbol{B}_1 \,. \tag{20.18}$$

Nach einer Entwicklung des ersten Terms auf der rechten Seite von (20.3) folgt für die x-Komponente von (20.18)

$$\omega B_x = -k B_{y0} u_x + \frac{i\eta}{\mu_0} \frac{\partial^2 B_x}{\partial x^2} \,. \tag{20.19}$$

Da wir davon ausgehen, daß der Widerstand nur in einem schmalen Bereich, in dem sich B_x relativ schnell ändert, eine Rolle spielt, haben wir hier die Näherung $\nabla^2 \approx \partial^2/\partial x^2$ benutzt. In einem Plasma mit endlicher Leitfähigkeit wird (20.6) durch (20.19) ersetzt.

(20.19) hat einige interessante Folgen. Zuerst stellen wir fest, daß unsere ideal magnetohydrodynamische Betrachtung von oben dem Grenzfall

$$\omega B_x \gg \frac{\eta}{\mu_0} \frac{\partial^2 B_x}{\partial x^2} \tag{20.20}$$

entspricht. Die Alfvén-Scherwellen, die wir betrachtet haben, haben in der Regel im Vergleich zu den Diffusionsgeschwindigkeiten recht hohe Frequenzen ω. Daher ist (20.20) in ihrem Fall nur in Plasmen mit sehr hohem Widerstand nicht erfüllt. Trotzdem ist es sinnvoll zu untersuchen, ob andere Störungen mit niedrigeren Frequenzen oder geringeren Ausdehnungen möglich sind, bei denen die beiden Terme in (20.20) von der gleichen Größenordnung sind.

Bei der Betrachtung solcher Moden müssen wir den Widerstandsterm in (20.19) beibehalten. (20.19) hat für diesen Fall eine wichtige Konsequenz: Die Störung erster Ordnung B_x muß nun nicht mehr an den Punkten mit B_{y0}, d.h. in dem Beispiel aus Bild 20.1 und 20.2 bei $x = 0$, verschwinden. Dadurch, daß die Bedingung $B_x = 0$, falls $B_{y0} = 0$ wegfällt, gewinnt das Plasma neue Möglichkeiten, seine Feldenergie zu vermindern. Es entstehen weitere instabile Störungen. Eine dritte Folgerung aus (20.19) ist, daß der Widerstandsterm vermutlich in einem engen Bereich um den Punkt, in dem B_{y0} verschwindet, am wichtigsten ist. In unserem Beispiel also bei $x = 0$. Wir nennen diesen Bereich die „Widerstandsschicht". Da $\boldsymbol{k} \cdot \boldsymbol{B}$ bei $x = 0$ verschwindet, „resoniert" die Störung dort, und die ungestörten Feldlinien des Magnetfeldes sind auf dieser Fläche parallel zu den Wellenfronten. Der nichtverschwindende Wert von η in der Widerstandsschicht ermöglicht es den Feldlinien, sich über die Resonanz hinweg zu verbinden, denn B_x kann einen endlichen Wert annehmen.

Wir erwarten, daß deutlich rechts und links von $x = 0$ in dem in Bild 20.1 dargestellten Plasma weiterhin die Näherung der idealen MHD gültig ist. Da die Frequenzen ω (oder genauer gesagt, die Wachstumsgeschwindigkeiten γ) viel geringer sind als die Frequenzen der Alfvén-Wellen, werden die Störungen in diesen Bereichen durch (20.14) (oder äquivalent dazu (20.12)), aber ohne die dort auftretenden Trägheitsterme beschrieben. Es ist praktischer, die Störungen in den ideal magnetohydrodynamischen Bereichen durch B_x und nicht durch u_x zu beschreiben. Wir ziehen daher (20.12) vor und erhalten

$$\frac{\partial}{\partial x}\left[B_{y0}^2 \frac{\partial}{\partial x}\left(\frac{B_x}{B_{y0}}\right)\right] - k^2 B_{y0} B_x = 0\,. \tag{20.21}$$

Diese Gleichung beschreibt die Störungen in den äußeren Bereichen deutlich rechts oder links von der Widerstandsschicht bei $x = 0$. Wenn wir für $x \to \infty$ (entweder nach rechts oder nach links) $B_y(x)$ durch $B_y(x) \approx B'_{y0}x$ annähern, gibt es zwei mögliche Lösungen für $x \to 0$: entweder $B_x \sim x$ oder $B_x \approx const$.

Aufgabe 20.1 Beweisen Sie diese Behauptung, indem Sie Lösungen von (20.21) mit $B_x \sim x^\beta$ für $x \to 0$ bestimmen. Sie werden herausfinden, daß für $x \to 0$ der erste Term auf der linken Seite von (20.21) dominiert. Es sind daher nur Lösungen mit $\beta = 0$ oder $\beta = 1$ möglich. Warum können wir davon ausgehen, daß dies für $x \to 0$ die einzigen Lösungen sind?

Falls wir Lösungen suchen, die für $x \to \infty$ nicht divergieren, ist die Möglichkeit $B_x \sim x$ für $x \to 0$ ausgeschlossen, denn wenn B_x/B_{y0} für $x \to 0$ endlich bliebe, könnten wir (20.21) mit B^*/B_{y0} multiplizieren und von $x = -\infty$ bis $x = 0$ integrieren. Mit Hilfe einer partiellen Integration würden wir dann (wegen $B_{y0} = 0$ an der Stelle $x = 0$)

$$B_x^* B_{y0} \frac{\partial}{\partial x}\left(\frac{B_x}{B_{yo}}\right)\Bigg|_{-\infty}^{0} - \int_{-\infty}^{0} B_{y0}^2 \left|\frac{\partial}{\partial x}\left(\frac{B_x}{B_{y0}}\right)\right|^2 \mathrm{d}x - \int_{-\infty}^{0} k^2 |B_x|^2 \mathrm{d}x \;=\; 0 \tag{20.22}$$

erhalten. Da wir an lokalisierten Lösungen mit $B_x \to 0$ für $x \to \infty$ interessiert sind (sonst würde die magnetische Feldenergie $|B_x|^2$ divergieren), muß der erste Term auf der linken Seite im Limes $x \to -\infty$ verschwinden. Deshalb können wir nicht zulassen, daß $B_x \sim x$ für $x \to 0$, weil sonst auch der erste Term auf der linken Seite für $x \to 0$ verschwinden und die linke Seite dadurch negativ definit würde.

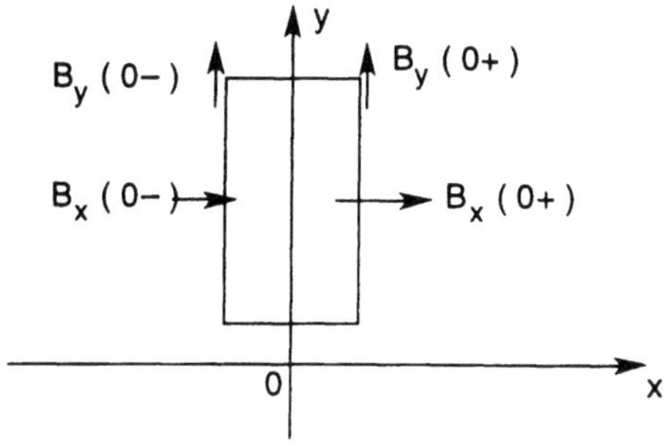

Bild 20.3
Der Kasten zur Berechnung von Randbedingungen an der Widerstandsschicht

In den physikalisch möglichen Lösungen von (20.21) konvergiert B_x also entweder von rechts oder von links für $x \to 0$ gegen eine nichtverschwindende Konstante. Solche Lösungen wären in der idealen MHD, d.h. in (20.6) nicht möglich, weil B_x dort an der Stelle $x = 0$ verschwinden muß. Im Fall endlicher Leitfähigkeit sind solche Lösungen erlaubt, weil (20.6) in der Nähe von $x = 0$ durch (20.19) ersetzt wird. Die Tearing-Instabilität wird durch einen nichtverschwindenden Wert von B_x an einer Stelle mit $B_{y0} = 0$ charakterisiert.

Es ist hilfreich, sich den Bereich um $x = 0$ als Grenzschicht zwischen den beiden ideal magnetohydrodynamischen Bereichen rechts und links davon vorzustellen. Man kann sogar einige nützliche Randbedingungen erhalten, indem man die Gleichungen, die das Plasma beschreiben, über einen dünnen Kasten in dieser Grenzschicht integriert (s. Bild 20.3). Der Kasten hat eine infinitesimale Ausdehnung in x-Richtung (er ist aber breiter als die Widerstandsschicht) und eine endliche Ausdehnung in y-Richtung, die deutlich kleiner ist als die charakteristische Wellenlänge der Störung. Seine Ausdehnung in z-Richtung ist beliebig, da in z-Richtung alle Größen konstant sind. Wenn wir die Gleichung $\nabla \cdot \boldsymbol{B}_1 = 0$ über das Volumen dieses Kastens integrieren und den Gaußschen Satz anwenden, folgt, daß B_x an der Grenzschicht stetig ist, d.h.

$$B_x(x \to 0+) = B_x(x \to 0-)\,. \qquad (20.23)$$

Wir können B_x also für jeden Wert von y an der Widerstandsschicht bei $x = 0$ als konstant betrachten. Wenn wir $\nabla \times \boldsymbol{B} = \mu_0 \boldsymbol{j}$ über die Oberfläche des Kastens in der (x, y)-Ebene integrieren und den Stokesschen Satz anwenden, sehen wir, daß es zu jeder Unstetigkeit von B_{y1} einen Oberflächenstrom J_{z1} erster Ordnung in der Grenzschicht geben muß.

$$B_{y1}(x \to 0+) - B_{y1}(x \to 0-) = \mu_0 J_{z1} \qquad (20.24)$$

(Mit einem Oberflächenstrom meinen wir eine sehr große Stromdichte j_{z1}, die in einer sehr dünnen Schicht der Dicke Δx fließt. $J_{z1} = j_{z1}\Delta x$ muß dabei endlich sein. In einem hoch leitfähigen Plasma können solche Ströme fließen. Wenn der Widerstand gegen 0 geht, geht auch die Dicke der stromführenden Schicht gegen 0 und es entsteht ein echter Oberflächenstrom.) An (20.24) können wir ablesen, daß die y-Komponente der Störung des Feldes an der Grenzfläche unstetig sein kann. Da B_1 divergenzfrei ist, gilt

$$\frac{\partial B_x}{\partial x} + \mathrm{i}kB_{y1} = 0 \qquad (20.25)$$

und B_{y1} kann nur dann unstetig sein, wenn auch $\partial B_x/\partial x$ unstetig ist. Obwohl B_x an der Grenzfläche stetig ist, ist sein Gradient unstetig. Die Größe

$$\Delta' = \frac{1}{B_x}\left[\frac{\partial B_x}{\partial x}\right]_{x=0} = \frac{1}{B_x}\left(\left.\frac{\partial B_x}{\partial x}\right|_{x=0+} - \left.\frac{\partial B_x}{\partial x}\right|_{x=0-}\right), \tag{20.26}$$

bei der die Notation $[\;]_{x=0}$ für den Sprung an der Grenzschicht bei $x = 0$ steht, ist wichtig. Es wird sich herausstellen, daß sie für die Stabilität der Tearing-Moden entscheidend ist.

Δ' wird offensichtlich von den Lösungen in den äußeren Bereichen bestimmt. Wir könnten Gleichung (20.21) mit geeigneten Randbedingungen (üblicherweise $B_x \to 0$) für $x \to -\infty$ in dem Bereich deutlich links von $x = 0$ lösen. Als Randbedingung könnten wir aber beispielsweise auch eine leitende Wand einführen. Wir könnten dann (20.21), ausgehend von der leitenden Wand deutlich links von $x = 0$, numerisch lösen. Wir würden dort $B_x = 0$ setzen und einen beliebigen nichtverschwindenden Wert für $\partial B_x/\partial x$ wählen. Dieser Wert bestimmt die Amplitude unserer Lösung B_x. Die Lösung führt zu einem endlichen Wert von B_x bei $x = 0$ (wenn wir von links kommen), und auch durch diesen Wert wird die Amplitude der Lösung festgelegt. Wenn wir also einen beliebigen Wert für die Amplitude B_x an der Stelle $x = 0$ wählen (die Amplitude einer linearen Störung ist im Rahmen der linearisierten Theorie immer unbestimmt), geben wir damit die Lösung im äußeren Bereich für $x < 0$ und den Wert von $\partial B_x/\partial x$ bei $x = 0-$ vor. Genauso werden die Lösung im äußeren Bereich $x > 0$ und der Wert von $\partial B_x/\partial x$ bei $x = 0+$ von der Randbedingung für $x \to \infty$ (oder an einer leitenden Wand) und der Bedingung, daß wir bei $x = 0$ die gleiche Amplitude B_x wie in der linken äußeren Region haben müssen, bestimmt. Die Größe Δ' wird also durch die Lösungen in den äußeren Bereichen festgelegt. Weiter unten werden wir Δ' für unseren Plasma-Stromstab explizit berechnen. Zunächst wollen wir aber die Widerstandsschicht genauer untersuchen, um festzustellen, wie es zu den lokalisierten Strömen j_z kommen kann, die nötig sind, um Sprünge in B_{y1} und $\partial B_x/\partial x$ herbeizuführen.

Aufgabe 20.2 Zeigen Sie, daß die Oberflächenstromdichte J_{z1}, d.h., die über die Grenzfläche integrierte Volumenstromdichte an einem Punkt y vom Wert von B_x an diesem Punkt abhängt ($mu_0 J_{z1} = \mathrm{i}\Delta' B_x/k$). Für die Phasenwahl $B_x = \bar{B}_x \sin(ky)$ erhalten Sie $\mu_0 J_{z1} = (\Delta' \bar{B}_x/k)\cos(ky)$.

20.4 Die Widerstandsschicht

Um die Wachstumsgeschwindigkeit der Tearing-Instabilität zu bestimmen, reicht es nicht aus, die Randbedingungen zu kennen. Wir müssen vielmehr die Struktur der Widerstandsschicht genau untersuchen. Innerhalb der Widerstandsschicht können wir bedenkenlos $B_{y0} = B'_{y0}x$ setzen. Außerdem haben wir gezeigt, daß die gestörte Feldkomponente B_x in der Widerstandsschicht näherungsweise konstant ist. Den konstanten Anteil von B_x werden wir als $\bar{B}_x$ bezeichnen.

Aus (20.19) wird dadurch

$$\omega \bar{B}_x + kB'_{y0}xu_x = \frac{\mathrm{i}\eta}{\mu_0}\frac{\partial^2 B_x}{\partial x^2}. \tag{20.27}$$

In die rechte Seite geht offensichtlich der nichtkonstante Anteil von B_x ein. In der Widerstandsschicht müssen wir auch die Trägheit des Plasmas berücksichtigen, da wir noch zeigen werden, daß die Plasmageschwindigkeiten in dieser Schicht ihr Maximum erreichen und wir deshalb (20.12) direkt anwenden müssen. Wir können (20.12) jedoch vereinfachen, indem wir ausnutzen, daß in der Widerstandsschicht die x-Ableitungen in der Regel deutlich größer sind

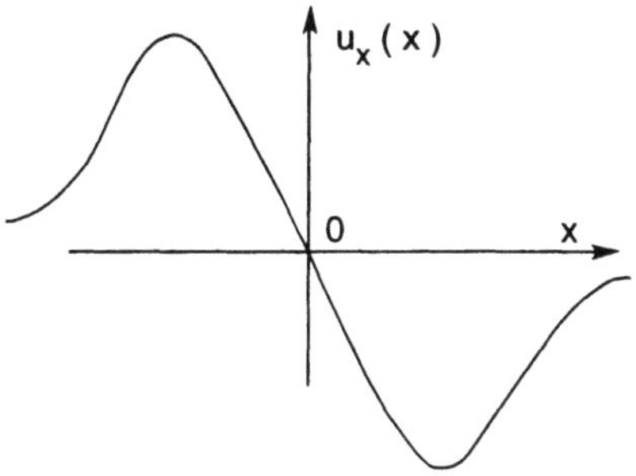

Bild 20.4
Ein typischer Verlauf von $u_x(x)$ in der Widerstandsschicht

als die y-Ableitungen (d.h. die k-Faktoren). Es reicht also aus, eine genäherte Form von (20.12) zu betrachten.

$$-\omega\rho_0\mu_0\frac{\partial^2 u_x}{\partial x^2} = kB'_{y0}\frac{\partial}{\partial x}\left[x^2\frac{\partial}{\partial x}\left(\frac{B_x}{x}\right)\right] = kB'_{y0}\frac{\partial}{\partial x}\left(x\frac{\partial B_x}{\partial x} - B_x\right) = kB'_{y0}x\frac{\partial^2 B_x}{\partial x^2} \quad (20.28)$$

Wenn wir $\partial^2 B_x/\partial x^2$ aus (20.27) einsetzen, erhalten wir

$$\gamma\eta\rho_0\frac{\partial^2 u_x}{\partial x^2} = kB'_{y0}x(\mathrm{i}\gamma\bar{B}_x + kB'_{y0}xu_x)\,. \quad (20.29)$$

Da wir davon ausgehen, daß die Tearing-Instabilität anwächst, haben wir hier $\omega = \mathrm{i}\gamma$ gesetzt.

Weil $\bar{B}_x$ konstant ist, können wir aus (20.29) die Funktion $u_x(x)$ bestimmen. Unglücklicherweise ist es jedoch nicht möglich, einen geschlossenen Ausdruck für u_x anzugeben. Die Funktion kann nur numerisch bestimmt werden. Aus (20.29) können wir aber ablesen, daß u_x monoton fallend vom Abstand von der Grenzschicht abhängt. Genauer gesagt gilt $u_x \sim -\mathrm{i}\gamma\bar{B}_x/kB'_{y0}x \sim 1/x$ für $x \to \infty$ und der Term auf der linken Seite von (20.29) wird vernachlässigbar klein. Ferner muß u_x offensichtlich antisymmetrisch in x sein. Der Verlauf von u_x ist in Bild 20.4 dargestellt. Wir gehen hier implizit davon aus, daß die Lösung der inhomogenen Gleichung (20.21) eindeutig ist, d.h., daß die homogene Gleichung, die entsteht, wenn wir den Term, der $x\bar{B}_x$ enthält weglassen, keine zulässige Lösung hat. Das können wir einsehen, indem wir die homogene Gleichung mit u_x^* multiplizieren und über die gesamte reelle Achse integrieren. Wir erhalten dadurch einen negativ definiten Ausdruck, der für jede Lösung mit $u_x \to 0$ für $x \to \infty$ verschwinden muß. Auch die charakteristische Dicke der Widerstandsschicht können wir aus (20.29) ablesen. Wenn wir den Term auf der linken Seite mit dem zweiten Term auf der rechten Seite gleichsetzen, erhalten wir eine charakteristische Dicke von

$$x \approx \delta = \sqrt{\frac{\sqrt{\gamma\eta\rho_0}}{kB'_{y0}}}\,. \quad (20.30)$$

Wie zu erwarten war, wird die Widerstandsschicht dünner, wenn der Widerstand η abnimmt.

Um unsere Lösung zu vervollständigen und die Wachstumsgeschwindigkeit γ zu bestimmen, brauchen wir eine explizite Lösung von (20.29). Zur Bestimmung dieser Lösung wollen wir mit den skalierten Variablen

$$X \equiv \frac{x}{\delta} \qquad U \equiv (\gamma\eta\rho_0)^{1/4}\sqrt{kB'_{y0}}\frac{u_x}{\mathrm{i}\gamma\bar{B}_x} \quad (20.31)$$

arbeiten. In diesen Variablen lautet (20.29)

$$\frac{\partial^2 U}{\partial X^2} = X(1 + XU)\,. \tag{20.32}$$

$U(X)$ ist eine ungerade Funktion von X und falls $\partial^2 U/\partial X^2$ für $X \to \pm\infty$ nicht divergiert, gilt für $X \to \pm\infty$, daß $U \to -X^{-1}$. Die explizite Lösung können wir als Integral angeben.

$$U(X) = -\frac{X}{2}\int_0^{\pi/2} \mathrm{e}^{-\frac{X^2}{2}\cos\theta}\sqrt{\sin\theta}\,\mathrm{d}\theta \tag{20.33}$$

Daß dies tatsächlich die gesuchte Lösung ist, wollen wir durch Einsetzen in (20.32) überprüfen. Die zweite Ableitung von (20.33) ist

$$\frac{\partial^2 U}{\partial X^2} = \frac{X}{2}\int_0^{\pi/2} \mathrm{e}^{-\frac{X^2}{2}\cos\theta}\sqrt{\sin\theta}(3\cos\theta - X^2\cos^2\theta)\mathrm{d}\theta\,. \tag{20.34}$$

Mit Hilfe von (20.33) und (20.34) berechnen wir

$$\begin{aligned}\frac{\partial^2 U}{\partial X^2} - X^2 U &= \frac{X}{2}\int_0^{\pi/2} \mathrm{e}^{-\frac{X^2}{2}\cos\theta}\sqrt{\sin\theta}(3\cos\theta + X^2\sin^2\theta)\mathrm{d}\theta \\ &= X\int_0^{\pi/2} \frac{\mathrm{d}}{\mathrm{d}\theta}\left[\sqrt{\sin^3\theta}\,\mathrm{e}^{-\frac{X^2}{2}\cos\theta}\right]\mathrm{d}\theta = X\,.\end{aligned} \tag{20.35}$$

Also ist (20.33) eine Lösung von (20.32). Für große X kommt der dominante Beitrag zum Integral von θ-Werten in der Nähe von $\pi/2$. Deshalb hat (20.33) die gewünschte Asymptotik ($U \to -X^{-1}$). Um uns davon zu überzeugen, benutzen wir die Substitution $\varphi = \pi/2 - \theta$. Die Asymptotik für große X können wir dann mit Hilfe der Näherung $\exp(-X^2\sin\varphi/2) \approx \exp(-X^2\varphi/2)$ berechnen.

Der Sinn unserer genauen Betrachtung der Grenzschicht ist die Bestimmung der richtigen Randbedingungen für die Lösungen links und rechts der Widerstandsschicht. Wir hatten im letzten Abschnitt festgestellt, daß diese Lösungen in den äußeren Bereichen eindeutig festgelegt sind, wenn der Oberflächenstrom J_{z1} oder, äquivalent dazu, der Sprung in B_{y1} oder $\partial B_x/\partial x$ bekannt ist. Aus unseren Gleichungen für die Widerstandsschicht können wir den Sprung in $\partial B_x/\partial x$ leicht berechnen. Eine Möglichkeit dazu besteht darin, (20.27) über die Widerstandsschicht zu integrieren.

$$\left[\frac{\partial B_x}{\partial x}\right]_{x=0} = \frac{\mu_0}{\mathrm{i}\eta}\int(\mathrm{i}\gamma\bar{B}_x + kB'_{y0}xu_x)\mathrm{d}x \tag{20.36}$$

Wenn wir wieder die skalierten Variablen X und U einführen, erhalten wir

$$\frac{1}{\bar{B}_x}\left[\frac{\partial B_x}{\partial x}\right]_{x=0} = \frac{\gamma^{5/4}\rho_0^{1/4}\mu_0}{\eta^{3/4}\sqrt{kB'_{y0}}}\int_{-\infty}^{\infty}(1 + XU)\mathrm{d}X\,. \tag{20.37}$$

Das Integral auf der rechten Seite von (20.37) kann man numerisch auswerten, wenn man $U(X)$ aus (20.33) einsetzt. Mit Hilfe von (20.32) und der Lösung (20.33) kann man dieses Integral auf eine besonders einfache Form bringen.

$$
\begin{aligned}
\int_{-\infty}^{\infty}(1+XU)\mathrm{d}X &= \int_{-\infty}^{\infty}\frac{1}{X}\frac{\partial^2 U}{\partial X^2}\mathrm{d}X \\
&= \frac{1}{2}\int_{-\infty}^{\infty}\mathrm{d}X\int_0^{\pi/2} \mathrm{e}^{-\frac{1}{2}X^2\cos\theta}\sqrt{\sin\theta}(3\cos\theta - X^2\cos^2\theta)\mathrm{d}\theta \\
&= \frac{1}{2}\int_0^{\pi/2}\sqrt{\sin\theta}\mathrm{d}\theta\int_{-\infty}^{\infty}\mathrm{e}^{-\frac{1}{2}X^2\cos\theta}(3\cos\theta - X^2\cos^2\theta)\mathrm{d}X \qquad (20.38)\\
&= \sqrt{\frac{\pi}{2}}\int_0^{\pi/2}\sqrt{\sin\theta}(3\sqrt{\cos\theta}-\sqrt{\cos\theta})\mathrm{d}\theta \\
&= \sqrt{2\pi}\int_0^{\pi/2}\sqrt{\sin\theta}\sqrt{\cos\theta}\mathrm{d}\theta \approx 2{,}12
\end{aligned}
$$

Dabei haben wir das letzte Integral numerisch gelöst. Die linke Seite von (20.37) stimmt mit der Größe Δ', die wir im vorherigen Abschnitt definiert haben überein. Dort wurde sie allerdings durch Eigenschaften der Lösungen in den äußeren Bereichen festgelegt. Aus (20.37) erhalten wir nun einen Ausdruck für die Wachstumsgeschwindigkeit γ.

$$
\gamma = 0{,}55\left(\frac{\Delta'^4\eta^3(kB'_{y0})^2}{\rho_0\mu_0^4}\right)^{\frac{1}{5}} \qquad (20.39)
$$

Wenn wir Δ' aus den Eigenschaften der Lösungen in den äußeren Bereichen berechnen, kennen wir die Wachstumsgeschwindigkeit der Tearing-Instabilität.

Aus (20.39) erhalten wir wichtige Informationen über die Größenordnung der Wachstumsgeschwindigkeit γ. Der Widerstand η ist häufig eine kleine Größe, d.h. das Plasma ist in guter Näherung ideal magnetohydrodynamisch. Die Einführung eines nichtverschwindenden Widerstandes in das Gleichgewicht führt zu einer Diffusion des Plasmas relativ zum Magnetfeld, deren Geschwindigkeit proportional zu η ist. Die Einführung des nichtverschwindenden Widerstandes in die Stabilitätsbetrachtung hat aber zu instabilen Moden, die weit schneller wachsen geführt (proportional zu $\eta^{3/5}$).

Um eine quantitative Vorstellung davon zu erhalten, wollen wir einige charakteristische Zeiten definieren. Wir führen zunächst eine charakteristische Länge a ein, sie ist die halbe Breite des Stromstabes aus Bild 20.1. Eine der charakteristischen Zeiten ist das Inverse der Frequenz ω_A einer Alfvén-Scherwelle, die sich mit Wellenzahl k in y-Richtung, d.h. näherungsweise senkrecht zu dem starken Magnetfeld B_z ausbreitet. Für diese Welle gilt $\omega = k_\parallel v_A = (k_y B_{y0}/B_z)v_A$. Wenn wir B_{y0} an der Kante des Stromstabes berechnen, gilt für diese Zeit

$$
\tau_A^{-1} = \omega_\mathrm{A} \approx \frac{k_y B'_{y0}a}{B_{z0}}v_A \approx \frac{k_y B'_{y0}a}{\sqrt{\rho_0\mu_0}}\,. \qquad (20.40)
$$

Die zweite charakteristische Zeit beschreibt, wie schnell das Feld B_{y0} durch den nichtverschwindenden Widerstand in das Plasma diffundieren kann. Da der Diffusionskoeffizient für diesen Vorgang η/μ_0 ist (s. beispielsweise (20.18)) wird τ_R durch

$$
\tau_R \approx \frac{a^2\mu_0}{\eta} \qquad (20.41)
$$

definiert. Wenn wir (20.39) durch τ_A und τ_R ausdrücken, erhalten wir

$$
\gamma = 0{,}55\left(\frac{(\Delta' a)^4}{\tau_A^2\tau_R^3}\right)^{\frac{1}{5}}\,. \qquad (20.42)
$$

Aus (20.42) folgt, daß die Wachstumsgeschwindigkeiten der Tearing-Instabilitäten zwischen den sehr kurzen Zeitskalen τ_A der MHD und den langen Zeitskalen τ_R der Widerstandsdiffusion liegen. Die relevante Zeitskala liegt in der Nähe des geometrischen Mittels von τ_A und τ_R. Die Tearing-Instabilitäten wachsen also viel langsamer als die Instabilitäten der idealen MHD (so hat z.B. die Austauschinstabilität eine charakteristische Wachstumszeit von $a/C_s \approx \beta^{-1/2}\tau_A$). Sie wachsen dennoch viel schneller als die Widerstandsdiffusion der Gleichgewichtskonfiguration. Bei dieser Diskussion sind wir implizit davon ausgegangen, daß $\Delta' a$ von nullter Ordnung ist. Dies ist im allgemeinen der Fall, da Δ' die makroskopische Konfiguration charakterisiert. Wir werden im nächsten Abschnitt sehen, daß diese Annahme für den Fall eines Stromstabes berechtigt ist.

20.5 Die äußeren MHD-Bereiche

Bisher haben wir keine Annahmen über den Verlauf von $B_{y0}(x)$ in den äußeren MHD-Bereichen gemacht; wir hatten nur benutzt, daß in der Widerstandsschicht um $x = 0$ gilt, daß $B_{y0}(x) \approx B'_{y0}x$. Wir wollen nun für den in Bild 20.1 dargestellten und durch (20.1) und (20.2) definierten Stromstab eine explizite Lösung für die Störung in den äußeren Bereichen finden. Dazu müssen wir (20.1) für das in (20.2) angegebene Magnetfeld $B_{y0}(x)$ lösen.

Wir betrachten zunächst $x > a$. Hier ist $B_y = B'_{y0}a = const.$ und aus (20.21) wird

$$\frac{\partial^2 B_x}{\partial x^2} - k^2 B_x = 0\,. \tag{20.43}$$

Die einzige Lösung, die für $x \to \infty$ verschwindet, ist

$$B_x = C\,\mathrm{e}^{-kx} \tag{20.44}$$

mit einer beliebigen Konstante C, die die Amplitude der Störung angibt.

Für $0 < x < a$ gilt $B_{y0} = B'_{y0}x$. Hier wird (20.21) zu

$$\frac{\partial}{\partial x}\left[x^2 \frac{\partial}{\partial x}\left(\frac{B_x}{x}\right)\right] - k^2 x B_x = 0\,. \tag{20.45}$$

Wenn wir den Ableitungsterm ausrechnen, erhalten wir

$$\frac{\partial}{\partial x}\left[x^2 \frac{\partial}{\partial x}\left(\frac{B_x}{x}\right)\right] = \frac{\partial}{\partial x}\left(x\frac{\partial B_x}{\partial x} - B_x\right) = x\frac{\partial^2 B_x}{\partial x^2} \tag{20.46}$$

und (20.25) wird zu

$$\frac{\partial^2 B_x}{\partial x^2} - k^2 B_x = 0\,. \tag{20.47}$$

Die allgemeine Lösung dieser Gleichung ist

$$B_x = A\,\mathrm{e}^{kx} + B\,\mathrm{e}^{-kx} \tag{20.48}$$

mit zwei beliebigen Konstanten A und B.

Die Lösungen in den beiden Bereichen müssen bei $x = a$ übereinstimmen. Die Anschlußbedingungen erhalten wir aus (20.21), da diese Gleichung sowohl für $x < a$ als auch für $x > a$ gilt. Es sind

$$B_x|_{x=a-} = B_x|_{x=a+} \qquad \frac{\partial}{\partial x}\left(\frac{B_x}{B_{y0}}\right)\bigg|_{x=a-} = \frac{\partial}{\partial x}\left(\frac{B_x}{B_{y0}}\right)\bigg|_{x=a+} . \tag{20.49}$$

Um die zweite Anschlußbedingung zu berechnen, haben wir (20.21) über eine infinitesimale Grenzschicht bei $x = a$ integriert. Wenn wir unsere Lösungen aus (20.44) und (20.48) in die Anschlußbedingungen einsetzen, erhalten wir

$$\begin{aligned} A\,\mathrm{e}^{ka} + B\,\mathrm{e}^{-ka} &= C\,\mathrm{e}^{-ka} \\ A(ka-1)\,\mathrm{e}^{ka} - B(ka+1)\,\mathrm{e}^{-ka} &= -Cka\,\mathrm{e}^{-ka} . \end{aligned} \tag{20.50}$$

Wir können nun A und B durch C ausdrücken.

$$A = \frac{C}{2ka}\,\mathrm{e}^{-2ka} \qquad B = \frac{C}{2ka}(2ka-1) \tag{20.51}$$

Damit ist unsere Lösung für $x > 0$ vollständig. Da die Amplitude einer Störung in der linearen Theorie nicht festgelegt ist, muß sie eine freie Konstante enthalten.

Das Gleichgewicht links von $x = 0$ ist das gleiche wie rechts von $x = 0$. Wir können also die Lösung rechts von $x = 0$ bestimmen, indem wir in der obigen Lösung x durch $-x$ ersetzen. Für $-a < x < 0$ erhalten wir

$$B_x = A\,\mathrm{e}^{-kx} + B\,\mathrm{e}^{kx} \tag{20.52}$$

und für $x < -a$

$$B_x = C\,\mathrm{e}^{kx} \tag{20.53}$$

mit den gleichen Werten von A, B und C wie oben.

Jetzt können wir auch die in (20.26) definierte Größe Δ' berechnen.

$$\Delta' \equiv \frac{1}{B_x}\left[\frac{\partial B_x}{\partial x}\right]_{x=0} = \frac{2k(A-B)}{A+B} \tag{20.54}$$

Wenn wir mit Hilfe von (20.51) A und B durch C ausdrücken, erhalten wir

$$\Delta' a = \frac{2ka[\,\mathrm{e}^{-2ka} - 2ka + 1]}{\mathrm{e}^{-2ka} + 2ka - 1} . \tag{20.55}$$

In Bild 20.5 haben wir $\Delta' a$ als Funktion von ka aufgetragen. Δ' ist für kleine k (große Wellenlängen in y-Richtung) positiv und für große k (kleine Wellenlängen in y-Richtung) negativ.

Die Bedingung für die Instabilität der Tearing-Moden ist $\Delta' > 0$. Also haben wir gezeigt, daß das Gleichgewicht eines Plasma-Stromstabes gegenüber allen Störungen, die in y-Richtung wellenartig sind und eine hinreichend große Wellenlänge haben, instabil ist.

Wir hatten am Anfang dieses Kapitels festgestellt, daß die Vernichtung der positiven und negativen B_y-Komponenten in einem kleinen Bereich $|x| < \delta$ energetisch begünstigt ist, d.h. die Feldenergie wird durch diesen Vorgang erniedrigt. Wir haben jetzt aber herausgefunden, daß eine wellenartige Störung in y-Richtung nötig ist, um die B_x-Komponente bei $x = 0$ zu erzeugen, die gebraucht wird, damit das negative B_y-Feld sich mit dem positiven Feld B_y verbinden und es vernichten kann. Diese wellenartige Störung geht mit einer Biegung der Feldlinien einher, deren Energiebedarf um so größer ist, je kleiner die Wellenlänge ist. Daher ist die Tearing-Mode nur für hinreichend große Wellenlängen instabil, d.h. nur für Wellenlängen, bei denen durch die Vernichtung des Feldes mehr Energie freigesetzt wird als zur Biegung des Feldes benötigt wird.

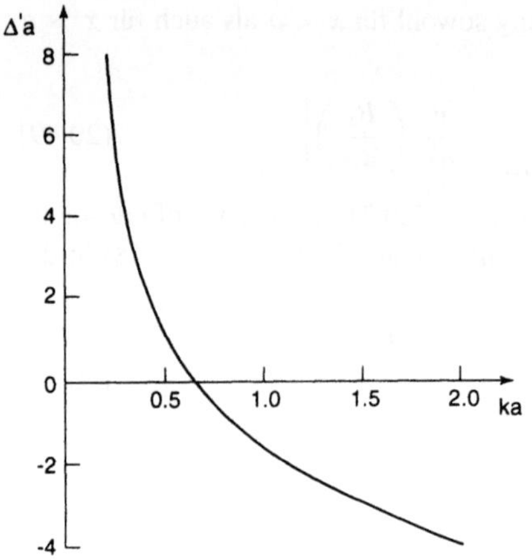

Bild 20.5
Die Funktion $\Delta' a$, die die Stabilität der Tearing-Moden beschreibt, in Abhängigkeit von ka

Ferner hatten wir festgestellt, daß eine Plasmastab-Konfiguration mit gescherten Feldkomponenten $B_y(x)$ und $B_z(x)$ in vielen Punkten x für Tearing-Instabilitäten anfällig ist, falls die Störungen mit den Randbedingungen vereinbar sind. Wir können das auf den zylindrischen Tokamak, der ein Beispiel für eine Konfiguration mit starkem axialen homogenen Feld B_z und schwächerem azimutalen Feld $B_\theta(r)$ ist anwenden. Die Normalmoden der Störung eines unendlich langen zylindrischen Plasmas sind von der Form $\exp(im\theta + ik_z z)$ mit ganzen Zahlen m und beliebigem k_z. Der Zylinder ist im Falle des Tokamak nur eine Näherung eines gerade gebogenen Torus und hat daher nur die Länge $2\pi R$ (R ist der äußere Radius des Torus). Ferner müssen wir an den Enden des endlich langen Zylinders periodische Randbedingungen fordern. Es muß also $k_z = -n/R$ mit einer ganzen Zahl n gelten (das negative Vorzeichen haben wir hier der Einfachheit halber gewählt; wir werden bald feststellen, daß n auch negative Werte annehmen kann). Eine Störung dieser Art kann resonieren, d.h. $\boldsymbol{k} \cdot \boldsymbol{B} \equiv mB_\theta/r - nB_z/R$ verschwindet bei einem bestimmten Radius r mit $q(r) \equiv rB_z/(RB_\theta(r)) = m/n$. Das entspricht der Resonanzfläche bei $x = 0$ in unserem Stab (dort gilt $\boldsymbol{k} \cdot \boldsymbol{B} \equiv k_y B_{y0} = 0$). Für einen Tokamak mit einer Stromdichte $j_z(r)$, die ihr Maximum bei $r = 0$ hat und bis zum Rand des Plasmas bei $r = a$ bis auf Null abnimmt, ist die Funktion $q(r)$ zwischen $r = 0$ und $r = a$ monoton steigend. Zwischen $q(0)$ und $q(a)$ liegen natürlich unendlich viele rationale Zahlen m/n. Da jedoch nur Moden mit großer Wellenlänge gegenüber den Tearing-Moden instabil sind, kommen nur rationale Zahlen von geringer Ordnung, d.h. solche für die m und n kleine Zahlen sind, in Frage. Die bei weitem instabilste Mode eines Tokamak ist die mit $m = n = 1$. Die nichtlineare Entwicklung dieser Mode führt zu einer Abflachung des Plasmaprofils innerhalb der Resonanzfläche. Diese Mode gibt es aber nur, falls $q(0) < 1$. Die Mode mit $m = 2$ und $n = 1$ ist auch gefährlich, denn sie kann bei $q(0) \approx 1$ und $q(a) > 2$ auftreten. Die Stabilität einer bestimmten Mode hängt aber nicht nur davon ab, ob es die zugehörige Resonanzfläche gibt, sondern auch von der Verteilung des Plasmastroms. Es kommt häufig vor, daß alle Moden stabil sind.

Aufgabe 20.3 Führen Sie bei unserem Plasma-Stromstab leitende Wände bei $x = \pm b$ mit $b > a$ ein. Verallgemeinern Sie (20.55) für diesen Fall. Erwarten Sie, daß das Plasma stabiler oder daß es instabiler wird? Stimmt Ihre Erwartung mit Ihrem Ergebnis für $\Delta' a$ überein?

20.6 Magnetische Inseln

Die Tearing-Instabilität führt zu einer Änderung der Topologie des Magnetfeldes. Die Feldkonfiguration des Plasma-Stromstabes vor Einsetzen der Instabilität ist in Bild 20.2 dargestellt. Die Feldlinien sind gerade und wenn zusätzlich zu der in Bild 20.2 dargestellten B_y-Komponente eine starke B_z-Komponente vorhanden ist, liegen sie in Ebenen parallel zur (y,z)-Ebene. Die Richtung der B_y-Komponente kehrt sich bei $x = 0$ um. Nach dem Einsetzen der Instabilität wird das Magnetfeld deformiert, und die Feldlinien liegen nun auf anderen Flächen, sind aber immer noch homogen in z-Richtung (da die Störung in z-Richtung konstant ist). Die Schnitte dieser Flächen mit der (x,y)-Ebene sind nun gekrümmte Linien, die durch die Beziehungen $\mathrm{d}x/\mathrm{d}l = B_x/B$ und $\mathrm{d}y/\mathrm{d}l = B_y/B$ festgelegt werden. Die Projektion der deformierten Feldlinien in z-Richtung auf die (x,y)-Ebene führt zu Linien, die durch

$$\frac{\mathrm{d}x}{\mathrm{d}y} = \frac{B_x}{B_y} \tag{20.56}$$

beschrieben werden. Das führt dazu, daß die in Bild 20.2 dargestellte Konfiguration zu der durch die Lösungen von (20.56) angegebenen Konfiguration deformiert wird.

Bei einer schwachen Störung können wir die B_y-Komponente durch ihren Gleichgewichtswert $B_y \approx B'_{y0}x$ nähern. Für eine bestimmte Phasenwahl (die dazu führt, daß wir mit reellen Größen und nicht mit komplexen Größen, wie $\exp(iky)$ arbeiten können) ist die B_x-Komponente zur Zeit t

$$B_x = \bar{B}_x e^{\gamma t} \sin(ky) \,. \tag{20.57}$$

Wir hatten bereits weiter oben festgestellt, daß $\bar{B}_x$ in der Widerstandsschicht um $x = 0$ näherungsweise als von x unabhängig betrachtet werden kann. Wir integrieren (20.56) und erhalten

$$\frac{1}{2} B'_{y0} x^2 + \frac{\bar{B}_x}{k} e^{\gamma t} \cos(ky) = \text{const.} \,. \tag{20.58}$$

Die unterschiedlichen Werte der Konstante entsprechen den Projektionen unterschiedlicher Feldlinien in die (x,y)-Ebene.

Die Lösungen von (20.58) können wir in der (x,y)-Ebene auftragen. Ein typisches Beispiel ist in Bild 20.6 dargestellt. Bei großen Werten von $|x|$, die großen Werten der Konstante in (20.58) entsprechen, sind die Feldlinien gegenüber denen aus Bild 20.2 nur wenig deformiert. Für kleinere Werte von $|x|$ nimmt die Deformation zu und führt schließlich zu geschlossenen Feldlinien. Aus (20.58) können wir ablesen, daß geschlossene Feldlinien entstehen, wenn die Konstante geringer ist als $(\bar{B}_x/k)\exp(\gamma t)$. Da bei diesen Werten der Konstanten aus (20.58) $\cos(ky)$ für kein reelles x den Wert 1 annehmen kann, werden dadurch die möglichen Werte von y eingeschränkt.

Bereiche mit geschlossenen Feldlinien, wie die in Bild 20.6, werden als „magnetische Inseln“ bezeichnet. Wenn wir das starke, näherungsweise homogene Feld B_z berücksichtigen, erhalten wir Feldlinien, die nicht mehr geschlossen sind, sondern auf Flächen verlaufen, die in z-Richtung unendlich ausgedehnten elliptischen Zylindern ähneln. In diesem Fall stellt Bild 20.6 die Schnitte dieser Flächen mit der (x,y)-Ebene bei $z = 0$ oder, äquivalent dazu, die Projektion der Feldlinien auf diese Ebene dar. Jede Feldlinie bleibt immer auf der gleichen Fläche und ihre Projektion in die (x,y)-Ebene durchläuft immer wieder die in Bild 20.6 dargestellten Linien, während sich die Feldlinie in z-Richtung voran bewegt.

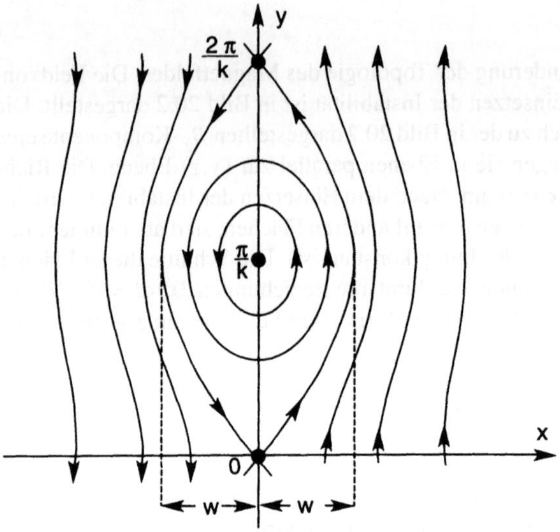

Bild 20.6
Die gestörten Feldlinien einer magnetischen Insel mit halber Breite w. Das Muster wiederholt sich mit der Periode $2\pi/k$ in y-Richtung.

Die Fläche, die die offenen und die geschlossenen Feldlinien trennt, wird normalerweise als „magnetische Separatrix" bezeichnet. Die Separatrix entspricht dem Wert $(\bar{B}_x/k)\exp(\gamma t)$ der Konstanten aus (20.58). Die halbe Breite der durch die Separatrix eingeschlossenen magnetischen Insel (die natürlich die größte mögliche magnetische Insel ist) ist der durch (20.58) angegebene Wert von x bei $ky = \pi$ für diesen Wert der Konstanten, d.h.

$$\omega = 2\sqrt{\frac{\bar{B}_x}{kB'_{y0}}}\; e^{\frac{\gamma t}{2}} . \tag{20.59}$$

Die halbe Breite der magnetischen Insel ist proportional zur Wurzel der Störung $\bar{B}_x$ des Feldes, nimmt also, wie in (20.59) angegeben, mit der Zeit exponentiell zu. In der Realität wird das Wachstum der magnetischen Inseln durch nichtlineare Effekte begrenzt, die eintreten, wenn sich eine wesentliche Änderung der Konfiguration des Magnetfeldes ergibt. Diese Effekte spielen eine Rolle, sobald die Breite der Insel etwa so groß ist wie die Dicke der Widerstandsschicht (s. (20.30)), wie einer der Autoren dieses Buches in einer Veröffentlichung (P.H. Rutherford, *Phys. Fluids* **16**(1973) 1903) gezeigt hat. Wenn die Inseln bis zu einem wesentlichen Anteil der Größe des Plasmas anwachsen, können durch sie auch die großskaligen Plasmaströmungen gestört werden. Dies führt in der Regel zu einer Verminderung von $\Delta' a$ und dadurch zu einer Stabilisierung der Tearing-Mode.

Zwischen den magnetischen Inseln und der magnetischen Separatrix, die wir hier kennengelernt haben, und den Inseln und Separatrixen, die wir im Zusammenhang mit der numerischen Untersuchung flächenerhaltender Abbildungen in Kapitel 5 untersucht haben, besteht ein enger Zusammenhang. So ist es möglich, die Bewegungsgleichung (20.56) der Feldlinien als eine Abbildung darzustellen, bei der jedesmal, wenn eine Länge von $2\pi R$ in z-Richtung durchlaufen ist, ein Punkt markiert wird. Die Scherung des Magnetfeldes entspricht dann der Scherung des Teilchenflusses aus Kapitel 5 und wir können viele der dortigen Ergebnisse übertragen. Beispielsweise ist die Breite der Inseln an der rationalen Fläche in beiden Fällen proportional zur Wurzel der Stärke der Störung. Wenn wir die Tearing-Instabilität numerisch behandeln würden, würden wir erwarten, daß sich zumindest in einigen Fällen nicht nur eine Kette von Inseln, sondern auch eine sekundäre Kette, wie in Bild 5.2 ergibt. Die Struktur des Magnetfeldes wird chaotisch, wenn die Amplitude der Störung so groß wird, daß es zu Überlappungen der primären und der sekundären oder, im Falle mehrerer instabiler Moden, der primären Inseln untereinander kommt. Wenn dies eintritt, kann eine Feldlinie quer (d.h. im Falle des Plasma-Stromstabes in x-Richtung) durch das gesamte Plasma laufen, wenn wir sie nur lange genug verfolgen. Als Folge davon wird die Elektronentemperatur im chaotischen Bereich durch die thermische Leitfähigkeit der Elektronen parallel zum Magnetfeld schnell ausgeglichen.

Jetzt ist auch offensichtlich, wo der Name Tearing-Mode herkommt. Die Konfiguration aus Bild 20.2 zerreißt [1] an ihrer schwächsten Stelle, d.h. längs der $x = 0$-Ebene. Wenn die Bedingungen für eine Instabilität erfüllt sind (d.h. positives Δ') neigt ein Plasma-Stromstab dazu, in getrennte Stromfäden zu zerfallen.

Aufgabe 20.4 Aus dem Ergebnis von Aufgabe 20.2 folgt, daß die gestörte Stromdichte erster Ordnung am 0-Punkt der magnetischen Insel, d.h. in Bild 20.6 im Punkt $(0, \pi/k)$ für eine instabile Mode ($\Delta' > 0$) negativ ist und am X-Punkt der Insel (d.h. im Punkt (0, 0) in Bild 20.6) positiv ist. Es handelt sich dabei um eine spezielle Eigenschaft der von uns betrachteten Geometrie. In einem zylindrischen Tokamak mit $\mathrm{d}q/\mathrm{d}r > 0$ sind die Vorzeichen beispielsweise genau umgekehrt. Überprüfen Sie diese Eigenschaft für die Stromstab-Geometrie mit der folgenden Methode. Betrachten Sie den durch die Insel eingeschlossenen magnetischen Fluß. Es handelt sich dabei um den Fluß des B_x-Feldes, der die y-Achse zwischen dem X-Punkt und dem 0-Punkt pro Einheitslänge in z-Richtung durchströmt. Sie erhalten ihn als

$$\Psi = \int_0^{\pi/2} B_x(0, y)\mathrm{d}y \,.$$

Zeigen Sie mit Hilfe der üblichen Kombination der Gesetze von Faraday und Ohm, daß

$$\frac{\mathrm{d}\Psi}{\mathrm{d}t} = \eta[j_z(0,0) - j_z(0, \frac{\pi}{k})] \,.$$

(Hinweis: Das Magnetfeld zeigt sowohl am Mittelpunkt als auch am X-Punkt nur in z-Richtung. Dadurch wird eine Konvektion des Flusses durch die Ränder der betrachteten Fläche ausgeschlossen.) Wenn die Instabilität und die Breite der Insel zunehmen, nimmt auch der magnetische Fluß Ψ zu. Was bedeutet das für den Betrag der gestörten Stromdichte j_z im 0-Punkt der Insel verglichen mit dem X-Punkt?

---

[1] Anm. d. Ü. engl.: to tear = reißen, zerreißen

21 Driftwellen und Instabilitäten*

Wir haben bisher zwei Arten von Instabilitäten untersucht, die im Flüssigkeitsmodell eines Plasmas auftauchen. Die erste war die Austauschinstabilität der idealen MHD (eine Druck-gespeiste Version der Rayleigh-Taylor-Instabilität). Diese Instabilität lebt von der thermischen Energie des Plasmas und wächst quer zu einem konkav in Richtung des Plasmas gekrümmten Magnetfeld. Die zweite Instabilität, die Tearing-Instabilität, lebt davon, daß das Magnetfeld im Plasma in einen Zustand mit geringerer Feldenergie gelangt. Es gibt noch eine dritte wichtige Klasse von Instabilitäten in einem Plasma. Diese „Driftwellen"-Instabilitäten benötigen weder ein gekrümmtes Magnetfeld noch ein Feld, das in einen Zustand geringerer Energie gelangen kann. Driftwelleninstabilitäten können auch in der einfachsten und „allgemeinsten" Konfiguration, bei der ein Plasma mit inhomogenem Druck durch ein starkes, im wesentlichen geradliniges Magnetfeld eingeschlossen wird, auftreten. Da sie fast immer auftreten können, werden sie auch als „universelle Instabilitäten" bezeichnet. Wie die Austauschinstabilität werden sie von der thermischen Energie eines Plasmas, das sich quer zum Magnetfeld ausdehnt, gespeist. Im Gegensatz zur Austauschinstabilität haben sie aber endliche Wellenlängen in Richtung des Feldes und die Bewegung des Plasmas ist weitgehend von der Bewegung des Feldes entkoppelt. Dadurch wird das energetisch ungünstige Verbiegen der Feldlinien vermieden. Da die thermische Energie eines Plasmas so nur langsam freigesetzt werden kann, haben Driftwellen relativ geringe Wachstumsgeschwindigkeiten, die deutlich unter denen von Austauschinstabilitäten liegen.

Im Gegensatz zu den Rayleigh-Taylor-, Austausch- und Tearing-Instabilitäten sind sie nicht „rein anwachsend", sondern haben komplexe Frequenzen ω, deren Imaginärteil γ in der Regel deutlich kleiner ist als der Realteil. Natürlich können wir rein anwachsende Störungen betrachten, wenn wir uns in das Bezugssystem begeben, in dem die Welle ruht. Aber in diesem Bezugssystem wird dann in der Regel das Plasma eine nichtverschwindende Geschwindigkeit haben. Normalerweise arbeiten wir daher im Laborsystem, in dem das Plasma im ungestörten Gleichgewichtszustand ruht (genauer gesagt, seine Strömungsgeschwindigkeit $\boldsymbol{u}$ verschwindet). In diesem Bezugssystem haben die Driftwelleninstabilitäten komplexe Frequenzen ω, d.h. sie bestehen aus einer sich ausbreitenden Welle und einem anwachsenden Anteil.

Damit die Driftwellen instabil sind, muß entweder das Plasma einen elektrischen Widerstand haben oder es muß eine andere Form der Dissipation geben (s. Kapitel 26). Die Wellen (ohne Instabilität) können sich aber in jedem inhomogenen Plasma ausbreiten. Von Plasmen mit relativ hohen Werten von β (aber immer noch mit $\beta \ll 1$) abgesehen, führen sie nicht zu einer nennenswerten Störung des Magnetfeldes. Es handelt sich um selbstkonsistente Muster von Dichteschwankungen und Strömungen, die sich teilweise längs und teilweise quer zu einem näherungsweise homogenen, gradlinigen Magnetfeld ausbreiten.

21.1 Der ebene Plasmastab

Wir werden die Driftwellen nur in ihrer einfachsten Geometrie untersuchen, dem sogenannten ebenen Plasmastab. Es handelt sich um ein Plasma mit nicht konstanter Dichte $n(x)$ und Druck $p(x)$, das von einem starken Feld B_z im Gleichgewicht gehalten wird. Das Gleichgewicht ist in

y- und z-Richtung homogen. Im Gleichgewicht bewegt sich das Plasma nicht ($\boldsymbol{u} = 0$), aber um das Gleichgewicht aufrecht zu erhalten, muß es natürlich eine Stromdichte $j_y(x)$ geben, die die $\boldsymbol{j} \times \boldsymbol{B}$-Kraft hervorruft, die mit den Druckgradienten im Gleichgewicht steht. Durch die Ströme im Plasma wird das Magnetfeld so verändert (es wird x-abhängig), daß die Druckgleichgewichtsbedingung $p + B_z^2/2\mu_0 = const.$ erfüllt wird. Für kleine β ist die Ortsabhängigkeit sehr gering und wird daher in unserer Betrachtung vernachlässigt. Wir werden Gleichgewichtsgrößen durch einen Index 0 kennzeichnen, beispielsweise $n_0(x)$, $p_0(x)$ und B_{z0}.

Um Driftwellen beschreiben zu können, müssen wir das verallgemeinerte Ohmsche Gesetz aus (18.13) ohne irgendwelche Näherungen berücksichtigen. Es gilt also

$$\boldsymbol{E} + \boldsymbol{u} \times \boldsymbol{B} = \eta \boldsymbol{j} + \frac{\boldsymbol{j} \times \boldsymbol{B} - \nabla p_e}{ne} . \tag{21.1}$$

Bevor wir mit der Stabilitätsbetrachtung beginnen, müssen wir zunächst untersuchen, ob die Tatsache, daß wir hier das vollständige, verallgemeinerte Ohmsche Gesetz benutzen, Auswirkungen auf die Gleichgewichtskonfiguration hat. (Bisher hatten wir den Bruch auf der rechten Seite von (21.1) weggelassen.) Dazu wird es offensichtlich kommen, da zu dem Kräftegleichgewicht $\boldsymbol{j} \times \boldsymbol{B} = \nabla p$ mit $p = p_e + p_i$ ein zusätzlicher Term ∇p_i auf der rechten Seite von (21.1) hinzukommt. Es ist also möglich, Gleichgewichtskonfigurationen zu bestimmen, in denen sowohl $\boldsymbol{E}$ als auch $\boldsymbol{u}$ verschwinden. Physikalisch gesehen, müssen wir nun den Beitrag der diamagnetischen Drift der Ionen, die wir in Kapitel 7 kennengelernt haben, zur Strömungsgeschwindigkeit berücksichtigen. Wenn wir $\boldsymbol{j} \times \boldsymbol{B} = \nabla(p_e + p_i)$ in die rechte Seite von (21.1) einsetzen und zunächst den Widerstand vernachlässigen, können wir nach $\boldsymbol{u}_\perp$ auflösen.

$$\boldsymbol{u}_\perp = \frac{\boldsymbol{E} \times \boldsymbol{B}}{B^2} + \frac{\boldsymbol{B} \times \nabla p_i}{neB^2} \tag{21.2}$$

(21.2) besagt, daß die Massenströmungsgeschwindigkeit quer zum Magnetfeld die Summe der $\boldsymbol{E} \times \boldsymbol{B}$-Drift und der diamagnetischen Geschwindigkeit der Ionen ist. Das war auch zu erwarten, denn die Ionen sind entscheidend für die Massendichte des Plasmas. In einem inhomogenen Plasma können im Gleichgewicht $\boldsymbol{u}$ und $\boldsymbol{E}$ nicht beide gleichzeitig verschwinden. In einem Gleichgewicht, in dem sich das Plasma nicht bewegt ($\boldsymbol{u} = 0$), muß es ein nichtverschwindendes elektrisches Feld $\boldsymbol{E}$ geben. In einem Gleichgewicht mit $\boldsymbol{E} = 0$ gibt es immer eine nichtverschwindende Strömungsgeschwindigkeit.

Um unsere Betrachtung zu vereinfachen, wollen wir uns hier auf Plasmen beschränken, deren Ionendruck gleich Null ist, während es einen nichtverschwindenden Elektronendruck gibt. Physikalisch gesehen bedeutet das, daß $T_i \ll T_e$. Diese Situation kommt tatsächlich recht häufig vor. Da nun die diamagnetische Drift der Ionen im Gleichgewicht annähernd verschwindet, können wir davon ausgehen, daß $\boldsymbol{E}_0 = \boldsymbol{u}_0 = 0$. Prinzipiell ist es nicht wesentlich schwieriger, bei der Untersuchung eines statischen ($\boldsymbol{u} = 0$) Gleichgewichts den allgemeineren Fall eines nichtverschwindenden elektrischen Feldes zu betrachten. Die Rechnungen werden dadurch aber wesentlich umständlicher, und man gewinnt keine wesentliche zusätzliche Einsicht in die physikalischen Mechanismen.

Unser Plasma ist in y- und z-Richtung homogen und unendlich ausgedehnt. Wir können also davon ausgehen, daß die Störungen in diesen beiden Richtungen die Form ebener Wellen annehmen. Alle gestörten Größen $\psi_1(\boldsymbol{x},t)$ können also als

$$\psi_1(\boldsymbol{x},t) = \hat{\psi}_1(x)\, \mathrm{e}^{-\mathrm{i}\omega t + \mathrm{i}k_y y + \mathrm{i}k_z z} \tag{21.3}$$

geschrieben werden. $\hat{\psi}_1(x)$ ist die Amplitude der wellenförmigen Störung. Auch hier können wir wegen der Ortsabhängigkeit des Gleichgewichts in x-Richtung in dieser Richtung keine Fourier-Zerlegung durchführen. Wir müssen vielmehr die Eigenfunktionen $\hat{\psi}_1(x)$ bestimmen. Wir werden dabei fast wie bei der Herleitung der Rayleigh-Taylor- und der Tearing-Instabilität in den Kapiteln 19 und 20 vorgehen. Dabei müssen wir allerdings berücksichtigen, daß $k_z \neq 0$ gilt und daß deshalb die Störungen in Richtung des Gleichgewichtsmagnetfeldes ortsabhängig sein können. Wir werden nach Wellen suchen, für die

$$k_z \ll k_y \tag{21.4}$$

gilt. Bei unserer Untersuchung werden wir herausfinden, daß diese Ungleichung bei einer typischen Driftwelleninstabilität erfüllt ist.

Bei unserer Herleitung der Driftwellen werden wir zunächst sowohl Störungen des Magnetfeldes als auch des elektrischen Feldes betrachten. Wir werden dann aber zeigen, daß für Plasmen mit kleinem β die Störungen des Magnetfeldes im Vergleich zu denen des elektrischen Feldes und den dadurch hervorgerufenen $\boldsymbol{E} \times \boldsymbol{B}$-Strömungen unwesentlich sind. Wenn wir die Störungen des Magnetfeldes von Anfang an vernachlässigen, können wir davon ausgehen, daß das gestörte elektrische Feld als Gradient eines skalaren Potentials dargestellt werden kann. Die Untersuchung der Driftwellen wird dadurch ganz erheblich vereinfacht. Wir werden diesen elektrostatischen Grenzfall untersuchen, nachdem wir uns mit dem allgemeineren Fall beschäftigt haben. Es lohnt sich zunächst, den allgemeineren Fall zu untersuchen, weil wir dadurch eine Verbindung zu den langsamen Alfvén-Scherwellen, die wir in den letzten beiden Kapiteln (und in Kapitel 18) untersucht haben, herstellen können. Ferner sehen wir explizit, wie es dazu kommt, daß der neue Driftwellenast im Spektrum bei Frequenzen, die niedriger sind als die Frequenzen aller Alfvén-Wellen ($\omega \ll k_z v_A \ll k_y v_A$) entsteht.

21.2 Die gestörte Bewegungsgleichung eines inkompressiblen Plasmas

Wir gehen von der gestörten Bewegungsgleichung

$$\rho_0 \frac{\partial \boldsymbol{u}_1}{\partial t} = -\nabla p_1 + (\boldsymbol{j} \times \boldsymbol{B})_1 = -\nabla \left(p_1 + \frac{\boldsymbol{B}_0 \cdot \boldsymbol{B}_1}{\mu_0} \right) + \frac{1}{\mu_0} [(\boldsymbol{B} \cdot \nabla)\boldsymbol{B}]_1 \tag{21.5}$$

aus. Wie üblich steht der untere Index 1 für eine gestörte Größe. Da das Magnetfeld im Gleichgewicht in z-Richtung zeigt, lauten die beiden zum Feld senkrechten Komponenten von (21.5)

$$-\mathrm{i}\omega\rho_0 u_x = -\frac{\partial}{\partial x}\left(p_1 + \frac{B_{z0} B_{z1}}{\mu_0} \right) \frac{\mathrm{i}k_z}{\mu_0} B_{z0} B_x \tag{21.6}$$

$$-\mathrm{i}\omega\rho_0 u_y = -\mathrm{i}k_y \left(p_1 + \frac{B_{z0} B_{z1}}{\mu_0} \right) \frac{\mathrm{i}k_z}{\mu_0} B_{z0} B_y \,. \tag{21.7}$$

Hier und im folgenden werden wir den unteren Index 1 bei allen Größen, die im Gleichgewicht verschwinden (d.h. bei u_x, u_y, B_x und B_y) weglassen. Bei der Herleitung von (21.6) und (21.7) haben wir ausgenutzt, daß $\boldsymbol{B}_0$ nur eine Komponente in z-Richtung hat. Deshalb trägt $(\boldsymbol{B}_1 \cdot \nabla)\boldsymbol{B}_0$ nicht zur x- oder y-Komponente von (21.5) bei.

Wir wollen nun zeigen, daß der B_{z1}-Term in (21.6) und (21.7) selbst wenn B_{z1} so klein ist, daß es keinen wesentlichen Beitrag zur Divergenz des Magnetfeldes liefert, wesentlich zur rechten Seite dieser Gleichungen, d.h. zu der Kraft, die durch den Gradienten des magnetischen Drucks entsteht, beiträgt. Wenn wir bei unserer Abschätzung von (21.7) ausgehen, können wir zeigen, daß falls

$$B_{z1} \approx \frac{k_z}{k_y} B_y \tag{21.8}$$

gilt der Beitrag von B_{z1} zum gestörten Gradienten des magnetischen Drucks mit dem Beitrag von B_y vergleichbar ist. Die Bedingung dafür, daß das gestörte Magnetfeld divergenzfrei ist, lautet

$$\frac{\partial B_x}{\partial x} + \mathrm{i}k_y B_y + \mathrm{i}k_z B_{z1} = 0\,. \tag{21.9}$$

Der Beitrag von B_{z1} ist also, falls $k_z \ll k_y$ (und das haben wir ja angenommen), im Vergleich zu dem von B_y vernachlässigbar. Das Feld ist also im wesentlichen divergenzfrei, falls

$$\frac{\partial B_x}{\partial x} + \mathrm{i}k_y B_y = 0\,. \tag{21.10}$$

Dies ist die gleiche Bedingung, wie bei der Rayleigh-Taylor- und der Tearing-Instabilität.

Wir werden weiter unten zeigen, daß schon Werte von B_{z1}, die viel kleiner sind als die, die durch eine signifikante Kompression des Magnetfeldes entstehen würden, wesentlich zu den Gradienten des magnetischen Drucks in (21.6) und (21.7) beitragen. Wie bei der Rayleigh-Taylor- und der Tearing-Instabilität suchen wir also Lösungen, bei denen das Feld B_z durch den Strom $\boldsymbol{u}$ nicht komprimiert wird. Als Folge dieser Näherung spielt die gestörte Komponente B_{z1} des Magnetfeldes bei der Berechnung der Plasmaströme und der Störungen der Dichte keine Rolle und taucht außer in (21.6) und (21.7) in unseren Rechnungen nicht auf.

Dementsprechend ist es günstig, B_{z1} mit dem nun wohlbekannten Trick aus den Gleichungen (21.6) und (21.7) zu entfernen. Wir betrachten die x-Ableitung von (21.7) und ziehen das $\mathrm{i}k_y$-fache von (21.6) davon ab.

$$-\mathrm{i}\omega\left(\frac{\partial(\rho_0 u_y)}{\partial x} - \mathrm{i}k_y\rho_0 u_x\right) = \frac{\mathrm{i}k_z B_{z0}}{\mu_0}\left(\frac{\partial B_y}{\partial x} - \mathrm{i}k_y B_x\right) = -\frac{k_z B_{z0}}{\mu_0 k_y}\left(\frac{\partial^2 B_x}{\partial x^2} - k_y^2 B_x\right) \tag{21.11}$$

Um die zweite Form der rechten Seite zu erhalten, haben wir die x-Ableitung von (21.10) eingesetzt.

Jeder Strom $\boldsymbol{u}$ ist von einem elektrischen Feld $\boldsymbol{E}_\perp \approx \boldsymbol{u} \times \boldsymbol{B}$ begleitet und führt gemäß

$$\frac{\partial B_z}{\partial t} \approx [\nabla \times (\boldsymbol{u} \times \boldsymbol{B})]_z \tag{21.12}$$

zu einer Kompression des Magnetfeldes B_z. Wir schreiben hier $\approx$, weil wir einige unwichtigere Terme im Ohmschen Gesetz vernachlässigt haben. Bis zur ersten Ordnung lautet (21.12)

$$-\mathrm{i}\omega B_{z1} \approx -B_{z0}\left(\frac{\partial u_x}{\partial x} + \mathrm{i}k_y u_y\right)\,. \tag{21.13}$$

Wenn die rechte Seite von (21.13) nicht verschwindet, entsteht durch die Kompression von B_z eine Störung der Größenordnung $B_{z1} \approx B_{z0}k_y u_y/\omega$. Wenn wir dies in (21.7) einsetzen, stellen wir fest, daß das Verhältnis des Trägheitstermes auf der linken Seite zum B_{z1}-Term auf der rechten Seite $\omega^2/k_y^2 v_A^2$ ist (v_A ist die Alfvén-Geschwindigkeit $B/(\rho_0\mu_0)^{1/2}$). Wenn wir den u_x-Term aus (21.13) benutzen, um B_{z1} zu eliminieren, können wir dies in (21.6) einsetzen und finden heraus, daß das Verhältnis des Trägheitsterms auf der linken Seite zum B_{z1}-Term auf der rechten Seite $\omega^2/k_x^2 v_A^2$ ist (hier ist $k_x \approx \partial/\partial x$). Die Ähnlichkeit erklärt sich dadurch, daß bei Driftwellen in der Regel $k_x \approx k_y$ gilt. Da wir uns für Frequenzen interessieren, die viel niedriger sind als $k_y v_A$ (höchstens von der Größenordnung $k_z v_A$ mit $k_z \ll k_y \approx k_x$) darf es nicht zu einer Kompression des B_z-Feldes kommen, weil sonst B_{z1} zu groß wird. Es gilt also

$$\frac{\partial u_x}{\partial x} + \mathrm{i}k_y u_y = 0\,. \tag{21.14}$$

Hierbei handelt es sich nicht um die Bedingung für eine vollständig inkompressible Strömung, denn bei dieser Bedingung würde ein zusätzlicher Term $\mathrm{i}k_z u_z$ auf der rechten Seite von (21.14) auftreten. Tatsächlich muß nur die Strömung senkrecht zum Magnetfeld inkompressibel sein. Wir können eine beliebige Strömung längs des Magnetfeldes hinzufügen, ohne daß es zu einer zusätzlichen Kompression des Magnetfeldes kommt. Trotzdem sind in der Regel (auch bei Driftwellen) sowohl k_z als auch u_z relativ klein und ein $\mathrm{i}k_z u_z$-Term auf der linken Seite von (21.14) würde nicht zu wesentlichen Veränderungen führen. Die Begründung für die Inkompressibilität, die wir bei der Rayleigh-Taylor-, der Tearing- und nun auch bei der Driftwelleninstabilität gegeben haben, können wir auch mit Hilfe der unterschiedlichen Arten von Alfvénwellen, die wir in Kapitel 18 behandelt haben, formulieren. Alle drei Instabilitäten entstehen im Zweig des niederfrequenten Spektrums, der zu den linear polarisierten Alfvén-Scherwellen und nicht zu den Magnet-Schallwellen gehört. Der physikalische Grund dafür ist, daß für die Alfvén-Scherwellen nur relativ wenig Energie nötig ist, weil das Magnetfeld nicht komprimiert wird. Sie können also schon durch relativ schwache Energiequellen instabil werden. Da es nicht zu einer senkrechten Kompression kommt, können diese Scherwellen für $k_z \ll k_y$ sehr niedrige Frequenzen haben. Im Falle der Driftwellen werden wir weiter unten eine Dispersionsrelation herleiten, in der die Verbindung zu den Alfvén-Scherwellen explizit sichtbar wird. Wir werden dabei Frequenzen $\omega < k_z v_A$ (häufig sogar $\omega \ll k_z v_A$) finden. Sie sind wesentlich kleiner als die Frequenzen $\omega \approx k_y v_A$ der Magnet-Schallwellen.

Wenn wir mit Hilfe der Inkompressibilitätsbedingung (21.14) auf der linken Seite u_y durch u_z ausdrücken, wird (21.11) zu

$$\frac{\omega\rho_0}{k_y}\left(\frac{\partial^2 u_x}{\partial x^2} - k_y^2 u_x\right) = -\frac{k_z B_{z0}}{\mu_0 k_y}\left(\frac{\partial^2 B_x}{\partial x^2} - k_y^2 B_x\right)\,. \tag{21.15}$$

Hier haben wir die linke Seite vereinfacht, indem wir davon ausgegangen sind, daß ρ_0 auf der Größenskala der Störungen im wesentlichen konstant ist. Das bedeutet, daß wir annehmen, daß die effektiven Wellenlängen der Störung in x-Richtung wesentlich kleiner sind als die Skalenlängen der Dichtevariation im Gleichgewicht.

In Situationen wie dieser, in denen die Wellenlänge viel kleiner ist als die Skalenlänge der Ortsabhängigkeit des Gleichgewichts, können wir die WKB-Näherung aus Kapitel 15 verwenden. Die Störung ist im wesentlichen wellenförmig, obwohl die lokale Wellenzahl k_x schwach von den lokalen Gegebenheiten abhängt. Die WKB-Näherung einer allgemeinen gestörten Größe $\psi_1(x)$ lautet

$$\psi_1(x) = \hat{\psi}_1\, \mathrm{e}^{\mathrm{i}\int^x k_x \mathrm{d}x}\,. \tag{21.16}$$

Sowohl die Amplitude $\hat{\psi}_1$ als auch die effektive Wellenzahl k_x sind schwach ortsabhängige Funktionen von x, d.h. sie ändern sich auf der Skalenlänge der Ortsabhängigkeit des Gleichgewichts. Wenn wir die WKB-Methode vollständig anwenden würden, könnten wir die Eigenfunktionen berechnen. Aber es genügt uns, eine Wellenzahl k_x wie in (21.16) einzuführen und dadurch vorauszusetzen, daß die Störung in x-Richtung wellenförmig ist. (Mit der WKB-Methode berechnet man Eigenfunktionen, indem man Ordnung um Ordnung einer Entwicklung nach $(k_x L_n)^{-1}$ berechnet. L_n ist dabei eine typische Skalenlänge der Ortsabhängigkeit der Dichte. (21.16) entspricht der Eigenfunktion niedrigster Ordnung.) Die x-Ableitungen können wir wie bei einer Störung in Form einer ebenen Welle mit Hilfe der einfachen Regel $\partial/\partial x \to \mathrm{i}k_x$ berechnen.

Wenn wir diese Methode auf (21.15) anwenden, erhalten wir

$$-\frac{\omega\rho_0}{k_y}k_\perp^2 u_x = \frac{k_z B_{0z}}{\mu_0 k_y}k_\perp^2 B_x\,, \tag{21.17}$$

mit $k_\perp^2 = k_x^2 + k_y^2$. (21.17) können wir als

$$\omega u_x = -k_z v_A^2 \frac{B_x}{B_{z0}} \tag{21.18}$$

schreiben. Aus den senkrechten Komponenten der gestörten Bewegungsgleichung können wir nicht mehr Information als in (21.18) erhalten, weil wir nur noch zwei unabhängige Größen u_x und B_x betrachten, die wir nun mit Hilfe des Ohmschen Gesetzes in Verbindung bringen werden.

21.3 Das gestörte verallgemeinerte Ohmsche Gesetz

Wir wollen nun das verallgemeinerte Ohmsche Gesetz

$$\boldsymbol{E}_1 + \boldsymbol{u}_1 \times \boldsymbol{B}_0 = \eta \boldsymbol{j}_1 + \frac{1}{ne}(\boldsymbol{j} \times \boldsymbol{B} - \nabla p_e)_1 \tag{21.19}$$

für gestörte Größen erster Ordnung betrachten. Wenn wir es mit dem Faradayschen Gesetz

$$\frac{\partial \boldsymbol{B}_1}{\partial t} = -\nabla \times \boldsymbol{E}_1 \tag{21.20}$$

verbinden, erhalten wir eine zusätzliche Beziehung zwischen B_x und u_x, die wir gemeinsam mit (21.18) anwenden können. Wir setzen (21.19) in (21.20) ein und benutzen wie oben die Entwicklung für $\nabla \times (\boldsymbol{u}_1 \times \boldsymbol{B}_0)$. Damit erhalten wir

$$\frac{\partial \boldsymbol{B}_1}{\partial t} = (\boldsymbol{B}_0 \cdot \nabla)\boldsymbol{u}_1 - (\boldsymbol{u}_1 \cdot \nabla)\boldsymbol{B}_0 - \boldsymbol{B}_0(\nabla \cdot \boldsymbol{u}_1) - \nabla \times \left(\eta \boldsymbol{j}_1 + \frac{1}{ne}(\boldsymbol{j} \times \boldsymbol{B} - \nabla p_e)_1\right). \tag{21.21}$$

Wenn wir die Beträge der einzelnen Terme im verallgemeinerten Ohmschen Gesetz vergleichen, sehen wir, daß die zusätzlichen Terme auf der rechten Seite von (21.19) (d.h. die letzten beiden Terme) wesentlich mehr zur feldparallelen Komponente beitragen als zu der Komponente, die senkrecht auf dem Magnetfeld steht. Wir können uns davon überzeugen, indem wir uns überlegen, daß aus der Bewegungsgleichung folgt, daß

$$(\boldsymbol{j} \times \boldsymbol{B} - \nabla p_e)_1 \approx \rho_0 \frac{\partial \boldsymbol{u}_1}{\partial t} = -\mathrm{i}\omega\rho_0 \boldsymbol{u}_1 \tag{21.22}$$

und daß das Verhältnis der letzten beiden Terme auf der rechten Seite der senkrechten Komponente von (21.19) zum zweiten Term auf der linken Seite von der Größenordnung $\omega\rho_0|\boldsymbol{u}_1|/ne|\boldsymbol{u}_1|B \approx \omega M/eB \approx \omega/\omega_{ci}$ ist (ω_{ci} ist die Larmor-Frequenz der Ionen). Für Wellen mit $\omega \ll \omega_{ci}$ sind diese zusätzlichen Terme auf der rechten Seite von (21.19) unwichtig und können vernachlässigt werden. In der parallelen Komponente des verallgemeinerten Ohmschen Gesetzes müssen wir die neue Terme aber beibehalten. Sie lautet nun

$$E_\parallel = \eta j_\parallel - \frac{1}{ne}\nabla_\parallel p_e\,. \tag{21.23}$$

Da das Magnetfeld im Gleichgewicht nur eine z-Komponente hat, können wir (21.23) bis zur ersten Ordnung in den Störungen als

$$E_z = \eta j_z - \frac{1}{ne}\left(ik_z p_{e1} + \frac{B_x}{B_{z0}}\frac{\mathrm{d}p_{e0}}{\mathrm{d}x}\right) \tag{21.24}$$

schreiben. Erneut haben wir die Indizes 1 an den gestörten Größen, deren Gleichgewichtswerte verschwinden weggelassen. Der dritte Term auf der rechten Seite von (21.24) kommt zustande, weil der Operator $\nabla_\parallel$ hier als $(\hat{\boldsymbol{b}} \cdot \nabla)$ ausgewertet werden muß, d.h.

$$(\nabla_\parallel p_e)_1 = [(\hat{\boldsymbol{b}} \cdot \nabla)p_e]_1 = \hat{\boldsymbol{b}}_0 \cdot \nabla p_{e1} + \hat{\boldsymbol{b}}_1 \cdot \nabla p_{e0} = ik_z p_{e1} + \frac{B_x}{B_{z0}}\frac{\mathrm{d}p_{e0}}{\mathrm{d}x}\,. \tag{21.25}$$

(Genau genommen verschwindet j_y im Gleichgewicht nicht. Das führt zu einem kleinen (aber nicht verschwindenden) Term $-u_{x0}B_{z0} = \eta j_{y0}$. u_{x0} ist, wie in Kapitel 12, die von der Stoßdiffusion hervorgerufene Strömungsgeschwindigkeit. In der gestörten Version von (21.23) tritt ein zusätzlicher Term $\eta B_{y0} j_0 / B_{z0}$ auf der rechten Seite auf. Da der Widerstand η im allgemeinen klein ist, ist dieser Term sehr klein. Im Vergleich zum letzten Term auf der rechten Seite von (21.24) ist er von der Ordnung ν_{ei}/ω_{ci}, dabei haben wir η durch ν_{ei} ausgedrückt und angenommen, daß $B_x \approx B_y$ gilt.)

Wenn wir als parallele Komponente des verallgemeinerten Ohmschen Gesetzes (21.24) benutzen und die senkrechte Komponente durch $\boldsymbol{E}_\perp = -\boldsymbol{u} \times \boldsymbol{B}$ nähern, hat der Vektor in der Rotation im letzten Term von (21.21) nur noch die zu $\boldsymbol{B}$ parallele Komponente $(\eta j_\parallel - (\nabla_\parallel p_e)/ne)_1 \hat{\boldsymbol{b}}$. Wir können die x- und die y-Komponente von (21.21) dann als

$$\begin{aligned} -i\omega B_x &= ik_z B_{z0} u_x - ik_y \left[\eta j_z - \frac{1}{ne}\left(ik_z p_{e1} + \frac{B_x}{B_{z0}}\frac{\mathrm{d}p_{e0}}{\mathrm{d}x}\right)\right] \\ -i\omega B_y &= ik_z B_{z0} u_y + \frac{\partial}{\partial x}\left[\eta j_z - \frac{1}{ne}\left(ik_z p_{e1} + \frac{B_x}{B_{z0}}\frac{\mathrm{d}p_{e0}}{\mathrm{d}x}\right)\right] \end{aligned} \tag{21.26}$$

schreiben. Da wir auch die Gleichungen (21.10) und (21.14) betrachten, ist die zweite dieser Gleichungen redundant. Wir werden sie daher nicht weiter betrachten. Mit Hilfe des Ampèresche Gesetzes und (21.10) können wir B_y durch B_x ausdrücken und erhalten einen Ausdruck für j_z in Abhängigkeit von B_x.

$$j_z = \frac{1}{\mu_0}\left(\frac{\partial B_y}{\partial x} - ik_y B_x\right) = \frac{i}{\mu_0 k_y}\left(\frac{\partial^2 B_x}{\partial x^2} - k_y^2 B_x\right) \approx -\frac{ik_\perp^2}{\mu_0 k_y} B_x \tag{21.27}$$

Hier gilt $k_\perp^2 = k_x^2 + k_y^2$. Im letzten Schritt dieser Rechnung haben wir von der WKB-Näherung Gebrauch gemacht. Aus (21.26) folgt damit

$$\omega B_x + k_z B_{z0} u_x = -\frac{i\eta}{\mu_0} k_\perp^2 B_x - \frac{k_y}{ne}\left(ik_z p_{e1} + \frac{B_x}{B_{z0}}\frac{\mathrm{d}p_{e0}}{\mathrm{d}x}\right)\,. \tag{21.28}$$

Nun müssen wir noch die Störung des Elektronendrucks p_{e1} durch B_x und u_x ausdrücken. Dazu benötigen wir eine Zustandsgleichung, die p_{e1} als Funktion der Dichtestörung n_{e1} angibt, die wiederum aus der gestörten Kontinuitätsgleichung berechnet werden kann. Die physikalisch naheliegendste Annahme ist, daß die Elektronen isotherm sind. Das bedeutet, daß die thermische Leitfähigkeit der Elektronen so groß ist, daß sich eine konstante Temperatur T_e längs des Feldes einstellt. Es gilt also

$$\boldsymbol{B} \cdot \nabla T_e = 0 . \tag{21.29}$$

Wenn wir einen Temperaturgradienten quer zum Feld zulassen (also $T_{e0} = T_{e0}(x)$), lautet die gestörte Version von (21.29)

$$\mathrm{i}k_z T_{e1} + \frac{B_x}{B_{z0}} \frac{\mathrm{d}T_{e0}}{\mathrm{d}x} = 0 . \tag{21.30}$$

Wegen $p_{e1} = T_{e0} n_{e1} + n_{e0} T_{e1}$ gilt für den Term in Klammern auf der rechten Seite von (21.28)

$$\mathrm{i}k_z p_{e1} + \frac{B_x}{B_{z0}} \frac{\mathrm{d}p_{e0}}{\mathrm{d}x} = \mathrm{i}k_z T_{e0} n_{e1} + \frac{B_x}{B_{z0}} \left(\frac{\mathrm{d}p_{e0}}{\mathrm{d}x} - n_{e0} \frac{\mathrm{d}T_{e0}}{\mathrm{d}x} \right) = T_{e0} \left(\mathrm{i}k_z n_{e1} + \frac{B_x}{B_{z0}} \frac{\mathrm{d}n_{e0}}{\mathrm{d}x} \right) . \tag{21.31}$$

Wir wollen nun (21.31) in (21.28) einsetzen und dadurch die Störung p_{e1} des Druckes durch die Störung n_{e1} der Dichte ausdrücken.

Wegen $\nabla \cdot \boldsymbol{u}_\perp = 0$ können wir die Kontinuitätsgleichung bis zur ersten Ordnung in den Störungen als

$$\frac{\partial n_{e1}}{\partial t} + \boldsymbol{u}_\perp \cdot \nabla n_{e0} + \nabla_\parallel (n_{e0} u_\parallel) = 0 \tag{21.32}$$

bzw.

$$-\mathrm{i}\omega n_{e1} + u_x \frac{\mathrm{d}n_{e0}}{\mathrm{d}x} + \mathrm{i}k_z n_{e0} u_z = 0 \tag{21.33}$$

schreiben. Die gestörte Geschwindigkeit u_z parallel zum Gleichgewichtsmagnetfeld müssen wir aus der parallelen Komponente der Bewegungsgleichung berechnen. Wir haben zwar schon die senkrechten, nicht aber die parallele Komponente

$$\rho_0 \frac{\partial u_\parallel}{\partial t} = -\nabla_\parallel p_e \tag{21.34}$$

der Bewegungsgleichung angewandt. Bis zur ersten Ordnung in den gestörten Größen lautet sie

$$-\mathrm{i}\omega \rho_0 u_z = -\mathrm{i}k_z p_{e1} - \frac{B_x}{B_{z0}} \frac{\mathrm{d}p_{e0}}{\mathrm{d}x} = -T_{e0} \left(\mathrm{i}k_z n_{e1} + \frac{B_x}{B_{z0}} \frac{\mathrm{d}n_{e0}}{\mathrm{d}x} \right) , \tag{21.35}$$

wobei wir wieder (21.31) eingesetzt haben. Wenn wir (21.35) in (21.33) einsetzen, erhalten wir

$$-\mathrm{i} \left(\omega - \frac{k_z^2 T_{e0}}{\omega M} \right) n_{e1} + u_x \frac{\mathrm{d}n_{e0}}{\mathrm{d}x} + \frac{k_z T_{e0}}{\omega M} \frac{B_x}{B_{z0}} \frac{\mathrm{d}n_{e0}}{\mathrm{d}x} = 0 . \tag{21.36}$$

Wir haben nun die Störung der Dichte und damit auch die Störung des Elektronendrucks durch u_x und B_x ausgedrückt.

Wir setzen nun (21.31) in (21.28) ein, um dann mit Hilfe von (21.36) n_{e1} zu substituieren. Dazu ist eine längere Rechnung nötig. Am günstigsten ist es, zuerst (21.36) zu

$$\mathrm{i}k_z n_{e1} + \frac{B_x}{B_{z0}} \frac{\mathrm{d}n_{e0}}{\mathrm{d}x} = \frac{\omega}{B_{z0}} \frac{\mathrm{d}n_{e0}}{\mathrm{d}x} \frac{\omega B_x + k_z B_{z0} u_x}{\omega^2 - k_z^2 C_s^2} , \tag{21.37}$$

umzuformen, wobei $C_s = (T_e/M)^{1/2}$ die Schallgeschwindigkeit im Plasma ist. (C_s ist die thermische Geschwindigkeit der Ionen bei der Temperatur der Elektronen.) Dies setzen wir in (21.31) und diese Gleichung dann in (21.28) ein. Dadurch erhalten wir

$$(\omega B_x + k_z B_{z0} u_x)\left(1 - \frac{k_y v_{de}}{\omega - k_z^2 C_s^2/\omega}\right) = -\frac{\mathrm{i}\eta}{\mu_0} k_\perp^2 B_x \tag{21.38}$$

mit

$$v_{de} = -\frac{T_{e0}}{n_{e0} e B_{z0}} \frac{\mathrm{d}n_{e0}}{\mathrm{d}x} . \tag{21.39}$$

v_{de} ähnelt stark der diamagnetischen Driftgeschwindigkeit der Elektronen (s. Kapitel 7). Das negative Vorzeichen stammt von der Ladung $-e$ der Elektronen. (v_{de} stimmt aber nicht genau mit der diamagnetischen Driftgeschwindigkeit der Elektronen aus Kapitel 7 überein. Anstelle von $T_e(\mathrm{d}n_{e0}/\mathrm{d}x)$ erscheint dort $\mathrm{d}p_{e0}/\mathrm{d}x$. Wenn es einen Temperaturgradienten quer zum Magnetfeld gibt, unterscheiden sich die beiden Größen. Sie sind sich aber in Betrag und Vorzeichen im allgemeinen recht ähnlich.)

21.4 Die Dispersionsrelation der Driftwellen

Wenn wir in (21.38) die Beziehung (21.18) zwischen u_x und B_x einsetzen, die wir aus den senkrechten Komponenten der Bewegungsgleichung hergeleitet haben, erhalten wir die Dispersionsrelation der von uns betrachteten Wellen.

$$\left(\omega - \frac{k_z^2 v_A^2}{\omega}\right)\left(1 - \frac{k_y v_{de}}{\omega - k_z^2 C_s^2/\omega}\right) = -\frac{\mathrm{i}\eta}{\mu_0} k_\perp^2 \tag{21.40}$$

Im Limes verschwindenden Widerstandes gibt es also zwei getrennte Äste der Dispersionsrelation. Auf dem einen Ast gilt

$$\omega = k_z v_A . \tag{21.41}$$

Es handelt sich dabei offensichtlich um Alfvén-Scherwellen. Die Dispersionsrelation des anderen Astes lautet

$$\omega - k_y v_{de} - \frac{k_z^2 C_s^2}{\omega} = 0 . \tag{21.42}$$

Dies sind die Driftwellen. In einem homogenen Plasma gilt $v_{de} = 0$ und wir erhalten die Ionenschallwellen aus Kapitel 16 (mit $k\lambda_D \ll 1$). Da (21.42) eine quadratische Gleichung für ω ist, gibt es für alle Werte von k_y und k_z zwei mögliche Werte von ω. Die Dispersionsrelation hat also, wie in Bild 21.1 dargestellt, zwei Äste. Der Ast, auf dem ω das gleiche Vorzeichen hat wie $k_y v_{de}$ (der obere Ast in Bild 21.1) wird üblicherweise als Elektronen-Driftwelle bezeichnet. Der andere Ast (der untere in Bild 21.1) wird als Ionenast der Driftwelle bezeichnet. Wir werden bald sehen, daß dieser Ast deutlich weniger interessant ist. Im Grenzfall $k_z C_s \ll k_y v_{de}$ hat die Elektronen-Driftwelle die Frequenz

$$\omega \approx k_y v_{de} . \tag{21.43}$$

(Der Ionenast der Driftwelle aus Bild 21.1 verstößt gegen die in Kapitel 15 getroffene Vereinbarung, daß alle reellen Frequenzen positiv sein sollen. Wenn wir uns für diesen Ast interessieren, können wir uns an die Vereinbarung halten, indem wir das Vorzeichen von k_y wechseln. Physikalisch bedeutet das, daß sich die Wellen des Elektronen- und des Ionenastes der Driftwellen in unterschiedlichen Richtungen ausbreiten.)

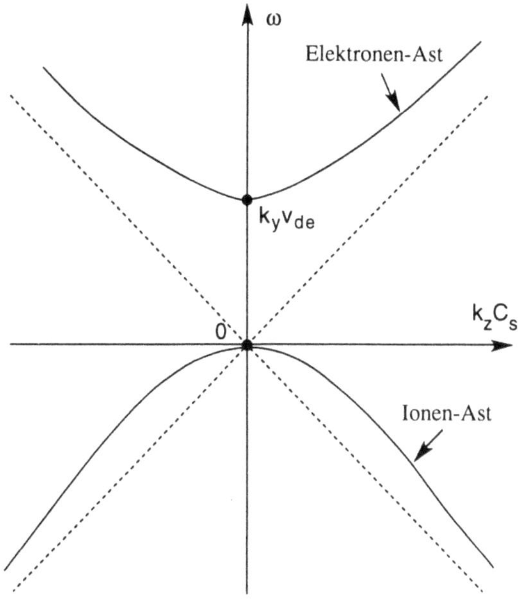

Bild 21.1
Der Elektronen- und der Ionenast der Dispersionsrelation der Driftwellen. Beide Äste verlaufen asymptotisch wie $\omega = \pm k_z C_s$.

Aufgabe 21.1 Lösen Sie die quadratische Gleichung (21.42) und zeichnen Sie eine genauere Version von Bild 21.1. Tragen Sie dabei die dimensionslose Frequenz $\omega / k_y v_{de}$ über der dimensionslosen Größe $k_z C_s / k_y v_{de}$ auf.

Aus (21.40) folgt, daß der Alfvén-Scherwellen- und der Driftwellenast des Spektrums wegen des nichtverschwindenden Widerstandes miteinander verbunden sind. Ferner tritt ein Imaginärteil (je nach Vorzeichen eine Dämpfung oder eine Verstärkung der Schwingung) zu den Frequenzen beider Äste hinzu.

Wir müssen nun zunächst die Größenordnungen der unterschiedlichen, in (21.40) vorkommenden Frequenzen miteinander vergleichen. Aus $C_s = (T_e/M)^{1/2}$ und $v_A = B/(\mu_0 n M)^{1/2}$ folgt

$$\frac{C_s}{v_A} = \frac{\sqrt{\mu_0 n T_e}}{B} \approx \sqrt{\frac{\beta}{2}}. \tag{21.44}$$

Die Frequenz $k_z C_s$ der Schallwellen ist also sehr viel kleiner als die der Alfvén-Scherwellen, falls β einen sehr geringen Wert hat.

Ferner gilt $v_{de} = T_e/eBL_n$ ($L_n = n/(\mathrm{d}n/\mathrm{d}x)$ ist die Skalenlänge der Ortsabhängigkeit der Dichte). Daraus folgt

$$\frac{v_{de}}{C_s} = \frac{\sqrt{MT_e}}{eBL_n} \approx \frac{r_{Ls}}{L_n}, \tag{21.45}$$

mit $r_{Ls} = (MT_e)^{1/2}/eB = C_s/\omega_{ci}$, dem mittleren Radius den die Ionen haben würden, wenn sie die Elektronentemperatur hätten. Der Larmor-Radius r_{Li} der Ionen ist in einem magnetisierten Plasma üblicherweise deutlich geringer als alle makroskopischen Skalenlängen. Obwohl wir bei unserer Behandlung der Driftwellen davon ausgegangen sind, daß $T_i \ll T_e$, reicht doch der Unterschied der beiden Temperaturen in der Regel nicht aus, um r_{Ls} auf mehr als ein kleines Vielfaches von r_{Li} anwachsen zu lassen. Wir können also davon ausgehen, daß recht oft $v_{de} \ll C_s$ gilt. Daraus folgt, daß sofern nicht

$$k_z \ll k_y \tag{21.46}$$

gilt, das Verhältnis der beiden Frequenzen $k_y v_{de}$ und $k_z C_s$ sehr klein ist. Die beiden Frequenzen sind vergleichbar, falls $k_z/k_y \approx r_{Ls}/L_n$.

In unserem Plasmastab müssen eine endliche Anzahl von Wellenlängen $\lambda_y = 2\pi/k_y$ und $\lambda_z = 2\pi/k_z$ in x- bzw. z-Richtung passen. Damit man die Driftwellen von den Schallwellen unterscheiden kann, muß der Stab in z-Richtung etwa das L_n/r_{Ls}-fache der Ausdehnung in y-Richtung haben. Wenn, wie in unserem Modell, der Stab in y- und z-Richtung unendlich ausgedehnt ist, sind alle Werte von k_y und k_z möglich. Wir werden aber sehen, daß die meisten instabilen Störungen in z-Richtung deutlich länger sind. Falls die Wellenlängen sowohl in y- als auch in z-Richtung deutlich unter den Ausdehnungen des Plasmastabes liegen, ist ein unendlich ausgedehnter Plasmastab ein gutes Modell für einen endlichen Plasmastab.

Um beide Äste aus Bild 21.1 zu erhalten, wählen wir $k_y v_{de} \approx k_z C_s$. Für $\beta \ll 1$ gilt dann typischerweise

$$k_y v_{de} \approx k_z C_s \ll k_z v_A \,. \tag{21.47}$$

Auch wenn wir einen Widerstand einführen, ergeben sich aus (21.40) ein hochfrequenter Ast (die Alfvén-Scherwellen) mit

$$\omega - \frac{k_z^2 v_A^2}{\omega} = -\frac{\mathrm{i}\eta}{\mu_0} k_\perp^2 \tag{21.48}$$

und ein niederfrequenter Ast (die Driftwellen) mit

$$\omega - k_y v_{de} - \frac{k_z^2 C_s^2}{\omega} = \frac{\mathrm{i}\eta k_\perp^2}{\mu_0} \frac{\omega^2 - k_z^2 C_s^2}{k_z^2 v_A^2} \,. \tag{21.49}$$

Die Tatsache, daß die Dispersionsrelation (21.40) zwei Äste hat, kann man herleiten, indem man zuerst nach hochfrequenten Lösungen $\omega \approx k_z v_A$ sucht, bei denen wegen der Ungleichung (21.47) der zweite der beiden Terme in Klammern auf der linken Seite von (21.40) etwa den Wert 1 hat. Wir erhalten also (21.48). Als nächstes bestimmen wir niederfrequente Lösungen mit $\omega \approx k_y v_{de} \approx k_z C_s$. In diesem Fall folgt aus der Ungleichung in (21.47), daß der erste der beiden Terme in Klammern auf der linken Seite von (21.40) gerade $-k_z^2 v_A^2/\omega$ ist. Damit ergibt sich (21.49). Die wesentliche Annahme, auf der die Aufteilung in zwei unterschiedliche Äste der Dispersionsrelation beruht ist, daß $\beta \ll 1$, denn dadurch entsteht eine deutliche Trennung zwischen den niederfrequenten Driftwellen mit $\omega \approx k_y v_{de} \approx k_z C_s$ und den höherfrequenten Alfvén-Scherwellen mit $\omega \approx k_z v_A$.

Wir wollen nun die Auswirkungen des Widerstandes auf die Alfvén-Scherwellen untersuchen. Wenn wir den imaginären Term, der durch den Widerstand in (21.48) entsteht, vernachlässigen, erhalten wir in niedrigster Ordnung die wohlbekannte Lösung $\omega \approx \pm k_z v_A$. Nun betrachten wir diesen imaginären Term als kleinen Korrektur-Term und lassen daher auch einen kleinen Imaginärteil von ω zu $\omega \to \omega + \mathrm{i}\gamma$ (sowohl ω als auch γ sind reell; es gilt $\gamma/\omega \ll 1$) zu. Der Imaginärteil der linken Seite von (21.48) ist $\gamma + (k_z^2 v_A^2/\omega^2)\gamma \approx 2\gamma$. Daher gilt $\gamma \approx$

$-\eta k_\perp^2/2\mu_0$, folglich werden die Alfvén-Scherwellen durch den Widerstand gedämpft (negatives γ). Die Stärke der Dämpfung ist durch die Widerstands-Diffusionsgeschwindigkeit des Magnetfeldes über eine Strecke der Größenordnung der senkrechten Wellenlänge gegeben. Dieses physikalisch einleuchtende Ergebnis hängt allerdings nicht mit den hier betrachteten Driftwellen zusammen.

Wenn wir eine ähnliche Überlegung auf (21.49) anwenden, ergibt sich die gleiche Dispersionsrelation niedrigster Ordnung für ω wie in (21.42). Ihre Lösungen sind in Bild 21.1 dargestellt. Wir führen auch hier einen Imaginärteil ein $\omega \to \omega + i\gamma$ und berechnen ihn, indem wir die linke Seite von (21.49) mit dem Imaginärteil der rechten Seite, in den nur der Realteil von ω eingeht, gleichsetzen.

$$\gamma = \frac{\eta k_\perp^2}{\mu_0} \frac{\omega^2(\omega^2 - k_z^2 C_s^2)}{k_z^2 v_A^2(\omega^2 + k_z^2 C_s^2)} \tag{21.50}$$

Nach (21.50) sind die Driftwellen für $|\omega| > |k_z C_s|$ instabil. An Bild 21.1 können wir ablesen, daß die Elektronen-Driftwellen (die obere Kurve in Bild 21.1) immer instabil sind (positives γ), obwohl ihre Wachstumsgeschwindigkeit schnell abnimmt, wenn ω sich der Asymptote $k_z C_s$ nähert. Der Ionenast der Driftwellen (die untere Kurve in Bild 21.1) ist immer gedämpft. Die durch einen Widerstand instabil gewordenen Elektronen-Driftwellen werden in der Regel als Widerstands-Driftinstabilität bezeichnet.

Falls $k_y v_{de} \gg k_z C_s$, gilt für die Frequenz und die Wachstumsgeschwindigkeit der Widerstands-Driftinstabilität

$$\omega = k_y v_{de} \qquad \gamma = \frac{\eta}{\mu_0} \frac{k_\perp^2 k_y^2 v_{de}^2}{k_z^2 v_A^2} \approx \nu_{ei} \frac{k_\perp^2 r_{Ls}^2 k_y^2 v_{de}^2}{k_z^2 v_{t,e}^2} . \tag{21.51}$$

Im zweiten Ausdruck für die Wachstumsgeschwindigkeit γ haben wir $\eta \approx \nu_{ei} m/ne^2$ eingesetzt (ν_{ei} ist die Elektron-Ion-Stoßfrequenz) und $v_{t,e} = (T_e/m)^{1/2}$ benutzt. Die Wachstumsgeschwindigkeiten von Widerstands-Driftinstabilitäten sind in der Regel gering. Genauer gesagt, muß wegen $k_y v_{de} \ll k_z v_A$ die Wachstumsgeschwindigkeit nach (21.51) verglichen mit der Diffusionsgeschwindigkeit des Magnetfeldes über die Entfernung einer senkrechten Wellenlänge ($\eta k_\perp^2/\mu_0$) klein sein. Wenn die senkrechte Wellenlänge wesentlich größer ist als der (mit der Elektronentemperatur berechnete) Larmor-Radius, also für $k_\perp r_{Ls} <\approx 1$ und für $k_y v_{de} <\approx k_z C_s \ll k_y v_{t,e}$, folgt aus dem zweiten Ausdruck für γ in (21.51), daß die Wachstumsgeschwindigkeit sehr viel kleiner ist als die Elektron-Ion-Stoßfrequenz ν_{ei}. Andererseits nimmt wegen $\gamma \sim k_\perp^2 k_y^2/k_z^2$ die Wachstumsgeschwindigkeit stark zu, wenn die senkrechte Wellenlänge ab- oder die parallele Wellenlänge zunimmt. Für sehr kleine senkrechte Wellenlängen (bis zu einer Grenze, die von der Größenordnung des Larmor-Radius ist und unterhalb derer unsere Betrachtung nicht mehr angewandt werden kann) und für sehr große parallele Wellenlängen kann die Wachstumsgeschwindigkeit der Widerstands-Driftinstabilitäten beträchtlich sein. Da die parallele Wellenlänge nur durch die Ausdehnung des Plasmastabes in z-Richtung begrenzt wird, spielen Driftwelleninstabilitäten vor allem in Plasmen eine Rolle, die sich über eine große Länge längs eines geraden Magnetfeldes mit nur einer Komponente erstrecken. Die Einführung einer Scherung des Magnetfeldes (d.h. einer Gleichgewichtskomponente $B_{y0}(x)$), die wir im Zusammenhang mit den Tearing-Instabilitäten in Kapitel 20 diskutiert haben, hat einen recht großen Einfluß auf die Driftwellen.

Aufgabe 21.2 Tragen Sie die Alfvén-Scherwellen, deren Dispersionsrelation durch (21.41) gegeben ist, in das Koordinatensystem aus Aufgabe 21.1 ein. Sie müssen dazu einen Wert für β festlegen, damit Sie mit Hilfe von (21.44) C_s durch v_A ausdrücken können. Gehen Sie von $\beta = 0{,}02$ aus. Untersuchen Sie mit Hilfe von (21.40) welche der Äste der Dispersionsrelation in der oberen (elektronischen) Hälfte ihres Bildes instabil werden, wenn ein geringer Widerstand η eingeführt wird. Um wieviel länger muß der ebene Plasmastab in z-Richtung als in y-Richtung sein, damit Wellen mit $\omega \approx k_y v_{de} \approx k_z v_A$ auftreten können (Drücken Sie den Faktor durch r_{Ls}/L_n und β aus).

Aufgabe 21.3 Untersuchen Sie den Bereich, in dem sich die beiden Äste der Dispersionsrelation in der oberen Hälfte der Auftragung aus Aufgabe 21.2 zu schneiden scheinen, also den Bereich mit $\omega \approx k_y v_{de} \approx k_z v_A$, analytisch. Sie können dabei von $\beta \to 0$, d.h. von $C_s/v_A \to 0$ ausgehen. Zeigen Sie mit Hilfe von (21.40), daß es für einen festen Wert von k_z (etwa dem durch $k_z v_A = k_y v_{de}$ gegebenen) eine Instabilität gibt, deren Wachstum für kleine η proportional zu $\eta^{1/2}$ und nicht proportional zu η ist. (Hinweis: Sie können ausnutzen, daß die Frequenz näherungsweise durch $\omega \approx k_y v_{de} = k_z v_A$ gegeben ist. Aus (21.40) müssen Sie dann nur noch die kleine komplexe Korrektur dieser Frequenz bestimmen.) Diese schneller anwachsende Instabilität entsteht durch eine Koppelung der Driftwellen und der Alfvén-Scherwellen.

21.5 Elektrostatische Driftwellen

Der aufmerksame Leser vermutet sicher bereits, daß der Grenzfall $\omega \ll v_A$, in dem sich die niederfrequenten Driftwellen in der Dispersionsrelation (21.40) von den Alfvén-Scherwellen trennen, einer Situation entspricht, in der die Störung des Magnetfeldes für die Dynamik von untergeordneter Bedeutung ist. In diesem Sinne werden die Driftwellen auch als elektrostatische Wellen bezeichnet.

Um uns davon zu überzeugen, überlegen wir uns, daß aus unserer Betrachtung des verallgemeinerten Ohmschen Gesetzes die Dispersionsrelation der Driftwellen mit der zusätzlichen Annahme hergeleitet werden kann, daß das gestörte elektrische Feld das Magnetfeld nicht wesentlich stört. Aus einem Vergleich von (21.38) mit (21.40) folgt, daß der Zweig der Dispersionsrelation, der den Alfvén-Scherwellen entspricht, durch den Term ωB_x im ersten Faktor auf der linken Seite von (21.38) erzeugt wird. Dieser wiederum entsteht, weil wir im gestörten Ampèreschen Gesetz, d.h. auf der linken Seite von (21.26), den Term $\dot{\boldsymbol{B}}$ beibehalten haben. Wenn wir diese Terme vernachlässigen, suchen wir nach Moden, in denen die gestörten $\boldsymbol{E}$-Felder nicht zu wesentlichen Störungen des Magnetfeldes führen. Dabei tritt immer eine nichtverschwindende gestörte Komponente $E_\parallel$ zusätzlich zu $\boldsymbol{E}_\perp$ auf. Nach dem verallgemeinerten Ohmschen Gesetz kann das gestörte Feld $E_\parallel$ aber mit dem parallelen Gradienten des gestörten Elektronendrucks im Gleichgewicht stehen. Wenn wir den Term ωB_x im ersten Faktor auf der linken Seite von (21.38) vernachlässigen, aber sonst alle Terme beibehalten, können wir aus (21.18) eine weitere Beziehung zwischen u_x und B_x herleiten. Dadurch erhalten wir den Driftwellenast der Dispersionsrelation, d.h. (21.49).

Die Herleitung der Dispersionsrelation der Driftwellen wird wesentlich einfacher, wenn wir von Anfang an davon ausgehen, daß es sich um „elektrostatische" Wellen handelt. Bei dieser Näherung nehmen wir an, daß das gestört elektrische Feld $\boldsymbol{E}_1$ die Gleichung $\nabla \times \boldsymbol{E}_1 = 0$ erfüllt. Wir können das gestörte elektrische Feld also als Gradient eines skalaren Potentials schreiben.

In

$$\boldsymbol{E} = -\nabla\phi \tag{21.52}$$

haben wir wieder den Index 1 weggelassen, da sowohl $\boldsymbol{E}$ als auch ϕ im Gleichgewicht verschwinden.

Wie wir gesehen haben, gilt nach dem verallgemeinerten Ohmschen Gesetz für gestörte Größen (21.19) für die Komponenten senkrecht zum Magnetfeld die Näherung

$$\boldsymbol{u}_{\perp} \approx \frac{\boldsymbol{E}\times\boldsymbol{B}}{B^2} \tag{21.53}$$

und für die Komponenten parallel zum Magnetfeld

$$E_{\parallel} = \eta j_{\parallel} - \frac{1}{ne}\nabla_{\parallel} p_e\,. \tag{21.54}$$

Da das Gleichgewichtsmagnetfeld in z-Richtung zeigt und die gestörten Komponenten des Magnetfeldes vernachlässigt werden, können wir (21.54) bis zur ersten Ordnung in den gestörten Größen als

$$E_z = \eta j_z - \frac{\mathrm{i}k_z p_{el}}{ne} \tag{21.55}$$

schreiben. In der elektrostatischen Näherung folgt aus (21.53)

$$u_x = \frac{E_y}{B_{z0}} = -\mathrm{i}\frac{k_y\phi}{B_{z0}}\,, \tag{21.56}$$

daher gilt

$$E_z = -\mathrm{i}k_z\phi = \frac{k_z B_{z0} u_x}{k_y}\,. \tag{21.57}$$

Aus (21.55) wird damit

$$k_z B_{z0} u_x = k_y\left(\eta j_z - \frac{\mathrm{i}k_z p_{el}}{ne}\right) = k_y\left(\eta j_z - \frac{\mathrm{i}k_z T_{e0}}{ne} n_{e1}\right)\,. \tag{21.58}$$

Bei der zweiten Form von (21.58) sind wir wieder davon ausgegangen, daß die Elektronentemperatur längs des (in diesem Fall geraden und ungestörten) Magnetfeldes konstant ist.

Um die Dichtestörung n_{e1} durch u_z auszudrücken, gehen wir ähnlich wie oben vor. Zuerst kombinieren wir die Kontinuitätsgleichung

$$-\mathrm{i}\omega n_{e1} + u_x\frac{\mathrm{d}n_{e0}}{\mathrm{d}x} + \mathrm{i}k_z n_{e0} u_z = 0 \tag{21.59}$$

mit der parallelen Komponente der Bewegungsgleichung

$$-\mathrm{i}\omega\rho_0 u_z = -\mathrm{i}k_z T_{e0} n_{e1}\,. \tag{21.60}$$

Wir setzen u_z aus (21.60) in (21.59) ein und erhalten dadurch einen Ausdruck für n_{e1} in Abhängigkeit von u_x, den wir in (21.58) einsetzen. Dadurch erhalten wir

$$\left(1 - \frac{k_y v_{de}}{\omega - k_z^2 C_s^2/\omega}\right) u_x = \frac{k_y \eta}{k_z B_{z0}} j_z \,. \tag{21.61}$$

Wir müssen jetzt nur noch mit Hilfe der Bewegungsgleichung die gestörte Stromdichte j_z durch die Massengeschwindigkeit u_x ausdrücken. Hier gehen wir etwas anders als oben vor, weil wir die Kräfte, die durch Störungen der Stromdichte wie j_z entstehen, nicht, wie wir es in (21.5)–(21.11) getan haben, durch das gestörte Magnetfeld ausdrücken können. Stattdessen wollen wir die Störungen der Stromdichte direkt berechnen. Wir können die x- und y-Komponente der gestörten Bewegungsgleichung (21.5) als

$$-\mathrm{i}\omega\rho_0 u_x = -\frac{\partial p_1}{\partial x} + j_{y1} B_{z0} \qquad -\mathrm{i}\omega\rho_0 u_y = -\mathrm{i}k_y p_1 - j_{x1} B_{z0} \tag{21.62}$$

schreiben, wobei wir ausgenutzt haben, daß Terme wie $j_z B_y$ oder $j_z B_x$ von zweiter Ordnung in der Störung sind und daher vernachlässigt werden können. Wir ziehen von der x-Ableitung der ersten Gleichung das $\mathrm{i}k_y$-fache der zweiten Gleichung ab, um die Störung p_1 des Drucks zu eliminieren und erhalten

$$-\mathrm{i}\omega\left(\frac{\partial}{\partial x}(\rho_0 u_y) - \mathrm{i}k_y \rho_0 u_x\right) = -B_{z0}\left(\frac{\partial j_{x1}}{\partial x} + \mathrm{i}k_y j_{y1}\right) = \mathrm{i}k_z B_{z0} j_z \,. \tag{21.63}$$

Im zweiten Schritt haben wir ausgenutzt, daß die gestörte Stromdichte divergenzfrei ist. Wegen der Inkompressibilität von $\boldsymbol{u}_\perp$ (s. (21.14)) folgt mit Hilfe einer WKB-Näherung, mit deren Hilfe wir die Ableitung $\partial/\partial x$ durch $\mathrm{i}k_x$ ersetzen aus (21.63), daß mit $k_\perp^2 = k_x^2 + k_y^2$

$$j_z = \frac{\mathrm{i}\omega\rho_o}{k_y k_z B_{z0}} k_\perp^2 u_x \tag{21.64}$$

gilt. Wir setzen diese Gleichung in (21.61) ein und erhalten die Dispersionsrelation

$$\omega - k_y v_{de} - \frac{k_z^2 C_s^2}{\omega} = \frac{\mathrm{i}k_\perp^2}{\mu_0} \frac{\omega^2 - k_z^2 C_s^2}{k_z^2 v_A^2} \,. \tag{21.65}$$

Diese Dispersionsrelation ist genau die gleiche wie in (21.49). Für $k_y v_{de} \ll k_z C_s$ ist die Frequenz der Driftwellen $\omega \approx k_y v_{de}$ und für ihre Wachstumsgeschwindigkeit gilt (21.51).

Die Störungen des Magnetfeldes sind also für die Dynamik der Driftwellen bei kleinem β unwichtig. Die Driftwellen werden von einer Störung des elektrischen Feldes erzeugt, deren senkrechte Komponente zu senkrechten Plasmaströmungen führt und deren parallele Komponente selbstkonsistent mit dem Gradienten des gestörten Elektronendrucks längs des Magnetfeldes im Gleichgewicht steht. Aus (21.54) folgt, daß ohne Widerstand die Maxima des Elektronendrucks (oder, äquivalent dazu, der Elektronendichte) mit den Maxima von ϕ zusammenfallen. Wenn wir wie oben davon ausgehen, daß die Elektronentemperatur längs des Magnetfeldes konstant ist, hat (21.54) (ohne den Widerstandsterm) die wohlbekannte nichtlineare Lösung $n_e \sim \exp(e\phi/T_{e0})$. Darin spiegelt sich die Tatsache wider, daß die Elektronen dazu neigen, längs des Magnetfeldes eine Boltzmann-Verteilung anzunehmen. Bei Driftwellen ohne Widerstand hat die Störung der Elektronendichte die gleiche Phase wie die Störung des elektrischen Potentials. Durch die Einführung eines Widerstandes entsteht eine geringe Phasenverschiebung zwischen den Störungen der Dichte und des Potentials. Wegen dieser Phasenverschiebung kann das Strömungsmuster der Driftwellen die thermische Energie, die im Druckgradienten der Elektronen gespeichert ist, freisetzen und dadurch instabil werden.

Bei der Betrachtung der Driftwellen haben wir in diesem Kapitel einige vereinfachende Annahmen gemacht. Insbesondere sind wir davon ausgegangen, daß das Gleichgewichtsmagnetfeld gradlinig und im wesentlichen konstant ist, und daß die Ionen kalt sind, d.h. $T_i \ll T_e$. Durch eine nichtverschwindende Ionentemperatur $T_i \approx T_e$ würde es zusätzlich zur diamagnetischen Drift der Elektronen zu einer diamagnetischen Drift der Ionen kommen. Das würde aber nicht zu einer qualitativen Änderung der Stabilitätseigenschaften der Driftwellen auf dem Elektronenast führen. Die Frequenzen des Ionenastes der Driftwellen würden geändert und, falls zusätzliche dissipative Effekte hinzukämen, könnte dieser Ast instabil werden. Wir wollen dieses Thema vertagen, bis wir Driftwellen im Rahmen der kinetischen Theorie beschreiben können (Kapitel 26). Die Änderungen der Gleichgewichtsgeometrie, die die größten Auswirkungen haben sind solche, die sehr kleine Werte des Wellenvektors parallel zum Magnetfeld, d.h. in unserem Beispiel eines geradlinigen konstanten Feldes der Komponente k_z unmöglich machen. Beispielsweise könnte dies durch eine endliche Länge des Plasmas oder durch periodische Randbedingungen wie bei einem Torus geschehen. Wenn das Magnetfeld eine geringe Scherung hat, d.h. falls eine schwache Komponente $B_y(x)$ zum starken Magnetfeld B_z hinzugefügt wird, erhalten wir als effektive parallele Komponente des Wellenvektors $k_\parallel = \boldsymbol{k} \cdot \hat{\boldsymbol{B}} \approx k_z + k_y B_y(x)/B_z$. Der Wertebereich von $k_\parallel$ als Funktion von x hängt also von der Breite der Mode in x-Richtung ab. Alle Effekte, die durch eine endliche Ausdehnung oder eine Scherung hervorgerufen werden, führen in der Regel zu einer Stabilisierung. Eine genaue Untersuchung dieser Effekte ist leider im Rahmen dieses Buches nicht möglich.

Ein wesentlicheres Problem ist die Frage, ob wir das Flüssigkeitsmodell, bei dem die Elektronen als mit einer längs des Magnetfeldes konstanten Temperatur Maxwell verteilt angenommen werden, hier überhaupt anwenden können. Wir haben in Kapitel 12 gezeigt, daß die thermische Diffusion der Elektronen längs eines Magnetfeldes von der Ordnung $v_{t,e}^2/\nu_{ei}$ ist. Damit die Elektronentemperatur in Richtung des Magnetfeldes auch in einer Driftwelle mit Frequenz ω und Wellenzahl k_z im wesentlichen konstant ist, muß $\omega \ll k_z^2 v_{t,e^2}/\nu_{ei}$ gelten. Die Stoßfrequenz der Elektronen darf also nicht beliebig hoch werden, damit unsere Annahme isothermer Elektronen nicht gestört wird und wir nicht auf ein vollständigeres Strömungsmodell, inklusive feldparalleler Temperaturgradienten, zurückgreifen müssen. Aus der zweiten Form der Wachstumsgeschwindigkeit γ in (21.51) folgt, daß für $\omega \approx k_y v_{de}$ die Wachstumsgeschwindigkeit auf Werte eingeschränkt ist, für die $\gamma/\omega \ll k_\perp^2 r_{Ls}^2$ gilt. Wir haben also wieder festgestellt, daß die Wachstumsgeschwindigkeiten der Driftwellen nur für senkrechte Wellenlängen, die nicht viel größer sind als der Larmor-Radius der Ionen, wesentlich sind. Wir wollen an dieser Stelle allerdings darauf hinweisen, daß unsere Herleitung wegen der Annahme $T_i \ll T_e$ keine Entwicklung nach $k_\perp r_{Ls}$ impliziert. Ferner darf, damit das Flüssigkeitsmodell gültig ist, die Elektronen-Stoßfrequenz nicht zu gering sein. Damit durch die Stöße eine Maxwell-Verteilung längs des Magnetfeldes herbeigeführt werden kann, muß die mittlere freie Weglänge kürzer sein als die parallele Wellenlänge, d.h. es muß $k_z v_{t,e} \ll \nu_{ei}$ gelten. Wenn diese Bedingung nicht erfüllt ist, muß man den Elektronenast der Driftwellen im Rahmen der kinetischen Theorie berechnen (s. Kapitel 26).

Es gibt sehr viel Literatur über Driftwellen in inhomogenen Plasmen. Eine Zusammenstellung früher Arbeiten auf diesem Gebiet findet sich in einem Artikel von N. A. Krall in *Advances in Plasma Physics 1* (herausgegeben von A. Simon und W. B. Thompson, Interscience, New York, 1968). In dieser Arbeit werden sowohl die kinetische Herleitung der Driftwellen behandelt, die wir in Kapitel 26 vorstellen wollen als auch die Strömungsversion, die wir in diesem Kapitel vorgestellt haben.

Kinetische Theorie

Flüssigkeitsmodelle (d.h. die Magnetohydrodynamik) sind die einfachste Möglichkeit zur Beschreibung eines Plasmas. Ihr Genauigkeit reicht aus, um die meisten makroskopischen (d.h. großskaligen) Eigenschaften von Plasmen zu beschreiben. Unsere Herleitung eines geschlossenen Systems von Strömungsgleichungen für ein Plasma in Kapitel 6 beruhte aber auf einer *Ad-hoc*-Annahme über den Drucktensor. Wir hatten vorausgesetzt, daß es einen isotropen skalaren Druck p gibt, der einer Zustandsgleichung, wie beispielsweise dem adiabatischen Gasgesetz genügt. (Wir haben auch eine doppelt-adiabatische Zustandsgleichung mit unterschiedlichen Drücken parallel und senkrecht zum Magnetfeld betrachtet.) Es gibt aber auch Eigenschaften von Plasmen, zu deren Beschreibung diese einfachen Ansätze für den Druck des Plasmas ungenügend sind. Um diese Phänomene zu beschreiben, die vor allem in Plasmen mit einer geringen Stoßfrequenz auftreten, müssen wir die Geschwindigkeitsverteilungsfunktionen $f(\boldsymbol{x},\boldsymbol{v},t)$ für die unterschiedlichen Teilchensorten des Plasmas explizit betrachten. Diese Form der Beschreibung eines Plasmas wird als „kinetische Theorie" bezeichnet.

In diesem Teil des Buches werden wir zuerst die grundlegende Gleichung für $f(\boldsymbol{x},\boldsymbol{v},t)$, die Vlasov-Gleichung herleiten. Wir werden dann mit Hilfe dieser Gleichung die einfachsten wellenförmigen Störungen eines Plasmas – die Langmuir-Wellen – beschreiben. Der erste, der dieses Problem richtig gelöst hat, war Landau. Er fand Wellen, die selbst in einem völlig stoßfreien Plasma gedämpft sind. Ionenschallwellen erfahren eine ähnliche Form der Dämpfung. Wir werden bestimmte Geschwindigkeitsverteilungen kennenlernen, die sich deutlich von der Maxwell-Verteilung unterscheiden und zu neuen „Geschwindigkeitsraum"-Instabilitäten führen. Ferner werden wir die kinetische Beschreibung auf niederfrequente Phänomene in inhomogenen Plasmen anwenden und dabei eine „stoßfreie" Variante der Driftwellen kennenlernen.

22 Die Vlasov-Gleichung

Die Flüssigkeitsbeschreibung ist hinreichend genau, um die meisten makroskopischen (d.h. großskaligen) Plasmaphänomene, die normalerweise auftreten zu beschreiben, wie beispielsweise die Instabilitäten, die wir im letzten Teil dieses Buches behandelt haben. Wir haben auch festgestellt, daß das Flüssigkeitsmodell eine genaue Beschreibung einiger wichtiger Formen von Wellen, die in Plasmen auftreten können liefert. Es gibt jedoch einige Phänomene, bei denen das Flüssigkeitsmodell nicht ausreicht. Um diese Phänomene zu beschreiben, müssen wir von der Geschwindigkeitsverteilungsfunktion $f(\boldsymbol{x},\boldsymbol{v},t)$, die wir in Kapitel 1 eingeführt haben, ausgehen. Diese Art der Beschreibung wird als „kinetische Theorie" bezeichnet.

22.1 Wozu kinetische Theorie?

Im Flüssigkeitsmodell sind die betrachteten Größen, wie die Dichte, die Strömungsgeschwindigkeit und der Druck nur von $\boldsymbol{x}$ und t abhängig. Das ist nur möglich, weil man implizit davon ausgeht, daß die Geschwindigkeitsverteilung jeder Teilchenart eine Maxwell-Verteilung um eine bestimmte mittlere Geschwindigkeit ist, die nur von zwei Parametern, der Dichte und der Temperatur, abhängt (s. Bild 22.1(a)). In der Hydrodynamik normaler Flüssigkeiten und Gase sind die Stöße zwischen den Teilchen in der Regel häufig genug, um eine Maxwell-Verteilung der Teilchen an jedem Ort der Flüssigkeit aufrechtzuerhalten. In Plasmen sind die Stöße zwischen den Teilchen bei hohen Temperaturen allerdings verhältnismäßig selten. Deshalb können sich Abweichungen vom lokalen thermodynamischen Gleichgewicht über lange Zeiten halten. Beispielsweise können Geschwindigkeitsverteilungen, wie die in Bild 22.1(b) dargestellte, in vielen Plasmen herbeigeführt werden. Im dreidimensionalen Fall kann man Geschwindigkeitsverteilungen erzeugen, bei denen die „Temperaturen" für unterschiedliche Richtungen des Geschwindigkeitsvektors, wie beispielsweise parallel und senkrecht zum Magnetfeld, unterschiedlich sind.

Stöße zwischen den Teilchen sind in Plasmen bei hoher Temperatur so selten, daß man sich fragen kann, weshalb man nicht zur Beschreibung aller Eigenschaften dieser Plasmen auf die kinetische Theorie zurückgreifen muß. Warum funktioniert das Flüssigkeitsmodell überhaupt? Der Grund dafür ist, daß ein starkes Magnetfeld die Rolle der Stöße bei der Einstellung einer Maxwell-Verteilung übernehmen kann und den für eine Beschreibung als Flüssigkeit nötigen Trend zur Lokalisation herbeiführt. Bei Plasmaphänomenen, die im Vergleich zur Gyration der Teilchen langsam und großskalig sind (d.h. ihre typische Zeitskala ist lang im Vergleich mit einer Larmor-Periode und ihre typische räumliche Ausdehnung ist groß im Vergleich zum Larmor-Radius) bleiben alle Teilchen in der Nähe ihrer anfänglichen Feldlinien. Eine Geschwindigkeitsverteilung, die anfangs in der Nähe einer Maxwell-Verteilung liegt, bleibt näherungsweise maxwellsch. Aus diesem Grund kann die zweidimensionale Strömung eines Plasmas senkrecht zu einem starken Magnetfeld, selbst wenn es nur sehr wenige Stöße gibt, häufig im Rahmen der MHD beschrieben werden. Als Beispiel eines zweidimensionalen Flusses, der genau senkrecht auf dem Magnetfeld steht, wollen wir die Rayleigh-Taylor-Instabilität aus Kapitel 19 anführen. Die Strömung eines Plasmas senkrecht zum Magnetfeld kann auch in Fällen, in denen sie nur näherungsweise zweidimensional ist oft im Rahmen der MHD beschrieben werden, weil für die

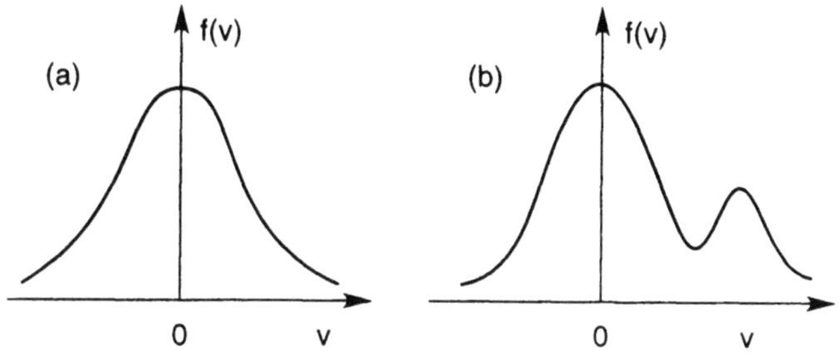

Bild 22.1 Zwei Beispiele für (a) maxwellsche und (b) nichtmaxwellsche eindimensionale Verteilungsfunktionen. In der Verteilung (b) gibt es einen „Strahl" heißerer Teilchen, die einer Maxwell-Verteilung des Hintergrundes überlagert sind.

Längenskalen in der Regel $L_{\parallel} \gg L_{\perp}$ gilt. Beispiele dafür sind die Tearing - und die Driftinstabilität aus den Kapiteln 20 und 21.

Für eine Strömung längs des Magnetfeldes ist die Flüssigkeitstheorie aber nur gültig, wenn es hinreichend viele Stöße gibt (genauer gesagt, wenn die mittlere freie Weglänge deutlich geringer ist als eine charakteristische Entfernung längs des Feldes). Wenn es überhaupt keine Stöße gibt, bewegen sich die einzelnen Teilchen, aus denen das Plasma besteht, frei über große Entfernungen längs des Feldes. Um solch eine Situation zu beschreiben, brauchen wir eine kinetische Theorie, die die Geschwindigkeiten der einzelnen Teilchen berücksichtigt. Auch zur Beschreibung einer Strömung quer zum Magnetfeld brauchen wir die kinetische Theorie, wenn das Magnetfeld sehr schwach ist, d.h. wenn die Gyrationsperiode und der Larmor-Radius im Vergleich zu den charakteristischen Zeiten und Längen der Strömung nicht klein sind.

Zusammenfassend brauchen wir also eine kinetische Theorie, um (i) Situationen zu beschreiben, bei denen es eine Strömung längs eines Magnetfeldes gibt (oder ohne ein Magnetfeld) mit einer großen mittleren freien Weglänge ($\lambda_{\mathrm{mfp}} \gtrapprox L_{\parallel}$, für die Skalenlänge $L_{\parallel}$ der Gradienten längs des Feldes) zu beschreiben und, (ii) um Probleme mit hochfrequenten ($\omega < \omega_c$) und/oder kurzwelligen ($k_{\perp} r_L < 1$) Strömungen quer zu einem Magnetfeld zu lösen.

Bevor wir in die kinetische Theorie einsteigen, müssen wir einige wichtige Eigenschaften von Verteilungsfunktionen kennenlernen.

22.2 Die Verteilungsfunktion

Die Grundlage der kinetischen Beschreibung eines Plasmas ist die Verteilungsfunktion $f(\boldsymbol{x}, \boldsymbol{v}, t)$, die angibt, wie die Teilchen sowohl im Orts- als auch im Geschwindigkeitsraum verteilt sind.

Wir betrachten ein Plasma als ein System von N Teilchen, die jeweils einen Ort $\boldsymbol{x}_i$ und eine Geschwindigkeit $\boldsymbol{v}_i$ haben. Wenn wir die Kräfte $\boldsymbol{F}_i$, die auf die einzelnen Teilchen wirken kennen, können wir nach

$$\frac{\mathrm{d}\boldsymbol{x}_i}{\mathrm{d}t} = \boldsymbol{v}_i \qquad \frac{\mathrm{d}\boldsymbol{v}_i}{\mathrm{d}t} = \boldsymbol{a}_i = \frac{\boldsymbol{F}_i}{m} \tag{22.1}$$

die zeitliche Entwicklung der Orte und Geschwindigkeiten berechnen. Die Kräfte $\boldsymbol{F}_i$ setzen sich in der Regel aus einem makroskopischen, d.h. sich nur langsam ändernden Anteil und einem mikroskopischen Anteil, der sich sehr schnell, ändert zusammen. Letzterer beschreibt die kurzreichweitigen Wechselwirkungen zwischen den Teilchen, d.h. die Stöße. Der makroskopische

Anteil ist für alle Teilchen mit ähnlichen $\boldsymbol{x}_i$ und $\boldsymbol{v}_i$ näherungsweise gleich. Wir machen nun die grundlegende Annahme, daß die makroskopischen Kräfte über die mikroskopischen, d.h. die durch Stöße verursachten Kräfte, dominieren. Dadurch können wir, anstatt das System der $6N$ Gleichungen (22.1) zu lösen, eine statistische Beschreibung benutzen, die auf der Annahme beruht, daß wir zwischen Teilchen, die etwa am selben Ort sind und etwa dieselbe Geschwindigkeit haben, nicht unterscheiden müssen.

Genauer gesagt wollen wir über Entfernungen mitteln, die im Vergleich zum mittleren Teilchenabstand $n^{-1/3}$ groß sind. Im Vergleich zur Debye-Länge λ_D, die von der gleichen Ordnung ist wie die kleinsten Längen, die bei den kollektiven Phänomenen, die wir hier betrachten wollen, eine Rolle spielt, sind sie aber klein. (Eine der definierenden Eigenschaften eines Plasmas ist $n\lambda_D^3 \gg 1$, diese beiden Längen unterscheiden sich also deutlich.) Eine Mittelung über Entfernungen, die im Vergleich zur Debye-Länge klein sind, schließt binäre Stöße aus, obwohl der Coulomb-Logarithmus ($\ln \Lambda$) Stöße bis zu einem Stoßparameter von λ_D beinhaltet. Wenn wir beispielsweise alle elektrischen Felder über eine Länge von $1/10$ der Debye-Länge mitteln, reduzieren wir den Coulomb-Logarithmus $\ln \Lambda$ nur um $\ln 10 \approx 2{,}3$ (der Coulomb-Logarithmus liegt typischerweise im Bereich 16–20). Da die kinetische Theorie üblicherweise auf Plasmen angewandt wird, in denen binäre Stöße eine vergleichsweise kleine Rolle spielen, ist ein Fehler dieser Größenordnung bei der Abschätzung des Coulomb-Logarithmus zu verkraften. (In der Vlasov-Gleichung, die wir herleiten wollen, werden binäre Stöße sogar vollständig vernachlässigt.) Es gibt wichtigere, kollektive Plasmaphänomene, beispielsweise jene, die durch gemittelte elektrische Felder entstehen, die schon bei Längenskalen von der Größenordnung der Debye-Länge oder sogar darunter auftreten. Solche Phänomene können wir trotz der Mittelung beschreiben.

Wie in Kapitel 1, definieren wir eine Verteilungsfunktion $f(\boldsymbol{x},\boldsymbol{v},t)$, die die Teilchendichte „in der Nähe" eines Ortes im sechsdimensionalen Phasenraum $(\boldsymbol{x},\boldsymbol{v})$ angibt. Die Anzahl der Teilchen in einem kleinen Volumenelement d^3x des Ortsraumes, deren Geschwindigkeiten in einem kleinen Volumenelement d^3v liegen ist $f(\boldsymbol{x},\boldsymbol{v},t)\mathrm{d}^3x\mathrm{d}^3v$. Die Differentialform $\mathrm{d}^3x\mathrm{d}^3v$ ist das Volumenelement im sechsdimensionalen Phasenraum.

Die Teilchendichte im Ortsraum ist

$$n(\boldsymbol{x},t) = \int f(\boldsymbol{x},\boldsymbol{v},t)\mathrm{d}^3v\,. \tag{22.2}$$

Die mittlere Strömungsgeschwindigkeit der Teilchen ist

$$n\boldsymbol{u} = \int \boldsymbol{v} f(\boldsymbol{x},\boldsymbol{v},t)\mathrm{d}^3v \tag{22.3}$$

und der skalare Druck kann durch

$$p(\boldsymbol{x},t) = \frac{m}{3}\int v^2 f(\boldsymbol{x},\boldsymbol{v},t)\mathrm{d}^3v \tag{22.4}$$

definiert werden. Allerdings ist die Definition eines skalaren Drucks nur dann sinnvoll, wenn f isotrop im Geschwindigkeitsraum ist. Deshalb haben wir bereits im ersten Kapitel unterschiedliche Drücke parallel und senkrecht zu einem Magnetfeld betrachtet. Im sechsten Kapitel haben wir auch einen Drucktensor definiert. Die Integrale in (22.2)–(22.4) haben die Grenzen $-\infty,\infty$ für alle drei Geschwindigkeitskomponenten v_x, v_y und v_z.

Wir haben im ersten Kapitel gezeigt, daß sich im thermischen Gleichgewicht, d.h. nach einer großen Anzahl von Stößen zwischen den Teilchen stets die dreidimensionale Maxwell-Geschwindigkeitsverteilung

$$f_M(\boldsymbol{v}) = n\left(\frac{m}{2\pi T}\right)^{3/2} \mathrm{e}^{-\frac{mv^2}{2T}} \tag{22.5}$$

einstellt. Die Dichte n und die Temperatur T sind dabei im allgemeinen Funktionen von $\boldsymbol{x}$ und t. Die Maxwell-Verteilung ist isotrop, sie hat in allen drei Richtungen die gleiche mittlere quadratische Geschwindigkeit.

$$\langle v_x^2 \rangle = \langle v_y^2 \rangle = \langle v_z^2 \rangle = \frac{1}{n} \int \langle v_x^2 \rangle f_M(\boldsymbol{x},\boldsymbol{v},t) \mathrm{d}^3 v = \frac{T}{M} \tag{22.6}$$

Für den Druck gilt $p = nT$. Wir können die Maxwell-Verteilung auf nichtverschwindende mittlere Geschwindigkeiten $\boldsymbol{u}$ verallgemeinern, indem wir in der Gleichung für $f_M(\boldsymbol{v})$ v^2 durch $|\boldsymbol{v} - \boldsymbol{u}|^2$ ersetzen. Für unsere Zwecke reicht es aber im allgemeinen aus, Maxwell-Verteilungen mit verschwindender mittlerer Geschwindigkeit zu betrachten.

Eine eindimensionale Geschwindigkeitsverteilung erhalten wir, indem wir über die beiden anderen Geschwindigkeitskomponenten integrieren. Die Verteilungsfunktion der Geschwindigkeiten v_x ist

$$F(v_x) = \int_{-\infty}^{\infty} \int_{-\infty}^{\infty} f(v_x, v_y, v_z) \mathrm{d}v_y \mathrm{d}v_z \,. \tag{22.7}$$

Für eine Maxwell-Verteilung erhalten wir

$$F_M(v_x) = \sqrt{\frac{m}{2\pi T}}\, \mathrm{e}^{-\frac{mv_x^2}{2T}} \,. \tag{22.8}$$

Da die dreidimensionale Verteilung $f_M(v_x, v_y, v_z)$ isotrop ist, ist es manchmal günstig, im Geschwindigkeitsraum Kugelkoordinaten einzuführen. Das Volumenelement in diesen Koordinaten (v,θ,ϕ) ist $\mathrm{d}^3 v = v^2 \sin\theta \mathrm{d}v \mathrm{d}\theta \mathrm{d}\phi$, dabei läuft v von 0 bis ∞, θ von 0 bis π und ϕ von 0 bis 2π. Da f_M weder von θ noch von ϕ abhängt, integrieren wir über diese Koordinaten von 0 bis π bzw. von 0 bis 2π und erhalten $\int \sin\theta \mathrm{d}\phi \mathrm{d}\theta = 4\pi$. Als Volumenelement haben wir dann nur noch $4\pi v^2 \mathrm{d}v$, das Volumen einer infinitesimal dünnen Kugelschale im Geschwindigkeitsraum. Wir wollen nun eine Verteilungsfunktion $g_M(v)$ einführen, die angibt, wieviele Teilchen, deren dreidimensionaler Geschwindigkeitsvektor den Betrag v hat sich in einem Einheitsvolumen befinden.

$$g_M(v) = 4\pi n \left(\frac{m}{2\pi T}\right)^{3/2} v^2\, \mathrm{e}^{-\frac{mv^2}{2T}} \tag{22.9}$$

Eine solche Verteilung $g(v)$ kann man für jedes im Geschwindigkeitsraum isotrope $f(\boldsymbol{v})$ definieren. Für die Teilchendichte gilt dann

$$n(\boldsymbol{x},t) = \int_0^{\infty} g(v) \mathrm{d}v \tag{22.10}$$

und für den skalaren Druck

$$p(\boldsymbol{x},t) = \frac{m}{3} \int_0^{\infty} v^2 g(v) \mathrm{d}v \,. \tag{22.11}$$

22.3 Die Boltzmann-Vlasov-Gleichung

Wir wollen nun eine Bewegungsgleichung für die Verteilungsfunktion $f(\boldsymbol{x},\boldsymbol{v},t)$ herleiten. Dazu betrachten wir eine Gruppe von Teilchen, die sich im Phasenraum bewegen und deren Gesamtzahl konstant ist. Die Orts- und Geschwindigkeitskoordinaten der Teilchen liegen anfangs in einem kleinen Bereich im Phasenraum. Der Einfachheit halber betrachten wir einen Phasenraum mit nur einer Orts- und einer Geschwindigkeitskoordinate. Die Teilchen sollen sich zu Beginn unserer Betrachtung alle in dem in Bild 22.2 dargestellten Volumen A befinden. Nach einiger Zeit haben sich die Teilchen im Phasenraum in das Volumen B bewegt.

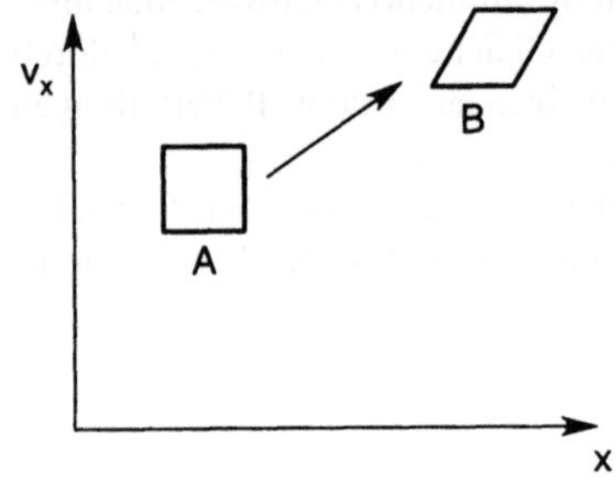

Bild 22.2
Ein eindimensionaler Phasenraum (x, v_x). Die Teilchen, die sich zunächst im Bereich A befinden, sind nach Ablauf eines Zeitintervalls in Bereich B.

Aufgabe 22.1 Erklären Sie, weshalb die quadratische Form A zu dem Parallelogramm B verzerrt wird.

Für Punkte auf der Oberfläche eines Volumens im Phasenraum gilt

$$\frac{\mathrm{d}\boldsymbol{x}}{\mathrm{d}t} = \boldsymbol{v} \qquad \frac{\mathrm{d}\boldsymbol{v}}{\mathrm{d}t} = \frac{\boldsymbol{F}}{m} \tag{22.12}$$

mit der externen Kraft $\boldsymbol{F}$. Die Anzahl N der Teilchen in einem Volumen im Phasenraum ist

$$N = \int f(x, v, t) \mathrm{d}^3 v \mathrm{d}^3 x\,. \tag{22.13}$$

Wegen der Erhaltung der Teilchenzahl muß die totale Ableitung von N verschwinden. Mit „totaler" Ableitung ist hier gemeint, daß sich die Oberfläche mit den Teilchen, die auf ihr liegen, mitbewegt.

$$0 = \frac{\mathrm{d}N}{\mathrm{d}t} = \int \frac{\partial f}{\partial t} \mathrm{d}^3 v \mathrm{d}^3 x + \int f \boldsymbol{U} \cdot \mathrm{d}\boldsymbol{S} \tag{22.14}$$

Der zweite Term ganz rechts beschreibt das durch die Bewegung hinzugekommene oder verlorene Volumen. Der „Geschwindigkeitsvektor" $\boldsymbol{U}$ und das „Oberflächenelement" $\mathrm{d}\boldsymbol{S}$ sind sechsdimensionale Vektoren im Phasenraum $(\boldsymbol{x}, \boldsymbol{v})$. Die sechs Komponenten von $\boldsymbol{U}$ lauten $(\dot{\boldsymbol{x}}, \dot{\boldsymbol{v}}) = (\boldsymbol{v}, \boldsymbol{F}/m)$. Mit Hilfe des Gaußschen Satzes im Phasenraum können wir die Erhaltungsgleichung als

$$0 = \frac{\mathrm{d}N}{\mathrm{d}t} = \int \left(\frac{\partial f}{\partial t} + \nabla \cdot (f \boldsymbol{U}) \right) \mathrm{d}^3 v \mathrm{d}^3 x \tag{22.15}$$

schreiben. ∇ ist hier die sechskomponentige Divergenz $(\nabla_{\boldsymbol{x}}, \nabla_{\boldsymbol{v}})$. (22.15) gilt für jedes beliebige Volumen im Phasenraum. Das ist nur möglich, falls

$$\frac{\partial f}{\partial t} + \nabla \cdot (f \boldsymbol{U}) = 0 \tag{22.16}$$

gilt. Auch hier sind ∇ und $\boldsymbol{U}$ sechsdimensional.

In dreidimensionalen Vektoren schreiben wir ∇ für $\nabla_{\boldsymbol{x}}$ und $\partial/\partial\boldsymbol{v}$ für ∇_{v}. Für bestimmte $\boldsymbol{F}$ lautet (22.16) dann

$$\frac{\partial f}{\partial t}+\boldsymbol{v}\cdot\nabla f+\frac{\boldsymbol{F}}{m}\cdot\frac{\partial f}{\partial\boldsymbol{v}}=0\,. \qquad (22.17)$$

Dabei haben wir

$$\nabla\cdot\boldsymbol{U}=\nabla_{\boldsymbol{x}}\cdot\boldsymbol{v}+\nabla_{\boldsymbol{v}}\cdot\frac{\boldsymbol{F}}{m}=0 \qquad (22.18)$$

angenommen. Der erste Term auf der rechten Seite von (22.18) verschwindet, weil $\boldsymbol{v}$ nicht von $\boldsymbol{x}$ abhängt, denn $\boldsymbol{x}$ und $\boldsymbol{v}$ sind voneinander unabhängige Koordinaten im sechsdimensionalen Phasenraum. Der zweite Term verschwindet, wenn $\boldsymbol{F}$ nicht von $\boldsymbol{v}$ abhängt (das gilt beispielsweise für die Coulomb- und die Gravitationskraft).

Bevor wir weitergehen, wollen wir aber anmerken, daß die Lorentz-Kraft

$$\boldsymbol{F}=q\boldsymbol{v}\times\boldsymbol{B} \qquad (22.19)$$

eine Funktion von $\boldsymbol{v}$ ist. Für die Divergenz dieser Kraft im Geschwindigkeitsraum gilt

$$\nabla_{\boldsymbol{v}}\cdot(\boldsymbol{v}\times\boldsymbol{B})=\frac{\partial}{\partial v_x}(v_yB_z-v_zB_y)+\cdots=0\,. \qquad (22.20)$$

(22.17) ist also auch für die spezielle Form der $\boldsymbol{v}$-Abhängigkeit der Lorentz-Kraft gültig.

Wir wollen nun unser Endresultat für ein Plasma angeben, dessen Teilchen der kombinierten elektrischen und magnetischen Lorentz-Kraft

$$\boldsymbol{F}=q(\boldsymbol{E}+\boldsymbol{v}\times\boldsymbol{B}) \qquad (22.21)$$

ausgesetzt sind. In diesem Fall lautet die Bewegungsgleichung für die Verteilungsfunktion f

$$\frac{\partial f}{\partial t}+\boldsymbol{v}\cdot\nabla f+\frac{q}{m}(\boldsymbol{E}+\boldsymbol{v}\times\boldsymbol{B})\cdot\frac{\partial f}{\partial\boldsymbol{v}}=0\,. \qquad (22.22)$$

Diese Gleichung könnten wir auch als $Df/Dt = 0$ schreiben. Dabei wäre D/Dt die totale Ableitung längs der Teilchenbahnen im sechsdimensionalen Phasenraum.

Um auch Plasmen beschreiben zu können, in denen Stöße eine große Rollen spielen, müssen wir auf der rechten Seite von (22.22) einen zusätzlichen Term $(\partial f/\partial t)_{\text{coll}}$ berücksichtigen, der den Effekt kurzreichweitiger Kräfte zwischen den Teilchen beschreibt. Insbesondere geht es dabei um binäre Stöße, deren Auswirkungen wir durch die Mittelung der elektrischen Felder vernachlässigt haben. Der zusätzliche Term beschreibt eine lokale Entwicklung der Verteilungsfunktion an jedem Ort im Phasenraum; er hat keine direkte Auswirkungen auf die Verteilungsfunktion an anderen Orten. Eine für Stöße unter kleinen Winkeln näherungsweise gültige Form von $(\partial f/\partial t)_{\text{coll}}$ ist die Fokker-Planck-Form aus Kapitel 13. Wenn die Stöße vollständig berücksichtigt werden, erhält man die Boltzmann-Gleichung, die nach Boltzmann heißt, weil er zuerst einen Ausdruck $(\partial f/\partial t)_{\text{coll}}$ hergeleitet hat, der kurzreichweitige Kräfte zwischen die Teilchen beschreibt. Der Unterschied zwischen dem Boltzmann-Stoßterm und dem der Fokker-Planck-Gleichung besteht darin, daß die Fokker-Planck-Gleichung vor allem zur Beschreibung von Plasmen geeignet ist, in denen Stöße unter kleinen Winkeln dominieren. Mit der Boltzmann-Gleichung kann man Streuquerschnitte σ mit beliebigen Abhängigkeiten vom Stoßparameter b und von der Geschwindigkeit beschreiben. Wenn man den Coulomb-Streuquerschnitt benutzt und nur die Terme, die die (dominante) Streuung unter kleinen Winkeln beschreiben berücksichtigt, erhält man den Fokker-Planck-Term. Dieses Thema wird dem Buch *Plasma Kinetic Theory* von D.C. Montgomery und D.A. Tidmann (McGraw-Hill, New York 1964) ausführlich behandelt.

Die Gleichung, die man erhält, wenn man alle Stöße vernachlässigt, heißt „Vlasov-Gleichung“, nach A.A. Vlasov, der als erster die „stoßfreie“ Gleichung (22.22) hergeleitet hat (*Zh. Eksp. Teor. Fiz.* **8** 291 (auf russisch)).

22.4 Die Vlasov-Maxwell-Gleichungen

Wir haben nun die Vlasov-Gleichung (22.22), die die Entwicklung der Verteilungsfunktion $f(\boldsymbol{x},\boldsymbol{v},t)$ eines stoßfreien Plasmas beschreibt hergeleitet. Normalerweise werden die $\boldsymbol{E}$- und $\boldsymbol{B}$-Felder, die die Kraft $q(\boldsymbol{E}+\boldsymbol{v}\times\boldsymbol{B})$ hervorrufen, teilweise von äußeren Feldern und teilweise von Feldern hervorgerufen, die durch das Plasma erzeugt werden. Um ein geschlossenes System von Gleichungen aufzustellen, müssen wir die „intern erzeugten“ Anteile des elektrischen und des magnetischen Feldes aus der Verteilungsfunktion berechnen.

Wir können die intern erzeugten Kräfte, die auf ein Teilchen in einem Plasma einwirken, grob in zwei Klassen einteilen. Zum einen in die mittlere Kraft, die von einer großen Anzahl relativ weit entfernter Teilchen ausgeübt wird. Zum anderen in die Kraft, die von nahe gelegenen Teilchen (bei Stößen) ausgeübt wird. In einem stoßfreien Plasma ist die erste Klasse von Kräften natürlich wichtiger. Wir haben bereits diskutiert, daß in einem Plasma unter „Stöße“ alle Coulomb-Wechselwirkungen mit Stoßparametern bis zu einem Wert, der deutlich über dem Teilchenabstand $n^{-1/3}$ und in der Nähe der Debye-Länge liegt, verstanden werden. Ein stoßfreies Plasma ist also ein Plasma, in dem die Kräfte zwischen noch weiter voneinander entfernten (d.h. mit Entfernungen von einer Debye-Länge und mehr) Teilchen dominieren. Die mittlere Kraft, die diese entfernten Teilchen ausüben, darf dabei nicht vom genauen Ort der Teilchen, sondern nur von ihrer, über einen Bereich mit einer linearen Ausdehnung von $L \gg n^{-1/3}$ gemittelten Dichte abhängen. Sie hängt also nur von der Verteilungsfunktion $f(\boldsymbol{x},\boldsymbol{v},t)$ ab. Die von den weit entfernten Teilchen ausgeübte Kraft können wir mit den externen Kräften zusammenfassen. In diesem Sinne kann man die elektrischen und magnetischen Felder, die die mittlere Kraft in der Vlasov-Gleichung erzeugen, selbstkonsistent aus den Maxwell-Gleichungen

$$\nabla\cdot(\epsilon_0\boldsymbol{E})=\sigma \qquad \nabla\times\boldsymbol{B}=\mu_0\boldsymbol{j}+\frac{1}{c^2}\frac{\partial\boldsymbol{E}}{\partial t} \tag{22.23}$$

herleiten. Wir haben hier mit Hilfe der Dielektrizitätskonstante ϵ_0 und der magnetischen Permeabilität μ_0 des Vakuums $\boldsymbol{D}(=\epsilon_0\boldsymbol{E})$ und $\boldsymbol{H}(=\boldsymbol{B}/\mu_0)$ durch $\boldsymbol{E}$ und $\boldsymbol{B}$ ausgedrückt. Der Vollständigkeit halber geben wir auch die beiden anderen Maxwell-Gleichungen an.

$$\nabla\cdot\boldsymbol{B}=0 \qquad \nabla\times\boldsymbol{E}=-\frac{\partial\boldsymbol{B}}{\partial t} \tag{22.24}$$

Die Ladungs- und Stromdichten in (22.23) müssen wir für jeden Punkt des Ortsraumes durch Integration über die Verteilungsfunktion bestimmen.

$$\sigma=\sum q\int f\mathrm{d}^3v \qquad \boldsymbol{j}=\sum q\int \boldsymbol{v}f\mathrm{d}^3v \tag{22.25}$$

Die Summe läuft hier über alle im Plasma vertretenen Teilchenarten.

Die Vlasov-Maxwell-Gleichungen (22.22)–(22.24) haben eine oberflächliche Ähnlichkeit zur Liouville-Gleichung eines Ensembles von Teilchen, die sich mit festen Ladungs- und Stromdichten in externen Feldern $\boldsymbol{E}$ und $\boldsymbol{B}$ bewegen. Die Liouville-Gleichung enthält keine Terme, die Wechselwirkungen zwischen den Teilchen des Ensembles beschreiben. Es gibt aber einen wesentlichen konzeptionellen Unterschied zwischen den Vlasov-Maxwell-Gleichungen und der Liouville-Gleichung, denn in den Vlasov-Maxwell-Gleichungen wird ein Teil (und in einem stoßfreien Plasma ist dies der wesentliche Teil) der Wechselwirkungen mit allen anderen Teilchen durch „ausgeschmierte" Ladungs- und Stromdichten σ und j berücksichtigt, die mit Hilfe der Verteilungsfunktion berechnet werden. Obwohl durch das „Verschmieren" ein Teil der Information verloren geht, enthalten die Vlasov-Maxwell-Gleichungen den wesentlichen Anteil der Wechselwirkungen zwischen den Teilchen eines Plasmas mit geringer Stoßfrequenz. Sie erlauben eine realistische Beschreibung solcher Plasmen, die analytisch behandelt werden kann.

Wenn wir einen Fokker-Planck-Term auf der rechten Seite der Vlasov-Gleichung (22.22) einführen, erhalten wir eine noch genauere Beschreibung. Diese Gleichung beschreibt auch die Stöße in einem Plasma und kann daher für sehr viele Plasmen angewandt werden. Allerdings erhalten wir, wenn wir den vollständigen Fokker-Planck-Term berücksichtigen, eine analytisch wesentlich schlechter zu behandelnde Gleichung. Zur kinetischen Beschreibung von Effekten, wie Plasmawellen, bei denen die Stöße keine große Rolle spielen, kann man manchmal auf vereinfachte Stoßterme zurückgreifen. Beispielsweise benutzt man häufig den Ausdruck $(\partial f/\partial t)_{\text{coll}} = -\nu(f - f_{\text{max}})$ mit einer typischen Stoßfrequenz ν. f_{max} ist eine Maxwell-Verteilung mit der gleichen Teilchen- und Energiedichte (d.h. Temperatur) wie f (manchmal, wie im Falle von Stößen gleichartiger Teilchen, bei denen der Impuls erhalten bleibt, hat sie auch die gleiche Massengeschwindigkeit). Dieses vereinfachte Stoßmodell beschreibt die physikalischen Auswirkungen der Streuung im Geschwindigkeitsraum nicht vollständig. Aber es beschreibt eine Relaxation in eine Maxwell-Verteilung und ist zumindest in einem gewissen Sinne linear in f.

Bei den Anwendungen kinetischer Modelle, die wir im Rest dieses Buches betrachten wollen, beschränken wir uns auf Plasmen mit geringer Stoßdichte, die durch (22.22) ohne einen zusätzlichen Fokker-Planck-Term auf der rechten Seite beschrieben werden können.

23 Vlasovs kinetische Theorie der Plasmawellen

Mit Hilfe der Vlasov-Maxwell-Gleichungen können wir untersuchen, wie sich die Tatsache, daß es eine *Verteilung* von Teilchengeschwindigkeiten gibt, auf die in den Kapiteln 15–18 eingeführten Plasmawellen auswirkt. Selbst wenn die Geschwindigkeitsverteilung in einem Plasma ohne Wellen eine Maxwell-Verteilung ist, kann es dadurch, daß die Teilchen sich mit Geschwindigkeiten bewegen, die in der Nähe der Phasengeschwindigkeit der Wellen liegen, zu signifikanten kinetischen Effekten kommen. Die Geschwindigkeitsverteilung kann aber auch deutlich von einer Maxwell-Verteilung abweichen. In diesem Fall können ganz neue Formen von Wellen entstehen, von denen einige instabil sind, d.h. ihre Amplituden wachsen exponentiell.

Als erstes Beispiel für die Untersuchung von Wellen in einem Plasma mit Hilfe der Vlasov-Gleichung werden wir die Dispersionsrelation für Elektronen- (Langmuir-)Wellen herleiten. In Kapitel 16 haben wir gezeigt, daß Elektronenwellen mit $k = 0$ die Frequenz

$$\omega = \omega_\mathrm{p} = \sqrt{\frac{ne^2}{\epsilon_0 m}} \tag{23.1}$$

haben, und daß „thermische Effekte" (die wir in Kapitel 16 im Rahmen eines Flüssigkeitsmodells betrachtet haben) diese Dispersionsrelation für $k \neq 0$ verändern.

Elektronenwellen sind hochfrequente Schwingungen, bei denen sich die Elektronen gegenüber den ortsfesten Ionen hin und her bewegen. Dabei erzeugen sie eine schwingende Ladungsdichte, die mit dem oszillierenden elektrischen Feld, das die Bewegung der Elektronen hervorruft, konsistent ist. Diese Schwingungen finden entweder in Richtung eines Magnetfeldes oder in einem Plasma, in dem es kein wesentliches Magnetfeld gibt statt. In beiden Fällen ist das Magnetfeld unwichtig. In die Theorie dieser Wellen geht nur eine der Maxwell-Gleichungen, die Poisson-Gleichung ein. Sie koppelt die Ladungsdichte an das elektrische Feld. Wir beschreiben Elektronenwellen also durch die Vlasov-Gleichung für die Verteilungsfunktion f (unter Berücksichtigung von $\boldsymbol{E}$) und die Poisson-Gleichung, in der die Ladungsdichte ein Geschwindigkeitsraumintegral über die Verteilungsfunktion f ist.

23.1 Die linearisierte Vlasov-Gleichung

Wie schon in Kapitel 16 gehen wir davon aus, daß die Wellen eine sehr geringe Amplitude haben; sie sind also nur eine kleine Störung des Gleichgewichts. Da ihre Wellenlänge sehr gering ist – sie beträgt manchmal nur einige Debye-Längen – gehen wir ferner davon aus, daß das Gleichgewicht des Hintergrundplasmas über solch kurze Distanzen räumlich homogen ist. Im Gleichgewichtszustand, vor Einsetzen der Störung ist die Verteilungsfunktion f_0 also nur eine Funktion von $\boldsymbol{v}$ (d.h. nicht von $\boldsymbol{x}$). Die Verteilungsfunktionen f_0 für Ionen und Elektronen müssen so gewählt werden, daß die Teilchendichten gleich groß sind. Das entspricht einem elektrisch neutralen Plasma. Im Gleichgewicht gibt es dann kein elektrisches Feld. Das elektrische Feld wird nur durch die Störung hervorgerufen.

Ferner werden wir wie in Kapitel 16 davon ausgehen, daß die betrachteten Wellen, die Form sich in x-Richtung ausbreitender ebener Wellen haben. Das elektrische Feld soll nur die x-Komponente

$$E(x,t) = \hat{E}\,\mathrm{e}^{-\mathrm{i}\omega t + \mathrm{i}kx} \tag{23.2}$$

haben. $\hat{E}$ ist die Amplitude der Wellen.

Da die Geschwindigkeitskomponenten v_y und v_z durch das elektrische Feld nicht beeinflußt werden, können wir die dreidimensionale Geschwindigkeitsverteilung $f(\boldsymbol{v})$ über v_y und v_z integrieren und mit der eindimensionalen Verteilungsfunktion, die wir in Kapitel 22 $F(v_x)$ genannt haben, arbeiten. Um das Aussehen der Vlasov-Gleichung nicht zu verändern, wollen wir sie hier als $f(v_x)$ bezeichnen. Da das verbleibende Problem rein eindimensional ist, lassen wir auch den unteren Index x weg. Die eindimensionale Verteilungsfunktion $f(v)$ der Elektronen muß der gleichen Vlasov-Gleichung genügen, die wir auch betrachtet hätten, wenn das System von Anfang an eindimensional gewesen wäre. Mit der Elektronenladung $q = -e$ lautet sie

$$\frac{\partial f}{\partial t} + v\frac{\partial f}{\partial x} - \frac{e}{m}E\frac{\partial f}{\partial v} = 0\,. \tag{23.3}$$

Für Wellen mit geringer Amplitude ist das schwingende Feld E schwach und führt nur zu einer kleinen Störung $f_1(x,v,t)$ (dies ist der Term erster Ordnung in einer Entwicklung der exakten Verteilungsfunktion f nach Potenzen von E), der ursprünglichen Verteilungsfunktion f_0. Wir können f also als

$$f(x,v,t) = f_0(v) + f_1(x,v,t) \tag{23.4}$$

schreiben und davon ausgehen, daß f_1 im Vergleich mit f_0 klein ist. Eine einfache Schätzung des Betrags des dritten Terms in (23.3) im Vergleich zum ersten Term zeigt, daß es sich um eine Entwicklung nach dem dimensionslosen Parameter $eE/(\omega m v)$ handelt. Damit dieser Parameter für ein typisches Teilchen klein ist, darf die Beschleunigung während einer Wellenperiode nur zu einer, im Vergleich zu v_{th} kleinen Geschwindigkeitsänderung führen (v_{th} ist die thermische Geschwindigkeit). Wir vernachlässigen alle Terme zweiter Ordnung, die durch Produkte der Größen erster Ordnung f_1 und E entstehen und erhalten die linearisierte Vlasov-Gleichung

$$\frac{\partial f_1}{\partial t} + v\frac{\partial f_1}{\partial x} - \frac{e}{m}E\frac{\partial f_0}{\partial v} = 0\,. \tag{23.5}$$

Da nur die Elektronen, nicht aber die Ionen zur schwingenden Ladungsdichte beitragen, lautet die Poisson-Gleichung für die Elektronenwellen

$$\epsilon_0 \nabla \cdot \boldsymbol{E} = \sigma = -e\int f_1 \mathrm{d}^3 v\,. \tag{23.6}$$

In unserem eindimensionalen Problem, in dem f_1 schon über die beiden anderen Geschwindigkeitskoordinaten integriert worden ist, können wir die Poisson-Gleichung als

$$\epsilon_0 \frac{\partial E}{\partial x} = -e\int_{-\infty}^{\infty} f_1 \mathrm{d}v \tag{23.7}$$

schreiben. Wir müssen nun die Gleichungen (23.5) und (23.7) gleichzeitig lösen.

23.2 Vlasovs Lösung

Als Vlasov sich als erster mit diesem Problem beschäftigte, ging er davon aus, daß auch f_1 die Form einer Welle in Raum und Zeit hat. Genau wie für $E(x,t)$ in (23.2) setzte er

$$f_1(x,v,t) = \hat{f}_1(v)\,\mathrm{e}^{-\mathrm{i}\omega t+\mathrm{i}kx} \tag{23.8}$$

an. Die linearisierte Vlasov-Gleichung lautet dann

$$-\mathrm{i}(\omega - kv)\hat{f}_1 = \frac{e}{m}\hat{E}\frac{\partial f_0}{\partial v} \tag{23.9}$$

und hat die Lösung

$$\hat{f}_1 = \frac{\mathrm{i}e\hat{E}}{m}\frac{1}{\omega - kv}\frac{\partial f_0}{\partial v}\,. \tag{23.10}$$

Diese Lösung $\hat{f}_1$ können wir in die Poisson-Gleichung (23.7) einsetzen.

$$\mathrm{i}k\epsilon_0\hat{E} = -e\int_{-\infty}^{\infty}\hat{f}_1\mathrm{d}v = -\frac{\mathrm{i}e^2\hat{E}}{m}\int_{-\infty}^{\infty}\frac{1}{\omega - kv}\frac{\partial f_0}{\partial v}\mathrm{d}v \tag{23.11}$$

Da $\hat{E}$ nicht verschwinden kann (sonst gäbe es ja keine Störung), können wir durch $\mathrm{i}k\epsilon_0\hat{E}$ teilen. Wenn wir die Gleichung noch etwas umformen, erhalten wir

$$D(k,\omega) \equiv 1 + \frac{e^2}{mk\epsilon_0}\int_{-\infty}^{\infty}\frac{1}{\omega - kv}\frac{\partial f_0}{\partial v}\mathrm{d}v = 0\,. \tag{23.12}$$

Die Funktion $D(k,\omega)$, die zuerst von A.A. Vlasov bestimmt wurde (*J. Phys. USSR* **9** (1945) 25), wird häufig als „Plasmadispersionsfunktion" bezeichnet. Die Gleichung $D(k,\omega) = 0$ bezeichnet man dann als Dispersionsrelation, weil man sie zumindest im Prinzip zu einer Gleichung vom Typ $\omega = \omega(k)$ umformen kann. $D(k,\omega)$ wird manchmal auch als „Dieelektrizitätsfunktion" eines Plasmas bezeichnet, weil man die schwingende Ladungsdichte σ als interne Ladungsverteilung des Plasmas betrachten und in eine von der Frequenz und der Wellenlänge abhängige Dielektrizitätskonstante absorbieren kann. Die Dielektrizitätskonstante ist dann $\epsilon_0 D(k,\omega)$ und die Poisson-Gleichung lautet $\nabla\cdot\boldsymbol{D} = 0$ mit $\boldsymbol{D} = \epsilon_0 D(k,\omega)\boldsymbol{E}$.

Die Dispersionsrelation (23.12) gilt allerdings nur für den Fall von Elektronenwellen in einem unmagnetisierten Plasma. Sie entspricht der hochfrequenten kinetischen Verallgemeinerung des elektrostatischen Terms im Dielektrizitätstensor eines kalten Plasmas, den wir in Kapitel 18 eingeführt haben, d.h. dem Term $P\hat{z}\hat{z}$ im Dielektrizitätstensor für $\theta = 0$ aus (18.16). Wenn wir alle in einem heißen Plasma möglichen Wellen beschreiben wollen, müssen wir eine kompliziertere Dispersionsrelation bzw. Dielektrizitätsfunktion (in Form eines Tensors) herleiten. Dies entspricht der kinetischen Verallgemeinerung des vollständigen Dielektrizitätstensors. Dieser kinetische Dielektrizitätstensor führt in einem magnetisierten Plasma zu einer neuen Form von Wellen, die in der Nähe der Harmonischen der Larmor-Frequenzen der Ionen und Elektronen liegen, den sogenannten Bernstein-Wellen. Das vollständige Spektrum von Wellen in einem magnetisierten Plasma wird in einigen Monographien, wie z.B. in T.H. Stix: *Waves in Plasmas* (American Institute of Physics, New York 1992) diskutiert. In diesem Buch ist eine vollständige Behandlung leider nicht möglich. In diesem und in den folgenden zwei Kapiteln beschränken wir uns auf die Untersuchung elektrostatischer Wellen in einem unmagnetisierten Plasma (oder auf $\boldsymbol{k}$- und $\boldsymbol{E}$-Vektoren, die parallel zum Magnetfeld liegen, so daß die Lorentz-Kraft bei diesen Wellen keine Rolle spielt). Die erste vollständig kinetische Behandlung von Wellen in einem magnetisierten Plasma, bei der auch senkrechte Wellenlängen von der Größenordnung des Larmor-Radius und Frequenzen von der Größenordnung der Larmor-Frequenz und deren Harmonische betrachtet wurden, hat I. B. Bernstein (*Phys. Rev.* **109**(1958) 10) veröffentlicht.

Im Prinzip haben wir damit das Problem hochfrequenter elektrostatischer Wellen in einem unmagnetisierten Plasma im Rahmen der kinetischen Theorie gelöst. Für eine vorgegebene Anfangsgeschwindigkeitsverteilung f_0 und eine Wellenzahl k können wir das Integral in (23.12) lösen und erhalten eine Dispersionsfunktion $D(k,\omega)$. Die Frequenz ω bestimmen wir, indem wir die Dispersionsrelation $D(k,\omega) = 0$ nach ω auflösen. In der Praxis stößt das allerdings auf Probleme, weil das v-Integral nur selten analytisch gelöst werden kann.

23.3 Thermische Effekte in der Dispersionsrelation der Elektronenwellen

Wir können das Problem näherungsweise lösen, indem wir davon ausgehen, daß für die Geschwindigkeit fast aller Teilchen in guter Näherung $\omega \gg kv$ gilt. In diesem Fall ist die Phasengeschwindigkeit der Wellen viel höher als die typische Teilchengeschwindigkeit. Er entspricht also der adiabatischen Näherung im Flüssigkeitsmodell. Wir entwickeln nun den Integranden in (23.12).

$$\frac{1}{\omega - kv} = \frac{1}{\omega} + \frac{kv}{\omega^2} + \frac{k^2v^2}{\omega^3} + \frac{k^3v^3}{\omega^4} + \cdots \tag{23.13}$$

Für eine Maxwell-Verteilung f_0 (s. (22.8)) können wir die Integrale über die eindimensionale Geschwindigkeit v mit Hilfe von

$$\begin{aligned} &\int_{-\infty}^{\infty} \frac{\partial f_0}{\partial v} \mathrm{d}v = 0 && \int_{-\infty}^{\infty} \frac{\partial f_0}{\partial v} v \mathrm{d}v = -n \\ &\int_{-\infty}^{\infty} \frac{\partial f_0}{\partial v} v^2 \mathrm{d}v = 0 && \int_{-\infty}^{\infty} \frac{\partial f_0}{\partial v} v^3 \mathrm{d}v = -3nv_{th}^2 \end{aligned} \tag{23.14}$$

explizit lösen. Hier gilt $v_i = (T/m)^{1/2}$. Unsere Dispersionsrelation lautet nun

$$D(k,\omega) \equiv 1 - \frac{\omega_p^2}{\omega^2}\left(1 + \frac{3k^2v_{th}^2}{\omega^2}\right) = 0 \tag{23.15}$$

mit $\omega_\mathrm{p} = (ne^2/m\epsilon_0)^{1/2}$. Wenn wir $\omega^2 \gg k^2v_{th}^2$ voraussetzen, können wir (23.15) mit Hilfe einer Iteration lösen. Zuerst vernachlässigen wir den Term $k^2v_{th}^2/\omega^2 \ll 1$ vollständig und erhalten $\omega^2 = \omega_\mathrm{p}^2$ als Näherung nullter Ordnung. Im nächsten Schritt berücksichtigen wir den Term $k^2v_{th}^2/\omega^2$. Um eine Lösung erster Ordnung in diesem kleinen Parameter zu erhalten, reicht es aber aus, den Korrekturterm mit Hilfe der Lösung nullter Ordnung zu berechnen. Wir können also den Term erster Ordnung, d.h. den Term in Klammern in (23.15) als $1 + 3k^2v_{th}^2/\omega_\mathrm{p}^2$ schreiben. Damit können wir (23.15) leicht nach ω^2 auflösen. Als Näherungslösung erster Ordnung in $k^2v_{th}^2/\omega_\mathrm{p}^2$ erhalten wir dadurch

$$\omega^2 \approx \omega_\mathrm{p}^2 + 3k^2v_{th}^2\,. \tag{23.16}$$

Diese Lösung stimmt mit der Dispersionsrelation für den adiabatischen Fall, die wir in Kapitel 16 im Rahmen des Flüssigkeitsmodells gefunden haben, überein.

Aufgabe 23.1 Bestimmen Sie im Grenzfall $k^2 v_{th}^2/\omega_\mathrm{p}^2 \ll 1$ die andere mögliche Lösung von (23.15) als quadratische Gleichung in ω^2. Erklären Sie, weshalb diese Lösung unphysikalisch ist.

Die „thermischen Effekte" führen also zu einer Änderung der einfachen Dispersionsrelation $\omega = \omega_\mathrm{p}$ für Elektronenwellen. Wegen $v_{th}/\omega_\mathrm{p} = \lambda_D$ sind diese thermischen Korrekturen, wie im Flüssigkeitsmodell, für Wellenlängen deutlich oberhalb der Debye-Länge klein. Bei Wellenlängen von der Größenordnung der Debye-Länge müssen wir mit (23.16) vorsichtig umgehen (obwohl die zugrundeliegenden Vlasov-Maxwell-Gleichungen auch in diesem Bereich gültig sind), weil hier nicht mehr $k^2 v_{th}^2/\omega_\mathrm{p}^2 \ll 1$ gilt. Obwohl die thermischen Effekte nach (23.16) nur zu kleinen Korrekturen der Dispersionsrelation führen, verleihen sie den Elektronenwellen besondere Eigenschaften. Beispielsweise ist nun eine nichtverschwindende Gruppengeschwindigkeit $\mathrm{d}\omega/\mathrm{d}k$ und damit ein Energietransport durch diese Wellen möglich.

Bei der Benutzung von (23.16) sollte man sich aber stets daran erinnern, daß diese Gleichung auf einer Näherung beruht und daher die thermischen Effekte bei den Elektronenwellen nicht vollständig beschreiben kann. Wir werden darauf in Kapitel 24 zurückkommen.

23.4 Die Zwei-Strom-Instabilität

Wenn die anfängliche Geschwindigkeitsverteilung f_0 deutlich von einer Maxwell-Verteilung abweicht, können auch Elektronenwellen instabil werden. Wir betrachten als Beispiel dafür eine Elektronengeschwindigkeitsverteilung, die aus zwei gleichen, aber entgegengesetzt gerichteten Strömen mit Geschwindigkeiten $\pm v_0$ besteht. Der Einfachheit halber gehen wir davon aus, daß beide Ströme „kalt" sind, d.h. die Geschwindigkeitsverteilung hat fast keine thermische Unschärfe. Als Modell einer eindimensionalen Geschwindigkeitsverteilung ohne thermische Unschärfe benutzen wir eine δ-Funktion (eine eindimensionale Maxwell-Verteilung mit der Temperatur 0 ist also $n\delta(v)$). Die Verteilungsfunktion unserer beiden Elektronenströme lautet

$$f_0(v) = \frac{1}{2} n[\delta(v - v_0) + \delta(v + v_0)]\,, \tag{23.17}$$

dabei ist n die Gesamtdichte der Elektronen, d.h. die gemeinsame Dichte beider Ströme.

Wir setzen diese Verteilung f_0 in die Vlasov-Dispersionsrelation (23.12) ein. Auf den ersten Blick sieht es so aus, als könnte man das Geschwindigkeitsintegral nicht lösen, weil es die Ableitung einer δ-Funktion enthält. Integrale dieser Art kann man aber mit Hilfe einer partiellen Integration wie folgt lösen.

$$\begin{aligned}\int_{-\infty}^{\infty} \frac{1}{\omega - kv} \frac{\partial f_0}{\partial v} \mathrm{d}v &= -\int_{-\infty}^{\infty} f_0 \frac{\partial}{\partial v}\left(\frac{1}{\omega - kv}\right) \mathrm{d}v + \left[\frac{f_0}{\omega - kv}\right]_{-\infty}^{\infty} \\ &= -k \int_{-\infty}^{\infty} \frac{f_0}{(\omega - kv)^2} \mathrm{d}v = -\frac{kn}{2}\left(\frac{1}{(\omega - kv_0)^2} + \frac{1}{(\omega + kv_0)^2}\right)\end{aligned} \tag{23.18}$$

Dabei haben wir im letzten Schritt f_0 aus (23.17) eingesetzt. Die Dispersionsrelation, die wir mit Hilfe dieser Rechnung erhalten, lautet

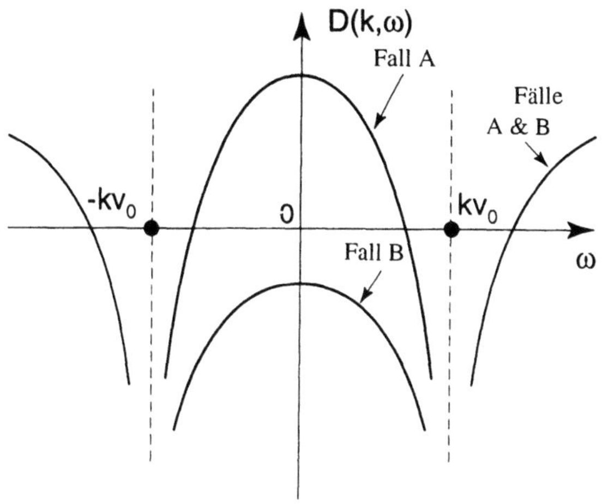

Bild 23.1
Die Dispersionsrelation $D(k,\omega)$ der Zwei-Strom-Instabilität. Abgebildet sind die beiden Fälle A (vier reelle Nullstellen von $D(k,\omega)$) und B (zwei reelle Nullstellen von $D(k,\omega)$).

$$D(k,\omega) \equiv 1 - \frac{1}{2}\left(\frac{\omega_p^2}{(\omega - kv_0)^2} + \frac{\omega_p^2}{(\omega + kv_0)^2}\right) = 0\,. \tag{23.19}$$

Wie üblich gilt hier $\omega_\mathrm{p}^2 = ne^2/m\epsilon_0$.

Die Dispersionsrelation ist in Bild 23.1 dargestellt. Im Bereich $-kv_0 < \omega < kv_0$ gibt es zwei Möglichkeiten: Fall A oder Fall B.

Die Gleichung vierten Grades $D(k,\omega) = 0$ hat immer vier reelle oder komplexe Lösungen. Also muß Fall B aus Bild 23.1 zwei komplexe Lösungen ω haben, weil es nur zwei reelle Lösungen gibt, die den beiden Schnittpunkten mit der reellen Achse entsprechen. Die komplexen Nullstellen eines Polynoms mit reellen Koeffizienten sind zueinander komplex konjugiert, also muß eine von beiden einen positiven Imaginärteil haben. Diese Lösung entspricht einem exponentiellen Wachstum, d.h. einer Instabilität. Die Instabilitätsbedingung (das Fall B und nicht Fall A gelten muß) kann man als $D(k,\omega) < 0$ bzw. $k^2v_0^2 < \omega_\mathrm{p}^2$ ausdrücken, sie ist für alle hinreichend großen Wellenlängen erfüllt. Diese Instabilität wird als „Zwei-Strom-Instabilität“ bezeichnet.

Die Zwei-Strom-Instabilität führt dazu, daß zwei entgegengesetzte homogene Elektronenstrahlen sich selbst dann, wenn ihre Ladungen durch die Ionen ausgeglichen werden, nicht überschneiden können. Die Instabilität führt zu starken räumlichen Inhomogenitäten, die die Elektronen „zusammenballen“ und zu einer Dissipation der Strahlenergie in Form von Plasmawellen beitragen. Es gibt auch andere Versionen der Zwei-Strom-Instabilität. Einige davon werden in den Aufgaben 23.2 und 23.5 behandelt.

Aufgabe 23.2 In einem homogenen Plasma haben die kalten Hintergrundelektronen die Dichte n. Ferner gibt es einen Strahl von Elektronen der Dichte n_b und der Geschwindigkeit u. Die Dichte der Strahlelektronen ist viel geringer als die des Hintergrundes $n_b/n = \epsilon \ll 1$. Wenn Sie alle thermischen Effekte vernachlässigen, d.h annehmen, daß der Hintergrund die Temperatur 0 hat und daß die Strahlen eine vernachlässigbare thermische Unschärfe um die Geschwindigkeit u haben, können Sie zeigen, daß die Dispersionsrelation für diese Version der Zwei-Strom-Instabilität

$$D(k,\omega) \equiv 1 - \frac{\omega_p^2}{\omega^2} - \frac{\epsilon\omega_p^2}{(\omega - ku)^2} = 0$$

lautet. Tragen Sie $D(k,\omega)$ über ω auf und zeigen Sie, daß im Grenzfall kleiner, aber nicht verschwindender ϵ bei etwa $ku \leq \omega_\mathrm{p}$ eine Instabilität auftritt. Betrachten Sie den Fall $ku = \omega_\mathrm{p}$ und zeigen Sie mit Hilfe der

Vermutung, daß $\omega = \omega_p + \Delta\omega = ku + \Delta\omega$ mit einem kleinen $\Delta\omega$ gilt, daß die Wachstumsgeschwindigkeit von der Größenordnung $\gamma \approx \epsilon^{1/3}\omega_p$ ist.

23.5 Ionenschallwellen

Wenn sowohl die Ionen als auch die Elektronen in einem wellenförmigen Feld $\boldsymbol{E}$ schwingen, entsteht eine neue Form elektrostatischer Wellen (d.h. von Wellen mit $\boldsymbol{k} \parallel \boldsymbol{E}$), die Ionenschallwellen. Wir haben diese Wellen in Kapitel 16 bereits im Flüssigkeitsbild untersucht.

Um die Dispersionsrelation der Ionenschallwellen zu bestimmen, müssen wir auch die Störungen f_1 der Verteilungsfunktionen der Ionen und Elektronen berücksichtigen. Beide gemeinsam ergeben die Störung der Ladungsdichte, die in die Poisson-Gleichung eingeht. Dadurch erhalten wir eine Verallgemeinerung der Dispersionsrelation (23.12).

$$D(k,\omega) \equiv 1 + \sum \frac{e^2}{mk\epsilon_0} \int_{-\infty}^{\infty} \frac{1}{\omega - kv} \frac{\partial f_0}{\partial v} \mathrm{d}v = 0 \tag{23.20}$$

Aufgabe 23.3 Leiten Sie (23.20) her, indem Sie die Bewegung der Ionen in der Vlasov-Dispersionsfunktion berücksichtigen. (Die Summe läuft über die Teilchenarten, d.h. Ionen und Elektronen.)

Die Phasengeschwindigkeiten ω/k der Elektronenwellen waren deutlich größer als die thermische Geschwindigkeit $v_{t,e}$ der Elektronen und daher sehr viel größer als die thermische Geschwindigkeit $v_{t,i}$ der Ionen. In diesem Fall würde sich die Dispersionsrelation bei Berücksichtigung der Ionen nicht wesentlich ändern.

Um die Ionenschallwellen zu finden, müssen wir nach Wellen suchen, deren Phasengeschwindigkeiten zwischen den thermischen Phasengeschwindigkeiten der Ionen und der Elektronen liegen, d.h.

$$kv_{t,i} \ll \omega \ll kv_{t,e} \,. \tag{23.21}$$

Für die Ionen benutzen wir die gleiche Näherung, die wir bei der Behandlung der Elektronenwellen für die Elektronen angewandt haben. Die Näherung, die wir für die Elektronen benutzen, unterscheidet sich davon deutlich. Außerdem brauchen wir eine neue Methode, um den Beitrag der Elektronen zur Dispersionsrelation zu bestimmen.

Für die Ionen entwickeln wir den Integranden in (23.20) ähnlich wie in (23.13), allerdings behalten wir hier nur die ersten beiden Terme.

$$\frac{1}{\omega - kv} \approx \frac{1}{\omega} + \frac{kv}{\omega^2} \tag{23.22}$$

Das bedeutet, daß wir die thermische Bewegung der Ionen vernachlässigen. Damit erhalten wir

$$\int_{-\infty}^{\infty} \frac{1}{\omega - kv} \frac{\partial f_0}{\partial v} \mathrm{d}v \approx -\frac{nk}{\omega^2} \,. \tag{23.23}$$

Im Falle der Elektronen entwickeln wir für den entgegengesetzten Grenzfall, d.h.

$$\frac{1}{\omega - kv} \approx -\frac{1}{kv} \tag{23.24}$$

und erhalten

$$\int_{-\infty}^{\infty} \frac{1}{\omega - kv} \frac{\partial f_0}{\partial v} \mathrm{d}v \approx \frac{n}{kv_{t,e}^2} \,. \tag{23.25}$$

In (23.25) haben wir $\partial f_0 / \partial v$ für eine Maxwell-Verteilung eingesetzt

$$\frac{\partial f_0}{\partial v} = -\frac{v f_0}{v_{t,e}^2} \tag{23.26}$$

und berücksichtigt, daß wir mit der Näherung für den Nenner einen Faktor v kürzen können. Als Dispersionsfunktion erhalten wir

$$D(k,\omega) \equiv 1 + \frac{\omega_p^2}{k^2 v_{t,e}^2} - \frac{\Omega_p^2}{\omega^2} \,. \tag{23.27}$$

ω_p und Ω_p sind die Plasmafrequenzen

$$\omega_p^2 = \frac{ne^2}{m\epsilon_0} \qquad \Omega_p^2 = \frac{ne^2}{M\epsilon_0} \tag{23.28}$$

der Elektronen bzw. Ionen; $v_{t,e}$ ist die thermische Geschwindigkeit $(T_e/m)^{1/2}$ der Elektronen. Wenn die Wellenlängen sehr viel größer als die Debye-Länge sind, d.h. wenn $k\lambda_D \equiv kv_{t,e}/\omega_\mathrm{p} \ll 1$, können wir den ersten Term auf der rechten Seite von (23.27), d.h. die Konstante 1, im Vergleich mit den anderen Termen vernachlässigen. Aus der Dispersionsrelation $D(k,\omega) = 0$ folgt dann

$$\omega = kC_s \,, \tag{23.29}$$

mit $C_s = v_{t,e}(\Omega_p/\omega_\mathrm{p}) = v_{t,e}(m/M)^{1/2} = (T_e/M)^{1/2}$. Die Phasengeschwindigkeit C_s dieser Wellen wird als Schallgeschwindigkeit bzw. Ionenschallgeschwindigkeit bezeichnet. Wie wir bereits festgestellt haben, ist dies die Phasengeschwindigkeit der Ionenschallwellen unter Vernachlässigung thermischer Effekte. Es handelt sich um die thermische Geschwindigkeit der Ionen bei der Temperatur der Elektronen.

In Kapitel 16 haben wir für den Grenzfall $k\lambda_D \ll 1$ eine etwas allgemeinere Dispersionsrelation für die Ionenschallwellen hergeleitet. Auch diese Dispersionsrelation war von der Form $\omega = kC_s$, aber mit der Schallgeschwindigkeit $C_s = [(T_e + \gamma_i T_i)/M]^{1/2}$. Wir hätten hier das gleiche Ergebnis erhalten (mit $\gamma_i = 3$, s. Aufgabe 23.4), wenn wir zwei weitere Terme in der Entwicklung (23.22), mit deren Hilfe wir das Ionenintegral in der Dispersionsrelation berechnet haben, beibehalten hätten, genau wie wir es in (23.13) für die Elektronen getan haben. (23.29) ist also nur für $T_e \gg T_i$ eine gute Näherung. Da jedoch unsere Entwicklung im Ionenintegral auf der Annahme $\omega \gg kv_{t,i}$ beruhte, gilt unsere Herleitung der Dispersionsrelation ohnehin nur, falls $C_s \gg v_{t,i}$, und daraus folgt bereits $T_e \gg T_i$. Der kleine zusätzliche Beitrag zu C_s, der entsteht, wenn wir ein endliches T_i im Ionenintegral berücksichtigen, kann im Grenzfall $T_i \ll T_e$ als kleine Korrektur berechnet werden. Dieser Korrekturterm kann nur dann groß werden, wenn die Voraussetzungen für unsere Näherungen nicht gegeben sind. Im Flüssigkeitsmodell gibt es Ionenschallwellen mit einem bestimmten Wert γ_i für alle Verhältnisse T_i/T_e. Im nächsten Kapitel werden wir feststellen, daß im Rahmen der kinetischen Theorie für $T_i \approx T_e$ eine wesentliche qualitative Veränderung eintritt.

Aufgabe 23.4 Führen Sie die Rechnung, von der gerade die Rede war durch. Benutzen Sie bei der Berechnung des Ionenintegrals in der Dispersionsfunktion der Ionenschallwellen die vollständige Entwicklung (23.13) anstatt der Näherung (23.22). Gehen Sie weiterhin von $T_i \ll T_e$ aus, aber behalten Sie in Ihrer Dispersionsrelation für $k\lambda_D \ll 1$ Korrekturterme erster Ordnung in T_i bei. Zeigen Sie, daß Sie dadurch bis auf eine andere Schallgeschwindigkeit $C_s = [(T_e + 3T_i)/M]^{1/2}$ die gleiche Dispersionsrelation wie in (23.29) erhalten. Erklären Sie in Analogie zu isothermen und adiabatischen Strömungen, weshalb T_e und T_i in der Schallgeschwindigkeit C_s unterschiedliche Koeffizienten haben.

Aufgabe 23.5 Die Ionen eines homogenen Plasmas ruhen anfänglich. Die Elektronen strömen mit der Geschwindigkeit u an den Ionen vorbei. Vernachlässigen Sie wieder die thermischen Bewegungen der Ionen und Elektronen (d.h. die Ionen sind kalt und die Elektronen haben eine vernachlässigbare thermische Unschärfe um ihre Strömungsgeschwindigkeit u) und zeigen Sie, daß die Dispersionsrelation für elektrostatische Schwingungen der Ionen und Elektronen

$$D(k,\omega) \equiv 1 - \frac{m}{M}\frac{\omega_p^2}{\omega^2} - \frac{\omega_p^2}{(\omega - ku)^2} = 0$$

lautet. Zeigen Sie, daß unabhängig von der Geschwindigkeit u das Plasma gegenüber Moden mit hinreichend großer Wellenlänge, d.h. mit hinreichend kleinem k immer instabil ist. Zeigen Sie in Analogie zu Aufgabe 23.2, daß die typische Wachstumsgeschwindigkeit von der Größenordnung $\gamma \approx (m/M)^{1/3}\omega_p$ ist.

23.6 Unzulänglichkeiten in der Vlasov-Behandlung thermischer Effekte

Obwohl Vlasovs Methode die Dispersionsrelation (23.16), die die Auswirkungen der thermischen Bewegung auf die Elektronenwellen beschreibt richtig wiedergibt und die Dispersionsrelationen anderer Arten von Plasmawellen, wie der Zwei-Strom-Instabilität und der Ionenschallwellen, liefert, gibt es doch wesentliche Unzulänglichkeiten dieser Methode der Lösung der Vlasov-Poisson-Gleichungen.

Wir haben eine Dispersionsrelation für die Elektronenwellen, die auch thermische Effekte beschreibt berechnet, indem wir aus der Vlasov-Gleichung f_1 berechnet und in die Poisson-Gleichung eingesetzt haben. Damit haben wir die thermischen Korrekturen der Dispersionsrelation für Elektronenwellen berechnet, indem wir den Integranden für $\omega \gg kv_{t,e}$ entwickelt und eine Maxwell-Verteilung für f_0 angenommen haben. Das Problem dabei ist, daß das Integral in (23.12) bei $v = \omega/k$ singulär ist und daß wir nicht angegeben haben, wie mit dieser Singularität umgegangen werden soll. Im Falle der Ionenschallwellen gibt es solche singulären Integrale sowohl bei den Elektronen als auch bei den Ionen (s. (23.20)). In diesem Fall haben wir das Elektronenintegral für den entgegengesetzten Grenzfall $\omega \ll kv_{t,e}$ entwickelt; bei den Ionen wurde der Grenzfall $\omega \gg kv_{t,i}$ betrachtet. In beiden Fällen haben wir die Singularitäten nicht beachtet.

Wir haben festgestellt, daß die Elektronen sich im Falle der Elektronenwellen im Rahmen dieser Näherung wie eine adiabatische Flüssigkeit verhalten. Im Falle der Ionenschallwellen mit $T_i \ll T_e$ verhalten sich die Elektronen wie eine isotherme Flüssigkeit und die Ionen wie eine adiabatische Flüssigkeit. Wir könnten unsere Näherungen jetzt in höherer Ordnung betrachten und dabei interessante physikalische Effekte entdecken. Es ist aber wichtiger, an dieser Stelle darauf einzugehen, wie man die Singularitäten in den Integralen bei $v = \omega/k$ behandelt, denn durch dieses mathematische Problem wird man auf die Physik der starken Wechselwirkung von Wellen und Teilchen geführt.

Vlasov argumentierte, daß $D(k,\omega)$ keinen Imaginärteil haben darf und daß deshalb die Hauptwerte der Integrale betrachtet werden müssen. Der (Cauchysche) Hauptwert eines Integrals dieser Art ist durch

$$\text{V.p.} \int_{-\infty}^{\infty} = \lim_{\epsilon \to 0} \left\{ \int_{-\infty}^{\omega/k-\epsilon} + \int_{\omega/k+\epsilon}^{\infty} \right\} \tag{23.30}$$

definiert. Bei der Berechnung des Hauptwertes vermeidet man die Singularität, indem man infinitesimal links vor der Singularität anhält und die Integration im gleichen Abstand rechts von der Singularität fortführt. Bei dieser Definition kann kein Imaginärteil durch eine Integration in der komplexen Ebene um die Singularität herum entstehen. Um eine richtige Beschreibung zu finden, müssen wir das physikalische Problem aber von Anfang an so formulieren, daß es gar nicht erst zu einer Singularität kommt. Wir können nicht einfach die *Ad-hoc*-Annahme, daß der Hauptwert des Integrals genommen werden muß einführen, weil uns das Ergebnis, das wir sonst erhalten würden, nicht gefällt. Eine richtige Beschreibung wurde zuerst von L. Landau (*J. Phys. USSR* **10** (1946) 25) gefunden. Er zeigte, daß Vlasovs Behandlung der Singularität ungeeignet ist. Im nächsten Kapitel werden wir uns mit Landaus Methode beschäftigen.

24 Kinetische Theorie der Plasmawellen nach Landau

Landau korrigierte Vlasovs Ergebnis, indem er die Verteilung der Teilchengeschwindigkeiten in einer Elektronenwelle mit Hilfe einer Laplace-Transformation berechnete. Diese Rechnung geht über die lineare kinetische Theorie kleiner Störungen hinaus und beschreibt auch Teilchen, die Geschwindigkeiten in der Nähe der Phasengeschwindigkeit der Wellen haben und mit ihnen resonieren. Bevor wir Landaus Theorie vorstellen, wollen wir kurz auf die Laplace-Transformation und ihre Umkehrung eingehen.

24.1 Die Laplace-Transformation

Die Laplace-Transformation ist eine hochentwickelte mathematische Methode zur Lösung von Anfangswertproblemen linearer Differentialgleichungen. Wir wollen sie hier nur kurz zusammenfassen. Um eine Lösung $f(t)$ einer linearen Differentialgleichung zu bestimmen, definieren wir zuerst ihre Laplace-Transformierte durch

$$\tilde{f}(s) = \int_0^\infty f(t)\, \mathrm{e}^{-st} \mathrm{d}t\,. \tag{24.1}$$

Diese Funktion ist nur für komplexe s mit einem positiven Realteil definiert, der so groß ist, daß das Integral für $t \to \infty$ konvergiert.

Wir bestimmen dann $\tilde{f}(s)$ anstelle von $f(t)$, indem wir jeden Term der Gleichung Laplace-transformieren. Da die zeitliche Ableitung $\dot{f} = \mathrm{d}f/\mathrm{d}t$ in jeder Differentialgleichung für $f(t)$ auftritt, wollen wir eine allgemeine Regel für die Laplace-Transformation von Ableitungen angeben. Sie lautet

$$\tilde{\dot{f}} = s\tilde{f}(s) - f(0)\,, \tag{24.2}$$

wobei $f(0)$ der Wert von $f(t)$ an der Stelle $t = 0$ ist. Dadurch geht die Anfangsbedingung explizit in die Lösung für die Laplace-Transformierte ein. Diese Regel können Sie leicht durch eine partielle Integration beweisen. Wenn eine zweite Ableitung auftaucht, wenden wir diese Regel einfach zweimal an. Dadurch geht als weitere Anfangsbedingung der Wert $\dot{f}(0)$ ein. Die Laplace-Transformation liefert einem also die Lösung für Anfangswertprobleme linearer Differentialgleichungen. Durch die Transformation wird aus einer Differentialgleichung für $f(t)$ eine algebraische Gleichung für $\tilde{f}(s)$.

Wenn wir $\tilde{f}(s)$ berechnet haben, müssen wir die Transformation invertieren, um $f(t)$ zu bestimmen. Die Inversionsformel lautet

$$f(t) = \frac{1}{2\pi \mathrm{i}} \int_C \mathrm{e}^{st} \tilde{f}(s) \mathrm{d}s\,. \tag{24.3}$$

C ist dabei ein Integrationspfad von $-\mathrm{i}\infty + s_0$ nach $+\mathrm{i}\infty + s_0$, der soweit rechts von der imaginären Achse verläuft, daß alle Singularitäten von $\tilde{f}(s)$, wie in Bild 24.1, links von ihm liegen

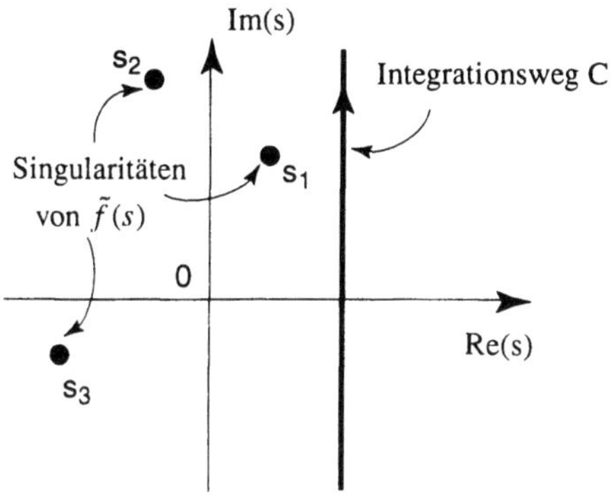

Bild 24.1
Der Integrationsweg C für den allgemeinen Fall, in dem $\tilde{f}(s)$ sowohl in der linken als auch in der rechten Halbebene Singularitäten hat

(s_0 muß also hinreichend groß sein). Singularitäten in der rechten Halbebene entsprechen exponentiell anwachsenden Termen in $f(t)$, die dazu führen, daß das Integral in (24.1), durch das $\tilde{f}(s)$ definiert ist, divergiert, falls Re(s) nicht groß genug ist (s. Aufgabe 24.1). Wenn es keine solchen Terme gibt, können wir einen Integrationspfad knapp rechts von der imaginären Achse wählen. Im allgemeinen wird das Integral gelöst, indem man den Integrationspfad auf der linken Seite schließt, d.h. wir fügen einen Halbkreis bei Re(s) $= -\infty$ (der für $t > 0$ keinen Beitrag liefert) hinzu und nutzen aus, daß das Integral über einen geschlossenen Weg das 2πi-fache der Summe der Residuen an allen vom Integrationsweg eingeschlossenen Singularitäten ist. Es kann jedoch vorkommen, daß es für Re(s) $\to -\infty$ unendlich viele Singularitäten gibt. In diesem Fall liefert unsere Methode keine geschlossene Lösung.

Aufgabe 24.1 Bestimmen Sie die Laplace-Transformierte der Funktion

$$f(t) = \sum_i a_i \, \mathrm{e}^{-s_i t} \, .$$

Führen Sie die Umkehrtransformation für $\tilde{f}(s)$ mit Hilfe der Inversionsformel explizit durch.

Diejenigen Leser, die sich intensiver mit der Laplace-Transformation beschäftigen wollen, verweisen wir z.B. auf Doetsch, Einführung in die Theorie und Anwendungen der Laplace-Transformation, Birkhäuser, Basel, 3. Auflage 1976.

24.2 Landaus Lösung

In unserer bisherigen Lösung der Vlasov-Gleichung für Elektronenwellen entstand eine Singularität bei $v = \omega/k$, wenn wir Lösungen der Form exp($\mathrm{i}kx - \mathrm{i}\omega t$) für $E(x,t)$ und $f_1(x,v,t)$ angenommen haben. Unsere Annahme, daß die Lösung die zeitliche Abhängigkeit einer solchen Fourier-Normalmode hat, bedeutet, daß die Welle schon immer vorhanden gewesen sein muß und bis $t = \infty$ mit einer harmonischen Zeitabhängigkeit (d.h. exp($-\mathrm{i}\omega t$)) fortbesteht. Unsere Probleme könnten dadurch verursacht worden sein, daß diese Annahme – insbesondere für $f_1(x,v,t)$ – falsch ist. Mit anderen Worten: möglicherweise gibt es keine solche Lösung. Wir wollen nun versuchen, anstatt eine bestimmte Form der Lösung vorzugeben, ein korrekt gestelltes Anfangswertproblem zu formulieren. Dazu geben wir eine Störung bei $t = 0$ vor. (Wir wollen hier davon ausgehen, daß diese Störung in x-Richtung wellenförmig ist) und berechnen die zeitliche Entwicklung dieser Störung ohne vorauszusetzen, daß sie sich wie $\exp(-\mathrm{i}\omega t)$ verhält. Dabei werden wir herausfinden, wie man mit den Singularitäten bei $v = \omega/k$, die in Vlasovs Rechnung auftreten, umgehen muß. In einigen Fällen werden wir feststellen, daß es Normalmoden $\exp(-\mathrm{i}\omega t)$ gibt, in der Regel ist das aber nicht der Fall. Eine harmonische Zeitabhängigkeit ist dann nur eine Näherung für eine kompliziertere Form der Zeitabhängigkeit.

Da wir Störungen erster Ordnung eines räumlich homogenen Gleichgewichts in unabhängige Fourier-Komponenten zerlegen können, muß die Lösung im Ortsraum weiterhin Wellenform haben. Wir können also auch hier von

$$E(x,t) = \hat{E}(t)\,\mathrm{e}^{\mathrm{i}kx} \qquad f_1(x,v,t) = \hat{f}_1(v,t)\,\mathrm{e}^{\mathrm{i}kx} \tag{24.4}$$

ausgehen. Die zeitliche Abhängigkeit ist aber noch völlig offen. (Im folgenden werden wir die „Hüte" bei den Größen $\hat{E}(t)$ und $\hat{f}_1(v,t)$ weglassen. Dadurch entsteht keine Vieldeutigkeit, denn wie in Kapitel 15 diskutiert, sind $E(t)$ und $f_1(v,t)$ zwar komplex, es geht hier aber nur um räumliche Phasenverschiebungen.) Wir können die Störungen $E(0)$ und $f_1(v,0)$ beliebig wählen, solange die Ladungsdichte, die sich aus $f_1(v,0)$ ergibt, mit $E(0)$ in der Poisson-Gleichung konsistent ist.

Wenn wir die linearisierte Vlasov-Gleichung räumlich, aber nicht zeitlich Fourier-zerlegen, erhalten wir

$$\frac{\partial f_1}{\partial t} + \mathrm{i}kvf_1 - \frac{e}{m}E\frac{\partial f_0}{\partial v} = 0\,. \tag{24.5}$$

Im Prinzip könnten wir f_1 für alle Zeiten aufintegrieren. Es handelt sich also um ein korrekt gestelltes Problem.

Die Laplace-Transformation ist die Standardmethode zur Lösung solcher Probleme. Die Transformierte von $f_1(v,t)$ lautet

$$\tilde{f}_1(v,s) = \int_0^\infty f_1(v,t)\,\mathrm{e}^{-st}\mathrm{d}t\,. \tag{24.6}$$

Wenn wir die linearisierte Vlasov-Gleichung mit Hilfe der Regel für die Ableitungen Laplacetransformieren, erhalten wir

$$(s+\mathrm{i}kv)\tilde{f}_1(v,s) - \frac{e}{m}\tilde{E}(s)\frac{\partial f_0}{\partial v} = f_1(v,0)\,. \tag{24.7}$$

Dabei ist $\tilde{E}(s)$ die Laplace-Transformierte von $E(t)$. Wir bestimmen nun $\tilde{f}_1(v,s)$ aus (24.7) und setzen das Ergebnis in die Laplace-transformierte Poisson-Gleichung

$$\mathrm{i}k\epsilon_0\tilde{E}(s) = -e\int_{-\infty}^{\infty}\tilde{f}_1(v,s)\mathrm{d}v \tag{24.8}$$

ein. Nach einigen Umformungen erhalten wir

$$D(k,s)\tilde{E}(s) = \frac{\mathrm{i}e}{k\epsilon_0}\int_{-\infty}^{\infty}\frac{f_1(v,0)}{s+\mathrm{i}kv}\mathrm{d}v \tag{24.9}$$

mit

$$D(k,s) \equiv 1 - \frac{\mathrm{i}e^2}{mk\epsilon_0} \int_{-\infty}^{\infty} \frac{1}{s + ikv} \frac{\partial f_0}{\partial v} \mathrm{d}v \,. \tag{24.10}$$

Im Prinzip können wir aus (24.9) und (24.10) die vollständige zeitliche Entwicklung des elektrischen Feldes für eine beliebige Störung $f_1(v,0)$ bei $t = 0$ berechnen. Die gestörte Geschwindigkeitsverteilung ergibt sich dann aus (24.7). Einen expliziten Ausdruck für $E(t)$ erhalten wir natürlich nur, wenn wir $\tilde{E}(s)$ in die Inversionsformel einsetzen. Obwohl die Inversion in vielen Fällen nicht analytisch berechnet werden kann, können wir doch einige Aussagen über das Verhalten von $E(t)$ herleiten.

Der Ausdruck für $D(k,s)$ erinnert stark an die Vlasov-Dispersionsfunktion aus (23.12), die Vlasov erhielt, indem er Normalmoden mit einer Frequenz ω annahm. Um Verwechslungen zu vermeiden, wollen wir die Vlasov-Dispersionsfunktion im Rahmen dieser Diskussion als $D_\mathrm{V}(k,\omega)$ bezeichnen. Wenn wir $s \to -\mathrm{i}\omega$ oder $\omega \to \mathrm{i}s$ einsetzen, stimmen $D(k,s)$ und $D_\mathrm{V}(k,\omega)$ exakt überein. Die Laplace-Transformation ist aber nur für $\mathrm{Re}(s) > 0$ definiert und wird in der Inversionsformel auch nur in diesem Bereich benötigt. Die Singularität, die bei der Definition von $D_\mathrm{V}(k,\omega)$ (für reelles ω) auftrat, tritt also in der Definition von $D(k,s)$ nicht auf.

Um $E(t)$ zu bestimmen, müssen wir $\tilde{E}(s)$ mit Hilfe der Inversionsformel zurücktransformieren. Die Laplace-Inversionsformel lautet

$$E(t) = \frac{1}{2\pi \mathrm{i}} \int_C \tilde{E}(s)\, \mathrm{e}^{st} \mathrm{d}s \,, \tag{24.11}$$

dabei führt der Integrationsweg C von $-\mathrm{i}\infty + s_0$ nach $+\mathrm{i}\infty + s_0$. Die reelle Zahl $s_0 > 0$ muß dabei so groß sein, daß alle Singularitäten links von s_0 liegen. Diese Bedingung muß erfüllt sein, weil die Laplace-Transformierte

$$\tilde{E}(s) = \int_0^{\infty} E(t)\, \mathrm{e}^{-st} \mathrm{d}t \tag{24.12}$$

von $E(t)$ nur definiert ist, wenn $\mathrm{Re}(s)$ genügend groß ist, um alle exponentiell wachsenden Terme in $E(t)$ zu dominieren. Der Integrationsweg in der Inversionsformel muß also hinreichend weit rechts in der komplexen s-Ebene liegen; insbesondere rechts von allen Singularitäten von $\tilde{E}(s)$. Wenn wir die Singularitäten von $\tilde{E}(s)$ mit $s_1, s_2 \ldots$ bezeichnen, wobei s_1 am weitesten rechts liegen soll, s_2 am zweitweitesten rechts und so weiter, muß der Integrationsweg C wie der in Bild 24.1 liegen und es muß $s_0 > \mathrm{Re}(s_1)$ gelten.

Um den führenden Term für $t \to \infty$ in $E(t)$ zu bestimmen, wollen wir den Integrationsweg C so weit wie möglich in Richtung der linken s-Halbebene verschieben, um ihn durch einen unendlich großen Halbkreis bei $\mathrm{Re}(s) = -\infty$ zu schließen. Da die Funktionen unter dem Integral bis auf die Singularitäten, die wir gesondert behandeln wollen, entweder analytisch sind oder nur in bestimmten Bereichen der s-Ebene definiert sind und auf die ganze s-Ebene analytisch fortgesetzt werden können, können wir den Integrationsweg C verschieben, ohne das Ergebnis zu ändern solange wir keine Singularität überschreiten. Der Grund dafür, daß wir C so weit wie möglich nach links verschieben wollen, wird deutlich, wenn wir (24.11) betrachten. Das erste „Hindernis“, d.h. die erste Singularität, die sich uns bei dieser Verschiebung in den Weg stellt, bestimmt den führenden Term für $t \to \infty$. Die Beiträge von Singularitäten mit kleineren Werten von $\mathrm{Re}(s)$ sind weniger wichtig. Wenn wir die Beiträge aller Singularitäten bestimmt haben, müssen wir uns noch um den Beitrag des Halbkreises in der linken Halbebene bei $\mathrm{Re}(s) = -\infty$ kümmern. Dieser verschwindet aber für alle positiven t. Wir stellen uns also vor, daß wir C (falls nötig mit Hilfe einer analytischen Fortsetzung für $\tilde{E}(s)$) soweit nach links verschieben, bis wir die erste Singularität s_1 von $\tilde{E}(s)$ erreichen. s_1 kann sowohl in der linken als auch in der rechten Halbebene liegen.

Bevor wir fortfahren, müssen wir untersuchen, wie es zu Singularitäten in $\tilde{E}(s)$ kommen kann. Sie können (i) durch Singularitäten auf der rechten Seite von (24.9), d.h. von Singularitäten im Zähler des Ausdrucks für $\tilde{E}(s)$ verursacht werden oder (ii) von Nullstellen des Nenners $D(k,s)$.

$$D(k,s)\tilde{E}(s) = N(k,s) \equiv \frac{\mathrm{i}e}{k\epsilon_0}\int \frac{f_1(v,0)}{s+\mathrm{i}kv}\mathrm{d}v \tag{24.13}$$

Singularitäten der Art (i) kann es hier aber nicht geben, weil das Integral in (24.13) (zumindest solange $f_1(v,0)$ hinreichend glatt ist) für $\mathrm{Re}(s) > 0$ eine ganze Funktion definiert. Diese Funktion kann für $\mathrm{Re}(s) < 0$ analytisch fortgesetzt werden und bleibt auf einem Streifen endlicher Breite der linken Halbebene endlich. Also entstehen alle Singularitäten von $\tilde{E}(s)$ (bis auf Singularitäten, die im Innern der linken Halbebene liegen) durch Nullstellen von $D(k,s)$. Die Singularitäten von $\tilde{E}(s)$, die durch Singularitäten von $N(k,s)$ in der linken Halbebene hervorgerufen werden, beschreiben das Abklingen von Eigenheiten der anfänglichen Geschwindigkeitsverteilung $f_1(v,0)$. Sie sind für uns uninteressant. Die Singularitäten, die durch Nullstellen von $D(k,s)$ hervorgerufen werden, beschreiben kollektive Schwingungen des Plasmas. In unserem Fall sind das die Elektronenwellen. Wir wollen drei Fälle betrachten, die sich hinsichtlich der Lage dieser Nullstellen unterscheiden.

24.2.1 Fall 1: $\mathrm{Re}(s_1) > 0$

In diesem Fall stoßen wir, wenn wir den Integrationsweg immer weiter nach links verschieben, in der rechten Halbebene auf eine Singularität von $\tilde{E}(s)$ (d.h. auf eine Nullstelle s_1 von $D(k,s)$ mit $\mathrm{Re}(s_1) > 0$). Wenn wir in $E(t)$ einen Term, der durch das Residuum an der Stelle $s = s_1$ bestimmt wird aufnehmen, können wir den Integrationsweg an s_1 vorbei verschieben. Für einen links von s_1 gelegenen Integrationsweg C' gilt

$$E(t) = \mathrm{Res}(s_1)\,\mathrm{e}^{s_1 t} + \frac{1}{2\pi\mathrm{i}}\int_{C'} \tilde{E}(s)\,\mathrm{e}^{st}\mathrm{d}s \tag{24.14}$$

(s. Bild 24.2). Für $t \to \infty$ dominiert das Residuum.

$$E(t) \to \mathrm{Res}(s_1)\,\mathrm{e}^{s_1 t}\,. \tag{24.15}$$

Wegen $\mathrm{Re}(s_1) > 0$ handelt es sich um eine Instabilität, d.h. ein exponentiell anwachsendes elektrisches Feld. In vielen Fällen, insbesondere für eine Maxwell-Verteilung f_0 gibt es keine Nullstelle s_1 in der rechten Halbebene und deshalb auch keine Instabilität.

Wir hatten bereits in Kapitel 23 festgestellt, daß es Verteilungen f_0 gibt, für die diese Instabilität auftritt (insbesondere bei Zwei-Strom-Verteilungen). In diesen Fällen entspricht eine Nullstelle s_1 von $D(k,s)$ mit $\mathrm{Re}(s_1) > 0$ genau einer Nullstelle ω_1 der Vlasov-Dispersionsfunktion $D_\mathrm{V}(k,\omega)$ mit $s_1 = \mathrm{i}\omega$. Wegen $\mathrm{Im}(\omega_1) > 0$ tritt im v-Integral der Vlasov-Dispersionsfunktion keine Singularität auf. In diesem Fall führt Vlasovs Lösung in Form von Normalmoden, bei denen die gestörten Größen wie $\exp(-\mathrm{i}\omega t)$ schwingen nicht zu Problemen, denn ω ist nun komplex. Aus Vlasovs Analyse dieses Falls folgt, daß die Instabilität, die wegen der Nullstelle von $D_\mathrm{V}(k,\omega)$ mit $\mathrm{Im}(\omega) > 0$ entsteht, die Form einer Normalmode hat, d.h. sie hat nur eine komplexe Frequenz ω. In diesem Fall war Vlasovs Ergebnis also richtig.

Aus Landaus Betrachtung des Anfangswertproblems ergibt sich in diesem Fall, das eine Nullstelle von $D(k,s)$ mit $\mathrm{Re}(s) > 0$ wie in (24.10) dazu führt, daß der führende Term in $E(t)$

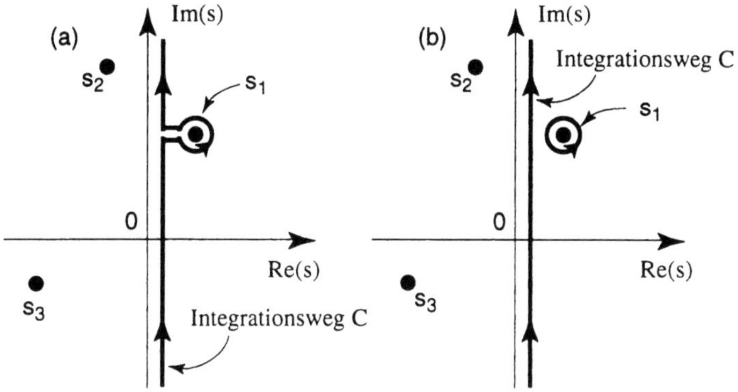

Bild 24.2 (a): Der Integrationsweg C aus Bild 24.1 wird so weit wie möglich nach links verschoben. (b): Der Integrationsweg zerfällt in zwei Teile, C' und einen Ring um s_1. Die Beiträge der beiden horizontalen Teilstücke im Bild (a) heben sich gegenseitig weg, wenn sie infinitesimal dicht beieinander liegen. Durch die Aufteilung in zwei Integrationspfade ändert sich also der Wert des Integrals nicht.

exponentiell anwächst, d.h. eine Instabilität beschreibt. Es kann unterschiedliche Arten subdominanter Terme geben, beispielsweise weitere exponentiell wachsende Terme mit geringeren Wachtumsgeschwindigkeiten (diese Terme könnte man finden, indem man die nächste Nullstelle s_2 betrachtet u.s.w.) oder etwa schwingende oder gedämpfte Terme.

Obwohl wir mit Hilfe von Landaus Laplace-Transformations-Methode die vollständige zeitabhängige Lösung des Anfangswertproblems bestimmen können, erfahren wir in diesem Fall nicht wesentlich Neues. Wenn $D(k,s)$ eine Nullstelle in der rechten Halbebene hat, findet man auch mit Vlasovs Methode eine Instabilität, d.h. einen exponentiell wachsenden Term in $E(t)$, der für $t \to \infty$ dominant ist.

24.2.2 Fall 2: Re(s) < 0 für alle Nullstellen

Wenn $D(k,s)$ in der rechten Halbebene keine Nullstellen hat, können wir den Integrationsweg bis auf die imaginäre Achse verschieben. Falls auch auf der imaginären Achse keine Nullstellen liegen, können wir den Integrationsweg sogar in die linke Halbebene hinein verschieben. Er führt dann von $-\mathrm{i}\infty - \delta$ nach $+\mathrm{i}\infty - \delta$. Wie im ersten Fall liefert das Residuum an der ersten Nullstelle s_1 den dominanten Term in $E(t)$ für $t \to \infty$, d.h.

$$E(t) = \mathrm{Res}(s_1)\, \mathrm{e}^{s_1 t} + \frac{1}{2\pi \mathrm{i}} \int_{C''} \tilde{E}(s)\, \mathrm{e}^{st} \mathrm{d}s\,. \tag{24.16}$$

Der Integrationsweg liegt nun links von s_1 (siehe Bild 24.3). Im Gegensatz zu oben beschreibt der dominante Term nun eine Störung, die im Laufe der Zeit abklingt, d.h. $\mathrm{Re}(s_1) < 0$. Dieser Fall tritt auch für ein maxwellsches f_0 auf. Diese Dämpfung wird als Landau-Dämpfung bezeichnet. (Die Nullstelle von $D(k,s)$ kann natürlich auch auf der imaginären Achse liegen. In diesem Fall bleibt die Amplitude der Schwingung gleich.)

Wenn wir den Integrationsweg aus der rechten in die linke Halbebene verlegen, müssen wir den Integranden – insbesondere $D(k,s)$ – durch analytische Fortsetzung definieren. Wir gehen dabei von der rechten Halbebene ($\mathrm{Re}(s) > 0$) aus. Damit die Funktion

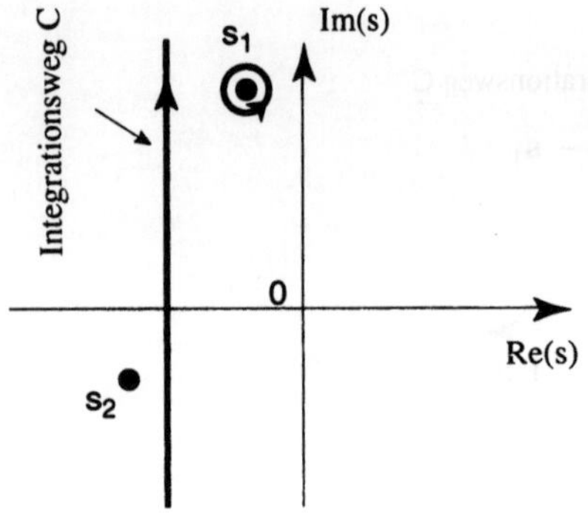

Bild 24.3
Der Integrationsweg der inversen Laplace-Transformation für den Fall, in dem es keine Singularitäten in der rechten Halbebene gibt. Der Integrationsweg C aus Bild 24.1 ist in zwei Teile auseinandergefallen, einer davon ist der Weg C'', der vollständig in der linken Halbebene liegt. Der andere Teil führt um die erste Singularität s_1 in der linken Halbebene herum.

$$D(k,s) \equiv 1 - \frac{\mathrm{i}e^2}{mk\epsilon_0} \int_{-\infty}^{\infty} \frac{1}{s + \mathrm{i}kv} \frac{\partial f_0}{\partial v} \mathrm{d}v \tag{24.17}$$

analytisch fortgesetzt werden kann, muß der Integrationsweg in der v-Ebene so verschoben werden, daß die Singularität bei $v = \mathrm{i}s/k$ immer auf der gleichen Seite des Integrationsweges liegt. Für $\mathrm{Re}(s) > 0$ ist der Integrationsweg am Anfang *per definitionem* richtig. Wenn wir s in Richtung der imaginären Achse verschieben, müssen wir für $\mathrm{Re}(s) = \mathrm{Im}(\omega) > 0$ den Integrationsweg nicht ändern (Instabilität; Fall (a) aus Bild 24.4). Sobald s aber auf der linken Seite der imaginären Achse liegt, müssen wir den Integrationsweg im v-Raum verschieben, damit $D(k,s)$ als Funktion von s analytisch fortgesetzt wird. Das ist für $\mathrm{Re}(s) = \mathrm{Im}(\omega) < 0$ der Fall (Dämpfung; Fall (b) aus Bild 24.4).

Die gedämpfte Mode ($\mathrm{Im}(\omega) < 0$) ist also keine Lösung der Vlasov-Dispersionsrelation, sondern einer neuen Dispersionsrelation, die wir mit dem in der v-Ebene verschobenen Integrationsweg erhalten. Deshalb ist diese gedämpfte Mode keine Normalmode, d.h. sie entspricht keiner Mode, in der alle gestörten Größen nur eine einzige zeitliche Fourier-Komponente haben (d.h. sich wie $\exp(-\mathrm{i}\omega t)$ verhalten). Wenn es sich doch um eine Normalmode handeln würde, würde die Lösung, der von uns zuerst hergeleiteten Vlasov-Dispersionsrelation (mit der undeformierten v-Integration längs der reellen Achse) genügen. Echte Normalmoden würden wir nur bei sehr speziellen und unphysikalischen Anfangsbedingungen $f_1(v,0)$ erhalten. In der Regel ist die

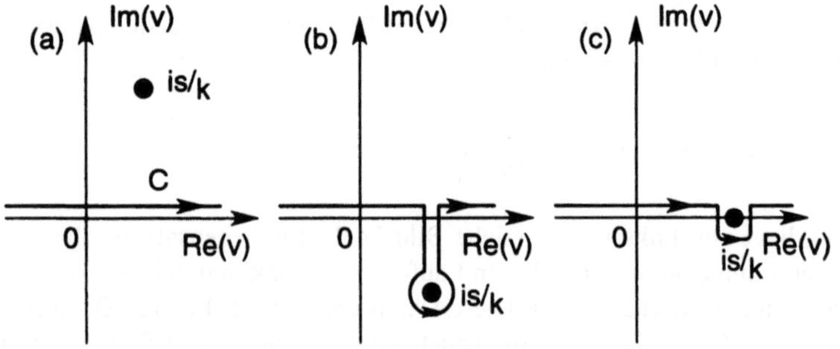

Bild 24.4 Der Integrationsweg in der v-Ebene. (a) Instabilität: es gibt eine Nullstelle der Dispersionsfunktion mit $\mathrm{Re}(s) > 0$, d.h. $\mathrm{Im}(\omega) > 0$. (b)Starke Dämpfung: alle Nullstellen der Dispersionsfunktion haben $\mathrm{Re}(s) < 0$. (c) Schwache Dämpfung: es gibt eine Nullstelle der Dispersionsfunktion mit $\mathrm{Re}(s) \approx 0$, d.h. $\mathrm{Im}(\omega) \approx 0$.

Landau-Mode, die durch den ersten Term auf der rechten Seite von (24.16) beschrieben wird, der langlebigste Term einer Lösung mit einer komplizierten (aber immer gedämpften) Zeitabhängigkeit.

Aus Landaus Analyse dieses Falles folgt also, daß alle Terme in $E(t)$ für $t \to \infty$ abklingen. Im allgemeinen können wir weder leicht eine dominante Mode finden noch die Zeitabhängigkeit über die allgemeine Aussage $E(t) \to 0$ für $t \to \infty$ hinaus beschreiben. Wenn jedoch die erste Nullstelle s_1 von $D(k,s)$ knapp links von der imaginären Achse liegt, gibt es für $t \to \infty$ einen dominanten Term, der nur schwach gedämpft ist. Dieser Fall ist physikalisch sehr interessant, wir werden ihn als nächsten betrachten.

24.2.3 Fall 3: Die erste Nullstelle von $D(k,s)$ liegt knapp links der imaginären Achse

Im Grunde ist dies nur ein Spezialfall von Fall 2. Er ist aber besonders interessant, weil er schwach gedämpfte Schwingungen beschreibt, die in Plasmen häufig auftreten. Wir nehmen an, daß die erste Nullstelle knapp links von einem Punkt $s = -\mathrm{i}\omega$ auf der imaginären Achse liegt. Der Integrationsweg in der v-Ebene muß also so deformiert werden, daß er wie in Bild 24.4 (c) unterhalb der Singularität bei $v = \omega/k$ vorbeiläuft.

Mit $s = -\mathrm{i}\omega$ erhalten wir als Dispersionsfunktion für reelles ω

$$D \equiv 1 + \frac{e^2}{mk\epsilon_0}\left(\mathrm{V.p.}\int_{-\infty}^{\infty} \frac{1}{\omega - kv}\frac{\partial f_0}{\partial v}\mathrm{d}v - \frac{\pi \mathrm{i}}{k}\frac{\partial f_0}{\partial v}\bigg|_{v=\omega/k}\right). \tag{24.18}$$

Pr bedeutet, daß wir wie in Kapitel 23 den Hauptwert des Integrals betrachten. Der imaginäre Term stammt daher, daß wir um 180° um den Pol herum laufen. Er ist das πi-fache des Residuums. (Dieser Ausdruck kann auch als allgemeine Vorschrift zur Lösung des Problems der Singularität in der Vlasov-Dispersionsfunktion $D_\mathrm{V}(k,\omega)$ verstanden werden.)

Wie bei unserer Betrachtung der Auswirkungen thermischer Effekte auf Wellen in Plasmen (Kapitel 23) entwickeln wir das Hauptwertintegral im Grenzfall $\omega \gg kv_{th}$ und erhalten

$$D \approx 1 - \frac{\omega_p^2}{\omega^2} + \cdots. \tag{24.19}$$

Thermische Korrekturen der Form, wie wir sie im letzten Kapitel (und im Flüssigkeitsbild in Kapitel 16) erhalten hatten, könnten wir hier berechnen, indem wir eine weitere Ordnung dieser Entwicklung betrachten. Für eine Maxwell-Verteilung

$$f_0 = \frac{n}{\sqrt{2\pi}\, v_{th}}\, \mathrm{e}^{-\frac{v^2}{2v_{th}^2}} \tag{24.20}$$

mit $v_{th} = (T/m)^{1/2}$ folgt aus (24.18), daß wir einen imaginären Term, der wegen des Pols entsteht, beachten müssen. Wir erhalten

$$D \equiv 1 - \frac{\omega_p^2}{\omega^2} + \mathrm{i}\sqrt{\frac{\pi}{2}}\frac{\omega_p^2\omega}{k^3 v_{th}^3}\, \mathrm{e}^{-\frac{\omega^2}{2k^2 v_{th}^2}}. \tag{24.21}$$

Dies ist eine analytische Funktion von ω. Sie ist also auch außerhalb der reellen Achse definiert. Wenn wir den letzten Term als kleine Störung auffassen, können wir die Dispersionsrelation $D = 0$, die zu dem Landau-Pol, den wir betrachtet haben gehört iterativ lösen.

$$\omega = \omega_{\mathrm{p}} - \frac{\mathrm{i}}{2}\sqrt{\frac{\pi}{2}}\frac{\omega_p^4}{k^3 v_{th}^3}\,\mathrm{e}^{-\frac{\omega_p^2}{2k^2 v_{th}^2}} \tag{24.22}$$

Dies ist die endgültige Form der Frequenz ($\approx \omega_{\mathrm{p}}$) und der Dämpfung γ von Elektronenwellen. Wir haben festgestellt, daß Elektronenwellen immer schwach gedämpft sind. Da $v_{th}/\omega_{\mathrm{p}} = \lambda_D$, ist die Dämpfung für große Wellenlängen ($k\lambda_D \ll 1$) exponentiell klein, aber für Wellenlängen von der Größenordnung der Debye-Länge recht groß ($\gamma \approx \omega_{\mathrm{p}}$). Die geringe Landau-Dämpfung für $k\lambda_D \ll 1$ können wir auf die geringe Anzahl der Teilchen (d.h. sehr kleines f_0 und $\partial f_0/\partial v$) mit $v = \omega/k \approx \omega_{\mathrm{p}}/k \approx v_{th}/k\lambda_D \gg v_{th}$ zurückführen.

Physikalisch ist die Landau-Dämpfung von Elektronenwellen aber nicht wegen des Zahlenwertes der Dämpfung interessant, sondern weil es auch in völlig stoßfreien Systemen zu einer Dämpfung kommt. Auf den ersten Blick scheint das zu der Tatsache im Widerspruch zu stehen, daß die Vlasov-Maxwell-Gleichungen keine Dispersionsterme enthalten. Das Phänomen der Landau-Dämpfung tritt auch in anderen Gebieten der Plasmaphysik auf – genauer gesagt, immer dann, wenn es Teilchen gibt, deren Geschwindigkeit näherungsweise mit der Phasengeschwindigkeit ω/k von Wellen im Plasma resoniert.

Aufgabe 24.2 Es gibt einfache nichtmaxwellsche Gleichgewichtsverteilungen, für die die Landau-Dämpfung explizit berechnet werden kann. Benutzen Sie ein Linienintegral, um die Dispersionsfunktion $D(k,s)$ für die Verteilung

$$f_0(v) = \frac{n}{\pi}\frac{a}{v^2 + a^2}$$

explizit zu berechnen. Zeigen Sie, daß diese Plasmaschwingungen mit $\exp(-kat)$ abklingen. (Hinweis: Berechnen Sie das Integral in der v-Ebene mit Hilfe des Residuensatzes. Wählen Sie dazu den Integrationsweg so günstig wie möglich.) Beantworten Sie qualitativ die Frage, warum die Landau-Dämpfung in diesem Fall größer ist, als bei einer Maxwell-Verteilung.

24.3 Die physikalische Interpretation der Landau-Dämpfung

Physikalisch hängt die Landau-Dämpfung offensichtlich mit denjenigen Teilchen zusammen, die eine Geschwindigkeit in der Nähe der Phasengeschwindigkeit ω/k der Wellen haben. Denn der Beitrag zur Dispersionsfunktion (24.18), der zur Landau-Dämpfung führt, ist der Term $(\partial f_0/\partial v)|_{\omega/k}$. Wir wollen diese Teilchen als resonante Teilchen bezeichnen. Resonante Teilchen haben etwa die Ausbreitungsgeschwindigkeit der Welle und erfahren daher kein schnell schwingendes, sondern ein näherungsweise konstantes elektrisches Feld. Sie können deshalb sehr effektiv mit den Wellen wechselwirken.

Die Elektronen mit $v \approx \omega/k$, die im Landau-Problem näherungsweise mit den Elektronenwellen resonieren, entsprechen den resonanten Teilchen in den Abbildungen aus Kapitel 5. Sie erfahren ein im wesentlichen konstantes elektrisches Feld, das je nach ihrer Phasenlage in bezug auf die Welle positiv oder negativ ist. Einige näherungsweise resonante Teilchen werden also durch die Welle beschleunigt, andere werden gebremst. Nach einer Mittelung über alle Phasen wird ein einzelnes Teilchen also mit etwa der gleichen Wahrscheinlichkeit gebremst und beschleunigt. Diejenigen Teilchen, die anfänglich etwas schneller waren als ω/k, mischen sich also mit denjenigen, die anfänglich etwas langsamer waren.

In einer Maxwell-Verteilung gibt es aber mehr langsamere als schnellere Teilchen. Deshalb werden im Mittel mehr Teilchen beschleunigt als gebremst. Dadurch kommt es zu einer Übertragung von Energie von der Welle auf die Teilchen. Die Welle wird gedämpft.

Dadurch, daß Teilchen mit Geschwindigkeiten in der Nähe der Phasengeschwindigkeit ω/k durch die Welle beschleunigt bzw. gebremst werden, kommt es (im Mittel über viele Phasen der Welle) zu einer „Abflachung" der Verteilung $f(v)$. Das führt effektiv zu einer durch die Welle hervorgerufenen Diffusion im Geschwindigkeitsraum in einem Bereich um die Phasengeschwindigkeit ω/k. In der neuen Verteilungsfunktion gibt es die gleiche Gesamtzahl von Teilchen. Sie hat aber auf Kosten der Welle etwas Energie gewonnen. Genau genommen, ist diese Abflachung der Verteilungsfunktion ein nichtlinearer Effekt, weil er quadratisch von der Amplitude der Störung abhängt. Für infinitesimale Störungen ist die Abflachung nicht wahrnehmbar. Sie reicht aber aus, um den Energieverlust der Welle, der ebenfalls quadratisch von der Amplitude abhängt, zu erklären. Bei größeren Amplituden, wie sie zum Beispiel bei instabilen Störungen auftreten, kann die durch Wellen hervorgerufene Geschwindigkeitsdiffusion der dominante nichtlineare Effekt sein. Wir werden darauf im nächsten Kapitel im Rahmen der „quasilinearen" Theorie eingehen.

Wenn die Amplitude der Störung groß ist, kann ein weiterer nichtlinearer Effekt auftreten. Es können Teilchen im Bereich geringster potentieller Energie der Wellen „gefangen" werden. Dies entspricht der Bildung von Inseln bei den Abbildungen aus Kapitel 5. Elektronen werden an den Maxima des elektrischen Potentials gefangen. Das Einfangen von Elektronen in einer Elektronenwelle konkurriert mit der Landau-Dämpfung, denn eingefangene Elektronen können keine Wellenenergie mehr aufnehmen. Bei Wellen mit geringer Amplitude, die im Rahmen der linearen Theorie beschrieben werden können, spielt das Einfangen von Teilchen keine wesentliche Rolle. Wir werden das Einfangen von Teilchen im nächsten Kapitel im Zusammenhang mit Instabilitäten, bei denen größere Amplituden auftreten, diskutieren.

Wenn es keine Stöße oder andere dissipativen Effekte (wie beispielsweise stochastische Bahnen, s. Kapitel 25) gibt, ist die Landau-Dämpfung kein dissipativer oder irreversibler Prozeß. Die „Information", die in der anfänglichen Störung enthalten war, bleibt als räumliche und zeitliche „Mikrostruktur" der Geschwindigkeitsverteilungsfunktion auch dann noch erhalten, wenn das elektrische Feld schon fast vollständig abgeklungen ist. Die Landau-Dämpfung wurde in einem Laborexperiment von J.H. Malmberg und C.B. Wharton (*Phys. Rev. Lett.* **17** (1966) 175) nachgewiesen. Die Rekonstruktion der gedämpften Störung des elektrischen Feldes wurde in einem Experiment zu „Plasmaechos" von J.H. Malmberg, C.B. Wharton, R.W. Gould und T.M. O'Neill (*Phys. Fluids* **11** (1968) 1147) und, unabhängig davon, von A.Y. Wong und D.R. Baker (*Phys.Rev.* **188** (1969) 326) mit Hilfe von Ionenschallwellen durchgeführt.

24.4 Das Nyquist-Diagramm*

Für ein räumlich homogenes Plasma mit maxwellscher Verteilungsfunktion f_0 gibt es sogar einen formalen Beweis, daß es keine Instabilitäten, d.h. keine Nullstellen der Dispersionsfunktion $D(k,s)$ mit $\mathrm{Re}(s) > 0$ gibt. Physikalisch können wir diese Tatsache sofort einsehen, weil sich sonst aus einer Maxwell-Verteilung eine andere Verteilung entwickeln würde. Das wäre ein Verstoß gegen die Gesetze der Thermodynamik. Trotzdem lohnt es sich, die Methoden vorzustellen, die für diesen Beweis nötig sind, weil sie auch benutzt werden können, um Instabilitäten nichtmaxwellscher Verteilungen zu finden (s. Aufgabe 24.3).

Die Methode ist von der Nyquist-Methode aus der Elektrotechnik abgeleitet. Wir betrachten einen geschlossenen halbkreisförmigen Integrationsweg, der die ganze rechte s-Halbebene

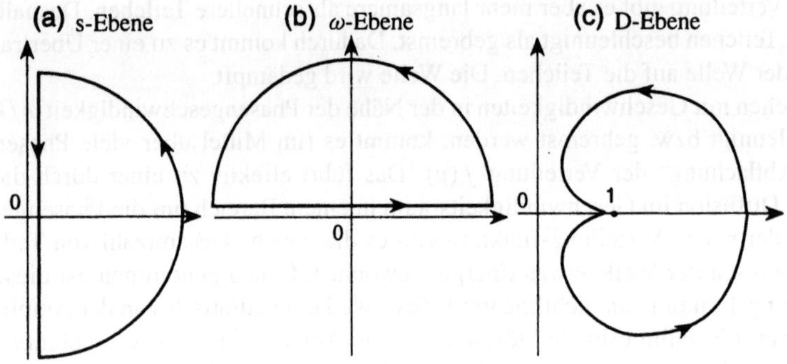

Bild 24.5 Das Nyquist-Diagramm einer Maxwell-Verteilung f_0. Die analytische Funktion $D(k,s)$ transformiert den Weg in der s-Ebene (a) oder, äquivalent dazu, den Weg in der ω-Ebene (b) (mit $s = -i\omega$) in einen Weg in der D-Ebene (c).

einschließt (der Kreisbogen liegt im Unendlichen, s. Bild 24.5 (a)). Während der Wert s diesen Weg entgegen dem Uhrzeigersinn durchläuft, so daß die Fläche mit $\mathrm{Re}(s) > 0$ immer links des Weges liegt, durchläuft der Wert der Funktion $D(k,s)$ einen entsprechenden geschlossenen Weg in der komplexen D-Ebene. Wenn wir annehmen, daß der Weg in der D-Ebene einfach zusammenhängend ist (d.h. er hat keine Schnittpunkte mit sich selbst), entspricht die durch ihn eingeschlossene Fläche, genauer gesagt, die Fläche links von ihm der Fläche mit $\mathrm{Re}(s) > 0$ in der s-Ebene. Die Fläche links des Integrationsweges in einer komplexen Ebene wird auf die Fläche links des Integrationsweges in einer anderen komplexen Ebene abgebildet, weil die Funktion $D(k,s)$ in der linken Halbebene ($\mathrm{Re}(s) > 0$) eine analytische Funktion der komplexen Variablen s ist. (Den Beweis dafür finden Sie beispielsweise in dem Kapitel über konforme Abbildungen in Fischer/Lieb, Funktionentheorie, Vieweg, Braunschweig/Wiesbaden, 7. Auflage 1994) Wenn diese Fläche in der D-Ebene den Punkt $D = 0$ enthält, gibt es eine Lösung der Dispersionsrelation $D(k,s) = 0$ mit $\mathrm{Re}(s) > 0$, d.h. eine Instabilität. Wenn jedoch der Punkt $D = 0$ nicht zu dieser Fläche gehört, gibt es keine Instabilität. Für den Fall, daß der Weg in der D-Ebene nicht einfach zusammenhängend ist, brauchen wir eine einfache Verallgemeinerung. Die Fläche in der D-Ebene, die der Fläche $\mathrm{Re}(s) > 0$ in der s-Ebene entspricht, liegt immer zu unserer Linken, während wir den Weg in der D-Ebene in der Richtung durchlaufen, die einer dem Uhrzeigersinn entgegen gerichteten Bewegung auf dem Integrationsweg in der s-Ebene entspricht. Es kann natürlich vorkommen, daß sich die Fläche in der D-Ebene bis ins Unendliche erstreckt oder daß es Bereiche in der D-Ebene gibt, um die der Integrationsweg zweimal herumführt. Innerhalb dieser Flächen gibt es zwei Werte s mit $\mathrm{Re}(s) > 0$ zu jedem Wert von D.

Der Integrationsweg in der s-Ebene und der zugehörige Integrationsweg in der D-Ebene werden als „Nyquist-Diagramm" bezeichnet. Der Integrationsweg in der D-Ebene wird manchmal „Nyquist-Kurve" genannt.

Wir wollen die Nyquist-Diagramm-Methode anhand des Beispiels der Dispersionsrelation $D(k,s) = 0$ für die Maxwell-Verteilung f_0 illustrieren. Dabei ist es hilfreich, von der Variablen s zur Variablen ω mit

$$s = -i\omega \tag{24.23}$$

überzugehen.

Aus dem halbkreisförmigen Weg in der s-Ebene, der in Bild 24.5 (a) dargestellt ist, wird der in Bild 24.5 (b) dargestellte Weg in der ω-Ebene. Der gradlinige Teil des Weges in Bild

24.5 (a) liegt infinitesimal rechts der imaginären s-Achse, dementsprechend liegt der gradlinige Teil des Weges aus Bild 24.5 (b) infinitesimal oberhalb der reellen ω-Achse. Wir erhalten den zugehörigen Weg in der D-Ebene, indem wir ω diesen Weg durchlaufen lassen und die Werte für D auf dem Kreisbogen nach

$$D \equiv 1 + \frac{e^2}{mk\epsilon_0} \int_{-\infty}^{\infty} \frac{1}{\omega - kv} \frac{\partial f_0}{\partial v} \mathrm{d}v \approx 1 - \frac{\omega_{\mathrm{p}}^2}{\omega^2} \tag{24.24}$$

und auf dem gradlinigen Teil nach

$$D \equiv 1 + \frac{e^2}{mk\epsilon_0} \left(\mathrm{V.p.} \int_{-\infty}^{\infty} \frac{1}{\omega - kv} \frac{\partial f_0}{\partial v} \mathrm{d}v - \frac{\pi \mathrm{i}}{k} \frac{\partial f_0}{\partial v} \bigg|_{v=\omega/k} \right) \tag{24.25}$$

berechnen. Für eine Maxwell-Verteilung f_0 gilt nach (24.25)

$$\mathrm{Im}(D) = \sqrt{\frac{\pi}{2}} \frac{\omega_{\mathrm{p}}^2 \omega}{k^3 v_{th}^3} \, \mathrm{e}^{-\frac{\omega^2}{2k^2 v_{th}^2}} . \tag{24.26}$$

Wir können nun den Weg in den D-Ebenen leicht bestimmen. Der ganze Kreisbogen im Unendlichen in der ω-Ebene wird auf den Punkt $D = 1$ abgebildet. Der Weg in der D-Ebene kann die reelle Achse nur einmal schneiden und zwar an dem Punkt, der dem Wert $\omega = 0$ entspricht. Für $\mathrm{Re}(\omega) < 0$ gilt $\mathrm{Im}(D) < 0$ und für $\mathrm{Re}(\omega) > 0$ gilt $\mathrm{Im}(D) > 0$. An dem Punkt, der $\omega = 0$ entspricht gilt

$$\mathrm{Re}(D) = 1 - \frac{e^2}{mk^2\epsilon_0} \int_{-\infty}^{\infty} \frac{1}{v} \frac{\partial f_0}{\partial v} \mathrm{d}v = 1 + \frac{e^2}{mk^2\epsilon_0 v_{th}^2} \int_{-\infty}^{\infty} f_0 \mathrm{d}v = 1 + \frac{\omega_p^2}{k^2 v_{th}^2} . \tag{24.27}$$

Da dieser Wert größer als 1 ist, liegt der Schnittpunkt mit der reellen D-Achse, der dem Punkt $\omega = 0$ entspricht rechts von dem Schnittpunkt, der den ω-Werten auf dem Halbkreis im Unendlichen entspricht. Der Weg in der D-Ebene muß also etwa so aussehen wie der in Bild 24.5(c) abgebildete. Wenn wir diesen Weg in der Richtung durchlaufen, die einer dem Uhrzeigersinn entgegengerichteten Bewegung auf dem Weg in der ω-Ebene entspricht, stellen wir fest, daß der Bereich der D-Ebene der links des Weges liegt, der von der Kurve eingeschlossene Bereich ist. Der Punkt $D = 0$ liegt nicht in diesem Bereich. Es gibt also keine Lösung von $D(k,s) = 0$ mit $\mathrm{Re}(s) > 0$ und folglich auch keine Instabilität.

Damit wir für eine nichtmaxwellsche Verteilung ein anderes Ergebnis erhalten, muß die Nyquist-Kurve die reelle Achse in der D-Ebene mehrfach kreuzen. Nach (24.25) kann das nur vorkommen, wenn es mehrere Geschwindigkeiten v mit $\partial f_0/\partial v = 0$ gibt. Eine Verteilung mit zwei Peaks wie die in Bild 24.6 abgebildete hat beispielsweise drei Geschwindigkeiten mit

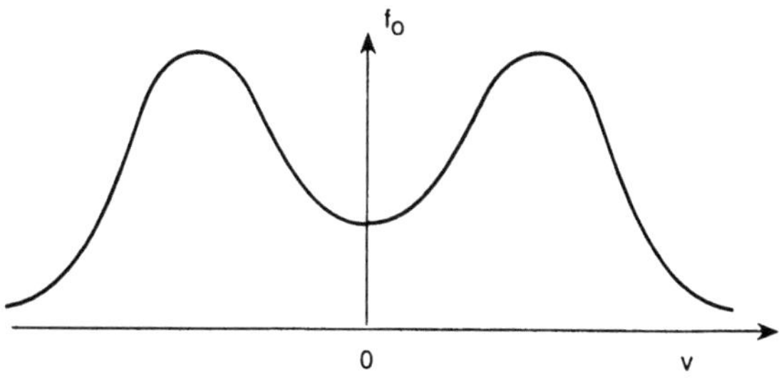

Bild 24.6
Eine symmetrische Verteilungsfunktion der Elektronen mit zwei Peaks. Es gibt zwei Ströme von Elektronen, die gleich groß aber entgegensetzt sind. In beiden Fällen gibt es eine Geschwindigkeitsunschärfe (s. Aufgabe 24.4).

$\partial f_0/\partial v = 0$. Die zugehörige Nyquist-Kurve schneidet die reelle Achse dreimal. Die Zwei-Strom-Verteilung aus (23.17) ist ein extremer Fall einer solchen Verteilung, die Instabilitäten, die wir bei Verteilungen mit zwei Peaks finden sind also im wesentlichen Spezialfälle der Zwei-Strom-Instabilität. Ein Beispiel für die Bestimmung der Stabilitätseigenschaften einer symmetrischen Verteilung mit zwei Peaks finden Sie in Aufgabe 24.3.

Aufgabe 24.3 Benutzen Sie die Nyquist-Diagramm-Methode, um die Stabilitätseigenschaften von Elektronenwellen in einem Plasma mit einer symmetrischen Verteilungsfunktion f_0, die wie die in Bild 24.6 abgebildete zwei Peaks hat, zu bestimmen. Zeigen Sie, daß Instabilitäten auftreten, falls

$$\frac{e^2}{mk^2\epsilon_0}\int_{-\infty}^{\infty}\frac{f_0(v)-f_0(0)}{v^2}\mathrm{d}v > 1\,.$$

(Hinweis: Sie müssen die genaue Form der Verteilungsfunktion nicht kennen. Es reicht zu wissen, daß die Verteilung symmetrisch ist und deshalb ein Minimum bei $v = 0$ hat. Diese Information reicht aus, um eine Skizze des Nyquist-Diagramms zu zeichnen. Sie müssen die Punkte, an denen die Nyquist-Kurve die reelle Achse schneidet näherungsweise bestimmen. Dazu müssen Sie den Hauptwertterm in (24.25) schätzen. Auch dabei ist die Symmetrie von (24.25) hilfreich)

Folgt aus Ihrer Stabilitätsbedingung, daß alle Verteilungen der Form aus Bild 24.6 instabil sind oder müssen Peaks in der Verteilung besonders ausgeprägt sein?

24.5 Ionenschallwellen: Ionen-Landau-Dämpfung

Nicht nur die Elektronen können mit Wellen in einem Plasma resonieren. Wenn die Phasengeschwindigkeit der Welle niedrig genug ist, um im Bereich der thermischen Geschwindigkeiten der Ionen zu liegen, kann es zu einer starken Ionen-Landau-Dämpfung kommen. Ionenschallwellen haben Phasengeschwindigkeiten von der Größenordnung der Schallgeschwindigkeit $[(T_e+3T_i)/M]^{1/2}$. Sie sollten also für $T_i \approx T_e$ eine starke Landau-Dämpfung erfahren.

Wir können unsere Herleitung der Landau-Form der Dispersionsrelation eines Plasmas leicht auf den Fall verallgemeinern, daß beide Teilchenarten (Elektronen und Ionen) zu der Schwingung beitragen, genau wie wir es in Kapitel 23 für die Vlasov-Theorie getan haben. Aus den Gleichungen (23.20) und (24.18) folgt (mit einer Summe über die Teilchenarten)

$$D(k,\omega) \equiv 1+\sum\frac{e^2}{mk\epsilon_0}\left(\mathrm{Pr}\int_{-\infty}^{\infty}\frac{1}{\omega-kv}\frac{\partial f_0}{\partial v}\mathrm{d}v-\frac{\pi\mathrm{i}}{k}\frac{\partial f_0}{\partial v}\bigg|_{v=\frac{\omega}{k}}\right). \tag{24.28}$$

(Diese Dispersionsfunktion gilt natürlich nur für elektrostatische Wellen, die sich längs eines Magnetfeldes oder in einem feldfreien Plasma ausbreiten.)

Wie bei der Behandlung der Ionenschallwellen in Kapitel 23 gehen wir davon aus, daß

$$\omega \ll kv_{t,e} \qquad \text{und} \qquad \omega \gg kv_{t,i} \tag{24.29}$$

gilt. Mit Hilfe der Beziehungen (24.29) haben wir die beiden Hauptwertintegrale aus (24.28) in (23.23) und (23.25) näherungsweise berechnet. (Die Näherung aus Kapitel 23 bestand darin, daß wir die Integrale als Hauptwertintegrale betrachtet haben, da sie keine Beiträge der Singularitäten im Integranden enthielten.)

Mit diesen Ergebnissen folgt für die Elektronen

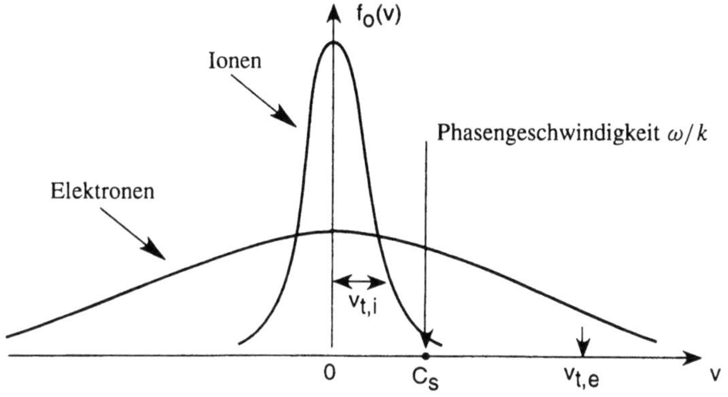

Bild 24.7 Die Verteilungsfunktionen von Ionen und Elektronen und die Phasengeschwindigkeit einer Ionenschallwelle für $T_e \gg T_i$, d.h. $C_s \gg v_{t,i}$

$$\Pr \int_{-\infty}^{\infty} \frac{1}{\omega - kv} \frac{\partial f_0}{\partial v} \mathrm{d}v \approx \frac{n}{kv_{th}^2} \tag{24.30}$$

und für die Ionen (wenn wir die Auswirkungen der endlichen Temperatur vernachlässigen, d.h. für $T_i \ll T_e$)

$$\Pr \int_{-\infty}^{\infty} \frac{1}{\omega - kv} \frac{\partial f_0}{\partial v} \mathrm{d}v \approx -\frac{nk}{\omega^2} . \tag{24.31}$$

Wenn wir die imaginären Anteile (die Landau-Dämpfungs-Terme) sowohl der Elektronen als auch der Ionen beibehalten und $\partial f_0 / \partial v|_{v=\omega/k}$ für die entsprechenden Grenzfälle berechnen, erhalten wir

$$D(k,\omega) \equiv 1 + \frac{\omega_p^2}{k^2 v_{t,e}^2} - \frac{\Omega_p^2}{\omega^2} + \mathrm{i}\sqrt{\frac{\pi}{2}} \left[\frac{\omega_p^2 \omega}{k^3 v_{t,e}^3} + \frac{\Omega_p^2 \omega}{k^3 v_{t,i}^3} \mathrm{e}^{-\frac{\omega^2}{2k^2 v_{t,i}^2}} \right] . \tag{24.32}$$

Diese Dispersionsrelation stimmt bis auf die imaginären (Landau-Dämpfungs-) Terme mit (23.27) überein.

Für Wellenlängen, die wesentlich größer sind als die Debye-Länge ($k\lambda_D = kv_{t,e}/\omega_p \ll 1$) folgt aus der Dispersionsrelation $D(k,\omega) = 0$, daß $\omega \approx kC_s - \mathrm{i}\gamma$ mit $C_s = (T_e/M)^{1/2}$. C_s ist die Schallgeschwindigkeit (die thermische Geschwindigkeit der Ionen bei der Temperatur der Elektronen) für $T_i \ll T_e$. Für die Dämpfung γ gilt

$$\gamma = \frac{1}{2}\sqrt{\frac{\pi}{2}} \left[\frac{\omega^2}{kv_{t,e}} + \frac{T_e}{T_i} \frac{\omega^2}{kv_{t,i}} \mathrm{e}^{-\frac{\omega^2}{2k^2 v_{t,i}^2}} \right] = \frac{1}{2}\sqrt{\frac{\pi}{2}} kC_s \left(\sqrt{\frac{m}{M}} + \sqrt{\frac{T_e^3}{T_i^3}} \mathrm{e}^{-\frac{T_e}{2T_i}} \right) . \tag{24.33}$$

Die durch die Elektronen hervorgerufene Landau-Dämpfung ist von der Größenordnung $(m/M)^{1/2}$ und damit sehr schwach. Die durch die Ionen hervorgerufene Landau-Dämpfung ist nur für $T_e \gg T_i$ klein (sogar exponentiell klein). Ungedämpfte (oder schwach gedämpfte) Ionenschallwellen gibt es also nur, falls $T_e \gg T_i$. Sonst kommt es zu einer starken Ionen-Landau-Dämpfung.

Der Grund dafür, daß die Ionen-Landau-Dämpfung für $T_e \gg T_i$ schwach ist, ist der übliche: Die Phasengeschwindigkeit ω/k ist viel größer als die thermische Geschwindigkeit der Ionen. Daher gibt es nur wenige Teilchen, die resonieren können und die Steigung $\partial f_0/\partial v$ ist sehr klein. Der Grund dafür, daß die Elektronen-Landau-Dämpfung der Ionenschallwellen schwach ist, ist ein ganz anderer. Die Phasengeschwindigkeit ω/k ist wesentlich kleiner als die thermische Geschwindigkeit der Elektronen. Die Resonanz liegt also im unteren Bereich von $f_0(v)$, in dem die Steigung $\partial f_0/\partial v$ ebenfalls gering ist. Diese Situation ist in Bild 24.7 dargestellt.

Wir haben in Kapitel 16 und dann nochmals in Kapitel 23 (s. Aufgabe 23.3) festgestellt, daß die Berücksichtigung einer endlichen Temperatur T_i für $k\lambda_D \ll 1$ die Dispersionsrelation $\omega \approx kC_s$ der Ionenschallwellen unverändert läßt, aber die Schallgeschwindigkeit zu $C_s = [(T_e + 3T_i)/M]^{1/2}$ abändert. Dieses Ergebnis war in der kinetischen Behandlung aus Kapitel 23 auf den Fall $T_i \ll T_e$ beschränkt. Wenn wir trotzdem mit Hilfe dieser Gleichung die Größenordnung der Ionen-Landau-Dämpfung für $T_i \approx T_e$ abschätzen, indem wir $\omega/k = C_s \approx 2(T/M)^{1/2}$ in den zweiten Term der rechten Seite der ersten Zeile von (24.33) einsetzen, erhalten wir $\gamma/\omega \approx 0{,}2$. Ein so großer Wert der Dämpfung γ bedeutet, daß es in solchen Plasmen fast keine Ionenschallwellen gibt.

25 Geschwindigkeitsraum-Instabilitäten und nichtlineare Theorie

Wir haben bereits festgestellt, daß die Elektronenwellen instabil werden können, wenn die Geschwindigkeitsverteilung wesentlich von einer Maxwell-Verteilung abweicht. Die Zwei-Strom-Instabilität aus Kapitel 23 ist ein einfaches Beispiel einer solchen „Geschwindigkeitsraum-Instabilität" – einer Instabilität, die in einem nichtmaxwellschen, aber homogenen Plasma auftritt.

Es gibt mehrere Arten von Geschwindigkeitsraum-Instabilitäten, die in einem Plasma auftreten können. Diese Instabilitäten sind nicht auf Elektronenwellen beschränkt. Es gibt sogar Fälle, in denen eine Geschwindigkeitsraum-Instabilität bei Verteilungsfunktionen $f_0(v)$, die nur wenig von einer Maxwell-Verteilung abweichen, auftreten. Wir werden zwei Beispiele solcher Geschwindigkeitsraum-Instabilitäten betrachten. Die erste betrifft Elektronenwellen, die zweite Ionenschallwellen.

25.1 Die „inverse Landau-Dämpfung" von Elektronenwellen

Die physikalische Interpretation der Landau-Dämpfung aus Kapitel 24 liefert einen Hinweis auf die Art von Geschwindigkeitsverteilungen, die zu instabilen Elektronenwellen führen. Wenn die ungestörte Verteilungsfunktion $f_0(v)$ im Bereich von $v = \omega/k$ mehr schnelle als langsame Teilchen enthält, ergibt sich eine „inverse" Landau-Dämpfung und die Elektronen-Wellen werden instabil. Wir gehen davon aus, daß die Verteilungsfunktion f_0 bis auf einen kleinen Bereich hoher Geschwindigkeiten näherungsweise maxwellsch ist. Wir können daher bei der Berechnung des Hauptwertintegrals in (24.18) von einer Maxwell-Verteilung ausgehen. Bei der Berechnung des Beitrags des Pols bei $v = \omega/k$ ist das natürlich nicht möglich. Wir betrachten nur den Beitrag niedrigster Ordnung zum Hauptwertintegral für $\omega \gg kv_{th}$. Damit erhalten wir die Dispersionsfunktion

$$D(k,\omega) \equiv 1 - \frac{\omega_p^2}{\omega^2} - \frac{\pi i e^2}{mk^2\epsilon_0} \left.\frac{\partial f_0}{\partial v}\right|_{v=\frac{\omega}{k}} . \qquad (25.1)$$

Wenn wir den imaginären Term als kleine Korrektur betrachten, erhalten wir als Lösung der Dispersionsrelation $D(k,\omega) = 0$

$$\omega = \omega_\mathrm{p} + \frac{\pi i e^2 \omega_\mathrm{p}}{2mk^2\epsilon_0} \left.\frac{\partial f_0}{\partial v}\right|_{v=\frac{\omega}{k}} = \omega_\mathrm{p} + \frac{\pi i \omega_\mathrm{p}^3}{2nk^2} \left.\frac{\partial f_0}{\partial v}\right|_{v=\frac{\omega}{k}} . \qquad (25.2)$$

Die Elektronenwelle wird also instabil, wenn die Verteilung f_0 in einem Bereich mit relativ großem v einen zweiten Peak hat (d.h. $\partial f_0/\partial v$ bei $v = \omega/k$). Eine solche Verteilung ist in Bild 25.1 dargestellt. Sie wird manchmal auch als „bump-on-the-tail"-Verteilung bezeichnet. Verteilungen dieser Art treten in Laborplasmen wie denen, die Langmuir untersucht hat auf, bei denen energiereiche „primäre" Elektronen die zur Ionisation des Plasmas nötige Energie liefern. Ferner treten sie in magnetosphärischen Plasmen auf, wenn energiereiche Elektronen durch Störungen des Erdmagnetfeldes in geringere Höhen gelangen.

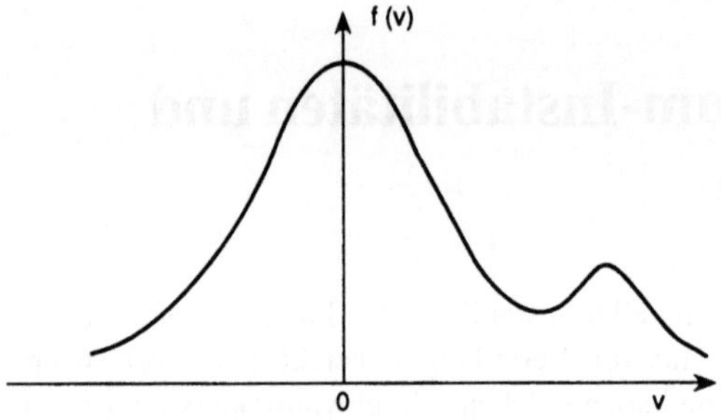

Bild 25.1
Eine Verteilungsfunktion der Elektronen mit zwei Peaks

Wellen, deren Phasengeschwindigkeit ω/k im Bereich positiver Steigung von $f(v)$ liegt, gewinnen Energie auf Kosten der resonanten Teilchen. Sie sind daher instabil. Die Werte von ω liegen alle in der Nähe der Plasmafrequenz ω_p. Es gibt aber fast keine Einschränkung für den Wert von k. Nur Werte mit $k\lambda_D < 1$ sind ausgeschlossen, da sie zu großen thermischen Korrekturen der Dispersionsrelation führen würden. Dadurch werden Phasengeschwindigkeiten im thermischen Bereich, d.h. $\omega/k < v_{th}$ ausgeschlossen. Bis auf diese Beschränkung können wir also immer eine Phasengeschwindigkeit ω/k finden, die im Bereich positiver Steigung von $f_0(v)$ liegt. Es gibt also immer mindestens eine instabile Mode.

Diese Form der Instabilität ist natürlich eine Verallgemeinerung der Zwei-Strom-Instabilität aus Kapitel 23 (s. Aufgabe 23.2). Die in Bild 25.1 dargestellte Verteilung $f_0(v)$ ist eine Verallgemeinerung der Verteilung aus Aufgabe 23.2 auf den Fall einer endlichen Temperatur, bei der beide Ströme eine thermische Unschärfe erhalten haben. Wir können leicht feststellen, wieviel thermische Unschärfe nötig ist, damit die Mode stabil wird. Dies ist der Fall, wenn die thermische Unschärfe so groß ist, daß das Minimum in $f_0(v)$ verschwindet und die Verteilung nur noch einen Peak hat. Die „bump-on-the-tail"-Verteilung unterscheidet sich darin von der Verteilung aus Bild 24.6 und Aufgabe 24.3. Dort tritt die Instabilität erst auf, wenn die beiden Peaks deutlich genug hervortreten. Ein Bereich mit $\partial f_0/\partial v > 0$ (für positives v, für negatives v gilt die umgekehrte Ungleichung) ist dort notwendig, aber nicht hinreichend für eine Instabilität. Es muß in dem Bereich mit umgekehrter Steigung ferner eine Mode mit Phasengeschwindigkeit ω/k geben.

25.2 Die quasilineare Theorie instabiler Elektronenwellen*

Bisher haben wir Instabilitäten nur im linearen Bereich, d.h. für sehr kleine Amplituden untersucht. In der linearen Stabilitätstheorie sind die Störungen infinitesimal und man erhält homogene lineare Gleichungen, die mathematisch relativ leicht zu handhaben sind. Wenn das ungestörte Gleichgewicht im wesentlichen räumlich homogen ist (zumindest auf Längenskalen, die deutlich größer sind als die der Störung), sind die Eigenfunktionen der linearen Störungen harmonisch, d.h. sie verhalten sich wie $\exp(i\boldsymbol{k}\cdot\boldsymbol{x})$. Jede Störung (jeder Wellenvektor $\boldsymbol{k}$) verhält sich zeitlich wie $\exp(-i\omega_{\boldsymbol{k}}t)$ mit einer im allgemeinen komplexen Frequenz $\omega_{\boldsymbol{k}}$ (für reine Schwingungen ist $\omega_{\boldsymbol{k}}$ reell, für rein gedämpfte oder anwachsende Moden imaginär). In der linearen Theorie können wir jede Fourier-Mode, d.h. jeden Wert von $\boldsymbol{k}$ unabhängig betrachten. Es gibt keine Wechselwirkung zwischen den unterschiedlichen Fourierkomponenten.

Bei schwingenden (und erst recht bei gedämpften) Moden ist die lineare Näherung häufig gut, da die Amplituden der Störungen nicht über ihren anfänglichen Wert hinaus anwachsen.

Bei instabilen Moden sagt die lineare Theorie ein unbegrenztes exponentielles Wachstum der Amplitude und damit das Ende ihrer Gültigkeit voraus. Offensichtlich muß es nichtlineare Effekte geben, die das Wachstum der Amplitude der Störung begrenzen oder das Gleichgewicht so verschieben, daß die Mode nicht mehr instabil ist.

Die nichtlinearen Effekte der Plasmaphysik kann man in zwei Kategorien einteilen: Wellen-Teilchen-Wechselwirkungen und Wellen-Wellen-Wechselwirkungen. Bei bestimmten Instabilitäten, wie beispielsweise den Instabilitäten der Elektronenwellen, die im Falle von „bump-on-the-tail"-Verteilungen auftreten, werden die Wellen schon bei relativ geringen Amplituden durch Wellen-Teilchen-Wechselwirkungen stabilisiert. In anderen Fällen werden die Amplituden der Wellen so groß, daß das vollständige Spektrum der Wellen vor allem durch die Wechselwirkungen zwischen den Wellen bestimmt wird. Wechselwirkungen zwischen Wellen können wir in diesem Buch leider nicht behandeln. Wir verweisen den interessierten Leser auf die Monographien von R.Z. Sagdeev und A.A. Galeev (*Nonlinear Plasma Theory*, herausgegeben von T.M. O'Neill und D.L. Book, Benjamin, New York 1969) und R.C. Davidson (*Methods in Nonlinear Plasma Theory*, Academic, New York 1971).

Bei unserer Diskussion der physikalischen Interpretation der Landau-Dämpfung haben wir gezeigt, daß auch eine Welle mit geringer Amplitude mit den Teilchen, die fast mit ihr resonieren, stark wechselwirken kann. Dadurch werden die Teilchen, die etwas langsamer sind als die Welle, mit denjenigen Teilchen, die etwas schneller sind, gemischt. Als Folge davon wird die Verteilungsfunktion im Bereich der Phasengeschwindigkeit ω/k abgeflacht. Eine Welle mit größerer Amplitude, die für einen längeren Zeitraum existiert, kann eine beträchtliche Anzahl von Teilchen in ihren Potentialmulden „einfangen". Das entspricht den auf die Inseln beschränkten Bahnen der Chirikov-Taylor-Abbildung aus Kapitel 5. Dies sind Beispiele nichtlinearer Effekte einer Wellen-Teilchen-Wechselwirkung.

Mit Hilfe der „quasilinearen" Theorie der instabilen Elektronenwellen kann man diese Wellen-Teilchen-Wechselwirkungen beschreiben. In der quasilinearen Theorie geht man davon aus, daß die Amplituden der einzelnen Moden, die angeregt werden, klein genug sind, daß ihre Strukturen, Frequenzen und Wachstumsgeschwindigkeiten durch die lineare Theorie hinreichend gut beschrieben werden. Selbst im Grenzfall kleiner Amplituden können wir mit Hilfe der quasilinearen Theorie beschreiben, wie Energie zwischen Wellen und Teilchen ausgetauscht wird und wie es durch das Abflachen der Verteilungsfunktion zu einer „Sättigung" der Instabilität, d.h. zu einer Beendigung des Wachstums der Amplitude der Störung des elektrischen Feldes kommt. Zu den Grundannahmen der hier vorgestellten quasilinearen Theorie gehört, daß diese Sättigung einsetzt, bevor die Amplituden der Wellen so groß sind, daß Wellen-Wellen-Wechselwirkungen eine wesentliche Rolle spielen. Wenn dies nicht der Fall ist, müssen wir die Theorie auf solche Effekte ausdehnen.

Wie wir gesehen haben, geht die lineare Theorie der Elektronenwellen von der Vlasov-Gleichung

$$\frac{\partial f}{\partial t} + v\frac{\partial f}{\partial x} - \frac{e}{m}E\frac{\partial f}{\partial v} = 0 \tag{25.3}$$

für eine eindimensionale Verteilungsfunktion f aus. Um diese Gleichung zu linearisieren, schreiben wir

$$f(x,v,t) = f_0(v) + f_1(v)\,\mathrm{e}^{-\mathrm{i}\omega t + \mathrm{i}kx} \qquad E(x,t) = E\,\mathrm{e}^{-\mathrm{i}\omega t + \mathrm{i}kx} \tag{25.4}$$

und gehen davon aus, daß die Störungen f_1 und E klein genug sind, daß wir Terme zweiter Ordnung vernachlässigen können. In dieser Näherung lautet die linearisierte Vlasov-Gleichung

$$-\mathrm{i}(\omega - kv)f_1 = \frac{e}{m}E\frac{\partial f_0}{\partial v}\,. \tag{25.5}$$

Bei der Behandlung einer instabilen Mode müssen wir nicht auf die umständlichere Laplace-Transformationsmethode von Landau zurückgreifen, denn wie wir gezeigt haben, ist eine instabile Mode (ω hat einen positiven Imaginärteil) immer eine echte Normalmode. Wir hatten in Kapitel 24 festgestellt, daß die Singularität bei $v = \omega/k$ für schwach instabile Moden durch die Einführung eines kleinen positiven Imaginärteils von ω ($\omega \to \omega + \mathrm{i}\gamma$) umgangen werden kann.

Als Beispiel instabiler Elektronenwellen wollen wir die „bump-on-the-tail"-Verteilungsfunktion aus Bild 25.1 betrachten. In (25.2) hatten wir bereits die Frequenz und die Wachstumsgeschwindigkeit der zugehörigen instabilen Mode berechnet.

Das Prinzip der quasilinearen Theorie ist es, f_0 nicht nur als Verteilungsfunktion eines Anfangszustandes aufzufassen, sondern als sich langsam ändernde Verteilungsfunktion eines Hintergrundes, der durch die Auswirkungen der instabilen Wellen beeinflußt wird. Um das zu erreichen, definieren wir f_0 formal als den räumlich gemittelten (über eine große Anzahl von Wellenlängen) Anteil der vollständigen Verteilungsfunktion $f(x,v,t)$. Ferner gehen wir davon aus, daß ein kontinuierliches Spektrum von Wellen mit unterschiedlichen Werten von k angeregt wird. Das ist beispielsweise bei der Instabilität, die wir hier betrachten wollen der Fall. (Der entgegengesetzte Fall, daß nur eine Welle angeregt wird, wird weiter unten betrachtet.)

Wir verallgemeinern (25.4) auf Störungen mit mehreren Werten von k.

$$f(x,v,t) = f_0(v) + f_1(x,v,t) \qquad f_1(x,v,t) = \sum_k f_{1k}(v)\,\mathrm{e}^{-\mathrm{i}\omega_k t + \mathrm{i}kx}$$
$$E(x,t) = \sum_k E_k\,\mathrm{e}^{-\mathrm{i}\omega_k t + \mathrm{i}kx} \tag{25.6}$$

Auch hier beschränken wir uns auf den eindimensionalen Fall, bei dem die $\boldsymbol{k}$-Vektoren aller angeregten Wellen in die gleiche Richtung – in diesem Fall in die x-Richtung – zeigen, so daß wir über die beiden anderen Geschwindigkeitskomponenten integrieren und mit der eindimensionalen Vlasov-Gleichung (25.3) arbeiten können. Ferner wollen wir an unsere Konvention aus Kapitel 15 erinnern, nach der die Wellen in einer Exponentialnotation, wie in (25.6) beschrieben werden, wobei der physikalisch meßbare Anteil der Realteil der rechten Seite ist. Wenn es beispielsweise nur einen Wert von k mit reellem E_k gibt, bedeutet (25.6) $E(x,t) = E_k \cos(\omega_k t - kx)$. Außerdem benutzen wir (ohne Einschränkung der Allgemeinheit) die Konvention, daß alle Frequenzen ω_k positiv sind (wenn sie komplex sind, sind ihre Realteile positiv). Um sich nach links und rechts ausbreitende Wellen beschreiben zu können, müssen wir daher sowohl positive als auch negative k zulassen. Die Summation in (25.6) läuft über alle angeregten Wellen, von denen einige ein positives und andere ein negatives k haben können (wenn die „bumps-on-the-tail" von $f_0(v)$ symmetrisch sind). Jede physikalisch unterscheidbare Welle entspricht einem Wert von k und damit einem Summanden in der Summe über die k. Es ist dabei wesentlich, daß wir nicht mit $E_{-k} = E_k^*$ arbeiten, um die Summation in (25.6) reell zu machen, denn dann würden wir zwei Summanden für jede physikalisch unterscheidbare Welle und sowohl negative als auch positive Frequenzen brauchen (wegen $\omega_{-k} = -\omega_k$). Dies ist jedoch eine alternative Konvention, mit der häufig gearbeitet wird.

Wir erhalten eine Gleichung für die *langsame* zeitliche Entwicklung von $f_0(v)$, indem wir (25.3) über viele Wellenlängen mitteln. Dabei fällt der Term $\partial f_0/\partial v$ weg, weil alle Komponenten von $E(x,t)$ schwingen.

$$\frac{\partial f_0}{\partial t} = \frac{e}{m}\left\langle E\frac{\partial f_1}{\partial v}\right\rangle \tag{25.7}$$

Nach der Mittelung bleiben nur Terme übrig, die mit dem gleichen k schwingen, da alle anderen Terme mit einer Frequenz $\omega_k \pm \omega_{k'}$ oszillieren und bis auf den Fall $k' = \pm k$ bei der Mittelung wegfallen. (Wir gehen hier davon aus, daß die Wellen zumindest schwach dispersiv sind. Das ist fast immer der Fall, selbst für Elektronenwellen.) Wenn wir, wie in Kapitel 15, in der Exponentialnotation das zeitliche Mittel des Produktes zweier Größen A_1 und B_1 als $\mathrm{Re}(A_1^* B_1/2)$ schreiben, erhalten wir als Bewegungsgleichung für den räumlich gemittelten Anteil der Verteilungsfunktion

$$\frac{\partial f_0}{\partial t} = \frac{e}{2m}\mathrm{Re}\left(\sum_k E_k^* \frac{\partial f_{1k}}{\partial v}\right). \tag{25.8}$$

Die rechte Seite von (25.8) ist von zweiter Ordnung in den Störungen, also ändert sich f_0 nur sehr langsam. Wenn wir die Zeitabhängigkeit der Wellen beschreiben wollen, können wir f_0 also zu jedem Zeitpunkt als konstant betrachten. Insbesondere können wir f_{1k} aus der linearisierten Vlasov-Gleichung (25.5) für eine Mode mit der komplexen Frequenz ω_k einsetzen.

$$f_{1k} = \frac{\mathrm{i}eE_k}{m}\frac{1}{\omega_k - kv}\frac{\partial f_0}{\partial v} \tag{25.9}$$

Mit der Notation $E_k^* E_k = |E_k|^2$ gilt

$$\frac{\partial f_0}{\partial t} = -\frac{e^2}{2m^2}\frac{\partial}{\partial v}\left[\mathrm{Im}\left(\sum_k |E_k|^2 \frac{1}{\omega_k - kv}\right)\frac{\partial f_0}{\partial v}\right]. \tag{25.10}$$

Wenn wir ω_k in seinen Realteil ω_k (die Frequenz) und seinen Imaginärteil γ_k (die Wachstumsgeschwindigkeit) zerlegen (d.h. $\omega_k \to \omega_k + \mathrm{i}\gamma_k$) und wie in (25.10) den Imaginärteil betrachten, erhalten wir

$$\frac{\partial f_0}{\partial t} = \frac{e^2}{2m^2}\frac{\partial}{\partial v}\left(\sum_k |E_k|^2 \frac{\gamma_k}{(\omega_k - kv)^2 + \gamma_k^2}\frac{\partial f_0}{\partial v}\right). \tag{25.11}$$

Die Tatsache, daß wir hier die linearisierten Störungen f_{1k} einsetzen, entspricht einer Berechnung der Störungen erster Ordnung der Verteilungsfunktion mit Hilfe der Bahnen nullter Ordnung. Implizit nehmen wir dabei an, daß die Verteilungsfunktion bis auf die bei der Berechnung von f_{1k} auftretenden Effekte keine neuen Strukturen erhält. Im nichtlinearen Fall werden die Bahnen bestimmter Gruppen von Teilchen, insbesondere derjenigen, deren Geschwindigkeiten in der Nähe der Phasengeschwindigkeit der instabilen Wellen liegen, natürlich stark verändert. Durch die Nichtlinearität kann eine „Mikrostruktur" der Teilchenbahnen im Phasenraum entstehen, die dazu führt, daß der quasilineare Ansatz ungeeignet ist. Diese Struktur ähnelt den Inseln aus Kapitel 5. Wenn es ein breites Spektrum von Wellen gibt, wird die Mikrostruktur von Teilchenbahnen zerstört, genau wie die Inseln der Abbildungen durch Überlappung verschwanden. Dieser Effekt wird durch die Stöße der Teilchen (wenn diese auch relativ selten sind) weiter verstärkt. In diesem Fall kann man f_{1k} mit Hilfe der Bahnen nullter Ordnung bestimmen. Den entgegengesetzten Fall, der durch die quasilineare Theorie nicht richtig beschrieben werden kann, werden wir im Zusammenhang mit dem Einfangen von Teilchen in einer Welle weiter unten behandeln.

Häufig ist das Spektrum der Wellen so dicht, daß die Summation über diskrete k in (25.11) durch ein Integral über ein kontinuierliches k ersetzt werden kann. Ob dies möglich ist, muß man in jedem Einzelfall untersuchen. Bei der „bump-on-the-tail"-Verteilung, die wir im letzten Abschnitt diskutiert haben, liegen die Phasengeschwindigkeiten der instabilen Wellen in einem Band der Breite Δv um die mittlere Phasengeschwindigkeit $\omega/k = v_0$. v_0 liegt in dem Bereich, in dem die Gleichgewichtsverteilung $f_0(v)$ eine invertierte Steigung hat. Δv ist die Breite des Bereichs invertierter Steigung. Alle Frequenzen liegen in der Nähe von ω_p, deshalb bilden die Wellenzahlen der instabilen Moden ein Band der Breite $\Delta k \approx k_0(\Delta v/v_0)$ um einen mittleren Wert $k_0 \approx \omega_\mathrm{p}/v_0 = v_{t,e}/v_0\lambda_D$. Wenn L die Ausdehnung des Plasmas in x-Richtung ist und wir periodische Randbedingungen einführen, sind die Wellenzahlen $k = 2\pi n/L$ mit ganzzahligem n möglich. Die Anzahl $N_{\Delta k}$ der Moden, deren Wert k in das Band Δk fällt, ist

$$N_{\Delta k} = \left(\frac{L}{2\pi\lambda_D}\right)\left(\frac{v_{t,e}}{v_0}\right)\left(\frac{\Delta v}{v_0}\right) . \tag{25.12}$$

Die Faktoren $v_{t,e}/v_0$ und $\Delta v/v_0$ sind beide relativ klein. Ihre Werte für die Verteilung aus Bild 25.1 sind 0,3 bzw. 0,1. Der erste Faktor auf der rechten Seite von (25.12) ist aber immer recht groß, normalerweise 10^4 oder größer. (Selbst wenn wir unser Band instabiler k-Werte der Breite Δk in eine große Anzahl schmalerer „Unterbänder" unterteilen, in denen die Moden nicht nur die gleiche Frequenz ω_k, sondern auch die gleiche Wachstumsrate γ_k haben (die Steigung von f_0 stimmt innerhalb dieser Unterbänder der Phasengeschwindigkeiten gut überein), ist die Anzahl der Moden innerhalb der einzelnen Unterbänder immer noch hoch.) Zumindest in diesem Spezialfall ist es also gerechtfertigt, die Wellenzahl k als eine kontinuierliche Variable zu betrachten. Es ist nützlich, ein Maß für die Stärke der Feldstörung in einem kontinuierlichem Spektrum zu definieren. Die geeignete Größe für unsere Zwecke ist die Energiedichte der Störungen des Feldes in den einzelnen Bändern von k-Werten, oder, genauer gesagt, in jedem differentiellen Intervall $\mathrm{d}k$ der kontinuierlichen Variablen k.

Die Energiedichte eines elektrischen Feldes ist $\epsilon_0 E^2/2$ (s. Aufgabe 8.2). In unserer Exponentialnotation lautet das räumliche Mittel der Energiedichte des schwingenden Feldes aus (25.6)

$$W_E = \frac{\epsilon_0}{2}\left\langle\left(\mathrm{Re}\sum_k E_k\,\mathrm{e}^{-\mathrm{i}\omega_k t+\mathrm{i}kx}\right)^2\right\rangle = \frac{\epsilon_0}{4}\mathrm{Re}\sum_k E_k^* E_k = \frac{\epsilon_0}{4}\sum_k |E_k|^2 . \tag{25.13}$$

Wir führen nun die k-Raum-Dichte $\mathcal{E}(k)$ der mittleren Energiedichte der Störung des elektrischen Feldes ein. Es gilt $\mathcal{E}(k)\mathrm{d}k = (\epsilon_0/4)\sum_k^{k+\mathrm{d}k}|E_k|^2$, wobei $\sum_k^{k+\mathrm{d}k}$ die Summe über alle k in einem infinitesimalen Abschnitt $\mathrm{d}k$ ist. Mit dieser Definition können wir alle Summen über die Werte von k, wie die Summe in (25.11) nach der Vorschrift

$$\frac{1}{2}\sum_k |E_k|^2 \longrightarrow \frac{2}{\epsilon_0}\int_{-\infty}^{\infty}\mathcal{E}(k)\mathrm{d}k \tag{25.14}$$

durch ein Integral über k ersetzen. Die Größe $\mathcal{E}(k)$ wird als spektrale Energiedichte des elektrischen Feldes bezeichnet. In unserer Konvention, bei der wir die Realteile von Gleichungen, wie (25.6) betrachten, und alle ω_k positiv sind, entsprechen positive und negative Werte von k sich nach rechts bzw. nach links ausbreitenden Wellen. $\mathcal{E}(k)$ ist deshalb bei uns (im Gegensatz zu anderen Konventionen) nicht notwendigerweise symmetrisch. Die Energiedichte $\mathcal{E}(k)$ sich nach rechts ausbreitender Wellen (positives k) ist in unserem Beispiel bei Phasengeschwindigkeiten ω/k im invertierten Bereich der „bump-on-the-tail"-Verteilung relativ hoch. Demgegenüber ist die Energiedichte $\mathcal{E}(k)$ sich nach links ausbreitender Wellen (negatives k) in diesem Fall sehr klein. Wir können die spektrale Energiedichte leicht zu einer dreidimensionalen Größe verallgemeinern. Die Feldenergie $\epsilon_0\langle|\boldsymbol{E}(x,t)|^2\rangle/2$ ist nun $\int\mathcal{E}(\boldsymbol{k})\mathrm{d}^3k$. Die spektrale Energiedichte wird in Analogie zum eindimensionalen Fall durch $\mathcal{E}(\boldsymbol{k})\mathrm{d}^3k = (\epsilon_0/4)\sum_{\boldsymbol{k}}^{\boldsymbol{k}+\mathrm{d}\boldsymbol{k}}|E_{\boldsymbol{k}}|^2$ definiert. $\sum_{\boldsymbol{k}}^{\boldsymbol{k}+\mathrm{d}\boldsymbol{k}}$ steht hier für die Summe über alle Werte von $\boldsymbol{k}$ in einem dreidimensionalen Volumen d^3k.

Wenn wir mit Hilfe der Vorschrift (25.14) die rechte Seite von (25.11) in ein Integral umwandeln, können wir ausnutzen, daß die Wachstumsraten γ_k sehr klein sind, und daß wir deshalb den Resonanzterm in (25.11) durch eine δ-Funktion ersetzen können, d.h.

$$\frac{\gamma_k}{(\omega_k - kv)^2 + \gamma_k^2} \approx \pi\delta(\omega_k - kv)\,. \tag{25.15}$$

Aufgabe 25.1 Überprüfen Sie (25.15) mit Hilfe der folgenden Anleitung. Zeichnen Sie zuerst die linke Seite für festes kv und immer kleiner werdende Werte für γ_k als Funktion von ω_k. Integrieren Sie dann die linke Seite über ω_k und zeigen Sie, daß die Fläche unter den von Ihnen gezeichneten Kurven gerade π ist. (Hinweis: Bei der Integration ist die Substitution $\omega_k - kv = \gamma_k \tan\theta$ hilfreich.)

Wir können (25.11) dann als

$$\frac{\partial f_0}{\partial t} = \frac{2\pi e^2}{\epsilon_0 m^2}\frac{\partial}{\partial v}\left[\left(\int_{-\infty}^{\infty} \mathrm{d}k\mathcal{E}(k)\delta(\omega_k - kv)\right)\frac{\partial f_0}{\partial v}\right] \tag{25.16}$$

schreiben. Dies ist die quasilineare Bewegungsgleichung für f_0.

Diese Gleichung hat die Form einer Diffusionsgleichung im Geschwindigkeitsraum, d.h. wir können sie als

$$\frac{\partial f_0}{\partial t} = \frac{\partial}{\partial v}\left(D(v)\frac{\partial f_0}{\partial v}\right) \tag{25.17}$$

schreiben. Der Diffusionskoeffizient

$$D(v) = \frac{2\pi e^2}{\epsilon_0 m^2}\int_{-\infty}^{\infty} \mathcal{E}(k)\delta(\omega_k - kv)\mathrm{d}k = \frac{2\pi e^2}{\epsilon_0 m^2 v}\mathcal{E}(\frac{\omega}{v}) \tag{25.18}$$

ist nur in den Geschwindigkeitsbereichen v, die den Phasengeschwindigkeiten ω/k der angeregten Wellen entsprechen von 0 verschieden. Das paßt gut zu unserer physikalischen Vorstellung von der Landau-Dämpfung als Effekt der Geschwindigkeitsraumdiffusion im Bereich der Wellen-Teilchen-Resonanz. (Bei Elektronenwellen stimmen alle Frequenzen näherungsweise überein, d.h. $\omega_k \approx \omega \approx \omega_p$. Unsere Auswertung des Integrals über die δ-Funktion aus (25.18) beruhte auf dieser Tatsache.) Bei unserer „bump-on-the-tail"-Verteilung gibt es instabile Wellen nur in den Bereichen, in denen die Steigung von f_0 invertiert ist ($\partial f_0/\partial v > 0$). Wie in Bild 25.1 angedeutet, gehen wir davon aus, daß dies bei positiven Werten von v der Fall ist (diese Annahme haben wir bereits in der zweiten Zeile von (25.18) ausgenutzt). Wenn die Form der Verteilungsfunktion nicht durch Einwirkung von außen (wie beispielsweise einen von außen kommenden Elektronenstrahl) aufrecht erhalten wird, wird die Verteilungsfunktion im entscheidenden Bereich abgeflacht. Die anfängliche Verteilungsfunktion, die in Bild 25.2 (a) als durchgezogene Linie dargestellt ist, wird durch eine abgeflachte Verteilungsfunktion, die in Bild 25.2(a) als gestrichelte Linie dargestellt ist, ersetzt. Die quasilineare zeitliche Entwicklung führt also dazu, daß die Verteilungsfunktion zwischen den Geschwindigkeiten v_1 und v_2 geändert wird. Dieser Bereich ist etwas breiter als der Bereich in dem die Steigung invertiert war.

Wenn die Verteilungsfunktion flacher wird, hört die instabile Mode auf zu wachsen. Wir können daher die endgültige spektrale Energiedichte des elektrischen Feldes berechnen, indem wir ausnutzen, daß $\mathcal{E}(k)$ proportional zu $|E_k|^2$ ist und daher mit der Wachstumsrate $2\gamma_k$ exponentiell anwächst.

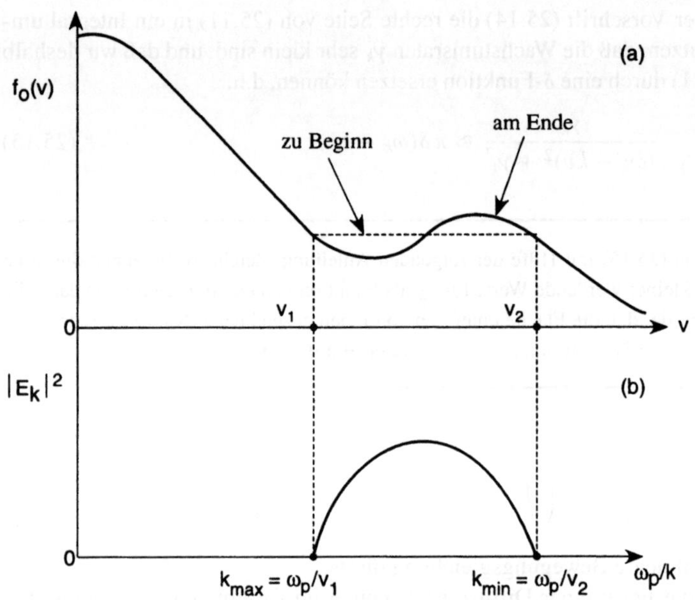

Bild 25.2 Die Auswirkung der quasilinearen zeitlichen Entwicklung der Instabilität: (a) Anfängliche und endgültige Verteilungsfunktion (b) Das endgültige Spektrum der Störung des elektrischen Feldes. Durch die Entwicklung wird das Spektrum etwas breiter und erstreckt sich nun von $k_{\min}$ bis $k_{\max}$. Dies entspricht Phasengeschwindigkeiten zwischen v_1 und v_2. Dieser Bereich ist etwas breiter als derjenige, in dem anfänglich die Steigung invertiert war.

$$\frac{\mathrm{d}\mathcal{E}(k)}{\mathrm{d}t} = 2\gamma_k \mathcal{E}(k) = \frac{\pi e^2 \omega}{m k^2 \epsilon_0} \mathcal{E}(k) \left. \frac{\partial f_0}{\partial v} \right|_{v=\frac{\omega}{k}} \tag{25.19}$$

Hier haben wir γ_k aus (25.2) eingesetzt. Zusammen mit der Gleichung

$$\frac{\partial f_0}{\partial t} = \frac{\partial}{\partial v}\left(\frac{2\pi e^2}{\epsilon_0 m^2 v} \mathcal{E}(\frac{\omega}{v}) \frac{\partial f_0}{\partial v} \right) \tag{25.20}$$

folgt

$$\frac{\partial f_0}{\partial t} = \frac{\partial}{\partial v}\left(\frac{2\omega}{m v^3} \frac{\mathrm{d}}{\mathrm{d}t} \mathcal{E}(\frac{\omega}{v}) \right) . \tag{25.21}$$

Wir integrieren diese Gleichung über v und t und erhalten als endgültige spektrale Energiedichte der Störungen des Feldes (für sehr kleine anfängliche Amplituden)

$$\mathcal{E}(k) = \frac{m\omega^2}{2k^3} \int_{v_1}^{v=\omega/k} [f_0(v,\infty) - f_0(v,0)]\mathrm{d}v . \tag{25.22}$$

$f_0(v,\infty)$ und $f_0(v,0)$ sind die endgültige bzw. anfängliche Verteilungsfunktion. Die untere Integrationsgrenze v_1 liegt am unteren Rand des abgeflachten Bereichs aus Bild 25.2(a). Wenn ω/k im abgeflachten Bereich liegt, ist das Integral in (25.22) immer positiv. Wegen der Erhaltung der Teilchenzahl

$$\int_{v_1}^{v_2} f_0(v,\infty)\mathrm{d}v = \int_{v_1}^{v_2} f_0(v,0)\mathrm{d}v \tag{25.23}$$

verschwindet die spektrale Energiedichte $\mathcal{E}(k)$ am rechten Rand bei $k = \omega/v_2$. Diese spektrale Energiedichte ist in Bild 25.2(b) dargestellt.

Die quasilineare Theorie der Elektronenwellen wurde zuerst von W.E. Drummond und D. Pines (*Plasma Physics and Controlled Nuclear Fusion Research, Nuclear Fusion, 1962 Supplement, Part 3* (1962) 1049) und, unabhängig davon, von A.A. Vedenov, E.P. Velikhov und R.Z. Sagdeev (*Nuclear Fusion* **1** (1961) 82 (auf russisch)) entwickelt.

25.3 Impuls- und Energieerhaltung in der quasilinearen Theorie

Wir haben bereits ausgenutzt, daß die Teilchenzahl in der quasi-linearen Theorie erhalten ist. Diese Tatsache folgt aus den „Diffusionsgleichungen" (25.11) oder (25.17), wenn man sie über die Geschwindigkeit integriert, sofern $\partial f_0/\partial v$ für $v \to \pm\infty$ verschwindet. Bei der quasi-linearen Sättigung der „bump-on-the-tail"-Instabilität werden die Teilchen, deren Geschwindigkeit in der Nähe der Phasengeschwindigkeit liegt, wie in Bild 25.2 dargestellt, umverteilt.

Dabei verlieren die resonanten Teilchen offensichtlich einen Teil ihres Impulses. Es stellt sich also die Frage, wie der Gesamtimpuls im Rahmen der quasilinearen Theorie erhalten bleiben kann. Um das zu untersuchen, multiplizieren wir (25.11) mit mv und integrieren über v. Nach einer partiellen Integration schreiben wir die komplexe Frequenz ω_k als $\omega_k \to \omega_k + \mathrm{i}\gamma_k$.

$$\frac{\mathrm{d}}{\mathrm{d}t}\int_{-\infty}^{\infty} mvf_0\mathrm{d}v = -\frac{e^2}{2m}\sum_k |E_k|^2 \int_{-\infty}^{\infty} \frac{\gamma_k}{(\omega_k - kv)^2 + \gamma_k^2}\frac{\partial f_0}{\partial v}\mathrm{d}v \tag{25.24}$$

Wir können die δ-Funktions-Näherung aus (25.15) im Bereich der Resonanz verwenden. Im nichtresonanten Bereich können wir den Integranden aus (25.24) für $\omega_k \gg kv \gg \gamma_k$ entwickeln. Wir behalten Terme bis zur Ordnung kv/ω_k im nichtresonanten Bereich (Terme der Ordnung γ_k^2/ω_k^2 lassen wir weg) und berechnen das Integral mit Hilfe einer partiellen Integration.

$$\frac{\mathrm{d}}{\mathrm{d}t}\int_{-\infty}^{\infty} mvf_0\mathrm{d}v = -\frac{e^2}{2m}\sum_k |E_k|^2 \left(\frac{2\gamma_k nk}{\omega_k^3} - \frac{\pi}{k}\frac{\partial f_0}{\partial v}\bigg|_{v=\frac{\omega}{k}} \right) = 0 \tag{25.25}$$

Im letzten Schritt haben wir γ_k aus (25.2) eingesetzt und $\omega_k \approx \omega_\mathrm{p}$ angenommen. Trotz dieser Näherung ist der Impuls exakt erhalten, denn das Integral auf der rechten Seite von (25.24) verschwindet, wenn der imaginäre Anteil der exakten Vlasov-Dispersionsrelation verschwindet.

Aufgabe 25.2 Überprüfen Sie diese Behauptung, indem Sie den Imaginärteil der Vlasov-Dispersionsrelation (23.12) für eine instabile Elektronenwelle mit Frequenz ω_k und Wachstumsrate γ_k berechnen. Beachten Sie, daß instabile Wellen mit Hilfe der Vlasov-Dispersionsrelation auch ohne die Landau-Theorie beschrieben werden können.

Aus (25.25) können wir ablesen, daß der Impulsverlust der resonanten Teilchen durch einen kleinen Impulsgewinn aller anderen Teilchen ausgeglichen wird. Rein elektrostatische Störungen des Feldes haben keinen Impuls.

Als nächstes betrachten wir die Energieerhaltung. In dem in Bild 25.2 dargestellten Fall verlieren die resonanten Teilchen offensichtlich Energie. Wir müssen erklären, was mit dieser Energie geschieht. Wir gehen wieder von (25.11) aus. Wir multiplizieren mit $mv^2/2$ und integrieren über v. Nach einer partiellen Integration erhalten wir

$$\frac{\mathrm{d}}{\mathrm{d}t}\int_{-\infty}^{\infty}\frac{mv^2}{2}f_0\mathrm{d}v = -\frac{e^2}{2m}\sum_k |E_k|^2 \int_{-\infty}^{\infty}\frac{v\gamma_k}{(\omega_k - kv)^2+\gamma_k^2}\frac{\partial f_0}{\partial v}\mathrm{d}v\,. \tag{25.26}$$

Auch hier benutzen wir im Resonanzbereich die δ-Funktions-Näherung aus (25.15) und im nichtresonanten Bereich eine Entwicklung für $\omega_k \gg kv \gg \gamma_k$. Wir betrachten im nichtresonanten Bereich nur die Terme nullter Ordnung dieser Entwicklung. Mit einer weiteren partiellen Integration folgt

$$\begin{aligned}\frac{\mathrm{d}}{\mathrm{d}t}\int_{-\infty}^{\infty}\frac{mv^2}{2}f_0\mathrm{d}v &= \frac{e^2}{2m}\sum_k |E_k|^2\left(\frac{\gamma_k n}{\omega_k^2} - \frac{\pi\omega_k}{k^2}\frac{\partial f_0}{\partial v}\bigg|_{v=\frac{\omega}{k}}\right)\\ &= -\frac{ne^2}{2m}\sum_k\frac{\gamma_k}{\omega_k^2}|E_k|^2 = -\frac{\epsilon_0}{2}\sum_k \gamma_k|E_k|^2\,.\end{aligned} \tag{25.27}$$

Im vorletzten Schritt haben wir γ_k aus (25.2) eingesetzt und im letzten Schritt $\omega_k \approx \omega_\mathrm{p}$ ausgenutzt. (Die Energieerhaltung gilt natürlich exakt. Lediglich bei unseren Ausdrücken für den Energieverlust der resonanten Teilchen und den Energiegewinn der nichtresonanten Teilchen benötigen wir eine Näherung.) Die Energie wird also in den Störungen des elektrischen Feldes gespeichert. Die Dichte $\epsilon_0|E_k|^2/4$ der Feldenergie bei einem bestimmten Wert von k nimmt exponentiell mit der Rate $2\gamma_k$ zu. Für die Feldenergie in einem bestimmten Volumen gilt also

$$\frac{\mathrm{d}W_E}{\mathrm{d}t} = \frac{\epsilon_0}{2}\sum_k \gamma_k|E_k|^2\,. \tag{25.28}$$

Wenn wir (25.27) und (25.28) addieren, erhalten wir für kontinuierliches k wegen $W_E = \int_{-\infty}^{\infty}\mathcal{E}(k)\mathrm{d}k$ die Energieerhaltungsgleichung

$$\frac{\mathrm{d}}{\mathrm{d}t}\left(\int_{-\infty}^{\infty}\frac{mv^2}{2}f_0\mathrm{d}v + \int_{-\infty}^{\infty}\mathcal{E}(k)\mathrm{d}k\right) = 0\,. \tag{25.29}$$

Die von den resonanten Teilchen abgegebene Energie wird teilweise in Feldenergie und teilweise in kinetische Energie der in der Welle schwingenden nichtresonanten Teilchen umgewandelt. Manchmal werden diese Formen der Energie gemeinsam als „Wellenenergie" bezeichnet. In dieser Terminologie wird das Anwachsen der Wellenenergie durch den Energieverlust der resonanten Teilchen ausgeglichen.

Aufgabe 25.3 Zeigen Sie, daß bei Elektronenwellen mit $\omega \approx \omega_\mathrm{p}$, wie denen die bei einer „bump-on-the-tail"-Verteilung instabil werden, die Wellenenergie jeweils zur Hälfte aus Feldenergie und aus der Energie der schwingenden, nichtresonanten Elektronen besteht. Zeigen Sie ferner mit Hilfe der ersten Form der rechten Seite von (25.27), daß die Energie, die die resonanten Teilchen verlieren zu gleichen Teilen in Feldenergie und in kinetische Energie der schwingenden, nichtresonanten Elektronen umgewandelt wird.

25.4 In einer Welle gefangene Elektronen*

Bei der Behandlung der quasilinearen Theorie instabiler Wellen in einer „bump-on-the-tail“-Verteilung haben wir festgestellt, daß die Anzahl der möglichen k-Werte instabiler Wellen in der Regel recht groß ist. Das Spektrum ist so dicht, daß Mikrostrukturen im Phasenraum der Teilchen durch chaotische Effekte zerstört werden und sich eine Diffusion im Geschwindigkeitsraum in einem zusammenhängenden Intervall einstellt. Trotzdem wollen wir auch die entgegengesetzte Situation untersuchen, bei der vor allem ein Wert von k angeregt wird. Wir wählen die Phase so, daß wir das E-Feld einer einzelnen Welle als

$$E(x,t) = \bar{E}\sin(kx - \omega t) \tag{25.30}$$

schreiben können. Für die Bewegung eines Elektrons in dieser Welle gilt

$$m\frac{\mathrm{d}v}{\mathrm{d}t} = -e\bar{E}\sin(kx - \omega t)\,. \tag{25.31}$$

Wenn die (reelle) Amplitude $\bar{E}$ des Feldes klein ist, können wir (25.31) über eine ungestörte Bahn ($\mathrm{d}x/\mathrm{d}t = v_0$) integrieren und erhalten bis zur ersten Ordnung in $\bar{E}$

$$v = v_0 - \frac{e\bar{E}}{m}\frac{\cos(kx - \omega t)}{\omega - kv_0}\,. \tag{25.32}$$

In Bild 25.3 haben wir v für unterschiedliche Werte von v_0 als Funktion von $(x - \omega t/k)$ aufgetragen. Wir erhalten dadurch ein Bild der Bahnen $v(x,t)$ aller Elektronen in einem Bezugssystem, das sich mit der Geschwindigkeit ω/k bewegt. Wir vernachlässigen zunächst die Inseln im Zentrum von Bild 25.3 (die wir nicht aus (25.32) herleiten können) und stellen fest, daß sich Elektronen mit $v_0 \gg \omega/k$ immer nach rechts bewegen. Ihre Geschwindigkeitsmaxima liegen bei $x - \omega t/k = 0, \pm 2\pi, \pm 4\pi, \ldots$. Elektronen mit $v_0 \ll \omega/k$ bewegen sich nach links, ihre Geschwindigkeitsmaxima liegen bei den gleichen Werten von $x - \omega t/k$. (In Bild 25.3 sind $\bar{E}$ und k positiv.) Wenn v_0 sehr nahe bei ω/k liegt, dürfen wir (25.31) nicht längs der ungestörten Bahnen integrieren. Das liegt daran, daß (25.32) für

$$\left(v_0 - \frac{\omega}{k}\right)^2 \sim \frac{e\bar{E}}{mk} \tag{25.33}$$

nicht mehr gültig ist, weil der Term erster Ordnung genauso groß ist wie der Term nullter Ordnung. Das ist bei Elektronen, deren kinetische Energie im bewegten Bezugssystem von der gleichen Größenordnung wie ihre potentielle Energie in der elektrischen Feldstörung ist, der Fall.

Aufgabe 25.4 Was entspricht (25.33) in der Behandlung der Abbildungen aus Kapitel 5?

Wir können die exakten Bahnen von Elektronen in einer einzelnen Elektronenwelle mit Hilfe einer Erhaltungsgröße bestimmen. Diese Erhaltungsgröße ist im wesentlichen die Summe der kinetischen Energie der Elektronen im bewegten Bezugssystem und der potentiellen Energie der Elektronen im elektrischen Feld. Wir definieren das elektrische Potential

$$\phi(x,t) = \bar{\phi}\cos(kx - \omega t) \tag{25.34}$$

mit

$$E = -\frac{\partial \phi}{\partial x} \qquad \bar{\phi} = \frac{\bar{E}}{k} \tag{25.35}$$

und multiplizieren die Bewegungsgleichung (25.31) der Elektronen mit $v - \omega/k$.

$$\begin{aligned} \frac{\mathrm{d}}{\mathrm{d}t}\left[\frac{m}{2}\left(v - \frac{\omega}{k}\right)^2\right] &= -e\bar{\phi}(kv - \omega)\sin(kx - \omega t) \\ &= e\left(\frac{\partial}{\partial t} + v\frac{\partial}{\partial x}\right)\bar{\phi}\cos(kx - \omega t) = e\frac{\mathrm{d}}{\mathrm{d}t}[\bar{\phi}\cos(kx - \omega t)] \end{aligned} \tag{25.36}$$

Daraus folgt

$$\frac{m}{2}\left(v - \frac{\omega}{k}\right)^2 - e\bar{\phi}\cos(kx - \omega t) = \text{const.}\,. \tag{25.37}$$

((25.37) ist äquivalent zu (5.22).)

In Bild 25.3 haben wir $v - \omega/k$ für verschiedene Werte der Konstanten auf der rechten Seite von (25.37) über $x - \omega t/k$ aufgetragen. Wenn die Konstante größer als $e\bar{\phi}$ oder kleiner als $-e\bar{\phi}$ ist, erhalten wir offene Bahnen, bei denen die Geschwindigkeit der Elektronen immer das gleiche Vorzeichen hat. Wenn die Konstante in dem Intervall $(-e\bar{\phi}, e\bar{\phi})$ liegt, erhalten wir geschlossene Bahnen bzw. Inseln. Diese Bahnen gehören zu Elektronen, die in der Nähe der Maxima des elektrischen Potentials (kleinste potentielle Energie der Elektronen) eingefangen sind.

Wir können Bild 25.3 als eine kontinuierliche (im Gegensatz zu einer diskreten) flächenerhaltende Abbildung des eindimensionalen Phasenraums (x, v) aus dem Gleichgewicht in eine gestörte Situation auffassen. (Die von einer vorgegebenen Anzahl von Teilchen eingenommene Fläche im Phasenraum ist eine Erhaltungsgröße.) Wir sind diskreten Abbildungen (und den damit verbundenen Inselketten, die zu chaotischem Verhalten führen) bei unserer Untersuchung von Teilchenbahnen, für die J keine Erhaltungsgröße ist, in Kapitel 5 begegnet. Im Zusammenhang

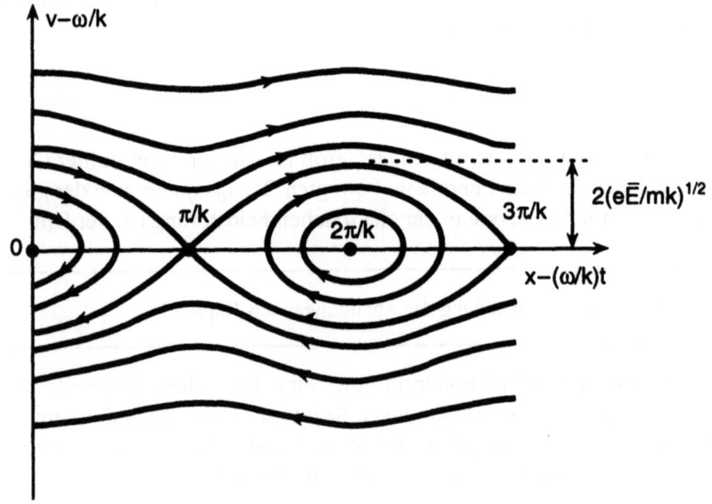

Bild 25.3 Die Bahnen der Elektronen im Phasenraum. Das Bezugssystem bewegt sich mit der Phasengeschwindigkeit ω/k einer Elektronenwelle mit $E = \bar{E}\sin(kx - \omega t)$.

mit der Tearing-Instabilität haben wir in Kapitel 20 ähnliche Strukturen untersucht. Wir können daher sofort einige qualitative Aussagen über die Verbindung zwischen der quasi-linearen Theorie und dem Einfangen von Elektronen in einer einzelnen nichtlinearen Welle machen.

Das Einfangen von Teilchen durch eine einzelne Welle ist die Folge der nichtlinearen Welle-Teilchen-Wechselwirkungen über lange Zeiträume. Zu Beginn, wenn die Amplitude der Welle noch sehr gering ist, werden Teilchen in der Nähe der Resonanz durch ihre Wechselwirkung mit der Welle beschleunigt bzw. abgebremst. Falls die Steigung der Verteilungsfunktion $f_0(v)$ in der Nähe der Phasengeschwindigkeit ω/k invertiert ist, führen diese Wechselwirkungen zu einer Diffusion im Geschwindigkeitsraum, die wiederum zu einem Energiegewinn der Welle führt. Die Amplitude der Welle nimmt exponentiell zu. Die räumlich und zeitlich gemittelte Verteilungsfunktion $f_0(v)$ wird in der Nähe der Phasengeschwindigkeit abgeflacht. In manchen Fällen reicht das, um das Wachstum der Welle zu stabilisieren. Bei zunehmender Amplitude der Welle wird jedoch eine immer größer werdende Anzahl von Teilchen eingefangen. Sie können keine Energie mehr an die Welle abgeben. Dadurch kann es zu einer Sättigung kommen, bei der eine Zunahme der Amplitude und das damit verbundene Einfangen weiterer Teilchen energetisch ungünstig wird. Im Falle einer stabilen Welle, die durch eine äußere Störung endlicher Amplitude angeregt werden muß, konkurriert das Einfangen von Teilchen mit der Landau-Dämpfung. Wenn die Amplitude der Welle bei der Anregung groß genug ist, daß eine wesentliche Anzahl von Teilchen eingefangen werden kann, bevor die Dämpfung zu weit fortschreitet, kann es zu einem gesättigten Zustand kommen, in dem die Landau-Dämpfung keine Rolle mehr spielt, da die Bewegung der Teilchen nicht mehr zu einer Abflachung der Verteilungsfunktion führt. In diesem Fall dominiert die Landau-Dämpfung nur bis zu der Zeit, die ein eingefangenes Teilchen benötigt, um im Potentialtopf zu schwingen, es sei denn die Stöße zwischen den Teilchen oder Überlappungen aus einem Spektrum von Wellen führen zu einer Zerstörung der Mikrostruktur im Phasenraum. Die Auswirkungen des Einfangens von Teilchen auf die Landau-Dämpfung wurden zuerst von T.M. O'Neill (*Phys. Fluids* **8** (1965) 2255) untersucht.

Wir betrachten nun den Fall, daß es weitere instabile Wellen mit etwas unterschiedlichen Werten von k und ω/k gibt. Diese Wellen führen zu weiteren Inselketten, um andere Werte von $v - \omega/k$ im Bild 25.3. Bild 25.3 würde dann den Teilchenbahnen aus Bild 5.2 ähneln. Wenn die Inselketten anfangen sich zu überlappen werden die Bahnen chaotisch. Im Zusammenhang unserer Diskussion des Einfangens von Elektronen in einer nichtlinearen Welle bedeutet das, daß die Diffusion im Geschwindigkeitsraum, die zu einer Abflachung der Verteilungsfunktion $f_0(v)$ führt, sich – wie von der quasilinearen Theorie vorhergesagt – über den ganzen v-Bereich erstreckt, der den Phasengeschwindigkeiten der instabilen Wellen entspricht. Wenn ein stabiles Wellenpaket mit einem Kontinuum von k-Werten angeregt wird, ist die Situation ähnlich. Das Einfangen von Teilchen kann durch das Überlappen der Inseln verhindert werden, und die Landau-Dämpfung dominiert. Wie wir bereits am Beispiel der Elektronenwellen in einer „bump-on-the-tail"-Verteilung festgestellt haben, werden häufig sehr viele instabile Moden mit unterschiedlichen Werten von k angeregt. Die quasilineare Theorie liefert in der Regel eine gute Beschreibung solcher Situationen. (Im Gegensatz dazu, hatten wir in Kapitel 20 festgestellt, daß nur sehr wenige (in der Regel nicht mehr als eine oder zwei) Tearing-Moden in einem Tokamak instabil sein können. Wenn solche Moden überhaupt angeregt werden, gibt es in Tokamaks verhältnismäßig häufig einzelne Ketten magnetischer Inseln. Wenn diese Inseln dennoch überlappen, werden die Magnetfelder chaotisch und es kann zu großen Verlusten an Plasma kommen.)

25.5 Instabile Ionenschallwellen

Wir haben die kinetische Theorie der Ionenschallwellen in Kapitel 24 vorgestellt. Dort hatten wir festgestellt, daß in einer Maxwell-Verteilung die Phasengeschwindigkeit dieser Wellen $\omega/k \approx C_s \equiv (T_e/M)^{1/2}$ ist und das sie nur für $T_i \ll T_e$ eine schwache Landau-Dämpfung erfahren.

Wir wollen nun untersuchen, ob die Ionenschallwellen instabil werden können. In Analogie zu den Elektronenwellen, die in einer Verteilung mit zwei Peaks oder in einer „bump-on-the-tail"-Verteilung instabil werden, könnten wir erwarten, daß Ionenschallwellen instabil werden, wenn es einen Bereich mit positiver Steigung $\partial f_0/\partial v$ entweder der Elektronen- oder der Ionenverteilungsfunktion in der Nähe der Phasengeschwindigkeit ω/k gibt.

Ein wichtiges Beispiel einer solchen Situation ist ein Plasma, in dem die Elektronen einen Strom leiten, d.h. in dem die Verteilungsfunktion der Elektronen f_{0e} im Vergleich zur Verteilungsfunktion f_{0i} der Ionen verschoben ist. Dies entspricht einem Plasma, durch das ein elektrischer Strom fließt und könnte beispielsweise durch ein elektrisches Feld (im Gleichgewicht) hervorgerufen werden. Um die genaue Verteilungsfunktion der Elektronen zu bestimmen, müßten wir die Fokker-Planck-Gleichung lösen. Wir wollen hier aber der Einfachheit halber davon ausgehen, daß eine maxwellsche Geschwindigkeitsverteilung mit einer mittleren Geschwindigkeit u vorliegt. Ferner gehen wir davon aus, daß diese Geschwindigkeit in x-Richtung zeigt und integrieren über die unwichtigen Komponenten v_y und v_z der Geschwindigkeitsverteilung. Dadurch erhalten wir die Verteilungsfunktion

$$f_{0,e} = n\sqrt{\frac{m}{2\pi T}}\,\mathrm{e}^{-\frac{m(v_x-u)^2}{2T}} \tag{25.38}$$

für die Elektronen. An Bild 25.4 können wir ablesen, daß es, falls u größer ist als die Schallgeschwindigkeit $C_s = (T_e/M)^{1/2}$, zu einer Instabilität kommen könnte.

Die Betrachtung ähnelt derjenigen aus Kapitel 24. Um die Dispersionsfunktion $D(k,\omega)$ zu bestimmen, müssen wir in (24.32) nur die Substitution $\omega \rightarrow \omega - ku$ für die Elektronen vornehmen. Wir erhalten

$$D(k,\omega) \equiv 1 + \frac{\omega_p^2}{k^2 v_{t,e}^2} - \frac{\Omega_p^2}{\omega^2} + \mathrm{i}\sqrt{\frac{\pi}{2}}\left[\frac{\omega_p^2(\omega - ku)}{k^3 v_{t,e}^3} + \frac{\Omega_p^2 \omega}{k^3 v_{t,i}^3}\,\mathrm{e}^{-\frac{\omega^2}{2k^2 v_{t,i}^2}}\right] . \tag{25.39}$$

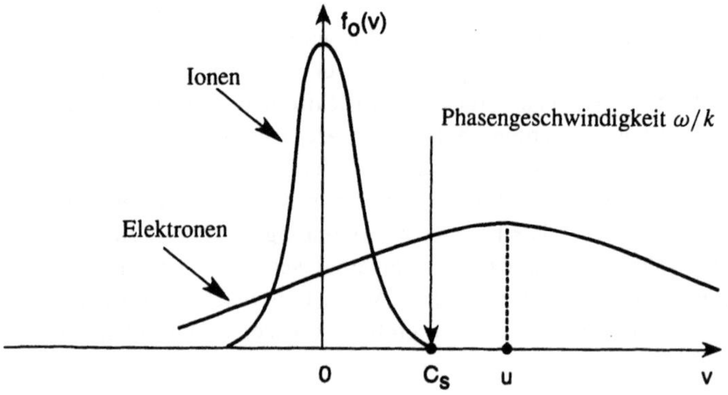

Bild 25.4 Die Verteilungsfunktionen der Ionen und Elektronen und die Phasengeschwindigkeit ω/k der Ionenschallwellen für eine Elektronenverteilung mit einer Strömungsgeschwindigkeit u (s. Bild 24.7). Wie in Bild 24.7 gilt $T_e \gg T_i$ und deshalb $C_s \gg v_{t,i}$.

Aufgabe 25.5 Überprüfen Sie, ob (25.39) tatsächlich die Dispersionsfunktion von Ionenschallwellen in der verschobenen Maxwell-Verteilung (25.38) der Elektronen für $u \ll v_{t,e}$ ist.

Wie schon zuvor, lautet die Lösung für Wellenlängen oberhalb der Debye-Länge $\omega = kC_s + i\gamma$, wobei C_s die Schallgeschwindigkeit und γ die Wachstumsrate

$$\gamma = \sqrt{\frac{\pi}{8}} \left[\frac{\omega(ku-\omega)}{kv_{t,e}} - \frac{T_e}{T_i} \frac{\omega^2}{kv_{t,i}} \mathrm{e}^{-\frac{\omega^2}{2k^2 v_{t,i}^2}} \right] = \sqrt{\frac{\pi}{8}} kC_s \left[\sqrt{\frac{m}{M}} \left(\frac{u}{C_s} - 1 \right) - \left(\frac{T_e}{T_i} \right)^{\frac{3}{2}} \mathrm{e}^{-\frac{T_e}{2T_i}} \right] \tag{25.40}$$

der Instabilität bezeichnet. Der erste (Elektronen-) Term in (25.40) führt für $u > C_s$ zu einer Destabilisierung. Ob die Welle tatsächlich instabil ist, hängt vom Verhältnis des destabilisierenden Elektronenterms, der von der Ordnung $(m/M)^{1/2}$ ist zum stabilisierenden Ionenterm, der für $T_i \ll T_e$ klein ist ab.

Wenn wir einen Strom durch ein Plasma mit $T_i \ll T_e$ (das ist häufig der Fall) leiten, kann es also zu einer Instabilität von Ionenschallwellen kommen, wenn die Strömungsgeschwindigkeit der Elektronen größer wird als die Schallgeschwindigkeit $(T_e/M)^{1/2}$. Die Schwelle für das Einsetzen einer Instabilität liegt hier offensichtlich deutlich niedriger als bei der Zwei-Strom-Instabilität von Elektronenwellen (s. beispielsweise Aufgabe 24.3), bei der die Strömungsgeschwindigkeit der Elektronen oberhalb der thermischen Geschwindigkeit $(T_e/m)^{1/2}$ der Elektronen liegen muß. Ob die Ionenschallwellen den Ladungsfluß behindern, hängt von den nichtlinearen Effekten ab. Führen diese zu einem zusätzlichen „Widerstand" oder verteilen sie nur die Elektronengeschwindigkeiten um, um eine abgeflachte, stabile Verteilungsfunktion f_{0e} in dem Bereich niedriger Geschwindigkeiten, in dem die Resonanzen auftreten herbeizuführen? Die quasilineare Theorie, die wir weiter oben in diesem Kapitel behandelt haben, legt nahe, daß die zweite Möglichkeit eintritt. Das ist auch tatsächlich der Fall: Die Verteilungsfunktion f_{0e} aus Bild 25.4 wird im Bereich $0 < v < u$ abgeflacht, sie hat aber immer noch eine nichtverschwindende mittlere Geschwindigkeit, d.h. es fließt ein Strom. In dem Maße, in dem die Stöße zwischen den Elektronen eine Rolle spielen, gibt es aber auch eine Tendenz, eine verschobene Maxwell-Verteilung einzustellen. Die Stoßeffekte konkurrieren mit den quasilinearen Effekten schwach instabiler Ionenschallwellen. Während die ersten eine Verteilung der Elektronen mit einer positiven Steigung aufrecht erhalten wollen, führen die zweiten zu einer Abflachung der Verteilungsfunktion im Bereich $0 < v < u$.

26 Die driftkinetische Gleichung und kinetische Driftwellen*

In Kapitel 22 haben wir die Vlasov-Gleichung eingeführt, die die Zeitentwicklung der Verteilungsfunktion $f(\boldsymbol{x},\boldsymbol{v},t)$ im sechsdimensionalen Phasenraum $(\boldsymbol{x},\boldsymbol{v})$ beschreibt. Mit Hilfe der Vlasov-Gleichung können wir im Prinzip aus vorgegebenen elektrischen und magnetischen Feldern Ladungen und Stromdichten berechnen, die dann durch die Maxwell-Gleichungen die Felder beeinflußen. Im allgemeinen ist die Vlasov-Maxwell-Theorie eines Plasmas mathematisch sehr komplex (auch numerisch), trotzdem gelang es uns, in den Kapiteln 23–25 die Gleichungen für einige interessante Spezialfälle zu lösen. Insbesondere für eindimensionale, linearisierte Störungen, deren Wellenvektor $\boldsymbol{k}$ nur eine Komponente in Richtung des Magnetfeldes hat (oder für den feldfreien Fall). Ferner haben wir uns auf elektrostatische Wellen beschränkt, bei denen es nicht zu einer wesentlichen Störung des Magnetfeldes kommt. Die Maxwell-Gleichungen reduzieren sich dadurch auf die Poisson-Gleichung. Wir sind davon ausgegangen, daß die Plasmagleichgewichte zumindest auf der Längenskala der Wellenlänge der Störung räumlich homogen sind.

Diesen „kinetischen" Zugang wollen wir auf realistischere Situationen erweitern, bei denen das Plasma nicht mehr räumlich homogen ist, der Wellenvektor $\boldsymbol{k}$ drei Komponenten hat und es Störungen des Magnetfeldes gibt. Wir könnten beispielsweise für ein Plasma in einem homogenen Magnetfeld die vollständige Dispersionsrelation mit Hilfe des kinetischen Zugangs bestimmen (s. T.H. Stix: *Waves in Plasmas*, American Institute of Physics, New York, 1992). Es gibt mindestens einen Spezialfall, in dem auch nichthomogene Plasmen behandelt werden können. Dabei handelt es sich um Störungen, deren Frequenzen viel niedriger sind als die der Larmor-Gyration und deren Wellenlängen viel größer sind als der Larmor-Radius. In diesem Fall können wir die Verteilungsfunktion $f(\boldsymbol{x},\boldsymbol{v},t)$ durch die Verteilungsfunktion $f_{\mathrm{Fz}}(\boldsymbol{x}_{\mathrm{Fz}},v_\perp,v_\parallel,t)$ der Führungszentren ersetzen. $\boldsymbol{x}_{\mathrm{Fz}}$ ist der Ort des Führungszentrums, $v_\perp$ und $v_\parallel$ sind seine Geschwindigkeitskomponenten senkrecht und parallel zum Magnetfeld (d.h. die Geschwindigkeit, mit der eine kreisförmige Gyrationsbahn durchlaufen wird, bzw. die Geschwindigkeit, mit der sich das Führungszentrum in Richtung des Magnetfelds bewegt). Die Bewegung der Führungszentren quer zum Magnetfeld kann durch die in den Kapiteln 2–4 hergeleiteten Driften der Führungszentren beschrieben werden. Die „kinetische" (d.h. Vlasov-förmige) Gleichung für f_{Fz}, die wir erhalten, wird in der Regel als „driftkinetische" Gleichung bezeichnet. Die driftkinetische Gleichung können wir selbst für relativ komplexe Magnetfelder, in denen auch die ∇B- und die Krümmungsdrift eine Rolle spielen aufstellen. Wir wollen uns hier aber auf eine einfache Geometrie, den ebenen Plasmastab aus Kapitel 21 beschränken, in der das Magnetfeld im wesentlichen gradlinig und homogen ist. Ferner beschränken wir uns auf elektrostatische Störungen, durch die das Gleichgewichtsmagnetfeld nicht beeinflußt wird.

26.1 Der ebene Plasmastab für niedriges β

Wir betrachten wie bei unserer Untersuchung der Driftwellen in Kapitel 21 einen ebenen Plasmastab. Die wichtigste Anwendung dieser Betrachtung wird die Untersuchung der Frage sein, ob die kinetische Theorie zu Abwandlungen der Driftwellen oder sogar zu neuen Formen von

Driftwellen führt. Es herrscht ein starkes, näherungsweise homogenes Magnetfeld in z-Richtung. Im Gleichgewicht ist das Plasma in einer Richtung, etwa in der x-Richtung, inhomogen und in den beiden anderen Richtungen, d.h. der y- und der z-Richtung unendlich ausgedehnt. In Kapitel 21 haben wir die Inhomogenität im Flüssigkeitsbild durch x-abhängige Gleichgewichtsdichten $n_0(x)$ und -Temperaturen $T_0(x)$ berücksichtigt. Bei unserer jetzigen kinetischen Betrachtung müssen wir ferner eine x-abhängige Verteilung $f_0(x,v_\perp,v_z)$ der Führungszentren angeben. Dabei haben wir berücksichtigt, daß in diesem Fall die Parallelgeschwindigkeit $v_\parallel$ mit v_z zusammenfällt. Diese Verteilung kann sowohl maxwellsch als auch nichtmaxwellsch sein. Da der maxwellsche Fall offensichtlich von besonderem Interesse ist, wollen wir ihn hier betrachten. Unsere Geschwindigkeitsverteilung lautet also

$$f_0(x,v) = n_0(x)\left(\frac{m}{2\pi T_0(x)}\right)^{3/2} \mathrm{e}^{-\frac{mv^2}{2T_0(x)}} . \tag{26.1}$$

Dabei ist $v = (v_\perp^2 + v_z^2)^{1/2}$ der Betrag der Geschwindigkeit. (Alle Verteilungsfunktionen, die wir in diesem Kapitel betrachten – auch die Gleichgewichtsverteilung $f_0(x,v_\perp,v_z)$ – sind Verteilungsfunktionen der Führungszentren und nicht der Teilchen. Eigentlich sollten wir also $f_{\mathrm{Fz}}(x,v_\perp,v_z)$ schreiben. Der Einfachheit halber werden wir aber den unteren Index Fz weglassen. Die Verteilungsfunktion der Teilchen ist nicht symmetrisch in v_y, weil es eine nichtverschwindende mittlere Drift (die diamagnetische Drift) in y-Richtung gibt. Im Gegensatz dazu ist die Verteilungsfunktion der Führungszentren symmetrisch in v_y. Verteilungsfunktionen von Teilchen bzw. Führungszentren mit diesen Eigenschaften haben wir im Zusammenhang mit der diamagnetischen Drift bereits in Kapitel 7 diskutiert.)

Wir betrachten wellenförmige Störungen dieses Gleichgewichts, deren $\boldsymbol{k}$-Vektoren Komponenten in y- und z-Richtung haben dürfen. Die gestörten Größen ψ sind also von der Form

$$\psi(\boldsymbol{x},t) = \hat{\psi}(x)\,\mathrm{e}^{-\mathrm{i}\omega t + \mathrm{i}k_y y + \mathrm{i}k_z z} . \tag{26.2}$$

Dabei ist $\hat{\psi}$ die Amplitude der gestörten Größe ψ.

Wir beschränken uns auf die elektrostatische Näherung, bei der alle Störungen des Magnetfeldes vernachlässigt werden. Im allgemeinen ist diese Näherung in Plasmen mit geringen β, deren thermische Energie zu gering ist, um das Magnetfeld wesentlich zu stören, gut. Wir haben in Kapitel 21 festgestellt, daß die elektrostatische Näherung bei niederfrequenten Wellen und Instabilitäten wie den Driftwellen und den Ionenschallwellen, deren Frequenzen ($k_y v_{de}$ bzw. $k_z C_s$) viel geringer als die Frequenz der Alfvén-Scherwellen sind, angewandt werden kann. Im Rahmen der elektrostatischen Näherung können wir das gestörte elektrische Feld aus aus einem skalaren Potential ϕ herleiten.

$$\boldsymbol{E} = -\nabla\phi \tag{26.3}$$

26.2 Die Herleitung der driftkinetischen Gleichung

Wir wollen zuerst die driftkinetische Gleichung für die Verteilung $f_e(\boldsymbol{x},v_\perp,v_z,t)$ der *Führungszentren* der Elektronen herleiten. Der Grund dafür, daß wir mit den Elektronen beginnen, ist, daß die der Beschreibung mit Hilfe der Führungszentren zugrundeliegenden Annahmen im Falle der Elektronen besser erfüllt sind. Ihre Larmor-Frequenz ist sehr groß und der Larmor-Radius ist im Vergleich zu den makroskopischen Längenskalen sehr klein. Wir werden sehen, daß es bei der Behandlung der Ionen nötig ist, einige Korrekturen zweiter Ordnung (die Polarisationsdrift) zusätzlich zu den Termen erster Ordnung zu berücksichtigen.

Bei der Herleitung der driftkinetischen Gleichung gehen wir ähnlich wie in Kapitel 22 bei der Herleitung der Vlasov-Gleichung vor. Die Gesamtzahl der Führungszentren in einem Volumen im sechsdimensionalen Phasenraum ist

$$N_e = \int f_e \mathrm{d}^3 v \mathrm{d}^3 x = \int f_e \mathrm{d}V \,. \tag{26.4}$$

(In einem gewissem Sinne ist der Phasenraum der Führungszentren nur fünf-dimensional, denn die Geschwindigkeiten der Führungszentren sind durch die beiden zylindrischen Geschwindigkeitskoordinaten $v_\perp$ und v_z eindeutig festgelegt. Deshalb gilt $\mathrm{d}^3 v = 2\pi v_\perp \mathrm{d}v_\perp \mathrm{d}v_z$. Im folgenden meinen wir mit dem Volumenelement $\mathrm{d}^3 v$ im Geschwindigkeitsraum stets einen dünnen Ring mit Volumen $2\pi v_\perp \mathrm{d}v_\perp \mathrm{d}v_z$.) Wegen der Erhaltung der Anzahl der Führungszentren muß die totale zeitliche Ableitung von N_e verschwinden, d.h.

$$0 = \frac{\mathrm{d}N_e}{\mathrm{d}t} = \int \frac{\partial f_e}{\partial t} \mathrm{d}V + \int f \boldsymbol{U} \cdot \mathrm{d}\boldsymbol{S} \,. \tag{26.5}$$

$\boldsymbol{U}$ ist die sechsdimensionale Geschwindigkeit mit Komponenten $(\dot{\boldsymbol{x}}, \dot{\boldsymbol{v}})$, die die Bewegung der Oberfläche des Phasenraumvolumens V beschreibt. Mit Hilfe des Gaußschen Satzes folgt aus (26.5)

$$0 = \int \left(\frac{\partial f_e}{\partial t} + \nabla \cdot (f_e \boldsymbol{U}) \right) \mathrm{d}V \,. \tag{26.6}$$

Da diese Gleichung für jedes Volumen V richtig ist, muß

$$\begin{aligned} 0 = \frac{\partial f_e}{\partial t} + \nabla \cdot (f_e \boldsymbol{U}) &= \frac{\partial f_e}{\partial t} + \nabla_x \cdot (\dot{\boldsymbol{x}} f_e) + \nabla_v \cdot (\dot{\boldsymbol{v}} f_e) \\ &= \frac{\partial f_e}{\partial t} + \nabla \cdot (\dot{\boldsymbol{x}} f_e) + \frac{1}{v_\perp} \frac{\partial}{\partial v_\perp} (v_\perp \dot{v}_\perp f_e) + \frac{\partial}{\partial v_z} (\dot{v}_z f_e) \end{aligned} \tag{26.7}$$

gelten. In der zweiten Zeile haben wir die sechsdimensionale Divergenz durch ihre dreidimensionalen Komponenten ausgedrückt und in der dritten Zeile die zylindrischen Koordinaten $v_\perp$ und v_z eingeführt.

Im Falle des ebenen Plasmastabes mit niedrigem β wird diese Gleichung sehr viel einfacher. Das Magnetfeld ist gradlinig und im wesentlichen konstant. Die einzige Drift der Führungszentren, die eine Rolle spielt, ist die $\boldsymbol{E} \times \boldsymbol{B}$-Drift. (Die Polarisationsdrift ist für Elektronen sehr schwach.) Für die Bewegung der Führungszentren gilt also

$$\dot{\boldsymbol{x}} = \boldsymbol{v}_E + v_z \hat{\boldsymbol{z}} \tag{26.8}$$

mit $\boldsymbol{v}_E = \boldsymbol{E} \times \boldsymbol{B} / B^2$ ($\hat{z}$ ist der Einheitsvektor in z-Richtung). Da wir im elektrostatischen Grenzfall das $\boldsymbol{E}$-Feld aus einem skalaren Potential ableiten können und B_z im wesentlichen konstant ist, führt die $\boldsymbol{E} \times \boldsymbol{B}$-Drift zu einer inkompressiblen Strömung.

$$\nabla \cdot \boldsymbol{v}_E = \nabla_\perp \cdot \boldsymbol{v}_E = \frac{\partial}{\partial x} \left(\frac{E_y}{B_z} \right) - \frac{\partial}{\partial y} \left(\frac{E_x}{B_z} \right) = -\frac{1}{B_z} \frac{\partial^2 \phi}{\partial x \partial y} + \frac{1}{B_z} \frac{\partial^2 \phi}{\partial x \partial y} = 0 \tag{26.9}$$

Weil das magnetische Moment $m v_\perp^2 / 2B$ in einem homogenen Feld B_z konstant ist, gilt

$$\dot{v}_\perp = 0 \,. \tag{26.10}$$

Die Beschleunigung der Führungszentren in Richtung des Magnetfeldes wird durch das elektrische Feld bestimmt, d.h.

$$\dot{v}_z = -\frac{e}{m} E_z \,. \tag{26.11}$$

Wenn wir (26.8), (26.9), (26.10) und (26.11) in (26.7) einsetzen, erhalten wir unsere vereinfachte driftkinetische Gleichung.

$$\frac{\partial f_e}{\partial t} + \frac{\boldsymbol{E} \times \boldsymbol{B}}{B^2} \cdot \nabla_{\perp} f_e + v_z \frac{\partial f_e}{\partial z} - \frac{e}{m} E_z \frac{\partial f_e}{\partial v_z} = 0 \tag{26.12}$$

Wir haben hier die lokale Elektronendichte wegen des geringen Larmor-Radius mit der Dichte der Führungszentren gleichgesetzt. Wenn wir diese Gleichung gelöst haben, können wir die Elektronendichte n_e durch Integration über alle Geschwindigkeiten bestimmen, d.h.

$$n_e = \int f_e \mathrm{d}^3 v = 2\pi \int f_e v_{\perp} \mathrm{d}v_{\perp} \mathrm{d}v_z \,. \tag{26.13}$$

Wir könnten eine ähnliche driftkinetische Gleichung auch für die Ionen formulieren. Diese Gleichung würde bis auf die Ersetzungen $e \to -e$ und $m \to M$ mit (26.12) übereinstimmen. Im Falle der Ionen ist es aber in der Regel nötig, auch Driften zweiter Ordnung zu berücksichtigen. Dabei handelt es sich um die Polarisationsdrift, die wir in (26.12) vernachlässigt haben und in einigen Fällen auch um weitere Effekte zweiter Ordnung wie etwa die Korrekturen der $\boldsymbol{E} \times \boldsymbol{B}$-Drift, die sich ergeben, wenn wir den endlichen Larmor-Radius berücksichtigen. Wir wollen diese Probleme zunächst dadurch umgehen, daß wir davon ausgehen, daß die Ionen „kalt“ sind, d.h. wir beschränken uns auf den Fall $T_i \ll T_e$. (Bei unserer Betrachtung der Driftwellen in Kapitel 21 gab es eine ähnliche Einschränkung.) Physikalisch gesehen wird durch die Annahme $T_i \ll T_e$ die endliche Ausdehnung der Larmor-Radien der Ionen unwichtig. Die Effekte, die auf die Dielektrizitätskonstante $\epsilon_{\perp}$ des Plasmas zurückgehen, die durch die Polarisationsdrift der Ionen entsteht, aber keine endliche Temperatur benötigt, bleiben. Ferner brauchen wir, wenn die thermischen Geschwindigkeiten der Ionen vernachlässigbar sind, keine kinetische Beschreibung mit einer Verteilungsfunktion f_i. Es reicht, die Ionen als „kalte Flüssigkeit“ mit der Kontinuitätsgleichung

$$\frac{\partial n_i}{\partial t} + \nabla \cdot (n_i \boldsymbol{u}) = 0 \tag{26.14}$$

zu behandeln. Die Geschwindigkeit $\boldsymbol{u}_{\perp}$ senkrecht zum Magnetfeld ist dabei die Summe der $\boldsymbol{E} \times \boldsymbol{B}$- und der Polarisationsdrift.

$$\boldsymbol{u}_{\perp} = \frac{\boldsymbol{E} \times \boldsymbol{B}}{B^2} + \frac{M \dot{\boldsymbol{E}}_{\perp}}{e B^2} \tag{26.15}$$

Der erste Anteil dieser Geschwindigkeit, d.h. die $\boldsymbol{E} \times \boldsymbol{B}$-Drift ist im elektrostatischen Fall nach (26.9) divergenzfrei. Der zweite Anteil, d.h. die Polarisationsdrift hat eine endliche Divergenz.

Für die Geschwindigkeit längs des Feldes gilt

$$M \frac{\mathrm{d}u_z}{\mathrm{d}t} = e E_z \,. \tag{26.16}$$

Die Gleichungen (26.14)–(26.16) reichen aus, um die Ionendichte n_i aus dem Feld $\boldsymbol{E}$ zu bestimmen. Wir haben also Gleichungen, mit deren Hilfe wir die Dichten der Elektronen und Ionen durch eine einzige skalare Funktion des Ortes, das Potential ϕ angeben können.

Wenn wir die Ionen- und Elektronendichte berechnet haben, setzen wir sie in die Poisson-Gleichung

$$\epsilon_0 \nabla^2 \phi = -e(n_i - n_e) \tag{26.17}$$

ein und können zumindest prinzipiell ein selbstkonsistentes elektrisches Potential ϕ bestimmen. Für Phänomene, die durch die driftkinetische Gleichung beschrieben werden, gilt in der Regel $k\lambda_D \ll 1$ und $\omega \ll \omega_p$. In diesem Fall können wir die Poisson-Gleichung durch die Quasineutralitätsbedingung

$$n_i \approx n_e \tag{26.18}$$

ersetzen. Selbst mit dieser Näherung müssen wir noch eine hochgradig nichtlineare Gleichung lösen, um ϕ zu bestimmen. Um das Problem mathematisch handhabbar zu machen, beschränken wir uns hier auf eine linearisierte Betrachtung von Störungen mit kleiner Amplitude. Wir gehen dabei davon aus, daß das elektrische Feld $\boldsymbol{E}$ und die dadurch hervorgerufenen Störungen der Verteilungsfunktion infinitesimal sind.

26.3 „Stoßfreie" Driftwellen

Als Beispiel für die Beschreibung von Wellen (und Instabilitäten) mit kleinen Amplituden durch die driftkinetische Gleichung betrachten wir die sogenannten stoßfreien Driftwellen. Dabei handelt es sich um eine „kinetische Version" der Widerstands-Driftwellen und Instabilitäten, die wir in Kapitel 21 diskutiert haben (in einer elektrostatischen Näherung). Hier sind es die kinetischen Effekte und nicht der Widerstand, die die Energie freisetzen und dadurch zu einer Instabilität führen.

Wir haben die Gleichgewichtssituation die wir betrachten wollen – einen ebenen Plasmastab mit einer Maxwell-Verteilung der Elektronen, wie in (26.1) – bereits beschrieben. Wir gehen davon aus, daß es anfangs einen Dichtegradienten aber keinen Temperaturgradienten gibt, d.h. $\mathrm{d}T_{e0}/\mathrm{d}x = 0$. Wenn wir (26.1) nach x ableiten, erhalten wir

$$\frac{\partial f_{e0}}{\partial x} = \frac{f_{e0}}{n_{e0}} \frac{\mathrm{d}n_{e0}}{\mathrm{d}x} . \tag{26.19}$$

Im Gleichgewicht gibt es kein elektrisches Feld.

Wir wollen nun die driftkinetische Gleichung (26.12) um dieses Gleichgewicht linearisieren. Dabei bezeichnen wir die Störung der Verteilungsfunktion mit f_{e1}. (Der Index 1 ist beim elektrischen Feld nicht nötig, da es im Gleichgewicht verschwindet.) Alle gestörten Größen, also auch f_{e1} und $\boldsymbol{E}$ sind von der in (26.2) angegebenen Form. Die linearisierte driftkinetische Gleichung lautet

$$-\mathrm{i}(\omega - k_z v_z) f_{e1} + \frac{E_y}{B_{z0}} \frac{\partial f_{e0}}{\partial x} - \frac{e}{m} E_z \frac{\partial f_{e0}}{\partial v_z} = 0 . \tag{26.20}$$

Wir schreiben E_y als $-\mathrm{i}k_y\phi$ und $E_z = -\mathrm{i}k_z\phi$. Wenn wir (26.19) für $\partial f_{e0}/\partial x$ einsetzen und ausnutzen, daß $\partial f_{e0}/\partial v_z = -(v_z/v_{t,e}^2) f_{e0}$ mit der thermischen Geschwindigkeit $v_{t,e} \equiv (T_{e0}/m)^{1/2}$ der Elektronen gilt, können wir (26.20) nach f_{e1} auflösen. Wir erhalten

$$f_{e1} = \frac{k_y v_{de} - k_z v_z}{\omega - k_z v_z} \frac{e\phi f_{e0}}{T_{e0}} = \frac{e\phi f_{e0}}{T_{e0}} \left(1 - \frac{\omega - k_y v_{de}}{\omega - k_z v_z}\right) . \tag{26.21}$$

Hier haben wir wie in Kapitel 21 die diamagnetische Drift v_{de} durch

$$v_{de} = -\frac{T_{e0}}{n_{e0} e B_{z0}} \frac{\mathrm{d}n_{e0}}{\mathrm{d}x} \tag{26.22}$$

definiert.

Wir erhalten die Störung der Elektronendichte, indem wir (26.21) über alle Geschwindigkeiten integrieren.

$$n_{e1} = \frac{n_{e0} e\phi}{T_{e0}} - \frac{e\phi}{T_{e0}} (\omega - k_y v_{de}) \int \frac{f_{e0} \mathrm{d}^3 v}{\omega - k_2 v_z} \tag{26.23}$$

Der erste Term auf der rechten Seite von (26.23) beschreibt die Tendenz der Elektronen, längs des Magnetfeldes in eine Boltzmann-Verteilung $n_e \approx n_{e0} \exp(e\phi / T_{e0})$ zu relaxieren. Die Integrale über die senkrechten Geschwindigkeitskomponenten im zweiten Term sind trivial.

$$\int \frac{f_{e0} \mathrm{d}^3 v}{\omega - k_2 v_z} = \int_{-\infty}^{\infty} \frac{F_{e0}(v_z) \mathrm{d}v_z}{\omega - k_z v_z} \tag{26.24}$$

$F_{e0}(v_z)$ ist eine eindimensionale Maxwell-Verteilung.

$$F_{e0}(v_z) = n_{e0} \sqrt{\frac{m}{2\pi T_{e0}}}\, \mathrm{e}^{-\frac{m v_z^2}{2T_{e0}}} \tag{26.25}$$

Am interessantesten ist der Fall

$$\omega \ll k_z v_{t,e} \tag{26.26}$$

bei dem die Landau-Dämpfung der Ionenschallwellen minimal (s. Kapitel 24) und die typische (thermische) Strömungsgeschwindigkeit der Ionen längs des Magnetfeldes wesentlich größer ist als die Phasengeschwindigkeit der Wellen. Wir haben in Kapitel 21 festgestellt, daß die Phasengeschwindigkeit der Driftwellen längs des Magnetfeldes in der Regel von der Größenordnung der Schallgeschwindigkeit $C_s \approx (T_e/M)^{1/2}$ ist. Die Elektronen werden sich wegen $v_{t,e}/C_s \approx (M/m)^{1/2} \gg 1$ in der Regel also mit einer wesentlich höheren Geschwindigkeit bewegen. Wenn wir annehmen, daß $\omega \approx k_y v_{de}$, können wir mit Hilfe einer groben Abschätzung feststellen, daß der zweite Term auf der rechten Seite von (26.23) um einen Faktor von etwa $\omega / k_z v_{t,e}$ kleiner ist als der erste Term. Wenn wir (26.23) näher untersuchen, stellen wir allerdings fest, daß das Integral im zweiten Term singulär ist, weil der Integrand bei $v_z = \omega / k_z$ divergiert. Glücklicherweise wissen wir aus der Landau-Theorie wie man mit solchen singulären Integralen umgeht. Wir gehen davon aus, daß wir tatsächlich eine Welle mit etwa der (reellen) Frequenz ω finden werden. Wir müssen daher das Integral so ausrechnen, als ob ω einen kleinen, positiven Imaginärteil hätte. (Wenn wir eine Instabilität finden würden, d.h. ein ω mit einem positiven Imaginärteil, würde die Schwierigkeit gar nicht erst auftreten. Wir haben in Kapitel 24 festgestellt, daß für eine instabile Mode keine Landau-Theorie nötig ist. Dabei kann es sich auch um eine einzelne reine Eigenmode mit komplexer Frequenz ω mit positivem Imaginärteil handeln.)

Nach Landaus Vorschrift müssen wir in (26.24) über einen Pfad, der fast überall auf der reellen Achse liegt, aber wie in Bild 26.1 deformiert ist, um unterhalb des Poles bei $v_z = \omega / k_z$ hindurchzulaufen integrieren. (Wir gehen davon aus, daß k_z positiv ist. Bei negativem k_z muß der Integrationsweg oberhalb des Poles liegen. Beide Fälle entsprechen $\mathrm{Im}(\omega) > 0$.) Im Grenzfall $\omega \ll k_z v_{t,e}$ liefert der kleine halbkreisförmige Weg um den Pol den dominanten Beitrag zum Integral, d.h. sein Beitrag ist größer als der des restlichen Integrationsweges. Den Beitrag des Poles (d.h. das πi-fache des Residuums) berechnen wir wie folgt:

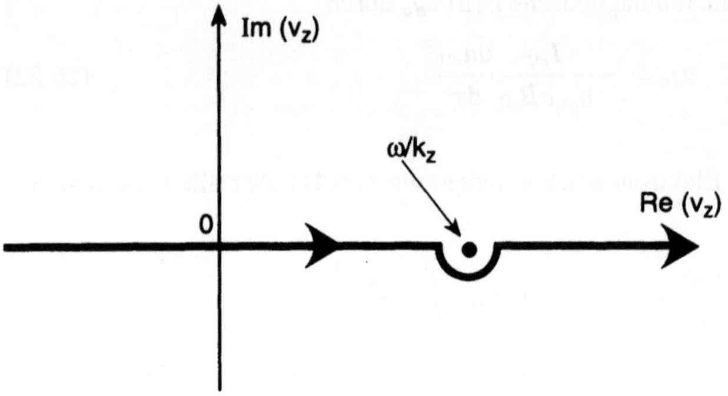

Bild 26.1 Der Integrationsweg in der v_z-Ebene zur Berechnung des Integrals aus (26.24)

$$\text{Res} \int_{-\infty}^{\infty} \frac{F_{e0}(v_z)\mathrm{d}v_z}{\omega - k_z v_z} = \frac{-\mathrm{i}\pi}{|k_z|} F_{e0}\left(\frac{\omega}{k_z}\right) = \frac{-\mathrm{i}n_{e0}}{|k_z|v_{t,e}}\sqrt{\frac{\pi}{2}}\,\mathrm{e}^{-\frac{\omega^2}{2k_z^2 v_{t,e}^2}} \approx -\mathrm{i}\sqrt{\frac{\pi}{2}}\frac{n_{e0}}{|k_z|v_{t,e}}\,. \qquad (26.27)$$

Den Beitrag des restlichen Weges (d.h. den Hauptwert des Integrals) schätzen wir ab.

$$\text{V.p.} \int_{-\infty}^{\infty} \frac{F_{e0}(v_z)\mathrm{d}v_z}{\omega - k_z v_z} = \text{V.p.} \int_{0}^{\infty} \frac{2\omega F_{e0}(v_z)}{\omega^2 - k_v^2 v_z^2}\mathrm{d}v_z \sim \mathcal{O}\left(\frac{n_{e0}\omega}{k_z^2 v_{t,e}^2}\right) \qquad (26.28)$$

Im ersten Schritt haben wir dabei ausgenutzt, daß $F_e(v_z)$ symmetrisch ist. Wir können also die Beiträge positiver und negativer Werte von v_z zusammenfassen. Der Beitrag (26.27) des Pols ist um etwa den Faktor $k_z v_{t,e}/\omega$ größer als der Beitrag (26.28) des Hauptwertes. Wenn wir das Ergebnis in (26.23) einsetzen, stellt sich heraus, daß der Beitrag (26.28) sogar um den Faktor $\omega^2/k_z^2 v_{t,e}^2$ kleiner ist als der erste Term auf der rechten Seite von (26.23). Wir werden deshalb den Beitrag des Hauptwertes vernachlässigen.

Wenn wir (26.27) in (26.24) einsetzen, folgt aus (26.23) für die Störung der Elektronendichte

$$n_{e1} = \frac{n_{e0}e\phi}{T_{e0}}\left(1 + \mathrm{i}\sqrt{\frac{\pi}{2}}\frac{\omega - k_y v_{de}}{|k_z|v_{t,e}}\right)\,. \qquad (26.29)$$

Wir wollen nun die Störung der Ionendichte mit Hilfe von linearisierten Versionen der Gleichungen (26.14)–(26.16) berechnen. Wenn wir die senkrechte Geschwindigkeitskomponente $\boldsymbol{u}_\perp$ aus (26.15) einsetzen, lautet die linearisierte Version von (26.14), wenn ein Dichtegradient vorhanden ist

$$-\mathrm{i}\omega n_{i1} + \frac{E_y}{B_{z0}}\frac{\mathrm{d}n_{i0}}{\mathrm{d}x} - \mathrm{i}\omega n_{i0}\nabla_\perp \cdot \left(\frac{M\boldsymbol{E}_\perp}{eB_{z0}^2}\right) + \mathrm{i}k_z n_{i0}u_z = 0\,. \qquad (26.30)$$

Wir haben hier die Annahme gemacht, daß die Längenskala der Störung wesentlich kleiner ist als die Längenskala der räumlichen Variation der Gleichgewichtsgrößen. Deshalb konnten wir im Polarisationsdriftterm n_{i0} aus der Divergenz herausziehen. (Wenn wir für eine Driftwelle mit Frequenz $\omega \approx k_y v_{de}$ die Größenordnungen des zweiten und des dritten Termes aus (26.13) vergleichen würden, würden wir herausfinden, daß der dritte Term um einen Faktor der Ordnung $k_\perp^2 C_s^2/\omega_{ci}^2$ kleiner ist. Dieser Term ist von zweiter Ordnung im Verhältnis des Larmor-Radius der Ionen zur senkrechten Wellenlänge, da C_s/ω_{ci} von der Größenordnung des Larmor-Radius (wenn auch bei der Elektronentemperatur) ist. Wir werden diesen Term aber beibehalten, um auch kleine senkrechte Wellenlängen beschreiben zu können.) Aus (26.16) folgt

$$-\mathrm{i}\omega M u_z = eE_z\,. \tag{26.31}$$

Mit Hilfe von $E_y = -\mathrm{i}k_y\phi$ und $E_z = -\mathrm{i}k_z\phi$ können wir die Komponenten der Störung des elektrischen Feldes bis zur ersten Ordnung durch ϕ ausdrücken. Wenn wir (26.30) und (26.31) kombinieren, erhalten wir unser endgültiges Ergebnis für die Störung der Ionendichte.

$$\begin{aligned} n_{i1} &= -\frac{k_y\phi}{\omega B_{z0}}\frac{\mathrm{d}n_{i0}}{\mathrm{d}x} + \frac{n_{i0}ek_z^2\phi}{M\omega^2} - \frac{n_{i0}k_\perp^2 M\phi}{eB_{z0}^2} \\ &= \frac{n_{i0}e\phi}{T_{e0}}\left(\frac{-k_yT_{e0}}{n_{i0}eB_{z0}\omega}\frac{\mathrm{d}n_{i0}}{\mathrm{d}x} + \frac{k_z^2T_{e0}}{M\omega^2} - \frac{k_\perp^2 MT_{e0}}{e^2B_{z0}^2}\right) = \frac{n_{i0}e\phi}{T_{e0}}\left(\frac{k_yv_{de}}{\omega} + \frac{k_z^2C_s^2}{\omega^2} - k_\perp^2r_{Ls}^2\right) \end{aligned} \tag{26.32}$$

Um unser Ergebnis in üblichen Größen, wie der diamagnetischen Drift v_{de} der Elektronen aus (26.22), der Schallgeschwindigkeit $C_s = (T_{e0}/M)^{1/2}$ und dem Larmor-Radius der Ionen bei der Elektronentemperatur $r_{Ls} = C_s/\omega_{ci} = (MT_{e0})^{1/2}/eB_{z0}$ ausdrücken zu können, haben wir hier die Gleichgewichtstemperatur T_{e0} der Elektronen eingeführt. Ferner haben wir die elektrische Neutralität des Gleichgewichts, d.h. $n_{i0} = n_{e0}$ ausgenutzt. Im letzten Term auf der rechten Seite von (26.32), der aus der Divergenz der Polarisationsdrift stammt, haben wir eine WKB-Näherung angewandt. Wir haben angenommen, daß die x-Abhängigkeit der Störung stärker ist als die der Gleichgewichtsgrößen und daß wir eine gestörte Größe $\psi(x)$ daher als $\hat{\psi}\exp(\mathrm{i}\int^x k_x\mathrm{d}x)$ schreiben können. Daraus folgt

$$\nabla_\perp^2 = -k_\perp^2 = -(k_x^2 + k_y^2)\,. \tag{26.33}$$

Der $k_\perp^2 r_{Ls}^2$-Term in (26.32) wird durch die Polarisationsdrift hervorgerufen. In dem oben erklärten Sinne ist er von zweiter Ordnung im Larmor-Radius. Für kleine, senkrechte Wellenlängen (d.h. Wellenlängen der Ordnung r_{Ls}) ist er aber von erster Ordnung. Da wir von Anfang an nur den Grenzfall $T_i \ll T_e$ betrachten und r_{Ls} mit Hilfe der Elektronentemperatur definiert ist, gilt selbst für $k_\perp r_{Ls} \approx 1$ noch $k_\perp r_{Li} \ll 1$. Obwohl wir die wichtigsten Arten von Driftwellen auch bei dieser eingeschränkten Betrachtung finden, wird die Theorie deutlich komplizierter, wenn $k_\perp r_{Li}$ nicht mehr eingeschränkt ist, insbesondere für $k_\perp r_{Li} \approx 1$ (s. beispielsweise N.A. Krall und A.W. Trivelpiece (*Principles of Plasma Physics*, San Francisco Press, San Francisco 1986) oder T.H. Stix (*Waves in Plasmas*, American Institute of Physics, New York 1992)).

Mit Hilfe der Quasineutralitäts-Näherung $n_{e1} = n_{i1}$ und der Gleichungen (26.29) und (26.32) für n_{e1} bzw. n_{i1} erhalten wir als Dispersionsrelation für stoßfreie Driftwellen mit $T_i \ll T_e$

$$\omega(1 + k_\perp^2 r_{Ls}^2) - k_yv_{de} - \frac{k_z^2C_s^2}{\omega} = -\mathrm{i}\sqrt{\frac{\pi}{2}}\frac{\omega(\omega - k_yv_{de})}{|k_z|v_{t,e}}\,. \tag{26.34}$$

Wir wollen diese Dispersionsrelation nun etwas genauer untersuchen. Zuerst vernachlässigen wir den imaginären Term auf der rechten Seite und lösen die sich ergebende quadratische Gleichung für ω. Dadurch finden wir zwei Äste der Dispersionsrelation. Einen elektronischen Ast, auf dem die Frequenz ω das gleiche Vorzeichen hat wie k_yv_{de} und einen ionischen Ast, auf dem die Vorzeichen unterschiedlich sind. Diese beiden Äste sind in Bild 26.2 dargestellt. Dabei haben wir einen positiven Wert von k_yv_{de} gewählt. Die Frequenz des elektronischen Astes ist also positiv. (Wie wir bereits in Kapitel 21 bemerkt haben, verstößt der in Bild 26.2 dargestellte ionische Ast gegen unsere Konvention aus Kapitel 15, nach der alle reellen Frequenzen ω positiv sind. Wenn wir uns für diesen Ast interessieren, könnten wir die Konvention einhalten, indem wir das Vorzeichen von k_y wechseln.)

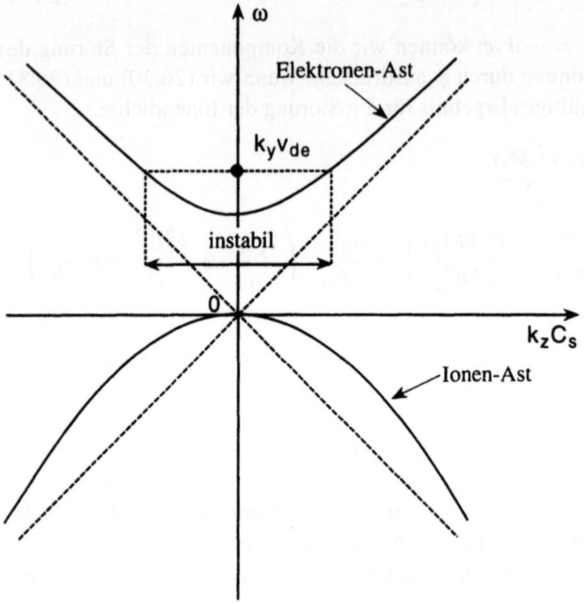

Bild 26.2 Elektronen- und Ionenast der stoßfreien Driftwellen. Der Elektronenast wird für $\omega < k_y v_{de}$, d.h. im abgebildeten Bereich instabil. Beide Äste gehen asymptotisch gegen $\omega = \pm k_z C_s$.

Aufgabe 26.1 Suchen Sie das Bild, das Sie in Aufgabe 21.2 gemalt haben, heraus. Fügen Sie eine Auftragung von $\omega/(k_y v_{de})$ über $k_z C_s/(k_y v_{de})$ hinzu. Setzen Sie dabei die rechte Seite von (26.34) gleich Null und wählen Sie $k_\perp r_{Ls} = 0{,}3$.

Im Grenzfall $k_\perp r_{Ls} \ll 1$ und $k_z C_s \ll k_y v_{de}$ gilt für den elektronischen Ast

$$\omega \approx k_y v_{de} \,. \tag{26.35}$$

Diese Mode wird meist als Driftwelle oder auch als Elektronen-Driftwelle bezeichnet. Wenn wir die beiden anderen Terme auf der linken Seite von (26.34) als kleine Korrekturen betrachten, erhalten wir eine genauere Dispersionsrelation für die Elektronen-Driftwellen.

$$\omega = k_y v_{de}(1 - k_\perp^2 r_{Ls}^2) + \frac{k_z^2 C_s^2}{k_y v_{de}} \tag{26.36}$$

Wegen des Faktors $\omega - k_y v_{de}$ im Imaginärteil auf der rechten Seite von (26.34) brauchen wir diese Korrekturterme, um den nichtverschwindenden Imaginärteil der komplexen Frequenz ω abzuschätzen. Wir substituieren $\omega \to \omega + \mathrm{i}\gamma$ und setzen die Imaginärteile der beiden Seiten von (26.34) gleich. Wenn $k_\perp r_{Ls}$ und $k_z C_s / k_y v_{de}$ kleine, aber nicht verschwindende Größen sind, folgt

$$\gamma = \sqrt{\frac{\pi}{2}} \frac{k_y^2 v_{de}^2}{|k_z| v_{t,e}} \left(k_\perp^2 r_{Ls}^2 - \frac{k_z^2 C_s^2}{k_y^2 v_{de}^2} \right) . \tag{26.37}$$

Die stoßfreien Elektronen-Driftwellen sind also nur für $k_\perp^2 r_{Ls}^2 > k_z^2 C_s^2 / k_y^2 v_{de}^2$ instabil. Die Werte von ω sind dann niedriger als $k_y v_{de}$ (s. (26.36)). Der instabile Bereich ist in Bild 26.2 eingezeichnet. Wegen $v_{de} \ll C_s$ tritt die Instabilität in der Regel nur auf, falls $k_z \ll k_y$ und wenn die senkrechte Wellenlänge ein kleines Vielfaches des Larmor-Radius der Ionen bei der Temperatur der Elektronen ist. Im Grenzfall $k_z \rightarrow 0$ werden Moden mit kleinem $k_\perp$ instabil. Ab einem gewissen Punkt wird aber unsere Annahme, daß die senkrechte Wellenlänge viel kleiner ist als die Längenskala des Dichtegradienten im Gleichgewicht verletzt, denn der Limes $k_z \rightarrow 0$ bedeutet, daß wir sehr große Längenskalen in Richtung des Magnetfeldes betrachten.

Der physikalische Vorgang, der zur Instabilität führt, ist offensichtlich eine inverse Landau-Dämpfung der Elektronen, d.h. diejenigen Elektronen, die mit der parallelen Phasengeschwindigkeit ω/k_z resonieren, erzeugen die Instabilität. Wir sind einer Instabilität mit einem ähnlichen Mechanismus bereits in Kapitel 25 begegnet. Dort wich die Geschwindigkeitsverteilung aber deutlich von einer Maxwell-Verteilung ab (es war eine „bump-on-the-tail“-Verteilung). Hier liegt eine inverse Landau-Dämpfung einer Maxwell-Verteilung vor; es gibt aber einen nichtverschwindenden Dichtegradienten. Wenn wir (26.34) genauer betrachten, sehen wir, daß die destabilisierende Wechselwirkung zwischen der Welle und den resonanten Elektronen nur dann zustande kommt, wenn die Frequenz ω der Welle etwas niedriger ist als die diamagnetische Frequenz $k_y v_{de}$.

Der energetische Mechanismus der Instabilität beruht darauf, daß die resonante Wechselwirkung zwischen der Welle und den Elektronen mit niedrigem v_z einen Teil der Energie, die wegen der Ausdehnung des räumlich inhomogenen Plasmas in x-Richtung verfügbar ist, freisetzt. Die Elektronen mit niedrigem v_z driften in der schwingenden elektrischen Drift E_y/B_z nach außen und innen. In Analogie zu dem in Kapitel 25 betrachteten Fall wissen wir, daß der wesentliche nichtlineare Effekt der Driftwellen eine Abflachung der Dichteschwankung im Ortsraum und nicht im Geschwindigkeitsraum ist. Davon, daß diese Abflachung zu einem Energiegewinn der Welle führt, können wir uns wie folgt überzeugen. Wir nehmen an, daß ω, k_y und v_{de} positiv sind. Dann gilt $\mathrm{d}n_{e0}/\mathrm{d}x < 0$ (s. (26.22)). Wenn k_z auch positiv ist, resoniert die Welle mit Elektronen mit positivem v_z. Für die Bewegung der resonanten Elektronen im schwingenden elektrischen Feld gilt $v_x = E_y/B$ und $\mathrm{d}v_z/\mathrm{d}t = -eE_z/m$. Wegen $E_y/E_z = k_y/k_z > 0$ sind v_x und $\mathrm{d}v_z/\mathrm{d}t$ gegeneinander um genau 180° phasenverschoben. Also ist $\mathrm{d}v_z/\mathrm{d}t$ positiv, wenn v_z negativ ist und umgekehrt. Obwohl die resonanten Elektronen im schwingenden Feld sowohl in positiver als auch in negativer x-Richtung driften, kommt es wegen $\mathrm{d}n_{e0}/\mathrm{d}x < 0$ zu einer stärkeren Drift in positiver x-Richtung. Im Mittel verlieren die resonanten Elektronen durch die Abflachung des Dichtegradienten also parallele kinetische Energie (d.h. im Mittel ist $\mathrm{d}v_z/\mathrm{d}t$ für Elektronen mit positivem v_z negativ). Diese Energie speist die instabilen Wellen.

Wir wollen die stoßfreie Driftinstabilität nun mit der Widerstands-Driftinstabilität aus Kapitel 21 vergleichen. Die Widerstands-Driftinstabilität hat im elektrostatischen Grenzfall die in (21.51) angegebenen Frequenzen und Wachstumsraten. Die Frequenzen der beiden Moden stimmen also im wesentlichen überein ($\omega \approx k_y v_{de}$). Die Wachstumsraten (wir gehen hier davon aus, daß der erste Term in den Klammern in (26.37) über den zweiten Term dominiert) ähneln sich. Die Wachstumsrate der Widerstandsmode ist aber um einen Faktor $\nu_{ei}/|k_z| v_{t,e}$ größer. Da $v_{t,e}/\nu_{ei}$ die mittlere freie Weglänge der Elektronen ist, sehen wir, daß die Wachstumsrate der Widerstandsmode größer ist, wenn die mittlere freie Weglänge kleiner ist als die parallele Wellenlänge. Das entspricht unseren Erwartungen, denn in diesem Fall wird die Bewegung der Elektronen längs des Magnetfeldes, die durch das gestörte elektrische Feld hervorgerufen wird, durch Stöße behindert, bevor die Elektronen über eine volle Wellenlänge mit der Welle in Resonanz stehen können.

Das Vorzeichen des anderen Astes der Dispersionsrelation (26.34), d.h. des ionischen Astes ist dem von $k_y v_{de}$ entgegengesetzt. Wenn wir wieder $\omega \to \omega + \mathrm{i}\gamma$ substituieren und die Imaginärteile der beiden Seiten von (26.34) gleichsetzen, sehen wir, daß für diesen Ast $\gamma < 0$ gilt, d.h. er ist gedämpft. Im Rahmen dieser Untersuchung (d.h. insbesondere unter der Annahme kalter Elektronen) ist er also stabil und daher weniger interessant.

Aufgabe 26.2 Bestimmen Sie die Korrektur zur Dispersionsrelation (26.34) der Driftwellen, die sich ergibt, wenn man anstelle der Quasineutralitäts-Näherung die Poisson-Gleichung anwendet. Für welche Werte der Plasmaparameter ist diese Korrektur wichtig?

26.4 Die Auswirkungen eines Elektronentemperaturgradienten

Wir haben uns oben auf den Fall beschränkt, daß es einen Gradienten der Dichte aber keinen Gradienten der Elektronentemperatur gibt. Wir wollen unser Ergebnis nun auf den Fall, daß die Gleichgewichtsverteilungsfunktion der Elektronen noch eine Maxwell-Verteilung ist, aber daß sowohl die Dichte $n_{e0}(x)$ als auch die Temperatur $T_e(x)$ der Elektronen wesentlich von x abhängen verallgemeinern.

In diesem Fall müssen wir (26.19) durch den wesentlich komplizierteren Ausdruck

$$\frac{\partial f_{e0}}{\partial x} = \frac{f_{e0}}{n_{e0}}\frac{\mathrm{d}n_{e0}}{\mathrm{d}x} - \frac{f_{e0}}{T_{e0}}\frac{\mathrm{d}T_{e0}}{\mathrm{d}x}\left(\frac{3}{2} - \frac{v^2}{2v_{t,e}^2}\right) = \frac{f_{e0}}{n_{e0}}\frac{\mathrm{d}n_{e0}}{\mathrm{d}x}\left[1 - \eta_e\left(\frac{3}{2} - \frac{v^2}{2v_{t,e}^2}\right)\right] \tag{26.38}$$

mit

$$\eta_e \equiv \frac{1}{T_{e0}}\frac{\mathrm{d}T_{e0}}{\mathrm{d}x}\frac{1}{\frac{1}{n_{e0}}\frac{\mathrm{d}n_{e0}}{\mathrm{d}x}} = \frac{\nabla(\ln T_{e0})}{\nabla(\ln n_{e0})} \tag{26.39}$$

ersetzen. (∇ steht hier für $\mathrm{d}/\mathrm{d}x$.) Wir haben (26.38) hergeleitet indem wir (26.1) nach x abgeleitet haben. Dabei trat zweimal eine Ableitung von $T_{e0}(x)$ auf.

Der Parameter η_e ist eine dimensionslose Größe, die typischerweise von nullter Ordnung ist. Sie ergibt sich aus dem Verhältnis der Skalenlänge der Variation der Dichte zur Skalenlänge der Variation der Temperatur. Wenn wir (26.38) in (26.20) einsetzen, erhalten wir anstelle von (26.21)

$$f_{e1} = \frac{e\phi f_{e0}}{T_{e0}} - \frac{1}{\omega - k_z v_z}\left\{\omega - k_y v_{de}\left[1 - \eta_e\left(\frac{3}{2} - \frac{v^2}{2v_{t,e}^2}\right)\right]\right\}\frac{e\phi f_{e0}}{T_{e0}}\,. \tag{26.40}$$

Für die Störung der Elektronendichte gilt in diesem Fall

$$n_{e1} = \frac{n_{e0}e\phi}{T_{e0}} - \frac{e\phi}{T_{e0}}\int \frac{f_{e0}}{\omega - k_z v_z}\left\{\omega - k_y v_{de}\left[1 - \eta_e\left(\frac{3}{2} - \frac{v^2}{2v_{t,e}^2}\right)\right]\right\}\mathrm{d}^3 v\,. \tag{26.41}$$

Das Geschwindigkeitsintegral in (26.41) ist wegen der zusätzlichen v-Abhängigkeit im η_e-Term wesentlich komplizierter als das in (26.23). Wenn wir ausnutzen, daß $v^2 = v_\perp^2 + v_z^2$ und daß das Mittel von $v_\perp^2/2$ über eine Maxwell-Verteilung v_{th}^2 ist, können wir das Integral über die senkrechten Geschwindigkeitskomponenten aber trotzdem ausrechnen. Wir erhalten

$$n_{e1} = \frac{n_{e0}e\phi}{T_{e0}} - \frac{e\phi}{T_{e0}} \int_{-\infty}^{\infty} \frac{F_{e0}(v_z)}{\omega - k_z v_z} \left\{ \omega - k_y v_{de} \left[1 - \eta_e \left(\frac{1}{2} - \frac{v_z^2}{2v_{t,e}^2} \right) \right] \right\} \mathrm{d}v_z \,. \tag{26.42}$$

Dabei ist $F_{e0}(v_z)$ wieder die eindimensionale Maxwell-Verteilung aus (26.25).

Wie oben beschränken wir uns auf den Fall $\omega \ll k_z v_{t,e}$, in dem der Pol bei $v_z = \omega/k_z$ den dominanten Beitrag zum Integral liefert. Wir wählen wieder den in Bild 25.1 dargestellten Integrationsweg und berechnen das Integral mit Hilfe des Residuensatzes.

$$\begin{aligned} n_{e1} &= \frac{n_{e0}e\phi}{T_{e0}} \left(1 + \mathrm{i}\sqrt{\frac{\pi}{2}} \frac{\mathrm{e}^{-\omega^2/2k_z^2 v_{t,e}^2}}{|k_z| v_{t,e}} \left\{ \omega - k_y v_{de} \left[1 - \eta_e \left(\frac{1}{2} - \frac{\omega^2}{2k_z^2 v_{t,e}^2} \right) \right] \right\} \right) \\ &\approx \frac{n_{e0}e\phi}{T_{e0}} \left(1 + \mathrm{i}\sqrt{\frac{\pi}{2}} \frac{\omega - k_y v_{de}(1 - \frac{1}{2}\eta_e)}{|k_z| v_{t,e}} \right) \end{aligned} \tag{26.43}$$

Im zweiten Schritt haben wir außerdem $\omega \ll k_z v_{t,e}$ benutzt. (26.43) ersetzt (26.29). Der Gradient der Elektronentemperatur führt also nur zu einer Änderung im kleinen imaginären Term.

Die Störung n_{i1} der Ionendichte wird durch die Einführung eines Gradienten der Elektronentemperatur nicht verändert. Für sie gilt auch hier (26.32). Bis auf die Änderung des imaginären Terms auf der rechten Seite erhalten wir, wenn wir n_{e1} und n_{i1} gleichsetzen, dieselbe Dispersionsrelation wie in (26.34).

$$\omega(1 + k_\perp^2 r_{Ls}^2) - k_y v_{de} - \frac{k_z^2 C_s^2}{\omega} = -\mathrm{i}\sqrt{\frac{\pi}{2}} \frac{\omega[\omega - k_y v_{de}(1 - \frac{1}{2}\eta_e)]}{|k_z| v_{t,e}} \tag{26.44}$$

Der zusätzliche Beitrag zu η_e auf der rechten Seite von (26.44) führt zu einer qualitativen Änderung der Stabilitätseigenschaften des elektronischen Astes der Driftwellen. Wenn wir den einfachsten Fall $k_\perp r_{Ls} \ll 1$ und $k_z C_s \ll k_y v_{de}$ betrachten, erhalten wir für den Realteil wie üblich

$$\omega \approx k_y v_{de} \,, \tag{26.45}$$

aber der Imaginärteil verschwindet nicht mehr, wenn wir diese Frequenz niedrigster Ordnung auf der rechten Seite von (26.44) verwenden. Wir erhalten eine Wachstumsrate von

$$\gamma \approx -\sqrt{\frac{\pi}{2}} \frac{k_y^2 v_{de}^2}{|k_z| v_{t,e}} \eta_e \,. \tag{26.46}$$

Falls Temperatur- und Dichtegradient in dieselbe Richtung zeigen, gilt

$$\eta_e \equiv \frac{\nabla(\ln T_e)}{\nabla(\ln n_e)} > 0 \tag{26.47}$$

und γ ist negativ. Daher führt der Temperaturgradient zu einer Dämpfung und nicht zu einer Destabilisierung der Elektronen-Driftwellen. Wenn wir die Dämpfung (26.46) und die Wachstumsrate aus (26.37) addieren, stellen wir fest, daß der Temperaturgradient alle Driftwellen mit $k_\perp^2 r_{Ls}^2 < \eta_e$, d.h. alle bis auf die Moden mit sehr geringer Wellenlänge (wir gehen von $\eta_e \approx 1$ aus) stabilisiert. Vom Gesichtspunkt der Energieerhaltung aus ist es zunächst überraschend, daß ein Temperaturgradient in diesem Fall zu einer Stabilisierung führt. Denn durch den Temperaturgradienten wird eine mögliche neue Energiequelle für die Instabilität bereitgestellt. Die Driftwellen resonieren jedoch nur mit Elektronen mit niedrigem v_z. In diesem Bereich des Geschwindigkeitsraums sind die Beiträge des Dichte- und des Temperaturgradienten zur eindimensionalen Maxwell-Verteilung (bei einem festen v_z deutlich unterhalb der thermischen Geschwindigkeit) entgegengesetzt.

Andererseits könnten der Temperatur- und der Dichtegradient auch in entgegengesetzte Richtungen zeigen, d.h.

$$\eta_e \equiv \frac{\nabla(\ln T_e)}{\nabla(\ln n_e)} < 0 . \tag{26.48}$$

In diesem Fall werden nach (26.46) die Elektronen-Driftwellen stark destabilisiert. Vermutlich führt dieser Effekt im nichtlinearen Bereich zu einer turbulenten Konvektion von Teilchen und Wärme, die die entgegengesetzten Gradienten aufhebt oder zumindest abschwächt.

26.5 Die Auswirkungen einer Elektronenströmung

Wir wollen nun einen weiteren interessanten Spezialfall betrachten. Dabei handelt es sich um eine Maxwell-Verteilung mit einer nichtverschwindenden mittleren Geschwindigkeit bzw. Strömungsgeschwindigkeit u_{e0} in Richtung des Magnetfeldes. In diesem Fall wird die Gleichgewichtsverteilung (26.1) durch

$$f_0(x, v_\perp, v_z) = n_0(x)\left(\frac{m}{2\pi T_0}\right)^{3/2} \mathrm{e}^{-\frac{mv_\perp^2}{2T_0}-\frac{m(v_z-u_{e0})^2}{2T_0}} \tag{26.49}$$

ersetzt. Um unsere Betrachtung zu vereinfachen, beschränken wir uns auf den Fall konstanter Temperatur $T_0 = const$. Obwohl die verschobene Maxwell-Verteilung (26.49) ein Beispiel für eine Verteilungsfunktion in einem Plasma, das einen elektrischen Strom leitet ist, hat die Verteilung, die durch ein äußeres elektrisches Feld hervorgerufen wird eine etwas andere Form. Um diese Verteilung zu bestimmen, muß man die Coulomb-Kraft und die durch die Stöße mit den Ionen erzeugte Reibungskraft gleichsetzen (s. Kapitel 13). Trotzdem gibt die Rechnung mit (26.49) alle qualitativen Eigenschaften eines solchen Plasmas richtig wieder (s. Aufgabe 26.3).

Wenn wir auf die linearisierte driftkinetische Gleichung (26.20) zurückgreifen, sehen wir, daß in diesem Fall

$$\frac{\partial f_{e0}}{\partial z} = -\frac{v_z - u_{e0}}{v_{t,e}^2} f_{e0}$$

gilt. Deshalb wird (26.21) durch

$$f_{e1} = \frac{k_y v_{de} - k_z(v_z - u_{e0})}{\omega - k_z v_z}\frac{e\phi f_{e0}}{T_{e0}} = \frac{e\phi f_{e0}}{T_{e0}} - \frac{\omega - k_y v_{de} - k_z u_{e0}}{\omega - k_z v_z}\frac{e\phi f_{e0}}{T_{e0}} \tag{26.50}$$

ersetzt. Wie oben bestimmen wir die Störung der Elektronendichte.

$$n_{e1} = \frac{n_{e0} e\phi}{T_{e0}} - \frac{e\phi}{T_{e0}}(\omega - k_y v_{de} - k_z u_{e0})\int_{-\infty}^{\infty} \frac{F_{e0}(v_z)}{\omega - k_z v_z}\mathrm{d}v \tag{26.51}$$

$F_{e0}(v_z)$ ist hier die eindimensionale Verteilung

$$F_{e0}(v_z) = n_{e0}\sqrt{\frac{m}{2\pi T_{e0}}}\,\mathrm{e}^{-\frac{m(v_z-u_{e0})^2}{2T_{e0}}} \tag{26.52}$$

der Elektronen.

Wir betrachten auch hier nur den Fall $\omega \ll k_z v_{t,e}$. Ferner nehmen wir an, daß $u_{e0} \ll v_{t,e}$ gilt, d.h. die Strömungsgeschwindigkeit der Elektronen ist im Vergleich zu ihrer thermischen Geschwindigkeit gering. (Diese Annahme bedeutet keine wesentliche Einschränkung.) Auch hier kommt der wesentliche Beitrag zum Integral in (26.51) von dem Pol bei $v_z = \omega/k_z$. Mit Hilfe des Residuensatzes berechnen wir

$$\begin{aligned} n_{e1} &= \frac{n_{e0} e\phi}{T_{e0}} \left[1 + \mathrm{i}\sqrt{\frac{\pi}{2}} \frac{\omega - k_y v_{de} - k_z u_{e0}}{|k_z| v_{t,e}} \,\mathrm{e}^{-\frac{(\omega - k_z u_{e0})^2}{2k_z^2 v_{t,e}^2}} \right] \\ &\approx \frac{n_{e0} e\phi}{T_{e0}} \left[1 + \mathrm{i}\sqrt{\frac{\pi}{2}} \frac{\omega - k_y v_{de} - k_z u_{e0}}{|k_z| v_{t,e}} \right] . \end{aligned} \tag{26.53}$$

(26.53) ersetzt in diesem Fall (26.29). Durch die Strömung mit u_{e0} wird also nur der kleine imaginäre Term geändert.

Die Störung der Ionendichte wird auch hier durch (26.32) beschrieben. Wir erhalten also, wenn wir n_{e1} und n_{i1} gleichsetzen, bis auf eine Änderung im imaginären Term auf der rechten Seite die gleiche Dispersionsrelation wie in (26.34).

$$\omega(1 + k_\perp^2 r_{Ls}^2) - k_y v_{de} - \frac{k_z^2 C_s^2}{\omega} = -\mathrm{i}\sqrt{\frac{\pi}{2}} \frac{\omega(\omega - k_y v_{de} - k_z u_{e0})}{|k_z| v_{t,e}} \tag{26.54}$$

Wie im Fall des Temperaturgradienten führt die Änderung des imaginären Terms auf der rechten Seite zu einer qualitativen Änderung der Stabilitätseigenschaften der Driftwellen. Für den einfachsten Fall $k_\perp r_{Ls} \ll 1$ gilt für den Realteil der Frequenz des elektronischen Astes

$$\omega \approx k_y v_{de} + \frac{k_z^2 C_s^2}{k_y v_{de}} . \tag{26.55}$$

Wir haben hier angenommen, daß $k_z C_s \ll \omega \approx k_y v_{de}$ und die Korrektur erster Ordnung in der kleinen Größe $k_z^2 C_s^2/\omega^2$ beibehalten. Die Korrektur der Ordnung $k_\perp^2 r_{Ls}^2$ haben wir vernachlässigt. Aus dem Imaginärteil von (26.54) erhalten wir die Wachstumsrate

$$\gamma \approx \sqrt{\frac{\pi}{2}} \frac{k_y v_{de} k_z u_{e0} - k_z^2 C_s^2}{|k_z| v_{t,e}} . \tag{26.56}$$

Wir können an (26.56) ablesen, daß es einen Bereich von Werten von k_z gibt, für den die Wellen instabil sind, d.h. $\gamma > 0$. (Man könnte denken, daß wir implizit $u_{e0} > 0$ angenommen haben, d.h. daß die Elektronen in positiver Richtung längs des Magnetfeldes strömen. Das ist aber nicht der Fall, da für $u_{e0} < 0$ die gleiche Instabilität, nur für ein negatives k_z, auftreten würde. Wenn wir die Konvention aufgeben, nach der $k_y v_{de}$ positiv sein muß, kommt es immer dann zu einer Instabilität, wenn $k_z u_{e0}$ und $k_y v_{de}$ das gleiche Vorzeichen haben.)

Aufgabe 26.3 Entwickeln Sie die Verteilungsfunktion aus (26.49) als Potenzreihe in u_{e0}. Betrachten Sie dabei nur die ersten beiden Terme, d.h. die Terme nullter und erster Ordnung in u_{e0}. Für welche Werte von u_{e0} darf man so vorgehen? Bestimmen Sie nun aus (13.15) und (13.21) die Verteilungsfunktion, die man erhält, wenn man unter Berücksichtigung eines äußeren elektrischen Feldes die Fokker-Planck-Gleichung in der Lorentz-Gas-Näherung löst. Benutzen Sie (13.22) um in (13.21) E_z durch j_z auszudrücken. Setzen Sie $j_z = -neu_{e0}$. Vergleichen Sie nun die Verteilungen, die beide einen maxwellschen Term nullter Ordnung und eine Korrektur erster Ordnung enthalten. Inwiefern ähneln sie sich? Wodurch unterscheiden sie sich? Für welche Verteilung sind die durch einen Strom gespeisten Driftwellen instabiler, d.h. für welche Verteilung ist $\partial F_{e0}/\partial v_z$ für einen festen Wert $v_z \ll v_{t,e}$ größer?

An dieser Stelle wollen wir uns überlegen, ob unser Resultat sich von der durch eine nichtverschwindende Strömungsgeschwindigkeit gespeisten Instabilität der Ionenschallwellen aus Kapitel 25 unterscheidet. Die Ionenschallwellen waren nur dann instabil, wenn die Strömungsgeschwindigkeit der Elektronen größer war als die thermische Geschwindigkeit der Ionen. Im Gegensatz dazu gibt es im Rahmen unserer jetztigen Betrachtungen keine Schwelle, die überschritten werden muß, um die Driftwellen zu destabilisieren. Wenn alle Werte von k_z möglich sind, kann man immer einen Wert finden, der klein genug ist, daß $\omega \approx k_y v_{de} \gg k_z C_s > k_z v_{t,i}$ gilt. Hier haben wir die thermische Geschwindigkeit der Ionen $v_{t,i} = (T_{i0}/M)^{1/2}$ eingeführt, die für $T_{i0} < T_{e0}$ entweder kleiner oder von der gleichen Größenordnung ist wie die Schallgeschwindigkeit $C_s = (T_{e0}/M)^{1/2}$. Bei diesen Werten von k_z sind die Näherungen, die wir benutzt haben, um zu (26.56) zu kommen, gut. Das gleiche gilt für die Vernachlässigung der Landau-Dämpfung, die wir wegen $T_{i0} \ll T_{e0}$ vorgenommen haben, aber von der sich nun herausstellt, daß sie allgemeiner möglich ist. Wir können für jede nichtverschwindende Strömungsgeschwindigkeit u_{e0} einen Wert von k_z finden, der im Gültigkeitsbereich von (26.56) liegt und so klein ist, daß die rechte Seite von (26.56) positiv ist. Im Rahmen unserer Untersuchung sind die Elektronen-Driftwellen also für *jede* nichtverschwindende Strömungsgeschwindigkeit u_{e0} instabil. Die Einführung eines Gradienten der Elektronentemperatur (mit $\eta_e > 0$) oder einer endlichen parallelen Länge, die die Werte von k_z nach unten beschränkt, führt aber zu einer Stabilisierung.

Aufgabe 26.4 Betrachten Sie Elektronen-Driftwellen für den Fall, daß es sowohl einen durch den Wert von η_e angegebenen Gradienten der Elektronentemperatur als auch eine nichtverschwindende Strömungsgeschwindigkeit u_{e0} der Elektronen gibt. Zeigen Sie, daß unter der Annahme, $k_\perp^2 r_{Ls}^2 \ll 1$ die Wachstumsgeschwindigkeit der Elektronen-Driftwellen durch

$$\gamma \approx \sqrt{\frac{\pi}{2}} \frac{k_y v_{de} k_z u_{e0} - k_z^2 C_s^2 - k_y^2 v_{de}^2 \eta_e}{|k_z| v_{t,e}}$$

gegeben ist. Zeigen Sie, daß für positive Werte von η_e das Plasma vollständig stabil ist, in dem Sinne, daß es keine Werte k_y und k_z gibt, für die $\gamma > 0$ gilt, falls

$$\eta_e > \frac{0{,}25 u_{e0}^2}{C_s^2} .$$

Am Ende dieser Betrachtung wollen wir noch anmerken, daß wir die Dispersionsrelation der Ionenschallwellen aus (26.54) erhalten können, indem wir den Grenzfall $\omega \approx k_z C_s \approx k_z u_{e0} \gg k_y v_{de}$ betrachten. In diesem Grenzfall verschwindet die diamagnetische Driftfrequenz $k_y v_{de}$ und es bleiben zwei Wellen mit $\omega \approx \pm k_z C_s$ übrig, von denen eine für $|u_{e0}| > C_s$ instabil ist. Das ist natürlich das gleiche Ergebnis wie in Kapitel 25. Bei Frequenzen, die viel größer sind als die diamagnetische Driftfrequenz, spielt die Inhomogenität des Plasmas keine wesentliche Rolle. Es ist also nicht überraschend, daß in solchen Fällen die Vlasov-Gleichung eine gute Beschreibung liefert und wir nicht auf eine driftkinetische Formulierung zurückgreifen müssen.

26.6 Die Ionentemperaturgradienten-Instabilität

Bei unserer Behandlung der Elektronen-Driftwellen konnten wir die Ionen als kalte Flüssigkeit beschreiben. Wir mußten nur für die Elektronen die driftkinetische Gleichung heranziehen. Dieses Vorgehen war gerechtfertigt, weil wir uns auf den Fall $T_i \ll T_e$ beschränkt haben, in dem die diamagnetische Drift der Ionen sehr viel langsamer ist als die der Elektronen und die thermische Geschwindigkeit $v_{t,i}$ der Ionen sehr viel geringer als die Ionenschallgeschwindigkeit C_s. Wir wollen nun untersuchen, ob es andere Arten von Driftwellen (insbesondere instabile Wellen) gibt, die durch „Landau-ähnliche“ Resonanzen zwischen der Welle und der thermischen Bewegung der Ionen hervorgerufen werden. Wir müssen also auch die driftkinetische Gleichung

$$\frac{\partial f_i}{\partial t} + \frac{\boldsymbol{E} \times \boldsymbol{B}}{B^2} \cdot \nabla_\perp f_i + v_z \frac{\partial f_i}{\partial z} + \frac{e}{M} E_z \frac{\partial f_i}{\partial v_z} = 0 \tag{26.57}$$

der Ionen betrachten. Wenn wir diese Form der driftkinetischen Gleichung der Ionen benutzen, vernachlässigen wir ihre Polarisationsdrift (sie ist von zweiter Ordnung im Ionen-Larmor-Radius) und Korrekturterme der Ordnung $k_\perp^2 r_{Li}^2$ in der $\boldsymbol{E} \times \boldsymbol{B}$-Drift. Die Instabilität, die wir in diesem Abschnitt behandeln wollen, tritt selbst bei $k_\perp r_{Li} \ll 1$ auf, wir können also alle Terme der Ordnung $k_\perp^2 r_{Li}^2$ vernachlässigen.

Wir gehen davon aus, daß die Gleichgewichtsverteilungsfunktion der Ionen maxwellsch ist. Sie ist also von der Form (26.1), wobei sowohl n_{i0} als auch T_{i0} Funktionen von x sind. Um elektrostatische Störungen dieses Gleichgewichts zu untersuchen, führen wir ein schwaches, wellenförmiges elektrisches Feld, das durch sein Potential ϕ beschrieben wird ein. Wie oben linearisieren wir (26.57), um die gestörte Verteilungsfunktion f_{i1} zu bestimmen, aus der wir die Störung der Ionendichte durch Integration über die Geschwindigkeitskomponenten erhalten. Die Vorgehensweise ist analog zu unserer Rechnung (26.20)–(26.26) bzw. für den Fall eines nichtverschwindenden Temperaturgradienten (26.38)–(26.42) für die Elektronen. Das Ergebnis (26.42) können wir, wenn wir die Größen der Elektronen durch die entsprechenden Größen der Ionen ersetzen sogar direkt übernehmen. Es gilt also

$$n_{i1} = -\frac{n_{i0} e\phi}{T_{i0}} \int_{-\infty}^{\infty} \frac{F_{i0}(v_z)}{\omega - k_z v_z} \left\{ \omega - k_y v_{di} \left[1 - \eta_i \left(\frac{1}{2} - \frac{v_z^2}{2v_{t,i}^2} \right) \right] \right\} \mathrm{d}v_z \,. \tag{26.58}$$

Wir haben hier eine diamagnetische Drift

$$v_{di} = \frac{T_{i0}}{n_{i0} e B_{z0}} \frac{\mathrm{d}n_{i0}}{\mathrm{d}x} \tag{26.59}$$

der Ionen und ein dimensionsloses Maß

$$\eta_i = \frac{1}{T_{i0}} \frac{\mathrm{d}T_{i0}}{\mathrm{d}x} \left(\frac{1}{n_{i0}} \frac{\mathrm{d}n_{i0}}{\mathrm{d}x} \right)^{-1} = \frac{\nabla(\ln T_{i0})}{\nabla(\ln n_{i0})} \tag{26.60}$$

für den Gradienten der Ionentemperatur eingeführt. Ferner benutzen wir die eindimensionale Maxwell-Verteilung

$$F_{i0}(v_z) = n_{i0} \sqrt{\frac{M}{2\pi T_{i0}}}\, \mathrm{e}^{-\frac{M v_z^2}{2T_{i0}}} \,. \tag{26.61}$$

Da wir Effekte, die durch eine starke resonante Wechselwirkung zwischen einer Welle und den Ionen zustande kommen finden wollen, müssen wir den Fall $\omega \approx k_z v_{t,i}$ betrachten. Das Integral in (26.58) kann in diesem Fall nicht mit Hilfe einer einfachen Entwicklung des Integranden berechnet werden.

Für die Störung der Elektronendichte können wir unsere Ergebnisse aus (26.29) oder (26.43) anwenden. Bei ihrer Herleitung sind wir davon ausgegangen, daß $\omega \ll k_z v_{t,e}$ gilt, haben aber einen kleinen imaginären Term der Ordnung $\omega/|k_z| v_{t,e}$ nicht vernachlässigt. Für $\omega \approx k_z v_{t,i}$ ist diese Annahme gerechtfertigt und der kleine imaginäre Term ist von der Ordnung $(m/M)^{1/2}$. Wir werden diesen kleinen Term nun vollständig vernachlässigen, da wir zumindest für einige Arten instabiler Ionendriftwellen Wachstumsraten finden werden, die von der Größenordnung der Frequenzen sind. Bei solchen Moden sind Terme der Ordnung $(m/M)^{1/2}$ nur sehr kleine Korrekturen. Wenn wir die kleinen imaginären Terme in (26.29) und (26.43) vernachlässigen, folgt

$$n_{e1} = \frac{n_{e0} e\phi}{T_{e0}} . \tag{26.62}$$

Physikalisch betrachten wir also eine Situation, in der die Elektronen vollständig in eine Boltzmann-Verteilung $n_e \approx n_{e0} \exp(e\phi/T_{e0})$ längs des Magnetfeldes relaxiert sind.

Wie üblich erhalten wir die Dispersionsrelation, indem wir n_{e1} und n_{i1} gleichsetzen. Mit Hilfe von (26.58) und (26.62) ergibt sich die Dispersionsrelation

$$1 + \frac{T_{i0}}{T_{e0}} = D(\omega) \tag{26.63}$$

mit

$$D(\omega) \equiv \frac{1}{n_{i0}} \int_{-\infty}^{\infty} \frac{F_{i0}(v_z)}{\omega - k_z v_z} \left\{ \omega - k_y v_{di} \left[1 - \frac{\eta_i}{2} \left(1 - \frac{v_z^2}{2 v_{t,i}^2} \right) \right] \right\} \mathrm{d}v_z . \tag{26.64}$$

Wir müssen nun diese Dispersionsrelation lösen, ohne dabei *a priori* irgendwelche Annahmen über die Größen von ω und $k_z v_{t,i}$ zu machen.

Mit Hilfe der Nyquist-Diagramm-Methode aus Kapitel 24 können wir herausfinden, ob diese Dispersionsrelation Lösungen hat, die instabilen Moden entsprechen, d.h. Lösungen mit $\mathrm{Im}(\omega) > 0$. Um diese Methode anzuwenden, müssen wir ω einen geschlossenen Weg in der komplexen ω-Ebene entgegen dem Uhrzeigersinn durchlaufen lassen, der von $-\infty$ bis $+\infty$ auf der reellen Achse liegt und durch einen Halbkreis im Unendlichen in der oberen Halbebene geschlossen wird. Ein solcher Weg, der die ganze Halbebene $\mathrm{Im}(\omega) > 0$ auf seiner linken Seite umschließt, ist in Bild 24.5(b) dargestellt. Wenn wir ein singuläres Integral, wie das aus (26.64) berechnen, muß der Integrationsweg knapp oberhalb und nicht genau auf der reellen Achse verlaufen. ω hat dann einen infinitesimalen positiven Imaginärteil. Während ω den Weg durchläuft, durchläuft die Funktion $D(\omega)$ aus (26.64) einen geschlossenen Weg in der komplexen D-Ebene, den wir als Nyquist-Pfad bezeichnet haben. Wenn der Punkt $D = 1 + T_{i0}/T_{e0}$ zur Linken des Weges in dem durch den Weg eingeschlossenen Bereich liegt, hat die Dispersionsrelation eine Lösung mit $\mathrm{Im}(\omega) > 0$, d.h. eine Instabilität. Im entgegengesetzten Fall, in dem der zur linken des Weges liegende und von ihm eingeschlossene Bereich den Punkt $D = 1 + T_{i0}/T_{e0}$ nicht enthält, gibt es keine instabilen Moden.

Um diese Methode anzuwenden, berechnen wir zuerst $D(\omega)$ für sehr große Werte von $|\omega|$, d.h. für Werte von ω, die weit außen auf der reellen Achse oder auf dem Halbkreis im Unendlichen liegen. Mit Hilfe der Entwicklung

$$\frac{1}{\omega - k_z v_z} \approx 1 + \frac{k_z v_z}{\omega} + \ldots , \tag{26.65}$$

bei der wir nur die ersten beiden Terme beibehalten (da der zweite Term ungerade in v_z ist, trägt er aber nichts bei), erhalten wir

$$D(\omega) \approx 1 - \frac{k_y v_{di}}{\omega}\,. \tag{26.66}$$

Der ganze Halbkreis im Unendlichen in der ω-Ebene wird also auf den Punkt $D = 1$ in der D-Ebene abgebildet. Um festzulegen, wie der Nyquist-Pfad den Punkt $D = 1$ durchläuft, müssen wir ein Vorzeichen für $k_y v_{di}$ wählen. Da die diamagnetischen Geschwindigkeiten der Ionen und der Elektronen entgegengesetzte Vorzeichen haben, wählen wir $k_y v_{di} < 0$, um mit Bild 26.2 im Einklang zu stehen. Diese Wahl bedeutet keinen Verlust an Allgemeinheit, da die Dispersionsrelation invariant gegenüber einer gleichzeitigen Änderung der Vorzeichen von $k_y v_{di}$, k_z und $\mathrm{Re}(\omega)$ ist. (Wenn wir $k_y v_{di} < 0$ wählen, müssen wir natürlich sowohl positive als auch negative Werte von $\mathrm{Re}(\omega)$ bei der Lösung der Dispersionsrelation zulassen. Wir geben damit unsere Konvention auf, nach der $\mathrm{Re}(\omega) > 0$ sein soll. Bei der Nyquist-Methode muß man immer sowohl positive als auch negative $\mathrm{Re}(\omega)$ zulassen. Wenn wir unsere Konvention $\mathrm{Re}(\omega) > 0$ aufrechterhalten wollten, müßten wir das Nyquist-Diagramm der Variablen $\mathrm{Re}(\omega)/k_y$ bestimmen. Diese Variable könnte je nach Vorzeichen von k_y sowohl positive als auch negative Werte annehmen. Wir würden natürlich die gleichen physikalischen Ergebnisse erhalten. Wir wählen hier die Standardform der Nyquist-Methode, bei der $\mathrm{Re}(\omega)$ sowohl positiv als auch negativ sein kann.) Aus (26.66) folgt, daß $D(\omega)$ für große, positive reelle ω etwas oberhalb von 1 liegt. Für große negative ω liegt $D(\omega)$ etwas unterhalb von 1. Der Nyquist-Pfad durchläuft den Punkt $D = 1$ also nach links (d.h. von Werten von D oberhalb von 1 zu Werten von D unterhalb von 1), während ω entgegen dem Uhrzeigersinn (d.h. ω läuft von $+\infty$ nach $-\infty$) den Halbkreis im Unendlichen durchläuft. Dies ist bei allen in Bild 26.3 dargestellten Möglichkeiten der Fall.

Nun wollen wir $D(\omega)$ auf oder knapp oberhalb der reellen Achse in der ω-Ebene berechnen. Wir müssen das Integral in (26.64) als Hauptwertintegral berechnen und das πi-fache des Residuums an der Singularität bei $v_z = \omega/k_z$ für $k_z > 0$ (das $-\pi$i-fache für $k_z < 0$) addieren. Wir erhalten

$$\begin{aligned} D(\omega) = \frac{1}{n_{i0}} \quad & \mathrm{V.p.} \int_{-\infty}^{\infty} \frac{F_{i0}(v_z)}{\omega - k_z v_z} \left\{ \omega - k_y v_{di} \left[1 - \frac{\eta_i}{2} \left(1 - \frac{v_z^2}{2 v_{t,i}^2} \right) \right] \right\} \\ & - \mathrm{i} \frac{(\pi/2)^{1/2}}{|k_z| v_{t,i}} \left\{ \omega - k_y v_{di} \left[1 - \frac{\eta_i}{2} \left(1 - \frac{\omega^2}{k_z^2 v_{t,i}^2} \right) \right] \right\} \mathrm{e}^{-\frac{\omega^2}{2 k_z^2 v_{t,i}^2}} \mathrm{d}v_z\,. \end{aligned} \tag{26.67}$$

Für große $|\omega|$ ist der Imaginärteil von $D(\omega)$ sehr klein und sein Vorzeichen stimmt mit dem Vorzeichen des Produkts $\eta_i k_y v_{di}$ überein. Wir beschränken uns auf den Fall $\eta_i > 0$. Außerdem hatten wir, um Übereinstimmung mit Bild 26.2 zu erreichen, bereits $k_y v_{di} < 0$ gewählt. Für großes $|\omega|$ gilt also $\mathrm{Im}(D) < 0$. Der Nyquist-Pfad liegt also wie in allen drei Bildern aus 26.3 dargestellt in der Umgebung von $D = 1$ knapp unterhalb der reellen Achse.

Der Nyquist-Pfad kann die reelle Achse in der D-Ebene nur schneiden, wenn es Werte von ω gibt, für die der Imaginärteil von $D(\omega)$ verschwindet. Aus (26.67) folgt, daß dies nur an den reellen Lösungen der Gleichung

$$\frac{\eta_i \omega^2}{2 k_z^2 v_{t,i}^2} - \frac{\omega}{k_y v_{di}} + 1 - \frac{\eta_i}{2} = 0 \tag{26.68}$$

der Fall sein kann. Die Lösungen dieser Gleichung sind

$$\frac{\omega}{k_y v_{di}} = \frac{1}{\Lambda} \left(1 \pm \sqrt{1 - \Lambda(2 - \eta_i)} \right) \tag{26.69}$$

mit

$$\Lambda = \frac{\eta_i k_y^2 v_{di}^2}{k_z^2 v_{t,i}^2} . \tag{26.70}$$

Um die Form des Nyquist-Pfades zu bestimmen, müssen wir den Wert $\mathrm{Re}(D)$ kennen, an dem der Nyquist-Pfad die reelle Achse in der D-Ebene schneidet. (Wenn (26.68) keine reellen Lösungen hat, gibt es natürlich keine Schnittpunkte.) Um diesen Wert zu bestimmen, setzen wir den Wert von ω, bei dem der Imaginärteil verschwindet in das Hauptwertintegral aus (26.67) ein. Dazu schreiben wir (26.68) als eine Gleichung für ω in Abhängigkeit von ω^2 und setzen diese Gleichung in das Hauptwertintegral in (26.67) ein. Dabei heben sich einige Terme gegenseitig weg. Es gilt

$$\begin{aligned} \mathrm{Re}(D) &= \frac{1}{n_{i0}} \mathrm{V.p.} \int_{-\infty}^{\infty} \frac{F_{i0}(v_z)\mathrm{d}v_z}{\omega - k_z v_z} \frac{\eta_i k_y v_{di}}{2} \left(\frac{\omega^2}{k_z^2 v_{t,i}^2} - \frac{v_z^2}{v_{t,i}^2} \right) \\ &= \frac{1}{n_{i0}} \frac{\eta_i k_y v_{di}}{2k_z^2 v_{t,i}^2} \mathrm{V.p.} \int_{-\infty}^{\infty} F_{i0}(v_z)(\omega + k_z v_z)\mathrm{d}v_z \\ &= \frac{\omega \eta_i k_y v_{di}}{2k_z^2 v_{t,i}^2} = \frac{\Lambda}{2} \frac{\omega}{k_y v_{di}} = \frac{1}{2}\left(1 \pm \sqrt{1 - \Lambda(2 - \eta_i)}\right) . \end{aligned} \tag{26.71}$$

In der letzten Zeile haben wir ω aus (26.69) eingesetzt. Wenn wir (26.71) mit (26.69) vergleichen, stellen wir fest, daß der Wert von $\mathrm{Re}(D)$ am Schnittpunkt mit der reellen D-Achse eng mit dem entsprechenden Wert von ω an diesen Punkten verbunden ist.

Es gibt drei Fälle. Für $\Lambda(2 - \eta_i) > 1$ folgt aus (26.69), daß es keine reellen Lösungen von (26.68) und deshalb keine Schnittpunkte der reellen Achse und des Nyquist-Pfades gibt. Der Nyquist-Pfad sieht also so aus wie der in Bild 26.3(a) dargestellte. Der Bereich links des Nyquist-Pfades enthält ganz offensichtlich nicht den Punkt $D = 1 + T_{i0}/T_{e0}$. Es gibt also keine instabile Mode. Im zweiten Fall $0 < \Lambda(2 - \eta_i) < 1$ gibt es zwei reelle Lösungen von (26.68). Für beide gilt $\omega/k_y v_{di} > 0$. Aus (26.71) folgt, daß die Werte von $\mathrm{Re}(D)$ an beiden Lösungen kleiner sind als 1. Die kleinere Lösung ω hat wegen $k_y v_{di} < 0$ den größeren Wert von $\mathrm{Re}(D)$. In diesem Fall schneidet der Nyquist-Pfad die reelle Achse zweimal links von $D = 1$. Er ist von der in Bild 26.3(b) dargestellten Form. Auch hier enthält der links des Nyquist-Pfades eingeschlossene Bereich den Punkt $D = 1 + T_{i0}/T_{e0}$ nicht. Es gibt also auch hier keine instabilen Moden.

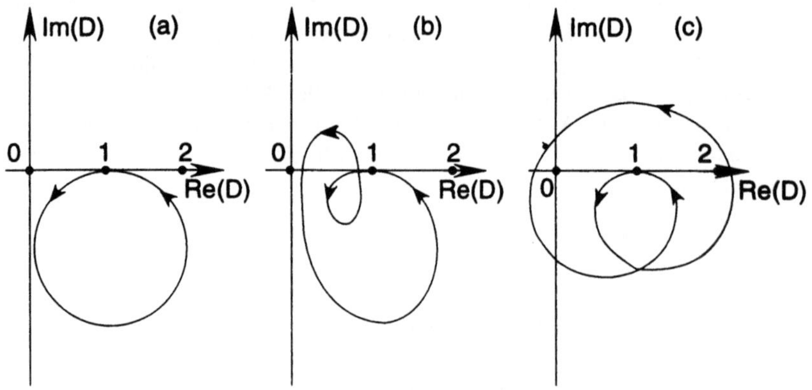

Bild 26.3 Der Nyquist-Pfad des Ionenastes der Driftwellen für (a) $\Lambda(2 - \eta_i) > 1$, (b) $0 < \Lambda(2 - \eta_i) < 1$ und (c)$\eta_i > 2$

Für den dritten Fall $\eta_i > 2$ folgt aus (26.69), daß es zwei reelle Lösungen mit entgegengesetzten Vorzeichen von $\omega/k_y v_{di}$ gibt. Aus (26.71) folgt, daß für die Lösung mit positivem $\omega/k_y v_{di}$ (negatives ω) $\mathrm{Re}(D) > 1$ gilt. Für die Lösung mit negativem $\omega/k_y v_{di}$ (positives ω) gilt $\mathrm{Re}(D) < 0$. In diesem Fall schneidet der Nyquist-Pfad (während ω die reelle Achse von $-\infty$ nach $+\infty$ durchläuft) die reelle Achse zuerst rechts des Punktes $D = 1$ und dann links vom Ursprung. Er ist also von der in Bild 26.3(c) dargestellten Form. Wenn der erste Schnittpunkt mit der reellen Achse rechts von $D = 1 + T_{i0}/T_{e0}$ liegt, liegt dieser Punkt in einem durch den Pfad eingeschlossenen Bereich links des Pfades. Mit Hilfe von (26.71) stellen wir fest, daß dies der Fall ist, wenn

$$\frac{1}{2}\left(1+\sqrt{1-\Lambda(2-\eta_i)}\right) > 1+\frac{T_{i0}}{T_{e0}}\,. \tag{26.72}$$

(26.72) ist also die Bedingung für das Auftreten instabiler Moden. Durch eine Umformung können wir (26.72) als Bedingung für η_i schreiben.

$$\eta_i > 2+\frac{4}{\Lambda}\frac{T_{i0}}{T_{e0}}\left(1+\frac{T_{i0}}{T_{e0}}\right) \tag{26.73}$$

Bei einem in y- und z-Richtung unendlich ausgedehnten Plasmastab können wir die Komponenten k_y und k_z des Wellenvektors frei wählen. Der Parameter Λ aus (26.70) kann also alle Werte annehmen. Insbesondere können wir k_z/k_y so wählen, daß der Parameter Λ sehr groß wird. In diesem Grenzfall erhalten wir

$$\eta_i > 2 \tag{26.74}$$

als Bedingung für eine Instabilität. Da die Geschwindigkeit der diamagnetischen Drift in der Regel viel geringer ist als die thermische Geschwindigkeit der Ionen, d.h. $v_{di}/v_{t,i} \approx r_{Li}/L_\perp \ll 1$ (r_{Li} ist der Larmor-Radius der Ionen, $L_\perp$ ist die Skalenlänge des Dichtegradienten senkrecht zum Magnetfeld), muß das Verhältnis k_z/k_y extrem klein sein, damit $\Lambda \gg 1$ gilt. Falls beliebig kleine Werte von k_z nicht möglich sind wie beispielsweise in einem Torus, der als Zylinder endlicher Länge mit periodischen Randbedingungen genähert wird, kann die Instabilitätsbedingung deutlich schwerer erfüllt werden als (26.74). Auch die Einführung einer magnetischen Scherung, d.h. eines schwachen Feldes $B_y(x)$ zusätzlich zu B_z führt zu einer unteren Schranke für die Komponente des k-Vektors in Richtung des Magnetfeldes, das Plasma wird stabiler. Andererseits wird die Schwelle für das Einsetzen von Instabilitäten durch die Berücksichtigung von Moden kürzerer Wellenlänge, insbesondere solcher mit $k_\perp r_{Li} \approx 1$ auf Werte von η in der Nähe von 1 gesenkt. In anderen Geometrien wirken auch die ∇B- und die Krümmungsdrift destabilisierend.

Die Ionentemperaturgradienten-Instabilität stellt ein wesentliches Problem beim Einschluß von Fusionsplasmen hoher Temperatur, bei denen unsere stoßfreie Näherung angewandt werden kann dar. Wir haben in Kapitel 10 festgestellt, daß neutrale Teilchen nicht sehr tief in ein Plasma in einem Fusionsreaktor eindringen können. Es gibt also bis auf eine dünne Schicht am Randes des Plasmas keine Quelle von Deuterium-Tritium-„Treibstoff“. Wenn es nicht durch turbulente Strömungen zu einer Konvektion nach innen kommt, führt die turbulente Diffusion zu einer Gleichgewichtsdichte, die fast überall im Plasma konstant ist und nur in einer dünnen Randschicht auf Null abfällt. Der Dichtegradient ist daher im größten Teil des Plasmas sehr klein (die Längenskala des Gradienten ist deutlich größer als die lineare Ausdehnung des Plasmas). Die durch die Fusion der geladenen Teilchen erzeugte Wärme wird durch die Wärmeleitung aus dem Inneren des Plasmas (wo die Temperatur am höchsten ist) in die Randschicht (wo die Temperatur am niedrigsten ist) transportiert. Der Temperaturgradient ist also im größten

Teil des Plasmas beachtlich (seine Skalenlängen sind von der Größenordnung der linearen Ausdehnung des Plasmas). Aus diesen allgemeinen Betrachtungen folgt, daß die Werte von η_i im Inneren eines Fusionsplasmas recht groß sein können und daß es zu Ionentemperaturgradienten-Instabilitäten kommen kann, die zur Turbulenz und möglicherweise zu einer deutlich höheren Wärmeleitung führen. Diese Frage war lange ein wichtiges Problem der Fusionsforschung. Die Ionentemperaturgradienten-Moden werden aber glücklicherweise durch Effekte, die wir hier nicht betrachten konnten stabilisiert. Außerdem ist die Wärmeleitung, die durch eine Instabilität hervorgerufen wird nicht stärker als die Wärmeleitung, die durch den „anomalen" Transport bei einer Reihe von kleinskaligen Instabilitäten und turbulenten Prozessen auftritt. Man geht davon aus, daß diese Effekte nicht so stark sind, daß der Plasmaeinschluß in einem Leistungsreaktor unmöglich wird.

Es gibt sehr viel Literatur über niederfrequente Driftwellen und andere kleinskalige Instabilitäten in magnetisch eingeschlossenen Plasmen. Die beiden wichtigsten Forscher auf diesem Gebiet haben einen Übersichtsartikel geschrieben, der alle Moden und ihr lineares Wachstum beschreibt sowie eine Abschätzung des durch sie hervorgerufenen turbulenten Transports enthält (B.B. Kadomtsev und O.P. Pogutse, *Review of Plasma Physics 5*, Hrsg. M.A. Leontovich, Consultants Bureau, New York 1972, S. 249-400). In letzter Zeit sind auch lineare Rechnungen für – im Gegensatz zu dem hier betrachteten ebenen Plasmastab – sehr realistische Geometrien und nichtlineare Berechnungen, der durch driftwellenförmige Instabilitäten erzeugten Turbulenzen durchgeführt worden. Es ist nicht erstaunlich, daß diese Entwicklungen auf aufwendigen numerischen Rechnungen beruhen.

Im Laufe der Jahre haben viele Autoren versucht, experimentelle Ergebnisse über den anomalen Transport in Tokamaks mit Hilfe der Theorie der Driftwellen zu erklären. In der Regel hatten sie dabei nur eingeschränkten Erfolg. Es ist aber ermutigend, daß im Zuge der Entwicklung der Rechenmethoden und der Betrachtung immer realistischerer Geometrien die Übereinstimmung von Theorie und Experiment deutlich zunimmt. Einige der interessantesten Fortschritte der letzten Zeit beruhen auf der Entwicklung von Methoden zur Berechnung der Kinematik gyrierender Ionen im Bereich nichtlinearer Störungen.

A Physikalische Größen und ihre SI-Einheiten

Größe	Symbol	SI-Einheit Name	Abkürzung	Umrechnungsfaktor ins Gaußsche cgs-System
Länge	L, a, r, R	Meter	m	$1\ \mathrm{m} = 10^2\ \mathrm{cm}$
Zeit	t	Sekunde	s	
Geschwindigkeit	$\boldsymbol{u}, \boldsymbol{v}$	Meter pro Sek.	$\mathrm{m\,s^{-1}}$	$1\mathrm{m\,s^{-1}} = 10^2\ \mathrm{cm\,s^{-1}}$
Masse	m, M	Kilogramm	kg	$1\ \mathrm{kg} = 10^3\ \mathrm{g}$
Dichte	ρ	Kilogramm pro Kubikmeter	$\mathrm{kg\,m^{-3}}$	$1\ \mathrm{kg\,m^{-3}} = 10^{-3}\ \mathrm{g\,cm^{-3}}$
Kraft	$\boldsymbol{F}$	Newton	N	$1\ \mathrm{N} = 10^5\ \mathrm{dyn}$
Energie	W	Joule	J	$1\ \mathrm{J} = 10^7\ \mathrm{erg}$
Leistung	P	Watt ($\mathrm{J\,s^{-1}}$)	W	$1\ \mathrm{W} = 10^7\ \mathrm{erg\,s^{-1}}$
Druck	p	Pascal	Pa	$1\ \mathrm{Pa} = 10\ \mathrm{dyn\,cm^{-2}}$
Temperatur	T	Kelvin	K	$1\ \mathrm{eV} = 1{,}16 \times 10^4\ \mathrm{K}$
Ladung	q, e	Coulomb	C	$1\ \mathrm{C} = 3 \times 10^9\ \mathrm{esu}$
Ladungsdichte	σ	Coulomb pro Kubikmeter	$\mathrm{C\,m^{-3}}$	$1\ \mathrm{C\,m^{-3}} = 3 \times 10^5\ \mathrm{esu\,cm^{-2}}$
Oberflächen-Ladungsdichte	σ_S	Coulomb pro Quadratmeter	$\mathrm{C\,m^{-2}}$	$1\ \mathrm{C\,m^{-2}} = 3 \times 10^5\ \mathrm{esu\,cm^{-2}}$
Stromstärke	I	Ampère ($\mathrm{C\,s^{-1}}$)	A	$1\ \mathrm{A} = 3 \times 10^9\ \mathrm{esu}$
Stromdichte	$\boldsymbol{j}$	Ampère pro Quadratmeter	$\mathrm{A\,m^{-2}}$	$1\ \mathrm{A\,m^{-2}} = 3 \times 10^5\ \mathrm{esu\,cm^{-2}}$
elektr. Feld	$\boldsymbol{E}$	Volt pro Meter	$\mathrm{V\,m^{-1}}$	$1\ \mathrm{V\,m^{-1}} = 10^{-4}/3\ \mathrm{esu}$
elektr. Potential	V, ϕ	Volt	V	$1\ \mathrm{V} = 10^{-2}/3\ \mathrm{esu}$
magnet. Feldstärke	$\boldsymbol{B}$	Tesla	T	$1\ \mathrm{T} = 10^4\ \mathrm{Gauß}$
magnet. Fluß	Φ	Weber ($\mathrm{T\,m^2}$)	Wb	$1\ \mathrm{Wb} = 10^8\ \mathrm{Maxwell}$
elektr. Widerstand	R	Ohm	Ω	$1\ \Omega = (10^{-11}/9)\ \mathrm{s\,cm^{-1}}$
spez. Widerstand	η	Ohmmeter	$\Omega\,\mathrm{m}$	$1\ \Omega\,\mathrm{m} = (10^{-9}/9)\ \mathrm{s}$

B Gleichungen im SI-System

Maxwell-Gleichungen (in SI-Einheiten):

$$\nabla \cdot \boldsymbol{B} = 0$$

$$\nabla \cdot (\epsilon_0 \boldsymbol{E}) = 0 \qquad \text{(Poisson-Gleichung)}$$

$$\nabla \times \boldsymbol{E} = -\partial \boldsymbol{B}/\partial t \qquad \text{(Faradaysches Gesetz)}$$

$$\nabla \times \boldsymbol{B} = \mu_0 \boldsymbol{j} + (1/c^2)\partial \boldsymbol{E}/\partial t \qquad \text{(Ampèeresches Gesetz)}$$

Lorentz-Kraft auf eine Ladung q (in SI-Einheiten):

$$\boldsymbol{F} = q(\boldsymbol{E} + \boldsymbol{v} \times \boldsymbol{B})$$

C Physikalische Konstanten

Physikalische Konstante	Symbol	Wert in SI-Einheiten
Elementarladung	e	$1{,}60 \times 10^{-19}$ C
Elektronenmasse	m	$9{,}11 \times 10^{-31}$ kg
Protonenmasse	M	$1{,}67 \times 10^{-27}$ kg
Boltzmann-Konstante*	k	$1{,}38 \times 10^{-23}$ JK^{-1}
		$1{,}60 \times 10^{-19}$ J eV^{-1}
Vakuumlichtgeschwindigkeit	c	$3{,}00 \times 10^{8}$ m s^{-1}
Planck-Konstante ($h/2\pi$)	$\hbar$	$1{,}05 \times 10^{-34}$ J s
Dieelektrizitätskonstante des Vakuums	ϵ_0	$8{,}85 \times 10^{-12}$ C m^{-1} V^{-1}
Permeabilität des Vakuums	μ_0	$4\pi \times 10^{-7} = 1{,}26 \times 10^{-6}$ T m A^{-1}

* In diesem Buch haben wir, um die Formeln zu vereinfachen, die Temperatur T der Plasmen in Einheiten der Energie (d.h. in Joule) angegeben. Die Boltzmann-Konstante k taucht daher nicht auf. Mit den beiden hier angegebenen Werten von k können Sie in Kelvin (K) oder in Elektron-Volt (eV) angegebene Temperaturen in Joule (J) umrechnen. Größen wie T/e oder W/e, in denen W eine Energie ist, haben die Einheit Volt. Beispielsweise beträgt also bei einer Temperatur von 10 eV der Wert von T/e 10 V.

D Vektorformeln

D.1 Vektoridentitäten

$$
\begin{aligned}
\boldsymbol{A}\cdot(\boldsymbol{B}\times\boldsymbol{C}) &= (\boldsymbol{A}\times\boldsymbol{B})\cdot\boldsymbol{C}\\
\boldsymbol{A}\times(\boldsymbol{B}\times\boldsymbol{C}) &= (\boldsymbol{A}\cdot\boldsymbol{C})\boldsymbol{B}-(\boldsymbol{A}\cdot\boldsymbol{B})\boldsymbol{C}\\
\nabla\cdot(\psi\boldsymbol{A}) &= \psi(\nabla\cdot\boldsymbol{A})+\boldsymbol{A}\cdot\nabla\psi\\
\nabla\times(\psi\boldsymbol{A}) &= \psi(\nabla\times\boldsymbol{A})+\nabla\psi\times\boldsymbol{A}\\
\nabla\cdot(\boldsymbol{A}\times\boldsymbol{B}) &= \boldsymbol{B}\cdot\nabla\times\boldsymbol{A}-\boldsymbol{A}\cdot\nabla\times\boldsymbol{B}\\
\nabla\times(\boldsymbol{A}\times\boldsymbol{B}) &= \boldsymbol{A}(\nabla\cdot\boldsymbol{B})-\boldsymbol{B}(\nabla\cdot\boldsymbol{A})+(\boldsymbol{B}\cdot\nabla)\boldsymbol{A}-(\boldsymbol{A}\cdot\nabla)\boldsymbol{B}\\
\boldsymbol{A}\times(\nabla\times\boldsymbol{B}) &= (\nabla\boldsymbol{B})\cdot\boldsymbol{A}-(\boldsymbol{A}\cdot\nabla)\boldsymbol{B}\\
\nabla\times(\nabla\times\boldsymbol{A}) &= \nabla(\nabla\cdot\boldsymbol{A})-\nabla^2\boldsymbol{A}
\end{aligned}
$$

D.2 Matrixnotation

Wir verwenden die Einstein-Konvention, nach der doppelt auftretenden Indizees über 1,2,3 summiert werden.

D.2.1 Kronecker-Delta

$$
\delta_{ij} \equiv \begin{cases} 1 & i = j \\ 0 & i \neq j \end{cases}
$$

D.2.2 Levi-Civita-Symbol

$$
\epsilon_{ijk} \equiv \begin{cases} 1 & i \neq j \neq k \quad \text{zyklische Permutation von } 1,2,3 \\ -1 & i \neq j \neq k \quad \text{antizyklische Permutation von } 1,2,3 \\ 0 & i = j \text{ oder } j = k \text{ oder } i = k \end{cases}
$$

$$
\begin{aligned}
\epsilon_{ijk}\epsilon_{ilm} &= \delta_{jl}\delta_{km} - \delta_{jm}\delta_{kl} \\
\boldsymbol{A}\cdot\boldsymbol{B} &= A_i B_i \\
(\boldsymbol{A}\times\boldsymbol{B})_i &= \epsilon_{ijk} A_j B_k \\
(\nabla\psi)_i &= \frac{\partial\psi}{\partial x_i} \\
\nabla\cdot\boldsymbol{A} &= \frac{\partial A_i}{\partial x_i} \\
(\nabla\times\boldsymbol{A})_i &= \epsilon_{ijk}\frac{\partial A_k}{\partial x_j} \\
(\nabla\boldsymbol{B})_{ij} &= \frac{\partial B_j}{\partial x_i} \\
\boldsymbol{A}\cdot\nabla\psi &= A_i\frac{\partial\psi}{\partial x_i} \\
(\boldsymbol{A}\cdot\nabla\boldsymbol{B})_i &= A_i\frac{\partial B_i}{\partial x_j} \\
(\boldsymbol{A}\boldsymbol{B})_{ij} &= A_i B_j
\end{aligned}
$$

Alle Vektoridentitäten aus D.1 können mit Hilfe der Matrixnotation leicht hergeleitet werden. Als Beispiel geben wir den Beweis der Fomel für $\nabla(\boldsymbol{A}\times\boldsymbol{B})$ an.

$$
\begin{aligned}
[\nabla\times(\boldsymbol{A}\times\boldsymbol{B}]_i &= \epsilon_{ijk}\frac{\partial}{\partial x_j}(\epsilon_{klm}A_l B_m) \\
&= \epsilon_{ijk}\epsilon_{klm}\left(A_l\frac{\partial B_m}{\partial x_j} + B_m\frac{\partial A_l}{\partial x_j}\right) \\
&= \epsilon_{kij}\epsilon_{klm}\left(A_l\frac{\partial B_m}{\partial x_j} + B_m\frac{\partial A_l}{\partial x_j}\right) \\
&= (\delta_{il}\delta_{jm} - \delta_{im}\delta_{jl}\left(A_l\frac{\partial B_m}{\partial x_j} + B_m\frac{\partial A_l}{\partial x_j}\right) \\
&= A_i\frac{\partial B_j}{\partial x_j} - A_j\frac{\partial B_i}{\partial x_j} + B_j\frac{\partial A_i}{\partial x_j} - B_i\frac{\partial A_j}{\partial x_j} \\
&= A_i(\nabla\cdot\boldsymbol{B}) - (\boldsymbol{A}\cdot\nabla)B_i + (\boldsymbol{B}\cdot\nabla)A_i - B_i(\nabla\cdot\boldsymbol{A}) \\
&= [\boldsymbol{A}(\nabla\cdot\boldsymbol{B}) - (\boldsymbol{A}\cdot\nabla)\boldsymbol{B} + (\boldsymbol{B}\cdot\nabla)\boldsymbol{A} - \boldsymbol{B}(\nabla\cdot\boldsymbol{A})]_i
\end{aligned}
$$

E Differentialoperatoren in kartesischen und krummlinigen Koordinaten

E.1 Kartesische Koordinaten (x,y,z)

Gradient:

$$\nabla\psi = \left(\frac{\partial\psi}{\partial x}, \frac{\partial\psi}{\partial y}, \frac{\partial\psi}{\partial z}\right)$$

Divergenz:

$$\nabla\cdot\boldsymbol{A} = \frac{\partial A_x}{\partial x} + \frac{\partial A_y}{\partial y} + \frac{\partial A_z}{\partial z}$$

Rotation:

$$\nabla\times\boldsymbol{A} = \left(\frac{\partial A_z}{\partial y} - \frac{\partial A_y}{\partial z}, \frac{\partial A_x}{\partial z} - \frac{\partial A_z}{\partial x}, \frac{\partial A_y}{\partial x} - \frac{\partial A_x}{\partial y}\right)$$

Laplace-Operator:

$$\Delta\psi = \nabla^2\psi = \frac{\partial^2\psi}{\partial x^2} + \frac{\partial^2\psi}{\partial y^2} + \frac{\partial^2\psi}{\partial z^2}$$

Laplace eines Vektors:

$$\Delta A = \nabla^2\boldsymbol{A} = (\nabla^2 A_x, \nabla^2 A_y, \nabla^2 A_z)$$

Divergenz eines Tensors:

$$\begin{aligned}
(\nabla\cdot\boldsymbol{P})_x &= \frac{\partial P_{xx}}{\partial x} + \frac{\partial P_{yx}}{\partial y} + \frac{\partial P_{zx}}{\partial z}\\
(\nabla\cdot\boldsymbol{P})_y &= \frac{\partial P_{xy}}{\partial x} + \frac{\partial P_{yy}}{\partial y} + \frac{\partial P_{zy}}{\partial z}\\
(\nabla\cdot\boldsymbol{P})_z &= \frac{\partial P_{xz}}{\partial x} + \frac{\partial P_{yz}}{\partial y} + \frac{\partial P_{zz}}{\partial z}
\end{aligned}$$

E.2 Zylinderkoordinaten (r,θ,z)

Gradient:

$$\nabla\psi = \left(\frac{\partial\psi}{\partial r}, \frac{\partial\psi}{r\partial\theta}, \frac{\partial\psi}{\partial z}\right)$$

Divergenz:

$$\nabla\cdot\boldsymbol{A} = \frac{1}{r}\frac{\partial}{\partial r}(rA_r) + \frac{\partial A_\theta}{r\partial\theta} + \frac{\partial A_z}{\partial z}$$

Rotation:

$$\nabla\times\boldsymbol{A} = \left(\frac{\partial A_z}{r\partial\theta} - \frac{\partial A_\theta}{\partial z}, \frac{\partial A_r}{\partial z} - \frac{\partial A_z}{\partial r}, \frac{\partial(rA_\theta)}{r\partial r} - \frac{\partial A_r}{r\partial\theta}\right)$$

Laplace-Operator:

$$\Delta\psi = \nabla^2\psi = \frac{1}{r}\frac{\partial}{\partial r}\left(r\frac{\partial\psi}{\partial r}\right) + \frac{1}{r}\frac{\partial^2\psi}{\partial\theta^2} + \frac{\partial^2\psi}{\partial z^2}$$

Laplace eines Vektors:

$$\Delta\psi = \nabla^2 \boldsymbol{A} = \left(\nabla^2 A_r - \frac{2}{r^2}\frac{\partial A_\theta}{\partial\theta} - \frac{A_r}{r^2}, \nabla^2 A_\theta + \frac{2}{r^2}\frac{\partial A_r}{\partial\theta} - \frac{A_\theta}{r^2}, \nabla^2 A_z\right)$$

Divergenz eines Tensors:

$$\begin{aligned}
(\nabla\cdot\boldsymbol{P})_r &= \frac{1}{r}\frac{\partial}{\partial r}(r P_{rr}) + \frac{1}{r}\frac{\partial P_{\theta r}}{\partial\theta} + \frac{\partial P_{zr}}{\partial z} - \frac{P_{\theta\theta}}{r}\\
(\nabla\cdot\boldsymbol{P})_\theta &= \frac{1}{r}\frac{\partial}{\partial r}(r P_{r\theta}) + \frac{1}{r}\frac{\partial P_{\theta\theta}}{\partial\theta} + \frac{\partial P_{z\theta}}{\partial z} - \frac{P_{\theta r}}{r}\\
(\nabla\cdot\boldsymbol{P})_z &= \frac{1}{r}\frac{\partial}{\partial r}(r P_r z) + \frac{1}{r}\frac{\partial P_{\theta z}}{\partial\theta} + \frac{\partial P_{zz}}{\partial z}
\end{aligned}$$

E.3 Kugelkoordinaten (r,θ,ϕ)

Gradient:

$$\nabla\psi = \left(\frac{\partial\psi}{r}, \frac{\partial\psi}{r\partial\theta}, \frac{1}{r\sin\theta}\frac{\partial\psi}{\partial\phi}\right)$$

Divergenz:

$$\nabla\cdot\boldsymbol{A} = \frac{1}{r^2}\frac{\partial}{\partial r}(r^2 A_r) + \frac{1}{r\sin\theta}\frac{\partial}{\partial\theta}(\sin\theta A_\theta)\frac{1}{r\sin\theta}\frac{\partial A_\phi}{\partial\phi}$$

Rotation:

$$\begin{aligned}
\nabla\times\boldsymbol{A} = \Bigg(&\frac{1}{r\sin\theta}\frac{\partial}{\partial\theta}(\sin\theta A_\phi) - \frac{1}{r\sin\theta}\frac{\partial A_\theta}{\partial\phi}, \frac{1}{r\sin\theta}\frac{\partial A_r}{\partial\phi} - \frac{1}{r}\frac{\partial}{\partial r}(r A_\phi),\\
&\frac{1}{r}\frac{\partial}{\partial r}(r A_\phi) - \frac{1}{r}\frac{\partial A_r}{\partial\theta}\Bigg)
\end{aligned}$$

Laplace-Operator:

$$\Delta\psi = \nabla^2\psi = \frac{1}{r^2}\frac{\partial}{\partial r}\left(r^2\frac{\partial\psi}{\partial r}\right) + \frac{1}{r^2\sin\theta}\frac{\partial}{\partial\theta}\left(\sin\theta\frac{\partial\psi}{\partial\theta}\right) + \frac{1}{r^2\sin^2\theta}\frac{\partial^2\psi}{\partial\phi^2}$$

F Weiterführende Literaturvorschläge

Es gibt zahlreiche Lehrbücher über Plasmaphysik, die mehr in die Tiefe gehen und weitere Themen behandeln, als es im vorliegenden Buch möglich war. Studenten, die sich auf Plasmaphysik spezialisieren wollen, finden das Buch von N.A. Krall und A.W. Trivelpiece, *Principles of Plasma Physics*, McGrawhill, New York (1963), Nachdruck, San Francisco Press (1986) oft sehr nützlich. Ein vergleichbarer Inhalt, wenn auch mit einer stärkeren Betonung der Anwendungen im Bereich der Fusionsforschung, findet sich bei K. Miyamoto in *Plasma Physics for Nuclear Fusion*, MIT Press, Cambridge, MA (1989). Ein neueres Buch für höhere Semester, das eine gute Einführung sowohl in astro- und geophysikalische als auch in Fusionsplasmen liefert, legt P.A. Sturrock mit *Plasma Physics*, Cambridge University Press, Cambridge (1994) vor. Einen kinetischen oder statistischen Zugang zu den Grundlagen der Plasmaphysik wählen die Lehrbücher von S. Ichimaru, *Basic Principles of Plasma Physics*, Benjamin/Cummings, Reading, MA (1973), D.R. Nicholson, *Introduction to Plasma Theory*, Wiley, New York (1983) und K. Nishikawa und M. Wakatani, *Plasma Physics*, Springer, Berlin (1990). Ein neueres Buch, das die theoretischen Grundlagen der Plasmaphysik in Hinblick auf Anwendungen in der Fusionsforschung behandelt, ist R.D. Hazeltine und J.D. Meiss *Plasma Confinement*, Addison-Wesley, New York (1992). Ein fortgeschritteneres Buch, das sich vor allen Dingen mit Anwendungen der Magnetohydrodynamik beschäftigt, ist J.P. Freidberg, *Ideal Magnetohydrodynamics*, Plenum Press, New York (1987).

Das Gebiet der Wellen in Plasmen, einschließlich Instabilitäten wie bei Driftwellen usw. wird in T.H. Stix *Waves in Plasmas*, American Institute of Physics, New York (1992), ausführlich behandelt. Leser, die sich für die experimentellen Methoden bei Messungen an Labor- und Fusionsplasmen interessieren, seien auf das Buch von I.H. Hutchinson, *Principles of Plasma Diagnostics*, Cambridge Universitiy Press, Cambridge (1987), verwiesen.

Wer sich vor allen Dingen für solare und astrophysikalische Plasmen interessiert, sollte sich zuerst mit der modernen Astrophysik beschäftigen, z.B., indem er das Buch von F.H. Shu, *The Physics of Astrophysics*, Vol. I und II, University Science Books, Mill Valley, CA (1991, 1992), liest. Weiterführend könnten Sie beispielsweise die Bücher von D.B. Melrose, *Plasma Astrophysics*, Vol. 1 und 2, Gordon and Breach, New York (1980) und H. K. Moffat, *Magnetic Field Generation in Electrically Conducting Fluids*, Cambridge University Press, Cambridge (1978) lesen. Geophysikalische und Weltraumplasmen werden in G.K. Parks, *Physics of Space Plasmas*, Addison-Wesley, New York (1991) beschrieben.

Eine Reihe von Veröffentlichungen, die die Grundlagen magnetisch eingeschlossener Plasmen und den Stand der Fusionsforschung von etwa 1980 beschreiben, finden sich in E. Teller (Herausg.), *Fusion*, Vol. I, Part A und B, Academic, New York (1981). Fusionsreaktoren werden aus mehr technischer Sicht in R.A. Gross, *Fusion Energy*, Wiley, New York (1984) und W.M. Stacey, *Fusion*, Wiley, New York (1984) beschrieben.

Die Leser, die sich weitergehend mit der Theorie des Plasmaeinschlusses und der Stabilität von Tokamaks beschäftigen wollen, seien auf J. Wesson, *Tokamaks*, Clarendon Press, Oxford (1989), R.B. White, *Theory of Tokamak Plasmas*, North-Holland, Amsterdam (1989), B.B. Kadomtsev, *Tokamak Plasma: A Complex Physical System*, Institute of Physics Publishing, Bristol (1992) und D. Biskamp, *Nonlinear Magnetohydrodynamics*, Cambridge Universitiy Press, Cambridge (1993) verwiesen.

Sachwortverzeichnis